Paul Emil Flechsig

Die Leitungsbahnen im Gehirn und Rückenmark des Menschen

auf Grund entwickelungsgeschichtlicher Untersuchungen

Paul Emil Flechsig

Die Leitungsbahnen im Gehirn und Rückenmark des Menschen
auf Grund entwickelungsgeschichtlicher Untersuchungen

ISBN/EAN: 9783743403611

Hergestellt in Europa, USA, Kanada, Australien, Japan

Cover: Foto ©berggeist007 / pixelio.de

Manufactured and distributed by brebook publishing software (www.brebook.com)

Paul Emil Flechsig

Die Leitungsbahnen im Gehirn und Rückenmark des Menschen

DIE

LEITUNGSBAHNEN

IM

GEHIRN UND RÜCKENMARK

DES

MENSCHEN

AUF GRUND

ENTWICKELUNGSGESCHICHTLICHER UNTERSUCHUNGEN

DARGESTELLT

VON

Dr. PAUL FLECHSIG,

PRIVATDOCENT AN DER UNIVERSITÄT
UND ASSISTENT AM PHYSIOLOGISCHEN INSTITUT ZU LEIPZIG.

MIT 20 LITHOGRAPHIRTEN TAFELN.

Vorwort.

Die Ausstattung dieses Werkes mit zahlreichen Abbildungen wurde dadurch ermöglicht, dass
Se. Majestät der König ALBERT von Sachsen
die Gewährung eines Zuschusses aus der »König Johann-Stiftung« huldreichst zu bewilligen geruheten. Den Ausdruck tiefstgefühlten Dankes hier öffentlich zu erneuen, halte ich für meine vornehmste Pflicht!

Das vorliegende Werk sucht den Nachweis zu erbringen, dass die Entwickelung der Leitungsbahnen im Gehirn und Rückenmark zunächst des Menschen gewissen Gesetzen unterliegt, und dass die Erscheinungsreihen, unter welchen sich dieselben äussern, in ungeahnt feiner Weise die Anordnung jener Bahnen, die innere Gliederung des centralen Markes erkennen lassen. Die nachfolgenden Mittheilungen sind demnach theils entwickelungsgeschichtlichen, theils anatomischen Inhaltes.

Die individuelle Entwickelung der centralen Leitungswege birgt, vom rein morphologischen Standpunkt aus betrachtet, hauptsächlich zwei Probleme. Es gilt, erstlich die Heranbildung des einzelnen leitenden Elementes in seinen verschiedenen Modificationen zu verfolgen und zweitens die Zusammenfügung dieser unzähligen Einzelstücke zu jenem, bei allem Reichthum an relativ selbstständigen baulichen Zwischengliedern, in sich einheitlichen Mechanismus,

welchen wir als das höchstvollendete Erzeugniss organischer Plastik
bewundern. Die Aufschlüsse, welche ich in der Folge zu geben ge-
denke, enthalten in ersterer Hinsicht nur wenig Neues, hingegen
sind sie, wie ich meine, geeignet, einen Beitrag zu liefern zur Lösung
der letzteren, auf die **Entstehung der inneren Architektur**
bezüglichen Aufgabe. Die Erkenntniss der streng systematisch gegliederten Anlage und Ausbildung der centralen Leitungswege, die
Beobachtung, dass die virtuell differenten Fasersysteme sich in ähnlicher Weise successiv entwickeln, wie die Centralheerde grauer Substanz, welchen sie dienstbar; die Erfahrung, dass der fortschreitende
Gestaltungsprocess am obern Ende des Medullarrohres wiederholt nach-
zittert bis in dessen unterste Ausläufer, und dass diese Mit- und
Nachschwingungen im Rückenmark, welche im Einzelnen bereits zum
guten Theil bekannt, in ihrer ganzen Bedeutung erst hervortreten,
sofern sie in Beziehung auf die Formwandelungen des gesammten
Medullarrohres betrachtet werden: sind die Gesichtspunkte, auf deren
Gewinn ich besonderes Gewicht legen möchte.

Ich bin zu diesen Ergebnissen gelangt lediglich durch das Studium der 'individuellen Entwickelungsgeschichte des Menschen;
ich gehe auch in der folgenden Darstellung nicht über deren Bereich
hinaus. Speciell phylogenetische Speculationen habe ich vermieden,
einestheils weil die thatsächlichen Grundlagen zur Zeit noch gar zu
dürftig sind, die Gewinnung einer breiteren Basis aber eine Aufgabe
von nicht gewöhnlichen Dimensionen bildet, anderntheils weil die in
phylogenetischer Hinsicht brauchbaren Gesichtspunkte, welche dieses
Werk meiner Ansicht nach enthält, ohne Weiteres in die Augen
springen werden. Zudem wurde meine Aufmerksamkeit frühzeitig absorbirt durch die Idee, dass die genetischen Befunde in ausgiebiger
Weise **anatomisch** zu verwerthen seien.

Der Gedanke, zur Lösung der in dem Bau von Gehirn und
Rückenmark gegebenen Probleme Hülfe zu suchen bei der Entwickelungsgeschichte, ist an sich natürlich keineswegs neu. Nicht nur
dass die moderne Morphologie in letzterer ja einen der Hauptschlüssel
für die ausgebildeten Formen erblickt und durch die extensive Ausbeutung dieser Idee zum guten Theil ihr Gepräge erhält, so hat be-

reits im Anfang dieses Jahrhunderts Tiedemann (Anatomie u. Bildungsgeschichte des Gehirns etc. 1816) auf Grund sorgfältiger Beobachtungen die Erforschung des foetalen Gehirns als den Weg bezeichnet,
welcher zu einer tieferen Erkenntniss auch des inneren Zusammenhanges des ausgebildeten Organes führe. Indess sein Ruf ist verhallt,
und eine jüngere Generation hat, wie ich zeigen werde, gerade diejе-
nigen seiner allgemeineren Anschauungen über die Entwickelung der
Centralorgane verworfen, welche eine Realisirung jener Idee hätten
anbahnen können. So hat sich bemerkenswerther Weise gerade in
der Neuzeit hinsichtlich der von der Entwickelungsgeschichte für die
Hirnanatomie zu erwartenden Aufschlüsse eine gewisse Resignation
der Gemüther bemächtigt, welche in der jüngsten, durch Objectivität
ausgezeichneten Darstellung jener Disciplin (Krause, Handbuch der
menschl. Anatomie 1876 I. — S. 456) einen unzweideutigen Ausdruck
gefunden hat durch die Worte, dass »vergleichende Anatomie und Entwickelungsgeschichte, diese niemals irrenden Wegweiser des forschen-
den Anatomen dem Grosshirn des Menschen gegenüber im Stich
lassen«. Dass diese Besorgniss nicht begründet, glaube ich durch die
Erschliessung eines eigenthümlichen, bisher völlig unbeachtet
gebliebenen Angriffspunktes überzeugend nachweisen zu können. Indem ich eine schärfere Charakterisirung desselben nothgedrungen der
ausführlichen Darstellung vorbehalte, bemerke ich hier nur, dass es
sich um die über das Gesammtgebiet der Centralorgane ausgedehnte
Beobachtung des Eintrittes der Nervenfasern in eine bestimmte Entwickelungsphase, die der Markscheidenbildung, handelt, hinsichtlich
dessen die verschiedenen centralen Fasersysteme in einer Weise zeit-
liche Unterschiede zeigen, dass es geradezu spontan zu einer Sonderung derselben kommt.

Die in der Verfolgung dieses Processes durch das gesammte Centralnervensystem gegebene Aufgabe übersteigt natürlich bei Weitem
die Kräfte eines Einzelnen, und ich habe sie demgemäss vor der Hand
nur für einen beschränkten Theil, Rückenmark und *Oblongata*, und
auch hier nur partiell zu lösen vermocht. Wenn ich nichts desto
weniger von dem angegebenen Weg auch hinsichtlich der übrigen
Provinzen weitgehende Aufschlüsse erwarte, so geschieht dies auf

Grund der Beobachtung praegnanter makroskopischer Erscheinungen, welche ich in der Folge näher schildern werde. Die zuverlässigen anatomischen Aufschlüsse, welche ich bisher erlangt, betreffen somit zunächst lediglich die interne Topographie der Leitungsbahnen von Rückenmark und *Oblongata.*

Ich versuche zum ersten Mal eine detaillirtere Beschreibung der einzelnen den Markmantel der *medulla spinalis* zusammensetzenden Fasersysteme zu geben, ihre Grenzen, ihre Lage bei verschiedenen Individuen u. s. w. genauer zu bestimmen, und schliesse hieran einen kurzen Ueberblick über ihr Verhalten zur *Oblongata* und über die Leitungsbahnen letzterer überhaupt. Die Darstellung ist, wie ich mir keineswegs verhehle, besonders hinsichtlich des verlängerten Markes noch aphoristischer Natur. Das, was ich zu geben vermag, sind eben wiederum nur einzelne lose aneinander gereihte Skelettheile, welche selbst im Verein mit den bereits im gesicherten Besitz der Wissenschaft befindlichen Thatsachen noch bei weitem nicht hinreichen, um uns ein irgend wie befriedigendes Gesammtbild der genannten Organe zu verschaffen. Immerhin hoffe ich, mit den nachfolgend mitgetheilten Resultaten den Anfang zu machen zur Ausfüllung einiger besonders fühlbarer Lücken in der Lehre vom Bau des Centralnervensystems.

Die unerschöpflich fliessende Hülfsquelle der Pathologie hat bisher den Fonds gesicherter unzweideutiger Erfahrungen hinsichtlich des organischen Zusammenhanges der Centralorgane noch nicht irgendwie entsprechend der Höhe ihrer Leistungsfähigkeit zu vergrössern vermocht. Was jene förderte, verlor sich meist unbenützt im Sande, weil die Anatomie noch nicht die Geleise gezogen, welche zu fruchtbringender Verwendung führen. Um darzuthun, dass gerade in dieser Hinsicht die Zerlegung des centralen Markes auf Grund der Entwickelung einigermaassen Abhülfe verschaffen könne, habe ich der Pathologie eine grössere Berücksichtigung zu Theil werden lassen, als dies gewöhnlich in Schriften anatomischen und entwickelungsgeschichtlichen Inhaltes der Fall; die bereits gewonnenen Resultate werden, wie ich meine, dies hinreichend rechtfertigen.

Vergleichende Anatomie und Physiologie habe ich nur

beiläufig berücksichtigt. Erstere bedarf, wenigstens soweit es sich um
das Rückenmark handelt, mit Rücksicht auf die am Menschen gewonnenen Aufschlüsse einer erneuten Bearbeitung, eine Aufgabe,
deren Bewältigung eine grössere Anzahl von Arbeitskräften erfordert.
Die Physiologie aber liegt im Wesentlichen ausserhalb des Rahmens,
welchen ich diesem Werke ziehen zu müssen glaubte.

Die folgenden Blätter werden, wie ich mir nicht verhehle, nur
zum Theil durch die Darstellung thatsächlicher Verhältnisse ausge-
füllt. Ich habe es, insbesondere im entwickelungsgeschichtlichen Theil,
nicht umgehen können, wiederholt auf das Gebiet der Hypothese
hinüberzugreifen; die zweifellos mit Recht hinsichtlich ihrer Leistungsfähigkeit beargwöhnte indirecte Beweisführung hat vielfach die man-
gelnden directen Beweismittel ersetzen müssen. Ich habe diesem,
in Anbetracht des gewählten Untersuchungsobjects unvermeidlichen
Uebelstand zu begegnen gesucht, indem ich mich bemühte, das Hypothetische stets als solches zu kennzeichnen und seinen wahren
Werth möglichst objectiv darzulegen. In wie weit mir dies gelungen, darüber mögen diese Blätter selbst Aufschluss geben.

Soviel über den Inhalt dieses Werkes im Allgemeinen. Noch
sei es verstattet, auf einige speciellere Verhältnisse seiner Entstehung
und Anlage hinzuweisen.

Die meisten der hier ausführlicher dargelegten Thatsachen habe
ich bereits wiederholt und zwar in der Reihenfolge, in welcher ich
zu ihrer Kenntniss gelangte, zum Gegenstand kurzer Mittheilungen
gemacht. Es geschah dies theils gelegentlich der Versammlungen
deutscher Naturforscher und Aerzte in Leipzig (1872 — Tagebl. S. 75.)
Wiesbaden (1873 — Tagebl. S. 135) und Graz (1875), theils im Archiv
der Heilkunde Bd. XIV. (Augustheft 1873) und im Centralblatt
für die medicin. Wissensch. 1874 No. 36, 1875 No. 40. Ich werde
im Folgenden nur in unwesentlichen Punkten diese früheren Mittheilungen zu modificiren haben. Ich habe nicht geglaubt, die Abweichungen stets besonders hervorheben zu müssen, da selbstverständlich
die vorliegende Fassung die allein maassgebende ist.

Der 1. Theil dieses Werkes behandelt lediglich das Makroskopische, die im Laufe der individuellen Entwickelung geschehende

Herausbildung der in bestimmten Lebensaltern bei allen normalen
Individuen typisch wiederkehrenden Gliederung der Gewebsmassen
von Hirn und Rückenmark in die »graue« und »weisse« Substanz.
Man bringt gegenwärtig makroskopischen Befunden nur wenig Vertrauen entgegen, sobald dieselben beanspruchen, Aufschlüsse zu gewähren über feinere Strukturverhältnisse. Dass ich die Tragfähigkeit
der von mir gegebenen Thatsachen in dieser Hinsicht keineswegs
überschätze, wird, wie ich hoffe, aus der folgenden Darstellung klar
hervorgehen.

Der 2. Theil beschäftigt sich lediglich mit mikroskopischen
Gestaltungsverhältnissen, mit der Entwickelung der Leitungsbahnen in Rückenmark und *Oblongata.* Die allgemeinsten
Resultate, zu welchen ich hier gelangt, sind bereits angedeutet worden. Einen Anhang zu diesem Theile bildet ein Excurs in das Gebiet der Pathologie. Ich behandele hier denjenigen Krankheitsprocess
innerhalb der Centralorgane, welcher uns bislang mehr als alle anderen gewisse Eigenthümlichkeiten ihres Baues erschlossen hat: die
»secundären Degenerationen«. Die Uebereinstimmung der auf
diesem Wege gewonnenen Anschauungen mit den aus der Entwickelung sich nothwendig ergebenden darf sowohl seitens der Anatomie als Pathologie Beachtung beanspruchen und gewährt insbesondere die Hoffnung, dass die entwickelungsgeschichtliche Gliederung
auch eine Grundlage für die Systematik und somit für die Pathologie
der centralen Erkrankungen überhaupt bilden könne.

Der 3. Theil bringt die in der Hauptsache bereits skizzirten
anatomischen Ergebnisse. Dieselben gründen sich nicht lediglich
auf die schon mitgetheilten embryologischen und pathologischen
Studien, sondern auch auf die Anwendung einer bisher meines
Wissens noch nicht geübten Methode der Goldimprägnation,
welche im zweiten Theil noch nicht Erwähnung finden konnte, weil
ich erst nach dessen völligem Abschluss auf dieselbe aufmerksam
wurde. Ich habe sie S. 261—63 kurz beschrieben.

Der Druck dieses Werkes hat sich unerwartet lange hinausge-
zogen. Den ersten und zweiten Theil habe ich bereits im Juli 1874
als Habilitationsschrift bei der hiesigen medicinischen Fakultät ein-

gereicht; der dritte ist in der vorliegenden Form erst entstanden, als jene bereits völlig abgeschlossen vorlagen. Ich glaube dies hervorheben zu müssen, weil hierdurch mancherlei formale Eigenthümlichkeiten dieses Buches sowie auch die Stellung der historischen Rückblicke zur verwandten Literatur der letzten Jahre die nothwendige Beleuchtung finden.

In letzterer Hinsicht sei noch auf Folgendes besonders hingewiesen! Als der Druck des 2. Theiles sich seinem Ende näherte, wurde ich von befreundeter Seite darauf aufmerksam gemacht, dass in CHARCOT's *Leçons sur les maladies du système nerveux — publ. par Bourneville* 3. *part.* 1874. *Amyotrophies*, über entwickelungsgeschichtliche Befunde ähnlich den meinigen berichtet werde. Ich war leider nicht mehr im Stande, sie im historischen Rückblick zu Anfang des 2. Theiles zu erwähnen; sie haben am Schluss desselben (S. 226 fg.) ihren Platz erhalten. Die betreffenden Untersuchungen sind unter CHARCOT's Leitung von PIERRET angestellt worden, welch' letzterer bereits im September 1873 in den *Arch. de physiologie* etc. einen Aufsatz über Entwickelung, Bau und Erkrankungen der Hinterstränge des menschlichen Rückenmarkes veröffentlicht hatte. Obwohl mir derselbe bereits vor Abschluss des Manuscriptes bekannt war, so habe ich ihn nicht besonders hervorheben zu müssen geglaubt, weil er mir (wie auch z. B. dem Ref. im HOFMANN-SCHWALBE'schen Jahresbericht) entwickelungsgeschichtlich etwas wesentlich Neues nicht zu enthalten schien.

Die Lectüre der CHARCOT'schen Vorlesungen veranlasste mich, in einer Mittheilung an das Centralblatt für die medic. Wissensch. (1875 No. 40) die Ansicht auszusprechen, dass die sachlichen Angaben genannten Autors über die Entwickelung der weissen Substanz des Rückenmarkes, soweit sie nicht bereits Bekanntes böten, unbegründet seien. Diese Auffassung, für deren Richtigkeit ich im Folgenden hinreichende Beweise geben zu können glaube, hat PIERRET zu einer ausführlicheren Erwiderung veranlasst (*Progrès méd. de Paris* 1875 28. Nov.), welche darauf hinausläuft, einige der wichtigsten in diesem Werke dargelegten und bereits wiederholt von mir kurz mitgetheilten entwickelungsgeschichtlichen und pathologischen Befunde feierlichst als Eigenthum der CHARCOT'schen Schule zu reclamiren.

Ich habe theils im Verlauf dieser Abhandlung theils im Anhang
(S. 367 fg.) Gelegenheit genommen, diese Ansprüche zu beleuchten
und bemerke hier nur, dass der Passus S. 226 fg. bereits abgeschlossen
war, bevor Pierret's nur erwähnte Auslassung .erschien. Hingegen
habe ich den Passus S. 253 mit Rücksicht auf letztere noch etwas
umwandeln können. Ich sehe mich an ersterer Stelle (S. 226) leider
genöthigt, mich an Charcot's Adresse zu wenden, da mir ein anderes
Document, aus welchem das Methodische, die specielleren Ergebnisse
u. s. w. der Pierret'schen Forschungen ersichtlich, zur Zeit nicht zu
Händen gekommen. In der *Gaz. méd. de Paris* 1874 No. 6 findet sich
zwar ein Protocoll über einen darauf bezüglichen Vortrag, welchen
Pierret in der *Soc. de biologie* gehalten; indess ist die Fassung hier
noch kürzer als jene in Charcot's Vorlesungen.

Was sonstige neuerdings erschienene Mittheilungen über Bau
und Entwickelung der nervösen Centralorgane anlangt, so habe ich
Krause's schon erwähntes Werk noch an einzelnen Stellen berück-
sichtigen können. Ueber einige Befunde von Eichhorst (Virch. Arch.
Bd. 64, Sept. 1875) finden sich einige kritische Bemerkungen im
Anhang S. 367 fg.

Die in diesem Werk angewandte Nomenclatur stimmt nicht
in allen Abschnitten überein. Es ist dies begründet einerseits darin, dass der dritte Theil nach Abschluss der zwei ersten entstand
(besonders hinsichtlich der *Oblongata* von Einfluss), andererseits in der
successiven Gewinnung neuer anatomischer Gesichtspunkte, welche
auf die Nomenclatur nicht ohne Einfluss bleiben konnten. Im ersten
Theil habe ich es vermieden, neue Bezeichnungen zu bilden; ich habe
hier aus dem Schatz der bereits vorhandenen termini solche gewählt,
welche entweder besonders treffend erscheinen oder die grösste Ver-
breitung besitzen. Bei Abfassung des 2. und 3. Theiles kam ich mehr
und mehr zu der Ueberzeugung, dass das Interesse der Darstellung
ein Abgehen von dem streng conservativen Princip dringend erheische.
Ich habe hier neue Bezeichnungen immer möglichst an dem Punkt
eintreten lassen, wo aus der Darstellung selbst die Rechtfertigung
ihrer Wahl sich ergab. Die letztere aber wurde geleitet durch das
Bestreben, die systematische Stellung der betreffenden Gebilde thun-

lichst zu charakterisiren. Einzelne Bezeichnungen sind, wie ich mir
nicht verhehle, lediglich provisorischer Natur.

Leider habe ich mich überzeugen müssen, dass ich auf dem Gebiete, welches so zahlreiche gegenseitige Missverständnisse der Autoren
aufzuweisen hat, auch selbst nicht frei von diesem Fehler geblieben
bin. S. 85—95 habe ich irrthümlicher Weise wiederholt einen Abschnitt des verlängerten Markes als »mittleres motorisches Feld
MEYNERT« bezeichnet, welcher sich mit dem von letzterem Autor
hierunter verstandenen keineswegs deckt. Ich habe eine Erläuterung
im Anhang (S. 368) beigefügt.

Was die beifolgenden Abbildungen anlangt, so möge zunächst
die Bemerkung Platz finden, dass ein mit dem 3. Abschnitt hinzuge-
kommener Theil Verhältnisse illustrirt, welche bereits im 2. Theil
Erwähnung gefunden. Auf diesen neuen Tafeln, welche Einzelnes
sogar weit deutlicher erkennen lassen, als die an den betreffenden
Orten angezogenen Figuren, wird man geeignete Hinweise im Text
des 2. Theiles vielfach vermissen. Ich habe diese sowie alle sonstigen
aus der ungleichzeitigen Abfassung dieses Werkes nothwendigerweise
resultirenden Mängel möglichst zu verbessern gesucht durch die Bei-
fügung ausführlicher Tafelerklärungen sowie des Anhanges S. 367 fg.,
deren Berücksichtigung ich mir dem geehrten Leser besonders an das
Herz zu legen gestatte. — Die Tafeln sind theils vom Verfasser theils
von Herrn FUNKE hier gezeichnet; die ersteren sind in technischer
Hinsicht ziemlich unvollkommen ausgefallen. Die naturgetreue Darstellung der Verhältnisse, welche die Figuren 1—9 illustriren, erfordert die Hand eines Künstlers; ich habe mich der betreffenden Arbeit
deshalb nothgedrungen unterzogen, weil der unregelmässige Zufluss
des Untersuchungsmateriales und die Nothwendigkeit, dasselbe unver-
weilt zu verwerthen, die Herbeiziehung eines solchen in der Regel
unmöglich machte. Ich hoffe indess, dass die betreffenden Abbildungen ihren Zweck, eine Vorstellung von den wesentlichsten Verhältnissen zu geben, zu erfüllen im Stande sein werden. Die von
Herrn FUNKE herrührenden Zeichnungen sind zum grossen Theil nach
Photographieen angefertigt; ich glaube die Sorgfalt, welche genannter
Herr aufgewandt, besonders hervorheben zu sollen.

Das Untersuchungsmaterial, welches mir insbesondere für
die zweite, für die Anatomie der Centralorgane wichtigere Hälfte des
Foetallebens, reichlich zufloss, verdanke ich meist der Güte der Herren
Geh. Medicinalrath Prof. Dr. CREDÉ, DD. AHLFELD, DUMAS und FEH-
LING. Ich ergreife mit Freude die Gelegenheit, genannten sowie allen
anderen Herren, welche mich durch Zusendung von Material unter-
stützt haben, meinen Dank auszusprechen.

P. FLECHSIG.

Inhaltsverzeichniss.

Erster Theil.

Das Hervortreten des „Markweiss" im Gehirn und Rückenmark des Menschen.

I.

Historisches.

Gehirn und Rückenmark des Erwachsenen bestehen für das unbewaffnete Auge aus zweierlei »Substanzen« welche man schlechthin als »graue und weisse« bezeichnet. Diese zuerst von VESAL (BURDACH) schärfer hervorgehobene Gliederung, deren Morphologie das Skelet auch der modernen Lehre vom feineren Bau jener Organe bildet, kommt im Laufe der individuellen Entwickelung allmählich zum Vorschein, so zwar, dass sie erst extrauterin ihre bleibende Gestaltung gewinnt. Der Erste, welcher auf letztere Thatsache hingewiesen, scheint SOEMMERING gewesen zu sein. Derselbe sagt *(De basi encephali etc. Lib. II. pag. 33. 1778)* »*Saepenumero infantum et adultorum encephalis inter se collatis, in illis plus cinereae substantiae, pro mole minore cerebri, quam in his adesse observavi, adeo, ut omnino verisimile sit, subsequente aetate aliquam substantiae cinereae partem in medullam ipsam transmutari*«.

In der nächstfolgenden Zeit finden wir kurze Notizen ähnlichen Inhaltes mehrfach. Die Gebrüder WENZEL[*] z. B. bemerken, dass man bei Embryonen in früheren Entwickelungsstadien überhaupt einen »Unterschied zwischen weisser und grauer Substanz« nicht wahrnehmen könne, und dass beim Neugebornen die Hirnrinde mitunter heller erscheine, als das Mark. Auch BICHAT[**] hebt diese Thatsachen hervor und bringt

---

[*] Prodromus etc. S. 299. 300.
[**] Anat. générale üb. von PFAFF. Bd. I. S. 275 fg.

damit gewisse Eigenthümlichkeiten der foetalen Gehirnthätigkeit in Ver-
bindung; doch giebt er so wenig, wie die früher erwähnten Anatomen
Aufschlusse über die morphologischen Charaktere und den zeitlichen
Ablauf der Sonderung von weisser und grauer Substanz.

Die ersten ausführlicheren Mittheilungen hierüber verdanken
wir J. F. MECKEL d. J. In seinem »Versuch einer Entwickelungsgeschichte der Centraltheile des Nervensystems in den Säugethieren« findet
sich neben vielen trefflichen Beobachtungen über die Entwickelung der
äusseren Formen auch folgender Passus *):

»Bei den über die Zeit der Entstehung dieses Unterschiedes
(sc. zwischen grauer und weisser Substanz) überhaupt und die Zeitfolge, in welcher sich derselbe entwickelt, angestellten Untersuchungen bemerkte ich Folgendes:

»Beim neugeborenen Kinde ist er im Rückenmark im Allgemeinen schon vollkommen so deutlich entwickelt, als späterhin: nur findet
sich hier jetzt noch (wie überall, jedoch hier verhältnissmässig weniger)
weit mehr graue Substanz als beim Erwachsenen, und gegen den hinteren Umfang liegt auf beiden Seiten die graue Substanz zu Tage, indem sich ihre Schenkel bis zur hinteren Fläche fortsetzen. Der untere
Theil des Rückenmarkes besteht ganz aus grauer Substanz.

»Im Schädel unterscheiden sich das grosse und kleine Gehirn
in dieser Periode, und noch mehr nach Ablauf der ersten Lebenswochen
bedeutend von einander. Das kleine kommt mehr mit dem Rückenmark überein; indem der Unterschied zwischen grauer und weisser
Substanz, wegen stärkerer Dunkelheit der ersteren und hellerer Färbung
der letzteren, viel deutlicher als im grossen Gehirn ist, wo man beide
besonders wegen des grossen Gefässreichthums der Marksubstanz kaum
unterscheidet. An den Gränzen scheint sich der Unterschied zuerst zu
entwickeln, denn in der Mitte ist die Marksubstanz durch eine ansehn-
liche Menge von Blutgefässen grauroth, darauf folgt eine etwas weissere
Schicht, zuletzt die sehr hellgraue Rinde.

»Um die achte und zehnte Woche nach der Geburt ist der Unterschied zwischen grauer und weisser Substanz im Gehirn weit deutlicher
entwickelt; nur ist verhältnissmässig immer noch mehr graue als weisse
vorhanden. Auch hier ist im kleinen Gehirn die Rinde weit dunkler,

---

*) Deutsches Archiv für Physiologie Bd. I. 1815. S. 419. Auch in MECKEL's Hand-
buch d. Anat. III. Bd. S. 578 finden sich einige, zum Theil unrichtige, Angaben ähnlichen Inhaltes.

das Mark viel weisser wie im Grossen: doch sind die feinsten Verzweigungen des Lebensbaumes noch nicht markig, auch ist das corpus ciliare verhältnissmässig grösser als späterhin. In den Hemisphären gelangt man erst durch Spalten von der Tiefe eines Zolles zu völlig weisser Substanz. Gewöhnlich liegt ausserdem zwischen ihr und der an sich schon breiten Rinde noch ein breiterer starkgerötheter Streif. Bisweilen ist der Balken noch ganz grau, bisweilen schon ganz weiss. Grau fand ich ihn bei einem zehnwöchentlichen Mädchen, da er bei einem achtwöchentlichen Knaben schon weiss war. Alle in den Höhlen befindlichen Theile, auch die Markkügelchen am Boden der dritten Hirnhöhle sind noch ganz grau. Bei dem erwähnten Knaben war auch das Gewölbe grau, ungeachtet der Balken schon aus vollkommener Marksubstanz bestand. Die vordere Commissur ist da, wo die übrigen mittlern Theile grau sind, etwas heller als sie, doch schwächer und weniger weit als in späteren Perioden zu verfolgen. Die hintere ist gewöhnlich vollkommen weiss, vielleicht weil sie früher entsteht. Die Hirnschenkel sind an ihrem unteren Umfange und in der Mitte ganz weiss, übrigens grösstentheils dunkelgrau, doch verläuft auch an dem obern und äussern Theile ihres Umfangs ein weisser Streif, in welchen sich die Pyramiden sehr deutlich fortsetzen. Der Hirnknoten enthält nur an seiner äussern untern Fläche deutliches Mark und Querstreifen, die inwendig undeutlich und nur in sehr geringer Menge vorhanden sind. In den gestreiften Körpern sind die graue und weisse Substanz so deutlich, bisweilen sogar noch deutlicher als später von einander verschieden.

»Um den sechsten Monat nach der Geburt habe ich gewöhnlich graue und Marksubstanz ganz in demselben Verhältniss zu einander gefunden, welches das ganze Leben besteht.«

Als das wichtigste Ergebniss dieser Beobachtungen MECKEL's ist der Nachweis zu betrachten, dass die verschiedenen Regionen der cerebrospinalen Nervencentren hinsichtlich der Entwickelung des »Markweiss« evidente typische Differenzen zeigen. Sie bergen den grössten Theil dessen, was überhaupt bisher vom Ablauf dieses Processes bekannt ist und sind im Wesentlichen nur in sofern ungenau, als die Entwickelungshöhe resp. das Alter der untersuchten Individuen zur Zeit der Geburt nicht genügend festgestellt wurde, ein Umstand, welcher u. A. auch das auf den ersten Blick scheinbar atypische Verhalten des Balkens erklärt.

In der Folgezeit fanden die Mittheilungen Meckel's nur wenig Beachtung, wahrscheinlich weil dieser selbst und Andere das graurothe Aussehen der foetalen bez. kindlichen Marksubstanz hauptsächlich auf einen
reichlicheren Blutgehalt zurückführten, also nicht wesentliche Unterschiede
der Elementarstructur zwischen »grauem« und »weissem« Mark annahmen.
Alle von Späteren gegebenen Zusätze basiren auf gelegentlichen Befunden; keiner der noch anzuführenden Autoren hat sich eine systematische
Untersuchung der Entwickelung des »Markweiss« zur Aufgabe gestellt.

E. H. Weber[*]) und Foville[**]) beschreiben die Vertheilung der grauen
und weissen Substanz im Rückenmark wahrscheinlich mehrere Monate
zu früh[***]) geborener Individuen. Der erstere bemerkt: »Bei einem
neugeborenen Kinde, dessen Rückenmark ich in frischem Zustande in
viele Lamellen zerschnitt, fand ich, dass sich die hinteren weissen Bündel durch ihre weisse Farbe und Festigkeit sehr vor allen andern Theilen des Rückenmarkes auszeichneten. Die mittlere graue Substanz nahm
einen sehr grossen Umfang ein, und ging an der Stelle, wo Bellingeri
die hintere Seitenspalte annimmt, meistens bis an die Oberfläche. Die
übrige Substanz war in der Nähe der Oberfläche grau und nur da, wo
sie an die mittlere graue Substanz gränzte, weiss. Daher sah man hier
eine weisse zwischen der mittleren und der an der Oberfläche gelegenen grauen Substanz laufende Linie, deren Fortsetzung die vordere
Commissur bildete u. s. w.«

Foville lieferte zu diesen Befunden[†]) insofern eine Ergänzung,
als er darauf aufmerksam machte, dass bei Neugeborenen der hintere
periphere Theil jedes Seitenstranges von dem vorderen durch graue
Substanz getrennt sei, besonders intensiv weiss erscheine und in Folge
dessen ein deutlich gesondertes Bündel formire, welches sich bis in das
corpus restiforme und Kleinhirn verfolgen lasse.

Auch die Literatur, welche das Auftreten von Fettkörnchenzellen im

---

[*]) E. H. Weber. Hildebrandt's Anatomie Bd. III. S. 392.

[**]) Foville, *Traité complet de l'anatomie etc.* Paris 1844. S. 285.

[***]) Keiner der genannten Autoren giebt an, dass die von ihm untersuchten
Neugeborenen zu früh geboren seien; es lässt sich dies aber aus der Beschreibung
selbst mit Sicherheit ableiten.

[†]) Diese Beobachtung Foville's ist eine von den wenigen über das Auftreten des
»Markweiss« bekannt gegebenen, welchen eine allgemeinere Berücksichtigung zu Theil
geworden ist; es ist dies wohl darauf zurückzuführen, dass Foville's Werk, worin sie
enthalten, seiner Zeit sich grossen Beifalles zu erfreuen hatte.

centralen Nervensystem des Neugeborenen behandelt, birgt einige hier-
hergehörige Beobachtungen, welche nur in soweit Berücksichtigung finden
mögen, als sie neue Gesichtspunkte eröffnen.

Parrot*) giebt im Vergleich zu früheren Autoren, was Details anlangt, nur hinsichtlich des Verhaltens des Markweiss im Grosshirn
des Neugebornen einige genauere Aufschlüsse. Er sagt**): »*Dans le
voisinage des ventricules, apparaissent quelques filaments d'un blanc violacé,
beaucoup plus solides que la substance où ils sont plongés, et qui forment
des faisceaux dans la couche optique, le corps strié et les pédoncules. Ce
sont des amas de tubes nerveux, qui augmentent rapidement avec l'âge, et
constituent la substance blanche des hémisphères. Ils viennent****) *de la
moelle et s'avancent peu à peu, en traversant les ganglions cérébraux,
vers les circonvolutions où ils se montrent en dernier lieu.*«

Jastrowitz†) beschäftigt sich eingehender mit den Structurdiffe-
renzen††) zwischen »grauem« und »weissem« Mark. Er weist insbesondere auf den Mangel der Markscheiden im »*centrum semiovale*« des
Neugeborenen als Ursache von dessen eigenthümlicher Färbung hin und
schildert die im Anschluss an das Auftreten jener sich vollziehenden Wandelungen der makroskopischen Erscheinungsweise der foetalen und kindlichen Marksubstanz, ausführlicher als alle Früheren, folgendermassen†††):
»Diese Umwandlung (sc. des »embryonalen« Gewebes in markhaltige Nervenfasern) erfolgt zuerst von den zwei Orten aus, wo Ganglienkörper in
grosser Anzahl gehäuft liegen, die den Nerven ihren Ursprung geben, und
zwar von den grossen Ganglien aus, indem die Stammstrahlung sich

---

*) Parrot, *Arch. de physiol.* Bd. I. 530—550. 622—642 etc.

**) a. a. O. S. 541.

***) Dass die Markscheiden im Grosshirn zuerst innerhalb der thalami optici
und Linsenkerne auftreten, hat bereits Besser angegeben (Virch. Archiv Bd. 36.),
und auch bei Arndt (M. Schultze's Archiv Bd. V.) findet sich eine ähnliche Bemerkung:
keiner dieser Autoren nimmt indess auf die makroskopischen Verhältnisse Rücksicht. —

†) Jastrowitz, Studien über Encephalitis und Myelitis im ersten Kindesalter. Arch.
für Psychiatrie. Bd. II. 2. Bd. III. 1.

††) Die Angaben, welche sich bei Parrot über die Structurdifferenzen zwischen
grauem und weissem Mark finden, sind insofern unzulänglich, als er die in ersterem
massenhaft vorhandenen Axencylinder unerwähnt lässt, demnach wohl ganz übersehen
hat. Aus diesem Grunde bildet er sich auch die irrthümliche Vorstellung, dass die Nervenfasern vom Grosshirnstamme aus erst nach der Geburt in das Grosshirnmark hereinwachsen; der Passus »*ils viennent etc.*« lässt wohl keine andere Erklärung zu.

†††) a. a. O. Bd. II. 413.

in den Markkörper gleichsam weiter vorschiebt, und von der Rinde her,
welche die ihr angrenzenden Regionen zunächst umsetzt. Für das blosse
Auge geben diese Vorgänge sich darin zu erkennen, dass die beim Foetus
von 5—6 Monaten grau-gallertige, pellucide Markmasse, welche später
überaus reichlich mit gut gefüllten Gefässen versehen und der Sitz einer
Hyperämie wird, wodurch sie, — je nach dem Grade des allgemeinen
Blutreichthums und der Vorgeschrittenheit des Bildungsprocesses — eben
jene [sc. für das Grosshirnmark des Neugeborenen charakteristische] rosa-
und graurothe oder hortensiaähnliche Farbe gewinnt, allmählich trüber
und undurchsichtiger wird, alsdann eine weissliche Färbung annimmt
und immer weniger Blutpunkte zeigt, bis schliesslich hellweisse streifige
Züge und unregelmässige Flecke in steigender Zahl auftreten und zusammenfliessen. Aber noch lange hernach erblickt man an diesen Orten
starker früherer Vascularisation und später Neubildung die Wahrzeichen
davon in einer Menge von Blutpunkten und in einem mattgrauen, zu-
weilen röthlichen Schimmer des im Uebrigen »weissen« Markes, wie ich
dies bei einem Kinde von 7 Monaten einmal noch sehr ausgesprochen
fand.«

Auch hinsichtlich des Auftretens des »Markweiss« im Rückenmark[*])
finden sich bei Jastrowitz einige Beobachtungen, welche zum Theil frühere Entwickelungsperioden betreffen, als von den erst genannten Autoren
berücksichtigt worden sind; wir heben nur hervor, dass die Hinterstränge wie beim Neugeborenen so auch schon bei Foeten von 5
Monaten die grösste Masse der weissen Substanz des Rückenmarkes beanspruchen sollen; eine Angabe, die allerdings, wie sich zeigen wird,
eventuell gewisser Einschränkungen bedarf.

Während es allen bisher erwähnten Forschern entgangen ist, dass
eine genaue Verfolgung des Auftretens des »Markweiss« wichtige Aufschlüsse über den Bau und Entwickelungsgang der nervösen Centralorgane zu geben verspricht, deuten einige Aeusserungen Meynert's da-
raufhin, dass ihm dieser Gedanke wohl gekommen ist. Er bezeichnet[**])
nämlich »die an verschiedenen Gehirntheilen des Kindes ungleichzeitig
sich entwickelnde Markweisse als belangreiche Aufgabe eingehenderen Studiums«, ohne jedoch bei dieser Gelegenheit oder an einem anderen Ort darzulegen, in wie fern er das Letztere als folgewichtig betrachtet. Speciellere

---

*) a. a. O. Bd. II. S. 112.
**) Stricker, Gewebelehre S. 771.

Angaben finden sich bei Meynert lediglich hinsichtlich des Hirnschenkelfusses[*]), welcher hiernach bei Neugeborenen und nur wenige
Wochen alten Kindern überwiegend aus grauer Substanz besteht und lediglich an der unteren Oberfläche einen 4 mm breiten weissen Streifen erkennen lässt. »Dieser Markstreifen verbreitet sich mit fortschreitender
Entwickelung in der Weise, dass er weit früher mit seinem Aussenrande
an das Mark der Haube (der Schleife) anstösst, als er mit seinem inneren Rande die *lumina perforata posterior* erreicht«. Selbst an einem
4 monatlichen Kinde erschien weder der äussere noch der innere Rand
der Hirnschenkelbasis »markig«. Was das Verhalten des Hirnschenkelfusses vor der Geburt anlangt, so schliesst Meynert aus einem mikroskopischen Präparat, dass das Weiss zuerst am hintersten, der *substantia
nigra* anliegenden Theil des Fusses auftrete, eine Ansicht, welche, wie
sich zeigen wird, mit unseren Befunden nicht übereinstimmt.

Als nähere Ursache jenes eigenthümlichen Entwickelungsmodus des
»Markweiss« bezeichnet Meynert den Umstand, dass die Nervenfasern des
Fusses erst spät und in den verschiedenen Regionen desselben zu
verschiedener Zeit sich mit Markscheiden umhüllen. Ueber die
entfernteren Ursachen äussert sich M. nicht bestimmt; es geht indess
aus seinen sonstigen Angaben hervor, dass er das Nachschleppen des
Fusses mit den functionellen Eigenschaften desselben in Verbindung zu
bringen geneigt ist.

M. schliesst aus den morphologischen Verhältnissen, dass die Entwickelung der
Leistungen des Hirnschenkelfusses die Bedingungen des extrauterinen Lebens erfor-
dere. In dem betr. Zusammenhang kann dieser Schluss kaum etwas anderes bedeuten, als dass der Hirnschenkelfuss bei der Geburt deshalb noch wenig entwickelt sei,
weil irgend welche specifische Einwirkungen Erregungen?', welche sein Wachsthum
zu beschleunigen vermöchten, intrauterin noch nicht stattzuhaben, während dies bei
der Haube der Fall sei. Auf eine solche Auffassung weist es auch hin, wenn M. (a. a. O.
S. 159) sagt, dass die frühzeitige Entwickelung der Hirnschenkelhaube gegenüber dem
Fuss begreiflich erscheine, »indem im kindlichen Entwickelungsalter reflectorisch ausge-
löste Bewegungen den durch Vorstellungen ausgelösten vorangehen«. Wir werden in
der Folge zeigen, dass zur Beurtheilung der Entwickelungshöhe des Hirnschenkelfusses
gegenüber jener der Haube bei der Geburt der von M. urgirte Gesichtspunkt, das
successive Eintreten dieser Hirntheile in den thätigen Zustand, zunächst nicht in Betracht kommt. Es handelt sich hier vielmehr um die Nachwirkung von Besonderheiten hinsichtlich der ersten Anlage (Entstehungszeit), um Eigenthümlichkeiten
des Entwickelungsganges, deren entferntere Ursachen, sofern man die individuelle Ent-

---

[*] Wiener Sitzungsberichte 1869. Bd. LX. B. S. 133.

wickelung nicht phylogenetisch abzuleiten geneigt ist, vor der Hand sich völlig der Beurtheilung entziehen.

Es erhellt aus dem Angeführten zur Genüge, dass zur Zeit nur für wenige Provinzen der Nervencentren der Zeitpunkt festgestellt ist, wo sie den bleibenden optischen
Habitus erlangen; und noch geringer ist die Zahl jener Markabschnitte, von welchen
wir den Ablauf des Processes in allen Einzelphasen kennen. Man hat es ferner unterlassen, die thatsächlich beobachteten Erscheinungen in genügender Weise aetiologisch
zu deuten, indem man weder Eigenthümlichkeiten im Aufbau des ausgebildeten Markes
noch Beobachtungen über die frühesten Entwickelungsphasen der centralen Fasermassen
zur Erklärung herbeizog. So ist es gekommen, dass man gerade die charakteristischen
Züge in dem uns interessirenden Sonderungsprocess, welche auf die Architektonik wie
den Entwickelungsmechanismus des gesammten centralen Nervensystems helle Streif-
lichter werfen, bisher so gut wie gänzlich übersehen hat.

II.

Untersuchungsmaterial.

Die in der Folge mitzutheilenden Beobachtungen betreffen lediglich
den Menschen, demnach ein Object, welches dem systematischen Studium entwickelungsgeschichtlicher Processe eigenthümliche Schwierigkeiten bereitet. Es erscheint in Anbetracht des unzulänglichen Untersuchungsmateriales nicht nur unmöglich, nach der rein morphologischen Seite hin, den Ablauf der Entwickelung am Menschen auch nur
annähernd mit der Vollkommenheit zu gliedern, wie dies bei vielen Thieren gelingt; es stellen sich auch dem Bestreben, die Beziehungen zwischen Zeit und Formengestaltung festzustellen, insofern Hindernisse
in den Weg, als die Merkmale, welche uns zur Bestimmung des
wahren Alters eines Foetus, beziehentlich Neugeborenen zu Gebote
stehen, in hohem Grade mangelhaft sind. Es kann letzteres nicht
Wunder nehmen, wenn man erwägt, dass von der complexen Grösse,
welche die menschliche Frucht auf jeder beliebigen Entwickelungsstufe darstellt, bisher nur wenige Elemente für diesen Zweck berücksichtigt
worden sind und demnach Verwendung finden können. Man hat sich
bislang begnügt, als Kriterien für das erlangte Alter aus der Summe
des äusserlich Wahrnehmbaren gewisse Züge herauszugreifen, welche
der Beobachtung besonders leicht zugänglich erscheinen.

Es sind dies wie bekannt, insbesondere die Länge und das Gewicht des Foetus. So hinreichend diese Anhaltepunkte, insbesondere
die Körperlänge, sich für gewisse praktische Zwecke erweisen mögen,

so unzureichend erscheinen sie, wenn es z. B. gilt, genau die Alters-
verhältnisse hinsichtlich der Entwickelungshöhe sich nahestehen-
der Individuen zu bestimmen. Es ist in hohem Grade wahrscheinlich,
dass eine gleiche Länge bei verschiedenem wahren Alter sich finden
kann, ja dass einzelne oder alle jene äusseren Merkmale bei jüngeren
Individuen weiter ausgebildet sein können, als bei anderen in Wirklichkeit älteren. Die hierin gegebenen Fehlerquellen machen sich natürlich
um so empfindlicher geltend, je kleiner das disponible Untersuchungsmaterial ist. Hinsichtlich der folgenden Untersuchungen aber verdienen
dieselben insofern noch besondere Beachtung, als es sich vielfach um
die Analyse von Entwickelungsvorgängen handelt, welche in verhältnissmässig raschem Wechsel zahlreiche Phasen durchlaufen, und als gerade
die Bestimmung der Reihenfolge, in welcher sie auftreten, einen
wesentlichen Theil der zu lösenden Aufgabe darstellen wird. Um hier
die Beziehungen zwischen Zeit und Formenwechsel nur einigermassen
befriedigend festzustellen, würde es sich zum Theil nöthig erweisen, das
Alter der Früchte bis auf die einzelne Woche genau anzugeben, was
selbstverständlich unmöglich ist. Kommt hierzu endlich noch, dass unser
Untersuchungsmaterial in den früheren Perioden so grosse Lücken
zeigt, dass selbst die annähernde Zeitbestimmung einzelner morphologischer Fortschritte illusorisch erscheint, so dürfte es gerathen sein,
vor der Hand überhaupt auf eine Angabe der Beziehungen zwischen
Entwickelungsgrad des centralen Nervensystems und Alter der Frucht
zu verzichten. Es empfiehlt sich um so mehr, den morphologischen
status quo lediglich mit Rücksicht auf die Körperlänge darzulegen, als
sich hiermit zugleich die praktisch wichtige Frage der Entscheidung
näher bringen lässt, ob jene in der That, wie man bisher angenommen,
das beste äussere Merkmal für die Höhe der Gesammtentwickelung darstelle und *praeter propter* die sichersten Rückschlüsse auf den Reifegrad
der Früchte gestatte.

Es werden demgemäss in der Folge die Foeten und Neugeborenen
lediglich der Länge und nur diejenigen Kinder, deren extrauterines Alter
mindestens ca. 1 Monat betrug, der Lebensdauer nach geordnet betrachtet werden.

Wir geben zunächst eine tabellarische Uebersicht der untersuchten Individuen, da dies am ehesten ein Urtheil darüber ermöglicht, in
wie fern wir im Stande sind, aus unseren Befunden Gesetze von allge-

meinerer Gültigkeit abzuleiten*). Die Rubriken werden neben einer
laufenden Nummer für eine kurze Bezeichnung der Fälle enthalten:
Länge und Gewicht jedes einzelnen Individuum bei der Geburt, extrauterine Lebensdauer, Todesursache und eventuell schwere Allgemeinerkrankungen von Mutter und Frucht**).

---

*) Die folgende Tabelle umfasst sowohl die lediglich zur Untersuchung der Ent-
wickelung des »Markweiss« verwendeten Individuen als das Material für die im zweiten
Theil dieser Abhandlung mitgetheilten Untersuchungen über mikroskopische Entwickelungsvorgänge in Rückenmark und *medulla oblongata.*

Die mit einem * versehenen Fälle (*3 etc.) wurden lediglich makroskopisch, diejenigen, welchen ein † vorgesetzt ist (†17 etc.), im Wesentlichen nur mikroskopisch
untersucht; die Messung und Wägung wurde in der Regel sofort nach der Geburt
vorgenommen; die Länge bedeutet die Entfernung zwischen Ferse und Scheitel bei
mässiger Streckung. Alle die Individuen, welche 29 Tage oder länger extrauterin gelebt, sind nach der Lebensdauer geordnet unter No. 41—60 im Zusammenhang aufgeführt, gleichviel ob sie bei der Geburt kürzer oder länger waren; diejenigen, welche
kürzere Zeit gelebt haben, sind den gleichlangen Todtgeborenen angereiht worden.

In der letzten Abtheilung (61—65) sind einige pathologische Fälle vereinigt,
welche, wie sich ergeben wird, zum Theil sehr werthvolle Aufschlüsse über einzelne
Organisationsverhältnisse der Nervencentren ertheilen.

**) Die Angabe von Allgemeinerkrankungen erfolgt, weil es in hohem Grade wahr-
scheinlich ist, dass einzelne derselben, insbesondere S y p h i l i s , einen modificirenden
Einfluss auf die Gesammtentwickelung auszuüben im Stande sind. Es müsste sonach
von vornherein gewagt erscheinen, zur Untersuchung normaler Entwickelungsvorgänge
überhaupt derartig afficirte Individuen, welche einen nicht unbeträchtlichen Bruchtheil
unserer Fälle ausmachen, heranzuziehen, sofern man bei der Darlegung der Befunde
nicht stets das Bestehen pathologischer Momente berücksichtigte. Es bietet aber auch,
wie sich ergeben wird, die Berücksichtigung des allgemeinen Gesundheitszustandes den
Schlüssel zur Lösung mancher scheinbaren Widersprüche.

Verzeichniss des Untersuchungsmaterials.

Lauf. No.	Länge bei Geburt (clm.)	Gewicht bei Geburt (gr.)	Extrauterine Lebensdauer	Todes-ursache	Allgemein-Erkrankung. Mutter u. Kind	Bemerkungen.
1	41		—	—	—	—
2	12	60	—	—	—	
*3	—	—	—	—	—	auf 4½ Monat geschätzt. Länge nicht genau bekannt.
4	25	—	0	—	—	todtgeboren.
5	28	500	0	—	—	todtgeboren.
6	28½	430	0	—	—	} Zwillinge, Mutter litt an allgemeinen Oedemen, Hydramnios.
7	30	450	0	—	—	
8	30	—	0	—	—	
9	32	750	1 Stunde	—	—	
10	34	930	0	—	—	Zwilling.
11	35	1050	starb einige Minuten nach Geburt	?	—	Frühgeburt in Folge zu tiefer Placentarinsertion.
12	35	—	—	—	—	todtgeboren.
13	35½	—	7½ Tage	Lebens-schwäche	—	wog nach dem Tode 855 gr.!
*14	38	1350	7½ Stunde	Apopl.cereb.	—	
*15	41	1450	0	—	—	todtgeboren.
16	42	—	6 Tage	?	—	
;17	42	2000	0	Tod der Mutter	Syphilis Mutter	wurde aus dem Leichnam der Mutter entfernt.
18	42	2080	einige Minuten	Apopl. cerebr.	Syphilis Kind	
19	42	1500	19 Stunden	?	—	
*20	44	1700	½ Stunde	?	—	
21	44	2000	20 Stunden	?	—	
22	44	1890	10 Tage	?	—	
;23	45	2100	½ Stunde	?	Syphilis Kind	
24	45	2230	8 Tage	?	—	
25	46	2700	2½ Tag	?	—	
26	16½	2350	9 Tage	—	—	
27	47	2500	19 "	Syphilis	Syphilis	
28	17½	2530	15 "	?	—	
†29	48	—	0	?	—	
30	49	2790	1¼ Tag	Pneumonie	—	auffallend voluminöses Rückenmark. s. Fig. 2. Taf. XVI.
31	50	2490	0	?	—	Gehirn und Rückenmark im Verhältniss zum Gewicht des Kindes sehr stark entwickelt.
;32	50½	2870	0	"	—	
33	—	—	13 Tage	Erysipel	—	Hasenscharteoperation, gut entwickelt.
34	51½	ca. 3400	0	Perforation (rhach. Becken)	—	wog ohne den grössten Theil des Grosshirns 3050 gr.
35	51	3400	1¾ Tag	Pneumonie	—	

Lauf. No.	Länge bei Geburt	Gewicht bei Geburt	Extrauterine Lebensdauer	Todes- ursache	Allgemein- Erkrankung Mutter u. Kind	Bemerkungen.
	ctm.	gr.				
36	52½	3600	2½ Tag	Ruptur eines Netzgefässes	—	——
*37	53	3510	2 Tage	?	—	——
*38	?	?	0	Hernia dia- phragmatis	—	sehr stark entwickelt, völlig reif geschätzt.
39	54	3550	0	?	—	
40	54	—	4 Stunden	?	—	——
41	50½	3250	29 Tage	Intestinal- catarrh.	—	——
42	?	?	31 »	Intestinal- catarrh.	—	wahrscheinlich reif bei der Ge- burt.
43	54	3560	32 »	—	Mutter Syphilis	
*44	?	?	55 »	Meningitis convexitatis	—	gut entwickelt.
45	?	?	57 »	Intestinalcat.	—	doppelte Hasenscharte.
46	49	2770	63 »		—	——
47	47	2700	71 »	Intestinalcat.	—	
*48	?	?	78 »	—	—	
*49	50	2980	82 »	—	—	
50	?	?	95 »	Erysipel	—	Hasenschartenoperation.
*51	50	3110	104 »	—	—	——
*52	?	?	105 »	—	—	——
*53	51	2870	111 »	—	—	——
54	?	?	122 »	—	—	——
55	?	?	9 Mon.	—	—	
56	?	?	»	—	—	Hydrocephalus internus.
57	?	?	»	—	—	Hydrencephalocele.
58	?	?	11 Mon.	—	—	——
59	?	?	1 Jahr	—	—	——
60	?	?	2 Jahr	—	—	——
61	?	?	0	Lungen- syphilis	Syphilis	Länge und muthmassliches Alter unbekannt, daher hierhergestellt.
62	51	2650	0	?	—	angeborene »aufsteigende Dege- neration« in Hinter- und Seiten- strängen, Erweiterung des Cen- tralcanals im Lendenmark.
63	?	?	—	Hemi- cephalie	—	Hemicephalie, kräftig entwickelt.
64	?	3200	1½ Tag	Hirnbruch	—	Microcephalie in Folge eines Hirn- bruches, totaler Defect der Gross- hirnschenkel, der Vierhügel u. s. w.
65	—	—	11 Tage	Marasmus	Syphilis Vater	Microcephalie in Folge totalen Balkenmangels.

Anmerkung. Um für einen Theil der in vorstehender Tabelle verzeichneten Kinder und Foeten eine wenigstens annähernde Bestimmung des Alters zu ermöglichen, geben wir nachstehend die Durchschnittsgewichte, welche von AHLFELD (Archiv für Gynaekol. Bd. II. Heft 3) für die letzten 2 Monate des Foetallebens an hier (Leipzig) geborenen Individuen festgestellt worden sind. Die Resultate anderer Autoren über diese Periode zu benützen, erscheint deshalb nicht zweckmässig, weil hinsichtlich der Länge insbesondere der ausgetragenen Früchte, verschiedene Volksstämme möglicherweise Verschiedenheiten darbieten. Hinsichtlich der früheren Altersperioden stehen uns speciell auf die hiesige Bevölkerung bezügliche zuverlässige Angaben nicht zu Gebote; wir müssen deshalb auf die anderwärts gemachten Beobachtungen verweisen.

Woche des Foetallebens	Durch-schnittslänge	Durch-schnitts-gewicht	Maximal-Gewicht und Länge		Minimal-Gewicht und Länge	
40	50,3 ctm.	3168 gr.	4300 gr.	55 ctm.	2650 gr.	48 ctm.
39	50,8 »	3321 »	4530 »	56 »	2600 »	46 »
38	49,9 »	3016 »	4260 »	60 »	2000 »	44 »
37	48,3 «	2878 »	4000 »	54,3 «	1550 »	40 »
36	48,3 »	2806 »	4250 »	56 »	2030 »	44 »
35	47,3 »	2753 »	4200 »	53,3 »	1730 »	42,3 »
34	46,07 »	2424 »	3660 »	52 »	1620 »	38 »
33	43,88 »	2084 «	2680 »	47,3 »	1120 »	36 »

Was die Methode der Untersuchung anlangt, so lassen sich zur Feststellung der zunächst in Betracht kommenden Verhältnisse natürlich nur frische Gehirne verwenden.

Die Section wurde in der Regel innerhalb der ersten 24 Stunden, oft innerhalb der ersten 12 Stunden *post mortem* ausgeführt. Das baldige Hervortreten von Fäulnisserscheinungen, welche sich auch bezüglich der makroskopischen Verhältnisse sehr bald fühlbar machen, gestattet gewöhnlich schon am 2. Tage nach dem Tode eine Verwendung der Leiche nicht mehr.

Bei der geringen Consistenz, welche dem frischen Gehirn von Foeten und Neugeborenen zu eigen ist, empfiehlt es sich, die Untersuchungen, wo immer möglich, *in situ* d. h. innerhalb des Schädels anzustellen oder herausgeschnittene Theile in Flüssigkeit (Kochsalzlösung von ½% oder MÜLLER'scher Solution) schwimmend zu bearbeiten. In vielen Fällen wurde der Schädel durch einen horizontalen Sägeschnitt geöffnet, welcher vorn durch die am weitesten vorspringenden Theile der Stirnhöcker, hinten durch die Mitte zwischen Hinterhauptshöcker und kleiner Fontanelle geführt wurde. *Dura mater* und Gehirn blieben hierbei zunächst intact und wurden erst nachträglich mittelst eines grossen flachen Messers in der Sägelinie glatt durchschnitten. Es wird sich aus den beifolgenden Abbildungen ergeben, dass es so bei einiger Uebung gelingt, das Gehirn in fast gleicher Höhe zu treffen und Bilder zu gewinnen, welche direct eine Vergleichung des Entwickelungsgrades verschiedener Individuen ermöglichen.

Von den gebräuchlichen Härtungsflüssigkeiten conservirt *Kali bichromicum* die charakteristischen Helligkeitsunterschiede, welche vornehmlich in Betracht kommen, am besten, indess nicht in so gleichmässiger Weise, dass auf diesem Wege gehärtete Präparate als frischen gleichwerthig betrachtet werden könnten.

III.

Casuistische Darstellung unserer Befunde.

Legt man an reifen Neugeborenen die *centra semiovalia* durch beliebig geführte Schnitte in grösserer Ausdehnung blos, so gewahrt man an Stelle der eintönigen weissen Markmassen des Erwachsenen ein Gewebe, welches die verschiedensten Intensitätsabstufungen von Weiss und Roth darbietet; dieselben fliessen theils ohne scharfe Grenze mit verwaschenen Rändern zusammen, theils treten sie grell contrastirend neben einander auf.

Die Region z. B., in welche die Stammstrahlung zunächst eintritt, enthält neben einer durch ihr optisches Verhalten an das ausgebildete Mark erinnernden Formation in beträchtlicher Masse eine eigenthümlich succulente, matt durchscheinende Substanz, deren Farbenton und Helligkeitsgrad individuell nicht unerheblich variirt; sie erscheint bald grauweiss, ohne irgend welche Beimischung von Roth, so dass sie mattgeschliffenem Glas nicht unähnlich sieht, bald ist sie rosig angehaucht, bald endlich grau violett ohne irgend welche deutliche Spur von Weiss.

Die mehr der Rinde benachbarten Markabschnitte bieten in dem weitaus grössten Theil der Hemisphären Eigenthümlichkeiten ähnlicher Natur dar. Es sondert sich in der Regel die Rindensubstanz nicht sowohl durch einen dunkleren als durch helleren Ton von der angrenzenden grauröthlichen Marksubstanz. Nur ganz beschränkte, in der Folge genauer zu beschreibende Rindengebiete nehmen gewöhnlich eine Sonderstellung ein, indem sich in deren Bereich zwischen Corticalsubstanz und tiefer liegende Markmassen eine schmale weisse Zone ein-

schiebt, welche der Oberfläche genau folgend, sowohl gegen Peripherie
als Centrum durch grössere Helligkeit contrastirt. In einzelnen Fällen
ist von den erstgenannten Differenzen nur wenig wahrnehmbar, ja es
erfolgt sogar eine Umkehr jenes Verhaltens, indem die Rinde auf weite
Strecken dunkler erscheint, als das Mark. Das Hemisphärenmark der
Neugeborenen zeigt somit in seinem optischen Habitus eine Mannigfaltigkeit, wie sie grösser kaum gedacht werden kann.

Dass es nicht ohne Interesse ist, die Vertheilung der verschieden gearteten Massen einer genaueren Prüfung zu unterwerfen, ergiebt sich sofort, wenn man durch die Hemisphären in der Weise Schnitte
führt, dass einzelne bestimmte Markregionen blossgelegt werden. Auf
Frontalschnitten durch die Centralwindungen und auf Horizontalschnitten, welche die Hinterhörner der Seitenventrikel in ihrer
ganzen Länge treffen, bemerkt man, wie ein Blick auf die Figg. 4 h und
5 c. c. Taf. III lehrt, dass die hinsichtlich ihrer optischen Eigenschaften
dem ausgebildeten Gewebe sich nähernden Markmassen in Form scharf
abgegrenzter Streifen und Züge auftreten, welche schon deshalb die
Aufmerksamkeit in hohem Grade auf sich zu lenken geeignet sind, weil
sie in jenen Grosshirnbezirken bereits eine ziemliche Mächtigkeit erreicht
haben, während sie in anderen, z. B. in den Stirnlappen, noch gänzlich
vermisst werden.

Vergleicht man nun verschiedene Individuen, deren Allgemeinentwickelung auf ein ungefähr gleiches Alter hinweist, so ergiebt sich,
dass jene fast ausnahmslos in der nämlichen Anordnung wiederkehren;
und wenn sie hinsichtlich ihrer Färbung und Helligkeit variiren, so geschieht dies immer nur innerhalb enger Grenzen. Es bilden somit diese
Streifen und Züge annähernd constante Stücke im Hemisphärenmark
der Neugeborenen, constant insofern, als sie unter normalen Verhältnissen bei sämmtlichen reifen Individuen sich durch einen grösseren
Helligkeitsgrad von ihrer Umgebung sondern. Sie unterscheiden sich
durch dieses gesetzmässige Verhalten wesentlich von den sonst noch
hervortretenden Differenzirungserscheinungen, welche nur ausnahmsweise
bei verschiedenen Individuen völlig übereinstimmen.

Diese hinsichtlich des optischen Verhaltens hervortretende Variabilität einzelner Stücke des Hemisphärenmarkes, die Constanz anderer ist
leicht erklärlich, sofern man die morphologischen Factoren, welche bestimmend auf jenes einwirken, näher ins Auge fasst. Es erscheint um
so nothwendiger, dies hier zu thun, als nur auf dieser Basis von vorn-

herein ein Verständniss der vielgestaltigen Bilder zu gewinnen ist, welche
im Laufe der Sonderung von grauer und weisser Substanz in die Erscheinung treten.

Farbenton und Helligkeitsgrad irgend eines Gehirntheiles resultiren im
Wesentlichen aus dem Zusammenwirken zweier (in morphologischer
Hinsicht in Betracht kommender) Factoren, eines im Verlauf der Entwickelung gesetzmässig variirenden, der elementaren Structur
des Parenchyms, und eines völlig atypischen, des Blutgehaltes.
Was den ersteren anlangt, so lässt sich sein Antheil an der optischen
Erscheinungsweise des Markes an hochgradig blutarmen Gehirnen leicht
feststellen. Es ergiebt eine vergleichende Untersuchung solcher, dass
das Parenchym in dieser Hinsicht einerseits im Laufe der Entwickelung
typische Wandlungen zeigt, andrerseits bei ungefähr gleich alten Individuen nur unwesentlich differirt. Noch bei 25 ctm. langen Früchten erscheint das Grosshirnmark graugallertig, glasig durchscheinend; bei 35 ctm.
langen Neugeborenen findet man es weisslich getrübt, so dass es mattgeschliffenem Glas nicht unähnlich sieht; und ein grosser Theil der
Hemisphären bietet dieses Verhalten, wie bereits erwähnt, noch zur normalen Zeit der Geburt dar.

Gerade die zuletzt geschilderte optische Eigenartigkeit des Parenchyms tritt verhältnissmässig selten ganz rein hervor; in der Regel wird
sie mehr oder weniger modificirt durch den Farbstoff des Blutes. Das
kräftige Pigment desselben macht sich um so energischer geltend, als
das Gewebe selbst noch völlig eines Elementes entbehrt, welches die
Wirkung jenes in erheblichem Grade abzuschwächen im Stande wäre.
Bei hochgradiger Hyperämie erscheint so der oben beschriebene hellgraue Ton umgewandelt in ein dunkles Violett, und entsprechend geringeren Graden von Blutfülle tritt eine Unzahl vermittelnder Helligkeits-
und Farbennuancen in die Erscheinung. Da der Blutgehalt des foetalen
und kindlichen Gehirns nicht nur im Ganzen sondern auch in jeder einzelnen Region hochgradigen individuellen Schwankungen unterworfen ist,
so kann es nicht Wunder nehmen, dass das Aussehen des Markes, solange dem Parenchym jene oben beschriebenen optischen Eigenschaften
zukommen, beträchtlich variirt.

Dieses Verhalten ist indess nur von beschränkter Dauer. Es tritt
als Schlussstein im elementaren Aufbau des Markes eine Substanz in letzterem auf, welche, in grösserer Menge angehäuft, sich durch ein in-
tensives Weiss auszeichnet: die der Markscheiden. Mit dem Wachsthum

derselben beginnt alsbald ein Wettstreit zwischen dem ihnen eigenthümlichen kräftigen Reflexionsvermögen und der optischen Wirkung der spnsti-
gen Gewebsbestandtheile, aus welchem jenes schliesslich als Sieger hervorgeht. Das Mark lichtet sich mehr und mehr, es tritt an Stelle des
matt durchscheinenden Hellgrau allmählich ein milchweisser Ton, schliesslich jenes gesättigte Weiss, welches das ausgebildete Mark charakterisirt.
Schon bevor letztere Umwandlung eingetreten, sobald als die Markscheiden im Verhältniss zu den übrigen Gewebsbestandtheilen ein gewisses,
allerdings nicht genau anzugebendes Volumen erreicht haben, ist selbst
die Zumischung von beträchtlichen Mengen von Blutpigment nicht mehr
im Stande, das eigenthümliche Reflexionsvermögen jener völlig zu para-
lysiren. Da das Blut aber den einzigen wesentlich in Betracht kommenden variabelen Factor darstellt, so ist jetzt das Colorit des Markes nur
noch innerhalb enger Grenzen variabel *). Es erreicht somit jeder Theil
des im ausgebildeten Zustand in Form weisser Substanz auftretenden
Markes während seiner Entwickelung zu einer der Sachlage nach nur
unnähernd bestimmbaren Zeit einen Punkt, von wo an der individuell
nur wenig variabele Factor der Elementarstructur des Parenchyms
ganz vorwiegend die optische Erscheinungsweise bestimmt.

Es gelangen nun die verschiedenen Regionen des centralen Markes
nicht alle gleichzeitig auf diesem Höhepunkt der Ausbildung an, sondern successiv, unter Einhaltung einer ganz bestimmten Reihenfolge; und zwar handelt es sich hierbei nicht lediglich um geringe
Zeitunterschiede, sondern um überraschend grosse, welche zum Theil
ein halbes Jahr nicht unerheblich überschreiten. In Folge dessen
treten innerhalb der Marksubstanz Helligkeitsdifferenzen hervor, welche
so beträchtlich sind, wie sie sich überhaupt nur denken lassen, indem
von zwei unmittelbar einander benachbarten Regionen die eine bereits
das Weiss des ausgebildeten Markes zeigen kann, während die andere
noch jene graupellucide Beschaffenheit besitzt, welche wir am gesammten
Mark in den frühesten Stadien seiner Entwickelung wahrnehmen.

So kommen denn die eigenthümlichen Bilder zu Stande, welche
wir oben vom Grosshirnmark des Neugeborenen beschrieben haben. Es

----

*) Es scheint sich zu der Zunahme der Markscheiden gleichzeitig eine Abnahme
des mittleren Blutgehaltes der betreffenden Marktheile zu gesellen, und dieser Umstand
dürfte ebenfalls dazu beitragen, dass der Einfluss des Blutgehaltes auf die Färbung von
einer bestimmten Zeit an wesentlich geringer ist.

eilen hier circumscripte Theile der Stammstrahlung hinsichtlich der elementaren Ausbildung des Parenchyms, insbesondere hinsichtlich der Ausstattung mit Markscheiden allen anderen Markabschnitten weit voraus und bilden jene oben geschilderten typischen weissen Streifen und Züge. Sie sind es, welche bei allen gleichaltrigen Individuen mit annähernd constantem Habitus wiederkehren, während die übrigen Regionen des Markes, welche Markscheiden zum Theil gar nicht, zum Theil in so geringer Menge besitzen, dass die letzteren sich selbst bei hochgradiger Anämie nicht geltend machen, unter der Herrschaft des schwankenden Blutgehaltes individuell hochgradig variiren müssen.

Es beansprucht nach dem Angeführten die typisch wiederkehrende, scharf ausgeprägte, auf der markweissen Beschaffenheit einzelner Theile beruhende Gliederung morphologisch eine wesentlich höhere Bedeutung, als die in Form diffuser lichter oder dunkler, unregelmässig contourirter Flecken auftretende, individuell in höherem Grade variabele. Jene ist stets als der Ausdruck für bestimmte, auf gesetzmässigen Entwickelungsvorgängen beruhende Structurunterschiede innerhalb des Markes anzusehen, diesen haftet vielfach der Charakter des Zufälligen an, indem sie sich wohl bald auf gesetzmässige Differenzen der Elementarstructur der concurrirenden Markabschnitte gründen, bald aber auch wesentlich auf den Einfluss eines völlig atypischen Factors, des Blutgehaltes; letztere besitzen demnach eine bestimmte morphologische Dignität nicht.

Es erscheint mit Rücksicht hierauf eine genauere Beschreibung der letzteren nur von secundärem Interesse, und wir werden in der Folge gänzlich von derselben Abstand nehmen. Hingegen müssen die constant wiederkehrenden Helligkeitsdifferenzen, insbesondere die Anordnung der jeweiligen markweissen Massen unsere Aufmerksamkeit in hohem Grade erregen, einerseits im Hinblick auf ihre rein morphologischen Eigenthümlichkeiten, andererseits deshalb, weil nach unseren bisherigen Kenntnissen vom Bau und der Entwickelung der Centralorgane die entfernteren Bedingungen ihres Zustandekommens zum Theil völlig räthselhaft sind, soweit sie sich aber überblicken lassen, unmittelbar zu einer Verfolgung des Processes auffordern.

Es ist dies um so mehr der Fall, als wir nicht nur in den Marklagern der Grosshirnhemisphären und hier lediglich zur Zeit der Geburt auf so ausgeprägte Differenzirungen stossen. Dieselben stellen vielmehr Glieder einer langen Kette ähnlicher Bilder dar, welche ungefähr von der Mitte des Foetallebens an, wo zuerst ein entschiedenes Weiss innerhalb des centralen Markes wahrnehmbar ist, bis zum 5. Monat nach der Geburt, wo die bleibende Vertheilung von weisser und grauer Substanz sich einstellt, im gesammten centralen Mark in die Erscheinung treten. Während dieser Periode sind auf jeder Altersstufe in später zu beschreibender typischer Anordnung einzelne Markabschnitte durch eine auffallend helle, reinem Weiss sich mehr oder weniger nähernde Färbung ausgezeichnet, während an anderen die Existenz der Markscheiden sich noch nicht makroskopisch geltend macht. Wir beobachten während jener ganzen Entwickelungsperiode innerhalb des gesammten Rayons der späteren weissen Substanz auf Grund des optischen Verhaltens ein wechselvolles Auftauchen und Verschwinden derartiger Differenzirungen; und da es nicht lediglich durch grössere Zwischenräume getrennte, beziehentlich verschiedenen Provinzen der Nervencentren, wie Rückenmark, Klein- und Grosshirn angehörige, sondern auch unmittelbar sich berührende und durch einander geflochtene Fasermassen sind, welche hinsichtlich der Aufhellungszeit ausgeprägte Unterschiede erkennen lassen, so kommt es zu einer höchst detaillirten Gliederung des centralen Markes, deren Schilderung hier folgen möge.

Wir werden aus den bereits oben (S. 9) erörterten Gründen die einzelnen Befunde der Länge der Foeten, beziehentlich der extrauterinen Lebensdauer der Kinder nach geordnet aufführen. Nur bei den 49—51 ctm. langen Neugeborenen werden wir uns aus noch anzugebenden Gründen nicht ganz genau an die gefundenen Längen halten können. — Den Bezeichnungen »Markweiss, definitiver Helligkeitsgrad« und dergl., welche in der Folge vielfach Anwendung finden müssen, haftet zweifellos etwas Unbestimmtes, Subjectives an in sofern, als eine ganze Reihe von Intensitätsabstufungen des Weiss hierunter subsumirt werden können. Man könnte nun daraus, dass der definitive Habitus der weissen Substanz allmählich und ohne scharfe Grenze aus dem foetalen hervorgeht, dass es somit nicht möglich ist, genau den Zeitpunkt zu bestimmen, von wo an jene Bezeichnungen auf einen Markabschnitt mit Recht Anwendung finden, den Beweis ableiten wollen, dass die vielfach in der Folge wiederkehrende Angabe, es sei bei einem Foetus oder Neugeborenen dieser oder jener Theil »markweiss« gefunden worden, des Charakters der Objectivität gänzlich entbehre insofern, als es vielfach von der Willkür des Beobachters abhänge, wann er diese Bezeichnung anwenden wolle. Wir werden uns dennoch dieser Ausdrücke, welche überhaupt nicht eine ganz bestimmte Intensität des Weiss bezeichnen sollen, oft bedienen, weil im Hinblick auf die Art der Ausnutzung der makroskopischen Befunde die jenen Ausdrücken anhaftenden Mängel nur wenig ins Gewicht fallen. Es wird sich nämlich zeigen, dass es nicht die Hauptaufgabe der Untersuchung sein kann, für jeglichen Markabschnitt genau den Zeitpunkt festzustellen, wo er diesen oder jenen bestimmten Helligkeitsgrad erlangt, sondern eines Theils die rein morphologischen Charaktere der im Laufe der Entwickelung des Markweiss hervortretenden typischen Gliederungen des centralen Markes zu analysiren, anderen Theiles die Reihenfolge festzustellen, in welcher sich die verschiedenen Theile anschicken, einen von der grauen Substanz entschieden differirenden Habitus zu erwerben. In ersterer Hinsicht handelt es sich vielfach um die Hervorhebung von optischen Differenzen einander benachbarter Theile, welche, ähnlich denen zwischen weisser und grauer Substanz des Erwachsenen, bestehen bleiben, selbst wenn die Farbennüance u. s. w. des einen oder anderen concurrirenden Theiles etwas variirt. Die Reihenfolge aber, in welcher das Markweiss an vielen andren Orten hervortritt, lässt sich befriedigend feststellen, weil die hier in Betracht kommenden Zeitunterschiede vielfach grösser sind, als die Dauer des Stadiums der zweifelhaften Beschaffenheit, und weil wir überdies an jedem einzelnen Individuum die verschiedenen Regionen direct auf ihr Colorit vergleichen können.

Von den zur Untersuchung gelangten Focten mass der kürzeste, welcher typische Helligkeitsunterschiede in dem eben definirten Sinn innerhalb des centralen Markes darbot, 25 ctm. (No. 4 d. V. *).

Dieselben machten sich lediglich im Rückenmark und in der unteren Hälfte der *oblongata* bemerklich. Schon vor Eröffnung der *dura mater spinalis* markirten sich die Hinterstränge in ihrer ganzen Länge als weissliche Bänder. Bei der unmittelbaren Betrachtung der Rückenmarksoberfläche liessen sie einen entschieden weissen Ton erkennen, alle übrigen Stränge waren in verschiedenen Nüancen grau durchscheinend. Im Dorsal- und Lendentheil unterschieden sich die medialen, dem *septum posterius* anliegenden, und die lateralen, den hinteren Wurzeln anliegenden Theile der Hinterstränge nur wenig von einander; im Halsmark hingegen war die Trennung beider scharf ausgesprochen, der Art, dass ein intensiveres Weiss nur an den äusseren, den Burdach'schen Keilsträngen entsprechenden Abschnitten hervortrat; der Rayon der Goll'schen (zarten) Stränge zeigte ähnlich der seitlichen und vorderen Rückenmarksoberfläche einen tiefgrauen Ton.

Aehnlich den Burdach'schen Keilsträngen des Halsmarkes verhielten sich, von der Oberfläche betrachtet, die der *oblongata*, während die *clavae* das Colorit der Goll'schen Stränge darboten. Das Weiss der ersteren verschwand ungefähr entsprechend der mittleren Höhe der Oliven.

Auf Querschnitten fanden sich sowohl am Rückenmark als an der *oblongata* Helligkeitsdifferenzen, welche den von der Oberfläche sichtbaren entsprachen; andre scharf ausgeprägte waren nicht wahrnehmbar. In der ganzen Länge der *medulla spinalis* war lediglich an der Innenfläche der Hinterhörner die Grenze zwischen grauen Säulen und Markmantel

---

*) No. 4. des Verzeichnisses Seite 11.

deutlich ausgeprägt. Der den äusseren Vordersträngen und vorderen Seitensträngen entsprechende Theil des Querschnittes zeigte zwar einen etwas grösseren Helligkeitsgrad als die hinteren Seitenstränge und die Gegend der grauen Säulen; indess waren diese Theile noch nicht scharf von einander geschieden.

Mehrere 28—30 ctm. lange Foeten (No. 5. 6. 7. 8. d. V.) boten im Wesentlichen gleiche Verhältnisse dar. Das Weiss der Keilstränge endete nach oben stets entsprechend der Mitte der Oliven, wobei jene sich in der Regel etwas zuspitzten; es setzten sich demnach die weissen Bündel n i c h t auf die *corpora restiformia*, beziehentlich in das Kleinhirn fort.

Auf Querschnitten durch die *oblongata* zeichnete sich die Gegend der h i n t e r e n L ä n g s b ü n d e l (MEYNERT) in der Regel durch besondere Helligkeit aus.

Die W u r z e l b ü n d e l der *nervi oculomotorii, faciales* und *acustici* *), hoben sich nach ihrem Eintritt in das Centralorgan deutlich durch einen grösseren Helligkeitsgrad von ihrer Umgebung ab, so dass sie schon makroskopisch mit Leichtigkeit bis zum Eintritt in das centrale Höhlengrau (MEYNERT) verfolgt werden konnten. Sie erschienen gleichzeitig beträchtlich heller, als alle übrigen Hirn- und Rückenmarksnerven.

Bei einem 32 ctm. langen Individuum (No. 9 d. V.) erschienen an Q u e r s c h n i t t e n durch das oberste H a l s m a r k auch die V o r d e r - s t r ä n g e, mit Ausnahme der innersten, die vordere Fissur begrenzenden Zonen, gesättigt weiss und contrastirten hierdurch einerseits gegen die grauen Vorderhörner, andrerseits gegen die grauweissen vorderen und insbesondere gegen die grauhyalinen hinteren Seitenstränge. Von der Mitte der Halsanschwellung an nach abwärts hoben sich die Vorderstränge zwar gleichfalls gegen die Vorderhörner durch einen helleren Ton ab, indess war der Gegensatz weit weniger ausgeprägt, als im erst-erwähnten Markabschnitt. Die Hinterstränge hatten, mit Ausnahme der GOLL'schen Stränge des Halsmarkes und eines, das hintere *septum* begrenzenden, ähnlich geformten Abschnittes, im oberen Dorsalmark einen Hellig-

---

*) Die Reihenfolge, in welcher das Weiss an diesen Nerven hervortritt, liess sich nicht genau feststellen, weil in einem Fall der *acusticus* beträchtlich heller gefunden wurde, als die andren oben erwähnten Nerven, in einem andren der *oculomotorius*.

keitsgrad, welcher von dem beim Erwachsenen wahrnehmbaren nur wenig
abwich; es gewann hierdurch den Anschein, als ob sie einen grösseren
Querschnitt besässen, als die übrigen Theile des Markmantels zusammen-
genommen, was indess, wie wir zeigen werden, nicht der Fall ist.

In der Gegend der Pyramidenkreuzung trat auf Querschnitten
zwischen den zu den Pyramiden gehörigen, noch grau durchscheinenden
Massen sowie den weissen Vordersträngen beziehentlich Vorderstrangresten
ein scharf ausgeprägter Gegensatz hervor, und es liessen sich somit beide
schon makroskopisch leicht von einander unterscheiden.

In der *oblongata* sowie durch die ganze Brücke hindurch bis zur
Austrittsstelle der *nervi oculomotorii* erschien die Gegend der hinteren
Längsbündel durch ein intensiveres Weiss ausgezeichnet. Auch in der
Gegend der Fasermasse, welche dem *corpus trapezoideum* der Säuger
entspricht, fand sich eine merkliche Lichtung; doch grenzten sich diese
Theile nicht scharf von ihrer Umgebung ab.

Ausser den bereits früher erwähnten Nerven unterschieden sich
trochlearis, *abducens* und *trigeminus* innerhalb des Centralorganes deutlich
von den anliegenden Gewebsmassen und waren bis nahe an den Boden
der Rautengrube bez. *Aquaeductus Sylvii* heran zu verfolgen.

Zwei bei 35 ctm. Länge geborene Individuen boten hinsichtlich des
Rückenmarkes[*)] nicht völlig übereinstimmende Verhältnisse dar.

Bei einem derselben (No. 12 d. V.), dessen Gewicht nicht bestimmt
wurde, waren die Vorderstränge in der ganzen Länge des Markes,
im Halsmark wiederum je mit Ausnahme einer inneren, der vorderen Fissur anliegenden Zone, in den tieferen Regionen in ihrem ganzen Querschnitt markweiss. Die vorderen Seitenstränge erschienen grauweiss, die
hinteren Theile derselben grauhyalin; eine scharfe Abgrenzung beider
Abtheilungen war nicht vorhanden.

Weiter ausgebildet erschien eine 35 ctm. lange, 1050 gr. wiegende
Frucht. (No. 11. d. V.)

Am Rückenmark zeigten, von der Oberfläche betrachtet, auch die
vorderen Seitenstränge und die Vorderstränge einen weisslichen
Ton, welcher indess noch erheblich von dem gesättigten Weiss der Hinterstränge abwich. Auf dem Querschnitt waren diese Unterschiede gleich-

---

[*)] Die *oblongata* u. s. w. konnte nicht untersucht werden.

falls wahrnehmbar, und man bemerkte insbesondere, dass die Vorder-
seitenstränge sich aus mehreren durch ihren Helligkeitsgrad wohl sich
sondernden Abtheilungen zusammensetzten. Die Lagerungsverhältnisse
waren nicht in allen Höhen des Markes die nämlichen.

Im obersten Halsmark erschienen die äusseren Vorderstränge
und vorderen Seitenstranghälften (vs. Fig. 4. Taf. XIII.) weisslich; in den
hinteren Seitenstranghälften war nur die den *processus reticulares*
(LENHOSSEK) entsprechende Region (sr. Fig. 4.), sowie eine schmale, die
Austrittsstelle der hinteren Wurzeln nicht ganz erreichende periphere
Zone ähnlich beschaffen. Der Rest der Seitenstränge war grauhyalin,
gleich den inneren, der vorderen Spalte anliegenden Abschnitten der
Vorderstränge. Die grauen Theile der letzteren waren nicht in beiden
Rückenmarkshälften gleich gross, die rechtsseitige Masse erschien beträchtlich voluminöser als die linke. In den Hintersträngen sonderte sich
noch die den GOLL'schen Strängen entsprechende Region (Z'.) durch einen
grauen Ton von den intensiv weissen BURDACH'schen Keilsträngen (B.).

Gegen die Mitte der Halsanschwellung hin (s. Fig. 7. Taf.
VIII.) erreichte die weisse Randzone der hinteren Seitenstränge (Z) die
Austrittsstelle der hinteren Wurzeln. In dem linken Vorderstrang war
die innere graue Masse scheinbar geschwunden.

Im oberen Dorsalmark verschwanden die letzteren auch aus
dem rechten Vorderstrang, und die grauhyalinen Theile der Seitenstränge erreichten nächst der Austrittsstelle der hinteren Wurzeln die
Peripherie (Fig. 6 fg. Taf. XIII.). In den Hintersträngen war die Scheidung in einen der Mittellinie anliegenden, nach vorn zugespitzten grauen
Keil und eine äussere die Hinterhörner begrenzende, entschieden weisse
Masse noch deutlich ausgesprochen.

Vom oberen Theil der Lendenanschwellung an erschien
beiderseits im hinteren Seitenstrang (P. Fig. 9. Taf. XIII.) eine auf dem
Querschnitt dreieckige, mit der breitesten Fläche der Peripherie anliegende
graue Masse, welche von dem Hinterhorn durch eine schmale weisse
Zone getrennt wurde und nirgends dasselbe unmittelbar berührte; sie
verschwand in der Gegend des Ursprungs vom 3.—4. Sacralnerven. In
den Hintersträngen fand sich im Lendenmark ein grauer Ton nur in
einem mondsichelförmigen, durch das hintere Ende des *septum posterius*
halbirten Abschnitt.

Auch in *medulla oblongata*, Brücke und Kleinhirn zeichneten
sich mehrere scharf abgegrenzte Züge durch besondere Helligkeit aus.

An der ersteren sah man zunächst nach Entfernung der *pia mater*
von aussen, wie die noch graugallertigen Pyramiden zwischen den zur
Seite tretenden compacten weissen Vordersträngen emportauchten. Aus
dem äussersten und hinteren Theil der Seitenstrangperipherie
ging beiderseits ein weisser Strang hervor, welcher, in der unteren Hälfte
der *oblongata* zwischen Oliven und *corpus restiforme* gelegen, entsprechend
der Mitte der ersteren verschwand. Dicht dahinter schimmerte eine
weissliche Masse aus der Tiefe, welche ihrer Lage nach offenbar der
aufsteigenden Trigeminuswurzel (Meynert) entsprach.

An das obere Ende der Burdach'schen Keilstränge setzten
sich, den *corpora restiformia* entsprechend, schmale weisse, offenbar sich
nicht mit dem ganzen Querschnitt derselben deckende Streifen an, welche
in das Kleinhirn eintraten, und, sich dicht vor den *n. dentati* nach
oben*) und innen umkrümmend, die Gegend der Dachkerne erreichten.
Sie umhüllten dieselben und traten hierauf zur Medianlinie heran, wo
sie sich begegneten. Da wo bei jüngeren Foeten die obere äussere
Grenze des weissen Keilstranges liegt, fand sich beiderseits eine längsgestellte graue Linie; dieselbe schob sich zwischen ersteren und den in
das Kleinhirn eintretenden Strang ein, so dass beide sich nicht continuirlich in einander fortsetzten. Auf einem Flächenschnitt durch die grösste
Länge des Oberwurms trat in dem vordersten Abschnitt desselben,
dicht hinter dem Ursprung der *lingula*, eine durch die eben erwähnten,
aus der *oblongata* kommenden weissen Streifen gebildete weisse Commissur hervor.

Auf Querschnitten durch die *medulla oblongata* zeichneten
sich die Pyramiden durch eine graue pellucide Beschaffenheit aus; in
der unteren Hälfte dieses Organes erschien ausser den, platte weisse
Bündel darstellenden Keilsträngen im Wesentlichen nur das der *raphe*
anliegende, seitlich von den Hypoglossuswurzeln abgegrenzte Feld weiss;
entsprechend der oberen Hälfte der Oliven beschränkte sich das Markweiss auf die durch die hinteren Längsbündel gebildete hinterste
Abtheilung der inneren motorischen Querschnittsfelder (Meynert)

---

*) Bei seinem Eintritt in das Kleinhirn gelangt dieser Zug in die unmittelbare Nähe
des *corpus trapezoideum* und der Acusticuswurzeln, welche um diese Zeit gleichfalls schon
beträchtlich gelichtet sind. Es muss daher die Möglichkeit im Auge behalten werden,
dass sich Theile dieser jenem beimischen, ja einen erheblichen Theil jenes bilden,
wenn es auch in dem in Rede stehenden Fall nicht beobachtet wurde.

sowie auf die vordersten, nach oben sich zwischen die Schleifenschichten fortsetzenden Massen.

Während sich die aufsteigende Trigeminuswurzel auf dem Querschnitt nur undeutlich von der Umgebung abhob, trat hier beiderseits die gemeinsame aufsteigende Wurzel des seitlichen gemischten Systems (Meynert) in Form eines intensiv weissen Punktes scharf hervor. Von jedem derselben zog eine weisse, im Bogen gekrümmte Linie zum hinteren Ende der *raphe*, wo beide zusammentrafen.

In der Brücke war die Umbeugung von Theilen der *trigemini* nach unten (in die aufsteigenden Wurzeln, Meynert) gut markirt, da sie wenn auch nicht völlig weiss, doch erheblich heller erschienen, als die Brückenquerfasern. Auf Querschnitten fielen zwei gesättigt weisse Massen in die Augen, welche nach ihrer Lage und ihrem Umfang zu schliessen identisch waren mit Schleifenschicht und hinteren Längsbündeln.

Die erstere war bis zum unteren Vierhügelpaar sichtbar, wo sie ohne scharfe Grenze verschwand; die hinteren Längsbündel liessen sich bis zur Gegend der Oculomotoriuswurzeln verfolgen und schienen (!) hier gegen die hintere Commissur umzubiegen.

Auch bei allen folgenden Individuen liessen sich die durch grössere Helligkeit von der Umgebung wohl gesonderten hinteren Längsbündel nur bis zur Gegend der hinteren Commissur verfolgen, und es gelang somit nicht, den von Meynert für höhere Regionen angegebenen Verlauf zu bestätigen. Da auf die Untersuchung dieses Verhältnisses stets besondere Sorgfalt verwendet wurde, so erscheint dieser abweichende Befund wohl beachtenswerth. Bei dem 38 ctm. messenden Kind (No. 14 d. V.), dessen hintere Commissur ein intensiveres Weiss zeigte, war zwischen letzterer und der Region der hinteren Längsbündel ein heller Verbindungszug wahrnehmbar.

Bei einem 35½ ctm. langen, 7½ Tag alt gewordenen (No. 13 d. V.), sowie bei allen längeren Individuen bot zunächst im Rückenmark die hintere Seitenstrangperipherie von der Oberfläche aus betrachtet denselben Helligkeitsgrad dar, wie die Hinterstränge; das Weiss setzte sich nach oben fort auf das bereits erwähnte, zwischen Oliven und *corpus restiforme* prominirende Bündel, welches sich deutlich in markweisse Bogenfaserbündel auflöste, die sich dem *corpus restiforme* beigesellten und dasselbe hauptsächlich zu bilden schienen*).

Im Rückenmark fanden sich auf Querschnitten innerhalb der Sei-

---

*) Es ist das von Foville beschriebene Bündel (s. o. S. 4).

tenstränge grauhyaline Massen an den nämlichen Stellen, wie im letzt beschriebenen Fall; innerhalb der Vorderstränge waren ähnliche selbst im obersten Halsmark nicht wahrnehmbar*).

In der untersten Brückenregion trat entsprechend der Grenze von hinterer und vorderer Abtheilung ganz besonders scharf eine quer verlaufende weisse Masse hervor**), welche, beiderseits vom Oberwurm zur Schleifenschicht herabsteigend, diese durchflocht und in der Mittellinie eine Kreuzung einzugehen schien. Es war dies, wie sich aus Lagerung und Verbindungen ergab, offenbar der dem *corpus trapezoideum* der Thiere entsprechende Faserzug. Während seines Verlaufes auf der zwischen den oberen Oliven gelegenen Strecke zerfiel derselbe in zwei durch eine schmale graue Masse getrennte Streifen, welche sich nur in der Mittellinie berührten und hier durch Kreuzung ihre Lage ' so zu wechseln schienen, dass der rechts nach hinten gelegene links nach vorn gelangte. Die oberen Oliven, welche von diesem queren Zug nach vorn begrenzt wurden, liessen sich als scharfmarkirte gelbröthliche Knötchen deutlich erkennen.

Bei vier 42 ctm. langen Früchten (No. 16. 17. 18. 19. d. V.) differirte der optische Habitus des centralen Markes im wesentlichen nur insofern, als die noch grauhyalinen Theile der Vorderseitenstränge des Rückenmarkes verschieden gelagert waren. Bei dreien derselben fanden sie sich lediglich in den Seitensträngen an den mehrerwähnten Stellen; bei einem 1500 gr. schweren Individuum zeigte sich durch das ganze Halsmark hindurch auch an der Grenze des rechten Vorder- und Seitenstranges, und zwar der Peripherie unmittelbar anliegend, eine auf dem Quer-

---

*) Es möge sogleich hier bemerkt sein, dass ähnliche graue Massen innerhalb der Vorder-Seitenstränge bis zu 48 ctm. Körperlänge regelmässig, einmal auch bei 50½ ctm. gefunden wurden, dass aber ihre Lagerung vielfach variirte. Bald waren sie lediglich auf die bekannten Regionen der Seitenstränge beschränkt, bald waren sie zum grössten Theil in die Vorderstränge gerathen und begrenzten hier meist beiderseits die vordere Längsspalte, bald vertheilten sie sich in wechselnden Grössenverhältnissen auf Vorder- und Seitenstränge. Wir werden in der Folge nachweisen, dass diese Variabilität nicht in eine Reihe zu stellen ist mit der wechselnden Färbung noch nicht markweisser Theile, dass es sich vielmehr um eine individuell verschiedene Lagerung homologer Gebilde handelt.

**) Es war dieses Bündel bereits bei den 35 ctm. langen Foetus wahrzunehmen (s. o.); doch war es hier noch so wenig deutlich, dass sich seine Verlaufsweise nur ungenau erkennen liess.

schnitt ovale grau durchscheinende Masse, welche sich nach oben direct
in die rechte Pyramide fortsetzte (vergl. Taf. XV. Fig. 8 *P''*. In allen
Fällen war das Weiss der Hinterstränge noch gesättigter, als jenes der
hellsten Theile innerhalb der Vorderseitenstränge.

Bei allen gelang es, die in ihrem hintersten Theile stark gelichteten
Bindearme vom vorderen oberen Rand der *nuclei dentati cerebelli*
an ungefähr bis zu ihrer Kreuzungsstelle unter den Vierhügeln zu verfolgen. Die hintere Commissur zeigte zum Theil einen weisslichen Ton.

Auch die obere Pyramidenkreuzung war deutlich markweiss
und grenzte sich gegen die der unteren zustrebenden Bündel scharf ab.

Ein sechs Tage alt gewordenes, bei der Geburt 42 ctm. langes Kind
zeigte gleiche Verhältnisse, wie die gleich langen Todtgebornen. Auf
dem in der oben*) angeführten Weise angelegten Horizontalschnitt durch
das Grosshirn erschienen noch sämmtliche Regionen grau.

Bei drei 44 ctm. langen Neugeborenen (No. 20 — 22 d. V.) war
wiederum der gesammte Markmantel der *medulla spinalis* mit Ausnahme
eines in den hintern Seitensträngen an der gewöhnlichen Stelle gelegenen Abschnittes entschieden weiss. Desgleichen erschienen die *brachia
conjunctiva postica*, die gesammte hintere Commissur des
Grosshirns sowie beiderseits das Bündel vom *ganglion habenulae* zur Haube
(MEYNERT) stark gelichtet.

Im Kleinhirn hatte sich das Weiss bei allen in Rede stehenden
Individuen auf den gesammten Oberwurm, einen Theil der Markfüllung des *nucleus dentatus* und die Flocke verbreitet. Bei einem derselben, welches ein Alter von 10 Tagen erreichte, waren auch einzelne
von dem Oberwurm nach den Hemisphären ausstrahlende Bogenfaserzüge ähnlich beschaffen; alle übrigen Theile des *cerebellum* erschienen
noch grau.

Bei dieser Länge liess sich auch zum ersten Male in den Grosshirnhemisphären eine weisse Masse erkennen; es waren Theile der
inneren Kapsel, welche theils dem *thalamus opticus*, theils dem Linsenkern anlagen. Der Querschnitt Taf. II. Fig. 3. i. K. gewährt ein Bild
hiervon.

Ein weiterer Fortschritt gab sich kund bei einem in der Länge von

---

*) s. S. 13 fg.

45 ctm. gebornen, 8 Tage alt gewordenen Individuum; es waren hier
auch die *laminae medullares* der Linsenkerne sowie die hinterste
Umgebung ihrer äussern Glieder durch besondere Helligkeit von den anliegenden Theilen wohl geschieden. Im Hirnschenkelfuss fand sich
jetzt, zum ersten Male, an der unteren äusseren Seite ein scharf abge-
grenztes helles Band von 3 mm. Breite, welches sich in die innere Kapsel
fortsetzte und zwar nach der Region, wo das innere Glied des Linsenkerns derselben anliegt. — In der vorderen Brückenabtheilung
waren einzelne Längsbündel durch ein intensiveres Weiss ausgezeichnet.

Bei zwei in der Länge von 46 resp. 46½ ctm. geborenen Individuen, von denen jenes 2½, dieses 9 Tage lebte, fanden sich im Allgemeinen übereinstimmende Verhältnisse. Im Rückenmark des Letzteren
war im ganzen Halstheil an beiden Vordersträngen ein äusserer, den Vorderhörnern anliegender, weisser und ein innerer, die vordere Fissur begrenzender, matt grauer Abschnitt unterscheidbar. Die Vorderstränge
zeigten hierbei im Verhältniss zu den Seitensträngen einen ungewöhnlich
grossen Querschnitt.

Tractus und *nervi optici*, welche sich bisher*) von allen
übrigen Hirnnerven durch ihre grau gallertige Beschaffenheit unterschieden,
stellten ziemlich compacte weisse Stränge dar; auch die äusseren
Riechstreifen hoben sich durch grössere Helligkeit scharf gegen die
substantia perforata anterior ab.

Im Kleinhirn waren die *nuclei dentati* allseitig, besonders auch
nach hinten und aussen von einem dicken weissen Markmantel umhüllt,
welcher sich durch eine ungemein scharfe, der Kleinhirnoberfläche annähernd concentrisch verlaufende Contour gegen die mehr peripher gelegenen, noch tiefgrauen Markpartien abgrenzte. Im hinteren und seitlichen Abschnitt der Hemisphären waren letztere besonders reichlich und
bildeten hier, bis an die Rinde heranragend, die äusseren Theile des
Markkernes sowie die Markfüllung der *gyri* und *laminae medullares*. Vorn
und oben wurde die Rinde bekleidet von weissen, Bogenfasersystemen
entsprechenden Zügen, welche vom Oberwurm continuirlich nach den
Hemisphären ausstrahlten.

Die Bindearme, welche auf ihrem gesammten Querschnitt weiss

---

*) Bei dem letzterwähnten Individuum wurde das Verhalten dieser Theile nicht fest-
gestellt.

erschienen, liessen sich durch den rothen Kern der Haube hindurch bis
zur inneren Kapsel verfolgen, in welche sie entsprechend der Grenze
von hinterem und mittlerem Drittheil des *thalamus* eintraten.

In der inneren Kapsel trat auf Horizontalschnitten eine Scheidung der den grossen Ganglien unmittelbar anliegenden Theile und der
zwischen diesen sich hindurchdrängenden Fasermassen hervor, indem
die letzteren noch grauhyalin erschienen, während jene bereits intensiv
aufgehellt waren. Im Linsenkern, besonders im hinteren Abschnitt,
hoben sich die *laminae medullares* scharf heraus; auch die äussere
Kapsel war in ihrem hintersten Theil deutlich weiss. Die *thalami*
waren von vielen markigen Bündelchen durchzogen; besonders viele
drangen von der inneren Kapsel aus in dieselben ein.

Auch im Hemisphärenmark fand sich eine weisse Masse, welche
sowohl wegen ihres relativ zeitigen Hervortretens, als auch wegen
ihrer besonderen morphologischen Eigenthümlichkeiten eine genauere
Berücksichtigung verdient. Es kam auf Frontalschnitten durch das Grosshirn, welche auf der Scheitelhöhe die Berührungsstelle beider
Centralwindungen resp. den obersten vordersten Theil der hinteren
trafen, ein schmaler, von der Umgebung scharf abgehobener weisser
Streifen zum Vorschein, welcher vom äusseren Theil der inneren
Kapsel resp. vom oberen Rande des in dieser Gegend in einzelne
Zacken auslaufenden Linsenkerns auszugehen schien[*]). Derselbe lief
zunächst etwas nach auswärts, bog aber ¼ ctm. über der Ventrikelhöhle,
stark gekrümmt nach innen um und wendete sich dem obersten, der
grossen Hirnspalte anliegenden Theil der hinteren Centralwindung
zu und zwar, wie es schien, besonders dem vorderen, die Rolando'sche
Furche begrenzenden Rande. Während dieser Zug bei dem 2½ Tag
alten Kinde etwa 1 ctm. von der Rindenoberfläche verschwand, reichte
er bei dem 9 Tage alt gewordenen bis auf ¼ ctm. an dieselbe heran.

Verlängerte man den Schnitt nach unten bis zum Hirnschenkelfuss,
so zeigte sich, dass das in ihm vorhandene, oben erwähnte Bündel, scheinbar an der inneren Seite des Linsenkerns emporklimmend, sich in jenen
weissen Zug fortsetzte[**]). Auch zwischen dem in die innere Kapsel

---

[*]) Derselbe entspricht dem äussersten Theil des mit c. c. bezeichneten Zuges (Tafel III. Fig. 5.).

[**]) Ob es sich hier um continuirliche Bahnen handelt, lässt sich lediglich auf Grund
makroskopischer Befunde nicht feststellen. Das Verhältniss des in den Scheitellappen

einmündenden Bindearm und dem Bündel zur hinteren Centralwindung bestand eine markweisse Verbindung. Auf Frontalschnitten durch *praecuneus* und den der 1. Stirnwindung zugekehrten Theil der vorderen Centralwindung liessen sich an entsprechenden Stellen ähnliche Bündel nicht wahrnehmen; es zeigte sich überhaupt sonst im Hemisphärenmark nur in der unmittelbaren Nachbarschaft der inneren Kapsel eine stärkere Lichtung *).

Fast gleiche Befunde im Grosshirn ergaben sich bei einem zur Zeit der Geburt 47½ ctm. langen Individuum (No. 28 d. V.), welches 15 Tage gelebt hatte, sowie bei einem 50½ ctm. messenden todtgeborenen (No. 32 d. V.); nur wurden im letzteren Falle die *nervi optici* nicht weiss sondern grauhyalin gefunden.

Annähernd übereinstimmende Verhältnisse zeigten ferner zwei 49, beziehentlich 50 ctm. lange Neugeborene (No. 30 u. 31 d. V.) **).
Die *nervi optici* waren in beiden Fällen noch grau, auch innerhalb der *bulbi olfactorii* fanden sich weisse Massen noch nicht.
Im Halstheil des Rückenmarkes war weder in den Seiten- noch in den Vordersträngen eine Formation wahrnehmbar, welche den bei allen bisher erwähnten Individuen ausnahmslos vorhandenen grauhyalinen Abschnitten glich. Der Markmantel erschien demnach, ähnlich

. . . . .

ausstrahlenden Zuges zur inneren Kapsel, beziehentlich zu den Stammganglien, wird sich überhaupt erst mit Hülfe der mikroskopischen Untersuchung befriedigend erkennen lassen.

*) Die Befunde bei einem 47 ctm. langen, 19 Tage alt gewordenen syphilit. Individuum (No. 27 d. V.) werden bei einer späteren Gelegenheit Erwähnung finden.

**) In beiden Fällen zeigte der Rückenmarksquerschnitt allenthalben im Verhältniss sowohl zur Länge als zum Gewicht der Früchte eine ungewöhnliche Grösse. Ein Vergleich der Fig. 2. u. 6. Taf. 16., welche Querschnitte aus correspondirenden Höhen von dem in Rede stehenden 49 ctm. langen, 2790 gr. schweren und einem 51½ ctm. langen, ohne Grosshirn 3100 gr. wiegenden Kind darstellen, wird dies sofort überzeugend darthun. Nach gleichlanger Härtung in der nämlichen Flüssigkeit mass der Querschnitt der Halsanschwellung an der dicksten Stelle bei dem ersteren 41 ☐mm., bei letzterem, welches gleichzeitig hinsichtlich des Markvolumens als Repräsentant der meisten 51—52 ctm. langen Neugeborenen gelten kann, 30 ☐mm. Man könnte demnach in dem ersteren Fall mit einiger Berechtigung von einer »Hypertrophie des Rückenmarkes« sprechen. An beiden in Rede stehenden Individuen wurde im Grosshirn auch hinsichtlich der Ausbreitung des Markweiss eine höhere Entwickelung gefunden, als an den übrigen ungefähr gleich langen und gleich schweren, was aus der Beschreibung deutlich hervorgehen wird.

dem des Erwachsenen, über den ganzen Querschnitt heller, als die grauen
Säulen; die Intensität des Weiss stimmte zwar nicht in allen Regionen
völlig überein, zeigte jedoch nirgends so grelle Differenzen, dass s c h a r f
gesonderte Abtheilungen hervortraten. Im D o r s a l- und L e n d e n m a r k
fanden sich innerhalb der Seitenstränge noch dieselben Helligkeitsdifferenzen wie früher.

Das K l e i n h i r n bot ähnliche Verhältnisse dar, wie bei den zuletzt
beschriebenen Individuen.

Die P y r a m i d e n des v e r l ä n g e r t e n M a r k e s erschienen, ähnlich
den sonstigen Theilen der *oblongata*, von der Oberfläche betrachtet entschieden weiss und grenzten sich in Folge dessen nicht mehr scharf
gegen die V o r d e r s t r a n g r e s t e ab.

In der v o r d e r e n B r ü c k e n a b t h e i l u n g zeichnete sich eine grössere
Anzahl von Längsbündeln durch einen grösseren Helligkeitsgrad, vor den
verschiedene Nüancen eines tieferen Grau darbietenden Querbalken aus.

Im H i r n s c h e n k e l f u s s war der weisse, an der vorderen Peripherie gelegene Streifen um ca. das Doppelte breiter als früher. Innerhalb der H a u b e boten auch die zwischen Schleifenschicht und Vierhügel gelegenen Fasermassen, welche neben den Bindearmen das haupt-
sächlichste Contingent zu dem Querschnitt jener stellen und von MEYNERT
wesentlich aus den *thalamus opticus* abgeleitet werden, ein dem bleibenden ähnliches Verhalten dar.

Im G r o s s h i r n war der in die obersten Theile der C e n t r a l w i n-
d u n g e n ausstrahlende Zug nun deutlich doppelt, indem nach innen von
dem zuerst erwähnten ein zweiter hervortrat, welcher, mit jenem parallel
verlaufend, nur durch eine dünne Lage grauer Masse von ihm getrennt
war. Der letztere Streifen kam scheinbar aus dem *thalamus opticus* und
strebte dem Theil des oberen Verbindungsstückes beider Centralwindungen zu, welcher zwischen oberer und innerer Hirnoberfläche gelegen ist.

Von der hinteren Spitze des Linsenkerns resp. der inneren Kapsel
strahlte in den Hinterhauptslappen ein weisslicher Zug*) aus, welcher auf dem mehrerwähnten Horizontalschnitt an der Aussenseite des
Hinterhorns, vom Ependym desselben durch eine bis mehrere Millimeter
breite, wahrscheinlich der Balkenstrahlung (*tapetum*) angehörige graue

---

*) Derselbe entspricht dem von HENLE, Nervenlehre (Fig. 88.) abgebildeten dunklen
Streifen über dem Hinterhorn.

Lage getrennt, bis gegen das hintere Ende des Ventrikels wahrnehmbar war (Taf. III. Fig. 4 h.).

Auf Frontalschnitten durch den Occipitallappen erschien er als ein das Hinterhorn von aussen, oben und unten umhüllender Mantel, welcher nach aussen durch eine bis 5 mm. breite graue Masse vom Ependym geschieden wurde, während er mit einer oberen und unteren Kante unmittelbar bis an dasselbe heranragte.

Bei einem 51½ ctm. messenden Neugeborenen (No. 34 d. V.) fand sich abgesehen vom Grosshirnmark, dessen Verhalten nicht festgestellt werden konnte, die nämliche Vertheilung von »grauer« und »weisser« Substanz, wie in den letzterwähnten Fällen. Insbesondere waren die *nervi optici* und die äusseren Abschnitte der Markkerne der Kleinhirn-hemisphären noch grau durchscheinend.

Weiter ausgebildet erschienen, wenigstens in einigen Beziehungen, ein 51 ctm. langes, ca. 2 Tage altes und ein bei der Geburt 47 ctm. messendes, 19 Tage alt gewordenes Kind (No. 35 u. 27 d. V.).

Die *nervi optici* waren in ihrer ganzen Länge intensiv weiss. In der Brücke zeigten einige Querfaserzüge, welche besonders am Eintritt der *trigemini* in die Augen fielen, die gleiche Beschaffenheit. Im Kleinhirn hatten nur die Markleisten der *gyri* in den Seitentheilen der Hemisphären dieselbe noch nicht erlangt.

Bei einem 54 ctm. messenden todtgeborenen Individuum (No. 39 d. V.) fanden sich an den letzteren Stellen des Kleinhirns auch ein-zelne weisse Bogenfasersysteme, welche von der gleichhellen Umgebung der *nuclei dentati* nur noch durch schmale grauröthliche Zonen getrennt waren. Die *nervi optici* erschienen, sowohl von der Oberfläche be-trachtet als auf dem Querschnitt grauhyalin.

Bei einem andren 54 ctm. langen Neugeborenen, welches 4 Stun-den gelebt hatte (No. 40 d. V.), waren diese Nerven grauweiss.

Im Rückenmark war auch im Dorsal- und Lendentheil die Scheidung der Seitenstränge in einen graudurchscheinenden und einen weissen Theil nicht mehr so deutlich ausgeprägt wie vorher.

Im Grosshirn hob sich der Zug vom hinteren Ende der inneren Kapsel in den Hinterhauptslappen, ebenso wie bei den letzt-

erwähnten drei Kindern nicht in der nämlichen Weise scharf ab, wie
dies bei den früher beschriebenen, 49 beziehentlich 50 ctm. messenden
der Fall war. Hingegen traten, als eine neue Erscheinung, theils in
den obersten Abschnitten der hinteren Centralwindungen, theils in den
untersten, der dritten Stirnwindung benachbarten der vorderen, weisse
bogenförmig der Rinde anliegende schmale Züge hervor, welche durch
weniger intensiv gelichtete verbunden waren.

Weiter ausgebildet erschien das Gehirn eines 52½ ctm. messenden,
ca. 3 Tage alt gewordenen Kindes (No. 36 d. V.).

In den Scheitellappen[1]) liess sich eine continuirliche Reihe
von weissen, der Rinde anliegenden Streifen wahrnehmen, welche die
vorderen Centralwindungen in ihren obersten Regionen die hinteren in
ganzer Länge bekleideten. Ausser diesen, offenbar »Associationssystemen«
(MEYNERT) entsprechenden Massen fanden sich an keiner Stelle des
Grosshirns solche von ähnlicher Helligkeit.
Der Zug von der inneren Kapsel zur oberen Scheitel-
gegend war gleichzeitig beträchtlich compacter, als in den vorerwähnten Fällen. Derselbe hatte sich auch in der sagittalen Richtung
erheblich vergrössert und war im vordersten Theile des *praecuneus*
(HIRSCHE), sowie entsprechend der ganzen Breite des obersten Abschnittes der vorderen Centralwindungen bis zur Rinde vorgedrungen.
Weiter nach vorn und hinten strahlten zwar ebenfalls weisse Züge aus
der inneren Kapsel in das Hemisphärenmark ein, insbesondere liess sich
auch gegen den hinteren Theil des *praecuneus* ein solcher erkennen,
welcher ähnlich dem ersterwähnten compacten Zug verlief; indess verschwanden sie sämmtlich bald nach ihrem Eintritt in das *centrum semiovale*. Es geschah dies in der Weise, dass die den vorderen Enden
der Linsenkerne entsprechenden und die von ihren hinteren Enden
gegen die Mitte zwischen hinterer Centralwindung und Spitze des Occipitallappens ausstrahlenden Massen am ehesten unsichtbar wurden,
während alle dazwischen gelegenen in dem Maasse weiter gegen die
Rinde vordrangen, als sie sich der ROLANDO'schen Furche näherten.
Von dem horizontalen Zug in den Occipitallappen zweigte sich entsprechend der ersten Schläfenwindung ein weisser Streifen ab,

---

[1]) Die Figur 5. Taf. III. stellt die Verhältnisse dar, welche auf Frontalschnitten
durch die vordere Centralwindung zum Vorschein kommen.

welcher zum Theil nach derjenigen Region der Rinde jenes Lappens
strebte, welche mit dem unteren Rande des Klappdeckels in ungefähr
gleicher Höhe liegt *).

Ein anderer Theil (vergl. Fig. 4.) begab sich an die Aussenseite des
Unterhorns und stand zu diesem in demselben Verhältnisse, wie der
oben beschriebene nach der Hinterhauptsspitze strebende zum Hinterhorn. Jene zog, vom Ependym durch eine verschieden, bis 3 mm.,
dicke graue Masse getrennt, nach dem vorderen Ende des Schläfenlappens zu, verschwand aber, bevor er dasselbe erreichte.

Zum ersten Mal zeigte sich jetzt auch im Balken eine deutliche
Differenzirung, indem ein Theil desselben weit heller erschien als die
übrigen. Während das *splenium* und die Gegend des *genu corporis
callosi* auf Quer- un Längsschnitten noch grau erschienen, war der die
beiderseitigen Centralwindungen verbindende Abschnitt stark gelichtet**).
Die weissen Faserbündel desselben schienen nur von Rindengegenden
zu kommen, welche medianwärts von dem bis zur Rinde vorgedrunge-
nen markweissen Stabkranzbündel lagen.

Ein weitere Ausbildung zeigten zwei nach 29- resp. 31 tägigem
Leben verstorbene Individuen (No. 41 u. 42 d. V.), von denen das eine
bei der Geburt 50½ ctm. lang war, das andere nicht gemessen wurde.
In beiden Fällen erschienen die der vorderen Centralwindung anliegenden »Associationssysteme« sämmtlich weiss, und gleichzeitig war
zwischen dem grössten Theil des *praecuneus* und dem hintersten obersten Abschnitt der ersten Stirnwindung einer-, der inneren Kapsel andererseits eine Verbindung durch weisse Massen hergestellt, welche mit
dem zuerst im Hemisphärenmark vorhandenen Zug hinsichtlich der Configuration übereinstimmten. Der besonders helle Theil des Balkens hatte
sich dem entsprechend nach vorn und hinten vergrössert. In der innern Kapsel fanden sich auch zwischen Kopf des *nucleus caudatus* und
Linsenkern reichliche markweiss Massen. Von dem ersteren aus in

*) Eine Andeutung dieser Fasermasse fand sich bereits bei einem 45 ctm. langen,
8 Tage alt gewordenen sowie einem 47 ctm. langen, 19 Tage alt gewordenen luetischen Individuum, bei den übrigen bisher erwähnten nicht.

**) Wir erwähnen schon hier dieses Verhalten als ein typisches, obwohl die aus-
getragenen bis 5 Wochen alten Individuen dasselbe meist nicht besonders deutlich
zeigten. Bei den 6—15 Wochen alten Kindern wurde es regelmässiger gefunden.

das Hemisphärenmark vordringende weisse Züge waren nicht wahrnehmbar.

Bei einem 71 Tage alt gewordenen, bei der Geburt 47 ctm. langen Kinde zweigten sich von dem mehrerwähnten Streifen an der Aussenseite des Hinterhornes, welcher nirgends mehr durch graue Massen vom Ependym getrennt wurde, nach aussen vielfach weisse Züge ab, welche sich weit in die Windungen hinein verfolgen liessen, da sie sich durch ihr blendendes Weiss scharf gegen die zwar schon stark gelichteten, aber immer noch grau durchscheinenden sonstigen Markmassen des Occipitallappens abhoben. Der Zug in den Schläfenlappen erreichte die Spitze des letzteren. Der Balken erschien nur in der Gegend des Knieces intensiver grau. Der Hirnschenkelfuss war, mit Ausnahme schmaler Zonen an der medialen und lateralen Kante, an seiner ganzen unteren Peripherie weiss; doch bot noch mehr als die Hälfte des Querschnittes eine der fötalen sich nähernde optische Beschaffenheit dar.

Ein 82 Tage altes Individuum, welches bei der Geburt 50 ctm. lang, wich von dem vorigen hauptsächlich in sofern ab, als sich ein starker weisser Zug bemerklich machte, welcher, vom vorderen Ende der inneren Kapsel nach der dritten Stirnwindung zu strebend, in der Rinde der letzteren, entsprechend der Verlängerung der *fissura lateralis posterior* (HENLE), endete (s. Fig. 7. 8. 9. Taf. V—VII. *fIII.*).

Bei zwei Kindern (No. 51 u. 53 d. V. vergl. Taf. VI. Fig. 8.), welche 104 resp. 112 Tage alt und bei einer Länge von 50 resp. 51 ctm. geboren worden waren. erschien das Mark der ganzen hinteren Hälfte der Occipitallappen weiss; im gesammten Stirnhirn war die definitive Grenze von Rinde und Marksubstanz durch grössere Helligkeit der letzteren angedeutet. Der Zug in die dritte Stirnwindung hob sich noch deutlich ab.

Bei einem 105 Tage alt gewordenen Individuum, (No. 52 d. V.), dessen Grösse bei der Geburt nicht bekannt, erschienen auch im Stirnlappen einzelne »Associationssysteme« entschieden weiss. Dieselben bekleideten die Windungen sowohl der vorderen als der unteren Fläche und convergirten zum Theil nach den Wurzeln der *bulbi olfactorii* hin. Rechterseits zog von der inneren Kapsel nach der vordersten Fläche der ersten Stirnwindung ein schmaler weisser Zug, welcher sich zunächst nach aussen wendete und darauf, seine Richtung in Form einer stark gekrümmten Curve (s. Figur 9. *f'.*) ändernd, sich nach dem vorderen äusseren Theil der ersten Stirnwindung begab. Links konnte eine entsprechende Bildung nicht nachgewiesen werden. Jener Zug verlief im Verhältniss zum Vorderhorn u. s. w. ähnlich wie der zuerst im Scheitellappen auftretende weisse Streifen im Verhältniss zu den Seitenventrikeln; nur lag jener horizontal, während dieser vertical gestellt ist.

Es fanden sich an dem in Rede stehenden Gehirn nur noch wenige Markregionen, deren Charakter dem fötalen sich näherte; sie gehörten meist den Stirnlappen und den vorderen Theilen der Schläfenlappen an und wurden hauptsächlich von den der Rinde benachbarten Bezirken gebildet. Auch die der *substantia nigra* anliegenden Theile des Hirnschenkelfusses sowie der *fornix* waren noch nicht markweiss.

Wie und zu welcher Zeit diese Unterschiede vollständig ausgeglichen werden, liess sich aus dem zu Gebote stehenden Material nicht ermitteln. Ein 9 monatliches Kind, welches dem vorigen hinsichtlich des Alters am nächsten kam, zeigte im gesammten centralen Nervensystem die dem Erwachsenen zukommende Vertheilung von grauer und weisser Substanz (vergl. Taf. I.). Es muss demnach auch z. B. dahingestellt bleiben, ob der Hirnschenkelfuss gleichzeitig mit dem Rest des Hemisphärenmarkes das definitive Weiss annimmt.

Es erscheint zweckmässig, den soeben ausführlicher mitgetheilten Entwickelungsgang des Markweiss kurz zu recapituliren, weil nur auf diese Weise ein befriedigender Ueberblick über die Masse der Einzelerscheinungen insbesondere über die Phasen, welche der Process durchläuft, gewonnen werden kann. Es wird sich hierbei auch ergeben, dass die Reihenfolge, in welcher das Weiss an den verschiedenen Abtheilungen des centralen Markes hervortritt, in Anbetracht der obwaltenden grossen Zeitunterschiede für die Mehrzahl jener in' durchaus objectiver Weise festgestellt werden kann.

Zunächst geht aus unsren Befunden klar hervor, dass das Weiss im Allgemeinen vom Rückenmark aus nach dem Grosshirn zu fortschreitet*. In den ersten Zeiten, wo dasselbe sichtbar ist, beschränkt es sich auf Markmassen des Ersteren und der *oblongata*, in der Folge tritt es in der Brückengegend, dem Kleinhirn und der Hirnschenkelhaube, zuletzt in den Grosshirnhemisphären und im Hirnschenkelfuss hervor. Es stimmen sonach unsre Beobachtungen mit den von Meckel bereits früher publicirten vollkommen überein.

Die in die Zusammensetzung je einer der genannten Provinzen des centralen Nervensystems eingehenden Markmassen erreichen ferner nicht allenthalben gleichzeitig den definitiven Helligkeitsgrad, sondern es finden sich innerhalb jeder einzelnen Provinz in der nämlichen Weise ausgeprägte Differenzen, wie zwischen den verschiedenen Provinzen im Ganzen und Grossen.

Im Rückenmark und in der *oblongata* tritt das Weiss zuerst (bei 25 ctm. Körperlänge) an den äusseren Theilen der Hinterstränge beziehentlich den Keilsträngen hervor. Hieran schliessen sich (bei 30—32 ctm.) im oberen Halsmark Theile der Vorderstränge, in der *oblongata* die hinteren Längsbündel und, von peripheren Nerven: *oculomotorius*, *facialis* und *acusticus*; etwas später lichten sich die äusseren, den grauen Hörnern benachbarten Theile der Vorderstränge, des unteren Hals-, Dorsal- und Lendenmarkes, die vorderen Hälften der Seitenstränge, die dem *corpus trapezoideum* der Säuger entsprechenden Fasermassen, die Schleifenschicht, die hintere periphere Schicht der Seitenstränge, die vordere Abtheilung des »inneren motorischen Feldes« der *oblongata*, Theile der Strickkörper bis zum Oberwurm, die gemeinsame aufsteigende Wurzel des seitlichen gemischten Systems, *abducens, trochlearis, trigeminus, hypoglossus.* Es ist so bei ca. 35 ctm. Körperlänge das Markweiss hervorgetreten an Verbindungswegen zwischen Theilen des oberen Wurms, Vierhügeln, *medulla oblongata* und Rückenmark. Bei 38 ctm. Länge wurde an einem Theil der hinteren Commissur des Grosshirns eine Lichtung bemerkt.

Bei 44 ctm. Körperlänge werden der Rest des Oberwurms, das Flockenmark, Theile der Markfüllung der *n. dentati*, Bindearme (*crura cerebelli ad corpora quadrigemina*), *brachia conjunctiva postica*,

---

*) Die folgenden Angaben, dass sich gewisse Fortschritte in der Ausbildung der Nervencentren bei einer bestimmten Körperlänge zeigen, haben zunächst natürlich nur für die von uns beobachteten Fälle Gültigkeit; ob letztere eine allgemeine ist, wird erst an der Hand eines grösseren Materials festgestellt werden müssen.

die gesammte hintere Commissur, die Bündel von den *gangl. habenulae* zur Haube, Theile der inneren Kapsel weiss gefunden. Es sind dies im Wesentlichen also einerseits das Mittelstück des Kleinhirns mit seinen nächsten Adnexen, andrerseits Fasermassen, welche die *thalami optici*, die inneren Kniehöcker und die Ganglien der Zirbelstiele mit der Hirnschenkelhaube, *medulla oblongata* u. s. w. in Verbindung setzen, beziehentlich die der Haube angehörgen Communicationswege zwischen Gross- und Kleinhirn darstellen.

Es beginnen jetzt im letzteren auch weisse Bogenfaserzüge in grösserer Ausdehnung aufzutreten, und zwar nehmen dieselben ihren Ausgang sämmtlich vom Oberwurm und den nächstanliegenden Theilen der Rinde.

Bei 46 ctm. zeigt sich im Hirnschenkelfuss ein schmales weisses Bündel; gleichzeitig werden in der Brücke einzelne helle Längsbündel sichtbar, und im hinteren Theil der Linsenkerne lassen sich die *laminae medullares* deutlich unterscheiden. In den Grosshirnhemisphären tritt beiderseits zunächst nur ein schmaler weisser Streifen hervor, welcher je den obersten Theil der hinteren Centralwindung, beziehentlich das Verbindungsstück derselben mit der vorderen, und die innere Kapsel (resp. den Linsenkern) unter einander verknüpft.

Bei 49—51 ctm. langen Individuen gesellt sich hierzu ein von den letzteren Punkten ausgehender, an der Aussenseite des Hinterhorns nach der Spitze des Occipitallappens strebender heller Zug, und an die vordere und hintere Begrenzung des weissen Streifens im Scheitellappen legen sich ähnliche an, welche die obersten Rindengebiete beider Centralwindungen in ihrer ganzen Breite mit innerer Kapsel beziehentlich Linsenkern in Verbindung setzen.

Schon jetzt, sowie auch in der Folge, lässt sich bemerken, dass in dem Maasse, als die Stammstrahlung der Rinde Terrain abgewann, das Markweiss auch im Gebiet der letztere bekleidenden »Associationssysteme« auftritt, und dass etwas später der im gleichen Territorium gelegene Balkenabschnitt sich zu lichten beginnt.

Von 49—51 ctm. an lässt das Rückenmark in der Regel wenigstens im Halstheil nicht mehr jene grauhyalinen Abschnitte innerhalb des Markmantels erkennen, welche für die früheren Epochen charakteristisch sind; gleichzeitig wechseln die Pyramiden der *oblongata* ihren Habitus. Bei 51 ctm. zeigt der grösste Theil des Kleinhirn-markes einen entschieden weissen Ton.

Es erlangt somit ein beträchtlicher Theil des centralen Markes, ins-besondere der Markmantel des Rückenmarkes, die Marksubstanz der *oblongata*, des Kleinhirns, der Hirnschenkelhaube, die zwischen die Grosshirnganglien eingeschobenen Fasermassen, endlich Theile der Scheitel- und Hinterhauptlappen, sofern die Entwickelung nicht vorzeitig unterbrochen wird, noch intrauterin ein entschieden weisses Aussehen. Andere, besonders durch Theile der Grosshirn-hemisphären und des Hirnschenkelfusses repräsentirte Abschnitte erwerben dasselbe erst im extrauterinen Leben; und zwar finden sich auch zwischen verschiedenen Regionen dieser nicht unerhebliche Unterschiede. Wenige Tage nach der Geburt sind aus Kleinhirn und Brücke Gewebsmassen mit foetalem Habitus vollkommen geschwunden; bald bemächtigen sich auch die in Hinterhaupt- und Schläfenlappen ein-dringenden, der Stammstrahlung angehörigen weissen Züge dort einzelner Rindengebiete. Mehrere Monate nach der Geburt tritt das Weiss im Stirnlappen auf, aber erst nach Ablauf des 4. Monates stellt sich hier, insbesondere in den der 2. Urwindung angehörigen Theilen sowie im *Fornix* und Hirnschenkelfuss ein dem bleibenden ähnlicher Hellig-keitsgrad ein.

Es möge hier noch kurz die Frage berührt werden, ob und in wie fern aus den angeführten Thatsachen auf einen Parallelismus zwischen Körperlänge und innerer Ausbildung der Nervencentren geschlossen, mit welcher Genauigkeit demnach die erstere zu Schlüssen hinsichtlich der letzteren verwandt werden könne. Es lassen sich, um hierüber eine Entscheidung zu treffen, einerseits nur solche Individuen berücksichtigen, bei welchen ein modificirender Einfluss des extrauterinen Lebens nicht anzunehmen ist, also entweder nur todtgeborene oder nach kurzer Lebens-dauer verstorbene; andrerseits dürfen Differenzen in der Körperlänge um 1 und selbst 2 ctm. nicht zu hoch angeschlagen werden, weil bei der Messung Fehler in dieser Breite wohl unterlaufen können.

Berücksichtigen wir nur die todtgeborenen beziehentlich weniger als einen Tag alt gewordenen Individuen, so lief bei den 25—44 ctm. lan-gen die Entwickelung des centralen Nervensystems, so weit sie sich aus der Ausbreitung des Markweiss bestimmen lässt, allenthalben genau der Länge parallel. Es erscheint dies um so bemerkenswerther, als das

Körpergewicht in dieser Periode weit weniger mit der Ausbildung jener harmonirte[*].

Hinsichtlich der Wachsthumsperiode von 45—49 ctm. können aus dem verfügbaren Material Schlüsse über die Beziehungen zwischen Körperlänge und innerer Ausbildung nicht gezogen werden. — Bei den 50—54 ctm. messenden Individuen war ein genauer Parallelismus zwischen beiden nicht allenthalben vorhanden.

Sobald die Körperlänge 46 ctm. erreicht, scheint eine extrauterine Lebensdauer von 2—3 Tagen innerhalb der *nervi optici* Veränderungen hervorzurufen, welche erheblicher sind, als die in beträchlich längeren Zeiträumen innerhalb des Uterus eintretenden. Es wurden diese Nerven an den meisten bei der Geburt wenigstens 46 ctm. messenden Kindern, welche nach mehrtägigem Leben starben, entschieden weiss gefunden, während sie noch bei mehreren 54 ctm. langen Todtgeborenen entweder eine grauhyaline oder grauweisse Beschaffenheit darboten. Ohne mikroskopische Controle und Berücksichtigung aller Nebenumstände ist natürlich eine befriedigende Erklärung dieses paradoxen Verhaltens nicht möglich; wir enthalten uns demnach zunächst aller weiteren Hypothesen über die Ursachen desselben. Wir heben aber noch hervor, dass bei einem 35 ctm. messenden, 7 Tage alten, einem 40 ctm. messenden, 15 Tage alt gewordenen und einem 44 ctm. langen, nach 10 tägigem Leben verstorbenen Kind weder *nervi* noch *tractus optici* weiss erschienen. Würde somit das Verhalten der ersteren bei mindestens 46 ctm. langen, mehrere Tage alt gewordenen Individuen auf specifische Einwirkungen des extrauterinen Lebens zurückzuführen sein, so würde letzteres erst von einer gegebenen Entwickelungshöhe an diesen Einfluss auszuüben vermögen.

Die Entscheidung der Frage, ob das extrauterine Leben bei vorzeitiger Geburt die Ausbildung der Nervencentren modificirt, insbesondere beschleunigt oder verlangsamt, erscheint von grossem Interesse. Es wird sich dieselbe indess nur mit Hülfe eines weit grössern Materiales erledigen lassen, als uns zu Gebote stand.

Es möge endlich noch kurz auf eine Erkrankungsform des centralen Markes hingewiesen werden, welche leicht den Verdacht zu er-

---

[*] Es wurde z. B. bei zwei 42 ctm. langen, 2080 beziehentlich 2000 gr. schweren Individuen die innere Kapsel noch nicht weiss gefunden, während sie bei einem 1700 gr. schweren, 44 ctm. langen Kind intensiv weiss erschien. Allerdings waren die ersteren mit Syphilis behaftet, sind somit von vornherein nicht den Gesunden vergleichbar.

wecken im Stande ist, dass die Sonderung von grauer und weisser Substanz nicht bei allen Individuen den von uns beschriebenen Gang einhält. Man trifft bei älteren Foeten und jungen Kindern nicht gar selten intensiv weisse Massen in Form von Streifen und Flecken oder auch in diffuser Ausbreitung an Stellen, welchen nach unsren Angaben zur Zeit ein entschiedenes Weiss noch nicht zukommen sollte. Es beruhen diese von VIRCHOW als interstitielle Entzündung der Marksubstanz aufgefassten Bilder im Wesentlichen auf dichten Anhäufungen prall mit Fettkörnchen erfüllter Zellen, welche das Licht in ähnlicher Weise reflectiren, wie die Substanz der Markscheiden. Wir werden in der Folge Gelegenheit finden, auf diese Erkrankungsform des foetalen und kindlichen Nervensystems näher einzugehen und begnügen uns hier zu bemerken, dass das völlig atypische Verhalten der in Rede stehenden Zeichnungen, vermöge dessen sie kaum an zwei Individuen völlig gleich gefunden werden, das Fehlen bei solchen, welche sich während ihrer Entwickelung wenigstens anscheinend unter normalen Verhältnissen befunden haben, endlich die mikroskopische Untersuchung ihre wahre Natur unschwer erkennen lassen.

IV.

Allgemeines über die Bedeutung der beschriebenen Gliederungen.

Es liegt auf der Hand, dass eine völlig befriedigende Auffassung unserer makroskopischen Befunde nicht zu gewinnen ist ohne die mikroskopische Controluntersuchung. Wir erwägen indess noch vor Darlegung der Ergebnisse letzterer, ob und in wie fern sich zwischen den beschriebenen Bildern einerseits, dem über innere Gliederung und Entwickelungsgang der centralen Fasermassen bereits Bekannten andrerseits Beziehungen nachweisen lassen, weil sich aus einer Vergleichung dieser Beobachtungsreihen für die mikroskopische Forschung wichtige Gesichtspunkte ergeben, welche letzterer die einzuhaltende Bahn geradezu vorschreiben.

Es geht schon aus der von uns gegebenen Beschreibung der Entwickelung des »Markweiss« hervor, dass die Marktheile, welche sich durch frühzeitige Aufhellung von ihrer Umgebung sondern, vielfach sich decken mit Fasermassen, welche die Anatomie auf Grund entweder der gleichmässigen Structur, oder der übereinstimmende Ursprungs- und

Verlaufsweise der Elemente als continuirliche bez. virtuell in sich einheitliche Fasersysteme betrachtet, demgemäss unter bestimmten
Namen zusammengefasst und von dem umgebenden Gewebe unterschieden hat. Es genügt darauf hinzuweisen, dass wir einzelne jener Theile
nicht treffender definiren konnten, als indem wir sie als hintere Längsbündel, Schleifenschicht, *corpus trapezoideum*, Bündel vom *ganglion habenulae* zur Haube, Burdach'sche Keilstränge, Goll'sche Stränge u. s. w.
bezeichneten.

Erwägt man, dass diese Massen, soweit sich dies eben makroskopisch beurtheilen lässt, zu Zeiten über weite Strecken und über ihren
ganzen Querschnitt ein ebenso gleichmässiges als von den heterogenen
Nachbartheilen charakteristisch differirendes Colorit darbieten, so ergiebt
sich, dass, wenn wir überhaupt nach unserem bisherigen Wissen in
morphologischer Hinsicht von Theilsystemen der centralen Fasermassen
sprechen dürfen, die an letzteren im Laufe der Sonderung von grauer
und weisser Substanz hervortretende Gliederung wenigstens zum Theil
zweifellos den Charakter einer *systematischen* an sich trägt.

Bevor wir die Tragweite dieser für die Auffassung und Verwerthung
der auf verschiedenen Altersstufen typisch wiederkehrenden Helligkeitsdifferenzen als fundamental zu betrachtenden Erkenntniss darlegen, heben
wir einige Verhältnisse hervor, durch welche die genaue Uebereinstimmung zwischen der makroskopisch wahrnehmbaren Gliederung des centralen Markes mit einzelnen auf dem mühsamen Weg der mikroskopischen Untersuchung aufgeschlossenen Verlaufsthatsachen besonders klar
dargelegt wird.

Das Weiss der Keilstränge des verlängerten Markes findet
z. B. bei ca. 32 ctm. langen Foeten nach oben an der nämlichen Stelle
seine Grenze, an welche wir die obere Grenze dieser Stränge auf Grund
der Durchforschung durchsichtiger Querschnitte verlegen. Die Abgrenzung der Keilstränge gegen die Kleinhirnschenkel ist in
dieser Periode eine so scharfe, dass schon auf Grund des makrosopi-
schen Verhaltens die directe Fortsetzung beider in einander höchst unwahrscheinlich ist.

Während des einem Längenwachsthum von 32—48 ctm. entsprechenden Zeitraumes stellen sich die Beziehungen zwischen Pyramiden
der *oblongata* und Vordersträngen des Rückenmarkes schon dem
unbewaffneten Auge in überraschender Klarheit dar.

Es lässt sich schon aus den hier zum Vorschein kommenden Bildern die Ueberzeugung gewinnen, dass diese Beziehungen nicht bei allen Individuen die nämlichen sein können. Denn es verschwinden bald die grauhyalinen Pyramiden in der Gegend der Kreuzung, nach unten zugespitzt, zwischen den markweissen Theilen der Vorderstränge völlig, bald lassen sich beide verschieden weit über die Gegend der Kreuzung nach abwärts verfolgen, bald endlich findet die eine Pyramide in der Gegend der Kreuzung scheinbar ihr Ende, während die andre sich in einen dem gleichnamigen markweissen Vorderstrang nach innen anliegenden grauen Streifen fortsetzt[*].

Bei ca. 35 — 44 ctm. langen Foeten markirt sich in der unteren Brückengegend der Umfang und die Verlaufsweise der dem *corpus trapezoideum* der Säuger entsprechenden Bündel besonders deutlich, weil dieselben bereits blendend weiss erscheinen, während die als *crura cerebelli ad pontem* bezeichneten Fasermassen noch eine graugallertige Beschaffenheit darbieten. Die Unterscheidung beider gelingt hier schon makroskopisch in der nämlichen Schärfe, wie dies bei älteren Individuen entnommenen nur mit Hülfe der mikroskopischen Untersuchung durchsichtiger Querschnitte möglich ist.

Die Zahl dieser Beispiele liesse sich leicht um ein Beträchtliches vermehren. Es liefern indess schon die angeführten Thatsachen den Beweis, dass wir durch die im Laufe der Entwickelung des Markweiss hervortretende Differenzirung ohne Weiteres über Umfang, Verlauf und Grenzen einzelner Fasersysteme Aufschlüsse erhalten, welche einen hohen Grad von Genauigkeit besitzen. Es handelt sich geradezu um eine natürliche Isolation der betreffenden Systeme.

Die Erkenntniss dieses Verhaltens ist nicht nur in sofern von Interesse, als die in Rede stehenden Bilder eine Bestätigung bereits auf anderen Wegen gewonnener Anschauungen über Structurverhältnisse der Nervencentren liefern, sondern ganz besonders auch deshalb, weil sich hieraus mit Wahrscheinlichkeit ergiebt, dass die makroskopische Gliederung des centralen Markes, welche wir oben beschrieben haben, den Charakter einer systematischen auch in Regionen an sich trägt, wo wir von den hier vorhandenen Theilsystemen eine genauere Vorstellung noch nicht gewinnen konnten.

Wir sehen zunächst davon ab, die Berechtigung dieser Idee an den Befunden im Rückenmark zu erhärten, da wir in der Folge den detaillirten Beweis antreten werden, dass die eigenthümlichen Gliederungen sowohl innerhalb der Vorder- Seiten- als der Hinterstränge ganz

[*] s. Anm. [**], S. 17 und den mikroskopischen Theil.

entschieden die Bedeutung systematischer Sonderungen haben. Von fast grösserer Wichtigkeit, als auf diesem verhältnissmässig übersichtlichen Terrain erscheinen die oben geschilderten Differenzirungen innerhalb der grossen Marklager der Grosshirnhemisphären, innerhalb jener dunklen Gebiete, wo die Forschung so sehnsüchtig nach Wegweisern ausspäht, welche in dem labyrinthischen Gewirr die verschiedenwerthigen Bahnen bezeichnen.

Dass auch hier die Gliederung einen systematischen Charakter an sich trägt, wird zunächst durch den Umstand wahrscheinlich gemacht, dass in jedem Abschnitt der Hemisphären die Stammstrahlung*) in der Regel hinsichtlich der Erwerbung des definitiven Helligkeitsgrades allen andren Theilen voraneilt, dass sich hieran die in der nämlichen Region gelegenen *fibrae propriae*, etwas später die zugehörigen Balken-abschnitte schliessen, und dass zuletzt die Gebietstheile der grossen »Associationssysteme«, der *gyri fornicati, fasciculi longitudinales superiores* u. s. w. folgen.

Eine Frage von besonderer Bedeutung ist es, ob wir auch in den verschiedenen innerhalb der Stammstrahlung sich sondernden Zügen in sich einheitliche Fasersysteme vor uns haben. Man könnte dies aus dem Grunde von vornherein für unwahrscheinlich erklären, weil der Balken, welchen man als einheitliches System zu betrachten pflegt, in seinen verschiedenen Abschnitten zu verschiedenen Zeiten sich lichtet. Dieser Einwand ist indess in sofern nicht völlig stichhaltig, als der Balken sich vermuthlich aus Commissurenfasern der verschiedensten in der Hirnrinde gelegenen Centren zusammensetzt, demnach in Wirklichkeit eine Vielheit von Systemen darstellen kann.

Es sprechen aber auch einzelne Momente direct dafür, dass die in der Stammstrahlung sich sondernden Züge Systeme darstellen. Wir möchten in dieser Hinsicht hervorheben, dass die ersten in Hinter-haupts- und Schläfenlappen auftretenden weissen Massen offenbar iden-tisch sind mit Gratiolet's Sehstrahlungen**), dass der aus der inneren

---

*) Wir bezeichnen in der Folge als »Stammstrahlung« sämmtliche von den grossen Hirnganglien resp. der inneren Kapsel nach der Rinde ausstrahlenden Fasermassen.

**) Wir verzichten zunächst darauf, die aus dem Auftreten des Markweiss zu gewinnenden Anschauungen über die Vertheilung der Stammstrahlung mit denen zu vergleichen, welche durch Abfaserung, an durchsichtigen Schnittpräparaten, vergleichend anatomisch u. s. w. genommen worden sind, weil die von uns in jener Hinsicht gemachten Beobachtungen noch zu lückenhaft sind.

Kapsel in die erste Stirnwindung gelangende Streifen sich mit MEYNERT's vorderem Sehhügelstiel zu decken scheint; und Beachtung darf wohl auch der Umstand beanspruchen, dass die mit den *nucleis caudatis* in Verbindung stehenden Theile der Stammstrahlung sich später lichten, als die meisten der mit *thalamis opticis* und Linsenkernen zusammenhängenden [*]).

Auf Grund der angeführten Thatsachen erscheint nun wohl die Hoffnung gerechtfertigt, dass die von uns beschriebene Gliederung uns den Schlüssel für eine grosse Anzahl bisher noch dunkler Organisationsverhältnisse der Nervencentren darreichen werde[**]).

Wir haben bisher einfach constatirt, dass jene Gliederung wenigstens zum Theil sicher den Charakter einer systematischen an sich trägt und konnten dies thun, ohne uns zunächst darüber Rechenschaft zu geben, auf welche histologischen Momente jene beim Erwachsenen entweder überhaupt nicht oder nur undeutlich ausgesprochenen Differenzirungen zurückzuführen seien, weshalb also die verschiedenen Fasersysteme erst nach einander und in theilweise so beträchtlichen Intervallen den bleibenden optischen Charakter erwerben. Es hängt mit der

---

[*]) Die bisher hinsichtlich des Faserverlaufes im Grosshirn fesgestellten Thatsachen dürften weitere sichere Anhaltepunkte für die Entscheidung der in Rede stehenden Frage nicht gewähren. Beachtenswerth erscheint eine von BETZ veröffentlichte Notiz (Centralblatt über die medicin. Wissensch. 1874. No. 37. u. 38.), welcher gerade in denjenigen Regionen der Hirnrinde, nach welchen der erste im Hemisphärenmark auftretende markweisse Zug hinstrebt, eine besondere Structur, nämlich das gehäufte Vorkommen besonders grosser Zellen, »Riesenpyramiden«, constatirt zu haben angiebt. Betz glaubt die betreffenden Rindenabschnitte, welche er, soweit sie sich an den Innenflächen der Hemisphären finden, als *lobuli paracentrales* bezeichnet, als motorische Gebiete auffassen zu sollen. Da wir bisher nicht in der Lage gewesen sind, seine Angaben eingehender zu prüfen, so begnügen wir uns zunächst damit, einfach auf dieses Zusammentreffen hinzuweisen. Durch die Bestätigung derselben würde der von uns aufgestellten Hypothese, dass auch die im Grosshirnmark hervortretenden weissen Züge den Charakter von Sondersystemen haben, eine beachtenswerthe Stütze erwachsen. Es würde aber andrerseits auch die besonders frühzeitige Verbindung der betreffenden Hirntheile mit der Peripherie durch zahlreiche markhaltige Nervenfasern unser Interesse in hohem Grade zu fesseln im Stande sein.

[**]) Wir sehen davon ab, an dieser Stelle zu untersuchen, ob wir von dem Studium der in Rede stehenden Erscheinungen Aufschlüsse auch z. B. darüber erwarten dürfen, in welchen Mengenverhältnissen die Stammstrahlung sich auf die verschiedenen Rindenbezirke vertheilt. Eigenthümlich ist es, dass zwischen den Gebieten der ersten und dritten Urwindung einer-, der zweiten andrerseits und in jenen wiederum zwischen verschiedenen Rindenbezirken erhebliche Differenzen hinsichtlich der Verbindung mit der Stammstrahlung vorhanden zu sein scheinen, wenigstens was deren Ausgiebigkeit anlangt.

Entscheidung dieser Frage offenbar jene innig zusammen, ob wir von
der Beobachtung des Ablaufes der Sonderung von grauer und weisser
Substanz auch tiefere Einblicke in den Entwickelungsmechanismus
der Nervencentren erwarten dürfen. Wir können dieser Frage schon
jetzt bis zu einem gewissen Punkte näher treten.

Es ist bereits von früheren Autoren darauf hingewiesen worden,
dass beim Neugeborenen z. B. die Stammstrahlung in grosser Menge
wohl ausgebildete Markscheiden erkennen lässt, während letztere in
den meisten grauen Abschnitten des Grosshirnmarkes überhaupt noch
nicht vorhanden oder doch sehr schwer nachweisbar sind. Wir können
hieraus insbesondere mit Rücksicht darauf, dass die weissen Theile auch
im ausgebildeten Organ ausnahmslos mehr Nervenmark auf der Raumeinheit enthalten als die grauen, selbst für diejenigen Regionen des
kindlichen und fötalen Nervensystems, welche bisher noch nicht auf
ihren Markgehalt untersucht worden sind, wenigstens mit grosser Wahrscheinlichkeit schliessen, dass alle bereits weissen Theile einen
grösseren procentischen Volumgehalt an Nervenmark besitzen
als die noch grauen [*)].

*) Wir haben in der Einleitung zum vorigen Capitel (S. 18) im Interesse der
Darstellung diesen Satz als bewiesen angenommen, weil sich dies, wie wir noch ausführlicher darlegen werden, in der That rechtfertigen lässt. Von Einwänden, welche
sich gegen denselben erheben lassen, ist hauptsächlich folgender zu berücksichtigen:
Es ist die Möglichkeit gegeben, dass in verschiedenen Markregionen bei gleichem
relativen Gehalt an Markscheiden selbst beträchtliche Helligkeitsdifferenzen hervorgerufen
werden können durch Unterschiede im Reflexionsvermögen der sonst noch im Parenchym
vorhandenen Elemente. In der That treten im Laufe der Entwickelung auch abgesehen von den Markscheiden innerhalb des Rayons der späteren weissen Substanz Gewebselemente auf, welche in der angedeuteten Hinsicht sehr beträchtliche Differenzen
zeigen. Als Extreme sind hier in Betracht zu ziehen eine wenigstens im Tode feingranulirte, das Licht stark absorbirende Substanz und die ähnlich wirkenden
nackten Axencylinder nach der einen, dicht mit Fettkörnchen erfüllte, das Licht
stark reflectirende Zellen nach der anderen Seite. Es lässt sich somit denken, dass
selbst bei relativ gleichem Markgehalt zweier Gewebsstücke das eine bereits weiss erscheint, das andre noch grau, je nachdem sich eine gewisse Menge der letzteren oder
der ersteren Elemente den Markscheiden beimischt. Die in Rede stehenden Erscheinungen sind indess in Wirklichkeit überhaupt nicht oder nur zum geringsten Theil aus
einem solchen Verhalten zu erklären. Obwohl nämlich nach den Untersuchungen von
Jastrowitz die Fettkörnchenzellen während bestimmter Entwickelungsstadien an einzelnen Stellen des Markes in besonders grosser Anzahl auftreten, so sind doch gerade
die von diesem Forscher z. B. für das Grosshirn des Neugeborenen angegebenen Prä-

Es fragt sich nun, ist schon diese Erfahrung geeignet, unsere Anschauungen hinsichtlich des Entwicklungsmodus der Nervencentren zu vertiefen? Es können sich die hier zu erwartenden Aufschlüsse naturgemäss lediglich auf den Entwicklungsgang der Markscheiden, somit der nervösen Fasermassen beziehen. In dieser Hinsicht erhalten wir in der That wichtige Fingerzeige; es sind aber nicht sämmtliche oben aufgeführte Differenzirungserscheinungen gleichwerthig.

Untersucht man nämlich, ob den bei Foeten und Kindern hervortretenden Differenzen im optischen Habitus Structurunterschiede innerhalb des ausgebildeten Markes entsprechen, so ergiebt sich, dass dies zum Theil der Fall ist, zum Theil nicht.

Betrachten wir die Ausbreitung des Markweiss z. B. in der Region des *pons* bei ca. 35 ctm. langen Früchten, so finden wir in der hinteren Brückenabtheilung lediglich die hinteren Längsbündel, die Schleifenschicht und die Nervenwurzeln weiss, das Gebiet der sonst noch vorhandenen Längsfasermassen hingegen grau. Beim Erwachsenen stellen nun einerseits die ersteren compacte Bündel markhaltiger Nervenfasern dar, während der Rest des hinteren Querschnittsfeldes vielfach von grauer Substanz durchsetzt wird, andrerseits sind die Markscheiden jener meist stärker, als die in letzteren vorhandenen. Es besitzen demnach beim Erwachsenen jene einen grösseren procentischen Volumgehalt an Nervenfasern überhaupt und an Markscheiden insbesondere. Da nun die Möglichkeit von vornherein berücksichtigt werden muss, dass entsprechende Differenzen der Elementarstructur sich bereits bei Foeten von der angegebenen Länge finden, so ist es nicht möglich, selbst aus so grellen Helligkeitsunterschieden, wie sie zwischen den erwähnten Feldern des Brückenquerschnittes bestehen, irgend welche Schlüsse z. B. auf Differenzen im Entwicklungsgang der einzelnen Systeme zu ziehen.

Anders, wenn wir ausgeprägte, gesetzmässig wiederkehrende Helligkeitsunterschiede an Stellen wahrnehmen, wo beim Erwachsenen Markmassen von völlig übereinstimmender Structur vorhanden sind. Die grossen Marklager der Grosshirnhemisphären z. B. enthalten, soweit sich dies mit Hülfe der histologischen Untersuchung feststellen

---

directionsbezirke nicht identisch mit den Abschnitten, welche sich hier in constant wiederkehrender Weise durch einen besonderen Helligkeitsgrad auszeichnen. Wir werden in der Folge zwar darlegen, dass Jastrowitz manche Eigenthümlichkeiten im Auftreten dieser Gebilde übersehen hat, und seine Angaben in einigen Beziehungen modificiren, indess nicht so, dass hierdurch die eben gemachte Bemerkung ihre Gültigkeit verlöre.

lässt, im ausgebildeten Zustand allenthalben einen annähernd gleich
grossen Volumgehalt an Nervenmark. Wenn demnach beim Neugeborenen nur Theile der Stammstrahlung und zwar bereits bis zur Hirnrinde
weiss erscheinen, während alle übrigen Markabschnitte noch grau sind,
wenn ferner gleichzeitig in ersteren die Existenz einer grossen Menge
wohl ausgebildeter Markscheiden nachgewiesen ist, während letztere bei
der mikroskopischen Untersuchung entweder dieser Elemente völlig bar
oder sehr arm daran erfunden werden: so ist hiermit für die Nervenfasern einzelner der makroskopisch sich unterscheidenden Markregionen eine Ungleichmässigkeit, eine Incongruenz der Entwickelung
mit Sicherheit nachgewiesen; ja es sind selbst ohne mikroskopische
Controle überhaupt die z. B. innerhalb der *centra semiovalia* im weitesten Sinne auftretenden typischen Helligkeitsunterschiede mit Wahrscheinlichkeit auf ein solches Verhalten zu beziehen. Wir empfangen
somit schon durch die makroskopische Untersuchung Kunde von
einer Menge eigenthümlicher Differenzen in der Ausbildung einander
unmittelbar benachbarter Fasermassen, welche sofort ein hohes
Interesse gewinnen, wenn wir für sie nach einer causalen Erklärung
suchen.

Es ist von vorn herein in hohem Grade unwahrscheinlich, dass
dieselben lediglich auf Unterschiede in den rein localen Ernäh-
rungsbedingungen zurückzuführen sind; denn es differiren ja auch
solche Fasermassen hinsichtlich ihrer Entwickelungshöhe, welche vielfach durch einander geflochten sind, und es tritt überdies der Einfluss
der systematischen Stellung der Faserbündel auf ihren Entwickelungsgang
unverkennbar hervor. Es ist somit anzunehmen, dass den Markscheri-
den (und demnach überhaupt den Nervenfasern) der besonders frühzeitig sich lichtenden Theile entweder eine von andersartigen, noch näher
zu bestimmenden, vielleicht an den Endpunkten der Fasern ansetzen-
den Einflüssen abhängige besondere Wachsthumsenergie zukomme,
vermöge deren sie selbst bei gleichzeitiger Entstehung mit den Nervenfasern der andren noch grauen Theile in gleichen Zeiten rascher wachsen, als diese letzteren, oder dass jene überhaupt eher angelegt
werden als diese. In wiefern ersteres thatsächlich der Fall, lässt sich
erst angeben, wenn der letztere Punkt Erledigung gefunden. Mit Rücksicht auf diesen aber lässt sich bereits Folgendes anführen: Es ist bereits
durch frühere Untersucher festgestellt worden, dass die Stammstrahlung
wenigstens partiell bereits angelegt ist, während der mittlere freie Theil des

Balkens noch gänzlich fehlt. Der letztere ferner stellt im Anfang ein annähernd cylindrisches Bündel dar, an welchem Knie und Wulst noch nicht unterschieden werden können. In den Seitensträngen des Rückenmarkes schreitet die Faseranlage nach den übereinstimmenden Angaben verschiedener Autoren von vorn nach hinten fort; in den Hintersträngen treten die Goll'schen Stränge später auf als die anderen Theile u. s. w.

Es ergiebt sich aus diesen Thatsachen, dass zwischen dem Ablauf der Sonderung von weisser und grauer Substanz und dem Gang der Faseranlage ein gewisser Parallelismus unzweifelhaft existirt, und es liegt die Vermuthung nahe, dass zwischen beiden Erscheinungsreihen auch ein C a u s a l n e x u s bestehe. Doch stossen wir auf der anderen Seite auch auf Erscheinungen, welche sich n i c h t ohne Weiteres den angeführten Gesichtspunkten unterordnen und demnach einer speciellen Prüfung bedürfen.

Aus einem Vergleich der im Laufe der Entwickelung hervortretenden Differenzirungen des Markes mit den Structurverhältnissen des ausgebildeten Organes lassen sich noch mancherlei Winke hinsichtlich des Entwickelungsganges der centralen Nervenfasern entnehmen. Es zeigt sich, dass auch einzelne beim Erwachsenen hinsichtlich ihres Fasercalibers erheblich d i f f e r i r e n d e Markmassen in der Reihenfolge weiss werden, in welcher sie entstehen. Wir verzichten indess darauf, alle diese Beziehungen hier aufzuführen, weil wir an einer anderen Stelle Gelegenheit haben werden, auf dieselben zurückzukommen. Nur hinsichtlich der Anwendung der angedeuteten Gesichtspunkte auf die Beurtheilung der Entwickelung des B a l k e n s mögen hier einige speciellere Bemerkungen Platz finden, weil wir im Laufe dieser Abhandlung nicht wieder Gelegenheit finden werden, auf diesen Hirntheil zurückzukommen. Wir haben die Ansicht von Schmidt (Zeitschr. für wissensch. Zool. Bd. XI. S. 57. vergl. auch Taf. VI. Fig. 5 acceptirt, wonach der Balken in seinem freien Theil anfangs ein cylindrisches Bündel darstellt. Nicht völlig einwurfsfrei erscheint uns hingegen die Behauptung Schmidt's und Kölliker's, dass in diesem zuerst erscheinenden Stück die Anlage a l l e r später vorhandenen Abtheilungen des *trabs* gegeben sei, und dass jenes in der Folge durch Intussusception, nicht durch Apposition wachse. Denn nicht nur dass, wie genannte Autoren selbst zugestehen, Knie und Wulst als solche erst spät sichtbar werden, so lässt sich auch mit der L a g e r u n g jenes Bündels sehr wohl die Ansicht vereinigen, dass dasselbe vorwiegend dem die Centralwindungen des ausgebildeten Organes verbindenden, sich zuerst a u f h e l l e n d e n Theile des M i t t e l s t ü c k e s entspricht. Wir halten es überdies für unwahrscheinlich, dass die zuerst angelegten Fasern eine so beträchtliche Lageveränderung auszuführen vermögen, wie es nöthig sein würde, wenn das von Schmidt abgebildete f r e i e Stück bereits die Fasern z. B. auch für den vordersten untersten Abschnitt des ausgebildeten Balkens enthielte. Es erweist sich somit nothwendig, die Entstehung des *trabs* mit Rücksicht auf die aus der Entstehung des »Markweiss« zu entnehmenden Fingerzeige wenigstens einer erneuten Untersuchung zu unterwerfen.

Das bisher Mitgetheilte dürfte hinreichen, um den Beweis zu liefern, dass die von uns geschilderten makroskopischen Bilder zahlreiche

wichtige Gesichtspunkte für das Studium sowohl der Anordnung als
des Entwickelungsganges der centralen Fasermassen eröffnen. Wir werden ja aufgefordert, einerseits beim Erwachsenen bestimmte engbe-
grenzte Theile der weissen Substanz auf besondere Structurverhältnisse zu untersuchen, andrerseits während bestimmter Entwickelungsperioden die Entwickelungshöhe der in bestimmten engbegrenzten Regionen vorhandenen Nervenfasern, besonders aber die Zeitfolge ihrer
Entstehung u. s. w. zu prüfen und die verschiedenen Fasersysteme
hierauf zu vergleichen. Ob die Berücksichtigung gerade dieser Gesichtspunkte fruchtbringend sei, ob denselben demnach in der That die ihnen
beigemessene Bedeutung zukomme, lässt sich natürlich erst durch die
wirklichen Erfolge entscheiden, welche eine auf sie basirte Forschung zu
erzielen vermag. Wir werden dieselben in der Folge näher betrachten
und zunächst durch die an Rückenmark und *oblongata* gewonnenen Resultate darlegen, dass in der That die Forschung auf erspriessliche Bahnen geleitet und insbesondre des Charakters eines planlosen
Suchens völlig entkleidet wird, eines Charakters, welcher, wie schon
DEITERS treffend hervorgehoben, den meisten anatomischen Untersuchungen auf dem Gebiete des Nervensystems, die Beschreibung der Bilder
successiver Durchschnitte nicht ausgenommen, trotz des auf den ersten
Blick scheinbar planmässigen Habitus im Grunde genommen anhaftet.

Erklärung der Abbildungen Taf. I—VII.

Die Abbildungen 1—4 und 6—9 entsprechen sämmtlich Horizontalschnitten durch das Grosshirn, welche mit Hülfe der auf Seite 13 angegebenen Methode angefertigt wurden. Es ist stets die obere Schnittfläche dargestellt, weil in Folge des Abflusses der Cerebrospinalflüssigkeit die untere Schnitthälfte in der Regel beträchtlich mehr collabirte als die obere. Die Zeichnungen sind so ausgeführt, dass die hauptsächlichsten Contouren auf Pauspapier angelegt wurden, welches der Schnittfläche unmittelbar anflag. Die Grössenverhältnisse u. s. w. sind demnach genau wiedergegeben. Die Schnittebene trifft nicht an allen Gehirnen völlig übereinstimmende Höhen; indess sind die Niveaudifferenzen meist nicht so beträchtlich, dass sie einen vergleichenden Ueberblick über den Gang der Sonderung unmöglich machten. Gute Anhaltepunkte für die Beurtheilung, ob der Schnitt höher oder tiefer angelegt, bieten die Klappdeckel und die Linsenkerne. Fast in jedem Fall (eine Ausnahme machen nur Fig. 7. (Taf. V.) und Fig. 9. (Taf. VII) ist wenigstens eine Hemisphäre so getroffen, dass der Schnitt in die *fissura lateralis posterior* (HENLE) oder dicht daneben fällt (s. Fig. 10. Taf. VII. *Elp.* entsprechend der horizontalen Linie *x—y*). Es liegt dann stets der unverletzte Klappdeckel (Op. Fig. 2. 3 etc.) blos, da ja die obere Schnittfläche zur Zeichnung benutzt worden ist. Fiel der Schnitt etwas höher, so ist das operculum angeschnitten; man erkennt dasselbe an dem unmittelbaren Zusammenhang mit dem Stirnlappen (s. Taf. VI. Op. rechts). Im Linsenkern ist in letzterem Fall das innere Glied überhaupt nicht, das mittlere nur zum Theil sichtbar (s. Taf. VI. *c^{II}*). Fiel der Schnitt hingegen unterhalb der *fissura lateralis posterior*, so ist der Schläfenlappen in grösserer Ausdehnung angeschnitten (man erkennt den letzteren daran, dass er mit dem Hinterhauptslappen ununterbrochen zusammenhängt, s. Taf. I. *Sc.* rechts). Der Linsenkern ist in diesem Fall so getroffen, dass sein mittleres Glied in grösserer Ausdehnung und überdies ein grösserer oder kleinerer Theil des inneren *c^{I}* Taf. I.) Gliedes blosliegt. Die vorliegenden Zeichnungen sind aus einer grösseren Menge solcher ausgewählt; wir haben denjenigen den Vorzug gegeben, welche die Eigenthümlichkeiten der Sonderung besonders deutlich zeigten. Dieselben gewähren auch einen guten Ueberblick über die fortschreitende Ausbildung der Windungen und Furchen [*] sowie über das Gesammtwachsthum des Gehirns vom 8. Monat intra- bis zum 9. Monat extrauterin.

---

[*] Bei Betrachtung der Hirnoberfläche ist hierüber weniger leicht ein Urtheil zu gewinnen.

4 *

Für die Figg. 1—9 sind übereinstimmend folgende Bezeichnungen gewählt worden:

Hhl.	Hinterhauptslappen
F. l.	Stirnlappen
Sl.	Schläfenlappen
Op.	Operculum
I. R.	Insel
F. S.	Fossa Sylvii
F. III.	3. Stirnwindung
th.	thalamus opticus
c^I. c^II. c^III.	1. 2. 3. Glied des Linsenkerns
n. c.	n. caudatus
c.	claustrum
i. K.	innere Kapsel
g. c. c.	Balkenknie
sp. c.	Balkenwulst
s. p.	septum pellucidum
f.	fornix
v. s. p.	ventriculus septi pellucidi
vh.	Vorderhörner der Seitenventrikel
hh.	Hinterhörner der Seitenventrikel
m. c.	mittlere Commissur
a.	Ammonshorn
h.	Zug aus innerer Kapsel zur Spitze des Hinterhauptslappens
f^III.	Zug aus innerer Kapsel zur 3. Stirnwindung.

Tafel I.

Fig. 1. Horizontalschnitt durch das Gehirn eines 9 Monaten alten Kindes. Rechts [*]) ist der Schnitt etwas tiefer angelegt, als links. Es ist in Folge dessen rechts der Schläfenlappen angeschnitten, während links der Klappdeckel in beträchtlicher Ausdehnung blosgelegt ist. Links fällt die Schnitthöhe genau mit der Linie *x—y* Fig. 10 zusammen. Innerhalb der Sehhügel gewahrt man beiderseits nach vorn zwei helle Scheiben, die Querschnitte der absteigenden Fornix-Wurzeln.

c. K äussere Kapsel — anstatt *Se.* (rechts) lies: *Sl.*

Tafel II.

Fig. 2. Horizontalschnitt durch das Gehirn eines 6 Tage alten, bei der Geburt 42 ctm. langen Kindes; der Schläfenlappen ragt links weiter nach vorn als rechts, der Schnitt ist somit links etwas tiefer gekommen als rechts. Die Schnitthöhe rechts entspricht der Linie *x—y* Fig. 10. Marksubstanz noch in allen Regionen grau und meist dunkler als die Rindensubstanz (Das Mark war hochgradig hyperämisch)

e   Gegend des Linsenkerns.

Fig. 3. Horizontalschnitt durch das Gehirn eines 44 ctm. langen Foetus. Das Markweiss beginnt in der inneren Kapsel hervorzutreten. Der Schnitt ist rechts etwas tiefer

*[*] Wir bezeichnen mit »links« die auf der Zeichnung links befindliche Schnitthälfte. Dieselbe entspricht in Wirklichkeit der rechten Hirnhälfte!

gekommen als links; links entspricht die Schnitthöhe ziemlich genau der Linie $x-y$ Fig. 10.

    g. h. Bündel von den Ganglien der Zirbelstiele zur Haube (MEYNERT).

Tafel III.

Fig. 4. Horizontalschnitt durch das Gehirn eines 2 Tage alten Neugebornen (Länge bei der Geburt 53 ctm., Gewicht 3540 gr.) Innere Kapsel und laminae medullares des Linsenkerns (l. m.) markweiss. Der Zug aus innerer Kapsel in den Hinterhauptslappen hebt sich schärfer hervor, als dies bei völlig reifen Neugeborenen in der Regel der Fall. Schnitt rechts etwas höher als links geführt: beiderseits liegt die Schnitthöhe etwas tiefer als die Linie $x-y$. Die lamin. medul. zwischen 2. u. 3. Gliede des Linsenkern sowie die weissen Säume, welche beiderseits die letzteren begrenzen (äussere Kapsel) sind in der Abbildung theilweise etwas zu breit ausgefallen.

Fig. 5. Frontalschnitt durch das Gehirn eines $2\frac{1}{2}$ Tage alten Neugeborenen (Länge bei der Geburt $52\frac{1}{2}$ ctm.); der untere geradlinige Rand der Abbildung entspricht der in Fig. 4 gezeichneten Schnittfläche. Der Schnitt ist in der Richtung der auf $x-y$ senkrecht stehenden punktirten Linie (Fig. 10. Taf. VII) geführt; er trifft zuoberst die vordere Centralwindung, läuft darauf eine Strecke weit in der ROLANDO'schen Furche und schneidet darauf die hintere Centralwindung.

    c. c. Der zuerst im Hemisphärenmark auftretende weisse Zug von innerer Kapsel zu den obersten Abschnitten der Centralwindungen.

    a. s. Der Rinde anliegende markweisse Bogenfasersysteme (Associationssysteme MEYNERT).

    g. f. gyrus fornicatus
    sp. splenium
f. l. p. fissura lateralis posterior (HENLE) = Elp. Fig. 10.
    l. obere Kante des Linsenkerns.

Tafel IV.

Fig. 6. Horizontalschnitt durch das Gehirn eines 32 Tage alten Kindes (Länge bei der Geburt 54 ctm.). Der Schnitt ist etwas tiefer geführt, als die Linie $x-y$ Taf. VII. Im *thalamus opticus* finden sich mehrere lichte Züge, welche sonst nie in ähnlicher Deutlichkeit beobachtet wurden. Der Zug von innerer Kapsel in Hinterhauptslappen tritt schärfer hervor, als in irgend welchem anderen Fall.

Tafel V.

Fig. 7. Horizontalschnitt durch das Gehirn eines 14 Wochen alten Kindes bei der Geburt 50 ctm. lang, 3440 gr. schwer); der Schnitt ist beiderseits ungewöhnlich hoch gekommen, so dass man beiderseits das Mark des Klappdeckels wahrnimmt. Das innerste (erste) Glied des Linsenkerns ist auf keiner Seite sichtbar. Die Hinterhauptslappen sind bereits in beträchtlicher Ausdehnung gelichtet (das Mark der Stirnlappen etwas zu hell ausgefallen). Deutlich tritt beiderseits ein weisser Zug von der inneren Kapsel zum äusseren oberen Randwulst (HENLE) des Schläfenlappens (S^1) hervor, desgleichen ein solcher von der inneren Kapsel zur 3. Stirnwindung (rechts scheinbar unterbrochen, in Folge der Schnittrichtung).

Tafel VI.

Fig. 8. Horizontalschnitt durch das Gehirn eines 16 Wochen alten Kindes (Länge bei Geburt 51 ctm., Gewicht 2870 gr.). Mark der Hinterhauptslappen zum grössten Theil weiss. Zug aus innerer Kapsel in 3. Stirnwindung gut getroffen. Schnitthöhe wie in Fig. 7. Mark der Stirnlappen etwas zu hell; Grenze gegen Rinde etwas zu scharf.

Tafel VII.

Fig. 9. Horizontalschnitt durch das Gehirn eines 15 Wochen alten Kindes (Länge und Gewicht bei Geburt nicht bekannt). Der Schnitt ist ungewöhnlich tief angelegt, links tiefer als rechts! Beachtenswerth sind die lichten Streifen im Stirnhirn, insbesondere der links von der inneren Kapsel zur 1. Stirnwindung ziehende (f^I). Von der Wand des *ventriculus septi pellucidi* gehen zwei lichte helle Züge (*s. l.*) aus und streben, das Balkenknie durchdringend, nach der oberen Fläche des *splenium*.

Pu.   Pulvinar. thalami optici.

c. g. e.   corp. geniculat extern.

a. K.   äussere Kapsel.

Fig. 10. (Die Bezeichnung fehlt!) Profilansicht des Gehirns nach HENLE (Nervenl. Fig. 96 etc.)

Gca.   vordere⎫
               ⎬ Centralwindung.
Gcp.   hintere ⎭

Sr.   ROLANDO'sche Furche.

$+$ C^I $+$ C^{II} Region, nach welcher die zuerst im Hemisphärenmark auftretenden, von der inneren Kapsel ausgehenden weissen Züge streben.

Fla.   fissura lateralis anterior HENLE.

Elp.   »   «   posterior » .

f^I Rindengegend, nach welcher der Zug f^I Fig. 9 strebt

f^{III} $+$ Rindengegend, mit welcher der Zug f^{III} Fig. 9 in Verbindung tritt

o^I Rindengegend, welche der Zug h Fig. 6 erreicht

$+$ (über S^I) Rindengebiet des Schläfenlappens, nach welchen der weisse Zug S^I Fig. 7 zu streben scheint.

Die Bedeutung der punktirten Linien s. o.

Zweiter Theil.

Zur Entwickelungsgeschichte der Leitungsbahnen des Rückenmarkes und der Oblongata.

1.

Historisches.

Aus der Bildungsgeschichte des menschlichen Rückenmarkes kennen wir bis jetzt nur wenige Episoden. Es liegt dies einestheils an der Unzulänglichkeit des für einzelne, insbesondere die frühesten Foetalperioden zu Gebote stehenden Untersuchungsmateriales, andrerseits daran, dass die späteren, in welchen einigermaassen vollständige Entwickelungsreihen erlangt werden können, noch nicht das Object systematischen Studiums gebildet haben. Wir sind beim Menschen auf die Beschreibung der Befunde an einzelnen Individuen angewiesen, welche hinsichtlich ihres Alters meist beträchtlich von einander differirten. Die wichtigsten hier in Betracht kommenden Beobachtungen sind, wenn wir von den mit Hülfe des unbewaffneten Auges oder schwacher Vergrösserungen[*]) gewonnenen absehen, die von KÖLLIKER[**]). Da wir in der Folge wiederholt auf dieselben zurückzugreifen haben werden, so erscheint es nothwendig, dieselben *in extenso* mitzutheilen.

Der jüngste von KÖLLIKER untersuchte menschliche Embryo hatte ein Alter von ca. 4 Wochen. »Der Centralcanal war rautenförmig und seine epithelartige Auskleidung mit länglichen geschichteten Zellen 0,040—0,044''' dick. Vorn und hinten erreichte dieselbe die Oberfläche, und

---

[*]) In dieser Hinsicht sind am beachtenswerthesten die Untersuchungen von TIEDE-MANN (Anatomie und Bildungsgeschichte des Gehirns etc. Nürnberg 1816) und MECKEL (a. a. O.). — Vergl. auch KÖLLIKER (Entwickelungsgeschichte 1861. S. 250).

[**]) a. a. O. S. 157 fg.

fehlte am ersteren Orte ein bestimmtes Anzeichen einer vorderen Commissur. Die graue Substanz, aus rundlichen kleinen Zellen bestehend,
bildete hinten und seitlich eine sehr dünne Lage, war dagegen vorn
schon in ansehnlicher Mächtigkeit vorhanden und zeigte hier auch wie
eine rundliche etwas dunklere Masse, aus der die v o r d e r e W u r z e l
entsprang. Von einer hinteren Wurzel war nichts zu sehen, dagegen
fanden sich die Spinalganglien schon angelegt und ebenso die V o r d e r -
und H i n t e r s t r ä n g e, die beide aus einer kern- und zellenlosen hellen
Masse bestanden, die auf dem Querschnitt nichts als feine Punkte zeigte.
Beide Stränge lagen seitlich und waren übrigens noch sehr· wenig entwickelt.«

Etwas weiter war das Mark bei einem 6 Wochen alten Embryo;
der Centralcanal zeigte wiederum eine annähernd rautenförmige Gestalt.
An der hinteren Seite »lag der Markcanal mit seinem Epithel frei zu
Tage, sonst war derselbe überall theils wie seitlich von der grauen Substanz, theils wie in der vorderen Mittellinie von der v o r d e r e n C o m -
m i s s u r bedeckt. Die graue Substanz bestand überall aus kleinen kern-
haltigen Zellen, vielleicht mit etwas Zwischensubstanz und war vorn
mächtig, hinten dagegen immer noch sehr wenig entwickelt. Die weissen
Stränge erschienen als zwei schwächere Hinterstränge seitlich am hinteren
Theile des Markes, aus denen nach vorn die h i n t e r e n W u r z e l n hervortraten, und als zwei stärkere Vorderstränge. Am entwickeltesten waren
diese zu beiden Seiten der vorderen Commissur, bis zur Austrittsstelle
der vorderen Wurzeln, wo dieselben auch leicht vortretend schon einen
seichten und breiten *sulcus anterior* begrenzten. Hinter den vorderen
Wurzeln schien auf den ersten Blick die weisse Substanz ganz zu fehlen,
eine Untersuchung mit starker Vergrösserung ergab jedoch, dass auch
hier bis etwas vor der Stelle, wo der Spinalcanal seine grösste Breite
besitzt, ein ganz dünner Rindenbeleg vorhanden war. Die gesammte
weisse Substanz mit Inbegriff der *commissura anterior* war übrigens wie
früher durchscheinend, ja fast glashell, auf dem Querschnitt fein punktirt,
streifig an Längsansichten und ohne Spur von Zellen und Kernen.«

Was spätere Entwickelungsperioden anlangt, so giebt KÖLLIKER noch
einige Notizen über Befunde an einem 8, und einem 9—10 wöchentlichen Embryo. Es möge hiervon nur das auf die Weiterentwickelung
der weissen Substanz Bezügliche berücksichtigt werden. »Die V o r d e r -
s t r ä n g e verdicken und verbreitern sich beim weiteren Wachsthume des
Markes immer mehr, so dass sie schon beim 8 Wochen alten Embryo

mehr als die Hälfte des Markes einnehmen; jedoch erreichen um diese
Zeit ihre hinteren Enden oder die Seitenstränge der Autoren die Hinterstränge noch nicht und sind durch eine später schwindende S e i t e n -
f u r c h e von denselben geschieden. Eine tiefere Furche bildet sich vorn
durch das stärkere Wachsthum der Stränge gegenüber den inneren
Theilen, die vordere Spalte, welche schon am Ende des zweiten Monates
gut entwickelt, aber noch breit ist und am Ende des dritten Monates
nahezu die bleibenden Verhältnisse zeigt. Beim Embryo von 9—10
Wochen sind die Vorderstränge und Hinterstränge zur Vereinigung gelangt
und die graue Substanz rings von der weissen Masse umgeben. Die
hinteren Stränge, die Anfangs ganz seitlich ihre Lage haben, dehnen
sich bald so gegen die hintere Mittellinie aus, dass sie schon in der
achten Woche hier dieselbe Stellung einnehmen wie die vorderen Stränge
an der anderen Seite. Sehr bemerkenswerth sind um diese Zeit zwei
besondere leistenartige Hervorragungen dieser Stränge, zwischen denen
eine wirkliche hintere Längsspalte sich findet. Später rücken diese Leisten
unter Verdrängung des Centralcanales dicht aneinander, so dass die Spalte
ganz schmal wird, doch tritt keine Verwachsung derselben ein und findet
man schon im Anfange des dritten Monates eine bindegewebige Scheidewand zwischen denselben, die jedoch nie mit der *pia mater* aus der
Spalte sich herauszieht. Während dies geschieht, ändert sich auch die
Gestalt der Hinterstränge in der Art, dass die leistenförmigen Erhebungen
immer mehr in dasselbe Niveau mit den äusseren Theilen kommen. Dafür aber tritt im Inneren eine Art Trennung ein und erscheinen dieselben
im dritten Monate deutlich als besondere K e i l s t r ä n g e zu beiden Seiten
der hinteren Längsspalte. Offenbar sind diese embryonalen Keilstränge
dieselben Bildungen, welche GOLL in seinen Beiträgen zur feineren Anatomie des Markes als die »dunklen Keile« der Hinterstränge bezeichnet,
und deutet ihr frühzeitiges Auftreten auf besondere anatomisch-physio-
logische Beziehungen, über welche ohne weitere Anhaltepunkte sich auszusprechen zu Nichts führen kann. Nur das möchte ich noch von unserem Standpunkte aus bemerken, dass an Querschnitten die Trennung
dieser Keile von dem äusseren Theile der Hinterstränge oft eine so bestimmte ist, dass man sich des Gedankens nicht erwehren kann, dass
die Ausgangspunkte für die Bildung beider ganz verschiedene sind.«

So unzulänglich diese Angaben KÖLLIKER's erscheinen mögen, wenn
man sie mit Rücksicht auf das bei den Untersuchungen über die Genese
der Nervencentren zu erstrebende E n d z i e l betrachtet, nämlich darauf,

in wie fern sie Aufschlüsse gewähren über die Bildungsweise der
Elementartheile beziehentlich über den Modus ihrer Zusammen-
ordnung zu so complicirten Mechanismen, wie wir sie in den genannten Organen vor uns haben: so beachtenswerth erscheinen die
einzelnen mitgetheilten Momente an sich. Wir heben nur hervor, dass
hiernach weisse Stränge und Commissur beim Menschen, ähnlich wie
dies bereits früher von KUPFFER [*] für Schaaf und Hühnchen angegeben
worden ist, secundär als eine äussere Belegmasse der grauen Substanz
auftreten; dass die vorderen Wurzeln sehr früh vorhanden sind, mit
einer Zellgruppe der vorderen grauen Hörner in Verbindung stehen und
wahrscheinlich Ausläufer derselben darstellen; dass die erste Anlage
der Nervenfasern der Längsstränge in einer feinfasrigen kernlosen, gleichfalls am ehesten auf Ganglienzellenausläufer zurückzuführenden Masse besteht; dass die letztere an 4 Punkten aufzutreten beginnt, von denen
zwei den Vordersträngen, zwei den äusseren Hintersträngen entsprechen;
dass der hintere Theil der Seitenstränge später entsteht, als der vordere;
dass in den Hintersträngen die zarten Stränge da, wo sie zum ersten
Mal sichtbar werden, bereits sehr deutlich von den BURDACH'schen Keilsträngen geschieden sind [**].

Abgesehen von den soeben angeführten kam KÖLLIKER zu allgemeineren Gesichtspunkten hinsichtlich des Entwickelungsganges der
centralen Fasermassen nicht. Darüber vorzüglich, ob die zuerst vorhandenen Bündel, insbesondere die Vorder-Seitenstränge sich durch Apposition oder intermediäres Wachsthum vergrössern, spricht er sich nicht
bestimmt aus; doch könnte man auf letzteres daraus schliessen, dass

---

[*] BIDDER und KUPFFER, Untersuchungen über das Rückenmark 1857.

[**] Zwischen den Angaben KÖLLIKER'S über den Menschen und denen von KUPFFER
über das Schaaf finden sich scheinbar einzelne Widersprüche. Letzterer bemerkte die
vordere Commissur eher als die Anlage der Längsstränge und schliesst daraus, dass die
Fasern der ersteren nicht in letztere umbiegen, sondern in der grauen Substanz wenigstens vorläufig endigen, ähnlich wie er für die zuerst allein vorhandenen vorderen Wurzeln schliesst, dass sie sich nicht ununterbrochen nach dem Gehirn fortsetzen. KUPFFER
giebt ferner an, dass hintere Wurzelfasern und Hinterstränge zu gleicher Zeit sichtbar
werden, während KÖLLIKER jene vermisste, wo diese bereits vorhanden waren. Diese
Widersprüche können sehr wohl auf Beobachtungsfehlern des einen oder andren Autors
beruhen, doch ist hierbei zu berücksichtigen, dass beim Schaaf, welches hinsichtlich
der Grössenverhältnisse der Vorder-Seiten- zu den Hintersträngen vom Menschen erheblich abweicht, auch in der ersten Anlage der Fasern sich quantitative Differenzen finden können, welche principielle Unterschiede wenigstens leicht vorzutäuschen vermögen.

er auf Grund der Entwickelung die Trennung der Vorder- und Seitenstränge für unstatthaft erklärt. Hinsichtlich der Hinterstränge dagegen
neigt er offenbar mehr der Annahme eines appositionellen Wachsthums
zu. Er scheint ferner mit Kupffer der Ansicht zu sein, dass zur Zeit
der Vereinigung von Vorder-, Seiten- und Hinterstranganlage sämmtliche
Fasersysteme wenigstens *in nuce* vorhanden sind.

Ausser den angeführten Beobachtungen birgt die Literatur hinsichtlich der Entwickelung des menschlichen Rückenmarkes nur noch wenig
Erwähnenswerthes. Clarke [*]), dessen Befunde im Wesentlichen die
Histogenese sowie einzelne gröbere Gestaltungsverhältnisse im 3. und 6.
Foetalmonat betreffen, giebt u. A. brauchbare Abbildungen von Querschnitten durch das Mark eines 6 Monate alten Foetus. Er macht darauf
aufmerksam [**]), dass bei letzterem die Seitenstränge im Hals- und Dorsalmark nicht über ihren ganzen Querschnitt den nämlichen Charakter
darboten, dass sich vielmehr in ihrer hinteren Hälfte eine auf dem
Querschnitt ovale Masse von den übrigen Theilen durch Farbe und
Durchsichtigkeit sonderte. Den Grund hierfür sieht er in einem grösseren Reichthum dieser Formation an Blutgefässen und Bindesubstanz; es
gelang ihm in Folge dessen nicht, mit Hülfe jenes Befundes unsere Vorstellungen über die Bildungsweise der Nervencentren zu erweitern [***]).

Noch unvollkommener als das Rückenmark ist die Medulla oblongata
auf ihre Entstehung erforscht worden. Die Unzulänglichkeit der makroskopischen Untersuchung, welche an letzterem Hirntheil fast ausschliess-

---

*) Philosoph. transact. 1862. S. 911. Taf. XLVIII. Fig. 37—44.
**) ibid. S. 938 und Erklärung zu Fig. 44.
***) Die Angaben Lenhoff's (Virch. Arch. Bd. 60. S. 117 fg.) bieten, soweit sie
zuverlässig erscheinen, besonders Erwähnenswerthes nicht dar. — Hinsichtlich der
über die makroskopischen Verhältnisse des foetalen Rückenmarkes veröffentlichten Befunde können wir zum Theil auf S. 4 und 6 verweisen. — Hinsichtlich der Beobachtungen von Jastrowitz über das Auftreten von Fettkörnchenzellen innerhalb der
weissen Stränge s. u. — Die Lücken, welche sich in der Entwickelungsgeschichte
des menschlichen Rückenmarkes finden, lassen sich zum Theil ausfüllen durch die
Resultate, welche an Thierembryonen gewonnen worden sind. Insbesondere ist an
solchen das Verhalten des Modullarrohres bis zum Auftreten der weissen Substanz genauer verfolgt worden. Da wir uns in der Folge vorwiegend mit der
Entwickelung der Fasermassen zu beschäftigen gedenken, so verzichten wir indess
darauf, alles über die Entwickelung des Rückenmarkes überhaupt Festgestellte hier
anzuführen. Auf einige Beobachtungen Remak's am Hühnchen und Clarke's am Schaaf
werden wir gelegentlich zurückkommen.

lich angewendet worden ist, macht sich naturgemäss gerade hier besonders empfindlich geltend, und es finden sich in Folge dessen selbst
über die Entstehungszeit der gröberen Abtheilungen vielfach irrthümliche Ansichten. Wenn z. B. Kölliker *) von letzteren bemerkt, dass
sie bereits im dritten Foetalmonat alle zu erkennen seien, so ist dies,
wie wir zeigen werden, wenigstens nicht erwiesen. Detaillirter als die
Angaben aller Früheren sind die von Schmidt **). Da dieseben fast alles
über die feineren Entwickelungsverhältnisse bisher Bekannte enthalten,
so theilen wir sie *in extenso* mit: »Die Entwickelung des Rückenmarkes
und des verlängerten Markes betreffend, sagt der genannte Autor, habe
ich der bekannten, von Tiedemann und Meckel ***) gegebenen Darstellung
nicht Wesentliches hinzuzufügen; nur finde ich, dass in Bezug auf letzteres die Zeitpunkte, in welchen seine einzelnen Abtheilungen kennbar
werden sollen, zu spät angegeben sind. So bilden die Oliven schon
am Schlusse des dritten Monats sehr merkliche Erhöhungen, obgleich
erst später die anfangs weit kleineren Pyramiden sich von ihrer
inneren Seite deutlich abgrenzen. Wie die Oliven, so zeichnen sich die
strangförmigen Körper schon sehr früh durch ihre beträchtliche
Grösse aus, eben wegen des Uebergewichtes der grauen Substanz. Eine
Höhle findet sich im Inneren der Oliven niemals. — Die senkrechten
Fasern der Gürtelschicht sieht man schon im dritten Monate, an einem
Längenschnitte durch die Mitte des Markes, ein sehr deutliches Septum
bilden. Die bei Erwachsenen stattfindende individuelle Verschiedenheit
des Verhaltens der quéren und bogenförmigen Fasern dieser Schicht
stellt sich bei Embryonen ebenfalls sehr deutlich dar, und habe ich in
der Mitte des fünften Monats ausserordentlich starke Fasern gesehen.
die das untere Ende der Oliven umgaben.«

Es ergiebt sich aus dem Angeführten ohne Weiteres, dass wir
irgend wie genauerer Vorstellungen über den eigentlichen Entwickelungsmechanismus von Rückenmark und *oblongata* noch völlig entbehren, und dass auch die Kenntniss der definitiven Organisationsverhältnisse jener Theile durch die entwickelungsgeschichtlichen
Forschungen im Ganzen nur wenig gefördert worden ist. Die Hoffnung,
mit welcher z. B. Bidder und Kupffer ausgesprochenermaassen an das

---

*) a. a. O. S. 148.
**) Zeitschrift für wissenschaftl. Zool. Bd. XI. S. 46.
***) a. a. O. S. 97.

Studium des Gegenstandes herangetreten sind, in der schrittweisen Verfolgung der allmählichen Complication der Structurverhältnisse den
Schlüssel zur Lösung mancher der streitigen Fragen aus der Histologie
des entwickelten Rückenmarkes zu finden, hat sich wie bei den
Forschungen dieser Autoren so auch bei jenen am Menschen nur in
höchst unvollkommenem Grade erfüllt. Ja indem KÖLLIKER und KUPFFER
die Trennung von Vorder- und Seitensträngen des Markes im Hinblick
auf die Entwickelung für unzulässig*) erklären, machen sie z. B. das,
was wir auf Grund der pathologischen Untersuchungen TÜRCK's**) über
die Zusammensetzung jener aus differenten Fasersystemen vermuthen
konnten, wieder wankend.

Dass die Ausbeute verhältnissmässig so gering ausgefallen, liegt zum
guten Theil an dem eingeschlagenen Wege, nicht aber lediglich in der
Natur der Sache selbst. Obwohl nämlich in den späteren Entwickelungsstadien, deren systematisches Studium man bisher völlig vernach-
lässigt hat, die histologischen Verhältnisse sich mehr und mehr compli-
ciren, treten hier doch eigenthümliche Differenzirungen innerhalb der
Fasermassen, insbesondere der weissen Rückenmarksstränge hervor, welche in früheren Perioden, speciell bis zum dritten Monat, wo KÖLLIKER's
Mittheilungen endigen, nur schwer oder gar nicht wahrnehmbar sind.
Ganz besonders ist dies aus später anzugebenden Gründen beim Menschen gegenüber den bisher vorzugsweise zu systematischen Untersuchungen benützten Thieren der Fall. Da überdies bei Ersterem die
betreffenden Erscheinungen durch pathologisch-anatomische Befunde in
überraschender Weise beleuchtet werden, so erweist sich der Mensch
trotz seines, wie man allgemein annimmt, complicirteren Centralnervensystems und trotz der Schwierigkeiten, welche der Beschaffung eines
vollständigen Untersuchungmateriales entgegenstehen, zur Beobachtung
einzelner Verhältnisse im Entwickelungsgang der centralen Fasermassen
weit mehr geeignet als andere Objecte.

*) In wie fern dies gerechtfertigt ist, werden wir später erwägen.
**) Ueber die »secundären Degenerationen«. Wir werden sie in der Folge aus-
führlicher behandeln.

II.

Untersuchungsmethoden.

Trotz der angelegentlichsten Bemühungen, ganz frische Kindesleichen und Foeten zu erhalten, gelang dies nur in einzelnen Fällen. Die Section konnte gewöhnlich erst ca. 12 Stunden *post mortem* oder später erfolgen. In wiefern dieser Umstand bei Beurtheilung der histologischen Angaben berücksichtigt werden müsse, lässt sich schwer mit Genauigkeit feststellen; es ist indess selbstverständlich bei Rückschlüssen aus den thatsächlich beobachteten Formen der Elementartheile auf ihren natürlichen Zustand stets die Möglichkeit nachtheiliger Einwirkungen dieses Factors im Auge zu behalten. Da überdies die Untersuchungsreihe für die erste Hälfte des Foetallebens grosse Lücken zeigt, welche von vornherein dem Versuche, die Entwickelung der Structurelemente im Zusammenhang darzustellen, unüberwindliche Hindernisse bereiteten, so ist der Schwerpunkt der folgenden Mittheilungen nicht in histogenetischen Aufschlüssen zu suchen, für welche ja der Mensch auf Grund bekannter äusserer Umstände überhaupt ein weniger geeignetes Untersuchungsobject darstellt als beliebige Thiere. Wir berichten nur über die Structurverhältnisse der centralen Fasermassen während einzelner Phasen ihrer Entwicklung.

Die Wahl der Untersuchungsmethoden wurde im Wesentlichen geleitet durch die bereits im letzten Theil dargelegten Gesichtspunkte. Im Anschluss an die dort geschilderten makroskopischen Verhältnisse wurde der Ausbildung der Nervenfasern in den verschiedenen Regionen des Rückenmarkes und der *oblongata* besondere Aufmerksamkeit zugewendet; die Bindesubstanz wurde erst in zweiter Linie berücksichtigt. Es erwies sich von besonderer Wichtigkeit, möglichst sichere Kriterien für den Nachweis von Markscheiden zu gewinnen, und es trat deshalb die Anwendung hierzu geeigneter Methoden vor Allem in den Vordergrund. Da ferner der Befund von Nervenfasern auf bestimmten Entwickelungsstufen ein besonderes Interesse erhielt durch den Fundort, so erschien es geboten, mit möglichst genauer Berücksichtigung der Topographie angefertigte Zupfpräparate mit Quer- und Längsschnitten durch das erhärtete Organ zu vergleichen.

Es bietet einige Schwierigkeiten dar, aus bestimmten eng begrenzten Regionen, welche z. B. vielleicht kaum den 10. Theil des an sich

geringen Rückenmarksquerschnittes jüngerer Foeten umfassen, in der
Weise Gewebspartien zu entfernen, dass man sicher ist, nicht gleichzeitig benachbarte differente Theile zu erfassen. Wir haben, um hier
die nöthige Sicherheit zu erlangen, bis ca. 1 mm. hohe Querscheiben
aus dem Marke angefertigt und unter der Präparirloupe zerlegt. Solche
Querscheiben wurden theils frisch mit *liquor cerebrospinalis*, theils nach
vorgängiger Behandlung mit verschiedenen Reagentien zerzupft. Erstere
Methode gewährt am foetalen Mark befriedigendere Erfolge, als beim
Erwachsenen, weil jenes an sich weniger consistent erscheint; besonders die mehrerwähnten grauhyalinen Markmassen sind so weich, dass
sie eine weitgehende Zerlegung ohne Schwierigkeit gestatten. Für den
Nachweis einzelner, später zu erwähnender, Structurverhältnisse ist
die frische Untersuchung auch unentbehrlich. Indess die meisten
Gewebselemente, insbesondere die markhaltigen Nervenfasern, sind hierbei, wie bekannt, nur schwer intact zu erhalten; es war deshalb geboten, den Gewebselementen vor der Isolation eine vermehrte Consistenz zu verleihen. Es wurden hierzu die bekannten dünnen Lösungen von Chromsäure und solche von doppelt chromsaurem
Ammoniak von $^1/_{500}$—$^1/_{100}$, endlich Ueberosmiumsäure in der Con-
centration von $^1/_{10}$—$^1/_5$ % verwendet.

Das an zweiter Stelle genannte Reagens wurde u. A. deshalb zur
Maceration verwandt, weil es als hauptsächlichstes Härtungsmittel diente
und es so wünschenswerth erschien, die Einwirkung desselben auf das
Gewebe möglichst genau festzustellen.

Der Ueberosmiumsäure bedienten wir uns in der von M.
Schultze angegebenen Weise. 1—2 mm. hohe Querscheiben vom Umfang einer Rückenmarkshälfte wurden frisch in die $^1/_{10}$ % Lösung gebracht, nach 24 stündigem Liegen daselbst in destillirtem Wasser aus-
gewaschen und in concentrirter wässriger Lösung von Kali aceticum
entweder sofort oder nach längerem Liegen untersucht. Diese Methode,
welche bekanntlich eine Conservirung der Elemente auf beliebige Zeit
gestattet und dieselben gleichzeitig für die Isolation geeignet erhält, hat
leider den Nachtheil, dass die bei schwachen Vergrösserungen auch in
ihren marklosen Theilen scheinbar durchgängig geschwärzten Stücke
nicht durchaus eine genaue topographische Zerzupfung gestatten. Denn
schon bei $^1/_2$—1 mm. hohen Scheiben erscheint die Grenze der grauen
gegen die weisse Substanz verwischt. Es ist dies besonders deshalb

störend, weil die Ueberosmiumsäure für den Nachweis markhaltiger
Nerven, sowie von Fettkörnchenzellen sonst wohl geeignet erscheint.
Die frischen Zupfpräparate sowohl als die aus dem frischen Mark angefertigten Quer- und Längsschnittchen wurden in gewöhnlichem
und polarisirtem Licht untersucht, letzteres hauptsächlich mit Rücksicht auf die Angabe Valentin's, dass die Existenz von Markscheiden in
polarisirtem Lichte sich kundgebe, bevor sie noch in gewöhnlichem auf
irgend welche Weise nachgewiesen werden könnten.

Zur Härtung der Nervencentren wurde, wie bereits angedeutet,
vorzugsweise doppelt chromsaures Ammoniak in der Concentra-
tion von 1% verwendet. Wenn dieses Salz gegenüber dem Kali bichromicum auch in sofern weniger vortheilhaft erscheint, als es bei
kürzerer Einwirkung die Markscheiden weniger intensiv färbt und somit auch weniger kenntlich macht, so verleiht es doch rascher eine
für die Anfertigung von Schnitten geeignete Consistenz, und ruft, sofern
die Einwirkung nicht mehrere Wochen überdauert, erhebliche Schrum-
pfungserscheinungen nicht hervor. Das Mark z. B. von 25 bis ca.
35 ctm. langen Foeten wird bei Anwendung einer beträchtlichen Menge
der Lösung bereits nach sechstägigem Verweilen in der Flüssigkeit
schnittfähig. Es ist zwar um diese Zeit nicht leicht, gleichmässig dünne
Schnitte herzustellen, welche den ganzen Querschnitt umfassen; derartige Schnitte haben indess den Vorzug, dass die Lagerungsverhältnisse der Elementartheile, insbesondere die Abstände, welche sich
zwischen den Nervenfasern normalerweise finden, nur minimale Veränderungen erlitten haben. Längsschnitte lassen sich schon zu
dieser Zeit in genügender Feinheit leicht anfertigen. Nach 2—3
Wochen bietet die Gewinnung vollständiger Querschnitte von gleichmässiger Feinheit keine weiteren Schwierigkeiten mehr dar. Es ist
jedoch mitunter bereits jetzt, regelmässig nach mehrmonatlichem Verweilen der Gewebe in der Ammoniaksalz-Lösung nachweisbar die Gerinnung und Schrumpfung einer zwischen den Nervenfasern vorhandenen, vorher flüssigen Substanz eingetreten, und die oben erwähnten Interstitien zwischen den Nervenfasern haben eine unregelmässige
Gestalt und Vertheilung angenommen. Da somit die Bilder, welche
Quer- und Längsschnitte nach längerer Härtungszeit darbieten, gegenüber den in der ersten Woche gewonnenen Präparaten in gewisser
Hinsicht modificirt erscheinen, so ist es nothwendig, bei der Beschreibung stets die Zeit der Härtung im Auge zu behalten.

Auch der Alkohol erweist sich für das Studium einzelner Structurverhältnisse als geeignetes Erhärtungsmittel, insbesondere wo es gilt, mit
Hülfe der Haematoxylin-Tinction Uebersichtspräparate, an denen Vertheilung
und Menge der zelligen Elemente gut hervortreten, herzustellen.

Die Erhärtung durch G e f r i e r e n lieferte in sofern ungenügende Resultate,
als sich in sämmtlichen makroskopisch grau erscheinenden Regionen
des Markes das Gewebe auf einzelne Linien zurückzog, so dass
ein von groben Lücken durchsetztes Balkenwerk zum Vorschein kam.
Es ist demnach nicht möglich, mit Hülfe dieser Methode die normale
A n o r d n u n g der Gewebselemente zu eruiren.

Die Quer- und Längsschnitte durch das erhärtete Organ wurden
mit a m m o n i a k a l i s c h e m C a r m i n, U e b e r o s m i u m s ä u r e von ½%,
G o l d c h l o r i d k a l i u m, H a e m a t o x y l i n - A l a u n und der von Schweigger-
Seidel angegebenen e s s i g s a u r e n C a r m i n l ö s u n g behandelt. Wir
werden in der Folge speciell bemerken, zu welchen Zwecken ein jedes
dieser Reagentien sich am besten eignet. Vor der Hand weisen wir nur
darauf hin, dass das Centralnervensystem in verschiedenen Stadien der
Entwickelung verschiedene Behandlungsmethoden erfordert [*].

---

[*] Noch möge über die Gewinnung einiger nachfolgend mitgetheilter Maasse eine
kurze Bemerkung gestattet sein. Wir werden einestheils über die Grössenverhältnisse
der centralen Nervenfasern auf verschiedenen Altersstufen Mittheilung machen, anderntheils vergleichende Bestimmungen des Flächeninhaltes einzelner Theile des Rückenmarkes und der oblongata geben. Wir haben in letzterer Hinsicht es vorgezogen, stets
nur r e l a t i v e Werthe anzuführen, weil der Gewinnung absoluter, welche für das
frische Organ Geltung beanspruchen können, sich grosse Schwierigkeiten entgegensetzen;
Schwierigkeiten, welche bei der Nothwendigkeit eine grosse Anzahl Messungen vorzu-
nehmen besonders ins Gewicht fallen. Die Grössenverhältnisse wurden stets an Zeichnungen gemessen, welche mit Hülfe einer camera obscura entworfen worden waren. —
Die Benützung völlig übereinstimmender Höhen zur Vergleichung der Dimensionen
verschiedener Rückenmarke war deshalb nicht in allen Fällen möglich, weil sich die
Feststellung einzelner Grössenverhältnisse erst als nothwendig herausstellte, nachdem
ein grosser Theil des Materiales bereits verarbeitet worden war. Es stand somit für
eine Reihe von Fällen nur eine beschränkte Anzahl bereits fertiger Präparate zur Ver-
fügung. Die Faserstärke wurde in der Regel an mässig gehärteten Präparaten gemessen,
und wird in jedem einzelnen Fall die Zeit der Härtung und die hierzu angewandte
Methode angegeben werden. Die genauesten Maasse lassen sich natürlich an isolirten
Fasern gewinnen. Um indess die numerische Vertheilung der verschiedenen Fasercaliber über die einzelnen Regionen der Rückenmarksstränge zu bestimmen, lässt sich
die Ausmessung an Querschnitten nicht umgehen. Die Fehlerquellen, welche man mit
Rücksicht auf die Neigung der Fasern zur Varicositätenbildung hierin vermuthen könnte,
sind in Wirklichkeit so gross nicht. Man überzeugt sich durch Vergleichung der
Messungsresultate an einer Reihe dicht auf einander folgender Querschnitte, dass dieselben nur unwesentlich differiren.

III.
Befunde an den einzelnen Individuen.

Die nachstehenden Resultate sind gewonnen worden, indem, gerade entgegensetzt dem sonst üblichen Brauch, die höheren Entwickelungsstufen den Ausgangspunkt der Untersuchung bildeten und erst hieran die der niederen sich schloss. Diesen Weg auch in der folgenden Darstellung einzuschlagen und erst zum Schluss den Entwickelungsgang nach seinem natürlichen Verlauf zu analysiren, nöthigt u. A. die Beschaffenheit des zur Verwendung gelangten Untersuchungsmaterials, indem einerseits im Hinblick auf eine später zu demonstrirende hochgradige Variabilität, welche sich in der Lagerung einzelner Theile der Rückenmarkstränge geltend macht, und welche zufälliger Weise besonders an den 25 bis 32 ctm. langen Foetus ausgesprochen ist, diese letzteren ungeeignet erscheinen, als Ausgangspunkt zu dienen, andrerseits die Eigenthümlichkeiten im Bau des Markes der jüngsten Embryonen erst durch die Befunde an Früchten aus späteren Entwickelungsperioden verständlich werden.

Wir beginnen mit den ca. 35 ctm. messenden Individuen, weil bei dieser Körperlänge in der Ausbildung der Längsfasersysteme des Rückenmarkes ein Zustand eingetreten ist, welcher besonders instructiv erscheint. Nachdem wir hierauf die Wandelungen bis zur völligen Reife verfolgt haben werden, geben wir zunächst die Befunde an den 11—32 ctm. messenden Foeten und schliessen hieran eine Betrachtung der wichtigsten im extrauterinen Leben sich vollziehenden Entwickelungsprocesse.

1. Früchte von 35 — 54 ctm. Körper-Länge.

Vorbemerkungen: Es ist bereits bei Beschreibung der Sonderung von grauer und weisser Substanz darauf hingewiesen worden, dass bei den ca. 35 bis 48 ctm. langen Foetus und Neugeborenen in der Regel, bei längeren mitunter der Rückenmarksquerschnitt schon hinsichtlich der makroskopischen Configuration der weissen Stränge gegenüber dem des Erwachsenen eigenthümliche Differenzen darbietet. Dieselben bestehen, wie an dem erwähnten Ort ausführlicher dargelegt worden ist, im Wesentlichen darin, dass ein Theil des Markmantels, welcher im Halsmark die Hinterstränge, den äusseren resp. hinteren peripheren Theil der Seitenstränge und die zwischen Vorderhorn und Peripherie gelegene Region der Vorder-Seitenstränge umfasst, bereits weiss erscheint, wäh-

rend der übrige Theil der letzteren makroskopisch noch vollständig
der grauen Substanz gleicht. Wir verzichten hier um so eher auf
eine nochmalige Beschreibung dieses Verhaltens, als sowohl die in verschiedenen Höhen desselben Rückenmarkes wahrnehmbaren Differenzen
in der Lagerung des »grauen Markes«, als auch die Variabilität derselben bei verschiedenen Individuen schon Erwähnung gefunden haben.

Fragt man nach der Auffassung, welche dieser schon lange bekannten Erscheinung zu Theil geworden ist, so ergiebt sich, dass die
meisten Autoren sich überhaupt nicht darüber äussern, dass man aber
vielfach, wie dies wohl auch Jastrowitz gethan, nur die weissen
Partien als Vorläufer der eigentlichen weissen Substanz, die grauen
Theile der Seitenstränge aber als gleichwerthig mit der Substanz
der grauen Säulen betrachtet haben dürfte.

Ein Autor, Parrot, welcher richtig beobachtete, dass die mehrer-
wähnte graue Masse sich im Bezirk der Seitenstränge findet und zwar
da wo ein pathologischer Process, die »absteigende secundäre
Degeneration«, aufzutreten pflegt: in der Pyramiden-Seitenstrangbahn
Tracks, glaubte es in den Fällen, in welchen er jene Beschaffenheit der
Seitenstränge vorfand, geradezu mit dieser Erkrankungsform zu thun
zu haben, hielt also die Erscheinung für inconstant und pathologisch [*]).

Beide Ansichten entsprechen, wie sich leicht zeigen lässt, dem
Thatbestand nicht. Die Resultate der mikroskopischen Untersuchung,
nöthigen zu einer ganz anderen Auffassung.

a. ca. 35 ctm. lange Kinder.

Es möge zunächst das 35 ctm. messende, 1050 gr. schwere Kind
(No. 11. des Verzeichnisses S. 11) Berücksichtigung finden; es wurde nur
wenige Stunden nach dem Tode untersucht und erschien völlig gesund.

---

[*]) Die betreffenden Passus bei Parrot (Arch. de physiol. V. Bd. 3. Heft S. 291 fg.)
lauten: *Obs. XIII.... Dégénérat. second. de la moelle etc.— Deux faits s'y trouvent notés, qui
méritent toute notre attention. Le premier est une altération de la moelle double et par-
faitement symétrique, comme les lésions hémisphaeriques auxquelles elle correspond. Elle
est très-accentuée, probablement parceque les couches optiques et les corps striés partici-
pent au processus nécrobiotique primitif (sc. stéatose). On sait en effet, d'après les observations de MM. Charcot et Vulpian, que c'est surtout lorsque ces parties sont altérées,
que surviennent les atrophies consécutives de la moelle; et si nous ne les avons pas notées
plus souvent dans nos observations, c'est que le ramollissement y avait pour siège exclusif
les hémisphères. — a. a. O. S. 301. F. Voici les propositions principales que nous y
avons établies: No. 10. Quand la lésion est ancienne et considérable, elle peut détermi-
ner: a) Une dégénération secondaire de la protubérance, du bulbe et de la moelle etc.*

Halsanschwellung des Rückenmarkes.

Wir beginnen mit der Beschreibung der Bilder, welche Querschnitte durch das ca. 6 Tage erhärtete Organ darbieten und wählen als Ausgangspunkt die von den Wurzelfasern des 6. Halsnerven eingenommene Region.

An Querschnitten (Taf. XV. Fig. 5.), welche einige Stunden in eine
½% Lösung von Ueberosmiumsäure gebracht und mit Glycerin aufgehellt worden sind, treten in den verschiedenen Regionen des
Markmantels stark in die Augen springende Differenzen hinsichtlich der Färbung und Transparenz hervor. Die Hinterstränge
(Fig. 5. B.) mit Ausnahme der GOLL'schen Keilstränge (KÖLLIKER) (Fig. 5. Z')
sind intensiver geschwärzt als die übrigen Theile der weissen
Stränge. Dicht gedrängt stehen dort die rundlichen Querschnitte
der tiefschwarzen markhaltigen Nervenfasern, durchflochten von
einem zarten Netzwerk heller Linien, welches an allen Orten fast gleich-
grosse Maschen umschliesst. Nur in grösseren Intervallen finden sich
breitere hellere Streifen und grössere den Durchmesser der einzelnen
Nervenfasern erreichende oder übertreffende rundliche Lücken, entsprechend den durch das Reagens nicht gefärbten mächtigeren Bindegewebs-
septen und Gefässquerschnitten. In directem Gegensatz hierzu stehen
die der vorderen Longitudinalfissur anliegenden Theile der Vorderstränge (P' Fig. 5.) sowie die hintere Hälfte*) der Seitenstränge (P. Fig. 5.), mit Ausnahme einer schmalen peripheren
Zone (Z) und der in die *processus reticulares* eingefügten
Längsfaserbündel (s. r. Fig. 5.). Jene Theile des Querschnittes enthalten eine lockere Gewebsformation, in welcher sich nur an den Rändern einzelne mit geschwärzten Markscheiden versehene Nervenfasern nachweisen lassen. Kaum die Hälfte des Raumes wird eingenom-
men von geformten Elementen; dieselben erscheinen bei Anwendung sehr
starker Vergrösserungen (Hartn. x. 3.), als annähernd gleich weit von einander abstehende, je nach der Einstellung bald stark, bald matt glänzende
Punkte und kleinste lichte Kreise, zwischen welchen nur hie und da
glänzende Bälkchen und schwärzliche punktförmige Massen, sonst, wie

---

*) Wir bezeichnen in der Folge als hintere Hälfte der Seitenstränge stets den
Theil, welcher hinter eine quer durch das vordere Ende der Hinterstränge
gezogene Linie zu liegen kommt. Es wird sich ergeben, dass dieser Theil hinsichtlich
seiner Volumens- und Gestaltsverhältnisse bei verschiedenen, auch gleichaltrigen, Individuen nicht unerheblich variirt.

es scheint, mit Flüssigkeit erfüllte Räume *) vorhanden sind. Die ersteren Gebilde sind, wie sich beim Verschieben des Tubus ergiebt, die optischen Querschnitte längsgestellter cylindrischer Fäserchen. Durch stärkere und feinere Septa (Taf. VIII. Fig. 5. v.—b.) werden sie in verschieden grosse Bündel abgetheilt; die stärkeren Septa zeigen eine auf verschiedenen Schnitten regelmässig wiederkehrende Anordnung, insofern als sie in den Vordersträngen meist frontal, in den Seitensträngen radial gestellt sind. Bei der in Rede stehenden Behandlung fällt an ihnen besonders ein Element in die Augen, nämlich glänzende cylindrische Fasern von eigenthümlich starrem Aeusseren, welche theils geradlinig oder sanft geschwungen verlaufen, theils wie geknickt erscheinen und vielfach unter einander anastomosiren. Sie lassen sich vielfach von der *pia mater*, mit welcher sie offenbar innig zusammenhängen, bis weit in das Mark herein verfolgen. Von den gröberen Septis (Taf. VIII. Fig. 5. v.) aus, in welchen sie zu mehreren neben einander auftreten, dringen sie einzeln (Fig. 5. b.) zwischen die senkrecht gestellten Fasermassen ein und bewirken so eine Abtheilung derselben in kleinere, 30—50 Stück umfassende Gruppen. In der Nähe der Peripherie sind diese einzeln verlaufenden Fasern besonders reichlich, in den Vordersträngen zahlreicher als in den Seitensträngen.

Da alle die genannten Elemente die Ueberosmiumsäure bei der in Rede stehenden Anwendungsweise nicht reduciren, und da die zwischen ihnen in Form feiner dunkler Pünktchen auftretende, wahrscheinlich fettige Substanz, welche diese Fähigkeit besitzt, äusserst spärlich ist, so erscheint die ganze von ihnen eingenommene Region fast in demselben Grade transparent, als dies an lediglich mit Glycerin behandelten Schnitten der Fall ist. Es nähern sich in Folge dessen die zuletzt geschilderten Theile der Vorder- und Seitenstränge wie bei Betrachtung mit unbewaffnetem Auge so auch mikroskopisch mehr der grauen Substanz, welche bei ihrer Armuth an markhaltigen Fasern von Ueberosmiumsäure nur wenig, stellenweise noch merklich intensiver

---

*) Dass diese mit Flüssigkeit erfüllten regelmässigen Lücken zwischen den geformten Elementen präformirt sind, wird durch ihre Regelmässigkeit, ihr Auftreten bei geringen Härtungsgraden sowie dadurch wahrscheinlich gemacht, dass sie bei längerem Verweilen in der Härtungsflüssigkeit beträchtlich an Umfang abnehmen. Auch weist die succulente Beschaffenheit der grauen Abschnitte der Seitenstränge im frischen Zustand sowie das Verhalten beim Gefrieren auf einen beträchtlichen Flüssigkeitsgehalt derselben hin.

als die ersteren geschwärzt wird. Da wo beide im Bereich der Seitenstränge sich unmittelbar berühren, entsprechend der die *substantia
gelatinosa* mit der Austrittsstelle der hinteren Wurzeln verbindenden spon-
giösen Substanz, ist deshalb bei schwächeren Vergrösserungen eine
scharfe Grenze nicht wahrzunehmen.

Die lichteren Theile der Vorderstränge sind nicht auf beiden
Seiten gleich gross noch gleichgestaltet. Die links vorhandene Formation
bildet auf dem Querschnitt eine schmale, der Innenfläche des Vorderstranges flach anliegende, sich nach vorn allmählich verjüngende Zone
(P' Fig. 5. links). Rechts findet sich eine um das Dreifache grössere Masse
von gleicher Beschaffenheit, welche auf den ersten Blick als ein fremd-
artiges Anhängsel an dem die grauen Vorderhörner begrenzenden Vorderstrangtheil erscheint, indem einerseits die innere Contour der ersteren
vorn in einem annähernd rechten Winkel mit der des letzteren zusammenstösst und da, wo sich beide mit breiter Fläche berühren, eine ungemein
scharfe Grenze vorhanden ist.

Der die graue Substanz begrenzende Rest der Vorderstränge, welcher beiderseits ungefähr gleich gross ist, ferner der zwischen Vorderhörnern und Peripherie gelegene Abschnitt der Seitenstränge,
das Gebiet der *processus reticulares*[*]) sowie die Goll'schen Keilstränge nehmen zwischen den eben beschriebenen contrastirenden Theilen des Markmantels in sofern eine Mittelstellung ein, als innerhalb jener
die mit geschwärzten Markscheiden versehenen Nervenfasern durch etwas
breitere lichte Streifen getrennt werden, sodass diese Regionen bei durchfallendem Lichte sowohl wie bei auffallendem im Ganzen eine weniger
gesättigte schwarze Färbung darbieten, als die äusseren Hinterstränge.

Während sich die ungefärbt bleibende Abtheilung der Seitenstränge scharf gegen die hintere periphere Faserschicht abgrenzt, ist
die Sonderung gegen den übrigen Theil dieser Stränge weniger prägnant,
weil hier zwischen beide eine schmale Zone eingeschaltet ist, welche
hinsichtlich des Gehaltes an markhaltigen Nervenfasern und nackten Axencylindern eine Mittelstellung einnimmt. In den Vordersträngen
findet sich auch links zwischen dem markhaltigen und marklosen Abschnitt eine scharfe Grenze.

Die hellen marklosen Theile der Vorderstränge tragen 12 %, die der
Seitenstränge 88 % zum Gesammtquerschnitt der marklosen überhaupt

---

[*] Alle diese Regionen sind in der Zeichnung Taf. XV. Fig. 5. weiss gelassen.

bei. Der letztere verhält sich zu dem Querschnitt der markhaltigen Vorder-Seitenstrangfelder ca. wie 1 : 3.

Die vordere Commissur, sowie die horizontalen Nervenfaserzüge der grauen Substanz, welche sich beim Erwachsenen durch starke markhaltige Fasern auszeichnen, sind, soweit sich dies controliren lässt, sämmtlich mit completen Markscheiden ausgestattet [*].

Eine wesentliche Ergänzung der beschriebenen Bilder liefern carminisirte Querschnitte; es sondert sich auch bei dieser Behandlung der Markmantel in die Abtheilungen, welche wir soeben unterschieden haben. An Präparaten, welche dem eben schnittfähigen Marke entnommen, 12 — 24 Stunden in einer sehr verdünnten schwach ammoniakalischen resp. neutralen Carminlösung verweilt haben und nach Behandlung mit Alkohol und Nelkenöl in Canadabalsam eingeschlossen worden sind, erscheinen die bei Anwendung von Ueberosmiumsäure ungefärbten Regionen des Markmantels gleichmässiger und intensiver tingirt, als die übrigen Theile des Querschnittes. Neben besonders stark gerötheten gröberen punktförmigen Gebilden, welche sich als die optischen Durchschnitte der bereits erwähnten längsgestellten Fäserchen erweisen und ungefähr um das 2 — 3fache ihres Durchmessers von einander abstehen, findet sich ab und zu eine schwach röthlich tingirte feinkörnige Substanz, welche jene verbindende Bälkchen formirt. Die bekannten Sonnenbildchen, welche querdurchschnittene markhaltige Fasern darbieten, vermisst man gänzlich in diesen Abschnitten.

Ein besonders charakteristisches Gepräge erhalten dieselben durch die bereits oben erwähnten Septa, welche sich hier noch viel schärfer herausheben, als dies an Osmiumpräparaten der Fall ist. Neben den bereits beschriebenen horizontalen Fasern, welche sich mässig imbibirt haben, fallen an denselben besonders zellige Elemente in's Auge. Die Existenz derselben wird hauptsächlich durch intensiv gefärbte Kerne (Fig. 5. k. Taf. VIII.) angedeutet, welche in der überwiegenden Mehrzahl oval resp. spindel- und stäbchenförmig erscheinen. Die letzteren sind besonders in den Seitensträngen in regelmässigen Abständen zu Reihen angeordnet und werden dann untereinander durch röth-

_____

*) An Querschnitten, welche 12 — 14 Stunden in einer mit etwas Salzsäure versetzten ¼% Lösung von Chlorpalladium gelegen haben, treten dieselben Bilder hervor, welche sich bei Osmium-Einwirkung zeigen.

lich gefärbte, sehr häufig leicht wellenförmig verlaufende zarte lineare
Streifen verbunden*). Man erhält hier Bilder, welche im optischen Querschnitt gesehene Endothelhäutchen darzubieten pflegen. Es handelt
sich in der That theils um solche, theils um Blutgefässe, welche einen
wesentlichen Bestandtheil aller Septa ausmachen. Einzelne Kerne von
den oben angegebenen Formen kommen auch in Begleitung der isolirt
zwischen die Längsfasern eindringenden, von den gröberen Septis sich
abzweigenden horizontal verlaufenden Fasern vor; sie scheinen Zellen an-
zugehören, welche den letzteren anhaften. Innerhalb der kleinen Längsbündel finden sich keinerlei zellige Elemente; namentlich fehlen hier die ab und zu, aber im Ganzen sehr spärlich in unmittelbarer
Nachbarschaft der Blutgefässe vorkommenden rundkernigen Formen.

Wesentlich andere Bilder zeigt der übrige Theil des Markmantels.
In den äusseren Hintersträngen, besonders im Rayon der hinteren
Wurzelfasern sind dicht gedrängt die bekannten Sonnenbildchen wahrnehmbar (Taf. VIII. Fig. 6.). Dieselben besitzen sowohl hinsichtlich der
Axencylinder als der gesammten Nervenfasern annähernd gleichmässige
Durchmesser; und zwar messen die ersteren meist 0,001, die ganzen
Fasern 0,003 mm. Die Goll'schen Keilstränge enthalten zwar ebenfalls
zahlreiche markhaltige Fasern, an denen der Gesammtdurchmesser
0,001 — 0,002, der des Axencylinders 0,0007 — 0,001 mm. beträgt;
dieselben sind jedoch durch zahlreiche Lücken, welche zum Theil
die Nervenfaserquerschnitte an Durchmesser übertreffen, von einander
getrennt. Sie enthalten dabei eine beträchtlich grössere Menge in
Carmin sich intensiv färbender interfibrillärer Substanz und erscheinen
in Folge dessen stärker geröthet als die äusseren Hinterstränge. Den
letzteren ähnlich verhalten sich die äusseren Vorderstränge. Zwischen und nach innen von den vorderen Wurzeln, insbesondere in der
Nähe der grauen Substanz finden sich meist stärkere, bis 0,003 mm.
messende Längsfasern. Die vorderen Hälften der Seitenstränge
enthalten meist weniger als 0,002 mm. messende Fasern; dieselben bilden
nur an einzelnen Stellen compactere Bündel, meist sind sie vielfach
durchsetzt von blassen horizontal verlaufenden Fäserchen, deren Querdurchmesser kaum messbar ist. Die peripheren Zonen der hinteren
Seitenstranghälften verhalten sich ähnlich den Goll'schen Strängen.

---

*) Auf Fig. 5. Taf. VIII., welche der marklosen Region eines Vorderstranges ent-
nommen ist, findet sich diese Form der Anordnung nicht.

Allen diesen markhaltigen Theilen des Querschnittes ist es gemeinsam, dass die für die marklosen Felder charakteristischen, mit stäbchenförmigen resp. ovalen Kernen versehenen Zellen, die starren in der Schnittebene verlaufenden glänzenden Fasern und Zellenhäutchen zwar vorhanden sind, aber unter den markhaltigen Fasern mehr versteckt liegen. Die letzteren werden unter einander verbunden durch eine scheinbar bestimmter Formen entbehrende Substanz, welche stark imbibirt und weit spärlicher vorhanden ist, als die gleiche in den marklosen Regionen vorkommende. Hingegen sind zwischen die Fasern viele mit runden Kernen versehene Zellen (Taf. VIII. Fig. 6. r.) eingestreut, welche inmitten der Längsfaserbündel der marklosen Theile vollständig vermisst wurden. Dieselben treten ganz besonders an mit Haematoxylin-Alaun gefärbten Präparaten hervor; da sich hierbei nicht wie bei Carminbehandlung auch andere Elemente des Gewebes insbesondere die Kittsubstanz intensiv imbibiren. Der Zellengehalt der markhaltigen Felder ist im Gegensatz zu dem der marklosen so beträchtlich, dass schon lediglich durch die Kerntinction eine charakteristische Gliederung des Markquerschnittes zum Vorschein kommt, welche der durch Ueberosmiumsäure hervorgerufenen nur wenig nachsteht*).

Eine grosse Uebereinstimmung mit den Befunden an Querschnitten zeigen die an Längsschnitten gewonnenen. Bei Anwendung von Ueberosmiumsäure in der oben beschriebenen Weise finden sich hier dieselben Unterschiede der verschiedenen Strangtheile wie dort. Die auf dem Querschnitt durchsichtigen Partieen erscheinen zusammengesetzt aus einem in der Längsrichtung feingestreiften Gewebe, in welchem sich nur an den freien Rändern einzelne Fasern deutlich unterscheiden lassen. Es sind dies meist feinste, leicht variceöse Gebilde, denen hier und da eine feinkörnige blasse Substanz anhaftet.

In der Continuität der Präparate ist der Grund der Streifung nur schwer zu erkennen; es überwiegen hier zarte, mitunter in Längsreihen gestellte Körnchen. Führt man successiv Frontalschnitte durch den ganzen Bereich der marklosen Masse, so erhält man Präparate, an welchen in der ganzen Breite derselben markhaltige Fasern vermisst werden, neben solchen, in welchen dieselben in Abständen, welche ihren Quer-

---

*) Auch an mit Goldchlorid-Kalium behandelten Präparaten treten in gleicher Vertheilung Differenzen in der Färbung hervor, welche im Wesentlichen darin bestehen, dass die markhaltigen Theile meist tief violett, die marklosen schwach bläulich erscheinen. Die horizontal verlaufenden starren Fasern färben sich niemals deutlich.

durchmesser um das Zehnfache und mehr übertreffen, zum Vorschein kommen. Längsschnitte, welche in der Richtung der gröberen Septa, also in den Vordersträngen frontal, in den Seitensträngen radial angelegt sind, zeigen, dass besonders in Begleitung grösserer Gefässe eine beträchtliche Anzahl meist in Bündel geordneter feiner zum Theil glänzender Fasern (Taf. XIII. Fig. 8. g.) zwischen Peripherie und grauer Substanz verlaufen; dieselben gleichen meist den auf Querschnitten innerhalb der septa hervortretenden, einzelne sind blass und leicht varicös.

Mit ammoniakalischem Carmin gefärbte und in Nelkenöl aufgehellte Längsschnitte zeigen insofern ähnliche Verhältnisse, als in der Continuität derselben scheinbar lediglich eine feinkörnige, stark imbibirte Masse vorhanden ist und nur einzelne Längsstreifen auf die Existenz andersartiger Gewebselemente hindeuten. An den Rändern erscheinen röthlich gefärbte längsgestellte Fäserchen. Zellenkerne heben sich nur wenig ab.

Die in letzterer Hinsicht mangelhaften Aufschlüsse werden ergänzt durch Längsschnitte, welche in Haematoxylin-Alaun gefärbt und durch Nelkenöl aufgehellt worden sind. Hier ist von einer feinkörnigen interfibrillären Masse nichts wahrzunehmen; es treten dagegen neben vielen mässig imbibirten vertical und horizontal verlaufenden Fäserchen verschieden geformte Zellkerne hervor. Die ersteren erscheinen nur bei sehr starker Vergrösserung (Hartnack X. 3.) deutlich cylindrisch; sie verlaufen nicht alle regelmässig parallel, sondern convergiren und divergiren vielfach, indem sie an einzelnen Stellen mit einander verkittet sind. Die Zellkerne sind überwiegend oval gestaltet. Es lassen sich deren hinsichtlich des Verhältnisses vom Quer- zum Längsdurchmesser zwei Sorten unterscheiden; bei der einen verhalten sich dieselben wie 1 zu 1.5, bei der anderen, wie 1 zu 2, ausserdem finden sich grössere und, am spärlichsten, kleinere rundlich gestaltete. Die längeren ovalen (Fig. 8. a. Taf. VIII.) gehören, wie es scheint, Blutgefässen an. Sie sind in der Regel, der Hauptverlaufsrichtung der letzteren entsprechend, in eine Art Längsreihen angeordnet, zwischen welchen ziemlich breite gänzlich zellenfreie Streifen eingeschaltet sind. Die kurzovalen und runden Kerne liegen diesen Längsreihen entweder seitlich an oder schieben sich auch als Glieder zwischen dieselben ein. An besonders dünnen Stellen von mit Haematoxylin behandelten, in wässrigem Glycerin aufgehellten Schnitten lässt sich beobachten, dass die kleineren runden

Kerne meist gleichmässig von einer geringen Menge Protoplasma umgeben sind und weissen Blutzellen gleichen, während die grösseren runden sowie kurzovalen Kerne mit einer zarten feingranulirten, von unregelmässigen, oft annähernd p o l y g o n a l e n Contouren begränzten Platte in Verbindung stehen.

Ganz andere Bilder gewähren L ä n g s s c h n i t t e durch die m a r k - h a l t i g e n T h e i l e des Markmantels. Mag man dieselben mit Ueberosmiumsäure, Carmin oder Haematoxylin behandeln, in gleicher Weise wird gegenüber den so eben beschriebenen Regionen das Auge gefesselt, durch den u n g e h e u r e n R e i c h t h u m an Z e l l k e r n e n (Taf. VIII. Fig. 9.). Die besten Aufschlüsse über Zahl, Lagerung und Form derselben gewähren wiederum Haematoxylin-Präparate. Ganz entgegengesetzt dem Verhalten in den marklosen Theilen ü b e r w i e g e n in den markhaltigen die mit k l e i n e n r u n d e n K e r n e n ausgestatteten Zellen; die ovalen Formen findet man erst bei grösserer Aufmerksamkeit heraus; und es ergiebt sich hier, dass dieselben in ungefähr g l e i c h e r Menge vorhanden sind wie in den marklosen Partien. Die mit runden Kernen bilden vielfach r e g e l m ä s s i g e L ä n g s r e i h e n (iz. Fig. 9.), an denen sich dicht an einanderschliessend bis 10 Glieder zählen lassen. Ab und zu treten zwischen ihnen auch Zellen mit ovalen Kernen auf. An Längsschnitten, welche in Ueberosmiumsäure gefärbt sind, erscheinen die Kerne tief, das ihnen anhaftende Protoplasma mässig gebräunt, ein Verhalten, welches nicht unwesentlich zu der auf Querschnitten hervortretenden besonders intensiven Tinction der markhaltigen Theile beitragen dürfte. Die fast ausnahmslos mit deutlich geschwärzten Markscheiden versehenen längsverlaufenden Nervenfasern sind nur ab und zu durch spärliche Mengen einer meist ungefärbt bleibenden Zwischensubstanz von f e i n - k ö r n i g e r Beschaffenheit getrennt.

An den c a r m i n i s i r t e n Längsschnitten erscheint die letztere in Form zarter röthlicher S t r e i f e n.

Die eben beschriebenen Structurverhältnisse sind, wie schon angedeutet, an dem eben s c h n i t t f ä h i g e n Mark entnommenen Präparaten wahrnehmbar. Das s t ä r k e r g e h ä r t e t e Organ verhält sich in sofern anders, als in der marklosen Region an Stelle der l o c k e r e n Gewebsformation eine compactere tritt. Die Interstitien zwischen den Fasern werden beträchtlich kleiner und unregelmässiger. Anstatt der feingranulirten Substanz finden sich feinste dichtverfilzte Fäserchen und Bälkchen, in welche die längsverlaufenden Axencylinder in ungleichen Distanzen theils einzeln, theils gruppenweise eingelassen sind. Die Imbibitionsfähigkeit dieser Masse mit ammoniakalischem Carmin nimmt dabei zu, so dass bei Anwendung desselben die marklosen Theile sich noch schärfer gegen ihre Umgebung abheben, als dies früher bei gleicher Behandlung der Fall war.

Wie verhalten sich gegenüber diesen an Schnittpräparaten zu gewinnenden Bildern die Ergebnisse der Zerzupfung?

Schon die Vergleichung des frisch in *liquor cerebro-spinalis* untersuchten Gewebes der hinteren Seitenstränge einerseits, der Hinterstränge andrerseits ergiebt auffallende Structurdifferenzen zwischen beiden. Grössere den ersteren entnommene Stücke erscheinen feinstreifig und feinpunktirt, und es lässt sich mit Hülfe starker Vergrösserungen (Hart. XI. 3.) eine Zusammensetzung aus discreten fasrigen und körnigen Elementen nachweisen. Letztere lösen sich bei Zusatz von verdünnter Essigsäure meist rasch. Die Untersuchung im polarisirten Licht mit und ohne Einschaltung eines Gypsblättchens ergiebt, dass diesem Gewebe doppelbrechende Eigenschaften nicht zukommen. Bei Druck auf das Deckgläschen quillt aus demselben eine blasse, wie es scheint zähflüssige Masse hervor, welche in ihren Formen dem Myelin gleicht, jedoch durch beträchtlich geringeres Lichtbrechungsvermögen von den bei Zerstörung markhaltiger Nervenfasern auftretenden „Myelinformationen" sich unterscheidet. Letztere zwei Elemente sind nur ganz vereinzelt vorhanden. Dasselbe gilt von prall mit fettglänzenden Körnchen gefüllten Zellen, welche theils von kugeliger oder eiförmiger (s. Fig. 2. Taf. IX.) Gestalt sind, theils — auch bei sorgfältiger Vermeidung jeglichen Druckes — platt (Fig. 1. Taf. VIII b.) ausgebreitete, unregelmässige zackige oder polygonale umfängliche Massen darstellen, und von denen einzelne wie im Zerfall begriffen erscheinen. Die letzteren besitzen meist runde und kurzovale Kerne, an den ersteren sind Kerne in der Regel nicht deutlich wahrnehmbar. Einzelne sind umgeben von einem Schwarm freier Fettkörnchen, welche an Grösse den in den Zellen vollkommen gleichen. Bei sorgfältiger Zerzupfung gewinnt man aus grösseren Gewebsfetzen, innerhalb deren man vorher sonstige zellige Elemente nicht wahrnehmen konnte, einzelne fettfreie, deren Kern und Körper ungemein blass sind. Wenige gleichen Lymphkörperchen, die Mehrzahl besitzt grössere runde oder kurz ovale Kerne, denen eine feingranulirte zarte Lamelle anhaftet. Dieselbe hat durchgängig eine geringere Ausdehnung als die platten Fettkörnchenzellen

und ist gewöhnlich an den Rändern abgerundet oder annähernd poly-
gonal gestaltet (s. Fig. 1. Taf, IX.), selten fein gezackt, nie mit faser-
ähnlichen Fortsätzen versehen.

Wesentlich andere Resultate ergiebt die Zerzupfung der Hinterstränge. Alle sonstigen Gewebselemente werden überwogen von markhaltigen Nervenfasern und Bruchstücken derselben, welche sämmtliche
Formen darbieten, denen man bei Zerzupfung der weissen Substanz des
Erwachsenen begegnet. Eine blasse feinkörnige Masse ist zwischen denselben nicht vorhanden, dagegen sind die Fettkörnchenzellen beträchtlich zahlreicher. Dieselben liegen theils einzeln, theils in
Gruppen bis zu vier Stück, und sind den in den marklosen Theilen
vorkommenden gleich, entweder rundlich gestaltet oder in die Fläche
ausgebreitet; die ersteren überwiegen an Zahl. In ganz enormer Menge
sind daneben kleinere, zum Theil gänzlich fettfreie Zellen (s. Fig. 1.
Taf. XVIII.) vorhanden, welche entweder Lymphkörperchen ähneln, oder
mit den bereits beschriebenen, mit abgeplattetem Leib versehenen übereinstimmen. An einzelnen Zellen ist der Kern umgeben von einem Kranz
feiner fettglänzender Körnchen, während die Randschicht frei davon ist.

Zerzupfungspräparate, welche der Grenze von Vorder- und Seitensträngen entnommen sind, unterscheiden sich von denen aus den
Hintersträngen insofern, als an ersterem Ort die mit Fettkörnchen
erfüllten Zellen spärlicher sind, dagegen zwischen den Nervenfasern
feinere blasse und gröbere fettglänzende Granula in etwas
grösserer Menge auftreten.

Querscheiben aus dem Halsmark, welche 1—2 Tage in sehr
verdünnten Lösungen von Chromsäure beziehentlich doppeltchromsaurem Ammoniak macerirt worden sind, bieten folgende
Verhältnisse dar. Entnimmt man nach Abtragung des hinteren peripheren Theils der Seitenstränge den makroskopisch grau erscheinenden Regionen derselben feine Längsschnittchen und breitet dieselben
schonend aus (s. Taf. VIII. Fig. 3.), so erblickt man Bündel feinster Fäserchen, welche selbst bei Anwendung von Hartnack imm. XI. 3. meist einfach linear erscheinen. An den Rändern isolirt hervorragende sind theils
fein varikös, theils glatt und von starrem Aeusseren. Zwischen den Fasern
findet sich eine Substanz, welche schon bei Anwendung mittelstarker
Vergrösserungen aus discreten Granulis zusammengesetzt erscheint [*]).

---

[*] Da dieselbe in dieser Form im frischen Zustand nicht wahrnehmbar war, so
muss durch die Zusatzflüssigkeit eine Gerinnung herbeigeführt worden sein.

78 *Zweiter Theil.*

Ab und zu kommen dickere fasrige Elemente vor, welche theils mit
glatten Contouren versehene spindelförmige Anschwellungen besitzen, theils
mit unregelmässig geformten Myelinschollen bedeckt sind. Dass nur die
letzteren als markhaltige Fasern aufzufassen sind, ergiebt sich auch
daraus, dass nur sie an Ueberosmium-Präparaten geschwärzt erscheinen,
während die mit glatten Varicositäten ausgestatteten Fasern hierbei ihre
Farbe nicht geändert haben.

Sowohl mit letzterer Methode, als nach Anwendung dünner Lösungen der Chromsäure und des doppeltchromsauren Ammoniaks gelingt es
aus den marklosen Regionen immer nur dieselben Zellenformen
zu isoliren, welche auch bei der Zerzupfung im frischen Zustande
aus denselben zu gewinnen sind (s. Taf. IX. Fig. 1—3.). Insbesondere
lassen sich die von Boll u. A. aus dem ausgebildeten Mark beschriebenen
»Deiters'schen Zellen« nicht wahrnehmen. — Auch aus den markhaltigen Strängen erhält man nur ähnliche Zellenformen wie aus frischen
Präparaten. Man trifft sie theils isolirt oder bis zu drei Stück zeilen-
förmig aneinander gereiht, frei in der Zusatzflüssigkeit schwimmend,
theils liegen sie in Reihen geordnet (s. Taf. VIII. Fig. 4.', kleinsten
Nervenfaserbündeln auf. Letzteres Verhalten zeigen sowohl fettreiche
als fettfreie Zellen.

An Querschnitten, welche dem Rückenmark entnommen wurden,
nachdem dasselbe ein bis zwei Tage in einer einprocentigen Lösung
von doppeltchromsaurem Ammoniak verweilt hatte, liessen sich nach intensiver Färbung mit Haematoxylin-Alaun oder essigsaurer Carminlösung und nachfolgender Maceration in salzsaurem Glycerin aus allen Theilen des Markmantels, besonders leicht aber aus den
marklosen glashelle Häutchen (s. Fig. 5. Taf. IX.) isoliren, an
welchen ein bis 3 kurzovale Kerne vorhanden waren; sie glichen den
bereits aus anderen Organen bekannten Endothelhäutchen und unterschieden sich von den oben beschriebenen, in Reihen gestellten platten Zellen
durch eine grössere Transparenz hinlänglich.

Nachdem das Rückenmark einige Tage in einer ½% Lösung von
doppeltchromsaurem Ammoniak macerirt worden war, liess sich die *pia
mater* leicht abziehen, und es gelang gleichzeitig, besonders an den die
vordere Längsfissur begrenzenden marklosen Strängen, grössere und
kleinere Blutgefässe aus dem Mark zu extrahiren, welchen ab
und zu neben Fetzen von Endothelhäutchen faserähnliche Gebilde anhaf-
teten. Dieselben glichen den auf Querschnitten sichtbaren, die oben be-

schriebenen *septa* zum Theil constituirenden völlig. Sie maassen meist
0,001 mm. oder weniger im Querdurchmesser und bildeten zum Theil
weitmaschige Geflechte um die Gefässe, theils liefen sie ihnen parallel.
In einem Strom von 1% Essigsäure quollen sie bald auf und wurden
unsichtbar. Wenn schon dieser Umstand hinreichend für ihre bindegewebige Natur spricht, so wird dieselbe auch dadurch bewiesen,
dass an feinen Querschnitten, welche dem Rückenmark nach eintägiger
Härtung in absolutem Alkohol entnommen werden, die ohne weitere
Behandlung leicht sichtbaren Fasern nach einstündigem Kochen in
einem Gemisch von Salzsäure und Alkohol von 1% nicht mehr
nachweisbar sind. Es handelt sich hier offenbar um dieselben Gebilde,
welche bereits Axel Key und Retzius*) beschrieben und als von der
intima pia ausgehende feinste Bindegewebsbündel hingestellt haben. Dass
es in der That Bündel von Fibrillen sind und nicht einzelne Fasern,
wird durch die Reaction derselben in Verbindung mit dem Caliber in
hohem Grade wahrscheinlich gemacht. Sie in Fibrillen zu zerlegen gelang indess nicht.

Vergleichen wir nun die mit Hülfe der Zerzupfung gewonnenen Resultate mit den auf Schnittpräparaten hervortretenden Bildern, so gelangen wir zunächst für das Halsmark des in Rede stehenden 35 ctm.
langen Neugeborenen resp. Foetus zu folgender Auffassung der Structurverhältnisse:

Im grössten Theil des Markmantels, nämlich in den gesammten
Hintersträngen, den Vorder-Seitensträngen mit Ausnahme
der an die vordere Längsfissur anstossenden Theile der Vorderstränge sowie der zwischen das Gebiet der *processus reticulares*
und die hintere periphere Zone der Seitenstränge eingeschobenen Region, sind die vertikalen Nervenfasern ganz überwiegend markhaltig, in den übrigen Abschnitten stellen sie nackte Axencylinder
dar. Zwischen den ersteren finden sich zahlreiche Zellen, welche
theils fettkörnchenhaltig theils fettfrei sind und zu Längsreihen angeordnet, unvollkommene Scheiden um die markhaltigen Faserbündel
bilden. Dieselben gleichen zum Theil weissen Blutzellen, zum Theil
nähern sie sich durch ihren platten polygonalen Leib mehr gewissen
Endothelformen. Innerhalb der marklosen Stränge sind Zellen weit
weniger reichlich, insbesondere sind fettreiche und lymphkörper-

*) Archiv für mikr. Anatom. Bd. 9. S. 330. Fig.

chenähnliche sehr selten; dichtgeschlossene Längsreihen fehlen ganz.
Dagegen ist hier zwischen den Längsfasern eine im frischen Zustand feinkörnige, an Flüssigkeit reiche Substanz in beträchtlicher Menge vorhanden,
welche zwischen den markhaltigen Fasern nur wenig entwickelt ist.
Sämmtliche Theile des Markmantels werden von grösseren und kleineren
Septis, welche besonders in den marklosen deutlich hervortreten, durchzogen. Dieselben bestehen neben Blutgefässen und spärlichen auf Grund
von Varicositäten als nervös zu deutenden Fasern aus Endothelhäutchen und zahlreichen mit der *intima pia* zusammenhängenden feinen Binde-
gewebsbündeln, welchen vielfach platte fettfreie Zellen anhaften.

Von den eben erwähnten Elementen[*]) bietet die interfibrilläre
Kittsubstanz der marklosen Strangtheile noch einige besonders erwähnens-
werthe Verhältnisse dar. Auf Grund ihres chemischen Verhaltens muss
sie als eiweissartig betrachtet werden. Es muss dahin gestellt bleiben,
ob das bei frischer Untersuchung feinpunktirte Aussehen derselben prae-
formirt oder ein durch das Absterben bedingtes Gerinnungsphänomen ist.
Acceptirt man erstere Ansicht, so hat man sich die oben beschriebene
Umwandlung aus dem feinkörnigen in den feinfasrigen Zustand am ehesten so zu denken, dass eine am frischen Object zwischen den Granulis
gelöst vorhandene Substanz durch das Härtungsmittel zur Gerinnung gebracht wird. So lange dies noch nicht geschehen, ist die interfibrilläre
Masse mehr gleichmässig zwischen den Längsfasern vertheilt, und diese
zeigen ungefähr gleiche Abstände. Bei der Coagulation legt sich jene an
die geformten Gewebstheile, also hauptsächlich an die längsverlaufenden
Axencylinder an, schliesst diese in sich ein und bewirkt bei weiterer Schrumpfung eine unregelmässige Vertheilung derselben. Es entstehen ausgesparte Räume zwischen den auf einzelne Linien sich zu-
rückziehenden geformten Massen, welche an den einzelnen Stellen um
so reichlicher zum Vorschein kommen, je grösser der Flüssigkeitsgehalt
im natürlichen Zustand ist. Besonders charakteristisch ist die Imbibitionsfähigkeit der eiweissartigen interfibrillären Substanz mit Carmin, welche
mit zunehmender Härtung zunimmt, und welche es ermöglicht, ihre
Massenvertheilung auf dem Querschnitt leicht zu überblicken.

Aus den eben angeführten Structurdifferenzen innerhalb der weissen

---

[*]) Auf die hinsichtlich der Bindesubstanz aus dem Studium der marklosen
Strangtheile zu gewinnenden Aufschlüsse werden wir an einem andern Ort näher eingehen und hier zugleich die Natur und Bedeutung der Fettkörnchenzellen
näher untersuchen.

Substanz, welche in dem auf einzelne geschlossene Fasermassen beschränkten Mangel der Markscheiden gipfeln, erklärt sich nun hinreichend sowohl die mit unbewaffnetem Auge, als die mikroskopisch an Querschnitten durch das erhärtete Organ wahrnehmbare scharfe Gliederung des Markmantels. Es ist bereits gelegentlich der Darstellung der makroskopischen Befunde darauf hingewiesen worden, dass jene sich durch den grössten Theil des Rückenmarkes hindurch nachweisen lässt; die mikroskopische Untersuchung ergiebt entsprechende Aufschlüsse.

Rückenmark unterhalb des 6. Halsnervenpaares.

An Querschnitten, welche abwärts von der Halsanschwellung angelegt worden sind, zeigt sich, dass von den in den Vordersträngen gelegenen marklosen Massen die linkerseits vorhandene bereits in der Gegend der Wurzelbündel des 1. Dorsalnerven nicht mehr deutlich gesondert wahrgenommen werden kann, während die rechts gelegene noch in der Gegend des 3. Dorsalnerven, etwa um ein Drittheil verkleinert, als compaktes, wohl begrenztes Bündel unterscheidbar ist und erst gegen den Ursprung des 6. Dorsalnerven hin sich den Blicken entzieht, indem sie mehr und mehr von markhaltigen Fasern durchsetzt wird.

Die äusseren den grauen Säulen anliegenden Theile der Vorderstränge (also nach dem eben Erwähnten vom 1. Dorsalnerven an der gesammte linke, vom 6. an auch der ganze rechte Vorderstrang), die vordere Hälfte der Seitenstränge und die Region der *processus reticulares* besitzen durch das ganze Mark hindurch den nämlichen Charakter, wie in der Mitte der Halsanschwellung. Nur die Grössenverhältnisse derselben wechseln in verschiedenen Höhen. Ganz besonders auffallend ist dies an der zwischen die graue Substanz und den marklosen Abschnitt der Seitenstränge eingeschobenen markhaltigen Formation der Fall, welche im gesammten Rückentheil entsprechend der geringeren Entwickelung der *processus reticulares* (s. Fig. 7. Taf. XIII.) einen beträchtlich kleineren Querschnitt darbietet, als im Bereich der Hals- und Lendenanschwellung, in welch' letzteren Regionen sie ungefähr gleich umfangreich ist (s. Fig. 5. u. 9. Taf. XIII.).

In den Hintersträngen tritt in sofern eine Aenderung ein, als dieselben vom oberen Dorsalmark an allenthalben eine gleichmässigere Structur zeigen und somit eine den GoLL'schen Keilsträngen des Halsmarkes entsprechende Formation hier sich weniger scharf von den übrigen Theilen der Hinterstränge sondert.

Die augenfälligsten Veränderungen in der Lage und dem Umfang der constituirenden Fasermassen vollziehen sich in der hinteren Hälfte eines jeden Seitenstranges.

Die periphere markhaltige Zone[*]) verschmächtigt sich nach abwärts in ihrem hinteren Abschnitt mehr und mehr; von der Gegend des 3. Dorsalnerven an bildet sie auf dem Querschnitt nur in ihrem vorderen Theil eine compacte Masse, welche, nach hinten sich zuspitzend, in eine aus markhaltigen und marklosen Fasern gemischte Formation ausläuft. Von der Gegend des 9. Dorsalnerven an sind ungefähr in dem hintersten Fünftel, von dem oberen Ende der Lendenanschwellung an in dem hintersten Drittel der Seitenstränge an der Peripherie markhaltige Längsfasern nicht mehr wahrzunehmen.

Es wird dementsprechend das marklose Seitenstrangfeld, welches nach abwärts continuirlich an Querschnitt abnimmt, von der Mitte des Dorsalmarkes an in der hinteren Hälfte seines sagittalen Durchmessers nur noch durch einzelstehende markhaltige Fasern und Faserbündelchen von der Peripherie geschieden. Im untersten Dorsalmark berührt es letztere mit seinem hinteren Umfang direct, und in der Lendenanschwellung liegt es derselben entsprechend der ganzen Länge seines sagittalen Durchmessers unmittelbar an. Es bildet hier auf dem Querschnitt ein stumpfwinkliges Dreieck, dessen grösste Seite die Seitenstrangperipherie bildet, während die kleinste nach vorn und etwas nach innen sieht; die dritte innerste grenzt an die markhaltigen Längsfaserbündel innerhalb der *processus reticulares*, welche von vorn nach hinten in ihrem Querdurchmesser allmählich abnehmen, so dass in der Gegend der *substantia gelatinosa* der Hinterhörner sich zwischen dieser und dem marklosen Feld nur noch einzelne markhaltige Längsfasern finden. Während letzteres in der Höhe des 5. Lendennerven noch ca. ⅔ seines Querschnittes in der Gegend des 6. Halsnerven beträgt, nimmt sein Umfang in der unteren Lendenanschwellung rapid ab, und es ist so entsprechend der Insertion der unteren Wurzelfern des 4. Sacralnerven nicht mehr wahrnehmbar. In der ganzen unteren Hälfte des Dorsalmarkes ist die Zahl der markhaltigen Längsfasern inmitten der marklosen Formation etwas grösser als ober- und unterhalb.

---

[*]) Dieser Abschnitt der Seitenstränge ist auf der in Rede stehenden Entwickelungsstufe wohl nach innen, gegen die marklose Formation, nicht aber nach vorn scharf begrenzt.

Oberes Halsmark und *medulla oblongata.*

Oberhalb der Ursprungsregion des 6. Halsnervenpaares finden sich im Ganzen und Grossen ähnliche Structurverhältnisse wie in dieser Höhe, insbesondere wiederum eine ähnliche Scheidung des Markmantels in markhaltige und marklose Abschnitte.

Die Vorderstränge behalten bis zum unteren Ende der Pyramidenkreuzung ihre Configuration bei; nur nimmt die marklose Innenzone beiderseits nach oben deutlich an Umfang zu. Auch die vorderen Hälften der Seitenstränge und die Hinterstränge bewahren bis zum Beginn der *oblongata* im Allgemeinen ihren Charakter.

In die Augen fallende Veränderungen hinsichtlich der Vertheilung und Gestaltung von markhaltigen und marklosen Fasermassen finden sich wiederum in der hinteren Seitenstranghälfte. Die periphere markhaltige Zone nimmt beiderseits zwischen 3. und 4. Halsnervenpaar von hinten nach vorn an Ausdehnung ab, in der Breite etwa zu, und zwar so dass sie sich von der Austrittsstelle der hinteren Wurzeln separirt und mehr gegen die äussere Seitenstraugperipherie hin concentrirt. Ungefähr das hintere Fünftel der letzteren wird jetzt wieder gebildet von dem marklosen Feld. Gegen die vordere Seitenstranghälfte hin wird die zonale markhaltige Schicht von marklosen Bündeln durchsetzt, welche bis gegen die Peripherie heranfluthen. Es währt dieser Zustand indess nur eine kurze Strecke. Indem entsprechend den unteren Wurzelfasern des 1. Halsnerven der hinterste Abschnitt der Hinterhörner beträchtlich an Volumen zunimmt und hier wie bekannt zu dem sogenannten »Kopf« anschwillt, drängt er die marklosen Längsbündel, welche überdies aus sogleich zu erwähnenden Gründen an Umfang abnehmen, von der Peripherie ab. In der Höhe des 1. Halsnervenpaares berührt somit die periphere markhaltige Zone wieder die Hinterhörner. Von da an, wo die Pyramidenfasern sich vor dem Centralcanal in lichten Zügen kreuzen, hat sie auf dem Querschnitt ungefähr die Gestalt eines ungleichseitigen stumpfwinkligen Dreiecks, dessen längste Seite die Seitenstrangperipherie bildet, während der Scheitel des stumpfen Winkels gegen die Mittellinie sieht und etwas vor der vorderen Contour des Kopfes vom Hinterhorn liegt. Diese relative Lage und eine der beschriebenen ähnliche Gestalt behält die Fortsetzung der in Rede stehenden Formation auch in der *oblongata* bei, wo wir derselben wieder begegnen werden.

Die marklosen Faserbündel der Seitenstränge drängen sich im Be-

6 *

reich der obersten Halsnerven mehr und mehr in die *processus reticulares*
herein, so dass sie schliesslich nur noch ab und zu durch Accessoriuswurzeln, welche durch ihre Faserstärke hinreichend characterisirt sind,
vom Gros der grauen Substanz getrennt werden. Die in die untere
Pyramidenkreuzung eintretenden Bündel der Seitenstränge
kommen sämmtlich aus dem Rayon der marklosen Felder
derselben und tragen vollständig den Character der hier vorhandenen Fasermassen. Sie entbehren durchgängig der
Markscheiden und lassen zwischen sich nur ganz vereinzelte mit
runden, beziehentlich kurzovalen Kernen versehene Zellen erkennen.
Die an den Innenseiten der Vorderstränge gelegenen Bündel nackter
Axencylinder, welche, wie bereits erwähnt, nach aufwärts deutlich an
Umfang zugenommen haben, gesellen sich ihnen bei und lassen sich
schon dicht über dem Beginn der Pyramidenkreuzung nicht mehr von
ihnen trennen.

Die Fasern der oberen Pyramidenkreuzung führen wohl
ausgebildete Markscheiden und unterscheiden sich hierdurch in
höchst charakteristischer Weise von den marklosen der unteren. Jene
streben meist, ohne die letzteren zu durchflechten, der vorderen Begrenzung der Vorderstrangreste zu.

Am verlängerten Mark sind zunächst einige gröbere Gestaltungsverhältnisse beachtenswerth. Führt man durch dasselbe einen Querschnitt
(s. Fig. 1. Taf. XII.) entsprechend der Mitte der grossen Oliven, so
ergiebt sich Folgendes: Während die letzteren (s. O. Fig. 1.) im Ganzen
und Grossen hinsichtlich ihrer Gestalt mit denen des Erwachsenen übereinstimmen, insbesondere bereits eine grosse Anzahl von Windungen erkennen lassen und sich beträchtlich nach aussen und vorn hervorbuchten, erscheinen die Pyramiden (P. Fig. 1.) im Verhältniss zu dem
Gesammtquerschnitt der *oblongata* viel weniger entwickelt und zugleich
anders gestaltet, als am ausgebildeten Organ. Hier beträgt ihr Querschnitt
entsprechend der Olivenmitte ca. $\frac{1}{6}$—$\frac{1}{5}$, bei dem in Rede stehenden Kind
hingegen ca. $\frac{1}{13}$ des Gesammtquerschnittes. Sie prominiren bei letzterem
dem entsprechend nicht in der Weise nach vorn wie beim Erwachsenen, sondern liegen zum grössten Theil hinter einer Linie, welche die
am weitesten nach vorn vorspringenden Punkte der grossen Oliven verbindet. Die Contouren der durch diese gebildeten seitlichen Hervor-
buchtungen gehen, ohne ihre Krümmung zu ändern oder einen Winkel zu
bilden, wie er sich beim Erwachsenen stets findet (s. XII. Fig. 3. Taf. XII.)

direct in die vorderen Begrenzungslinien der Pyramiden über (s. Fig. 1.
Taf. XII.). Der Querschnitt der letzteren ist nicht auf beiden Seiten völlig
gleichgestaltet; die rechte erstreckt sich mit ihrem äusseren Rande etwas
weiter nach aussen als die linke.

Was die feineren Structurverhältnisse anlangt, so zeigen die Pyramiden in der ganzen Länge der *oblongata* auf Längs- und Querschnitten
denselben Habitus wie die marklosen Felder der Vorder- und
Seitenstränge im Rückenmark. Die Längsfaserbündel derselben entbehren sämmtlich der Markscheiden; sie lassen ferner dieselbe Armuth
an Zellen, insbesondere an den rundkernigen Formen erkennen, denselben Reichthum an mit Carmin sich intensiv färbender interfibrillärer Kittsubstanz. Sie erscheinen demnach an Querschnitten, welche mit Ueberosmiumsäure in der oben angegebenen Weise behandelt worden sind,
nicht geschwärzt, an carminisirten Präparaten diffus geröthet. Der Querschnitt derselben wird durch Septa in characteristischer Weise geglie-
dert. Dieselben gleichen hinsichtlich ihrer Zusammensetzung den oben
beschriebenen der marklosen Rückenmarksfelder, nur dass sie ab und
zu einzelne oder zu Gruppen vereinigte multipolare Ganglienzellen führen. Auch an ihnen treten glänzende, eigenthümlich geschwungene fasrige
Elemente deutlich hervor. — In Zupfpräparaten, welche unter Anwendung der bereits früher ausführlicher angegebenen Methoden angefertigt
worden sind, finden sich markhaltige Fasern und Fettkörnchenzellen
nur ganz vereinzelt.

Ein Unterschied der Structur zwischen äusserer und innerer Abtheilung des Pyramidenquerschnittes ist weder an Schnitt-
noch an Zupfpräparaten wahrzunehmen.

Wesentlich andere Verhältnisse bieten die übrigen Fasermassen der
oblongata dar; doch stimmen sie nicht alle unter einander überein, und
es erscheint somit nothwendig, sie in mehrere Kategorien zu bringen.
Die Reste der zarten und Keilstränge besitzen bis zu ihren obersten Endpunkten den nämlichen Charakter wie im Halsmark. Ein im
Allgemeinen übereinstimmendes Verhalten zeigen die aufsteigende Trigeminuswurzel (Meynert) (a t. Fig. 1.), die gemeinschaftliche aufsteigende
Wurzel des seitlichen gemischten Systems (Meynert) (g a. Fig. 1.), die
Längsfaserbündel im hintersten Theil des mittleren motorischen Feldes
(Meynert), welche ihrem Umfang nach dem hinteren Längsbündel
(l. Fig. 1.) dieser Auctors entsprechen, endlich, in der oberen Hälfte der
oblongata, die innere Abtheilung des Kleinhirnschenkels (i. Fig. 1.):

Fur alle diese Massen ist es charakteristisch, dass sie an Querschnitten,
welche in Ueberosmiumsäure gefärbt sind, intensiv geschwärzt erscheinen, an carminisirten Präparaten dicht gedrängt die Querschnitte markhaltiger Nervenfasern in Form der bekannten Sonnenbildchen erkennen
lassen, bei Haematoxylin-Behandlung endlich sich als von zahlreichen
rundkernigen Zellen durchsetzt erweisen. Ueberwiegend markhaltig sind
auch die in die *formatio reticularis* eingelassenen Längsfaserzüge; doch
zeigen hier die zugehörigen rundkernigen Zellen eine eigenthümliche Anordnung, indem sie nur ganz vereinzelt in das Innere der Bündel eindringen, in der Regel in Form dichter Kränze dieselben umgeben. Am
ehesten den zarten Strängen des Halsmarkes gleichen die vordere,
zwischen die grossen Oliven eingeschobene Hälfte des mittleren
motorischen Feldes (H. Fig. 1.) und die zwischen Oliven und aufsteigender Trigeminuswurzel der Peripherie anliegende Fortsetzung der
peripheren Schicht der hinteren Seitenstränge (Z. Fig. 1.). Die Längsfasern derselben sind, soweit sich dies an Schnittpräparaten feststellen
lässt. überwiegend markhaltig, aber durch wie es scheint mit Flüssigkeit
erfüllte Interstitien, welche den Durchmesser jener zum Theil erreichen.
von einander getrennt.

Die äussere Abtheilung des Kleinhirnschenkels (er. Fig. 1.)
zeigt in verschiedenen Höhen ein verschiedenes Verhalten. Im Bereich der
unteren drei Viertheile der Oliven kommt sie hinsichtlich des Gehaltes
an markhaltigen Fasern mit den zuletzt beschriebenen Fasermassen überein, führt aber ab und zu neben jenen eine Anzahl zum Theil in Bun-
delchen geordneter nackter Axencylinder; oberhalb der bezeichneten
Strecke formiren die markhaltigen Fasern einen compakten Strang. dessen
Querschnitt die Gestalt des Gesammtquerschnittes des *corpus restiforme*
in verjüngtem Maassstab darstellt und nach aussen von einer compakten
Schicht nackter Axencylinder umgeben ist. Es gliedert sich somit das
corpus restiforme im obersten Abschnitt der *oblongata* in ein markloses
und ein markhaltiges Feld, welche sich scharf gegen einander abgrenzen
und hinsichtlich ihres Zellengehaltes in ähnlicher Weise differiren, wie
die entsprechend gebauten Abtheilungen der Vorder-Seitenstränge des
Rückenmarkes *).

---

*) Wir müssen uns mit diesen allgemein gehaltenen Angaben über die Längsstränge
der *oblongata* begnügen, weil uns genauere Maasse hinsichtlich der Faserstärke u. s. w.
nicht zu Gebote stehen. Immerhin gewähren schon die oben angeführten Verhältnisse.
wie wir zeigen werden, verwerthbare Aufschlüsse hinsichtlich der relativen Ausbildung

Was die Bogenfasersysteme der *oblongata* anlangt, so unterliegt
eine befriedigende Erkenntniss ihrer Entwickelungshöhe grossen Schwierigkeiten. Es lässt sich nur feststellen, dass von den aus der Gegend
der Keilstränge zu den gleichseitigen Oliven ziehenden Fasern wenigstens
ein Theil mit completen Markscheiden ausgestattet ist. In den horizontalen Balken der *formatio reticularis*, sowie innerhalb der *raphe* sind
gleichfalls eine grosse Anzahl markhaltiger Elemente vorhanden. An
letzterem Ort insbesondere führen sowohl spitzwinklig sich kreuzende als
den grössten Theil der *raphe* von hinten nach vorn durchmessende Fasern
deutliche Markscheiden. Das Gleiche gilt wenigstens von einem Theil
der in die äussere Abtheilung des Kleinhirnschenkels einmündenden
fibrae arcuatae. Sie kommen ganz überwiegend aus der Gegend, in
welcher die Fortsetzung der markhaltigen peripheren Zone der hinteren
Seitenstränge gelegen ist; die *fibrae transversales externae anteriores* Kolliker
entbehren, wie es scheint sämmtlich der Markscheiden.

Die Abgrenzung der marklosen Pyramiden gegen das markhaltige mittlere motorische Feld stimmt in verschiedenen Höhen der
oblongata nicht völlig überein. In der unteren Hälfte derselben wird,
soweit die rechtwinklig gebogenen Theile der inneren Nebenoliven reichen,
die Grenze bezeichnet durch eine Linie, welche man zwischen den
Scheitelpunkten dieser Winkel quer durch die *raphe* zieht; nur im Bereich der oberen Pyramidenkreuzung finden sich einzelne markhaltige
Längsbündel vor dem horizontalen Theil der genannten grauen Masse.
Von der Mitte der *oblongata* an schiebt sich beiderseits vom vorderen
Ende des markhaltigen der *raphe* anliegenden Feldes ein nach oben allmählich an Querschnitt zunehmender, seitlich sich zuspitzender Fortsatz
zwischen die inneren Nebenoliven und den innersten Abschnitt der
grossen Oliven einerseits, die marklosen Pyramidenfasern andrerseits ein
und drängt die letzteren von den jene unmittelbar umgebenden Bogenfasern ab. Es erscheint so gegen das obere Ende der *oblongata* hin die
grosse Olive beiderseits nach vorn innen von einer auf dem Querschnitt
dreieckigen Masse markhaltiger Längsfasern begrenzt. An continuirlichen
Querschnitten lässt sich beobachten, dass dieselbe sich direct in die

---

der verschiedenen namhaft gemachten Fasermassen. Es möge nur darauf hingewiesen
werden, dass gerade die hier so wenig entwickelte äussere Abtheilung des Kleinhirnschenkels und die Fortsetzung der peripheren hinteren Seitenstrangzone beim Erwachsenen compakte Bündel starker markhaltiger Fasern bilden.

Schleifenschicht der Brücke fortsetzt; letztere besitzt eine ähnliche
Structur, wie der Theil des mittleren motorischen Feldes der *oblongata*,
mit welchem sie zusammenhängt.

Von den sonstigen Structurverhältnissen in der Brückenregion
mögen nur einzelne hier Berücksichtigung finden. Die Längsfaserbündel
der vorderen Brückenabtheilung und die sie durchflechtenden, beziehentlich
nach vorn und hinten umgebenden Querfaserzüge tragen sämmtlich einen
geweblichen Charakter, welcher mit dem der Pyramiden völlig übereinstimmt. Die Fasern des *corpus trapezoideum* hingegen sind mit completen
Markscheiden ausgerüstet. — In der hinteren Brückenabtheilung zeichnet
sich das hintere Längsbündel durch seinen Reichthum an markhaltigen
Fasern aus, welche hier dicht gedrängt neben einander stehen. Es
differirt von der Schleifenschicht in derselben Weise wie der hinterste
Abschnitt des mittleren motorischen Feldes der *oblongata* von dem vorderen.
Die aufsteigende Trigeminuswurzel behält bis zum Austritt ihren Charakter
vollständig bei. Die Längsfaserzüge der *formatio reticularis* lassen auf
dem Querschnitt weniger markhaltige Fasern erkennen als innerhalb der
oblongata; der Gehalt an zelligen Elementen ist der nämliche. Auf
Grund dieser Markarmuth gelingt es besonders an mit Osmium gefärbten
Schnitten den *nervus facialis*, welcher wie alle peripheren Nerven der
oblongata bereits starke markhaltige Fasern führt, vom vorderen
Kern bis zum Knie am Boden der Rautengrube zu verfolgen.

Was die übrigen zur Untersuchung gelangten ca. 35 ctm. messenden
Neugeborenen anlangt, so bietet zunächst das 34 ctm. lange (No. 10 d. V.)
nahezu vollkommen übereinstimmende Verhältnisse mit dem soeben ausführlicher beschriebenen dar. In der *oblongata* finden sich die nämlichen Differenzen in der Ausbildung der einzelnen Fasersysteme. Im
Rückenmark zerfallen die Vorder-Seitenstränge wiederum in marklose
und markhaltige Abschnitte, welche nicht nur hinsichtlich ihrer Structurverhältnisse sondern auch hinsichtlich ihrer Vertheilung mit denen des
letzterwähnten Individuum übereinkommen. In den Vordersträngen
übertrifft die rechtsseitige marklose Zone in der Gegend des 6. Halsnervenpaares die linke um ca. das Dreifache an Querschnitt. Zugleich erscheinen beide allenthalben etwas stärker entwickelt, als bei No. 11 d. V.
Während sie hier in der Höhe des genannten Nerven ca. 12 % des gesammten Querschnittes der marklosen Felder des Rückenmarkes betrugen,

stellt sich bei No. 10. ihr Antheil auf 15%. Dementsprechend — und aus diesem Grund erscheint es gerechtfertigt, jene an sich geringe Differenz hervorzuheben — erstrecken sich bei letzterem Individuum die marklosen Vorderstrangtheile weiter nach abwärts, als bei jenem. Rechts beträgt die Differenz 3 Insertionsstellen, so dass noch in der Gegend des Ursprungs vom 9. Dorsalnervenpaar Spuren derselben wahrnehmbar sind. An der Innenseite des linken Vorderstranges finden sich einzelne marklose Bündel noch in der Höhe des 3. Dorsalnerven. Beiderseits nimmt der Querschnitt der marklosen Zone von oben nach unten continuirlich ab. Die markhaltigen Theile der Vorderstränge erscheinen in allen Höhen des Markes vollkommen symmetrisch, und es findet sich demgemäss in Folge der Asymmetrie der marklosen Felder bis zur Gegend des 9. Dorsalnerven eine augenfällige Asymmetrie der Vorderstränge im Ganzen.

Die marklosen Bündel der Seitenstränge lassen sich wiederum, an Querschnitt abnehmend, durch das ganze Rückenmark bis zur Gegend des 4. Sacralnerven verfolgen. Sie sind gleichfalls deutlich asymmetrisch; besonders im Halsmark lässt sich beobachten, dass der Querschnitt des linken marklosen Feldes den des rechten ungefähr um die Differenz der marklosen Vorderstrangtheile übertrifft. Die markhaltigen Abschnitte der Seitenstränge hingegen lassen einen bemerkenswerthen Grad von Asymmetrie nicht erkennen.

Das 35½ ctm. messende, 7 Tage alt gewordene Kind (No. 13. d. V.) differirt von den beschriebenen Individuen im Wesentlichen nur hinsichlich der Gestalt und des Umfangs der marklosen Theile der Vorder-Seitenstränge. Dieselben bilden nur bis zur Höhe des 4. Halsnervenpaares geschlossene, gegen die markhaltigen Felder scharf abgegrenzte Massen; von da nach abwärts gesellen sich ihnen mehr und mehr mit Markscheiden ausgestattete Fasern bei. In der Gegend des 6. Halsnerven erscheinen so die marklosen Bündel in die markhaltigen gleichsam hereingedrückt (P' Fig 6. Taf. XV.) und begrenzen nur die hinteren zwei Drittel der vorderen Längsfissur; dem vorderen Drittel liegen durchweg markhaltige Bündel an. Jene sind hier wie auch sonst in correspondirenden Höhen symmetrisch gestaltet und von beträchtlich geringerem Umfang als bei den anderen Kindern (conf. Fig. 5. und 6. P' Taf. XV.), und betragen nur ca. 4% des Gesammtquerschnittes sämmtlicher markloser Felder der Vorder-Seitenstränge. Bereits in der Gegend des 1. Dorsalnerven sind auf Querschnitten in den Vordersträngen Bündel nackter

Axencylinder nicht mehr wahrnehmbar. An den marklosen Feldern der
Seitenstränge lässt sich gegen die übrigen Fälle ein Defect nicht nachweisen (s. P' Fig. 6. Taf. XV.); sie erscheinen eher umfangreicher als
gewöhnlich und sind annähernd symmetrisch entwickelt.

Ueberblicken wir noch einmal die wesentlichsten Befunde an den
ca. 35 ctm. messenden Neugeborenen, so ergiebt sich Folgendes:

In der ganzen Länge des Rückenmarkes, ausgenommen den unterhalb
der Wurzelfasern des 4. Sacralnervenpaares gelegenen Theil des *conus
medullaris*, zerfällt der Markmantel in Felder, welche von längsverlaufenden nervösen Elementen entweder überwiegend beziehentlich ganz
ausschliesslich nackte Axencylinder oder im Wesentlichen markhaltige Nervenfasern erkennen lassen. Die ersteren beschränken sich auf
die Innenfläche der Vorderstränge und auf einen Theil der hinteren Hälfte der Seitenstränge. In beiden Regionen erscheinen
die marklosen Faserbündel auf der ganzen Strecke des Markes, wo sie
sichtbar sind, als continuirlich zusammenhängende Bahnen, welche
insbesondere in der Längsrichtung nirgends durch abweichend gebaute
Gewebsmassen unterbrochen werden. Allenthalben nehmen sie von oben
nach unten continuirlich an Querschnitt ab. Die in den Vordersträngen enthaltenen sind bei den verschiedenen Individuen bald asymmetrisch bald symmetrisch und variiren überdies hinsichtlich der Grösse
ihres Querschnittes und ihrer Ausdehnung in der Längsrichtung. Letztere
anlangend gilt es im Allgemeinen als Regel, dass die marklosen Faserbündel eines Vorderstranges um so weiter nach abwärts verfolgt werden
können, je grösser ihr Querschnitt im Halsmark ist. Der marklose Theil
der Seitenstränge erstreckt sich stets bis zu den untersten Wurzelfasern
des 4. Sacralnerven und wechselt in seiner relativen Lage zur Peripherie
in so fern, als er von derselben theils durch markhaltige Längsfasern getrennt ist, theils selbst die Peripherie formirt. Die marklosen Faserbündel der Vorder-Seitenstränge gehen ohne Unterbrechung
über in die Pyramiden des verlängerten Markes, welche hinsichtlich
ihrer Structur vollkommen mit jenen übereinstimmen. Die übrigen Längsfasermassen der *oblongata*, mit Ausnahme eines Theiles des *corpus restiforme*,
führen ganz überwiegend markhaltige Fasern und gleichen hinsichtlich
ihres geweblichen Baues am ehesten je den Theilen der Rückenmarksstränge,
als deren Fortsetzung beziehentlich Aequivalent sie zu betrachten sind.

Wir verzichten zunächst darauf, zu untersuchen, welche Bedeutung
einerseits den Differenzen in der Entwickelungshöhe einander unmittelbar
benachbarter Fasermassen, andrerseits der an den Grössenverhältnissen
der marklosen Vorderstrangbündel wahrnehmbaren individuellen Variabilität zukommt, da wir diese Fragen noch näher einzugehen haben
werden. Wir bezeichnen in der Folge, vorbehältlich einer später zu
gebenden Rechtfertigung, die marklosen beziehentlich mit den Pyramiden
des verlängerten Markes gleichgebauten Theile der Seitenstränge als Pyramiden-Seitenstrangbahnen, jene der Vorderstränge als Pyramiden-Vorderstrangbahnen.

b. ca. 42 ctm. lange Kinder.

Sämmtliche Individuen von dieser Länge (No. 16—18 d. V.) lassen
wiederum innerhalb der *oblongata* und des Rückenmarkes eine Scheidung
der Fasermassen in geschlossene markhaltige und marklose Abschnitte
erkennen. Die Vertheilung derselben ist mit den in der Folge näher zu
betrachtenden Modificationen ähnlich der bei ca. 35 ctm. messenden Kindern. Die marklosen Bahnen stehen denen der letzteren hinsichtlich der Structurdetails, des Zellengehaltes*) u. s. w. sehr nahe, so dass
wir auf die Beschreibung jener verweisen können. Einige bemerkenswerthe Veränderungen finden sich in den bereits früher markhaltigen
Abschnitten. Dieselben betreffen hauptsächlich den Entwickelungsgrad
der längsverlaufenden Nervenfasern.

Im Halsmark sind die früher wahrnehmbaren Structurunterschiede
zwischen Goll'schen und Burdach'schen Keilsträngen nicht mehr deutlich ausgeprägt Auch in den ersteren stehen jetzt die markhaltigen Fasern
dicht gedrängt neben einander; dieselben besitzen ein ziemlich gleich-

---

*) Das mit Syphilis behaftete 42 ctm. lange, 2080 gr. schwere Kind zeigt hin-
sichtlich des Zellengehaltes der marklosen Faserbündel des Rückenmarkes sowie der
Pyramiden der *oblongata* den anderen gleichlangen Individuen gegenüber einige Abweichungen. Es liessen sich Fettkörnchenzellen auch aus den marklosen Strängen in
grösserer Anzahl isoliren, welche nicht gar selten die Form grosser mit runden oder
ovalen Kernen versehener Platten darboten. Die interfibrilläre Substanz war in diesen
Theilen schon bei der frischen Untersuchung reicher an dunklen fettähnlichen Körnchen,
als bei gleichlangen gesunden Kindern. An Quer- und Längsschnitten fanden sich auch
innerhalb der marklosen Felder rundkernige Zellen in grösserer Menge, doch nicht so
reichlich, wie in den markhaltigen. Dass hier pathologische Verhältnisse vorlagen,
wird dadurch wahrscheinlich gemacht, dass auch vielfach in den Wandungen der Ca-
pillaren und grösseren Gefässe Fettkörnchen angehäuft waren, was bei gesunden Kindern niemals beobachtet wurde.

92   *Zweiter Theil.*

mässiges Caliber, und zwar beträgt*) z. B. bei dem 2000 gr. schweren Kind
(No. 17.), welches hinsichtlich der Caliberverhältnisse der Nervenfasern
als Prototyp der gesammten Gruppe betrachtet werden kann und auf
welches alle hier angegebenen Werthe zu beziehen sind, nach längerer
Erhärtung der Durchmesser der Axencylinder meist 0,001, jener der
ganzen Fasern 0,003 mm. In den Burdach'schen Keilsträngen sind
die Differenzen in der Faserstärke beträchtlicher; hier finden sich
neben Fasern, welche 0,006 mm. im Gesammtdurchmesser halten,
solche von 0,003 mm; die ersteren sind am häufigsten in den äusseren,
der grauen Substanz unmittelbar anliegenden Abschnitten, besonders in
den von den inneren Bündeln der hinteren Wurzelfasern durchflochtenen
Feldern; die feineren überwiegen in den an die Goll'schen Stränge angrenzenden Regionen. An carminisirten Querschnitten unterscheiden sich
die letzteren von dem übrigen Theil der Hinterstränge nicht merklich.

Die im Hals- und Dorsalmark der Pyramiden-Seitenstrangbahn nach
aussen, beziehentlich hinten anliegende markhaltige Längsfaserschicht
hebt sich gegen erstere weit bestimmter ab als früher. Die Fasern derselben haben beträchtlich an Caliber zugenommen, ihr Querdurchmesser
beträgt bis 0,005 mm., meist ca. 0,003 mm. und mehr. Die ganze Formation erscheint in Folge dessen compakter, die Abgrenzung der Pyra-
miden-Seitenstraugbahn gegen die Peripherie im Verhältniss früher etwas
modificirt. Vom 4. Hals- bis zum 3. Dorsalnerven bildet jene eine bis zur
Austrittsstelle der hinteren Wurzelfasern reichende dicht geschlossene Zone
(s. Taf. XV. Fig. 7—9 Z.) welche von oben nach unten an Breite etwas
abnimmt. Vom 3. bis zur Gegend des 9. Dorsalnervenpaares verschmächtigt sich dieselbe zunächst im hinteren Drittel der hinteren Seitenstranghälfte, so dass sie auf dem Querschnitt nach hinten in eine Spitze aus-
gezogen erscheint, welche vom 6. Dorsalnerven an nach vorn rückend,
sich nach abwärts mehr und mehr von den hinteren Wurzeln entfernt.
In der Höhe des 9. Dorsalnerven erscheint nur das hinterste Drittel, in
der Gegend des 11. auch das mittlere der hinteren Seitenstranghälfte,
vom 1. Lendennerven an letztere in ihrer ganzen Ausdehnung an der
Peripherie frei von markhaltigen Fasern und diese somit unmittelbar begrenzt von der Pyramiden-Seitenstrangbahn.

---

*) Die oben angegebenen Werthe sind an Präparaten gewonnen, welche einem be-
reits mehrere Monate gehärteten Rückenmark entnommen waren. Sie können natürlich nur hinsichtlich der relativen Caliberverhältnisse brauchbare Aufschlüsse gewähren.

In der vorderen Hälfte der Seitenstränge und in den durchgängig markhaltigen Abschnitten der Vorderstränge finden sich durch
den grössten Theil des Rückenmarkes neben starken, bis 0,006 mm. im
Querdurchmesser haltenden Längsfasern viele zum Theil in Bündelchen
geordnete feinere 0,0015 mm. und weniger messende. Die ersteren sind
am häufigsten in der unmittelbaren Umgebung der Vorderhörner, besonders in der Gegend der vorderen Wurzelfasern und nach innen von
letzteren, die feineren in den nach vorn aussen von den Vorderhörnern
in der Nähe der Peripherie gelegenen Bezirken der Seitenstränge (s. vs.
Fig. 9. Taf. XV.) und in der Region der *processus reticulares*.

Noch möge Erwähnung finden, dass im Dorsalmark die von den
CLARKE'schen Säulen nach den *tractus intermedio-laterales* (CLARKE) und
in die Seitenstränge ausstrahlenden Faserbündel allenthalben complete
Markscheiden erkennen lassen.

In der *oblongata* sondern sich zunächst die mit completen relativ
dicken Markscheiden ausgestatteten Fasern der oberen Pyramidenkreuzung
besonders deutlich von den feinen marklosen der unteren. Es lässt sich
besonders an Quer- und Schiefschnitten, welche mit Ueberosmiumsäure
gefärbt worden sind, zur Evidenz erweisen, dass die den Hintersträngen
entstammenden Kreuzungsbündel in der überwiegenden Mehrheit sich
mit den marklosen Pyramidenfasern aus Vorder- und Seitensträngen nicht
vermischen. Jene streben meist, die markhaltigen Vorderstrangreste durch-
flechtend oder nach vorn umkreisend, der unteren Olivenspitze beziehentlich den inneren Nebenoliven (Pyramidenkerne HENLE) zu und biegen
hier, wie es scheint nach oben um. Es liess sich nicht mit Sicherheit
entscheiden, ob sie sich mit den erwähnten grauen Massen verbinden,
oder, wie dies für den umbiegenden Theil wahrscheinlich ist, sich den
marklosen Pyramidenbündeln nach hinten anlegen. In letzterem Falle
würden sie sich den Längsfasern der vorderen Abtheilung des mittleren
motorischen Feldes beziehentlich der Schleifenschicht beigesellen *).

Die Pyramiden des verlängerten Markes führen durchgängig
marklose Längsfasern und zeigen wiederum über ihren ganzen
Querschnitt eine völlig übereinstimmende Structur **).

---

*) Eine Entscheidung in dieser Frage werden wir später zu treffen suchen: sie
erscheint von hoher principieller Bedeutung.

**) Wir müssen die Erörterung der Frage, mit welchem Rechte wir nur die mark-
losen Fasermassen an der Vorderseite der grossen Oliven als «Pyramiden» bezeichnen
und von denselben die hinter ihnen gelegenen markhaltigen Bündel sondern, auf einen

94 *Zweiter Theil.*

Die früher beschriebenen Unterschiede im Gehalt an markhaltigen Fasern zwischen vorderer und hinterer Hälfte des mittleren motorischen Feldes haben sich ausgeglichen (s. Fig. 2, Taf. XI.). Auch innerhalb der ersteren stehen die markhaltigen Fasern dicht gedrängt neben einander. Die Abgrenzung der Pyramiden nach hinten ist hierdurch um vieles schärfer geworden. Es tritt jetzt ganz besonders deutlich hervor, dass gegen die Mitte der grossen Oliven hin die Grenze gegeben ist durch eine Linie, welche die vorderen Kanten der inneren Nebenoliven verbindet und dass sich somit hier ausser den Pyramidenfasern an der vorderen Seite der grossen Oliven andersartige Längsfaserbündel nicht finden; weiter nach oben hingegen schiebt sich vom vorderen Ende des mittleren motorischen Feldes her (s. II. Fig. 2, Taf. XI.) eine mit demselben gleichgebaute Formation zunächst zwischen das mediale Drittel, schliesslich, am oberen Ende der *oblongata*, zwischen die mediale Hälfte der vorderen Contour der grossen Oliven und die marklosen Pyramidenfasern herein, welche im obersten Viertel der *oblongata* auf dem Querschnitt die Form eines ungleichseitigen stumpfwinkligen Dreiecks darbietet. Der Scheitel des stumpfen Winkels sieht gegen die vordere Längsfurche, die gegenüberliegende Seite grenzt an die den Oliven unmittelbar nach vorn anliegenden Bogenfasern. Es würden so die grossen Oliven selbst im Falle, dass die marklosen Pyramidenfasern vollständig fehlten, wenigstens im oberen Theil der *oblongata* nach vorn innen ausser von Bogenfasersystemen von einem ansehnlichen Längsbündel bedeckt werden, welches noch vor dem vorderen Ende der *raphe* gelegen, sich entsprechend dem Scheitel des auf dem Querschnitt hervortretenden inneren stumpfen Winkels mit einer inneren Kante in die vordere Längsfurche des verlängerten Markes hervorbuchten würde; ein Umstand, welcher für die Deutung der Configuration dieses Organes auf früheren Entwickelungs-

---

späteren Ort verschieben. Da man bis jetzt noch nicht im Stande war, die »Pyramiden« des verlängerten Markes insbesondere nach hinten genau abzugrenzen, so könnte man unser Beginnen für ein rein willkürliches erklären. Wir bemerken nur, vorbehältlich einer noch zu gebenden genaueren systematischen und topographischen Definition jener Bildungen, dass es kaum auf eine andere Weise gelingen dürfte, die Grenzen derselben mit der Schärfe zu demonstriren wie es bei ca. 12 ctm. langen Kindern möglich ist. Schon an Querschnitten, welche, dem längere Zeit in MÜLLER'scher Lösung gehärteten Organ entnommen, einfach mit Glycerin aufgehellt werden, treten jene scharf hervor, weil sich in dieser Flüssigkeit die marklosen Pyramidenfasern nur wenig tingiren, die markhaltigen Bündel hingegen sich intensiv bräunen.

stufen von, wie wir zeigen werden, fundamentaler Wichtigkeit erscheint
(conf. Fig. 1. Taf. XI.).

Einen beträchtlich grösseren Gehalt an markhaltigen Nervenfasern
gegen früher zeigt auch die äussere Abtheilung des Kleinhirnstieles (Strickkörper STILLING), an welcher im obersten Viertel der *oblongata* nur der obere äussere Rand von einer schmalen wie es scheint
individuell variabelen marklosen Zone umsäumt ist. Von den *fibrae transversales externae posteriores* ist eine grosse Anzahl mit Markscheiden ausgerüstet und von den in den Strickkörper einstrahlenden inneren Bogenfasern erscheinen auch solche deutlich markhaltig, welche die grossen
Oliven passiren.

In dem zwischen grossen Oliven und aufsteigender Quintuswurzel
der Peripherie anliegenden Felde, welches wir früher als die Fortsetzung der hinteren peripheren Schicht der Seitenstränge
bezeichnet haben, stehen die Querschnitte markhaltiger Fasern jetzt gleichfalls dicht neben einander.

Am unteren Brückenrand lässt sich wahrnehmen, dass der die grossen
Oliven nach vorn innen mantelartig umgebende markhaltige Faserzug
ebenso wie der zwischen den Oliven gelegene Abschnitt des mittleren
motorischen Feldes sich in die Schleifenschicht fortsetzt, welche
einen mit diesen Theilen übereinstimmenden Bau zeigt und demnach
jetzt gleichfalls dicht gedrängt stehende markhaltige Fasern führt. Die
hintere Brückenabtheilung bietet überhaupt hinsichtlich des relativen Gehaltes der einzelnen Querschnittfelder an markhaltigen Längsfasern
ähnliche Verhältnisse dar wie beim Erwachsenen. Hingegen sind in der
vorderen Brückenabtheilung sowohl sämmtliche Längsfasermassen, als die aus den *crura cerebelli ad pontem* abzuleitenden Querfaserzüge noch marklos und gleichen in ihrem Bau vollkommen den
Pyramiden des verlängerten Markes. Da die bereits früher markhaltigen
Fasern des *corpus trapezoideum* offenbar an Caliber zugenommen haben,
so ist jetzt die Abgrenzung beider Formationen eine besonders scharfe.

Eine specielle Berücksichtigung verdienen noch einige Besonderheiten der einzelnen ca. 42 ctm. messenden Kinder hinsichtlich der
Grössenverhältnisse der Pyramiden-Vorder- und Seitenstrangbahnen des
Rückenmarkes beziehentlich auch der Pyramiden der *oblongata*. Die Individuen No. 17. und 18. d. V. zeigen nur geringe Differenzen. Die Pyramiden beider sind vollkommen symmetrisch. Die Pyramiden-Vorder-

strangbahnen sind in jedem einzelnen Fall beiderseits gleich stark entwickelt und gleichmässig gestaltet. Sie bilden im Halsmark schmale, die
ganze Tiefe der vorderen Längsfissur auskleidende, auf dem Querschnitt
annähernd biconvexe Schichten (s. Fig. 7. u. 9. Taf. XV. P'). In der
Gegend des 6. Halsnervenpaares beträgt ihr Querschnitt bei No. 17. ca.
16 %, bei No. 18. ca. 8% des Gesammtquerschnittes aller marklosen Felder der Vorder-Seitenstränge. Ein Blick auf die angegebenen Figuren
zeigt, dass diese Differenz bedingt wird nicht nur durch eine absolut stärkere Entwickelung der Pyramiden-Vorderstrangbahnen des erstgenannten
Individuum, sondern auch dadurch dass die Pyramiden-Seitenstrangbahnen
hier einen geringeren Querschnitt zeigen als bei No. 18 *). Bei ersterem
erschöpfen sich denn auch die Pyramiden-Vorderstrangbahnen, nach abwärts stetig an Querschnitt abnehmend, in der Gegend des 8., bei letzterem in der des 5. Dorsalnervenpaares. Die Seitenstrangbahnen lassen
sich in beiden Fällen bis zu den unteren Wurzelfasern des 4. Sacralnerven verfolgen. Bei No. 18. erfolgt die Reduction des Volumens jener
nach abwärts in folgenden Proportionen: Setzt man den Gesammtquerschnitt beider Seitenstrangbahnen in der Höhe des 3. Halsnerven = 100,
so beträgt derselbe

in der Gegend des   7. Halsnerven   ca. 86
»   »   »   »   3. Dorsalnerven »   60
»   »   »   »   7.   »   »   46
»   »   »   »   12.   »   »   42
»   »   »   »   1. Sacralnerven »   30.

Noch möge hervorgehoben werden, dass in den in Rede stehenden
Fällen, der Zusammenhang je einer Pyramiden-Seitenstrangbahn mit der
entgegengesetzten, der Uebergang je einer Vorderstrangbahn in die gleichnamige Pyramide mit Sicherheit beobachtet werden konnte.

Eine besonders eigenthümliche, auch in der Folge nie wiederkehrende Vertheilung der marklosen Felder des Rückenmarkes
fand sich bei No. 19. d. V.

Die Pyramiden des verlängerten Markes differiren hinsichtlich

---

*) Es lässt sich leicht nachweisen, dass diese Differenzen nicht auf einen verschie-
denen Grad von Schrumpfung in Folge der Erhärtung zurückgeführt werden können.
Denn es müssten dann in dem einen Fall (No. 18.) die Vorderstrangbahnen besonders
stark geschrumpft sein, in dem anderen die Seitenstrangbahnen. Wir werden in der
Folge auch den Einwand widerlegen, dass die Variabilität der Grössenverhältnisse durch
die Vergleichung von Querschnitten aus verschiedenen Höhen vorgetäuscht werde.

ihrer Gestalt schon beim Austritt aus der Brücke, indem die rechte beträchtlich mehr in die Breite gezogen ist als die linke (vgl. Fig. 2. Taf. XI. P'.). Etwas oberhalb der Mitte der grossen Oliven tritt, entsprechend der Grenze von äusserem und mittlerem Drittel ein sagittal gestelltes Septum auf, welches überwiegend aus Ganglienzellen und gelatinöser Substanz besteht und dessen vorderem Rande eine Einkerbung (Fig. 2. XII.) der vorderen Pyramidenfläche entspricht. Von der Mitte der Oliven an nach abwärts reicht dieser Einschnitt bis an die vordersten der letztere umgebenden Bogenfasern, und es erscheint in Folge dessen der äussorste ca. ¼ des Gesammtquerschnittes betragende Theil der rechten Pyramide, welcher mit dem inneren Abschnitt hinsichtlich der Structur vollkommen übereinstimmt, von letzterem getrennt. Gegen das untere Ende der Oliven hin erscheint die äussere Portion auf dem Querschnitt als ein nach allen Richtungen hin gleich grosses, von abgerundeten Contouren umschlossenes Bündel, welches den Oliven vorn seitlich aufsitzt. Da sich zugleich die innere Portion mit dem Gros ihrer Fasern mehr nach der Mittellinie zu conçentrirt hat und nach aussen hin abgeflacht an die beide Theile trennende Furche anstösst, so ist die Sonderung derselben eine vollkommene. Die Gesammt-Querschnitte der Pyramiden sind durch die ganze *medulla oblongata* hindurch beiderseits ungefähr gleich gross. Im Bereich der Pyramidenkreuzung kommt die rechte äussere Portion an die Grenze des rechten Vorderstrangrestes und Seitenstranges zu liegen. Während die innere sich zur Kreuzung anschickt und diese vollendet, zieht jene ungekreuzt in die gleichnamige Rückenmarkshälfte und behält hier auf einer langen Strecke ihre Lage entsprechend der Grenze von Vorder- und Seitenstrang bei. Sie bildet mit ihrem vorderen Umfang einen Theil der Peripherie; der hintere ist nach hinten convex, sodass die ganze Masse auf Querschnitten biconvex gestaltet erscheint (s. Taf. XV. No. 8 P''; hinsichtlich der Gestalt nicht der Lagerung vergleichbar!). In der oberen Hälfte des Halsmarkes stösst sie mit ihrer inneren Kante an die äussersten vorderen Wurzelfasern an, ihr grösster Durchmesser steht hier senkrecht zur Verlaufsrichtung der letzteren im Mark. Auf der linken Seite ist ein gleich gebautes Bündel nicht wahrnehmbar. Auch der ganze die vordere Längsfissur begrenzende Theil des rechten Vorderstranges ist umsäumt von Bündelchen markloser Längsfasern. An der inneren Seite des linken Vorderstranges finden sich dieselben lediglich entsprechend den hinteren ⅔ und sind hier etwa halb so stark entwickelt als in der correspondirenden Region rechterseits. In der Mitte der Halsanschwellung rückt der bis dahin nach aussen von den vordereren Wurzelfasern gelegene marklose Strang mehr gegen die Mittellinie heran und (s. Fig. 8. Taf. XV P".) kommt zwischen jene zu liegen. In der Gegend des 6. Halsnerven beträgt sein Querschnitt ca. 10 % des Gesammtquerschnittes aller marklosen Felder. Unterhalb dieser Region nimmt er rasch an Volumen ab und verschwindet, indem er mehr und mehr durch markhaltige Längsfasern in kleinere Bündel zerklüftet wird, gegen die Mitte des Dorsalmarkes. Von den der vorderen Fissur anliegenden marklosen Bündeln sind die linksgelegenen bereits in der Mitte der Halsanschwellung nicht mehr wahrnehmbar, die rechtsseitigen verschwinden in der Gegend des 1. Dorsalnerven.

Was die Pyramiden-Seitenstrangbahnen anlangt, so finden sich dieselben in den nämlichen Regionen wie in den früheren Fällen, zeigen aber bis in das Lendenmark eine besonders im Halstheil ausgeprägte Asymmetrie insofern als die rechtsseitige allenthalben einen beträchtlich grösseren Querschnitt besitzt als die linke. Im Halsmark beträgt das Minus letzterer ungefähr die Querschnittsgrösse des an der Grenze vom rechten Vorder- und Seitenstrang gelegenen marklosen Feldes.

Ueberblicken wir noch einmal die Befunde an den ca. 42 ctm. langen Kindern, so ergiebt sich hieraus, dass im verlängerten Mark hinsichtlich der Ausbildung der Längsfasersysteme Fortschritte besonders bemerkbar sind an den Strickkörpern, in den vorderen Abschnitten des inneren motorischen Feldes sowie innerhalb des als Fortsetzung der hinteren peripheren Schicht der Seitenstränge aufzufassenden Areals, und dass jetzt ausser den noch völlig marklosen Pyramiden sämmtliche Längsfasermassen ganz überwiegend aus markhaltigen Fasern bestehen. Im Rückenmark macht sich vorzugsweise an den zarten Strängen sowie der hinteren peripheren Schicht der Seitenstränge des Halsmarkes, beziehentlich der Fortsetzung der letzteren nach unten ein höherer Grad von Reife geltend. Die auch hier noch vorhandenen compakten marklosen Längsfasermassen finden sich wieder zum grössten Theil in den hinteren Abschnitten der Seitenstränge, in Regionen, welche bei allen untersuchten Individuen und bei diesen wiederum beiderseits wenn auch nicht hinsichtlich ihres Querschnittes so doch hinsichtlich ihrer relativen Lagerung übereinstimmen. Ein anderer, hinsichtlich seiner Längenausdehnung und seines Volumens in correspondirenden Höhen individuell variabeler Theil findet sich regelmässig an der Innenfläche beider Vor-

derstränge. In dem Fall Nr. 19., wo letzterer ein ähnliches Verhalten
zeigt, wie bei dem früher beschriebenen 35½ ctm. langen Kind, gesellt
sich hierzu noch ein auf die obere Rückenmarkshälfte beschränktes und
hier die Gegend der Austrittsstelle der vorderen Wurzelfasern einneh-
mendes compaktes Bündel markloser Längsfasern, für welches sich bei
dem nämlichen Individuum links, bei den übrigen Individuen auf beiden Seiten eine analoge Bildung nicht nachweisen lässt.

Es fragt sich nun — und es empfiehlt sich im Interesse der folgenden Darstellung diese Frage schon hier zu erörtern — welche Bedeutung kommt dem scheinbar völlig atypischen Auftreten markloser
Faserbündel in dem Fall Nr. 19 zu? Man könnte hierin vielleicht einen
Beweis dafür erblicken, dass das Auftreten der Markscheiden im
Markmantel des Rückenmarkes, welches nach den mitgetheilten Befunden
offenbar nicht in allen Theilen des Querschnittes gleichzeitig erfolgt, nicht einen bestimmten Gang innehält, so dass ihrer Lage nach
für gleichwerthig zu erachtende Faserbündel, welche bei dem einen
Individuum bereits complete Markscheiden besitzen, bei einem andern
gleichalten derselben nach entbehren können. Wir würden dann in
unsrem Fall annehmen müssen, dass das fragliche marklose Bündel vorn
rechts das Aequivalent eines auch sonst hier gelegenen, für gewöhnlich
aber bereits markhaltigen darstellt, beziehentlich dem links an gleicher
Stelle vorhandenen, mit completen Markscheiden ausgestatteten gleichwerthig ist. Eine andere Deutung ist die, dass die marklosen Fasern
bei allen Individuen trotz verschiedener Lagerung hinsichtlich ihrer
systematischen Bedeutung übereinstimmen, dass also die Markscheidenbildung wenigstens hinsichtlich ihres zeitlichen Ablaufes an bestimmten Systemen ein typisches Verhalten zeigt. Es handelt sich somit zunächst darum zu entscheiden: Ist die Variabilität der Lagerung der
marklosen Vorder-Seitenstrangbündel der Ausdruck einer
Variabilität des Entwickelungsganges oder der Anordnung
der centralen Fasermassen?

Wir haben, um eine Entscheidung zu treffen, einerseits die an
den Strängen des Rückenmarkes und der *oblongata* auftretende Sonderung
in compakte markhaltige und marklose Abschnitte auf ihre Bedeutung,
andrerseits die an bestimmten Stellen des Rückenmarksquerschnittes vorhandenen Fasermassen auf ihre Verbindung mit irgend welchen Centren
zu untersuchen und verschiedene Individuen mit Rücksicht hierauf zu ver-

gleichen. In Wirklichkeit ergiebt sich, dass schon die Lösung einer dieser
Aufgaben genügende Aufschlüsse gewährt.

Wir haben bereits erwähnt, dass in dem Fall No. 19 die marklose
Formation an der Grenze des rechten Vorder- und Seitenstranges an
ihrem oberen Ende unmittelbar mit dem äusseren Theil der gleichnamigen Pyramide in Verbindung steht, dergestalt, dass die Längsfasern beider sich ununterbrochen in einander fortsetzen. Die Längsfasern der correspondirenden markhaltigen Masse der linken Rückenmarkshälfte hingegen gehen, wie an continuirlichen Schnittreihen nachweisbar, am oberen Ende des Rückenmarkes nicht in die gleichnamige
Pyramide über, sondern in markhaltige Faserbündel, welche nach hinten
beziehentlich aussen von den grossen Oliven gelegen sind. Letzteres
Verhalten zeigen auch bei allen übrigen Individuen die mit jenem ersterwähnten marklosen Strang gleich gelagerten markhaltigen Längsfasern.
Es differirt sonach ersterer von den auf Grund ihrer Lagerung scheinbar mit ihm gleichwerthigen markhaltigen Theilen anderer Individuen
sowohl als der zugehörigen linken Rückenmarkshälfte nicht nur hinsichtlich seiner Structur sondern auch hinsichtlich seines Verhältnisses zu den Längsfasersystemen der *oblongata*. Er harmonirt
aber gerade in Folge dessen in beiden Beziehungen mit den in der
Regel an der Innenfläche der Vorderstränge gelegenen, von uns als Pyramiden-Vorderstrangbahnen bezeichneten marklosen Bündeln. Es liess sich
ja von den letzteren, wenigstens soweit sie im Bereich der obersten
Halsnerven befindlich, der Nachweis des continuirlichen Zusammenhanges
mit den gleichfalls marklosen gleichnamigen Pyramiden mit Sicherheit
führen. Da nun überdies bei allen Individuen an Schief- und Querschnitten auch die Faserbündel der Seitenstrangbahnen (wenigstens die
im obersten Abschnitt gelegenen) durch die untere Kreuzung hindurch
bis je in die gegenüberliegende Pyramide verfolgt werden konnten, so
stimmen in allen bisher beschriebenen Fällen sämmtliche
marklose Felder der Vorder- und Seitenstränge, mögen sie
hinsichtlich ihres Umfanges und ihrer Lagerung noch so
sehr variiren, darin überein, dass zunächst wenigstens die im
oberen Theil derselben vorhandenen Fasern die Fortsetzung solcher
bilden, welche innerhalb der Pyramiden verlaufen und demnach durch den *pes pedunculi* zum Grosshirn ziehen.

Erwägt man nun ferner, dass die Pyramiden-Vorder- und Seitenstrangbahnen, mögen sie auftreten wie sie wollen, stets in ihrer ganzen

jeweiligen Ausdehnung ein zusammenhängendes Ganze bilden, dass ferner an Längsschnitten, welche man in beliebigen Höhen bis zu ihrem untersten Ende hin anlegt, nirgends der Uebertritt eines grösseren Theiles der marklosen Fasern in die markhaltigen Stränge beziehentlich in die graue Substanz beobachtet werden kann, dass vielmehr das Gros der in irgend einer Höhe innerhalb der marklosen Felder anzutreffenden Längsfasern, ohne Charakter und Richtung zu ändern, weiter zieht, so muss es schon jetzt als höchst wahrscheinlich betrachtet werden, dass wir in der ganzen Länge jener Felder Fasermassen vor uns haben, welche mit aus den Pyramiden in dieselben übergetretenen ununterbrochen zusammenhängen*). Wir haben somit in den marklosen Abschnitten der Vorder- und Seitenstränge die Bahn der Pyramidenfasern**) im Rückenmark zu suchen, und es erscheint die von uns gewählte Bezeichnung „Pyramiden-Vorder- und Seitenstrangbahnen" hinreichend motivirt.

Da nun nachweisbar ist, dass die Pyramidenfasern, welche überhaupt in das Rückenmark gelangen, sich nur mit Ausnahme einzelner Elemente in die marklosen Felder der Vorder-, beziehentlich Seitenstränge fortsetzen, dass aus den markhaltigen Faserzügen der *oblongata* aber Fasern in dieselben nicht übertreten, so lässt sich auch mit grosser Wahrscheinlichkeit annehmen, dass die marklosen Felder fast ausschliesslich Pyramidenfasern führen, und dass sie in jeder beliebigen Höhe des Rückenmarkes den grössten Theil aller durch die Pyramiden der *oblongata* aus dem Grosshirn herabgestiegenen Fasern enthalten, welche überhaupt hier noch vorhanden sind.

Es bedeutet somit in allen bisher beschriebenen Fällen und für die ganze Länge des Rückenmarkes die Sonderung des Markmantels in marklose und markhaltige Abschnitte:

---

*) Auf die gleiche Beschaffenheit der Längsfasern innerhalb der Pyramiden der *oblongata* einer — der marklosen Felder des Rückenmarkes andererseits lässt sich der Beweis der Continuität zunächst natürlich deshalb nicht gründen, weil ja gerade von diesen Fasern untersucht werden soll, ob sie eine zusammenhängende Leitungsbahn darstellen. Ist indess jener Beweis gelungen, so gewährt die gleiche Beschaffenheit der Fasern ein schätzbares Hülfsmittel, um den Verlauf der Pyramidenfasern im Rückenmark zu überblicken und bei verschiedenen Individuen zu vergleichen.

**) Wir bezeichnen in der Folge als „Pyramidenfasern" des Rückenmarkes alle die Fasern, welche ohne Unterbrechung aus den Pyramiden in die Vorder- beziehentlich Seitenstränge sich fortsetzen.

eine Sonderung in Pyramidenfasern und solche von andersartiger systematischer Bedeutung, bedingt durch einen eigenthümlichen von allen übrigen abweichenden Entwickelungsgang der ersteren. Die Differenzirung der Fasermassen des Rückenmarkes stimmt
sonach systematisch mit jener der *oblongata* völlig überein, in welch'
letzterer lediglich die Pyramiden noch marklos erscheinen.

Es geht aus dem Angeführten zur Genüge hervor, dass es nicht
sowohl die Variabilität des systematischen Ganges der Markscheidenbildung sein kann, auf welche sich das scheinbar völlig
atypische Auftreten eines marklosen Bündels in dem Fall No. 19. gründet, sondern die Variabilität der Lagerung systematisch gleichwerthiger Theile der Rückenmarksstränge, speciell der Pyramidenfasern. Man kann gegen diese Auffassung nicht einwenden, dass
das fragliche Bündel möglicherweise ein accessorisches sei, d. h. ein
solches, für welches in der Regel im Rückenmark eine gleichwerthige
Formation überhaupt nicht existirt. Man könnte in dieser Hinsicht doch
nur daran denken, dass entweder ein Theil der rechten Pyramide, welcher in der Regel vielleicht in der *oblongata* endet, in das Rückenmark
weiter gezogen sei, oder dass auch der Theil der betreffenden Pyramide,
in welchen sich jenes Bündel fortsetzt, eine für gewöhnlich nicht vorhandene Bildung darstellt *). Gegen letzteres spricht, dass die rechte
Pyramide in ihrer ganzen Länge erst mit Einschluss jenes ersteren Bündels die nämliche Querschnittsgrösse darbietet wie die linke, und dass
beide am oberen Ende der *oblongata* hinsichtlich ihrer Configuration nur
geringfügig differiren. Gegen die andere Auffassung aber lässt sich das
Verhalten der Pyramiden-Seitenstrangbahnen des Rückenmarkes anführen und zwar auf Grund folgender Erwägungen.

Es ist auf der ganzen Strecke, wo das marklose Bündel rechts
vorn eine compacte Masse bildet, in jeder beliebigen Höhe der Querschnitt der linken Seitenstrangbahn im Verhältniss zu dem der rechten
ungefähr um so viel kleiner, als der Querschnitt jenes Bündels
beträgt. Dies Verhalten erklärt sich, wie leicht zu zeigen ist, am

---

*) Die Bezeichnung, „accessorisch" bedarf einer kurzen Erläuterung. Für die
Annahme, dass innerhalb des centralen Markes in einzelnen Fällen principiell neue
Fasermassen vorkommen, liegt ein Anhaltepunkt nicht vor; es handelt sich wohl in
allen Fällen, wo man an letztere denken könnte, z. B. bei excessiver Entwickelung
der *fibrae transversales externae* der *oblongata* um Aberrationen oder um eine exces-
sive Entwickelung normaler Weise vorhandener Fasersysteme.

natürlichsten durch die Annahme, dass beide Pyramiden zwar eine ungefähr gleiche Anzahl Fasern in das Rückenmark entsenden, dass aber der Theil der linken, welcher dem marklosen Bündel rechts vorn entspricht, nicht in die correspondirende Region der linken Rückenmarkshälfte, sondern in die r e c h t e Seitenstrangbahn übergeht, beziehentlich dass die rechte Pyramide, weil ein Theil ihrer Fasern vorn bleibt, nur einen um so geringeren Theil in den linken Seitenstrang entsenden kann.

Es dürfte somit kaum einem Zweifel unterliegen, dass das marklose Bündel rechts vorn nicht dem Rückemark an und für sich fremde Elemente führt, dass es sich vielmehr hier lediglich um eine Aberration von Fasern handelt, welche in der Regel entweder innerhalb der Pyramiden-Vorder- oder der Seitenstrangbahnen gelegen sind.

Diese Thatsache verliert zum Theil ihren auf den ersten Blick völlig exceptionellen Charakter, wenn wir alle übrigen bisher beschriebenen Fälle darauf untersuchen, in welchen Proportionen sich die Pyramiden i n d e r R e g e l auf die Vorder- und Seitenstränge vertheilen. Es ergiebt sich sofort, dass auch aus diesen Fällen e i n e s t r e n g e R e g e l hierfür n i c h t a b g e l e i t e t w e r d e n k a n n, da ja die Vorderstrangbahnen bald symmetrisch bald hochgradig asymmetrisch auftreten, und da sie im ersteren Fall wiederum hinsichtlich ihres Volumens und ihrer Länge beträchtlichdifferiren können. Bevor wir indess auf eine genauere Analyse dieses Verhaltens eingehen, betrachten wir zunächst einige höher entwickelte Individuen und werden hierbei Gelegenheit haben, weitere zwingende Beweise beizubringen einerseits für die hochgradige V a r i a b i - l i t ä t der Lagerung der Pyramidenfasern im Rückenmark, andererseits dafür, dass in der uns beschäftigenden Entwickelungsperiode die den Pyramiden gleich gebauten Theile der Rückenmarksstränge in ihrer g a n - z e n L ä n g e und ausschliesslich als die Bahnen der Pyramidenfasern zu betrachten sind.

c. Kinder von 11 — 17 ctm. Länge.

Alle diese Individuen, mit Ausnahme eines 15 ctm. langen syphilitischen *) stimmen, was die Ausbildung der Fasersysteme von *oblongata* und Rückenmark anlangt, im Wesentlichen überein. Innerhalb der erste-

---

*) Wir werden demselben bei den reifen Früchten wieder begegnen, denen es hinsichtlich der Entwickelung des Nervensystems am nächsten steht.

ren treten nur an den Pyramiden gegen früher einzelne Fortschritte
hervor. Dieselben grenzen sich auf Querschnitten noch scharf gegen
das innere motorische Feld ab und zeigen an Präparaten, welche mit
Ueberosmiumsäure oder Carmin gefärbt sind, ein ähnliches Verhalten
wie bei den bereits beschriebenen jüngeren Kindern. Es sind hier insbesondere Querschnitte markhaltiger Nervenfasern in Gestalt von Sonnenbildchen nicht wahrnehmbar. Die mit runden Kernen ausgestatteten
Zellen haben an Menge etwas zugenommen.

An Längsschnitten durch die *oblongata* gelingt es, wenn auch
selten, einzelne mit Myelinschollen bedeckte Längsfasern zwischen den
längsgestellten, in Form deutlich gesonderter derber Fasern auftretenden
nackten Axencylindern, welche noch überwiegend vorhanden sind, nachzuweisen. Bei Tinktion mit Haematoxylin-Alaun treten, bei verschiedenen
Individuen in wechselnder Menge aber stets in beträchtlich weiteren
Abständen als in den bereits früher markhaltigen Rückenmarkssträngen,
Längsreihen rundkerniger Zellen hervor.

An frisch angefertigten Zerzupfungspräparaten fällt gegen früher
besonders eine Vermehrung der Fettkörnchenzellen auf, und zwischen
den nackten Axencylindern findet sich eine grosse Menge in Längsreihen gestellter stark lichtbrechender fettähnlich glänzender Körnchen.

In der Gegend der Pyramidenkreuzung lässt sich wieder der
Uebergang der Pyramidenfasern in ähnlich gebaute Abschnitte der Rückenmarksstränge nachweisen. Dieselben nehmen mit den in der Folge zu
schildernden Modificationen die nämlichen Regionen ein wie die marklosen Felder bei der Mehrzahl der ca. 35—42 ctm. langen Kinder. Die
bereits früher markhaltigen Theile führen auch jetzt ausnahmslos markhaltige Längsfasern, und es gleichen die relativen Grössenverhältnisse
derselben den von der letzten Gruppe beschriebenen. Es sondern sich
demnach die Pyramidenbahnen im Rückenmark noch scharf von den
andersartigen Fasermassen.   .·

An Querschnitten treten auch im Halsmark innerhalb der ersteren und zwar über das ganze Areal derselben zerstreut einzelnstehende
markhaltige Fasern hervor. Die mehrerwähnten Septa innerhalb der
Pyramidenbahnen heben sich weniger deutlich heraus, offenbar weil
das zwischen ihnen gelegene Gewebe compacter geworden ist. Die
Differenzen der markhaltigen und marklosen Stränge hinsichtlich des
Gehaltes an rundkernigen Zellen sind weniger grell, weil diese innerhalb der ersteren an Zahl ab-, innerhalb der letzteren zugenommen haben.

An Längsschnitten finden sich innerhalb der Pyramidenbahnen die markhaltigen Längsfasern in Abständen, welche in verschiedenen Höhen wechseln, im Halsmark insbesondere beträchtlicher
sind als im untersten Dorsalmark; an letzterem Ort sind die geringsten
Abstände um das 4 — 5 fache grösser als der Durchmesser der betreffenden Fasern selbst. Es überwiegen demnach noch die nackten Axencylinder, welche meist steif und glatt, selten mit kleinen Varicositäten
besetzt sind. Zwischen denselben finden sich rundkernige Zellen in
etwas grösserer Anzahl als früher; sie liegen in der Regel einzeln
oder zu wenigen beisammen; selten bilden sie Längsreihen von 5 und
mehr Gliedern.

Die Zerzupfung von frischen, den Pyramidenbahnen in beliebigen Höhen entnommenen Gewebsstückchen ergab Resultate gleich
den oben von den Pyramiden beschriebenen. In den markhaltigen
Strängen, besonders in den Hintersträngen hat die Zahl der Fettkörnchenzellen merklich abgenommen.

Es zeichnen sich nach dem Vorstehenden die Pyramiden*) und
ihre Fortsetzungen im Rückenmark auch bei den 44 — 47 ctm. langen
Kindern hinreichend aus, um von den andersartigen Fasermassen unterschieden zu werden.

Was nun den Umfang und die Vertheilung derselben auf
Vorder- und Seitenstränge anlangt, so finden sich hier noch beträchtlichere Differenzen, als bei den früher beschriebenen Individuen.

In einem Falle (No. 26 d. V. s. Fig. 11, Taf. XV.) sind die Vorderstrangbahnen absolut und relativ beträchtlich stärker entwickelt, als es
bisher je der Fall war. Sie betragen in der Gegend des 6. Halsnervenpaares zusammen ca. 34% des Gesammtquerschnittes der marklosen Felder beider Vorder- und Seitenstränge, und zwar kommt hiervon auf
die rechte Vorderstrangbahn ca. 8%, auf die linke ca. 26%. Die Seitenstrangbahnen sind gleichfalls asymmetrisch, indem die rechte ca. 27%,

---

*) In wie fern die innerhalb der Pyramiden auftretenden markhaltigen Fasern mit
den marklosen systematisch gleichwerthig sind, muss vor der Hand dahin gestellt bleiben. Wir bemerken indess schon jetzt, dass jene möglicherweise aberrirte Elemente
andersartiger Fasersysteme darstellen, eine Auffassung, für welche sich unter Anderem
auch anführen lässt, dass die Menge dieser Fasern bei verschiedenen Individuen nicht
gleich zu sein scheint. Dass den Pyramiden des verlängerten Markes sich ab und zu
Fasern anderer Systeme beimischen und eine kürzere oder längere Strecke weit innerhalb jener verlaufen können, dürfte wohl kaum zu bezweifeln sein.

die linke ca. 39% jenes Gesammtquerschnittes bildet. Entsprechend dem
Uebergewicht in der Gegend des 6. Halsnerven zeigt die linke Vorderstrangbahn gegenüber der rechten in allen Höhen, wo beide zusammen
vorhanden sind, eine stärkere Entwickelung. Jene lässt sich, allmählich
an Querschnitt abnehmend, bis zur Grenze von Dorsal- und Lendenmark
verfolgen, diese verschwindet bereits in der Gegend des 7. Dorsalnervenpaares vollkommen. An den Seitenstrangbahnen ist die Asymmetrie
noch im oberen Theil der Lendenanschwellung deutlich wahrnehmbar.
Die überwiegend aus markhaltigen Längsfasern bestehenden Theile
des Markmantels sind beiderseits ungefähr gleich gross. — In einem
zweiten Fall (No. 24. d. V. s. Fig. 10, Taf. XV.) findet sich nur rechts
eine gegen den äusseren markhaltigen Theil des Vorderstranges scharf
abgegrenzte, als Vorderstrangbahn zu deutende Formation, welche sich
überdies auf das Halsmark beschränkt und in der Gegend des 6. Halsnerven kaum 3% des Gesammtquerschnittes aller Pyramidenbahnen
bildet.

In einem dritten Fall (No. 22. d. V.) fehlen beide Vorderstrangbahnen schon dicht unterhalb der Pyramidenkreuzung vollständig und
werden überhaupt im Rückenmark vermisst. Die Querschnitte der Vorderstränge im Ganzen sind hierbei nicht grösser, als die der markhaltigen
Theile derselben bei den zuerst erwähnten Individuen. Die Seitenstrangbahnen sind symmetrisch und besonders stark entwickelt.

Die Pyramiden des verlängerten Markes sind in allen Fällen
ungefähr gleich gross und gleichgeformt und lassen insbesondere auch bei
No. 26 einen irgend wie erheblichen Grad von Asymmetrie nicht erkennen.

Aus diesen Befunden möge Folgendes hervorgehoben werden. Es
liegt auf der Hand, dass die eminenten Differenzen hinsichtlich der Vorderstrangbahnen z. B. zwischen No. 22 und Nr. 26 nicht auf Messungsfehler oder Benützung verschiedener Höhen zurückbezogen werden können.
Man kann ferner auch hier nicht annehmen, dass bei No. 26 Fasersysteme der Vorderstränge, welche mit den bei No. 22 bereits markhaltigen gleichwerthig sind, der Markscheiden noch entbehren. Denn es
ist der markhaltige Theil der Vorderstränge in beiden Fällen übereinstimmend entwickelt, und es stellen bei No. 26 die aus den Pyramiden
in die Vorderstränge direct verfolgbaren Fasermassen gegenüber No. 22
offenbar ein Plus dar. Durch die ungefähr gleiche Grösse der markhaltigen Theile der Vorderstränge in beiden Fällen wird auch der Einwand widerlegt, dass die Vorderstrangbahnen sich bei No. 26 mit

jenen innig vermischt haben und dadurch unsichtbar geworden seien *).
Es ist also auch zur Erklärung der an den Fällen dieser Gruppe vorhandenen Differenzen nothwendigerweise anzunehmen, dass die Vertheilung
der Pyramidenfasern auf Vorder- und Seitenstränge individuell variabel
ist. — Bei No. 26 finden wir wiederum die bemerkenswerthe Thatsache,
dass dem Plus der linken Vorderstrangbahn ein Defect der rechten Seitenstrangbahn gegenüber der linken entspricht. Es hat sich die linke Pyramide in andren Proportionen auf Vorder- und Seitenstrang vertheilt, als
die rechte. Die Gesammtsumme der aus einer jeden Pyramide in das
Rückenmark gelangten Fasern muss dabei aber eine annähernd gleiche
sein. Addiren wir nämlich im oberen Halsmark die Querschnitte der
aus der linken Pyramide einer-, jene der aus der rechten andrerseits
abzuleitenden Bahnen, so ergeben sich nur geringe Differenzen, welche
durch die Unmöglichkeit einer ganz genauen Abgrenzung der betreffenden Felder hinlänglich erklärt werden können. — Besondere Erwähnung verdient endlich noch das totale Fehlen der Vorderstrangbahnen
in der ganzen Länge des Rückenmarkes bei Mangel dicht unterhalb der Pyramidenkreuzung. Es spricht dieses Verhalten entschieden
dafür, dass die Pyramidenbahnen da, wo sie auftreten, in ihrer ganzen
Länge ein integrirendes Ganze bilden, dass die in den untersten Ausläufern jener Bahnen anzutreffenden marklosen Fasern ausschliesslich
die directe Fortsetzung solcher darstellen, welche aus den Pyramiden
in das obere Ende derselben hereingelangt sind.

d. ca. 48 ctm. lange Kinder.

Die Individuen, welche wir unter dieser Rubrik zusammenfassen,
wurden nicht sämmtlich 48 ctm. lang befunden. Da der nachfolgend zu
schildernde Typus indess am ehesten und am regelmässigsten durch
Neugeborene von dieser Länge repräsentirt zu werden scheint **), so

---

*) Auch zur Annahme pathologischer Verhältnisse bei No. 22 ist kein Grund vor-
handen. Es könnte sich nur um eine Agenesie handeln, welche indess durch das
völlig normale Verhalten der Pyramiden und die Uebereinstimmung ihrer Entwickelung
mit denen von No. 26 ausgeschlossen wird.

**) Wir schliessen dies nicht sowohl daraus, dass uns besonders viele Früchte
von dieser Länge zu Gebote stehen, welche als Belege angeführt werden können, als
daraus, dass bei den bis 46½ ctm. lang gefundenen Neugeborenen der zu schildernde
Reifegrad noch nicht erreicht, bei den 49 ctm. langen mit den oben anzugebenden
Ausnahmen hingegen bereits überschritten war. Ein genauer Parallelismus zwischen

108   Zweiter Theil.

dürfte es wohl gerechtfertigt sein, alle diejenigen, welche ihn zeigen, hier anzufügen. Es umfasst demnach diese Gruppe sechs 48—50½ ctm. messende Kinder (No. 28. 29. 31. 33. 61. u. 64. d. V.).

Makroskopisch gleichen dieselben den früher beschriebenen noch in sofern, als der Markmantel des Rückenmarkes sich noch deutlich in grauhyaline und markweisse Abschnitte sondert. Die Differenzen, welche sich mikroskopisch gegen früher geltend machen, betreffen hauptsächlich die Ausbildung der Pyramiden und Pyramidenbahnen ˙im Hals- beziehentlich oberen Dorsalmark.

An Querschnitten durch die *oblongata*, welche nach 1 stündigem Verweilen in Ueberosmiumsäure von ½% in Glycerin untersucht werden, fällt es auf, dass die Grenze zwischen Pyramiden und innerem motorischen Feld etwas weniger scharf ist, als früher. Jene werden indess noch weniger intensiv geschwärzt, als die bereits früher markhaltigen Felder. Nur bei Anwendung sehr starker Vergrösserungen (Hart. X. 3.) gewinnt es den Anschein, als ob der grösste Theil der Längsfasern mit feinen Markscheiden ausgestattet sei. Die rundkernigen Zellen haben beträchtlich an Menge zugenommen und finden sich innerhalb der Pyramiden in der nämlichen Menge, wie in den übrigen Fasermassen.

An Längsschnitten durch das mässig erhärtete Organ sowohl, als an Zerzupfungspräparaten, welche demselben im frischen Zustand entnommen werden, fällt es auf, dass die feinkörnige interfibrilläre Substanz erheblich an Menge abgenommen, der grösste Theil der Längsfasern ein eigenthümlich verändertes Aeussere gewonnen hat. Es besteht dies darin, dass zwischen den blasseren Streifen, welche durch die Axencylinder bedingt werden, das Licht stark brechende, bei verschiedenen Einstellungen bald stark glänzende bald dunkle Linien sichtbar sind. Der Gehalt an zelligen Elementen ist jetzt fast ebenso beträchtlich, wie innerhalb der bereits früher markhaltigen Stränge, und es finden sich insbesondere zahlreiche Längsreihen meist rundkerniger Zellen, von welch' letzteren ein Theil prall mit Fettkörnchen erfüllt ist, ein anderer solche nur ganz vereinzelt oder überhaupt nicht enthält. An Zerzupfungspräparaten, welche dem in Ueberosmiumsäure beziehentlich in verdünnten Chromsalzlösungen macerirten Organ entnommen sind, zeigt sich, dass die oben erwähnten stark lichtbrechenden Linien bedingt

---

dem für die Körperlänge gefundenen Werth und der Ausbildung der Nervencentren liess sich bei den 48 ctm. und darüber messenden Individuen nicht mehr nachweisen.

werden durch eine vielen Axencylindern mitunter scheinbar nur seitlich anhaftende oder auch feinste Hüllen um sie formirende Substanz, welche in ihrem optischen Verhalten dem Nervenmark sehr nahe steht (s. Fig. 2. Taf. VIII). Insbesondere kommen ihr, wie die Untersuchung im polarisirten Licht ergiebt, die für jenes charakteristischen doppelbrechenden Eigenschaften zu.

Im oberen sogleich näher zu bestimmenden Theil des Rückenmarkes findet sich an den Prädilectionsstellen der Vorder- und Seitenstrangbahnen bei individuell wechselnder Vertheilung eine mit den Pyramiden geweblich vollkommen übereinstimmende und continuirlich zusammenhängende Formation. Von der Halsanschwellung an vollzieht sich in der Fortsetzung derselben nach unten, und zwar an allen Bahnen des nämlichen Individuum in gleicher Höhe, allmählig ein Uebergang in den für die Pyramiden der vorigen Gruppe beschriebenen Gewebstypus. Diese Umwandlung ist nicht in allen Fällen in gleicher Höhe vollendet; bald ist dieselbe schon in der Mitte der Halsanschwellung eingetreten, bald erst im obersten Dorsalmark. Es lässt sich an Längsschnitten indess stets nachweisen, dass die weiter entwickelten Fasern der Pyramidenbahnen im oberen Halsmark mit der auf einer niederen Entwickelungsstufe stehenden des unteren Hals- beziehentlich Dorsalmarkes ununterbrochen zusammenhängen, dass insbesondere in der Gegend, wo die Umwandlung des Charakters erfolgt, eine Umbeugung grosser Fasermassen aus den Pyramidenbahnen in benachbarte markhaltige nicht Statt hat. Die in Rede stehende Metamorphose macht sich an Querschnitten weniger geltend als an Längsschnitten und Zerzupfungspräparaten. An ersteren lässt sich bei ½ — 1 stündiger Behandlung mit Ueberosmiumsäure von ½ % noch eine ungemein scharfe Gliederung des Markmantels erzielen, weil die mit den Pyramiden gleich gebaute Formation sich auch im oberen Halsmark nur wenig schwärzt.

Sämmtliche bereits früher überwiegend aus markhaltigen Fasern bestehenden Theile der Rückenmarkstränge sind auch hier mit solchen ausgestattet. Das Caliber der Fasern hat nicht aller Orten gleichmässig zugenommen, insbesondere haben die in den Seitensträngen den Pyramidenbahnen peripher anliegenden Schichten mit der Mehrzahl ihrer Längsfasern die in den vorderen Seitenstranghälften überwiegenden an Stärke überholt. Während diese nämlich z. B. im Halsmark aus zahlreichen feinen und spärlichen starken Fasern zusammengesetzt sind, lassen sich in den ersteren feine Fasern nur ganz vereinzelt wahrnehmen.

Es betrugen nach ca. 1 monatlicher Erhärtung in *Ammon. bichrom.*, in der Gegend des 3. — 4. Halsnerven die Durchmesser der

	Axencylinder	ganzen Fasern
In der vorderen Hälfte der Seitenstränge;	0,001 — 0,0025 meist 0,001	0,002 — 0,006 meist 0,002 — 3.
an der Peripherie der hinteren Seitenstranghälfte	⎰ 0,0015 — 0,003 ⎱ meist 0,002	0,003 — 0,006 meist 0,0045
in den Pyramidenbahnen	0,00075	0,001.

Es contrastiren somit die peripheren Schichten der hinteren Seitenstränge, welche wir in der Folge als „dickfaserige zonale Seitenstrangbündel" bezeichnen werden, in prägnanter Weise gegen die vorderen Seitenstranghälften, der Gestalt, dass hierdurch die Vermuthung nahe gelegt wird, es komme den Fasern ersterer eine andere systematische Bedeutung zu als denen der letzteren.

Die Grenze beider Formationen fällt allenthalben noch vor eine Linie, welche man sich von dem vorderen Rand der Pyramidenbahnen gerade nach aussen gegen die Peripherie gezogen denke; es liegt somit der letzteren jederzeit noch vor dieser Linie auf einer kurzen, in verschiedenen Höhen und individuell variabelen Strecke eine mit dem dickfaserigen zonalen Bündel hinsichtlich des Fasercalibers übereinstimmende Masse an, welche auf Grund dieses Verhaltens als zu demselben gehörig betrachtet werden muss. Die Abgrenzung der in Rede stehenden Abtheilungen ist nicht allenthalben gleich scharf, weil die vordere Seitenstranghälfte bald mehr bald weniger feine Fasern führt. In der Mitte der Lendenanschwellung ist im äusseren Theil der Seitenstränge eine als Fortsetzung jenes Bündels anzusprechende, also überwiegend aus starken Fasern bestehende Formation überhaupt nicht wahrnehmbar.

Es ergiebt sich aus dem Vorstehenden, dass bei ca. 18 ctm. langen Kindern die Abschnitte der Rückenmarkstränge, welche wir als Pyramidenbahnen betrachten, nicht mehr in ihrer ganzen Länge übereinstimmend gebaut sind, insofern, als das Gros ihrer Fasern in einem kleineren oder grösseren Theil der oberen Rückenmarkshälfte ähnlich den Pyramiden der *oblongata* mit zarten, wohl noch rudimentären Markscheiden ausgestattet ist, in tieferen Regionen derselben aber noch vollkommen entbehrt. Die Continuität beziehentlich systematische Gleichwerthigkeit der so differirenden Fasermassen kann nichts desto weniger deshalb nicht bezweifelt werden, weil die erstere direct nach-

weisbar ist und in allen bereits früher markhaltigen Regionen, welche
mit den Pyramidenbahnen nichts zu schaffen haben, auch jetzt fast
lediglich mit completen Markscheiden ausgestattete Längsfasern anzutreffen sind *).

Die verschiedenen zu dieser Gruppe zu stellenden Individuen zeigen
lediglich in Rücksicht auf Lagerung und Umfang letzterer Abschnitte
eine vollkommene Uebereinstimmung. Die Pyramidenbahnen hingegen
differiren hinsichtlich ihrer Vertheilungsweise auf Vorder- und Seitenstränge
in ganz besonderem Maasse.

Bei einem Kind (No. 20. d. V.) fehlen die Vorderstrangbahnen
wiederum durch das ganze Rückenmark hindurch vollständig; die Seitenstrangbahnen sind in der noch näher zu schildernden Weise
stark entwickelt. In einem zweiten Fall (No. 33. d. V.) sind letztere
nur rudimentär vorhanden, die ersteren dagegen ungewöhnlich umfangreich. Die Befunde an diesem Kind verdienen eine besonders eingehende
Berücksichtigung, weil sie den unumstösslichen Beweis für die hochgradige Variabilität des Verlaufes der Pyramidenfasern im Rückenmark
liefern.

Es erscheint zweckmässig, dieselben mit den am ersterwähnten
Individuum gewonnen und das Verhalten beider wiederum mit einem
Fall von vollständigem Mangel der Pyramiden und Pyramiden-
bahnen zu vergleichen (No. 64. d. V.).

Was die Fälle No. 29 und No. 33 anlangt, so zeigten dieselben
schon makroskopisch in die Augen fallende Differenzen der Configuration des Grenzgebietes von *oblongata* und Rückenmark.

Während bei No. 29 die Pyramiden, welche sich auf der in Rede
stehenden Entwickelungshöhe noch durch einen grauen Ton von den
intensiv weissen Vordersträngen abheben, in der gewöhnlichen Weise
nach unten zugespitzt zwischen den letzteren enden, setzen sie sich bei
No. 33 nur wenig verschmälert in zwei der vorderen Längsfurche des
Rückenmarkes symmetrisch anliegende grauweissliche Stränge fort, welche

---

*) Die aus dem differenten Fasercaliber resultirenden Unterschiede im relativen
Markgehalt innerhalb der verschiedenen Regionen der weissen Stränge geben sich schon
bei makroskopischer Betrachtung von Querschnitten kund, welche in der gewöhnlichen Weise in Ueberosmiumsäure gefärbt worden sind, und es geben solche Praeparate eine gute Uebersicht über die von uns unterschiedenen Abschnitte. Die dickfasrigen
zonalen Bündel erscheinen intensiv geschwärzt, die vorderen Seitenstranghälften grau-
schwärzlich, die Pyramidenbahnen graugelblich.

gegen den äusseren gesättigt weissen Theil der Vorderstränge durch
eine tiefe mit dem von BURDACH beschriebenen *sulcus intermedius anterior*
identische Furche abgegrenzt werden. Zieht man in der Gegend, wo
die Pyramiden sich zu kreuzen pflegen, die Vorderstränge auseinander,
so sind bei No. 23 die sich kreuzenden Bündel deutlich sichtbar,
während sie bei No. 33 scheinbar vollständig fehlen.

An Querschnitten durch das verlängerte Mark prominiren die Pyramiden bei No. 33 etwas stärker nach vorn, als bei No. 29; bei ersterem
stösst die vordere Contour einer jeden derselben mit der äusseren der
grossen Oliven in einem einspringenden Winkel zusammen, während bei
No. 29 die äussere Olivencontour, ohne einen solchen Winkel zu bilden[*]),
auf die vordere der Pyramiden übergeht.

An successiv durch die Gegend der Pyramidenkreuzung gelegten
Schnitten ergiebt sich, dass bei No. 29 die gekreuzt in die Seitenstränge
übertretenden Bündel sehr stark entwickelt sind, während sie bei No. 33
nur rudimentär, als dünner Anhang an den Kreuzungsfasern aus den
Hintersträngen erscheinen. Der ganz überwiegende Theil der Pyramidenfasern ändert im letzteren Fall überhaupt seine Lage
im Wesentlichen nicht, sondern geht ungekreuzt je in den gleichnamigen Vorderstrang über. Es lässt sich, wie noch besonders
hervorgehoben sein möge, das Fehlen der Kreuzung sowohl an der
gewöhnlichen Stelle, als ober- und unterhalb derselben deshalb überzeugend nachweisen, weil beide Pyramiden bereits vom unteren Drittel
der grossen Oliven an durch eine tiefe Spalte von einander getrennt sind,
welche sich unverändert in die vordere Längsfurche des Rückenmarkes
fortsetzt.

Nirgends findet sich in letzterem Fall auf der Uebergangsstrecke
innerhalb der in die Vorderstränge ziehenden, ihren Charakter unverändert beibehaltenden Pyramidenbündel eine der *formatio reticularis* der
Seitenstränge entsprechende, insbesondere mit Ganglienzellen ausgestattete
Ansammlung von grauer Substanz, ein Verhalten, welches im Hinblick
auf die von DEITERS aufgestellte Theorie der Pyramiden in hohem Grade
beachtenswerth erscheint. Doch verflechten sich die Bündel zu einer

---

[*]) Bei No. 29 ist das Verhalten ähnlich dem Fig. 2. Taf. XII abgebildeten: bei
No. 33 nähert sich dasselbe mehr dem des ausgebildeten Organes (s. Fig. 3. Taf. XII.).
Es giebt dieser Unterschied, wie sich zeigen wird, wichtige Fingerzeige hinsichtlich der
Momente, welche die Variabilität des Pyramidenverlaufes bedingen.

Pyramide von der Mitte der Oliven an bis zur Gegend des 1. Halsnerven vielfach unter einander.

Wie verhält sich nun in beiden Fällen die Gestaltung des Rückenmarks-Querschnittes? Vergleicht man zunächst Schnitte, welche in
der Höhe des 2. Halsnervenpaares angelegt sind, so fällt ohne Weiteres in die Augen, dass die Vorder-Seitenstränge im Ganzen ein ungefähr gleiches Volumen besitzen, dass aber die Vertheilung der Fasermassen auf die Vorder- und ·Seitenstränge eine verschiedene ist. Zieht
man in beiden Fällen eine auf der Medianebene senkrecht stehende Linie
quer durch den vorderen Rand des Centralcanales nach der Seitenstrangperipherie, so fällt von den gesammten Vorder-Seitensträngen

bei No. 29 vor diese Linie 47 %, bei No. 33 70 %, demnach
bei No. 29 hinter diese Linie 53 %, bei No. 33 30 %.

Es betragen ferner die Vorderstränge (sofern man als äussere Grenze
derselben die innersten Bündel der vorderen Wurzelfasern betrachtet)
bei No. 29 (s. Fig. 1. Taf. XVII.) kaum 10 %, bei No. 33 (s. Fig. 2.
Taf. XVII.) ca. 40 % des Gesammtquerschnittes der Vorder-Seitenstränge.
Es liegt somit bei jenem Individuum mehr als die Hälfte der letzteren,
bei diesem weniger als ein Drittheil hinter der oben erwähnten Linie.
Die Ursache dieser Differenz lässt sich sofort erkennen, wenn man die
Fasermassen, welche die Vorder-Seitenstränge im einzelnen Fall zusammensetzen, vergleichend betrachtet. Bei No. 29 wird der hintere Abschnitt
der Seitenstränge hauptsächlich gebildet· von einer beiderseits gleichgrossen, mit den Pyramiden gleich gebauten Formation, welche 30 %
zum Gesammtquerschnitt der Vorder-Seitenstränge beiträgt. Dieselbe reicht
nach hinten bis zur Peripherie und bildet das hintere Fünftel der gesammten Seitenstrangoberfläche. Während sie entsprechend der *substantia
gelatinosa* die Hinterhörner berührt, wird sie von dem mittleren Theil
der grauen Substanz getrennt durch eine schmale Zone, welche ähnlich
dem vor der oben erwähnten Linie gelegenen Theil der Seitenstränge
aus feinen und starken mit completen Markscheiden ausgestatteten Längsfasern besteht. Nach vorn reicht die mit den Pyramiden übereinstimmend gebaute Formation bis zu einer Linie, welche man sich quer durch
den vorderen Rand der Hinterstränge gelegt denke; nach aussen wird
sie begrenzt von dem dickfaserigen zonalen Bündel. Das letztere trägt
beiderseits ca. 10 % zum Gesammtquerschnitt des betreffenden Vorder-
Seitenstranges bei; rechts wird dasselbe durch einen vom vorderen

Theil jener nach aussen dringenden, gegen die Peripherie sich zuschärfenden Fortsatz (s. P. Fig. 1. Taf. XVII) in zwei völlig getrennte, auf dem Querschnitt ovale Abschnitte zerspalten, deren sagittaler Durchmesser je ⅓ der Seitenstrangperipherie beträgt; links ist eine ähnliche Spaltung gleichfalls angedeutet aber incomplet (s. P'). Bei No. 33 findet sich in der hinteren Seitenstranghälfte eine mit den Pyramiden in der Structur übereinstimmende Formation von grösserer Ausdehnung nicht. Die in die *processus reticulares* eingelassenen, der vorderen Seitenstranghälfte gleich gebauten Fasermassen sowie das dickfaserige zonale Bündel, welche beide ungefähr in der nämlichen Massenentwickelung vorhanden sind wie im letzteren Fall, werden von einander getrennt durch eine nur ca. 7 % des Gesammtquerschnittes der Vorder-Seitenstränge betragende Formation, welche hinsichtlich der Durchmesser ihrer Fasern eine Mittelstellung einnimmt zwischen der vorderen Seitenstranghälfte und den Pyramiden. Sie enthält ungefähr zu gleichen Theilen Bündel mit rudimentären und solche mit completen Markscheiden ausgestatteter Längsfasern, letztere zum Theil von starkem Caliber. Das dickfaserige zonale Bündel, welches hier gleichfalls ca. 10 % zum Gesammtquerschnitt der Vorder-Seitenstränge beiträgt, und beiderseits eine compacte, auf dem Querschnitt ovale Masse darstellt (s. Fig. Z. Taf. XVII.), ragt mit seinem hinteren Rande bis dicht an die Austrittsstelle der hinteren Wurzelfasern heran und ist von letzteren lediglich durch eine tiefe Furche getrennt. Dieselbe findet sich offenbar an der nämlichen Stelle, wo im Fall No. 29 die mit den Pyramiden übereinstimmende Formation die Peripherie bildet; ihr Grund ragt noch beträchtlich in die soeben beschriebene gemischte Fasermasse herein. Es ist sonach bei No. 33 gegenüber No. 29 in der hinteren Seitenstranghälfte ein beträchtlicher Defect an Längsfasern vorhanden und zwar an solchen, welche mit denen der Pyramiden übereinkommen. Andrerseits findet sich in den Vordersträngen von No. 33 ein Plus an solchen Fasern. Während nämlich bei No. 29 diese Stränge durchgängig Längsfasern mit completen Markscheiden führen und über ihren ganzen Querschnitt gleichgebaut erscheinen, zerfallen dieselben bei No. 33 jederseits in zwei deutlich getrennte Abtheilungen, eine äussere, den Vorderhörnern unmittelbar anliegende, mit den Vordersträngen von No. 29 hinsichtlich des Umfanges und der Structur völlig übereinkommende und eine innere, die vordere Längsfissur begrenzende, welche in der Structur den Pyramiden gleicht und ca. 28 % des Gesammtquerschnittes des betreffenden Vorder-Seitenstranges beträgt. Diese ganze letztere Masse ist es, welche gegenüber No. 29 offenbar als ein Zuwachs aufzufassen ist. Es sind in Folge dessen auch die Vorderstränge bei No. 33 um mehr als das Doppelte breiter, als bei jenem; das Gleiche gilt von der vorderen Commissur, deren Fasern lediglich in die äusseren markhaltigen Abschnitte eintreten. Ueberdies ist die graue Substanz in beiden Fällen verschieden gestaltet. Sie erscheint bei No. 33 stark von vorn nach hinten verkürzt und förmlich zusammengedrückt, so dass die äusseren Contouren der Vorder- und Hinterhörner in einem spitzen nach hinten aussen offenen Winkel zusammenstossen, dessen Scheitel gebildet wird durch senkrecht verlaufende Accessoriuswurzeln; bei No. 29 ist ein solcher Winkel kaum angedeutet. Endlich sind bei No. 33 auch die Hinterstränge von vorn nach hinten verkürzt und dabei in ihrem vorderen Theil breiter als bei No. 29.

Alle diese Abweichungen erklären sich in befriedigender Weise, wenn wir, wie dies durch die directe Beobachtung an die Hand gegeben wird, annehmen, dass die Pyramidenfasern bei No. 33, anstatt in die Seitenstränge überzugehen, meist in den Vordersträngen geblieben sind. Es muss so in ersteren ein Defect entstehen, welcher die veränderte Configuration der grauen Substanz sowie die Einziehung der Peripherie zwischen hinterem Rand der dickfaserigen zonalen Schicht und hinteren Wurzelfasern zur Folge hat; denn die Pyramidenfasern sind es ja, welche in der Regel hier gelegen sind und diese Theile von einander trennen.

Die Befunde in anderen Höhen des Rückenmarkes entsprechen vollkommen den soeben geschilderten und der hierfür gegebenen Deutung. In der Gegend des 6. Halsnervenpaares z. B. schiebt sich bei No. 29 (s. P. Fig. 4. Taf. XVII.) beiderseits zwischen die Längsfasermassen innerhalb der *processus reticulares* und das dickfaserige zonale Bündel eine mit den Pyramiden völlig übereinstimmende Masse, welche je ca. 23 % des Gesammtquerschnittes des betreffenden Vorder-Seitenstranges beträgt. Bei No. 33 trifft man an entsprechender Stelle (s. P. Fig. 5. Taf. XVII.) eine kaum 5 % dieses Werthes haltende Schicht, welche nur zum Theil Elemente vom Charakter der in jener enthaltenen führt. Gleichzeitig tritt hier beiderseits etwas hinter der Mitte der hinteren Hälfte der Seitenstrangperipherie eine tiefe Furche hervor, und es ist dieser Theil der letzteren nach aussen concav, während er bei No. 29, wo die Furche beiderseits fehlt, wohl abgerundet ist und eine nach aussen convexe Krümmung zeigt. In dem Fall No. 33 hingegen zerfällt wiederum jeder Vorderstrang in einen inneren, den Pyramiden gleich

8 *

gebauten, ca. 26 % des Gesammtquerschnittes der Vorder-Seitenstränge
betragenden und einen äusseren Theil, welcher mit den gesammten
Vordersträngen von No. 29 an Bau und Umfang übereinkommt. Das
dickfaserige zonale Bündel trägt in beiden Fällen ca. 12 % zu dem mehrerwähnten Gesammtquerschnitt bei.

Im oberen Dorsalmark tritt bei No. 33 innerhalb der Vorderstränge an Stelle der den Pyramiden gleichen Massen eine überwiegend
aus völlig marklosen Längsfasern bestehende, wie bereits früher erwähnt
mit jenen unmittelbar zusammenhängende Formation, so dass die Trennung derselben in je zwei Abschnitte fast noch schärfer ist als in höheren Regionen. Gegen das Lendenmark hin wird dieselbe undeutlicher,
indem sich besonders vom 10. Dorsalnerven an den marklosen Bündeln
mehr und mehr markhaltige beimischen. Bei No. 29 finden sich letztere auf dieser ganzen Strecke innerhalb der Vorderstränge nicht;
der ganze Querschnitt derselben entspricht immer wieder nur den
äusseren markhaltigen Abschnitten der gleichen Stränge von No. 33.
Umgekehrt verhält es sich in beiden Fällen mit den Seitensträngen.
Bei No. 29 findet sich hier in der hinteren Hälfte eingeschoben zwischen
die Region der *processus reticulares* und das dickfaserige Bündel eine
compacte, nur ab und zu von einzelnen markhaltigen Längsfasern durchsetzte Schicht nackter Axencylinder, welche z. B. in der Gegend des
2. Dorsalnerv. (vergl. Fig. 6. Taf. XIII.) ca. 20 % des Gesammtquerschnittes
der Vorder-Seitenstränge beträgt, während bei No. 33 nur eine ca. 4 %
betragende aus marklosen und markhaltigen Fasern gemischte Formation
an entsprechender Stelle zu finden ist (s. P. Fig. 5. Taf. XIV). Da die
markhaltigen Regionen beider Individuen in allen Höhen hinsichtlich
ihres Umfanges übereinstimmen, so bilden auch im gesammten Dorsalmark bei No. 33 die Vorderstränge einen beträchtlich grösseren Theil
des Gesammtquerschnittes der Vorder-Seitenstränge, als bei No. 29 und
umgekehrt verhält es sich mit den Seitensträngen: Erstere betragen in
der Höhe des 2. Dorsalnerven

bei No. 33 ca. 32 %, bei No. 29. ca. 14 %,
in der Höhe des 12. Dorsalnerven

bei No. 33 ca. 42 %, bei No. 29 ca. 21 %,
hiernach ergiebt sich für die Seitenstränge in der Höhe des 2. Dorsalnerven

bei No. 33 ca. 68 %, bei No. 29 ca. 86 %,
in der Höhe des 12. Dorsalnerven

bei No. 33 ca. 58 %, bei No. 29 ca. 79 %.

Auch die graue Substanz erscheint im Dorsalmark von No. 33 etwas anders gestaltet, als bei No. 29. Bei ersterem ist sie allenthalben von vorn nach hinten verkürzt. Während hier ferner die äusseren Kanten der *tractus intermedio-laterales* (CLARKE) nach hinten aussen gerichtet sind und hinter eine Linie zu liegen kommen, welche man quer durch den Centralcanal gegen die Seitenstrangperipherie zieht (vergl. Fig. 6. Taf. XIV.), sind jene Kanten bei No. 29 gerade nach aussen beziehentlich aussen vorn gerichtet und liegen vor dieser Linie (vergl. auch Fig. 7. u. 8. Taf. XVII.).

Weniger ausgeprägt, doch immer noch deutlich wahrnehmbar sind die Differenzen zwischen beiden Fällen im Lendenmark. Während bei No. 33 in der Gegend des 1. und 2. Lendennerven marklose Bündel die ganze innere Hälfte der Vorderstränge durchsetzen (P' Fig. 7. Taf. XIV), bilden dieselben in der Gegend des 4. Lendennerven beiderseits eine der vorderen Fissur parallel (demnach sagittal) gestellte, inmitten zwischen dieser und dem Vorderhorn gelegene Zone (P' Fig. 8. Taf. XIV.), welche bei No. 29 gänzlich fehlt. In den Seitensträngen des letzteren Falles finden sich in der nämlichen Höhe an den gewöhnlich von den Pyramidenbahnen eingenommenen Stellen marklose Längsbündel, welche ca. 12% des Querschnittes der Vorder-Seitenstränge ausmachen (s. P. Fig. 7. Taf. XVII.). In den correspondirenden Regionen von No. 33 (s. P. Fig. 8. Taf. XVII.) ist eine Masse vorhanden, welche nur ca. 5 % dieser Stränge beträgt und ganz überwiegend aus einer feinmoleculären Substanz mit längsgestellten nackten Axencylindern und spärlichen markhaltigen Fasern besteht. Dieselbe findet sich durch die ganze Lendenanschwellung hindurch, erreicht aber in der soeben erwähnten Höhe das Maximum ihrer Entwickelung; sie nimmt sowohl ober- als unterhalb rasch an Querschnitt ab [*)].

Was das Verhalten der vorderen Commissur anlangt, so lassen

[*)] Man könnte dies so deuten, dass oberhalb des 4. Lendennerven Fasern aus den Vorderstrangbahnen in die Seitenstrangbahnen übertreten, und dass bis zu einem gegebenen Punkt im Bereich jenes Nerven der Zuzug, welchen letztere empfangen, stärker ist, als der Verlust derselben an die graue Substanz, dass sich aber unterhalb jenes Punktes das Verhältniss umkehrt. Hiergegen sprechen indess die Befunde in dem nachfolgend zu schildernden Fall, welche es wahrscheinlicher machen, dass an der betreffenden Stelle der Seitenstränge unabhängig von den Pyramidenfasern sich eine grössere Anhäufung gelatinöser Substanz findet, mit welcher sich diese vermischen. Da sich letztere an Querschnitten von marklosen Faserbündeln nur schwer unterscheiden lässt, so ist der Antheil, den eine jede dieser Formationen an dem Volumen der marklosen Seitenstrangtheile besitzt, nur schwer festzustellen.

beide Fälle hinsichtlich des sagittalen Durchmessers derselben wesentliche Unterschiede nicht erkennen. Insbesondere ist bei No. 33 nirgends
eine Zumischung grösserer Mengen von Fasern vom Charakter der in
den Pyramiden-Vorderstrangbahnen überwiegenden zu den mit relativ
starken Markscheiden ausgestatteten Fasern, welche hier ebenso wie
bei No. 29 die Commissur im Wesentlichen bilden, wahrzunehmen. Es
lassen sich somit aus den anatomischen Befunden Anhaltepunkte für die
Annahme einer nachträglichen Kreuzung der Pyramiden-Vorderstrangbahnen bei ersterem Kind nicht gewinnen. Es liegt überdies auf der
Hand, dass selbst die Constatirung geringer Differenzen des sagittalen
Durchmessers eine Berechtigung für diese Annahme nicht liefern würde,
da letzterer auch bei principiell gleichem Verhalten kaum bei allen Individuen völlig gleiche Dimensionen zeigen dürfte.

Eine besondere Erwähnung verdienen noch die Verhältnisse des
Flächeninhaltes der Pyramiden-Vorder- und Seitenstrangbahnen in
verschiedenen Höhen. Es lässt sich bis zur Gegend des 10. Dorsalnerven überzeugend nachweisen, dass die ersteren bei No. 33 von oben
nach unten ungefähr in denselben Proportionen an Umfang abnehmen wie die letzteren bei No. 29. Unterhalb jenes Nerven werden
die markhaltigen Fasern in den Vorderstrangbahnen von No. 33 so zahlreich, dass eine genaue Bestimmung des Querschnittes lediglich der
marklosen Bündel nicht mehr möglich erscheint; oberhalb des 10. Dorsalnerven hingegen können die nur ganz vereinzelt vorhandenen markhaltigen Längsfasern, welche man wie wir noch zeigen werden am ehesten
als aberrirte Elemente der markhaltigen Aussenzone der Vorderstränge
zu betrachten hat, das Messungsresultat nur unwesentlich beeinflussen.

Setzt man den Gesammtquerschnitt der Seitenstrangbahnen von
No. 29 und den der Vorderstrangbahnen von No. 33 in der Höhe des
2. Halsnerven = 100, so beträgt

		ersterer	letzterer
in der Höhe des 5. Halsnerven		ca. 87	ca. 84
„	8. „	„ 66	„ 72
„	3. Dorsalnerven	„ 52	„ 52
„	6. „	„ 42	„ 45
„	10. „	„ 40	„ 40
„	4. Lendennerven	„ 23	?
„	2—3. Sacralnerven	„ 13	?

Die Differenzen, welche die vorstehenden Tabellen zeigen, sind so
gering, dass es kaum gerechtfertigt erscheint, auf dieselben ein beson-

deres Gewicht zu legen, und dies um so weniger als einestheils zur Vergleichung nicht nothwendigerweise völlig correspondirende Höhen des Rückenmarkes benützt worden sind, anderntheils die angewandten Messungsmethoden nicht vollkommen genaue Resultate zu geben vermögen. Mit Rücksicht auf letzteren Umstand erscheint auch bei Interpretation der aus jenen Werthen zu construirenden Wachsthumscurven der Pyramidenbahnen Vorsicht geboten, ein Punkt, auf welchen wir im weiteren Verlauf dieser Abhandlung zurückzukommen haben werden. Hier möge nur noch hervorgehoben sein, dass die soeben angeführten Werthe offenbar wenigstens die Berechtigung verleihen, in der Querschnittsverminderung der Pyramidenbahnen von oben nach unten in beiden Fällen den Ausdruck gleicher gesetzmässiger Beziehungen zu erblicken.

Es ergiebt sich aus dem Vorstehenden, dass durch den grössten Theil des Rückenmarkes hindurch bei No. 33 gegen No. 29 ein Defect in den Seitensträngen und ein annähernd gleich grosser Zuwachs in den Vordersträngen vorhanden ist. Es ist ferner offenbar die Fasermasse, welche dort vermisst wird, gleichwerthig mit der, welche hier das Plus bildet. Denn es stimmen die Seitenstrangbahnen bei No. 29 mit den Vorderstrangbahnen bei No. 33 überein 1) hinsichtlich der Structur; insbesondere wechseln beide in correspondirenden Höhen ihren Charakter; 2) hinsichtlich des Umfanges, insbesondere auch der Querschnittsverminderung von oben nach abwärts; endlich 3) hinsichtlich ihres Verhaltens zu den Pyramiden der *oblongata*; die Fasern beider gehen aus letzteren hervor, die Vorderstrangbahnen bei No. 33 ungekreuzt, die Seitenstrangbahnen bei No. 29 gekreuzt. Da nun ferner eine genaue Untersuchung der Gegend der Pyramidenkreuzung in unzweideutiger Weise zeigt, dass aus den Pyramiden von No. 33 nur ein minimaler Theil in die Seitenstränge übergehen kann, dass aus den Pyramiden von No. 29 in gleicher Weise nur ganz vereinzelte Fasern nicht in die Seitenstrangbahnen gelangen können, so unterliegt es keinem Zweifel, dass sämmtliche Differenzen beider Individuen hinsichtlich der Configuration des Rückenmarkes lediglich auf eine verschiedene Lagerung der Pyramidenfasern zurückzuführen sind; es verlaufen dieselben bei No. 29 sämmtlich innerhalb der Seitenstränge, bei No. 33 zu wenigstens 90 % innerhalb der Vorderstränge. Hieraus ergiebt sich zur Evidenz, dass die schon aus früher mitgetheilten Befunden erschlossene Variabilität in der Lagerung der Pyramidenfasern in der That existirt. Es ist aber auch der Umstand dass die Grösse der

Pyramidenbahnen in allen Höhen, insbesondere auch im Lendenmark abhängig ist von der Vertheilungsweise derselben im obersten Halsmark eine weitere Stütze für die Annahme, dass die Fasern, welche jene noch in ihren untersten Ausläufern zusammensetzten, identisch sind mit solchen, welche bereits in den oberen Abschnitten derselben enthalten sind.

Eine hochwillkommene Ergänzung der soeben geschilderten Befunde gewährt ein Neugeborenes, welches mit einer beträchtlichen Missbildung des gesammten Centralnervensystems behaftet ist (No. 64. d. V.) *). Es findet sich hier ein nahezu vollkommener Mangel des Mittelhirns, welcher sich wahrscheinlich im Anschluss an einen Hydrops des *Aquaeductus Sylvii* entwickelt hat. Die Verbindung zwischen *medulla oblongata* und Grosshirn ist vollständig unterbrochen, indem an Stelle der oberen Brückenhälfte, der Vierhügel und der Grosshirnschenkel ein dünnwandiger Schlauch getreten ist, welcher aus weisser und grauer Substanz in scheinbar atypischer Anordnung besteht. Nach oben geht derselbe geschlossen in einen von sehr gefässreichem Bindegewebe gebildeten, durch eine Oeffnung an Stelle der kleinen Fontanelle aus der Schädelhöhle heraushängenden Strang über. Nirgends sind an letzterem Nervenfasern wahrnehmbar, welche eine Verbindung der unterhalb gelegenen Theile mit den auf zwei ringsgeschlossene und abgerundete dickwandige Säcke reducirten, völlig von einander getrennten Grosshirnhemisphären vermitteln könnten. Von besonderem Interesse erscheint die aus diesen Zerstörungen resultirende Configuration der unteren Brückenhälfte, der *oblongata* und des Rückenmarkes, auf deren Beschreibung wir uns zunächst beschränken.

In der ganzen vorderen Brückenabtheilung fehlen die Längsfaserbündel vollständig. Die auf ungefähr ⅔ ihres gewöhn-

*) Die Berechtigung, dieses Individuum den soeben beschriebenen anzureihen, wird gegeben durch den Ausbildungsgrad der noch complet vorhandenen Fasersysteme der *oblongata* und des Rückenmarkes; es nimmt überdies hinsichtlich seines Gewichts eine Mittelstellung ein zwischen der überwiegenden Zahl der Glieder der in Rede stehenden Gruppe einer- den in der Folge zu schildernden andererseits. — Dieses Kind ist auch in sofern von Interesse, als es trotz jenes umfänglichen Defectes im Mittelhirn 1⅓ Tag lebte; auf mechanische Reize von selbst geringer Intensität reagirte es mit Bewegungen in allen Extremitäten, wimmerte, verzog das Gesicht schmerzhaft u. s. w. Pulv. Chinin. in Dosen auf die Zunge gebracht, welche bei gesunden Kindern sofort heftiges Schreien und sonstige Zeichen von Missbehagen zur Folge hatten, blieben bei jenem indess ohne alle Wirkung. Leider wurden durch das frühzeitige Ende der Missgeburt weitere genauere Versuche unmöglich gemacht.

lichen Volumens reducirte, im übrigen normal gebaute Schleifenschicht wird nach vorn begrenzt von einer Masse, welche überwiegend aus grauer Substanz und Querfaserzügen zusammengesetzt erscheint. Die letzteren welche theils markhaltig, theils marklos sind, treten erst ca. 2 mm. oberhalb der Acustici an die *oblongata* heran, so dass diese Nerven, welche ebenso wie die *Trigemini* Querschnitte von normaler Grösse zeigen, mit allen ihren Fasern zunächst in die *oblongata* eintreten. Die dem *corpus trapezoideum* der Säuger entsprechenden Fasermassen sind in normaler Weise entwickelt; sie setzen sich jederseits aus zwei deutlich geschiedenen Bündeln zusammen, deren eines scheinbar je aus dem vorderen Acusticuskern (Meynert, unterer A. Henle) entspringend, quer zu der mit letzterem gleichseitigen oberen Olive zieht. Es kreuzt sich hierbei spitzwinklig mit dem anderen Bündel, welches aus dem *corpus restiforme* hervorgehend die gleichseitige obere Olive nach vorn umkreist und nach Ueberschreitung der Mittellinie die der anderen Seite gewinnt.

Die bisher noch nicht erwähnten Fasermassen der hinteren Brückenabtheilung lassen Abweichungen nicht erkennen.

Die *oblongata* zeigt auf Querschnitten in ihrer vorderen Hälfte eine von der normalen augenfällig differirende Gestaltung. Diese Hälfte ist im Vergleich zur hinteren viel weniger entwickelt, als es in der Regel der Fall ist und erscheint insbesondere ungewöhnlich schmal.

Die nach den früheren Mittheilungen in der uns beschäftigenden Entwickelungsperiode hinreichend characterisirten Pyramiden fehlen vollständig. An ihrer Stelle findet sich eine Masse, welche hinsichtlich ihrer Structur und ihres Umfanges mit den in der Regel an der Vorderfläche der Pyramiden vorhandenen *nuclei arciformes* (Henle) übereinstimmt, demnach aus kleinen und mittelgrossen multipolaren Ganglienzellen und „gelatinöser" Substanz besteht. Ausser letzterer Formation sind die grossen Oliven gerade nach vorn lediglich von Bogenfaserbündeln umgeben. Nur nach innen gegen die vordere Längsfurche wird das vordere Olivenblatt von Längsfaserbündeln begrenzt, welche nach ihrem Fasercaliber zu schliessen, identisch sind mit dem gewöhnlich hier vorhandenen, bereits bei 12 ctm. langen Foeten complet markhaltigen, nach oben in die Schleifenschicht übergehenden Strang. Dieselben erscheinen besonders im oberen Drittel der Oliven, auf dem Querschnitt in Form eines stumpfwinkligen Dreieckes, welches so gelagert ist, dass der Scheitel des stumpfen Winkels in die vordere Längsfurche hereinragt. Die gros-

sen Oliven sind beträchtlich kleiner als gewöhnlich, insbesondere zählen
sie kaum die Hälfte der in der Regel bei annähernd reifen Früchten
vorhandenen Windungen; ihre vorderen Blätter sind nach innen und
vorn geneigt, ihre hinteren mehr als gewöhnlich nach hinten gerichtet.
Der zwischen ihnen gelegene Theil des inneren motorischen Feldes ist
fast um die Hälfte schmäler als sonst; nur gegen das untere Ende der
Oliven zu gleicht sich diese Differenz allmählig aus. Das *corpus restiforme*
und die aufsteigende Trigeminuswurzel erscheinen hingegen beiderseits
ebenso umfangreich als gewöhnlich. Alle übrigen Theile der *oblongata*
lassen Abweichungen nicht erkennen.

Die obere Pyramidenkreuzung verhält sich völlig normal;
sie bezieht ihre Fasern scheinbar sämmtlich aus dem zwischen den inneren Nebenoliven gelegenen Theil des inneren motorischen Feldes. Die
untere Pyramidenkreuzung fehlt vollkommen.

Im Rückenmark stimmen die Hinterstränge in ihrer ganzen
Länge hinsichtlich der Grösse ihres Querschnittes und des Fasercalibers
mit denen der zuletzt beschriebenen Individuen überein. Abweichungen
finden sich nur innerhalb der Vorder-Seitenstränge.

Es fehlen hier in der ganzen Länge die Pyramidenbahnen, welche
ja nach dem früher Erwähnten durch ihr Fasercaliber hinreichend charakterisirt sind, vollkommen, während alle übrigen Strangtheile ein
normales Verhalten zeigen. Es stimmen so die Vorderstränge der Missgeburt völlig überein mit denen von No. 29., die Seitenstränge bis auf
geringe Abweichungen mit denen von No. 33 (vergl. Fig. 1—12. Taf. XVII).
Letztere bestehen darin, dass sich an Stelle der hier zwischen dick-
fasriges zonales Bündel und Bezirk der *processus reticulares* eingeschobenen Formation, welche Pyramidenfasern, wenn auch in geringer Anzahl
enthält, eine solche findet, welche neben Längsfasern vom Charakter
der zwischen den *processus reticulares* befindlichen, eine grössere Menge
von offenbar bindegewebigen Elementen führt. Da diese letzteren, welche
zu vielfach sich verflechtenden Bälkchen angeordnet zwischen den ersteren auftreten, gegen Ueberosmiumsäure u. s. w. ähnlich reagiren, wie
die nackten, beziehentlich mit rudimentären Markscheiden umhüllten
Axencylinder der Pyramidenbahnen, so erhält man bei Anwendung
schwächerer Vergrösserungen an Querschnitten in hohem Grade übereinstimmende Bilder. Wir können um so eher darauf verzichten, die
Configuration derselben bei No. 64 zu schildern, als die Zeichnungen ·
Taf. XVII dieselbe hinreichend demonstriren.

Noch möge hervorgehoben sein, dass sich im Lendenmark des nur
erwähnten Individuum an Stelle der Pyramiden-Seitenstrangbahnen eine in
der Gegend des 4. Lendennerven ca. 5 % zum Gesammtquerschnitt der
Vorder-Seitenstränge beitragende und von da nach oben und unten ab-
nehmende Ansammlung „gelatinöser" Substanz findet, welche im Dorsalmark an entsprechenden Stellen in viel geringerer Menge vorhanden ist.
Es ist somit der Befund bei No. 33, wonach hier in der Höhe des
4. Lendennerven die an Stelle der Pyramiden-Seitenstrangbahnen befindlichen Formationen einen etwas grösseren Querschnitt besassen,
als in höheren Regionen (vergl. Fig. 7 und 8. Taf. XIV. P₎ nicht nothwendiger Weise dahin zu deuten, dass ein Theil der Vorderstrangbahnen
sich doch noch schliesslich den rudimentären Seitenstrangbahnen beige-
stellt und sie verstärkt habe, sondern dahin, dass letztere an jener Stelle
eine grössere Menge Bindesubstanz in sich aufgenommen haben als
anderwärts.

Beachtung verdienen endlich noch einige Verhältnisse der grauen
Substanz. Dieselbe weicht bei No. 64 besonders im oberen Halsmark
gegenüber No. 33 ab. Sie hat dort einen etwas grösseren Querschnitt
und erscheint nicht in dem Maasse von hinten nach vorn comprimirt.
Im Dorsalmark fällt die Uebereinstimmung beider Fälle besonders an
den *tractus intermedio-laterales* (s. t. i. l. Fig. 8. 9. Taf. XVII.) in die
Augen, deren seitliche Kanten auch bei No. 64 nach hinten aussen gerichtet sind. Dabei sind die Hinterhörner stark von vorn nach
hinten verkürzt und erreichen in dieser Richtung bei No. 64 kaum die
Hälfte der Ausdehnung wie bei No. 29. Die stärkeren markhaltigen Faserzüge der grauen Substanz [*], insbesondere auch die von KOLLIKER unter-

---

[*] Es liessen sich dieselben deshalb besonders·gut controliren, weil es gelang, aus
dem in Folge eines grösseren Gehaltes an Bindegewebe schon im frischen Zustand
ungewöhnlich consistenten Rückenmark Querschnitte anzufertigen, welche selbst mit
starken Vergrösserungen untersucht werden konnten. Dieselben gaben nach Färbung
mit Ueberosmiumsäure in der vielfach erwähnten Weise ungemein klare Bilder der in
der grauen Substanz vorhandenen markhaltigen Fasern. — Was die Auffassung des
in Rede stehenden Defectes vom pathologisch-anatomischen Standpunkt anlangt,
so ist entweder eine secundäre Degeneration oder eine Agenesie anzunehmen. Gegen
erstere könnte man anführen, dass in der *oblongata* die Pyramiden so gut wie spurlos
verschwunden sind. Doch ist allerdings die Möglichkeit festzuhalten, dass marklose
Faserbündel, welche, wie wir zeigen werden, viel geringere Mengen von Bindesubstanz enthalten als markhaltige, beim Schwinden weniger Residuen hinterlassen als
letztere. Die Befunde am Rückenmark sprechen eher für eine secundäre Degeneration.

schiedenen drei Fascikel der vorderen Wurzelfasern und die von den
CLARKE'schen Säulen in die Seitenstränge ausstrahlenden Bündel zeigen
bei No. 64 in die Augen fallende Abweichungen nicht; dasselbe gilt
von der vorderen Commissur.

Die vorstehenden Befunde lassen kaum eine andere Deutung zu,
als dass auch im Rückenmark der Missgeburt die Pyramidenfasern vollständig fehlen. Aus einem Defect andersartiger Fasersysteme die eigenthümliche Configuration des Rückenmarkes zu erklären, liegt nicht der
geringste Grund vor, zumal da auch im untersten Theil der *oblongata*
alle Fasersysteme ausser den Pyramiden vorhanden zu sein scheinen.
Es spricht die Coïncidenz eines totalen Mangels der Pyramidenbahnen
mit einem solchen der unteren Pyramidenkreuzung und der Pyramiden
der *oblongata* überzeugend für die den letzteren von uns vindicirte Bedeutung. Da wir aber nach dem Vorstehenden die Gestaltung der Vorderstränge sowohl als der Seitenstränge bei No. 64 betrachten können
als typisch für die Configuration derselben bei Mangel an Pyramidenfasern, so gewinnt auch die von uns gegebene Interpretation der Differenzen von No. 29 und 33, sofern sie derselben überhaupt noch bedarf, eine weitere Stütze.

Was endlich die übrigen zu der in Rede stehenden Gruppe gehörigen Individuen anlangt, so differiren auch diese wiederum unter sich
sowohl als gegenüber den bisher beschriebenen hinsichtlich der Vertheilung der Pyramiden auf Vorder- und Seitenstränge. In einem Fall
(No. 32 d. V. s. Fig. 3 Taf. XVI) ist eine Vorderstrangbahn nur links
schwach vorhanden; sie beschränkt sich auf das Halsmark und beträgt
in der Höhe des 6. Halsnerven kaum 2 % des Gesammtquerschnittes
der Pyramidenbahnen.

Bei einem anderen Kind (No. 61 d. V. Fig. 5 Taf. XVI) ist beiderseits eine Vorderstrangbahn nur in der Region der obersten 2 Halsnerven wahrnehmbar; die linke verschwindet schon im Rayon des 3.
Nervenpaares; die rechte hingegen, welche dort um mindestens das
5fache stärker entwickelt ist, als erstere, lässt sich allmählich an Querschnitt abnehmend bis in die Mitte des Dorsalmarkes verfolgen; in der
Höhe des 6. Halsnerven beträgt ihr Querschnitt 10% vom gesammten
der hier noch vorhandenen Pyramidenbahnen; die linke Seitenstrangbahn ist gegenüber der rechten allenthalben um so viel kleiner als der
Querschnitt jener misst.

In dem letzten Fall endlich (No. 28 d. V.) vertheilen sich die Pyramiden in derselben Weise, wie bei No. 18; in der Gegend des 6.
Halsnerven hält der Querschnitt einer jeden Vorderstrangbahn ca. 1%
des Gesammtquerschnittes der Pyramidenbahnen in dieser Höhe.

e. ca. 49—54 ctm. lange Kinder.

Alle zu dieser Gruppe gehörigen Individuen (es sind dies sämmtliche von der angegebenen Länge mit Ausnahme des bereits beschriebenen No. 32, und überdies ein 45 Ctm. langes syphilitisches Kind No. 23
d. V.) unterscheiden sich von den zuletzt geschilderten dadurch, dass
die Pyramiden der *oblongata* durchgängig mit completen Markscheiden ausgestattete Fasern führen (s. Fig. 4, Taf. VIII.),
welche an carminisirten Durchschnitten schon bei Anwendung mittelstarker Vergrösserungen in Form der bekannten Sonnenbildchen erscheinen. Dieselben zeichnen sich jedoch vor allen anderen Längs-
faserzügen dieses Organes durch ein sehr feines Caliber aus, so dass
sie z. B. kaum die Hälfte des Durchmessers der in dem vorderen Abschnitt des „inneren motorischen" Feldes überwiegenden erreichen. In
Folge dessen ist auch jetzt noch, besonders an imbibirten Präparaten
die hintere Grenze der Pyramiden gegen den in die Schleifenschicht
übergehenden Theil jenes Feldes erkennbar.

Der Gehalt der Pyramiden an rundkernigen Zellen ist fast
noch beträchtlicher als früher; die Längsreihen, in welche dieselben
meist angeordnet sind, stehen kaum um die drei- bis vierfache Breite
der Längsfasern von einander ab. Mitunter sind sie so dicht gestellt,
dass es schwer fällt, die Zellengrenzen zu unterscheiden (s. b. Fig. 4).
Ein Theil derselben gleicht Lymphkörperchen (s. f. Fig. 4), bei anderen
erscheint das Protoplasma in Form einer zarten den Nervenfaserbündeln
flach aufliegenden Platte (a. Fig. 4), welche in der Regel Fettkörnchen
nur ganz vereinzelt oder gar nicht enthält. Eine dritte Sorte endlich,
welche in einzelnen Fällen — es wurden nicht alle darauf untersucht
— besonders in frisch angefertigten Zerzupfungspräparaten häufig (jedoch
nicht so zahlreich wie früher in den Hintersträngen) gefunden wurde,
ist prall mit Fettkörnchen erfüllt und durch dieselben zu rundlichen
oder ovalen Klumpen aufgebläht, welche die lymphkörperchenähnlichen
bis um das Dreifache an Durchmesser übertreffen.

Der Querschnitt der Pyramiden verhält sich zum gesammten der
oblongata in der Mitte der Oliven im Durchschnitt ungefähr wie 1 : 13—15.

Das Verhältniss ist demnach für die ersteren noch ungünstiger, als bei ca. 35 Ctm. langen Früchten. *)

Auch die **Pyramidenbahnen** des **Rückenmarkes** zeigen jetzt in einer Länge, welche individuell wechselt, ausschliesslich markhaltige Längsfasern, welche hinsichtlich ihres Calibers mit denen der Pyramiden vollkommen übereinstimmen. Bei dem luetischen Kind von 45 Ctm. Länge tritt schon im obersten Theil des Halsmarkes die Umwandlung in den Typus der zuletzt beschriebenen Gruppe ein. In den übrigen Fällen erfolgt dieselbe meist beträchtlich tiefer, indem die Markumhüllung theils bis in die Mitte des Dorsalmarkes, theils bis in die **Lendenanschwellung** herabreicht; letzteres findet sich insbesondere bei solchen Individuen, welche über 51 ctm. messen. Der Gehalt der Pyramidenbahnen an Zellen, insbesondere Fettkörnchenzellen, ist ähnlich dem der Pyramiden. In den Hintersträngen findet sich von letzteren nur in dem Fall von Syphilis eine grössere Anzahl.

Die Möglichkeit, die Pyramidenbahnen auch jetzt, wo sie markhaltig sind, von den übrigen Fasermassen zu sondern, beruht auf dem Caliber ihrer Fasern. Dieselben sind die **feinsten** der gesammten weissen Stränge und sind nur im unteren Dorsalmark von einer **erheblicheren** Anzahl starker Fasern durchsetzt, auf welche wir sogleich näher zurückkommen werden. Sie imbibiren sich besonders stark mit Carmin, so dass bei einem Färbungsgrad, wo Fasern vom Caliber der in den Goll'schen Strängen enthaltenen, (welche die Pyramidenfasern etwa um das Doppelte an Durchmesser übertreffen), auf dem Querschnitt noch deutlich als

---

*) Bei der Messung und Vergleichung des Pyramidenquerschnittes verschiedener Individuen behufs Feststellung des relativen Entwickelungsgrades sind gewisse **Cautelen** zu berücksichtigen. Es gesellen sich den Pyramidenbündeln, welche schliesslich in die Vorder-Seitenstränge übergehen, und welche nebst ihren Aequivalenten für die *oblongata* als eigenthümliche Pyramidenbestandtheile zu betrachten sind, sehr häufig Faserbündel bei, welche als fremdartige Anhängsel betrachtet werden müssen. Dieselben sind daran kenntlich, dass sie höher oder tiefer, gewöhnlich in der Nähe des unteren Olivenendes, als *fibrae transversales externae* sich von den in das Rückenmark ziehenden Fasermassen trennen. Wir werden eine Deutung derselben später geben und bemerken hier nur, dass sie besonders in den nicht gar seltenen Fällen, wo die *fibrae transversales externae* in Form dicker Stränge das untere Olivenende umgeben, bis zu ca. $\frac{1}{6}$ des gesammten Pyramidenquerschnittes betragen können, demnach auch den relativen Grössenwerth desselben wesentlich zu beeinflussen im Stande sind. Wir haben deshalb bei Bestimmung der Querschnittsgrösse möglichst nur solche Fälle berücksichtigt, wo sich mit Wahrscheinlichkeit die Zumischung einer grösseren Menge accessorischer Fasermassen ausschliessen liess.

discrete Gebilde wahrnehmbar sind, an Stelle der Pyramidenbahnen diffus geröthete, scheinbar völlig marklose Gewebsmassen erscheinen. Es gelingt in Folge dessen besonders an stärker carminisirten Präparaten ihren Umfang zu erkennen. Einigen Schwierigkeiten unterliegt die Abgrenzung der Vorderstrangbahnen da, wo sie nur gering entwickelt sind, weil auch die bereits früher markhaltigen Theile der Vorderstränge eine Anzahl feiner Fasern führen. Es ist so eventuell unmöglich, mit Sicherheit festzustellen, ob jene gänzlich fehlen oder nur rudimentär vorhanden sind.

Die dickfasrigen zonalen Bündel heben sich durch ihr Fasercaliber noch schärfer gegen die angrenzenden Strangtheile ab, als bei den früher geschilderten Individuen. Es ist in Folge dessen jetzt die Bildung und das allmähliche Anwachsen derselben von unten nach oben besonders gut erkennbar. Während sich in der Lendenanschwellung nur einzelne dicke Fasern an der Peripherie der Pyramiden-Seitenstrangbahn finden, beginnen in der Gegend des 2. Lendennerven innerhalb und an der vorderen Grenze derselben zahlreiche Fasern aufzutreten, welche alle übrigen der Seitenstränge, auch die stärksten der vorderen Hälfte, an Caliber übertreffen; insbesondere besitzen sie ca. den dreifachen Durchmesser der das Gros der ersteren bildenden. Im Bereich des 1. Lendennerven nehmen dieselben rasch an Menge zu und bilden alsbald ein compaktes Bündel (s. Z. Fig. 1. Taf. XVIII.), welches der Peripherie an der Grenze der Pyramidenbahn und der vorderen gemischtfasrigen Seitenstranghälfte anliegt. Von der inneren Fläche desselben zieht sich quer gegen die graue Substanz zwischen die letztgenannten Regionen eine schmale Zone, welche neben vielen starken Fasern vom Caliber der des compakten äusseren Theiles feine und mittelstarke enthält und somit eine Mittelstellung zwischen vorderer Seitenstranghälfte und dickfasrigem zonalen Bündel einnimmt. In der Region der obersten Wurzelfasern des 12. Dorsalnerven hat der compakte Abschnitt des letzteren beträchtlich an Umfang zugenommen. Er liegt hier dem äussersten Theil der Seitenstrangperipherie auf einer Strecke an, welche ca. $\frac{1}{3}$—$\frac{2}{3}$ der gesammten beträgt und bietet auf dem Querschnitt eine mondsichelförmige Gestalt dar. Denkt man sich an der vorderen Grenze der Pyramidenbahnen eine Linie quer durch das Mark gezogen, so halbirt dieselbe ungefähr die dickfasrigen Bündel. Im Bereich des 11. Dorsalnerven bilden letztere bereits je ca. 5 % des Seitenstrangquerschnittes; sie umwachsen von nun an in der bereits

früher geschilderten Weise die äussere Peripherie der Pyramiden-Seitenstrangbahnen sodass sie bereits in der Gegend des 6. Dorsalnerven bis
an die Austrittsstelle der hinteren Wurzeln heranreichen. Im unteren
Dorsal- und oberen Lendenmark findet sich über den ganzen Querschnitt
der Pyramiden-Seitenstrangbahnen eine nicht unerhebliche Anzahl von
Längsfasern, welche hinsichtlich des Calibers den Elementen*) der dickfaserigen zonalen Bündel gleichen. Beachtenswerth ist es, dass die aus
der Gegend der Clarke'schen Säulen in die Seitenstränge ausstrahlenden
Faserbündel, welche sich gleichfalls durch ein beträchtliches Caliber auszeichnen, an Querschnitten nicht gar selten bis in die dickfasrigen zonalen
Bündel herein verfolgt werden können und, wie Längsschnitte zeigen,
in dieselben umbiegen. Die Verhältnisse im Halsmark sind bereits früher
geschildert, wir können deshalb hier sie übergehen.

Das Wachsthum der compacten Theile der dickfasrigen
zonalen Bündel von unten nach oben geschieht in dem Fall No. 35
in folgenden Proportionen: Setzt man den Querschnitt derselben in der
Höhe des 2. Halsnerven = 100, so beträgt er in der Höhe des

6. Halsnerven	86
3. Dorsalnerven	62
8. »	38
12. »	21
3. Lendennerven	0.

Am verlängerten Mark liess sich in einzelnen Fällen in unzweideutiger Weise beobachten, dass die Fasern dieser Bündel sich nach
hinten wenden und dem *corpus restiforme* beigesellen. Es
geschah dies theils in der Weise, dass eine grosse Menge Fasern

---

*) Es können diese Fasern offenbar nicht als den übrigen der Pyramidenbahnen
gleichwerthig beziehentlich als integrirende Bestandtheile letzterer betrachtet werden,
weil sie ja lediglich im Dorsalmark in grösseren Mengen auftreten, im Halsmark nur an
der Grenze gegen das dickfaserige zonale Bündel einzeln vorhanden sind und in den
Pyramiden selbst gänzlich fehlen. Ueberdies fanden sich in einem Falle, wo die rechte
Vorderstrangbahn besonders stark entwickelt war, im Dorsalmark innerhalb derselben
ähnliche Fasern nicht. Besonders starke Fasern, welche an der Innenfläche der Vorderstränge sowie in der Nähe der vorderen Wurzeln auftreten, sind mit den starken
Fasern der Pyramidenbahnen des Dorsalmarkes gleichfalls nicht in eine Reihe zu stellen,
weil sie zum Theil als aberrirte vordere Wurzelfasern aufzufassen und auch bei
Mangel der Vorderstrangbahnen vorhanden sind. Letztere entsprechen wahrscheinlich den zahlreichen starken Fasern der Vorderstränge der meisten Säuger, welche
gleichfalls nicht als Pyramidenfasern gedeutet werden können.

zugleich, in Form eines dicken Bündels diesen Lagewechsel vollführten, was dann in der Regel schon dem unbewaffneten Auge sich kundgab, theils so, dass der Uebergang der Fasern in den strickförmigen Körper sich auf eine grössere Strecke vertheilte. In der Gegend der oberen Oliven findet man denn auch an den Stellen, wo die Fortsetzung der dickfasrigen Bündel am ehesten zu erwarten stände, ausnahmslos compactere Massen starker Fasern nicht mehr. Es müssen somit bis dahin entweder sämmtliche Elemente jener Bündel ihre Lage, beziehentlich ihr Caliber geändert, oder eine Endigung gefunden haben.

Was endlich die **Vertheilung** der **Pyramiden** auf **Vorder-** und **Seitenstränge** anlangt, so bieten die Individuen dieser Gruppe wiederum vielfache Variationen dar.

In drei Fällen fehlen die Vorderstrangbahnen im ganzen Rückenmark, wie es scheint, vollständig, oder sind höchstens durch einzelne Fasern repräsentirt. Die Seitenstrangbahnen sind dabei besonders stark entwickelt. Es stimmen diese Fälle hinsichtlich der Grössenverhältnisse von Vorder- und Seitensträngen vollkommen überein mit No. 29. In zwei weiteren Fällen ist nur **eine** Vorderstrangbahn vorhanden und zwar einmal rechts, das andere Mal links (No. 30). Jede derselben ist relativ sehr umfangreich, sie beträgt in der Gegend des 6. Halsnervenpaares in beiden Fällen ca. 12% des Gesammtquerschnittes der Pyramidenbahnen in dieser Höhe. Bei No. 30 ist die Lagerung der Vorderstrangbahn an der Grenze von Rückenmark und *oblongata* eine ungewöhnliche. Sie erscheint hier als ein dem betreffenden Vorderstrang an der Umbiegungsstelle der vorderen in die innere Oberfläche anliegendes cylindrisches Bündel, welches nur durch eine schmale Brücke mit jenem verbunden ist und auf dem Querschnitt die Form eines **gestielten Anhanges** darbietet. Erst $\frac{1}{4}$ ctm. unterhalb der Pyramidenkreuzung legt sich dieses Bündel platt an die innere Oberfläche des entsprechenden Vorderstranges an. Es lässt sich auf Grund dieses abnormen Verlaufes in diesem Fall zur Evidenz das Hervorgehen der Vorderstrangbahn aus dem äusseren Theil der gleichseitigen Pyramide nachweisen.

In drei weiteren Fällen sind die Vorderstrangbahnen symmetrisch gestaltet und betragen in der Mitte der Halsanschwellung ca. 6—10% des mehrerwähnten Gesammtquerschnittes.

Bei einem neunten Kind endlich sind die Vorderstrangbahnen beiderseits stark und dabei symmetrisch entwickelt; in der Höhe des

6. Halsnervenpaares betragen sie ca. 20% der gesammten Pyramidenbahnen und verschwinden erst gegen die Mitte des Dorsalmarkes.

Wir geben schliesslich noch einige Grössenverhältnisse der Rückenmarksstränge, welche Individuen der in Rede stehenden Gruppe entnommen sind.

Der Querschnitt der Vorder-Seitenstränge verhält sich in der Gegend
des 6. Halsnerven zu dem Querschnitt der grauen Substanz im Mittel
wie 12,5 : 10; die Hinterstränge verhalten sich zu letzterer wie 5,7 : 10.

Einen Ueberblick über den Antheil, welchen eine jede der von
uns unterschiedenen Abtheilungen der Vorder-Seitenstränge in verschiedenen Höhen an der Zusammensetzung derselben nimmt, möge die
nachfolgende Tabelle geben. Zur Messung *) wurde ein 2 Tage alt gewordenes Kind verwendet, dessen Länge bei der Geburt 51 ctm., dessen Gewicht 3400 Gr. betrug.

Wir setzen den Gesammtquerschnitt beider Vorder-Seitenstränge in
der Gegend des 7. Halsnerven = 1000, und beziehen hierauf alle übrigen Zahlen. Die Werthe sind bei der Unmöglichkeit einer ganz scharfen
Abgrenzung nur approximativ, dürften aber, wie wir in der Folge noch
zeigen werden, eine annähernd richtige Vorstellung über die Zusammensetzung der Vorder-Seitenstränge gewähren. —

---

*) Allgemein gültige Werthe für die Grössenverhältnisse der Vorder- beziehentlich
Seitenstränge im Einzelnen lassen sich, wie aus den bisherigen Angaben zur Genüge
hervorgehen dürfte, bei der hochgradigen Variabilität der Pyramidenbahnen nicht
geben. Aus dem Gesammtantheil, welchen letztere in verschiedenen Höhen an den
Vorder-Seitensträngen haben, wird sich indess leicht berechnen lassen, in welchem
Grade eine gegebene Vertheilungsweise das Grössenverhältniss der Vorder- zu den
Seitensträngen, einer Rückenmarkshälfte zur anderen einerseits, verschiedener Höhen
desselben Stranges zu einander andrerseits zu beeinflussen im Stande ist. Es geht
ferner aus vorstehender Tabelle ohne Weiteres hervor, dass die Gesammtconfiguration
der Vorder-Seitenstränge und des Rückenmarkes in den oberen Abschnitten des Rückenmarkes von der Variabilität viel beträchtlicher beeinflusst werden muss, als in den
unteren. — Als Seitenstrangreste bezeichnen wir den in der vorst. Tabelle nach
Abzug der Pyramidenbahnen und der dickfaserigen zonalen Bündel übrig bleibenden
Theil. Die Grenze zwischen Vorder- und Seitensträngen betrachten wir gegeben durch
die äussersten Bündel der vorderen Wurzelfasern. Es ist diese Abgrenzung allerdings
eine rein willkürliche und schliesst mancherlei Fehlerquellen in sich, da die äusseren
Bündel in ihrer Lage nicht nothwendigerweise constant sein müssen; indess ist es vor
der Hand unmöglich, eine völlig rationelle Eintheilung zu treffen. — Eine genauere
Analyse der in obiger Tabelle enthaltenen Werthe sowie eine specielle Berechnung
eines asymmetrischen Markes werden wir später geben.

	Seiten-strangreste.	Dickfaser. zonale Bündel.	Pyramiden-bahnen.	Vorderstr. ausser Pyra-midenbahn.	Vorderstr. ob. Pyr.u.Seiten-strangreste.	Pyramiden-bahnen u. dick.zon.B.	Vorder-Seitenstr. im Ganzen.
2. Halsnerven	320	95	365	120	440	460	900
7. ,,	450	80	270	200	650	350	1000
3. Dorsalnerven	325	65	200	100	425	265	690
6. ,,	285	17	123	80	365	170	535
9—10. ,,	305	40	115	100	405	155	560
1. Lendennerven	230	17	105	118	348	122	470
4. ,,	375	0	60	175	550	60	610

Wir heben von den Befunden an den 35—51 ctm. langen Früchten noch einmal folgende als die wichtigsten hervor:

Die Fasern der Pyramiden und Pyramidenbahnen des Rückenmarkes erreichen erst gegen das normale Ende des Foetallebens in ihrer Ausbildung einen Höhepunkt, auf welchem alle übrigen Fasermassen der *medulla oblongata* und *spinalis* — mit Ausnahme eines Theiles der *corpora restiformia* — bereits bei 35 ctm. Körperlänge angelangt sind. Insbesondere treten in jenen erst von ca. 49 ctm. an complete Markscheiden auf und zwar in der Weise, dass die Markumhüllung von oben nach unten fortschreitet und erst bei Früchten, welche als vollkommen reif zu betrachten sind, bis in das Lendenmark vorgedrungen ist. Sie nehmen auch jetzt noch hinsichtlich ihres Gehaltes an relativ starken Fasern die letzte Stelle unter allen Abtheilungen des Markmantels ein. Da die Pyramidenfasern innerhalb des letzteren in Form dichtgeschlossener Bündel auftreten, so gelingt es, insbesondere an Früchten von ca. 35—49 ctm., ihre Verlaufsweise in der ganzen Länge des Markes zu überblicken und verschiedene Individuen hierauf zu vergleichen.

Von den bei ca. 35 ctm. langen Früchten bereits markhaltigen Theilen der Längsstränge zeichnen sich ferner diejenigen, welche wir als dickfasrige zonale Seitenstrangbündel bezeichnet haben, durch eine besondere Wachsthumsenergie der Nervenfasern aus. Während diese Bündel bei jener Länge überwiegend Längsfasern enthalten, welche zu den feinsten unter den markhaltigen gehören, gehören dieselben beim reifen Kind zu den stärksten der weissen Substanz.

Es sind in diesen eigenthümlichen Entwickelungsverhältnissen, wie leicht ersichtlich, beachtenswerthe Aufschlüsse über die Organisation der Nervencentren gegeben. Bevor wir indess diese letzteren

sowie diejenigen, welche sich auf die Histogenese beziehen, im Zusammenhang betrachten, empfiehlt es sich zunächst, das Verhalten der
Fasermassen des Rückenmarkes und der *oblongata* in früheren Entwickelungsperioden zu untersuchen, und es wird sich hierbei ohne Weiteres eine befriedigende Erklärung des eigenthümlichen Verhaltens
der Pyramiden gewinnen lassen. Wir bezeichnen auch in der Folge der
Kürze halber den nach Abzug der Pyramidenbahnen und der dickfaserigen zonalen Bündel verbleibenden Theil der Seitenstränge als „Seitenstrangreste", die bereits bei 35 ctm. markhaltigen Bündel der Vorderstränge als „Grundbündel" derselben; die dickfaserigen zonalen
Bündel mögen vorbehältlich einer näheren Motivirung directe Kleinhirn-Seitenstrangbahnen heissen.

2. 11 — 32 ctm. lange Früchte.

a. 11 und 12 ctm. lange Embryo'nen[*]).

Am verlängerten Mark gewahrt man bei Betrachtung von der
unteren Fläche zu beiden Seiten der vorderen Längsfurche je eine
längliche Erhabenheit (o. Fig. 2. Taf. X), welche nach aussen unmittelbar an die relativ sehr stark entwickelten *corpora restiformia* (im weiteren Sinn) angrenzen. Beide erstrecken sich nach abwärts bis zur Grenze
gegen das Rückenmark, welches mit der *oblongata* in einem nach vorn
offenen stumpfen Winkel zusammenstösst. Sie enden hier abgerundet,
spitzen sich also nicht in der Weise zu, wie dies an den Pyramiden
des ausgebildeten Organes in der Regel der Fall ist. Die vordere Längsfurche des Rückenmarkes setzt sich, ohne durch eine der Pyramidenkreuzung entsprechende Bildung unterbrochen zu werden, in die vordere
Längsfurche der *oblongata* fort, welche allenthalben verhältnissmässig
wenig tief erscheint.

An successiven Schnitten, welche senkrecht zur Längsaxe angelegt
sind, zeigt sich Folgendes: Denkt man sich allenthalben den Querschnitt
der *oblongata* durch eine Linie, welche die *raphe* in der Mitte zwischen
vorderem und hinterem Ende rechtwinklich schneidet, in eine hintere

---

[*]) Dieselben gelangten zur Untersuchung, als sie bereits längere Zeit in MÜLLER'-
scher Lösung beziehentlich Alkohol gelegen hatten. Wenn in Folge dessen auch die
Ausbeute hinsichtlich der Elementarstructur nur eine geringe ist, so erscheinen die
Befunde zum Theil zwar schon bekannter aber bisher noch nicht gewürdigter Verhältnisse in der Gesammtconfiguration der *medulla spinalis* und *oblongata* von um so grösse-
rem Werthe.

und vordere Abtheilung zerlegt, so entspricht die letztere dem Theil des
ausgebildeten Organes, welcher die äusseren Nebenoliven und die nach
vorn von der Verbindungslinie beider gelegenen Gewebscomplexe umfasst, die erstere dem verbleibenden Rest. Man bemerkt ohne Weiteres,
dass diese Abtheilungen im Verhältniss zu einander nicht in der nämlichen Weise entwickelt sind wie beim Erwachsenen.

Die hintere bietet im Ganzen und Grossen eine dem ausgebildeten Organ ähnliche Configuration dar. Besonders an Hämatoxylin-
Präparaten sondern sich das *corpus restiforme* (im engeren Sinne, cr. Fig. 1.
Taf. XI.), die aufsteigende Trigeminuswurzel (at), die gemeinschaftliche
aufsteigende Wurzel des seitlichen gemischten Systems (ga.) deutlich von
den übrigen Theilen des Querschnittes. Sie stellen sich als Bündel feiner
markloser Fasern dar, zwischen welchen nur eine geringe Anzahl meist
mit ovalen Kernen ausgestatteter Zellen vorhanden ist. Die übrigen Felder des Querschnittes sind von zahlreichen meist rundkernigen Zellen
durchsetzt; letztere bilden besonders an den Stellen dichte Anhäufungen,
wo in späteren Zeiten graue Substanz zu finden ist. In etwas geringerer
Menge, aber merklich zahlreicher als innerhalb der schon erwähnten
Fasermassen sind sie in der Gegend der Keilstränge, des hinteren Längs-
bündels, der Längsstränge innerhalb der *formatio reticularis* und der inneren Abtheilung des Kleinhirnschenkels, welche gleichfalls sämmtlich
noch aus marklosen Fäserchen bestehen. Auch die äusseren und inneren Bogenfasern, die geraden und spitzwinklig sich kreuzenden Fasern
der *raphe* sind deutlich unterscheidbar.

Der vordere Abschnitt des verlängerten Markes (in dem oben definirten Sinn) zeigt hinsichtlich der Zahl und Grössenverhältnisse
der constituirenden Gewebscomplexe sofort in die Augen springende Abweichungen vom ausgebildeten Organ. Zum grössten Theil wird er gebildet von mehreren verschieden geformten und verschieden grossen
Gruppen dicht aneinander liegender Zellen, deren Kerne die über den
ganzen Querschnitt verstreuten der lymphkörperchenähnlichen zum Theil
an Grösse merklich übertreffen. Es sind diese Gruppen, wie sich aus
Gestalt und Lagerung zur Evidenz ergiebt, die grossen Oliven (o Fig. 1.
Taf. XI) mit den inneren und äusseren Nebenoliven (oi, oe). Die
ersteren bestehen je aus einem vorderen und hinteren Blatt, welche
keinerlei secundäre Windungen erkennen lassen und an der äusseren
Seite in einem nach innen offenen spitzen Winkel zusammenstossen.
Die hinteren Blätter, welche nach dem hinteren Ende der *raphe* con-

vergiren, erscheinen umgefähr um das dreifache grösser als die vorderen, deren Querdurchmesser fast genau von aussen nach innen gerichtet
sind. Nach vorn werden die grossen Oliven umgeben von einer der
Oberfläche concentrisch gestreiften Masse, welche theils aus horizontal
verlaufenden Fasern, theils aus abgeplatteten Längsfaserschichten besteht.
Die letzteren (II Fig. 1. Taf. XI) finden sich lediglich in der oberen Hälfte der *oblongata* und erstrecken sich hier mit ihrem äusseren
Rande beiderseits etwa bis zur Grenze von innerem und mittlerem Drittel
des vorderen Olivenblattes. Sie entsprechen hinsichtlich ihres
Verhältnisses zum inneren motorischen Feld, zur Schleifenschicht der Brücke u. s. w. den oben (S. 94) von ca. 42 ctm. langen
Kindern beschriebenen markhaltigen Bündeln, welche sich zwischen
die Pyramiden und grossen Oliven einschieben. Sie prominiren demnach
im oberen Drittel der *oblongata* gegen die vordere Längsfurche in Form
einer Leiste, deren Querschnitt ein stumpfwinkliges Dreieck (II Fig. 1)
darstellt. An der freien Oberfläche sind diese Bündel stellenweise nur
von einer einfachen Lage rundkerniger Zellen bedeckt. Hinsichtlich
ihrer Structur stimmen sie vollständig mit den Längsbündeln der vorderen Hälfte des inneren motorischen Feldes überein, an welche sie sich
unmittelbar anschliessen. Die *raphe* endet noch etwas hinter der soeben erwähnten Leiste (r. Fig. 1), entsprechend einer Linie, welche die
inneren Kanten der vorderen Olivenblätter verbindet.

In der Region der Pyramidenkreuzung sind sich kreuzende Faserbündel nur in der Gegend der durch ihre rechtwinklige Knickung wohl
charakterisirten, mit den grossen Oliven völlig gleich gebauten inneren
Nebenoliven (Pyramidenkerne, HENLE) vorhanden. Sie haben ganz den
Verlauf, welcher die Bündel der oberen Pyramidenkreuzung characterisirt; solche, welche als Repräsentanten der unteren gelten können.
lassen sich nicht nachweisen.

Vergleicht man die geschilderten Verhältnisse mit denen, welche
in dem Fall von totalem Mangel der Grosshirnschenkel an der *oblongata*
gefunden wurden und mit denen bei ca. 42 ctm. langen Früchten, so
kann es kaum einem Zweifel unterliegen, dass die in Rede stehenden
Embryonen Faserbündel, welche den Pyramiden (sofern
man diese Bezeichnung eben lediglich auf die bei 42 ctm. noch marklosen Theile anwendet) entsprächen, noch nicht besitzen*,,

---

*) Es möge sogleich hier bemerkt werden, dass auf die Feststellung dieser That-
sache besondere Sorgfalt verwendet worden ist. Die Fig. Taf. XI zeigt die Ueberein-

dass somit die Bündelchen an der vorderen inneren Seite der Oliven den in die Schleifenschicht sich fortsetzenden, bei 42 ctm. Körperlänge bereits complet markhaltigen gleichzustellen sind.

Wie verhält sich hierzu nun das Rückenmark? Von gröberen Formverhältnissen ist bemerkenswerth, dass die Gestaltung der weissen Substanz sowie überhaupt des Querschnittes in Hals- und Lendenschwellung nur wenig, insbesondere weit weniger differirt als am ausgebildeten Organ.

Hinsichtlich des relativen Flächeninhaltes der weissen Substanz und ihrer einzelnen Abtheilungen in verschiedenen Höhen heben wir Folgendes hervor: Es betragen

	in der Mitte der Halsanschwellung	in der Mitte des Dorsalmarkes	in der Mitte der Lendenanschwellung
die Vorderstränge	31	9	26
die Seitenstränge	69	29	55
	100	38	81
die Hinterstränge	46	18	33.

Hieraus geht die bemerkenswerthe Thatsache hervor, dass die Seitenstränge nicht in der ganzen Länge des Markes von unten nach oben wachsen*) wie dies von STILLING für das ausgebildete

---

stimmung der marklosen Bündel II (Fig. 1) mit den entsprechenden markhaltigen II (Fig. 2) nicht mit der grösstmöglichen Vollkommenheit; es lassen sich, wie wir uns an einigen nachträglich untersuchten Fällen überzeugt haben, Bilder gewinnen, welche noch weit schlagendere Beweise liefern. — Es ergiebt sich aus dem in Rede stehenden Befund, dass die Angabe KÖLLIKER's (Entwickelungsgeschichte S. 249) wie auch aller früheren Autoren, es seien bereits im dritten Monat sämmtliche grösseren Abtheilungen der *oblongata* zu erkennen, nicht wohl als begründet anzusehen ist. — TIEDEMANN u. A. haben die durch die Oliven bedingten Wülste als Pyramiden aufgefasst; SCHMIDT allein weisst darauf hin, dass die letzteren sich im dritten Monat noch nicht von den Oliven abgrenzen und deutet jene Längswülste richtig; er scheint indess anzunehmen, dass die Pyramiden wenigstens in nuce vorhanden sind. Was die Pyramidenkreuzung anlangt, so giebt TIEDEMANN an, dass er sie zuerst an einem Foetus, welcher im gewöhnlichen gekrümmten Zustand vom Kopf bis zum Steiss 2" 4''' mass, bei Präparation von hinten her wahrgenommen habe. Es dürfte sich hier lediglich um die obere Pyramidenkreuzung gehandelt haben. — Noch möge erwähnt sein, dass eine Angabe des letztgenannten Autors, welche vielfach als Beweis für das frühzeitige Auftreten der Pyramidenkreuzung citirt worden ist, auf einem, allerdings uncorrigirt gebliebenen Druckfehler beruht. S. 95. a. a. O. findet sich bei TIEDEMANN die Bemerkung, dass letztere sich schon in der vierten und fünften Woche des Foetallebens nachweisen lasse, während es offenbar heissen muss: vierzehnten und fünfzehnten Woche.

*) Die Grössendifferenzen der Seitenstränge im Dorsal- und Lendenmark sind so gross, dass sie selbst dann noch beträchtlich sein müssen, wenn man in der Lenden-

Organ angegeben worden ist, sondern in der Mitte des Dorsalmarkes fast
nur die Hälfte des Querschnittes besitzen, welcher ihnen in der Mitte
der Lendenanschwellung zukommt.

In der Mitte der Halsanschwellung verhält sich der Querschnitt der
Vorder-Seitenstränge zu dem der grauen Substanz wie 4,8 : 10, der
Querschnitt der Hinterstränge zu letzterer wie 2,2 : 10.

Die vordere Längsspalte erscheint im Hals- und Dorsalmark
weit klaffend, ihre Seitenränder convergiren spitzwinklig gegen die vordere Commissur. In der Mitte der Halsanschwellung weicht der Winkel
nur wenig von einem rechten ab (Fig. 1. Taf. XV). Auch eine deutlich
ausgeprägte hintere Längsfurche existirt, welche von oben nach unten an
Tiefe und Weite zunimmt (vergl. Fig. 1—3. Taf. XIII).

Die feineren Structurverhältnisse anlangend, so grenzt sich auf
Querschnitten die graue Substanz gegen den Markmantel deutlich ab.
Besonders an Hämatoxylinpräparaten ist dies der Fall, weil die sich
färbenden Elemente in beiden Abschnitten an Menge sehr beträchtlich
differiren. Die graue Substanz lässt überwiegend zellige Elemente erkennen, welche theils deutlich die Form von Ganglienzellen darbieten,
theils Lymphkörperchen gleichen. Die letztere Form ist ganz besonders
zahlreich in der Gegend der hinteren Commissur und in den Hinterhörnern.

Als characteristische und dem Volumen nach überwiegende Bestandtheile des Markmantels hingegen zeigen sich auf dem Querschnitt
punktförmige Gebilde, welche nicht in allen Regionen gleich gross sind,
sondern bald gröber, bald feiner erscheinen. Auf Längsschnitten entsprechen denselben mehr oder weniger deutlich ausgeprägte Längsstreifen. Es stellen somit jene Punkte die Querschnitte verschieden starker
längsgestellter Fäserchen dar, welche kaum anders denn als Axencylinder
aufzufassen sind. Die verschiedenen Caliber vertheilen sich in der Weise
über den Querschnitt, dass an einzelnen Stellen nur stärkere, an anderen
nur feinere auftreten. Den Differenzen im Fasercaliber gehen insofern auf
solche im Zellengehalt parallel, als die Regionen mit stärkeren Fasern
zahlreiche, scheinbar regellos zwischen die letzteren eingestreute rundkernige Zellen[*] führen, während die feinfasrigen Regionen diese Form

anschwellung die innersten vorderen Wurzelfasern als Aussengrenze der Vorderstränge
betrachtet.

[*] Ueber die Beschaffenheit der interfibrillären Substanz, sowie über die Gestalt
der zu verschiedenen Kernformen gehörigen Zellen liess sich bei der schon erwähnten
Beschaffenheit des Untersuchungsmateriales etwas Weiteres nicht ermitteln.

nur vereinzelt erkennen lassen. In den letzteren treten hingegen
auf dem Querschnitt meist oval oder stäbchenförmig erscheinende Kerne
hervor; sie bilden meist die Bestandtheile von *septis*, welche die Längsfasern der weissen Stränge in grössere und kleinere Bündel zerlegen,
besonders in der hinteren Hälfte der Seitenstränge deutlich ausgeprägt
und hier ausnahmslos radiär gestellt sind. Dieselben bestehen, wie es
scheint, lediglich aus Blutgefässen oder Endothelhäutchen; bindegewebige
Fasern, wie wir sie von den *septis* innerhalb der Pyramidenbahnen
ca. 35 ctm. langer Früchte beschrieben haben, sind nicht wahrnehmbar.
Auch in den mit zahlreichen rundkernigen Zellen ausgestatteten Theilen
fehlen die ovalen Kernformen nicht; doch treten sie hier gegen jene
mehr zurück.

Die Vertheilung der auf die geschilderte Weise differirenden Fasermassen innerhalb des Markmantels ist folgende: Nur stärkere Fasern
führen die Vorderstränge, welche in ihrer ganzen Länge über ihren
ganzen Querschnitt eine gleichmässige Structur erkennen lassen,
demnach auch in der oberen Rückenmarkhälfte eine Trennung in mehrere Abtheilungen, wie sie bei den 35 — 54 ctm. langen Früchten in
der Regel vorhanden ist, nicht darbieten. Den Vordersträngen zunächst
steht ein in verschiedenen Höhen in Gestalt und Lagerung wechselnder
Theil der Hinterstränge. Im Hals- und oberen Dorsalmark ist es der
nach Abzug eines den Goll'schen Strängen des ausgebildeten Organes
entsprechenden und des der hinteren Commissur benachbarten Abschnittes
übrig bleibende, demnach im Wesentlichen von hinteren Wurzelfasern
durchsetzte Rayon. Die Goll'schen Stränge führen wie ein sogleich
näher zu beschreibender Theil der Seitenstränge Fasern, welche zu den
feinsten des Querschnittes gehören; die Fasern der hinteren Commissur
nehmen eine Mittelstellung ein. Im unteren Dorsal- und im Lendenmark
sind die verschiedenen Caliber mehr untermischt; es finden sich über
den ganzen Querschnitt zahlreichere Zellen; den Goll'schen Strängen
analoge Bündel sondern sich nicht deutlich ab[*]) (vergl. Fig. 1—3. Z. B. h, h).

Auch die Seitenstränge sind in verschiedenen Höhen nicht völlig
übereinstimmend gebaut. Die vorderen Abschnitte nähern sich in ihrer

---

[*]) Nur an einzelnen Schnitten gewann es den Anschein, als ob im unteren Dorsal-
und Lendenmark schmale, dicht neben der hinteren Fissur gelegene, kaum den vierten
Theil des Querschnittes der Goll'schen Stränge in der Mitte der Halsanschwellung erreichende Bündel letzteren entsprächen.

Structur den Vordersträngen, die hinteren erreichen weder das Fasercaliber noch den Zellengehalt derselben. Die Grenze beider Theile ist in
verschiedenen Höhen verschieden gelagert. In den Anschwellungen ist
dieselbe gegeben durch eine Linie, welche man sich dicht hinter dem
am weitesten nach Aussen ragenden Theil der Vorderhörner quer zur
Peripherie gezogen denke (s. Fig. 1 u. 3. Taf. XIII). Oberhalb der Halsanschwellung und im Dorsalmark erstreckt sich die feinfasrige Formation
noch über eine Linie nach vorn, welche man von den seitlichen Kanten
der *tractus intermedio-laterales* nach aussen zieht. Dieser vordere Theil
bildet eine den Vorderhörnern bis dicht hinter der vordersten Zellgruppe
anliegende schmale Zone und drängt so die starkfasrigen zellenreichen
Bündel, welche bis zur Peripherie reichen, von der grauen Substanz ab.
Innerhalb der ganzen hinteren feinfasrigen Abtheilung
findet sich irgend eine Differenzirung entsprechend der 35 — 54 ctm.
langer Individuen nicht.

Wir geben schliesslich noch einige Grössenverhältnisse der different
gebauten Abschnitte der Seitenstränge, welche allerdings bei dem
Mangel einer völlig scharfen Grenze nur approximativ sein können: Es
beträgt, den Gesammtquerschnitt der Vorder-Seitenstränge = 100 gesetzt
(s. d. Tabelle S. 135).

	der zellenarme feinfaserige Theil	der zellenreichere Theil mit stärkeren Fasern
in der Mitte der Halsanschwellung	40	29
„ des Dorsalmarkes	18	11
„ der Lendenanschwellung	35	20

Wir heben hinsichtlich dieser Werthe nur hervor, dass keine der
verschiedenen Abtheilungen der Seitenstränge durch die ganze Länge des
Markes von unten nach oben wächst; beide sind in der Mitte der Lendenanschwellung beträchtlich umfangreicher, als in der Mitte des Dorsalmarkes. Die Differenzen sind ferner zu beträchtlich, als dass sie lediglich
durch Fehlerquellen in der Messungsmethode bedingt sein könnten.

Die oben geschilderten Entwickelungsverhältnisse der *oblongata* legen
auch hinsichtlich des Rückenmarkes die Frage nahe, in wie fern es gerechtfertigt sei, aus der Configuration desselben auf die Existenz der
Pyramidenbahnen zu schliessen. Es liegt auf der Hand, dass eine
Entscheidung dieser Frage auf grosse Schwierigkeiten stösst. Der Mangel
einer Differenzirung der Vorderstränge lässt sich aus dem Grunde nicht
als irgend wie beweisend für die Nichtexistenz der Pyramidenbahnen

ansehen, weil wir möglicherweise Fälle vor uns haben, in welchen letztere sich auf die Seitenstränge beschränken. Die Verhältnisse der Elementarstructur der hinteren Seitenstranghälften aber, innerhalb derer, wie bereits angegeben, eine Sonderung in die früher geschilderten Abtheilungen nicht einmal angedeutet ist, sind der Art, dass wir mit Rücksicht auf sie nicht einmal annähernd bestimmen können, ob die Pyramidenbahnen vorhanden sind. Wir müssen somit zur Entscheidung dieser Frage nach Anhaltepunkten suchen, welche ausserhalb der Elementarstructur gegeben sind; und es dürfte sich hier besonders empfehlen, zu untersuchen, in wie fern sich die Gesammtconfiguration der Vorder-Seitenstränge mit der Annahme verträgt, dass ein so beträchtlicher Antheil derselben wie die Pyramidenbahnen noch nicht vorhanden ist. Wir vergleichen demnach das Rückenmark der in Rede stehenden Embryonen mit solchen, wo sich der Mangel dieser Gebilde mit Sicherheit nachweisen lässt. Wir könnten hierzu, wie leicht ersichtlich, den oben ausführlicher geschilderten Fall von totalem Mangel der Grosshirnschenkel wählen, ziehen indess andere vor, insbesondere einen solchen, bei welchem es höchst wahrscheinlich zur Bildung der Pyramidenbahnen überhaupt nicht gekommen ist.

Unter den zur Untersuchung gelangten Individuen befindet sich ein Fall von Acranie, in welchem das Rückenmark erst vom dritten Halswirbel an vorhanden ist. Die Allgemeinentwickelung der Missgeburt entspricht ungefähr der eines nahezu reifen Kindes. Vergleicht man nun die Configuration des Rückenmarkes beider, so ergiebt sich, dass bei dem Acranus lediglich die Vorder-Seitenstränge eine geringere Entwickelung zeigen, als gewöhnlich. In der Gegend des 6. Halsnerven verhält sich der Querschnitt derselben zu dem der grauen Substanz wie 5,7 : 10, während er bei dem normalen reifen Kind sich ca. auf 12,5 : 10 stellte. Es ist diese Differenz um so beachtenswerther als das Verhältniss zwischen grauer Substanz und Hintersträngen bei dem Acranus annähernd dasselbe ist wie beim normalen reifen Neugeborenen. Bei jenem beträgt es 10 : 5,7 bei diesem 10 : 6 *).

---

*) In wie fern die absoluten Maasse der Hinterstränge und der grauen Substanz des Acranus von der Norm abweichen, sind wir nicht im Stande genau anzugeben, weil auch bei Individuen, welche nicht als pathologisch zu betrachten sind, diese Werthe vielfach schwanken. Einzelne der als frühreif zu betrachtenden Neugeborenen bieten indess auch absolut ähnliche Grössenverhältnisse der Hinterstränge und der grauen Substanz dar wie der Acranus.

Eine entsprechend geringe Entwickelung der Vorder-Seitenstränge findet sich durch das ganze Rückenmark des Acranus hindurch. Es prägt sich dieselbe auch in der gröberen Gestaltung deutlich aus. Die vordere Längsfurche klafft besonders im Halsmark sehr stark (s. Fig. 7. Taf. XVI.), der hintere Theil der Seitenstränge erscheint im Halsmark nicht nach aussen convex sondern eher concav.

Untersucht man die Vorder-Seitenstränge auf die Ausbildung der beim annähernd reifen Neugeborenen — auf Grund des Fasercalibers zu unterscheidenden Abtheilungen, so ergiebt sich, dass von compacteren Fasermassen lediglich die Pyramidenbahnen fehlen und zwar diese vollkommen. Die dickfaserigen zonalen Bündel, die Seitenstrangreste, die Grundbündel der Vorderstränge lassen ausser einem verringerten Volumen Abweichungen nicht erkennen*).

Es kann sonach kaum einem Zweifel unterliegen, dass es vornehmlich der Mangel der Pyramidenbahnen ist, welcher das Rückenmark des Acranus charakterisirt und durch welchen die eigenthümliche Gestaltung der Vorder-Seitenstränge bedingt wird.

Vergleicht man nun irgend einen Querschnitt aus der *medulla spinalis* des Acranus mit einem entsprechenden, den 11 resp. 12 ctm. langen Embryonen entnommen, so ergiebt sich, dass die Vorder-Seitenstränge beider sowohl hinsichtlich ihrer Form als des Grössenverhältnisses zur grauen Substanz eine grosse Uebereinstimmung zeigen; dieselbe wird durch die beigefügten Abbildungen conf. Fig. 1. Taf. XIII. Fig. 7. Taf. XVI. Fig. 2 u. 2*. Taf. XIII.) in einer Weise demonstrirt, welche eine weitere Beschreibung unnöthig erscheinen lässt**).

Es geht hieraus jedenfalls das Eine hervor, dass sich die Gesammtconfiguration der Vorder-Seitenstränge der ca. 12 ctm. langen Embryonen sehr wohl mit der Annahme vereinigen lässt, dass die Pyramidenfasern auch im Rückenmark noch nicht vorhanden sind. Obwohl nun hierdurch letztere Annahme natürlich nicht bewiesen wird, so gewinnt

---

*) Es ist im Hinblick auf die Querschnittsverminderung wahrscheinlich, dass auch in den letztgenannten Abtheilungen Faserdefecte vorhanden sind; es kann sich indess nur um Fasern handeln, welche mit den noch erhaltenen untermischt verlaufen würden. Leider war das Präparat nicht hinreichend gut conservirt, um festzustellen, ob in jenen Abtheilungen Fasern von einem bestimmten Caliber fehlten.

**) Wenn diese Uebereinstimmung nicht sogleich in die Augen fällt, so beruht dies hauptsächlich darauf, dass die Configuration der Hinterstränge und in Folge dessen auch der grauen Substanz bei dem Acranus eine andere ist, als bei den Embryonen.

doch dieser Umstand, an Bedeutung, wenn man weiter die Werthe der
Tabelle S. 131 vergleicht mit der S. 135*). Es ergiebt sich aus der
ersteren, dass es vornehmlich die Pyramidenbahnen sind, welche (von
unten nach oben wachsend) die beträchtlichen Differenzen zwischen den
Querschnitten der sonstigen Fasersysteme der Vorder-Seitenstränge in
Dorsal- und Lendenmark verdecken, und welche dem Querschnitt jener
im Halsmark ein so beträchtliches Uebergewicht über den im Lendenmark ertheilen. Denkt man sich in dem betreffenden Rückenmark die
Pyramidenbahnen entfernt, so erhält man zwischen Lenden- und Halsmark einerseits, Lendenmark und Dorsalmark andererseits denen der
Embryonen weit ähnlichere Verhältnisse**).

Diese Erwägungen im Verein mit den Befunden an *oblongata*
und oberstem Halsmark lassen es im höchsten Grad zweifelhaft
erscheinen, dass die Pyramidenbahnen bereits angelegt sind.
Wir halten somit die Fasern der hinteren Seitenstranghälfte bei 12 ctm.
langen Embryonen lediglich für die directe Kleinhirnseitenstrangbahn und
die seitliche Grenzschicht der grauen Substanz.

---

*) Noch weit ähnlicher den bei 12 ctm. langen Embryonen vorhandenen sind die
Grössenverhältnisse der Vorder-Seitenstränge in verschiedenen Höhen, wie sie sich nach
Abzug der Pyramidenbahnen ergeben, am Rückenmark eines Neugeborenen, von
welchem wir noch (im dritten Theil) die Maasse mittheilen werden. Bei dem Rücken-
mark Tab. S. 131 wurde im Halsmark möglicherweise, im Lendenmark sicher nicht die
Region zur Messung benützt, in welcher die Fasersysteme ausser Pyramiden- und
directen Kleinhirn-Seitenstrangbahnen ihren grössten Querschnitt besitzen. Bei dem
Rückenmark, von welchem wir unten die Maasse mittheilen werden, ist dies hingegen nicht
anzunehmen. Auch bei den Embryonen wurden die grössten Querschnitte aus den
Anschwellungen, der kleinste aus dem Dorsalmark zur Messung benützt.

**) Hinterstränge und Vorder-Seitenstränge stehen wenigstens im Halsmark bei
12 ctm. langen Embryonen in einem ähnlichen Grössenverhältniss unter sich und zur
grauen Substanz wie bei annähernd reifen Kindern. Man könnte hieraus die Annahme
ableiten wollen, dass beide in der Folge in gleicher Weise sich vergrössern und zwar
am ehesten durch Dickenwachsthum der Fasern. Indess es liegt auf der Hand, dass
diese proportionale Zunahme auch eine zufällige sein, dass die Querschnittsvergrösserung
bei dem einen Strang hauptsächlich durch Apposition, bei dem anderen durch Intussusception erfolgen kann. Ob in den Hintersträngen nach 12 ctm. ein principiell neues
Fasersystem auftritt, lässt sich nicht einmal vermuthungsweise angeben. Denn z. B.
daran zu denken, dass dieselben in der Folge gleichfalls den Pyramiden entstammende
Bündel erhalten, ist desshalb nicht gestattet, weil die obere Pyramidenkreuzung bereits complet vorhanden ist, und weil auch abgesehen hiervon die Pyramiden, wie
wir zeigen werden, mit den Hintersträngen nichts zu thun haben. Wir würden zu der
Annahme, dass auch in den Hintersträngen ein ganzes System noch fehlt, uns lediglich

b) 25 ctm. langer Foetus.

Oblongata.

Schon an der gröberen Gestaltung des verlängerten Markes fallen gegenüber den soeben beschriebenen Embryonen wesentliche Veränderungen in die Augen. Es markiren sich jetzt an der unteren Fläche zu beiden Seiten der vorderen Längsfurche je zwei, deutlich geschiedene längliche Erhabenheiten, von denen die äusseren mit den grossen Oliven, die inneren mit den Pyramiden des ausgebildeten Organes an Gestalt übereinkommen (vergl. Fig. 4. Taf. X P, O'. Legt man in der Gegend der Pyramidenkreuzung die Ränder der vorderen Fissur auseinander, so gewahrt man auf den ersten Blick compacte sich kreuzende Faserbündel.

Bei der Betrachtung von Querschnitten*) wird man überrascht durch den Contrast, in welchem die Massenentwickelung der Pyramiden gegen die nach den Befunden an 11 — 12 ctm. langen Embryonen am ehesten zu erwartenden Verhältnisse steht. Es beträgt entsprechend der Mitte der grossen Oliven der Pyramidenquerschnitt ca. ⅑ des Gesammtquerschnittes der *oblongata* ", und es sind demnach die ersteren relativ

berechtigt halten, wenn wir, wie dies für die Pyramidenbahnen der Fall ist, unzweideutig nachweisen könnten, dass in der *oblongata* ein System, welches die Fortsetzung der Hinterstränge bildet oder einem Theil derselben aequivalent ist, noch nicht angelegt ist. Die Untersuchung der *oblongata* giebt hierfür indess einen Anhaltepunkt nicht.

*) Dass es sich hier um eine durch die Benützung verschiedener Schnitthöhen vorgetäuschte also nur scheinbare Differenz handelt, ist deshalb unwahrscheinlich, weil sich ein ähnliches Verhältniss auf einer Reihe von Querschnitten findet. Auch in einer verschiedenen Schnittrichtung kann die Differenz nicht wohl begründet sein, da das Uebergewicht der Pyramiden, wie eine Profilansicht der *oblongata* lehrt, bei dem 25 ctm. langen Foetus nur unter der Bedingung sich erklären liesse, dass hier der zur Vergleichung benützte Schnitt in einer Ebene angelegt worden ist, welche die hintere Oberfläche der *oblongata* in einer weiter nach abwärts gelegenen Höhe trifft als die vordere. Aus der Zeichnung ergiebt sich aber eher das Gegentheil. Gerade bei diesem Foetus ist indess die Möglichkeit nicht ausgeschlossen, dass die Pyramiden durch eine grössere Menge accessorischer Fasern (s. Anm. S. 126) verstärkt sind und in Folge dessen ein Volumen besitzen, welches das mittlere gleichlanger Früchte übertrifft. Es zeichnen sich dergleichen Fälle in der Regel dadurch aus, dass die Pyramidenbündel sich vielfach verflechten, was auch hier wahrzunehmen ist. Es muss aus diesem Grund allerdings dahin gestellt bleiben, ob die Grössenverhältnisse der Pyramiden in dem vorliegenden Fall als typisch für 25 ctm. lange Foetus zu betrachten sind. Der später zu erwähnende Mangel einer scharfen Abgrenzung der Pyramiden gegen den vordersten Abschnitt des ,,inneren motorischen Feldes'' ist gleichfalls bei Beurtheilung der Zuverlässigkeit des oben mitgetheilten Werthes zu berücksichtigen; indess ist die hierin gegebene Fehlerquelle, wie man sich durch vergleichende Messungen überzeugen kann, wohl nicht so gross, um jenen wesentlich zu beeinflussen.

stärker entwickelt als z. B. bei dem ca. 35 ctm. langen Individuum, wo das
Verhältniss sich auf ca. 1 : 13 stellte.

Diese relativ stärkere Entwickelung der Pyramiden erscheint hinreichend erklärt, wenn man die Ausbildung der hinter ihnen gelegenen
Theile, insbesondere die Gestaltung und Grösse der grossen Oliven ins
Auge fasst und beide Individuen hierauf vergleicht. Bei dem 35 ctm.
langen (s. Fig. 1. Taf. XII) erscheinen die Oliven beträchtlich umfangreicher und mit vielen secundären Windungen ausgestattet, während bei
dem 25 ctm. langen Foetus die vorderen Blätter in der ganzen unteren
Hälfte des verlängerten Markes derselben gänzlich entbehren, in der
oberen Hälfte ebensowie die ganzen hinteren Blätter höchstens 2 — 3 besitzen. Die Pyramiden hingegen lassen in beiden Fällen die nämliche absolute Grösse erkennen; sie müssen in Folge dessen bei
dem 25 ctm. langen Foetus einen relativ grösseren Theil der *oblongata*
bilden, als bei den 35 ctm. messenden.

Es macht bei dem 25 ctm. langen Foetus den Eindruck, als ob
die Pyramiden die grossen Oliven auseinander gedrängt hätten.
Besonders an den vorderen Blättern giebt sich dies kund, deren innere
Kanten um das Doppelte weiter von der *raphe* abstehen, als dies an den
inneren Kanten der hinteren Blätter der Fall ist. Es erscheint dies um so
beachtenswerther, als bei den ca. 12 ctm. langen Embryonen die Distanz
beider von der Mittellinie eine gleiche ist (vergl. Fig. 1 und Fig. 5. Taf. X.).

Was die elementare Structur der einzelnen in die Zusammensetzung
der *oblongata* eingehenden Fasermassen anlangt, so stehen dieselben auf
verschiedenen Entwickelungshöhen. Sie sind theils mit completen Markscheiden ausgerüstet, theils stellen sie Bündel nackter Axencylinder dar. Die ersteren sind die hinteren Längsbündel, die Keilstränge, die gemeinsamen aufsteigenden Wurzeln des seitlichen gemischten Systems, die im obersten Viertel der *oblongata*
gelegenen Theile der aufsteigenden Trigeminuswurzeln, endlich
dünne Längsbündel, welche zwischen dem Bezirk der directen Kleinhirn-Seitenstrangbahnen und den grossen Oliven der Peripherie anliegen. Allen diesen Theilen ist es gemeinsam, dass sie an Querschnitten,
welche dem in Chromsalzen erhärteten Organ entnommen sind und in
Glycerin untersucht werden, stärker bräunlich gefärbt und weniger transparent erscheinen, als die übrigen von Längsfaserbündeln eingenommenen Regionen. Behandlung der Querschnitte mit Ueberosmiumsäure in
der vielfach erwähnten Weise verschärft die Contraste. Die genannten

Fasercomplexe enthalten gleichzeitig, was besonders an Haematoxylin-
Präparaten hervortritt, eine beträchtlich grössere Menge rundkerniger
Zellen, als die später zu erwähnenden; erstere gleichen in dieser Hinsicht ganz den bei ca. 35 ctm. Körperlänge bereits markhaltigen Theilen
der Rückenmarksstränge.

Marklos sind die Pyramiden, und die hinter ihnen, zwischen
den grossen Oliven gelegenen Theile des inneren motorischen Feldes, die zwischen das Balkenwerk der *formatio reticularis*
eingefügten Längsfaserbündel (mit Ausnahme einzelner bereits früher er-
wähnter, an der vorderen äusseren Ecke dieser Formation der Peripherie anliegender, welche bereits markhaltig), ein noch näher zu beschreibender Theil des *corpus restiforme* und der in den drei unteren Vier-
theilen der *oblongata* gelegene Abschnitt der aufsteigenden Trigeminuswurzel. In die Augen fallende Unterschiede finden sich an diesen Fasermassen nicht; sie gleichen hinsichtlich des Zellengehaltes den Pyramiden
der ca. 35 ctm. langen Früchte. Auch in dem Caliber der Axencylinder
und in der Beschaffenheit der interfibrillären Substanz lassen sich Differenzen nicht wahrnehmen. Aus diesem Grund ist auch die Abgrenzung
der Pyramiden nach hinten nicht scharf; es macht den Eindruck als ob
letztere die vordere Abtheilung des inneren motorischen Feldes comprimirt und sich in sie hereingedrückt hätten, da die Längsfaserbündel
der letzteren, welche an die Pyramiden anstossen, diese schaalenförmig
umgeben (s. Fig. 5. Taf. X. H).

Nicht völlig in sich gleichartig erscheint die Gegend, in welche wie
nach den früher mitgetheilten Erfahrungen die Fortsetzung der directen
Kleinhirn-Seitenstrangbahn (dickfas. zon. Bündel) zu verlegen haben.
Hier ist der Gehalt an rundkernigen Zellen grösser, als in den oben aufgeführten marklosen Feldern, die Axencylinder erscheinen von verschiedener Stärke. Es finden sich solche, welche selbst bei Anwendung von
Hartn. VIII. 3. noch als einfache schwer messbare Punkte erscheinen; daneben kommen solche vor, welche jene mindestens um das Dreifache an
Durchmesser übertreffen. Auch die letzteren sind noch marklos.

An der gewöhnlichen Stelle der Pyramidenkreuzung lässt sich
deutlich der gekreuzte Uebergang zahlreicher den Pyramiden
entstammender und mit denselben gleich gebauter Faserbündel in
die hintere Seitenstranghälfte beobachten. Es findet sich jetzt auch
an der Eintrittsstelle innerhalb der letzteren eine der *formatio reticularis*
entsprechende netzförmige Durchflechtung der betreffenden Fasermassen.

Was das Verhalten der Pyramiden zu den Vordersträngen anlangt, so wird dasselbe beim Rückenmark Erwähnung finden.

Am *corpus restiforme* tritt eine ähnliche Gliederung hervor wie wir sie von den ca. 35 ctm. langen Früchten beschrieben haben. An Schnitten, welche dem in Chromsalz gehärteten Organ entnommen und in Glycerin aufgehellt worden sind, erscheint der bei letzteren bereits markhaltige Theil dunkler gefärbt, an Haematoxylinpräparaten reicher an rundkernigen Zellen als der Rest. Doch lässt sich nicht entscheiden, ob die Fasern dieses Abschnittes durch die Ausstattung mit Markscheiden oder lediglich durch ein stärkeres Caliber der Axencylinder sich von den übrigen sondern.

Von den Structurverhältnissen der Brückenregion möge nur Erwähnung finden, dass von compakten Fasermassen lediglich das hintere Längsbündel und die aufsteigende Trigeminuswurzel Markscheiden erkennen lassen.

Rückenmark.

In der Gegend des 6. Halsnerven verhält sich der Querschnitt der Vorder-Seitenstränge zur grauen Substanz ca. wie $9 : 10$, jener der Hinterstränge zu letzterer wie $2,_2 : 10$ [*]). Die ersteren haben

---

[*] Es ist sonach, da sich der Querschnitt der Hinterstränge zu dem der Vorder-Seitenstränge wie $2,_2 : 9$ verhält, die Angabe von JASTROWITZ (Arch. f. Psychiatr. Bd. II. S. 412), dass die Hinterstränge bereits bei 5 Monate alten Foeten die räumlich umfänglichsten des Markes seien und die grösste Masse der weissen Substanz beanspruchten, nicht begründet. JASTROWITZ hat sich offenbar durch das makroskopische Verhalten derselben täuschen lassen; die scharfe Abgrenzung gegen die graue Substanz, das gesättigte Weiss ihrer äusseren Abschnitte lässt sie gegenüber den von der grauen Substanz noch nicht scharf geschiedenen Vorder-Seitensträngen compakter und umfangreicher erscheinen als diese letzteren. Die Hinterstränge bilden in keiner Periode des Lebens den grössten Theil der weissen Substanz (sofern man diese Bezeichnung nicht ganz wörtlich nimmt). — Was das Verhältniss der Hinterstränge zu den Vordersträngen allein oder zu den Seitensträngen anlangt, so muss dasselbe natürlich individuell variabel sein, da ja die Pyramidenbahnen sich in verschiedenen Proportionen auf diese Stränge vertheilen können. Es kommt dieser Gesichtspunkt, wie sich zeigen wird, schon bei dem in Rede stehenden Foetus in Betracht; es übertrifft hier in der Mitte der Halsanschwellung ein jeder Seitenstrang beide Hinterstränge an Querschnitt, die Summe beider Vorderstränge ist ungefähr gleich der beider Hinterstränge; da aber der linke Vorderstrang den rechten um ca. die Hälfte an Querschnitt übertrifft, so ist der rechte Vorderstrang umfangreicher, der linke kleiner als je ein Hinterstrang. Es kann sonach keinem Zweifel unterliegen, dass die Eingangs erwähnten Bemerkungen von JASTROWITZ nicht begründet sind.

somit, wie eine Vergleichung der entsprechenden Werthe der ca. 12 ctm.
messenden Embryonen ergiebt (s. S. 136) wenigstens in der Halsanschwellung beträchtlich mehr zugenommen als die Hinterstränge.

Hinsichtlich der gröberen Gestaltung des Markes fällt besonders die
gegen früher veränderte Beschaffenheit der vorderen Längsfissur in
die Augen. Dieselbe stellt nicht mehr einen nach vorn weit klaffenden
Spalt dar, dessen seitliche Begrenzungslinien nach der vorderen Commissur convergiren, sondern sie verhält sich ähnlich wie beim Erwachsenen.
Sie zeigt demnach an ihrem vorderen und hinteren Ende ungefähr gleiche
Querdurchmesser (vergl. Fig. 2. Taf. XV). In der Halsanschwellung ist
die Einbuchtung der grauen Substanz zwischen Vorder- und Hinterhörnern beträchtlich tiefer und somit schärfer ausgeprägt als früher; die
hintere Seitenstranghälfte erscheint im ganzen Hals- und Dorsalmark
voller, die Peripherie wohl abgerundet, mit nach aussen gerichteter
Convexität. Es lässt sich so schon ohne Messung wahrnehmen, dass
einerseits dieser Theil der Seiten-, andrerseits die Vorderstränge eine
beträchtliche Massenzunahme erfahren haben. Worin die letztere begründet ist, ergiebt sich aus einer näheren Betrachtung der Structurverhältnisse zur Genüge.

Innerhalb der Vorderstränge findet sich durch das ganze Halsmark beiderseits, in der oberen Hälfte des Dorsalmarkes nur links
eine Scheidung in Abschnitte von verschiedenem Bau. Ein
die graue Substanz umsäumender, nach vorn bis zur Peripherie
ragender Theil (derselbe ist Fig. 2. Taf. XV. weiss gelassen) welcher
allenthalben in beiden Rückenmarkshälften ein ungefähr gleich grosses
Volumen besitzt, erscheint schon an Querschnitten, welche dem in Chromsalzen erhärteten Organ entnommen und ohne weitere Behandlung in
Glycerin aufgehellt worden sind, weniger transparent und stärker durch
das Chromsalz gefärbt als die der vorderen Fissur unmittelbar anliegende hochgradig asymmetrische Zone (s. P′ Fig. 2). An Querschnitten,
welche mit Ueberosmiumsäure gefärbt worden sind, ist der Contrast
noch schärfer ausgeprägt, und man gewahrt in den äusseren Abschnitten
eine grosse Menge durch jenes Reagens geschwärzter „Myelinschollen",
welche in den inneren völlig vermisst werden. An Haematoxylinpräparaten erscheinen erstere durchsetzt von meist rundkernigen Zellen, welche
so dicht gedrängt stehen, dass die Lücken zwischen denselben meist
kleiner sind als die Kernquerschnitte. Die inneren Zonen sind hingegen
arm an Zellen und gleichen hinsichtlichtlich des Gehaltes an letzteren,

septis u. s. w. in hohem Grade den Pyramidenbahnen ca. 35 ctm. langer Früchte. Es finden sich somit bei dem 25 ctm. langen Foetus ähnliche Differenzen innerhalb der Vorderstränge wie bei letzteren. Ein
Unterschied existirt hauptsächlich in sofern, als es an jenen nicht gelingt,
innerhalb der äusseren Abschnitte die bekannten Sonnenbildchen
wie sie markhaltige Nervenfasern auf dem Querschnitt darzubieten pflegen, deutlich wahrzunehmen.

An Längsschnitten und Zerzupfungspräparaten ergiebt sich
indess ohne Weiteres, dass jene überwiegend mit completen Markscheiden ausgestattete Längsfasern führen, zwischen welchen die rundkernigen, zum Theil mit zahlreichen Fettkörnchen erfüllten Zellen zu
Längsreihen angeordnet sind. Die letzteren stehen so dicht, dass kaum
eine Faser ausser Berührung mit einer solchen bleibt. Die inneren
Abschnitte hingegen gleichen den Pyramidenbahnen 35 ctm. langer Früchte
und führen insbesondere Längsfasern, welche der Markscheiden völlig
entbehren. Die linksseitige marklose Formation übertrifft die rechte in der
ganzen Länge, wo beide auftreten, beträchtlich; in der Gegend des
6. Halsnerven beträgt das Verhältniss ca. 4 : 1. Erstere ist hier nur
um ein Geringes kleiner*) als der äussere markhaltige Theil des zugehörigen Vorderstranges, letzterer beträgt hingegen kaum ¼ vom Querschnitt des mit dem linken an Grösse vollkommen übereinstimmenden
markhaltigen Vorderstrangtheiles der rechten Seite. Die marklose Formation erstreckt sich, von oben nach unten an Querschnitt abnehmend
links bis zur Mitte des Dorsalmarkes, rechts nur bis zur Grenze vom
Hals- und Dorsalmark. Nach oben gesellen sich beide je der gleichnamigen Pyramide zu. Bis zur Gegend des 6. Dorsalnerven differirt der Gesammtquerschnitt der Vorderstränge stets um den Grössenunterschied
der marklosen Abschnitte; unterhalb jenes Punktes, wo die Vorderstränge
total markhaltig sind, lässt sich eine Asymmetrie nicht mehr deutlich
wahrnehmen.

Auch innerhalb der Seitenstränge finden sich Structurdifferenzen
ähnlich den soeben beschriebenen. Lediglich marklose Längsfasern
enthalten hier die Abschnitte, welche hinsichtlich ihrer Lagerung den
Pyramidenbahnen, den directen Kleinhirn-Seitenstrangbahnen und

---

*) Lässt man die Vorderstränge durch die inneren vorderen Wurzelfasern be-
grenzt sein, so übertrifft links der marklose Theil den markhaltigen um ca. das Doppelte an Querschnitt, rechts ist das Umgekehrte der Fall.

einem Theil des von uns unter dem Namen Seitenstrangreste
zusammengefassten Complexes entsprechen. Diese gesammte Masse ist
nicht in beiden Rückenmarkshälften gleich gross; die rechte übertrifft
die linke allenthalben ungefähr um die Grössendifferenz der marklosen
Vorderstrangbündel. Der Gesammtquerschnitt der letzteren verhält sich
in der Höhe des 6. Halsnerven zu dem Gesammtquerschnitt der marklosen Seitenstrangabschnitte ca. wie 1 : 6.

Der marklose Theil der Seitenstrangreste erfordert noch eine
besondere Beschreibung. Im oberen Halsmark, bis zur Gegend des 3. Halsnerven liegt derselbe in der vorderen Seitenstranghälfte und bekleidet
hier die Aussenfläche der Vorderhörner; nach vorn reicht er bis dicht
hinter die vordere Ganglienzellengruppe; nach hinten geht er ohne
scharfe Grenze in die Region der Pyramidenbahn über; nach aussen
wird er von einer bis zur Peripherie ragenden, in der Folge noch näher
zu betrachtenden markhaltigen Zone begrenzt. Vom 3. Halsnerven an
nach abwärts rückt der marklose Theil der Seitenstrangreste mehr nach
hinten und kommt in den Winkel zwischen Vorder- und Hinterhörnern zu liegen. In der Halsanschwellung sind somit die marklosen
Seitenstrangbündel auf die hintere Hälfte dieser Stränge beschränkt; die
vordere Grenze derselben wird gebildet durch eine Linie, welche man
sich quer durch den hinteren Rand des Centralcanales gezogen denke.
Im Dorsalmark erstreckt sich der marklose Theil der Seitenstrangreste
wieder mehr nach vorn, indem er die ganze laterale Fläche der
grauen Substanz bis dicht hinter die vorderste Ganglienzellengruppe in
Form einer schmalen Zone bekleidet. Im Bereich der Lendenanschwellung
scheint wieder lediglich die hintere Seitenstranghälfte marklos zu sein[*]).

Die verschiedenen Regionen der marklosen Seitenstrangfelder zeigen
bei schwächerer Vergrösserung nur geringe Differenzen. Die Pyramidenbahnen grenzen sich hier weder gegen die Region der directen Kleinhirn-Seitenstrangbahnen noch gegen die marklosen Seitenstrangreste
scharf ab; bei stärkerer Vergrösserung gewinnt es den Anschein, als
ob in letzteren die Fäserchen dichter gestellt und derber seien, als in

---

[*]) Ueber das Verhalten des Lenden- und untersten Dorsalmarkes ergaben sich nur
ungenügende Aufschlüsse, weil dieser Theil das Präparat verdarb, so dass es nur einzelne brauchbare Schnitte herzustellen gelang. Es liess sich in Folge dessen auch ein
endgültiges Urtheil über das Vorhandensein der Pyramidenbahnen nicht gewinnen. Auch
das in der Folge zu schildernde Verhalten der Hinterstränge in jenen Theilen konnte
nicht befriedigend erkannt werden.

den Pyramidenbahnen; der Zellgehalt beider ist ziemlich gleich. Die Region der directen Kleinhirn-Seitenstrangbahnen lässt an einzelnen Stellen Fasern von um das Doppelte stärkerem Caliber und eine grössere Menge Zellen erkennen; doch sind die ersteren so wenig zahlreich, dass sie nur einen Theil der Fasern darstellen können, welche beim reifen Neugeborenen diese Bündel zusammensetzen.

In der unteren Hälfte des Dorsalmarkes erscheint in sämmtlichen marklosen Seitenstrangabschnitten der Gehalt an rundkernigen Zellen etwas grösser als in den höheren Regionen.

Der nach Abzug jener verbleibende Theil der Seitenstränge gleicht auf Querschnitten im Wesentlichen den äusseren markhaltigen der Vorderstränge. Es bildet derselbe nach dem Vorerwähnten bald die ganze vordere Hälfte der Seitenstränge, was besonders in den Anschwellungen der Fall ist, und umgiebt dann unmittelbar die vordere und seitliche Peripherie der Vorderhörner, bald wird er von letzteren durch die bereits beschriebene schmale marklose Zone getrennt. Auf Längsschnitten und an Zerzupfungspräparaten erweist er sich theils aus markhaltigen theils aus feinen blassen Längsfasern zusammengesetzt; die letzteren treten mitunter in Form feinster Bündelchen auf.

Auch innerhalb der Hinterstränge findet sich eine Sonderung ähnlich der in den Vordersträngen. Dieselbe ist besonders im Hals- und Dorsaltheil ausgeprägt. Ein die graue Substanz unmittelbar begrenzender Theil (s. B Fig. 2. Taf. XV), welcher im Halsmark die Burdach'schen Keilstränge in sich fasst, führt ganz überwiegend markhaltige Längsfasern und zahlreiche Fettkörnchenzellen und gleicht auf Quer- und Längsschnitten vollkommen den äusseren Abschnitten der Vorderstränge; ein anderer Abschnitt, welcher den Goll'schen Strängen entspricht, zeigt dieselben Charaktere wie die marklosen Abschnitte derselben. Die Grenzen beider Formationen sind so scharf, dass es leicht gelingt, gewisse Gestaltveränderungen, welche sich an dem Querschnitt in verschiedenen Höhen vollziehen, zu überblicken*).

Noch möge Einiges über die Abgrenzung der grauen Substanz gegen den Markmantel bemerkt sein. Die erstere zeigt gegen früher besonders in den Vorderhörnern eher einen relativ geringeren Gehalt an Zellen. Es unterscheiden sich in Folge dessen die markhaltigen

---

*) Noch deutlicher ist dies an dem folgenden Individuum, und verweisen wir hinsichtlich der Beschreibung auf letzteres.

Theile der Vorder-Seitenstränge im Gebiet der Vorderhörner schon durch ihren enormen Reichthum an Zellen vom Gebiet der grauen Substanz. Da wo die marklose Seitenstrangzone die letztere berührt, ist dieselbe umgekehrt viel reicher an Zellen und auch hiermit die Möglichkeit einer scharfen Abgrenzung gegeben. Der Zellengehalt des mit Markscheiden ausgerüsteten Theiles der Hinterstränge endlich übertrifft den der Hinterhörner noch um ein Beträchtliches, so dass auch zwischen ihnen an Haematoxylinpräparaten eine scharfe Sonderung zu Stande kommt.

Die vordere Commissur, die aus den Wurzeln einstrahlenden Faserbündel der Vorderhörner sowie die Nerven-Wurzeln selbst enthalten zahlreiche [*] markhaltige Fasern.

Ueberblicken wir noch einmal kurz die wesentlichsten Befunde an dem 25 ctm. langen Foetus, so ist an dem verlängerten Mark vor Allem das Auftreten der Pyramiden hervorzuheben, welche bereits eine genügende Stärke erlangt haben, um die Annahme gerechtfertigt erscheinen zu lassen, dass sie sämmtliche oder den überwiegenden Theil der später in ihnen vorhandenen Längsfasern enthalten.

Von Wichtigkeit ist ferner die jetzt zum ersten Mal hervortretende Differenzirung der Fasermassen in markhaltige und marklose, ein Verhalten, welches beweist, dass dieselben sich in wesentlich verschiedenen Stadien der Entwickelung befinden. Das hintere Längsbündel, die Keilstränge und die als directe Fortsetzungen peripherer Nerven zu betrachtenden Faserbündel sind weiter ausgebildet als die sonstigen Fasersysteme

Im Rückenmark finden sich correspondirende Erscheinungen. Auch hier sind, wenigstens im Hals- und oberen Dorsalmark die Pyramidenbahnen offenbar angelegt. Denn dass wir die Sonderung der Vorderstränge in markhaltige und marklose Areale als gleichwerthig zu betrachten haben der oben von ca. 35 — 54 ctm. langen Früchten beschriebenen, dass somit die marklosen Bündel als Pyramidenbahnen zu bezeichnen sind, geht schon aus ihrem Zusammenhang mit den Pyramiden zur Genüge hervor und wird überdies durch ihre Grössenverhältnisse in verschiedenen Höhen sowie das für die Pyramidenbahnen gewissermassen charakteristische asymmetrische Auftreten in hohem Grade

---

*) Ob alle Wurzelfasern bereits markhaltig sind, konnte nicht festgestellt werden.

wahrscheinlich gemacht *). Dass aber ferner auch die Seitenstränge die Pyramidenbahnen enthalten, lässt sich daraus schliessen, dass Faserbündel von beträchtlicher Stärke gekreuzt in die hinteren Seitenstranghälften übertreten, und dass letztere umfangreich genug sind, um jene Annahme zu gestatten. Zudem enthalten ja die Seitenstränge an der gewöhnlichen Stelle der Pyramidenbahnen Fasermassen, welche mit den Vorderstrangbahnen in ihrer Structur völlig übereinkommen. Es dürfte somit auch die Asymmetrie der hinteren Seitenstranghälften auf die Pyramidenbahnen zu beziehen sein.

Die markhaltigen Theile der Rückenmarksstränge sind solche, welche wir bereits bislang als Fortsetzungen beziehentlich Aequivalente der markhaltigen Fasermassen der *oblongata* betrachtet haben. Dieselben entsprechen hinsichtlich ihrer Lagerung offenbar den zellenreichen, mit meist stärkeren Längsfasern ausgestatteten Abschnitten des Markmantels der ca. 12 ctm. langen Embryonen.

Hinsichtlich des Umfanges der sich sondernden Theile des Markmantels möge noch einmal hervorgehoben sein, dass

1. Innerhalb der Hinterstränge der marklose Abschnitt wenigstens im Halsmark genau übereinstimmt mit dem bisher als Goll'sche Stränge bezeichneten Theil.

2. Dass innerhalb der Seitenstränge die Grenze zwischen markhaltigen und marklosen Abschnitten gerade an der Stelle liegt, wo bei älteren Foeten die directen Kleinhirn-Seitenstrangbahnen und die Pyramidenbahnen einerseits, die Seitenstrangreste andrerseits aneinander-

---

*) Dafür, dass die Pyramidenbahnen der Vorderstränge als ein Zuwachs anzusehen sind, lässt sich der Mangel einer Differenzirung der letzteren bei den ca. 12 ctm. langen Embryonen deshalb nicht anführen, weil wie bereits erwähnt dies Fälle mit totalem Mangel der Vorderstrangbahnen sein könnten. Es liegt allerdings der Gedanke nahe, die Veränderung in der Gestalt der vorderen Längsfissur auf den Hinzutritt der Pyramidenbahnen zurückzuführen. Denkt man sich die letzteren bei dem 25 ctm. langen Foetus entfernt, so nimmt die vordere Längsspalte eine ähnliche Gestalt an wie bei dem 12 ctm. langen Embryo (vergl. Fig 1. u. 2. Taf. XV). Indess stellt sich der Annahme, dass der Schluss der ersteren stets auf eine solche Weise durch die Pyramidenbahnen zu Stande komme, der Umstand hindernd in den Weg, dass jene auch bei totalem Mangel der Vorderstrangbahnen ähnlich gestaltet sein kann wie bei starker Entwickelung derselben. Man muss demnach annehmen, dass entweder auch andere unbekannte Momente die bei 12 ctm. Körperlänge vorhandene Gestalt der vorderen Spalte nachträglich zu modificiren vermögen, oder dass dieselbe bereits auf dieser Entwicklungshöhe eine verschiedene Gestalt besitzen kann. Wir werden in der Folge noch einmal letztere Möglichkeit zu erwägen Gelegenheit haben.

stossen, so dass also erstere über ihren ganzen Querschnitt noch marklos sind.

3. Dass die „Seitenstrangreste", welche bei 35 — 54 ctm. eine Sonderung in Abschnitte von verschiedener Structur nicht erkennen lassen, jetzt in zwei deutlich geschiedene Segmente zerfallen. Wir bezeichnen in der Folge der Kürze halber den bisher noch marklosen Theil als „seitliche Grenzschicht der grauen Substanz", wobei stets festzuhalten ist, dass diese Schicht nicht durchaus die ganze Aussenfläche der grauen Substanz umkleidet, insbesondere innerhalb der Anschwellungen sich auf den im Winkel zwischen Vorder- und Hinterhörnern gelegenen Theil beschränkt. Der noch verbleibende Theil der Seitenstränge möge aus noch näher darzulegenden Gründen „vordere gemischte Seitenstrangzone" heissen.

c. 28 ctm. langer Foetus*).

Das verlängerte Mark stimmt hinsichtlich der Ausbildung der Fasersysteme im Wesentlichen mit dem des zuletzt beschriebenen Foetus überein. Der Pyramidenquerschnitt verhält sich entsprechend der Mitte der grossen Oliven zum Gesammtquerschnitt ca. wie 1:11; der erstere ist demnach auch hier relativ grösser als bei ca. 35 ctm. langen Früchten.

Legt man in der Gegend der Pyramidenkreuzung die Ränder der vorderen Längsfurche auseinander, so sind sich kreuzende Faserbündel makroskopisch nicht sichtbar. Auf Querschnitten treten solche deutlich hervor; sie sind indess viel weniger umfangreich als bei dem 25 ctm. langen Foetus. Der ganz überwiegende Theil der Pyramidenfasern geht, ohne Lage und Charakter zu wechseln, je in den gleichnamigen Vorderstrang über. Eine der *formatio reticularis* entsprechende Bildung ist an letzterem Ort nicht wahrnehmbar.

Im Rückenmark zeigen die Abschnitte des Markmantels, welche hinsichtlich ihrer Lage den markhaltigen des 25 ctm. langen Foetus entsprechen, mit den letzteren übereinstimmende Structur- und Gestaltungsverhältnisse. Hingegen finden sich Differenzen zwischen beiden theils in der elementaren Ausbildung theils in dem Umfang der bisher noch marklosen Abschnitte der Vorder-Seitenstränge.

Die innerhalb der Seitenstränge gelegenen marklosen Faserbündel sind bei der 28 ctm. langen Frucht sowohl absolut als im Verhältniss

---

*) No. 5 d. V. — s. Fig. 7. Taf. IX.

zum Gesammtquerschnitt der Vorder-Seitenstränge weniger umfangreich, was sich ohne weitere Messung aus einem Vergleich der Fig. 2 und 3. Taf. XV ergiebt. Es hat sich dabei ihr Querschnitt in drei deutlich gesonderte Abtheilungen geschieden, welche den bei ca. 35 ctm. langen Foeten in der hinteren Seitenstranghälfte wahrnehmbaren entsprechen. Eine offenbar als Pyramiden-Seitenstrangbahn zu deutende Masse (P) sondert sich von der Region der directen Kleinhirn-Seitenstrangbahn (Z) und der seitlichen Grenzschicht der grauen Substanz (sr). Letztere zwei erscheinen an Querschnitten, welche dem in Chromsalzen gehärteten Organ entnommen und einfach mit Glycerin aufgehellt worden sind, compakter und weniger transparent als erstere. Die Differenz beruht hauptsächlich darauf, dass die Längsfasern dort ein stärkeres Caliber besitzen und dichter bei einander stehen. Die Region der directen Kleinhirn-Seitenstrangbahn enthält überdies eine grosse Anzahl rundkerniger Zellen, welche innerhalb der Pyramidenbahnen und der seitlichen Grenzschicht der grauen Substanz nur ganz vereinzelt auftreten. Markhaltige Fasern sind in ersterer noch nicht mit Sicherheit zu erkennen.

Die Vorderstränge erscheinen im Hals- und Dorsalmark absolut und relativ grösser als bei dem 25 ctm. langen Foetus. Es kommt die Differenz lediglich auf Rechnung der Pyramiden-Vorderstrangbahnen, welche bei der 28 ctm. langen Frucht im Verhältniss zu den Seitenstrangbahnen ein ungewöhnlich starkes Volumen zeigen und dabei annähernd symmetrisch entwickelt sind. In der Gegend des 6. Halsnerven verhält sich ihr Querschnitt zu dem der Pyramiden-Seitenstrangbahnen wie 65 : 35.[*]). Im ganzen Hals- und oberen Dorsalmark grenzen sich die Vorderstrangbahnen gegen die Grundbündel mit einer Schärfe ab wie es in keinem anderen Fall beobachtet wurde (s. Fig. 7). Dieselbe wird vielfach gebildet durch einen spaltförmigen, von Endothelhäutchen ausgekleideten Raum, so dass es an Quer- und Längsschnitten bei Druck auf das Deckgläschen gelingt, die Pyramiden-Vorderstrangbahnen glatt von den Grundbündeln zu trennen. Die ersteren nehmen wie gewöhnlich von oben nach unten an Querschnitt ab und zwar so, dass der letztere in der Mitte der Halsanschwellung ca. ½, im obersten Dorsalmark ½, in der Mitte des Dorsalmarkes ⅓ des Werthes in der Gegend des 2. Halsnerven beträgt.

---

[*]) Dass dieser Werth brauchbar ist, obwohl die Grenze der Pyramidenbahnen gegen die directe Kleinhirn-Seitenstrangbahn noch nicht mit voller Genauigkeit festgestellt werden kann, dürfte eine Vergleichung der Figur 7 Taf. IX. zur Genüge ergeben.

Unterhalb der Mitte des Dorsalmarkes sind die Grenzen der Vorderstrangbahnen weniger scharf; es drängen sich mehr und mehr markhaltige Bündel von der Seite herein, die marklosen werden spärlicher
und spärlicher, so dass an der Grenze von Dorsal- und Lendenmark *
die Vorderstränge über ihren ganzen Querschnitt eine gleichmässige Beschaffenheit, ähnlich den Grundbündeln im Halsmark darbieten, stärkere
marklose Bündel also nicht mehr erkennen lassen.

Die Hinterstränge zeigen wiederum eine wohl ausgeprägte Sonderung in die Goll'schen Stränge und die sonstigen Theile.

Im Gebiete der oberen drei Halsnerven erscheinen die Goll'schen
Stränge auf dem Querschnitt in Form eines durch das hintere *septum*
halbirten Keiles, welcher mit breiter Basis der Peripherie aufsitzt und
ca. ¼ derselben bildet; die Spitze desselben steht ca. um ein Viertel
des medianen Durchmessers der Hinterstränge von der hinteren Commissur ab. Vom 3. Halsnerven an rückt die Spitze des Keiles allmählich
mehr nach vorn und erreicht in der Gegend des 5. Halsnerven die hintere Commissur. Um eine Insertionsstelle tiefer erscheint die keilförmige
Gestalt der Goll'schen Stränge weniger deutlich ausgeprägt, weil dieselben hier mit einer Fläche der Commissur anliegen, welche die Hälfte
ihres grössten Querdurchmessers erreicht **). Unterhalb des 7. Halsnerven
ziehen sie sich mehr nach hinten zurück und erlangen wieder eine
exquisit keilförmige Gestalt. Während nun beide Goll'sche Stränge bis zum
3. Dorsalnerven mit ihren medianen Flächen bis an die vorderen Kanten
dicht aneinander anliegen, schiebt sich weiter abwärts ein markhaltiges
Faserbündel, welches auf dem Querschnitt einen umgekehrt gelagerten Keil
formirt, zwischen dieselben ein und drängt sie auseinander, so dass sie
jetzt zwei gesonderte Keile formiren, die sich nur in der Nähe der Basis
berühren. Der Antheil, welchen die letztere an der Hinterstrang-Periphe-
rie hat, ist jetzt relativ etwas grösser, als in der Halsanschwellung.

---

*) Auch in diesem Fall konnten aus dem Lendenmark Präparate nicht gewonnen
werden, welche befriedigende Aufschlüsse über den Umfang der marklosen Faserbündel desselben insbesondere innerhalb der Seitenstränge gewährt hätten. An einzelnen
Querschnitten in dem unteren Lendenmark gewann es den Anschein, als ob die Seitenstränge hier umfangreichere marklose Bündel überhaupt nicht enthielten. Ob dies Verhalten mit der ungewöhnlich starken Entwicklung der Vorderstrangbahnen in Zusammenhang zu bringen ist, oder ob die Pyramidenbahnen, (welche auch in den Vordersträngen vom unteren Ende des Dorsalmarkes an vermisst werden) im Lendenmark überhaupt noch fehlen, muss dahin gestellt bleiben.

**) s. Fig. 7. Taf. IX.

indem er ca. ½ von letzterer beträgt. Im unteren Dorsal- und Lendenmark führen die Hinterstränge über ihren ganzen Querschnitt überwiegend markhaltige Fasern und zahlreiche rundkernige Zellen. Marklose Bündel scheinen sich im unteren Dorsalmark nur vereinzelt in einer zwischen Hinterhörner und *septum posterius* eingeschobenen Zone, im Lendenmark an der hinteren Peripherie und unmittelbar neben dem genannten *septum* zu finden [*]).

Wir heben von den angeführten Befunden als die beachtenswerthesten hervor: erstlich die Differenzirung der bisher über ihren ganzen Querschnitt ziemlich gleichartigen marklosen Seitenstrangfelder in drei Abschnitte und zweitens die Vertheilungsweise der Pyramidenfasern auf Vorder- und Seitenstränge, hinsichtlich welcher der 28 ctm. lange Foetus dem oben beschriebenen Fall von fast vollkommenem Mangel der Seitenstrangbahnen (No. 33 d. V.) näher steht als alle anderen bisher beschriebenen Individuen.

d. Zwillinge von 28,5 beziehentlich 30 ctm. Länge.

Innerhalb der Vorder-Seitenstränge des Rückenmarkes findet sich auf Querschnitten eine ähnliche Sonderung wie in dem letzten Fall; nur ist die Vertheilung der Pyramiden eine andere. Dieselben gehen in beiden Fällen zum überwiegenden Theil in die Seitenstränge über, doch geschieht dies bei dem einen symmetrisch, bei dem anderen asymmetrisch. Bei dem ersteren verhalten sich die Vorder- zu den Seitenstrangbahnen in der Gegend des 6. Halsnerven ca. wie 12 : 88; bei dem anderen ca. wie 6 : 94. Es ist hier die linke Vorderstrangbahn nur eben angedeutet, die rechte so gross wie eine jede beim anderen Zwilling. Die markhaltigen Grundbündel der Vorderstränge zeigen in beiden Fällen und hier wiederum beiderseits einen ungefähr gleich grossen Querschnitt.

Die Vorderstrangbahnen entziehen sich in beiden Fällen bereits im oberen Dorsalmark dem Blick. Hingegen lassen sich die Seitenstrangbahnen bis gegen das untere Ende der Lendenanschwellung verfolgen und nehmen hier diejenigen Regionen ein, welche nach den Befunden an älteren Foeten mit Sicherheit als Pyramidenbahnen zu betrachten sind. Sie heben sich im ganzen Lendenmark gegen die übrigen Längsfasermassen ebenso deutlich wie bei ca. 35 ctm. langen Foeten ab, weil die zwischen ihnen und der grauen Substanz gelegenen Faserbündel

---

*) Die erläuternden (schematischen) Abbildungen s. Taf. XX.

bereits überwiegend markhaltig sind. Im Lendenmark ist so noch kein
Theil der „Seitenstrangreste" lediglich aus marklosen Bündeln zusammengesetzt. Nur der im Winkel zwischen Vorder- und Hinterhörnern gelegene Abschnitt enthält deren einzelne.

Im Dorsal- und Halsmark hingegen sondert sich noch die seitliche
Grenzschicht der grauen Substanz durch Armuth an markhaltigen
Fasern von der vorderen gemischten Seitenstrangzone.

Die directen Kleinhirn-Seitenstrangbahnen gewähren auf Längsschnitten Bilder wie wir sie von den Pyramidenbahnen von ca. 48 ctm. langen
Foeten beschrieben haben; es finden sich an den Längsfasern je nach
der Einstellung bald dunkle bald glänzende Streifen, welche wir oben
als rudimentäre Markscheiden gedeutet haben.

Die Hinterstränge der Zwillinge stimmen nicht völlig überein.
Bei dem 30 ctm. langen erscheinen die Goll'schen Stränge noch zum
Theil aus marklosen, bei dem 28 ½ ctm. messenden lediglich aus
markhaltigen Längsfasern zusammengesetzt. Der Gehalt an rundkernigen
Zellen hingegen ist in beiden Fällen in den Goll'schen Strängen der
nämliche wie in den äusseren Theilen der Hinterstränge. An carminisirten Querschnitten erscheinen die ersteren beträchtlich stärker geröthet.

Eine besondere Erwähnung verdient das Auftreten und die Vertheilung von Fettkörnchenzellen innerhalb des Markmantels. Dieselben
bieten im Allgemeinen dieselben Formen dar, welche wir bei den ca.
35 ctm. langen Früchten beschrieben haben. Eine ganz besonders grosse
Anzahl enthalten die Hinterstränge; in der vorderen Hälfte der Seitenstränge sind sie gleichfalls zahlreich, doch nicht in dem Maasse wie in
den ersteren. Die Pyramidenbahnen zeigen hinsichtlich derselben in beiden Fällen kein übereinstimmendes Verhalten. Bei dem 28 ½ ctm. langen
Foetus sind sie fast ebenso reichlich als innerhalb der vorderen Seitenstränge, bei dem 30 ctm. langen sind sie hingegen nur ganz vereinzelt
anzutreffen *).

Am verlängerten Mark fällt eine beträchtliche Zunahme der
Olivenwindungen in die Augen, so dass diese Gebilde in ihren
gröberen Formverhältnissen sich von den entsprechenden ca. 35 ctm. lan-

---

*) Diese Differenz gibt sich auch an Hämatoxylinpräparaten, insbesondere an Quer-
schnitten kund. Die Pyramidenbahnen des 28 ½ ctm. langen Foetus unterscheiden sich
hier auf Grund des Zellengehaltes weit weniger von den übrigen Theilen der
Vorderseitenstränge als dies in der Regel, speciell auch bei dem 30 ctm. langen Zwilling der Fall ist. Es handelt sich demnach um eine Vermehrung der Zellen in toto.

ger Früchte nur wenig unterscheiden. Die zwischen den Oliven gelegenen Längsfaserbündel entbehren noch der Markscheiden.

Die Pyramiden zeigen bemerkenswerthe Differenzen in ihrem
elementaren Bau. Bei der Untersuchung mit unbewaffnetem Auge bemerkt man, dass dieselben bei der 30 ctm. langen Frucht graugallertig
erscheinen, während sie bei der 28 ½ ctm. langen einen gelblich weissen Ton erkennen lassen. Derselbe beruht, wie man sich an frischen
Zerzupfungspräparaten ohne Weiteres überzeugen kann, auf der Anwesen-
heit einer grossen Anzahl von Fettkörnchenzellen, welche theils grosse
flach ausgebreitete Massen darstellen, theils kuglig gestaltet sind und
vielfach in Gruppen zusammenliegen. In den Pyramiden des 30 ctm.
langen Zwillings sind sie nur ganz vereinzelt wahrzunehmen. Es zeigen
somit die Pyramiden ähnliche Differenzen hinsichtlich des Fettkörnchen-
gehaltes wie die Pyramidenbahnen des Rückenmarkes, nur sind die Contraste innerhalb der ersteren noch greller. Die Längsfaserbündel der
vorderen Brückenabtheilung sowie die des Hirnschenkelfusses lassen
gleichfalls entsprechende Differenzen erkennen [*)].

Im *corpus restiforme* gleicht derjenige Theil, welcher bei ca. 35 ctm.
langen Früchten bereits markhaltig ist, den directen Kleinhirn-Seitenstrangbahnen, der Rest besteht aus feinsten marklosen Fäserchen. In der
Höhe der obersten Wurzelfasern des *Acustic.* bildet ersterer den obersten
Abschnitt des *corpus restiforme* und besitzt hier einen elliptischen Querschnitt. Die innere Abtheilung des Kleinhirnschenkels bietet auf
Querschnitten das Bild markhaltiger Fasermassen dar.

In der Brücke sind das hintere Längsbündel und die demselben

[*)] Es handelt sich hier offenbar um einen pathologischen Zustand des 28 ½ ctm.
langen Foetus, welcher sich auch dadurch kund gibt, dass im gesammten Centralnervensystem desselben sämmtliche Blutgefässe in einer Weise mit Blut gefüllt sind wie
es kaum vollkommener denkbar ist. Dass der beträchtliche Fettkörnchengehalt der
Pyramiden und ihrer Fortsetzungen nach oben und unten nicht als typisch für die
betreffende Entwicklungsperiode zu betrachten ist, geht aus dem Verhalten des anderen Zwillings zur Genüge hervor. Bemerkenswerth ist es, dass letzterer, welcher
während seiner Entwickelung offenbar den nämlichen schädlichen Einflüssen ausgesetzt
war (die Mutter litt an Hydramnios), weniger intensiv erkrankt ist, und dass bei dem
anderen das Auftreten einer abnorm grossen Anzahl von Fettkörnchenzellen sich wenigstens in der *oblongata* und den höheren Regionen im Wesentlichen nur auf Fasermassen erstreckt, welche dem Hirnschenkelfuss entstammen und somit continuirliche
Leitungsbahnen darstellen. In den übrigen Abschnitten der *oblongata* und Brücke liessen
sich grössere Mengen von Fettkörnchenzellen nicht nachweisen.

unmittelbar nach vorn und aussen anliegenden Längsfasermassen markhaltig. Die Schleifenschicht ist noch marklos.

c. 32 ctm. langer Foetus.

Am Rückenmark sind zunächst einige Grössenverhältnisse der
verschiedenen Abtheilungen bemerkenswerth. In der Gegend des 6. Halsnerven verhält sich der Querschnitt der Hinterstränge zur grauen Substanz wie 5 : 10, die Vorderseitenstränge zu letzterer wie 8,₆ : 10.
Vergleicht man diese Werthe mit den am 25 ctm. langen Foetus beobachteten, so ergibt sich, dass von da bis zu 32 ctm. Vorderseitenstränge und graue Substanz proportional, die Hinterstränge aber
relativ beträchtlich stärker als beide zugenommen haben.

In der elementaren Structur der Vorder-Seitenstränge macht
sich insofern ein Fortschritt bemerklich, als jetzt auch die seitliche
Grenzschicht der grauen Substanz allenthalben mit completen Mark-
scheiden ausgerüstete Längsfasern enthält. Ueberwiegend marklose
Fasern führen somit lediglich noch die Pyramidenbahnen und die
directen Kleinhirn-Seitenstrangbahnen. Die letzteren erscheinen in Ver-
gleich zu ihrer Ausbildung bei den Zwillingen eher weniger entwickelt.
Es sind an ihnen weder rudimentäre Markscheiden noch ein grösserer
Zellengehalt bemerkbar. In Folge dessen ist ihre Abgrenzung gegen die
Pyramiden-Seitenstrangbahnen weniger scharf als bei jenen.

Die Pyramidenbahnen zeigen wiederum eine bemerkenswerthe
Vertheilungsweise. In der Gegend des 6. Halsnerven verhält sich der
Gesammtquerschnitt der Vorderstrangbahnen zu dem der marklosen Seiten-
strangfelder (Pyramiden-, directe Kleinhirn-Seitenstrangbahn wie 45:55 *).
Die Vorderstrangbahnen participiren nicht in gleicher Weise an dem
ersteren Werth; die linke verhält sich zur rechten wie 16 : 28. Die

---

*) Sucht man unter Berücksichtigung der bereits gesammelten Erfahrungen über
den Umfang der directen Kleinhirn-Seitenstrangbahn den Antheil der Pyramidenbahnen
an den marklosen Abschnitten der Seitenstränge zu berechnen, so ergibt sich Folgendes:
In der Gegend des 6. Halsnerven kann man den Querschnitt ersterer auf höchstens ca. ¹/₆
des gesammten der Pyramidenbahnen anschlagen. Es würde sonach das Verhältniss der
Vorderstrangbahnen zu den Seitenstrangbahnen sich bei dem 32 ctm. langen Foetus
stellen auf 48 : 52. Von ersteren würde hierzu beitragen die linke 18, die rechte 30,
von den letzteren die linke 19, die rechte 33. Es ist somit der Querschnitt beider
Vorderstrangbahnen nur wenig kleiner als der der Seitenstrangbahnen, jener der rechten
Vorderstrangbahn aber grösser als der der linken Seitenstrangbahn.

hintersten Abschnitte der Seitenstränge differiren in entsprechender Weise; der links gelegene steht zu dem rechtsseitigen in dem Verhältniss von 23 : 32. Die linke Vorderstrangbahn lässt sich nach abwärts bis zur Mitte des Dorsalmarkes, die rechte bis an die Grenze von Dorsal- und Lendenmark verfolgen. Dass die letztere hier aus dem Grunde nicht mehr unterscheidbar ist, weil sich ihre Fasern innig mit dem des gleich-seitigen Grundbündels vermischt haben, wird dadurch wahrscheinlich gemacht, dass der rechte Vorderstrang in der oberen Hälfte der Lenden-anschwellung den linken merklich an Volumen übertrifft. In den Seiten-strangbahnen, welche bis zur Gegend des 3. Sacralnerven verfolgt wer-den können, findet sich in der oberen Lendenanschwellung gleichfalls eine Asymmetrie, welche der im Halsmark vorhandenen entspricht.

Die vordere gemischte Zone der Seitenstränge enthält, wie man sich an Zerzupfungspräparaten überzeugt, noch eine beträchtliche Anzahl feiner markloser Längsfaserbündel und überdies eine theils blasse feinkörnige, theils grobkörnige fettähnliche interfibrilläre Substanz.

Die Hinterstränge verhalten sich hinsichtlich ihrer Structur ähnlich denen ca. 35 ctm. langer Früchte. Insbesondere erscheinen in dem nach Abzug der GOLL'schen Stränge verbleibenden Theil wohl sämmtliche Längs-fasern mit completen Markscheiden ausgestattet. Es ist derselbe somit relativ markreicher und in sich gleichartiger gebaut als die gemischte vordere Seitenstrangzone, ein Verhalten, welches die verschiedene Färbung dieser Abschnitte des Markmantels (s. o. S. 22. fg.) zur Genüge erklärt.

Der Gehalt der Rückenmarksstränge an Fettkörnchenzellen ist bis auf die Pyramidenbahnen, welche nur ganz vereinzelte enthalten, ähnlich wie beim 30 ctm. langen Zwilling.

Hinsichtlich des verlängerten Markes konnte nur festgestellt werden, dass sich die rechte Pyramide mit dem grössten Theil ihrer Fasern in den gleichnamigen Vorderstrang fortsetzt, während die linke die Mehrzahl ihrer Bündel in den entgegengesetzten Seitenstrang sendet. Zweifelhaft blieb insbesondere der Entwickelungsgrad der Längsfaser-bündel der *formatio reticularis* und der vorderen Hälfte des inneren motorischen Feldes. Der Gehalt des letzteren an rundkernigen Zellen wich nur wenig von dem der Pyramiden ab; es ist hiernach wahr-scheinlicher, dass Markscheiden innerhalb derselben noch nicht vorhan-den waren.

Es empfiehlt sich noch einmal die wesentlichsten Befunde an den 11 — 32 ctm. langen Früchten im Zusammenhang zu betrachten.

Bei 12 ctm. Länge fehlen diejenigen Faserbündel der *oblongata* und des Rückenmarkes, welche erst bei ca. 19 ctm. complete Markscheiden erhalten (die Pyramiden und Pyramidenbahnen), noch vollständig. Bei 25 ctm. sind sie in einer Stärke vorhanden, welche vermuthen lässt, dass sämmtliche Fasern derselben bereits angelegt sind. Im Rückenmark gibt sich ihr Auftreten dadurch kund, dass die Vorder-Seitenstränge von 11 — 25 ctm. relativ beträchtlich mehr an Querschnitt zunehmen als die Hinterstränge und die graue Substanz. Gleichzeitig erhalten in dieser Periode die Grundbündel der Vorderstränge, ein Theil der Längsfasern, welche die vordere gemischte Seitenstrangzone zusammensetzen und die Hinterstränge ausser dem als Goll'sche Stränge bezeichneten Abschnitt complete Markscheiden. Von 25 — 32 ctm. wachsen die Hinterstränge relativ stärker als die Vorder-Seitenstränge und die graue Substanz. Von 28 ctm. an lässt sich der Umfang der Pyramiden-Seitenstrangbahnen wenn auch zunächst nur annähernd feststellen. Bis 32 ctm. erhalten die zarten Stränge und die seitliche Grenzschicht der grauen Substanz Markscheiden. Das Auftreten completer Markscheiden innerhalb der directen Kleinhirn-Seitenstrangbahnen und an den bisher noch marklosen Fasern der vorderen gemischten Seitenstrangzone fällt in die Periode um ca. 32 ctm. Körperlänge *).

3) Individuen, welche länger als ca. 1 Monat gelebt haben.

Die Kinder, welche bis zu 10 Wochen alt geworden sind (No. 41—47 d. V.) unterscheiden sich hinsichtlich der Verhältnisse des Fasercalibers nur unwesentlich von den völlig reifen Neugebornen.

Die directen Kleinhirn-Seitenstrangbahnen heben sich von ihrer Umgebung besonders bei solchen Individuen scharf ab, welche muth-

---

*) Ob diese Zahlen als allgemein gültig zu betrachten sind, muss natürlich dahingestellt bleiben: es deutet schon das Verhalten der directen Kleinhirn-Seitenstrangbahnen bei dem 32 ctm. langen Foetus einerseits, bei dem 28 1/2 ctm. langen Zwilling andererseits darauf hin, dass hinsichtlich der Reihenfolge des Auftretens der Markscheiden wenigstens an einzelnen Systemen eine gewisse Breite herrschen dürfte.

**) Das Rückenmark befand sich, als die Messung vorgenommen wurde, ca. 1 1/2 Monat in Am. bichrom. von 1 %.

masslich um einige Wochen zu früh geboren, mehrere Monate gelebt hatten (No. 45 und 47 d. V.). Es empfehlen sich dergleichen Fälle sowie die nächst folgenden vorzugsweise zur Demonstration jener Bündel.

Eine bemerkenswerthe Veränderung macht sich zuerst bei dem 95 Tage alten Kind geltend (No. 50. Länge bei Geburt nicht bekannt). Hier zeigt das Gros der Pyramidenfasern nicht mehr eine gleichmässige Stärke, sondern es sind zwei Fasercaliber durch eine grössere Anzahl von Elementen vertreten. Die feineren besitzen Axencylinder bis zu 0,001, die stärkeren, deren Menge wir ungefähr auf $\frac{1}{10}$ der letzteren schätzen, bis zu 0,0015 mm. Durchmesser; die ganzen Fasern messen 0,002 beziehentlich 0,004 mm. Auch die stärkeren erreichen meist das Caliber der Goll'schen Stränge nicht, in welch' letzteren sich zahlreiche Fasern bis 0,006 mm. Durchmesser finden. Starke Fasern vom Caliber der in den directen Kleinhirn-Seitenstrangbahnen überwiegenden (Axencylinder bis 0,005, ganze Fasern bis 0,008) beziehentlich in grosser Menge durch die Seitenstrangreste zerstreuten, kommen in grösserer Anzahl nur streckenweise innerhalb der Pyramidenbahnen vor. In den Seitenstrangbahnen sind sie wiederum am ehesten als zerstreute Elemente der directen Kleinhirnbahnen aufzufassen; denn sie finden sich am häufigsten in dem Abschnitt des Markes, wo letztere sich zu formiren beginnen (im unteren Dorsal- und oberen Lendenmark); im Halsmark werden sie nur in der Nähe der äusseren Grenzen der Pyramiden-Seitenstrangbahnen gefunden, in den Pyramiden des verlängerten Markes endlich fehlen sie ganz. Die letzteren führen lediglich Fasern vom Caliber der in den Pyramidenbahnen überwiegenden.

Ein ähnliches Verhalten bieten auch die 9 — 11 Monate alten Kinder dar. Ganz besonders in die Augen fallend ist der Contrast zwischen den Axencylindern, welche den directen Kleinhirn-Seitenstrang- einerden Pyramidenbahnen andererseits angehören. Jene übertreffen letztere vielfach um das 4 — 6 fache an Durchmesser. In den Seitenstrangresten und den Grundbündeln der Vorderstränge finden sich zahlreiche Fasern, deren Axencylinder noch um das Doppelte stärker sind, als die stärkeren der zwei innerhalb der Pyramidenbahnen überwiegenden Fasersorten. Es gelingt somit auch jetzt noch, den Umfang der Pyramidenbahnen wenigstens annähernd festzustellen. Der innerhalb der *formatio reticularis* enthaltene Theil der letzteren unterscheidet sich hinsichtlich des Fasercalibers nicht von dem im Bereich der Halsanschwellung gelegenen und eben sowenig von den Pyramiden der *oblongata*.

Bei dem 11 monatlichen Kind ergaben sich im Halsmark folgende
absolute Werthe, der Faserstärke in Mm. *):

	Pyramidenbahnen	dir. Kleinh.-Seitenstrb.		Goll'sche Stränge	
	Axencyl. ganze Faser	Axencyl. ganze Faser		Axencyl. ganze Faser	
Min.	0,0005	0,001	0,003	0,0015	0,003
Max.	0,0025	0,0045 **) 0,006	0,009	0,003	0,006
Meist.	0,001	0,002	0,0045	0,006	0,002	0,004

Der Mittelwerth zwischen den hier vorkommenden Extremen beträgt ca. 0,005. Ordnet man die von uns in den Vorder-Seitensträngen
unterschiedenen Abtheilungen mit Rücksicht auf den Volumenantheil
der Fasern, welche jenen Mittelwerth überschreiten, in eine Reihe, so
finden in dieser die Pyramidenbahnen, wo sie unvermischt auftreten,
überhaupt keinen Platz, die übrigen aber ordnen sich in folgender Weise:

> directe Kleinhirn-Seitenstrangbahn,
>
> Grundbündel der Vorderstränge,
>
> vordere gemischte Seitenstrangzone,
>
> seitliche Grenzschicht der grauen Substanz.

Wie verhalten sich nun die Fasermassen des Rückenmarkes und
der *oblongata* nach Ablauf des ersten Lebensjahres? Wir können
diese Frage in Ermangelung eines genügenden Materiales nur insoweit
beantworten, als es sich um das völlig ausgebildete Organ handelt.
Es erscheint um so eher gerechtfertigt, an dieser Stelle letzteres zu berücksichtigen, als wir aus den Differenzen zwischen einjährigem Kind
und Erwachsenem auf die in der zwischenliegenden Periode sich vollziehenden Process schliessen können, und als wir gerade aus dem Vergleich beider auf einige das Wachsthum der Fasermassen beeinflussende
Momente aufmerksam gemacht werden. Wir begnügen uns, da eine
irgend wie erschöpfende Schilderung der beim Erwachsenen vorhandenen Verhältnisse der Faserstärke zunächst nicht in unserer Absicht liegt,
mit einer eklektischen Darlegung des für unsere Zwecke unumgänglich Nothwendigen.

Es ist bereits von Dettens ***) treffend hervorgehoben worden, dass

---

*) Die Messung wurde vorgenommen, nachdem das Mark mehrere Monate in Amm-
bichrom. von 1 % verweilt hatte.

**) Die stärkeren, welche in den Randzonen auftreten, sind so spärlich, dass wir
sie vernachlässigen können.

***) Untersuchungen über das Gehirn etc. S. 127.

es wenig Nutzen verspricht, Mittelwerthe für das Fasercaliber der einzelnen Stränge im Ganzen aufzusuchen, dass es vielmehr darauf ankommt, annähernd die Mengenverhältnisse der Fasern von verschiedener Stärke an verschiedenen Stellen des Querschnittes festzustellen. Man betrachte nur z. B. das Verhalten der Seitenstränge in der Mitte der Halsanschwellung, so wird man sich ohne Weiteres überzeugen, dass charakteristische Differenzen verschiedener Regionen durch die Aufstellung von Mittelwerthen für den gesammten Querschnitt nur verwischt werden.

Giebt es nun im ausgebildeten Mark Differenzen in den Mischungsverhältnissen der Längsfasern, auf Grund deren es gelingt, den Markmantel, ähnlich wie dies im Laufe der Entwickelung möglich, in Abtheilungen zu gliedern? Untersucht man irgend einen Querschnitt oberflächlich resp. ohne die entwickelungsgeschichtliche Sonderung zu kennen, so wird man schwerlich auf den Gedanken kommen, dass auch beim Erwachsenen analoge Differenzen existiren. Von einer scharfen Abgrenzung der Pyramiden-Seitenstrangbahnen gegen die vorderen gemischten Seitenstrangzonen oder der Vorderstrangbahnen gegen die Grundbündel der Vorderstränge ist zunächst nichts bemerkbar. Nichts destoweniger überzeugt man sich bei einer genauen Untersuchung jedes einzelnen der von uns unterschiedenen Abschnitte, dass denselben auch beim Erwachsenen gewisse Eigenthümlichkeiten hinsichtlich der Faserstärke zukommen, welche in dem einen Fall mehr in dem anderen weniger scharf hervortreten *).

*) Wir berücksichtigen bei den nachfolgenden Angaben lediglich die Längsfasern der weissen Substanz. Nur einzelne Fasern der Vorderstränge, welche wir, wie bereits früher erwähnt, wenigstens zum Theil für vordere Wurzelfasern halten, übersteigen den oben angegebenen Maximalwerth und erreichen 0,018 — 0,02 mm. im Durchmesser. Die von uns gewonnenen Resultate stimmen am ehesten mit denen von KÖLLIKER und HENLE überein, welche den Minimaldurchmesser auf 2,4 beziehentlich 2 μ, den Maximaldurchmesser auf 15 beziehentlich 20 μ. angeben. Wir legen in Anbetracht der Fehlerquellen, welche die Messungsmethoden mit sich bringen, weniger auf den absoluten Werth als auf die Grössenverhältnisse der Fasern untereinander Gewicht. Entschieden zu hoch gegriffen ist der von GOLL aufgeführte Minimalwerth von 6 μ. Es geht schon aus den Abbildungen dieses Autors hervor, dass ihm die zahlreichen in den Seitensträngen enthaltenen feinsten Fasern ganz entgangen sind. Zu niedrig ist der von FREY (Histol. u. Histochem. 1875. S. 599) angegebene Maximalwerth von 9 μ, welcher für das völlig ausgebildete Organ mit Sicherheit als ungültig bezeichnet werden kann. Die Ursachen, auf welche die Differenzen in den Angaben verschiedener Autoren zu beziehen sind, werden wir in der Folge näher darlegen. Die von uns gegebenen Werthe sind dem eben schnittfähigen, in MÜLLER'scher Lösung gehärteten Organ entnommen.

11 *

Wir theilen der Kürze halber die vertikalen markhaltigen Fasern der weissen Stränge in vier Categorien: 1. starke von 0,01 — 0,015 im Durchmesser; 2. mittelstarke von 0,007 — 0,009; 3. feine von 0,005 — 0,006. 4. feinste von 0,002 — 0,004. Die Axencylinder schwanken zwischen kaum messbaren Durchmessern und 0,0075 mm. Die Stärke derselben steht nicht immer in einem constanten Verhältniss zu den Querschnitten der ganzen Fasern; doch gilt wenigstens im Allgemeinen die Regel, dass den stärksten Fasern auch die stärksten Axencylinder entsprechen.

Betrachten wir zunächst die Verhältnisse, welche Querschnitte durch die Mitte der Halsanschwellung darbieten, so finden wir in den Seitensträngen beiderseits eine Zone, welche fast lediglich starke Fasern führt, die stärksten, welche überhaupt in diesen Strängen vorkommen. Diese Zone deckt sich hinsichtlich ihrer Ausdehnung genau mit der directen Kleinhirnbahn des Neugeborenen. Andererseits finden wir im Bereich der *processus reticulares* überwiegend Längsbündel mit feinen und feinsten Fasern, deren Durchmesser nur ¼ — ½ von dem der erstgenannten beträgt, und zwischen denen nur ganz vereinzelt mittelstarke auftreten[*]). Diese Zone deckt sich in ihrer Ausdehnung mit dem von uns als „seitliche Grenzschicht der grauen Substanz" bezeichneten Abschnitt.

Inmitten zwischen beiden, also im Bereich der Pyramiden-Seitenstrangbahnen finden wir eine Formation, welche mehr als die bereits erwähnten individuelle Verschiedenheiten zeigt. Dieselbe besteht mindestens zu einem Drittel, mitunter bis zur Hälfte aus starken und mittelstarken, im Uebrigen aus feinen und feinsten Fasern; die ersteren liegen theils einzeln in den Lücken eines von den letzteren gebildeten Maschenwerkes, theils treten sie in Gruppen bis zu 5 Stück auf. Die Abgrenzung des Rayons der Pyramidenbahnen gegen den der dickfaserigen zonalen Bündel ist besonders in dem hinteren Drittel der hinteren Seitenstranghälfte deutlich ausgeprägt, da an dieser Stelle zwischen beiden ein der Oberfläche concentrisch gestelltes bindegewebiges Septum auftritt. Den Pyramidenbahnen ähnlich, aber in der Regel mit einer geringeren Anzahl starker Fasern ausgestattet erscheint die Region der vorderen gemischten Seitenstrangzone.

---

[*]) Nur einzelne den vorderen Theilen der Hinterhörner unmittelbar anliegende Maschen enthalten entweder lediglich starke oder mittelstarke Fasern; dieselben gehören theils dem Accessorius, theils, wie wir noch zeigen werden, hinteren Wurzeln an (s. Fig. 1. Taf. XIX. *hw'*).

In den Vordersträngen finden wir individuell hochgradig variabele Verhältnisse. Bald bestehen dieselben lediglich aus einer Formation,
welche besonders in der unmittelbaren Umgebung der Vorderhörner mit
dem letzterwähnten Theil der Seitenstränge übereinkommt; nur in der
Nähe der vorderen Wurzelfasern, beziehentlich längs der Peripherie treten Elemente auf, welche alle übrigen der weissen Substanz an Querschnitt übertreffen. Dieselben stellen wenigstens zum grössten Theil
vordere Wurzelfasern dar. In der Regel gesellt sich aber zu der beschriebenen eine mit den Pyramiden-Seitenstrangbahnen gleichgebaute
Masse; dieselbe ist bald nur einseitig vorhanden, und die Vorderstränge
erscheinen dann asymmetrisch, bald beiderseitig; und je nach der Entwickelung derselben wechselt der Vorderstrangquerschnitt in augenfälliger
Weise. Enthalten die Seitenstrangbahnen ungewöhnlich viel starke Fasern,
so zeigt auch der innere Abschnitt der Vorderstränge in der Regel ·einen
grösseren Gehalt als die Gegend der Grundbündel.

In den Hintersträngen zeichnet sich meist ein der Mittellinie
anliegender, von KOLLIKER „GOLL'sche Keilstränge" benannter Theil
durch ein gleichmässiges, feines Caliber aus. Mitunter nähern sich indess
die Längsfasern desselben dem mittelstarken, und es ist dann eine Gliederung der Hinterstränge lediglich auf Grund der Faserstärke nicht deutlich ausgesprochen. Nie führen dieselben unter normalen Verhältnissen
die feinsten Fasern des Markmantels. Der übrige Theil der Hinterstränge
enthält an verschiedenen Stellen in verschiedenen Proportionen starke,
mittelstarke und feine, nur ganz vereinzelt feinste. Die ersteren sind besonders in den von hinteren Wurzelfasern durchzogenen Feldern häufig;
ausschliesslich mittelstarke kommen in der Nachbarschaft der hinteren
Commissur vor; die feinen überwiegen meist in der Nähe der bindegewebigen *septa*, welche die GOLL'schen Stränge seitlich begrenzen.

Untersucht man das Rückenmark in anderen Höhen auf die
Mischungsverhältnisse von Längsfasern verschiedenen Calibers, so ergiebt
sich, dass eine Gliederung des Markmantels entsprechend der soeben
von der Halsanschwellung beschriebenen allenthalben sich geltend macht,
dass aber die zu unterscheidenden Abtheilungen in ihrem Umfang, ihrer
Lage zur Peripherie und zur grauen Substanz in der nämlichen Weise Veränderungen zeigen, wie wir dies von den beim Foetus und Neugeborenen sich sondernden correspondirenden Fasercomplexen angegeben haben.

Wir heben in dieser Hinsicht nur Folgendes hervor. Die aus meist
gleichmässig starken Fasern bestehende Zone der Seitenstränge erreicht

im untersten Dorsalmark ihr Ende. Vom oberen Theil des Lendenmarks
an findet sich auch nicht mehr eine vorwiegend aus feinsten Fasern bestehende Formation, welche der seitlichen Grenzschicht der grauen Substanz höherer Regionen entspräche. Es überwiegen im Lendenmark in
dem Winkel zwischen den Vorder- und Hinterhörnern f e i n e Fasern.

Im *conus medullaris* treten in a l l e n Strängen die starken und mittelstarken Längsfasern gegen feine und feinste zurück.

Entsprechend dem früher beschriebenen Nachvortreten der seitlichen Grenzschicht der grauen Substanz (an die Aussenseite der Vorderhörner) ist in dem H a l s m a r k oberhalb der Anschwellung eine
Formation, welche überwiegend feinste Fasern führt, in der h i n t e r e n
Seitenstranghälfte nicht mehr wahrzunehmen. Die Letztere unterscheidet
sich demnach besonders in den Fällen, wo die Pyramidenbahnen ungewöhnlich reich an starken und mittelstarken Fasern sind, in augenfälliger
Weise von der vorderen Hälfte dieser Stränge.

Innerhalb des noch im Halsmark, beziehentlich an der Grenze der
oblongata gelegenen Theiles der *formatio reticularis* findet sich eine ähnliche Mischung starker und feiner Fasern wie in den Pyramidenbahnen
im Bereich der Halsanschwellung.

An den P y r a m i d e n des v e r l ä n g e r t e n Markes treffen wir
hochgradig variabele Verhältnisse der Fasermischung. Stets führen dieselben starke, mittelstarke und feinste Fasern. Nicht gar selten treten dieselben über den ganzen Querschnitt in dem nämlichen M e n g e n -
v e r h ä l t n i s s auf, wie in den Pyramidenbahnen des Rückenmarkes. In
diesen Fällen flechten sich die einzelnen Bündel der Pyramiden in der
Regel nur wenig durcheinander, es gehen aus denselben relativ wenige
fibrae arcuatae hervor, kurz es deutet dann überhaupt nichts darauf hin,
dass sich den Pyramiden solche Bündel beigesellt haben, welche oben
als „accessorische" bezeichnet worden sind.

In anderen Fällen findet man in einzelnen Regionen des Querschnittes, besonders in den äusseren, Bündel von verschiedener Mächtigkeit, in welchen überwiegend feinste Fasern gemischt mit einzelstehen-
den mittelstarken auftreten und sich somit Verhältnisse ähnlich denen
der meisten Längsfaserbündel der vorderen Brückenabtheilung darbieten;
in den übrigen Abschnitten können dabei die zuerst beschriebenen
Mischungsverhältnisse vorhanden sein.

In einer dritten Reihe von Fällen endlich treten Bündel, welche in
der soeben beschriebenen Weise differiren, innig g e m i s c h t auf.

Mögen indess die individuellen Unterschiede auch noch so gross erscheinen, immer ist innerhalb der Pyramiden eine hinreichend grosse Anzahl mittelstarker und starker Fasern vorhanden, um den Bedarf der Pyramidenbahnen des Rückenmarkes an solchen zu decken.

Die *Corpora restiformia* führen entsprechend den unteren zwei Dritttheilen der Oliven oft ausschliesslich starke Fasern, welche hinsichtlich ihres Calibers mit den Bündeln der directen Kleinhirn-Seitenstrangbahnen übereinstimmen. Auch ihnen gesellen sich ab und zu, besonders dann, wenn die *fibrae transversales externae* der *oblongata* schon makroskopisch excessiv entwickelt erscheinen, Fasermassen bei, welche den in der vorderen Brückenabtheilung überwiegenden hinsichtlich des Calibers gleichen. In der Gegend des unteren Brückenrandes enthält die obere äussere Randzone der *corpora restiformia* in der Regel neben den starken und mittelstarken auch zahlreiche feine und feinste Nervenfasern.

Es ergiebt sich aus dem Vorstehenden zunächst hinsichtlich des völlig ausgebildeten Rückenmarkes, dass wenn wir die auf Grund der Entwickelung sich sondernden Abschnitte des Markmantels nach ihrem Volumen-Gehalt an starken und mittelstarken Fasern (also solchen, welche den Mittelwerth zwischen den Extremen übersteigen) ordnen, die innerhalb der Vorder-Seitenstränge vorhandenen folgende Reihe bilden:

  directe Kleinhirn-Seitenstrangbahnen,

  Pyramidenbahnen,

  Grundbündel der Vorderstränge *),

  vordere gemischte Seitenstrangzonen,

  seitliche Grenzschichten der grauen Substanz.

Die Pyramidenbahnen nehmen somit beim Erwachsenen hinsichtlich ihres Volumengehaltes an Fasern, welche den Mittelwerth überschreiten, die zweite Stelle ein und verhalten sich wesentlich anders, als beim neugeborenen bez. ca. einjährigen Kind; alle übrigen Abschnitte zeigen im Verhältniss zu einander beim Erwachsenen ähnliche Mischungsverhältnisse wie in jenem Alter. Es sind die Pyramidenbahnen noch beim einjährigen Kind im Verhältniss zum ausgebildeten Zustand weniger weit in der Entwickelung fortgeschritten als alle anderen Fasersysteme des

---

*) In einzelnen Fällen stimmen die Grundbündel und die Pyramidenbahnen hinsichtlich des Gehaltes an starken und mittelstarken Fasern überein; die oben angegebene Reihenfolge modificirt sich dann in leicht ersichtlicher Weise. Ordnet man jene Abschnitte lediglich nach ihrem Volumengehalt an **starken** Fasern, so erhalten die Pyramidenbah en ihren Platz **hinter** den Grundbündeln.

Rückenmarkes. Es geht hieraus hervor, dass ein Theil der in den Pyramidenbahnen enthaltenen Längsfasern nach Ablauf des ersten Lebensjahres in stärkeren Proportionen an Querschnitt zunehmen muss als die Längsfasern innerhalb der anderen Abschnitte des Markmantels.

Vergleichen wir unsere Befunde mit denen anderer Autoren, so lassen sich beide vielfach mit einander in Einklang bringen. Die Angaben der Früheren sind durchgängig viel allgemeiner gehalten als die unseren, und es hat im Ganzen die Untersuchung der Faserstärke bisher nur wenig zur Aufhellung des Baues der Nervencentren beigetragen. Die Vorderstränge hat man mit Rücksicht auf die Caliberverhältnisse überhaupt noch nicht zu gliedern versucht. Hinsichtlich der Seitenstränge finden wir allenthalben eine Scheidung zwischen den der Peripherie benachbarten und den an die graue Substanz anstossenden Abschnitten; man hat sich indess begnügt, den Gegensatz der starken Fasern der ersteren und der feineren der letzteren zu constatiren, ohne über den Umfang der Bezirke mit differentem Caliber Genaueres anzugeben (was allerdings ohne Kenntniss des foetalen Rückenmarkes nicht wohl möglich war). Specielles anlangend, so sind einige Bemerkungen von KÖLLIKER zu berichtigen. Nach diesem Autor sollen den Hintersträngen und den hinteren Theilen der Seitenstränge feinere Fasern zukommen, als den übrigen Regionen des Markmantels, während doch z. B. im Halsmark die hintersten Theile der Seitenstränge gebildet werden von den directen Kleinhirn-Seitenstrangbahnen. Es sollen ferner in allen Strängen die feinen Fasern im Allgemeinen die tiefsten Stellen einnehmen, während dies im Grunde genommen nur für die Seiten- und Vorderstränge gilt. Auch die von den meisten Autoren acceptirte Angabe von GOLL (dessen Messungen sich lediglich auf das Halsmark eines einzigen Individium beziehen), dass die Längsfasern der zarten Stränge die feinsten des Markmantels darstellen, entspricht der Wirklichkeit durchaus nicht. Schon aus den von GOLL selbst gegebenen Zahlen geht dies hervor, da er die Minimalwerthe der Seitenstrangfasern auf 0,006, die der zarten Stränge auf 0,007 mm. setzt. Dass die Fasern der letzteren in ihrem Caliber variabel sind, lässt sich insbesondere dadurch beweisen, dass es nicht bei allen Individuen gelingt, dieselben an carminisirten Schnitten entweder auf Grund der Faserstärke oder einer intensiveren Färbung von dem übrigen Theil der Hinterstränge zu unterscheiden. (Was übrigens das Verhalten gegen Carmin anlangt, so möge hier die Bemerkung Platz finden, dass es nicht nothwendigerweise stets auf einen besonders grossen Gehalt der GOLL'schen Stränge an Bindesubstanz zurückzuführen ist: man überzeugt sich an Querschnitten, an welchen dieselben durch stärkere Imbibition sich deutlich herausheben, dass in der Regel die Axencylinder der GOLL'schen Stränge im Verhältniss zu den Markscheiden ein stärkeres Caliber besitzen als anderwärts; dass hierin ein Grund für eine besondere Imbibitionsfähigkeit der Stränge im Ganzen gegeben liegt auf der Hand.) — Was die Pyramiden der oblongata anlangt, so hat bereits KÖLLIKER (Gewebel. 1867. S. 291) mit Recht darauf hingewiesen, dass dieselben nicht lediglich feine sondern auch mittelstarke Fasern führen; sie verhalten sich beim Menschen anders als bei den meisten Säugethieren, wo die Fasern meist von feinem und feinstem Caliber sind.

Die Differenzen, welche sich zwischen unseren Angaben und denen anderer Autoren finden, sowie die Unzulänglichkeit der letzteren sind offenbar auf 3 Momente zurückzuführen. Man hat 1. bisher nicht berücksichtigt, dass die Caliberverhältnisse in verschiedenen Höhen des Rückenmarkes typische Unterschiede zeigen; es ist durchaus nicht gerechtfertigt, z. B. von einer bestimmten Vertheilungsweise der Fasern von verschiedener Stärke in den Seitensträngen schlechthin zu sprechen. Man hat ferner 2. die offenkundigen Differenzen, welche sich in den verschiedenen Lebensaltern finden, bisher völlig ignorirt; wir begegnen bei manchen Autoren Schilderungen, welche, soweit sie sich auf die Vertheilungsweise der verschiedenen Fasercaliber über den Markmantel im Allgemeinen beziehen, das kindliche Rückenmark zum Objecte zu haben scheinen, während die absoluten Werthe für den Erwachsenen gelten. 3. endlich hat man die individuellen Schwankungen, welche sich ja auch bei Erwachsenen finden, ausser Acht gelassen; es geht aus unseren Angaben über die Pyramiden, über die Variabilität der Pyramidenbahnen, die *corpora restiformia* u. s. w. zur Genüge hervor, dass es nicht gerechtfertigt ist, die Befunde an einzelnen selbst völlig gesunden Individuen als allgemein gültig hinzustellen.

IV.

Allgemeine Ergebnisse aus den vorstehenden Befunden.

Die allgemeinen Ergebnisse aus vorstehenden Untersuchungen sind mehrfacher Art. Sie beziehen sich einerseits auf die Entwickelungsgeschichte, andererseits auf die definitiven Organisationsverhältnisse der Nervencentren. Wir betrachten zunächst die der ersteren Reihe, die letzteren werden wir im nächsten Abschnitt zusammenfassen.

Die entwickelungsgeschichtlichen Aufschlüsse betreffen theils den Bildungsmechanismus einzelner Elementartheile, der Nervenfasern, theils den Entwickelungsgang des centralen Markes im Ganzen und Grossen, beziehentlich der dasselbe constituirenden Fasersysteme.

1. Histogenetische Ergebnisse.

In dieser Hinsicht ist, wie bereits angedeutet, die Ausbeute ziemlich lückenhaft, bietet aber immerhin einige neue Gesichtspunkte dar.

Wir haben in der Entwickelung der centralen Nervenfaser, soweit es sich um markhaltige Elemente handelt, zwei Hauptacte zu unterscheiden: erstens die Anlage des Axencylinders und zweitens die Bildung der Markscheide, welch' letztere offenbar eine secundäre Formation darstellt.

a. Was die Entstehungsweise der Axencylinder anlangt, so liessen sich bei dem Alter der zur Untersuchung gelangten Früchte directe Beobachtungen nicht machen. Denn bei 11 ctm. Körperlänge ist ja in

dem grössten Theil der Marksubstanz von *medulla spinalis* und *oblongata*
die Anlage der Axencylinder bereits vollendet, und in der Periode, in
welche die Bildung der bei jener Länge noch nicht vorhandenen Fasern
fällt, findet sich im Untersuchungsmaterial eine grosse Lücke.

Wir gewinnen aus den oben mitgetheilten Befunden lediglich einige
indirecte Aufschlüsse über den Entwickelungsmodus der Axencylinder.
Hinsichtlich der Pyramiden der *oblongata* ist es in hohem Grade unwahrscheinlich, dass die Fasern sich aus Elementen entwickeln, welche
an Ort und Stelle vorhanden sind. Wir vermissen hier noch bei 12 ctm.
langen Embryonen ein Gewebe, welches wir als eine hinreichende Matrix
für die Pyramiden betrachten könnten. Wir werden die aus diesem Umstand sich ergebenden Gesichtspunkte in der Folge näher erörtern.

b. Der Entwickelungsmodus der Markscheiden liess sich
genauer verfolgen und zwar besonders gut an den Pyramiden und ihren
Fortsetzungen in das Rückenmark. Die übrigen Faserbündel eigneten
sich theils wegen ihres geringen Umfanges nicht zur Untersuchung,
theils hatten sie bereits eine zu hohe Stufe der Entwickelung erreicht,
als dass man den Process in allen seinen Phasen hätte überschauen
können; doch deutet das, was an ihnen beobachtet werden konnte,
bei näherer Prüfung darauf hin, dass die Markscheidenbildung allenthalben in der nämlichen Weise abläuft[*]. Indem wir die hierauf bezüglichen Befunde noch einmal kurz zusammenfassen, verzichten wir zunächst auf eine genauere Angabe der in Betracht kommenden Zeitver-
hältnisse, insbesondere auch der zeitlichen Differenzen, welche zwischen
dem Eintritt verschiedener Fasermassen in gleiche Phasen bestehen.
Wir wählen zum Ausgangspunkt den Entwickelungsgrad der Pyramidenfasern in dem frühesten zur Beobachtung gelangten Stadium (25 ctm.).
Dieselben erscheinen hier unter der Form feinster Fäserchen von kaum
messbarer Stärke und werden durch eine blasse, feinkörnige, eiweissartige Substanz von einander getrennt. Diese Fasermassen
enthalten äusserst spärliche zellige Elemente, welche, wie es
scheint, meist bindegewebigen *septis* angehörend, nur an den Berüh-
rungsflächen grösserer Faserbündel auftreten und einen endothelialen
Charakter an sich tragen, zum Theil Lymphkörperchen gleichen.

---

[*] Es ist nothwendig, dies hervorzuheben, weil allerdings einzelne Thatsachen
auf den ersten Blick gegen eine vollkommene Uebereinstimmung zu sprechen scheinen.
Wir werden in der Folge hierauf zurückkommen.

Beide Thatsachen, die Beschaffenheit der Zwischensubstanz wie die Armuth an Zellen sind für die Auffassung des Bildungsmechanismus der Markscheiden von grosser Wichtigkeit. Wir finden hier weder frei noch in Zellen eingeschlossen eine Substanz, welche wir wenigstens mit Rücksicht auf ihre optischen Eigenschaften als identisch mit jener der Markscheiden betrachten können.

Die Veränderung, welche sich zunächst geltend macht, besteht darin, dass an Stelle der blassen feinkörnigen interfibrillären Masse eine aus **dunklen fettähnlichen Körnchen** bestehende tritt, welch' letztere sich meist in, wie es scheint, unregelmässige Längsreihen angeordnet finden. Im Anschluss hieran greift eine rapide Vermehrung der zelligen Elemente Platz. Dieselben treten jetzt auch **innerhalb** der Faserbündel auf und bilden mehr oder weniger regelmässige Längsreihen, welche, an Menge allmählig zunehmend, schliesslich so dicht stehen, dass kaum eine Faser ohne Berührung mit einer derselben zu sein scheint. Die Beschaffenheit der Zellen ist jetzt beträchtlich mannigfaltiger als früher; viele enthalten zahlreiche **Fettkörnchen***), ähnlich denen zwischen den Fibrillen und sind dabei kuglig oder oval oder auch plattenförmig; andere, welche meist mit einem zarten hautartigen Körper ausgestattet sind, enthalten derartige Körnchen wenig oder gar nicht. An Stelle der dunkelkörnigen interfibrillären Substanz tritt alsbald eine **stark lichtbrechende**, Längsstreifen bildende Masse, welche den Längsfasern seitlich anhaftet oder sie auch umhüllt. Dieselbe ist, wie ihr Verhalten in polarisirtem Licht ergiebt, der Substanz der Markscheiden nahe verwandt wenn nicht mit ihr identisch. Die completen Markscheiden werden denn auch binnen Kurzem wahrnehmbar*).

Es fragt sich nun, in welchem **Connex** stehen die verschiedenen mitgetheilten Momente: das Auftreten der fettähnlichen interfibrillären Substanz, der Fettkörnchenzellen, der aus Letzteren sowie fettfreien Zellen zusammengesetzten Längsreihen; und welcher Antheil kommt einem jeden derselben an der Markscheidenbildung zu**)?

---

*) Wir wählen lediglich der Kürze halber diese Bezeichnung, obwohl wir in den fraglichen Körnchen möglicherweise eine Substanz von einer complicirteren Zusammensetzung (ähnlich dem Nervenmark) vor uns haben.

**) Die hier gegebene Darstellung der Markscheidenbildung kommt, wie sich ohne Weiteres ergiebt, zum Theil mit der von Jastrowitz, zum Theil der von Boll überein. Auf einige Differenzpunkte werden wir in der Folge noch speciell eingehen.

Wir können diese Fragen zum Theil mit Rücksicht auf die bereits
früher von JASTROWITZ und BOLL angestellten Erörterungen auch dahin
formuliren: woher stammt die fettähnliche interfibrilläre Substanz; ist sie
an Ort und Stelle entstanden (JASTROWITZ) oder durch die Fettkörnchenzellen herzutransportirt (BOLL)? Welcher Charakter kommt ferner den
Fettkörnchenzellen zu; sind sie dem Gefässsystem entstammende Wanderzellen oder gehen sie aus fixen Bindegewebszellen hervor? Endlich
in welchem Verhältnisse stehen die fettfreien Elemente der Zellenlängsreihen zu den schon innerhalb der noch marklosen Stränge vorhandenen? Sind sie aus letzteren direct hervorgegangen beziehentlich mit
ihnen identisch, oder sind auch sie zum Theil neu gebildet? Die Thatsachen, welche zur Entscheidung dieser Fragen zu Gebote stehen, lassen sich wie folgt zusammenfassen:

1. Die freien Fettkörnchen sind mitunter bereits in beträchtlicher
Menge vorhanden, während die Fettkörnchenzellen noch sehr spärlich
sind. Dieses Verhalten spricht weit eher dafür, dass jene an Ort und
Stelle entstanden sind (durch eine Umwandlung der hier vorhandenen
eiweissartigen Masse?) *).

2. Regelmässige, dicht geschlossene Zellenreihen treten innerhalb
der Nervenfaserbündel erst nach Beginn der Markscheidenbildung auf,
sofern wir denselben gegeben sein lassen in dem Auftreten der Fettkörnchen **). Auch die Zellenlängsreihen enthalten Fettkörnchenzellen.
Mit dem Schwinden der letzteren nach Beendigung der Markscheidenbildung scheint die Gesammtzahl der im Mark vorhandenen Zellen keine
wesentliche Verminderung zu erleiden.

---

*) Auch BOLL giebt an, dass schon v o r dem Auftreten der Fettkörnchenzellen ein
dunkles körniges Aussehen der interfibrillären Substanz sich findet. Er berücksichtigt
diese Beobachtung aber nicht zur Entscheidung der Frage über die Herkunft der fettähnlichen Substanz.

**) Der Zellengehalt der weissen Substanz des foetalen menschlichen Rückenmarkes
würde sich sonach anders verhalten, als der des ,,*trabs*'' vom Hühnchen nach BOLL's
Beschreibung. Auch JASTROWITZ nimmt an, dass die reihenförmige Anordnung der Glia-
zellen erst einem späteren Stadium angehört, insbesondere dem Auftreten zahlreicher
Fettkörnchenzellen n a c h f o l g t. Er hält beide Zellformen für identisch und lässt die
Fettkörnchenzellen bereits vor der Fettaufnahme als fixe Elemente innerhalb der Bindesubstanz vorhanden sein. Wesshalb der letztgenannte Autor die Fettkörnchenzellen zu
Spinnenzellen stempeln möchte, ist uns nicht ersichtlich; irgendwie ausgeprägte Charaktere der Art vermochten wir wenigstens an den fraglichen Zellen des Rückenmarkes
nicht aufzufinden.

Zwischen den fettreichen und fettfreien Zellen finden sich allmählige Uebergänge; hiernach erscheint es uns für das menschliche Rückenmark nicht gerechtfertigt, in ähnlicher Weise, wie dies Boll für den „Balken" des Hühnchens thut, einen durchgreifenden Unterschied zwischen den der Bindesubstanz angehörigen fixen Elementen und den Fettkörnchenzellen zu statuiren. Die Fettkörnchenzellen werden vielleicht nach Verlust ihres Fettes zu Gliedern der kettenbildenden Reihen. Was ihre Natur vor der Aufnahme des Fettes anlangt, so ist es wohl nicht unwahrscheinlich, aber zunächst noch nicht streng bewiesen, dass dieselben als aus dem Gefässsystem ausgewanderte Elemente zu betrachten sind; die Fähigkeit amöboide Bewegungen auszuführen dürfte mancherlei jugendlichen Zellen zukommen. Auch die Form der Fettkörnchenzellen, welche allerdings vielfach an die wandernden Elemente des Bindegewebes u. s. w. erinnert, ist nicht hinreichend beweisend. Obwohl wir demnach die Boll'sche Ansicht für beachtenswerth halten, enthalten wir uns doch zunächst eines entscheidenden Urtheils über die Herkunft der Fettkörnchenzellen, und dies umsomehr, als wir in der Folge einige Verhältnisse kennen lernen werden, welche lebhafte Bewegungen derselben mindestens als zweifelhaft erscheinen lassen.

3. Die Fettkörnchenzellen treten bei gesunden Individuen innerhalb der Stränge, welche noch aus nackten Axencylindern mit blasskörniger Kittsubstanz bestehen, nur ganz vereinzelt, streckenweise gar nicht auf. Grenzt eine solche Fasermasse an eine andere, in welcher die Bildung der Markscheiden schon begonnen hat, so kann die Grenze des an Fettkörnchenzellen reichen Rayons gegen den daran armen eine ungemein scharfe, fast lineäre sein, selbst wenn nicht stärkere Bindegewebssepta die Grenze bilden*). Dieses Verhalten harmonirt nur wenig mit der Ansicht Boll's, dass das Auftreten der Fettkörnchenzellen aufzufassen sei als Theilerscheinung eines durchgreifenden, den ganzen Organis-

---

*) Es muss besonderes Gewicht darauf gelegt werden, dass dieses Verhältniss lediglich bei gesunden Individuen gefunden wird. Bei den verschiedensten Affectionen findet man häufig lange vor dem normalen Beginn der Markscheidenbildung innerhalb der marklosen Faserbündel sowohl eine Verfettung der Zwischensubstanz als zahlreiche Fettkörnchenzellen, nicht selten auch verfettete Gefässwände. Da besonders unter den zu früh geborenen Individuen die Zahl derer nicht gering ist, welche sich während ihrer Entwickelung unter pathologischen Verhältnissen befanden, so wird man sich nicht verwundern dürfen, wenn man vielfache Abweichungen von den oben als normal bezeichneten Verhältnissen beobachtet. Hierüber in der Folge mehr.

mus beherrschenden Princips, der überwiegenden Fettproduction in den
späteren Foetalperioden überhaupt, und dass die fettreichen Zellen bereits mit ihrem Inhalte beladen aus den Gefässen auswandern. Wir
müssten dann jedenfalls noch annehmen, dass an einzelnen Stellen,
speciell, wie wir zeigen werden, im Bereich einzelner Fasersysteme die
Bedingungen für die Emigration besonders günstig, in anderen besonders ungünstig sind. Forscht man nach den hierfür etwa vorhandenen
Ursachen, so erscheint es nur mit Hülfe schwachbegründeter Hypothesen möglich, eine befriedigende Lösung zu gewinnen. Man könnte daran
denken, dass zu einer bestimmten Zeit, welche für die einzelnen Systeme
nicht übereinstimmt, in der Entwickelung der Fasern ein Höhepunkt erreicht werde, wo der Stoffwechsel ein lebhafterer wird, und dass hierdurch die Blutgefässwände in einer die Emigration begünstigenden Weise
modificirt werden *).

Die scharfe Abgrenzung an Fettkörnchenzellen reicher und daran
armer Gebiete erklärt sich aber viel einfacher, wenn wir annehmen,
dass die Bildung der freien Fettkörnchen an Ort und Stelle erfolgt
und die Anhäufung von Zellen in den betreffenden Regionen nach sich
zieht, dass somit jener Moment mit diesem in dem umgekehrten Causalnexus steht, als von Boll angenommen wird. Wir brauchen jetzt nicht
mehr anzunehmen, dass innerhalb der fettkörnchenreichen Fasermassen
mehr Zellen das Gefässsystem verlassen als anderwärts, sondern nur, dass
die Existenz von freien Fettkörnchen im Stande ist, auf irgend welche
Weise die in der Nähe befindlichen amöboiden Elemente zu fixiren. In
wiefern diess geschehen könne, ergiebt sich aus folgenden Erwägungen.

Dass amöboide Zellen, welche sich innerhalb der freie Fettkörnchen
enthaltenden Fasermassen befinden, jene in sich aufnehmen und sich
hierdurch zu Fettkörnchenzellen umwandeln, erscheint nach unseren
sonstigen Erfahrungen über die Lebenseigenschaften solcher Zellen durchaus plausibel. Wenn sie nun darnach den Rayon der in der Markschei-

*) Wir begnügen uns mit diesem allgemeinen Hinweise, da es uns zu weit füh-
ren und von problematischem Werthe sein würde, den Einfluss des Stoffwechsels des
Parenchyms u. s. w. auf die Beschaffenheit der Gefässwände rein theoretisch zu betrachten. Es erscheint interessant, die Frage zu erörtern, ob nicht vielleicht der Eintritt der Funktion, also der Ablauf von Erregungsvorgängen in den reiferen Fasermassen
einen wesentlichen Einfluss auf den Stoffwechsel derselben auszuüben und so mittelbar in den weiter fortgeschrittenen Systemen Modificationen in der Structur der Gefässwände zu setzen vermag, welche in den weniger reifen Markabschnitten fehlen.

denbildung begriffenen Systeme nicht überschreiten, so kann diess seinen Grund haben einmal darin, dass für die Wanderung in der Längsrichtung die Verhältnisse stets günstiger sind, dass also die Zellen zwar
ihren Ort wechseln, aber da, wo verschiedene Systeme auf grössere
Strecken streng gesondert neben einander verlaufen, sich innerhalb derjenigen halten, in welchen sie Fettkörnchen aufgenommen. Diess ist
wohl nicht ganz unwahrscheinlich. Es erklärt sich aber hieraus immer
noch nicht, weshalb wir an der Grenze der Systeme auch da, wo z. B.
Gefässe von dem einen in das andere übertreten, wo Gewebsspalten
beider unmittelbar communiciren, dass auch da die Grenze eine scharfe
bleiben kann. Hier lässt sich lediglich eine Erklärung geben, wenn wir
annehmen, dass die Mobilität mit Fettkörnchen erfüllter Zellen geringer
ist als die davon freier lymphoider Elemente. Hinsichtlich der nur wenig
mit Fett erfüllten Zellen erscheint allerdings diese Annahme nur wenig
ansprechend; hinsichtlich der zu unförmlichen Klumpen angeschwollenen
Zellen würde sie durchaus nichts Gezwungenes an sich haben. Dass
hier die Vermehrung der Reibungswiderstände und der zu bewegenden
Masse einen Einfluss auf die Locomotionsfähigkeit ausüben muss, ist
wohl kaum zu bezweifeln [1]).

*) Es erscheint dieser Gesichtspunkt auch von Wichtigkeit für die Erklärung des
Auftretens zahlreicher Fettkörnchenzellen an circumscripten Stellen des Rückenmarkes
u. s. w. unter pathologischen Verhältnissen. Bekanntlich hat Türck gerade darauf hin
die Localisation der sogenannten secundären Degenerationen des Markes verfolgen können, dass die Fettkörnchenzellen in den weissen Strängen sich innerhalb der degenerirenden Theile halten. Auch hier haben wir, sofern sich unter den Fettkörnchenzellen zahlreiche Wanderzellen befinden, anzunehmen, dass diese, wenn beträchtlich mit
Fett erfüllt, weniger bewegungsfähig geworden sind. Es widerspricht dies allerdings
scheinbar den Angaben Stilling's, Boll's etc. Indess, wenn man die strenge Localisation erklären will, so hat man entweder überhaupt den Gedanken, dass man amöboide Elemente vor sich hat, ganz aufzugeben oder diesen doch, innerhalb des Orga-
nismus wenigstens, eine nur geringe Bewegungstendenz zuzuschreiben. (Wenn wir
die pathologisch auftretenden Fettkörnchenzellen und die bei der Markscheidenbildung
betheiligten neben einander stellen, so ist dies im Grunde genommen insofern nicht
völlig gerechtfertigt, als die chemische Identität der in beiden enthaltenen Substanz
nicht nachgewiesen ist. Dieselbe ist indess auf Grund der wenigen uns bekannten
Eigenschaften Beider nicht unwahrscheinlich). — Sofern wir nun zugestehen, dass wenigstens ein Theil der bei der Markscheidenbildung auftretenden Fettkörnchenzellen in fixe
Elemente sich umwandelt, unterliegt auch eine Erklärung des Umstandes keinerlei
Schwierigkeit, dass selbst mit dem Schwinden jener Zellen der Gesammtgehalt der
weissen Stränge an Zellen überhaupt nur wenig sich ändert. Wir haben nur anzunehmen, dass die Fettkörnchenzellen sich allmählig wieder ihres Inhaltes entledigen.

Es fragt sich nun, welche Rollen spielen die Zellen bei der Bildung der Markscheiden? Man könnte dieselbe als eine nebensächliche betrachten · und die interfibrillären Fettkörnchen einfach zu letzteren zusammenfliessen lassen; man könnte ferner den Fettkörnchenzellen lediglich die Rolle zuschreiben, das überschüssige Fett abzuführen. Der gewichtigste Umstand, welcher gegen letztere Ansicht spricht, ist der, dass eben mit dem Verschwinden der Fettkörnchenzellen der Gesammtzellengehalt des Markes sich nur wenig ändert. Nicht ohne Weiteres von der Hand weisen lässt sich auch die Ansicht, dass die Fettkörnchenzellen die interfibrillären Körnchen in sich aufnehmen, um sie schliesslich zu Marksubstanz verarbeitet wieder abzugeben. Im letzteren Falle würde ihnen eine besonders wichtige Rolle bei der Markscheidenbildung zufallen. Gerade die Discussion der letzteren Eventualität erscheint insofern von besonderer Wichtigkeit, als sich je nach ihrer Entscheidung die Stellung der Markscheiden im histologischen System richtet. Es liegt auf der Hand, dass, da wir die Fettkörnchenzellen als Elemente der Bindesubstanz betrachtet haben, die Markscheiden gleichfalls der Letzteren zuzurechnen sein würden, sofern jenen Zellen ein wesentlicher Antheil an ihrer Bildung zukäme. Die Markscheiden würden sich alsdann den Grundsubstanzen der Bindesubstanzreihe anschliessen. Anders, wenn wir uns die Substanz der Markscheiden völlig unabhängig von den Fettkörnchenzellen, vielleicht durch die Thätigkeit der als Protoplasmafäden aufzufassenden Axencylinder entstanden denken. Hier würden sie ein specifisch nervöses Element darstellen. Es ergiebt sich aus diesen Erwägungen wenigstens zur Evidenz, dass wir noch weit von einer irgend wie befriedigenden Kenntniss des Bildungsmechanismus der Markscheiden entfernt sind [*]).

Es erübrigt noch Einiges über die Beschaffenheit und Genese der centralen Bindesubstanz zu bemerken. Die Elemente derselben zeigen,

---

Die mit einer geringen Anzahl der fraglichen Körnchen erfüllten Zellen würden dann theils in der Fettaufnahme theils in der Fettabgabe begriffenen Elementen entsprechen.

[*]) Da die Markscheiden sich in den verschiedenen Abschnitten des centralen Markes zu verschiedenen Zeiten bilden, so müssen die Fettkörnchenzellen, falls ihr Auftreten mit dieser Bildung in innigem Connex steht, zu einer gegebenen Zeit an verschiedenen Orten in verschiedener Menge auftreten. Wir werden erst nach Darlegung der Gesetze, welche den topischen Ablauf der Markscheidenbildung beherrschen, erwägen, in wie fern zwischen letzterem und dem Auftreten der Fettkörnchenzellen in numerischer Hinsicht allenthalben streng gesetzmässige Beziehungen obwalten.

was Zahl und Structur anlangt, offenbar im Laufe der Entwickelung
beträchtliche Wandlungen. Eine besonders augenfällige coincidirt mit
dem Beginn der Markscheidenbildung. In den frühesten Stadien, wo
wir die Bindesubstanz beobachten konnten, wird sie repräsentirt durch
endothelartige Septa. Etwas später finden wir besonders in der Nähe
der Rückenmarksoberfläche innerhalb der weissen Stränge feine horizontal verlaufende cylindrische Gebilde, welche wir zum Theil als Bündel
leimgebender Fibrillen betrachten *). Von der *pia mater* aus einstrahlend,
begleiten sie die Gefässe, schieben sich ab und zu auch zwischen
kleinere Nervenfaserbündel ein und stehen mit platten, hautartigen Zellen
in Verbindung. Es hat also zu dieser Zeit das Bindegewebe einen
Charakter, wie ihn Ranvier vor Kurzem vom ausgebildeten Mark beschrieben hat. Die marklosen Fasermassen sind kurz vor dem Beginn
der Markscheidenbildung offenbar ein ganz besonders günstiges Terrain
für das Studium der ausser den nervösen Elementen noch vorhandenen
Gebilde, und es würden sich die zuerst von Deiters beschriebenen
fortsatzreichen Zellen (Deiters'sche Zellen, Boll) sicher wahrnehmen
lassen, wenn sie vorhanden wären. Dass die eiweissartige interfibrilläre
Zwischensubstanz bindegewebiger Natur ist, erscheint desshalb zweifelhaft, weil sie möglicherweise ohne Vermittelung von der Bindesubstanzreihe angehörigen Zellen (durch die formative Thätigkeit der Axencylinder?)
gebildet wird.

Mit dem Beginn der Markscheidenbildung, mit dem Auftreten zahlreicher Fettkörnchen erfahren die zelligen Elemente der Bindesubstanz
eine beträchtliche Vermehrung. Wir finden jetzt in Gestalt der interfibrillären Längsreihen Zellenconglomerate, welche offenbar den Schwann'-
schen Scheiden der peripheren Nerven an die Seite zu stellen sind, und
welche in der That zeitweise so dicht stehen, dass kaum eine Faser
ausser Berührung mit diesen Zellenketten zu sein scheint. Ob der Vermehrung der Zellen auch eine solche der faserigen Bindegewebselemente
entspricht, muss vor der Hand unentschieden bleiben, weil wir die in
der Markscheidenbildung begriffenen Faserbündel auf diese Verhältnisse
nicht genauer untersucht haben **).

---

*) Dass die fasrigen Elemente innerhalb der *Septa* ausschliesslich bindegewebiger Natur sind, nehmen wir nicht an, da die Existenz horizontal verlaufender
von nervösem Charakter an diesen Stellen nicht zu bezweifeln ist.

**) In wiefern sich aus unseren Befunden Schlüsse auf das ausgebildete Organ er-
geben, können wir zunächst nicht angeben, jedenfalls wird durch dieselben die Exi-

178 Zweiter Theil.

2. Ergebnisse hinsichtlich des Entwickelungsganges des centralen Markes im Ganzen.

Die oben mitgetheilten Einzelbefunde geben uns Kunde von einer Gliederung der ersten Anlage und weiteren Ausbildung des centralen Markes in seiner Gesammtheit, von welcher wir bislang so gut wie keine Kenntniss besassen[*]. Wir haben gefunden, dass umfangreiche Faserbündel noch vollständig fehlen können, wenn andere in späteren Perioden ihnen unmittelbar benachbarte der nämlichen Provinz bereits eine Massenentwickelung erlangt haben, auf die hin man sämmtliche Elemente derselben als vorhanden betrachten möchte. Wir beobachteten ferner, dass sich in einzelnen Fasergruppen keinerlei Anzeigen einer beginnenden Markumhüllung kundgeben, während solche, welche jene unmittelbar umgeben, bereits seit Monaten complete Markscheiden besitzen. Indem wir dazu schreiten, das einheitliche Gesetz darzulegen, welches all' diesen vielgestaltigen Bildern zu Grunde liegt, halten wir es für zweckmässig, von den Erscheinungen der zweiten Reihe, dem successiven Auftreten der Markscheiden in den verschiedenen Markabschnitten auszugehen.

a. Wir erörtern zunächst die Frage: Was ist in topographischer Hinsicht das wesentlich Charakteristische im Ablauf dieses Processes, beziehentlich: Was ist das Typische in der auf Grund der successiven Markscheidenbildung sich vollziehenden Gliederungen des centralen Markes?

Betrachten wir zunächst die compakteren Markmassen des Rückenmarkes und der *oblongata*, so heben sich aus denselben also im Laufe des Foetallebens eine Summe von Fasergruppen heraus, welche, hinsichtlich der Entwickelungshöhe ihrer Elemente sich wohl von einander unterscheidend, bei gleichaltrigen Individuen beziehentlich solchen, deren Alter innerhalb bestimmter Grenzen differirt, im Allgemeinen in gleichen Grössenverhältnissen wiederkehren. Diese Gruppen stimmen nun theils mit Faserzügen überein, welche man bereits auf Grund anderer Verhältnisse von anderen benachbarten sondern zu müssen geglaubt hat, z. B. die hinteren Längsbündel der *oblongata*, die Goll'schen Stränge des Halsmarkes u. s. w., theils hat man von ihrer Sonderexistenz, sofern man

stenz gewöhnlicher Bindegewebsbündel innerhalb der weissen Substanz auch des ausgebildeten Rückenmarkes sicher gestellt.

[*] In wiefern schon Tiedemann's Untersuchungen diesen Autor zu den unserigen ähnlichen Anschauungen führten, werden wir später darlegen.

von gewissen pathologischen Processen (den in der Folge näher zu betrachtenden „secundären Degenerationen" absieht), eine genauere Vorstellung noch nicht gewonnen. Die Fasern dieser von uns unterschiedenen Gruppen liegen theils dicht bei einander und bilden dann wohl abgegrenzte Massen, theils mischen sich die Fasern mehrerer Gruppen innig durch einander, wie dies besonders in der vorderen gemischten Seitenstrangzone der Fall ist.

Am Rückenmark haben wir so (der Zeitfolge der Markumhüllung nach geordnet) unterschieden: die Grundbündel der Vorderstränge, den nach Abzug der Goll'schen Stränge verbleibenden Theil der Hinterstränge, die vordere gemischte Zone der Seitenstränge (diese wiederum zerfallend in einen vor 25 ctm. und einen erst bei ca. 32 ctm. Körperlänge sich mit Mark umhüllenden Theil), die seitliche Grenzschicht der grauen Substanz, die Goll'schen Stränge, die directen Kleinhirn-Seitenstrangbahnen, die Pyramidenbahnen.

In der *oblongata* sonderten sich: die hinteren Längsbündel, die Keilstränge, die gemeinsame aufsteigende Wurzel des seitlichen gemischten Systems, die aufsteigende Trigeminuswurzel, die vorderen äusseren Längsbündel der *formatio reticularis*, die innere Abtheilung der Kleinhirnstiele, die zuerst sich umhüllenden Bündel der *corpora restiformia*, das Gros der in die *formatio reticularis* eingelassenen Längsbündel, die zwischen den grossen Oliven gelegenen des inneren motorischen Feldes, ein weiterer Theil der *corpora restiformia*, endlich die Pyramiden und ein inconstanter Theil der letztgenannten Gebilde.

Auch die Fasern der grauen Substanz und die Bogenfasersysteme der *oblongata* zeigten eine Differenzirung; doch war dieselbe weniger augenfällig als die der compacten Markmassen; wir werden später hierauf zurückkommen.

Es fragt sich nun: Was bedeuten diese Gruppen? Wir werden ohne Weiteres auf die richtige Spur geleitet, wenn wir uns dessen erinnern, was wir oben (S. 101) bei Beschreibung der ca. 12 ctm. *).

---

*) Wir verweisen hier und in der Folge, wo immer wir genau und kurz bezeichnen wollen, was wir unter „Pyramiden der *oblongata*" verstehen, auf die Befunde an den ca. 12 ctm. langen Früchten. Wir könnten mit ebenso viel Recht auf die 35 — 49 ctm. langen Individuen verweisen; indess ist einerseits dort die Sonderung ganz besonders schön, andrerseits haben wir gerade von jenen Früchten eine genauere Beschreibung der „Pyramiden" gegeben. — Wir sehen uns der Einfachheit halber genöthigt, in der Folge einige Sätze als bewiesen anzunehmen, deren nähere

langen Früchte über die Bedeutung der hier noch marklosen Strangtheile
des Rückenmarkes und der *oblongata* bemerkt haben. Es umfassten hier
(ebenso bei etwas kürzeren und längeren Individuen), wie im vorigen
Abschnitt wohl zur Genüge nachgewiesen worden ist, die noch marklosen
Faserbündel des Rückenmarkes, welche wir als „Pyramidenbahnen" bezeichneten, trotz ihrer mannigfach variirenden Vertheilungsweise stets
ausschliesslich die Fasern, welche durch die Pyramiden des verlängerten
Markes, des *pes pedunculi* u. s. w. mit dem Grosshirn in Verbindung
stehen. Obwohl wir nun die centrale Endigung dieser Leitungsbahn noch
nicht völlig befriedigend kennen, so erscheint es doch kaum zweifelhaft,
dass dieselben mit bestimmten circumscripten Anhäufungen grauer Substanz, insbesondere den Linsenkernen in Verbindung treten *). Sie unterscheiden sich durch dieses Verhalten wesentlich von allen übrigen bei
ca. 42 ctm. langen Früchten bereits markhaltigen Längsfasern der Rückenmarksstränge; denn die letzteren setzen sich, soweit sie nicht im Rückenmark selbst eine vorläufige Endigung finden, theils in Areale der *oblongata* fort, in welche wir die aus der Haube des Grosshirnschenkels
herabsteigenden Fasermassen zu suchen haben und treten hier vielleicht
schon, bevor sie das Grosshirn selbst erreichen, mit grauen Massen in
Verbindung; theils zweigen sie sich, wie wir dies insbesondere für die
„dickfaserigen zonalen Bündel" nachweisen werden, nach dem Kleinhirn
ab. Es führen somit die Pyramidenbahnen alle die Fasern, welche
eine directe Verbindung zwischen grauer Substanz des Rückenmarkes
und Ganglien des Hirnschenkelfusses herstellen. Die Pyramidenbahnen
stellen demnach eine systematisch in sich einheitliche Fasermasse dar.
Die Sonderung, welche bei 42 ctm. langen Früchten innerhalb der
Rückenmarksstränge und der *oblongata* vorhanden, s t e l l t eine S o n d e -

---

Begründung wir erst im folgenden Theil versuchen werden. Wir werden hier auch
ausführlicher auf die Grenzen der von uns unterschiedenen Fasergruppen, auf ihren
Umfang in verschiedenen Höhen u. s. w. eingehen und verweisen wir behufs genauerer
Orientirung über dieselben auf die dort niedergelegten Ansichten.

*) Dass die Fasern der Pyramiden zum grossen Theil in die Linsenkerne eintre-
ten, ist wohl im Hinblick auf in der Folge noch näher zu würdigende pathologische
Erfahrungen als eine gesicherte Thatsache zu betrachten; zweifelhaft ist die Stellung
ersterer zu den *nuclei caudati.* Dieselben entsenden zwar Fasern in den Hirnschenkelfuss; indess ist es nicht sicher, dass dieselben bis in die Pyramiden herabgelangen, da
sie in der Brücke sich abzweigen, beziehentlich ein vorläufiges Ende finden können.
Die pathologisch-anatomische Erfahrung spricht eher für letzteres.

rung nach Fasersystemen*) dar, sofern wir unter einem solchen den Inbegriff aller zwischen gleichwerthige Endapparate (beziehentlich vorläufige Endpunkte) eingeschalteten Fasern verstehen **).

Es finden sich demnach bei genannter Länge unter den marklosen Fasern solche, welche mit bereits markhaltigen gleichwerthig sind, höchst wahrscheinlich nicht.

Es entsteht nun die Frage, lassen sich auch die übrigen von uns unterschiedenen Gruppen als in sich einheitliche Systeme (beziehentlich Complexe mehrerer vollständiger Systeme) auffassen? Es lässt sich der Systemcharakter in der That noch für einige andere jener Gruppen in hohem Grade wahrscheinlich machen. Die dickfaserigen zonalen Seitenstrangbündel, welche sich in so fern auf Grund der Markscheiden-bildung herausheben, als sie später denn die vordere gemischte Seiten-strangzone und weit eher denn die Pyramidenbahnen sich mit Mark um-hüllen, führen, wie wir, in der Folge noch ausführlicher darlegen wer-den, höchst wahrscheinlich ausschliesslich Fasern, welche die graue Sub-stanz des Rückenmarkes (vielleicht speciell die Clarke'schen Säulen?) mit Kleinhirncentren in Verbindung setzen; ein Verhalten, auf das hin wir sie gerade zu als directe Kleinhirn-Seitenstrangbahnen bezeichnet

---

*) Dieser Satz wird, wie leicht einzusehen, auch nicht erschüttert, sofern sich er-geben sollte, dass die *nuclei caudati* und (wie Huguenin einmal a. a. O. S. 121 als wahr-scheinlich, dann (S. 207) als ,,zweifellos'' angiebt, die Rinde der Stirnlappen Fasern in die Pyramiden entsenden. Es steht dann bei 12 clin. eine Systemgruppe (s. die folg. Anm.) einer anderen gegenüber, die Sonderung ist immer noch eine solche nach Systemen.

**) Dem Begriff Fasersystem haftet, wie man ihn auch fassen mag, immer etwas Willkürliches an, und es bietet vom rein morphologischen Standpunkte aus eine völlig befriedigende Definition grosse Schwierigkeiten dar. Wir können den Begriff offenbar weiter oder enger fassen, je nachdem wir darunter Fasermassen verstehen, welche an gleichsinnigen Endpunkten) mit völlig gleichwerthigen Endapparaten sich verbinden oder mit verschiedenartigen, jedoch entweder innerhalb derselben Abtheilung der Nervencentren gelegenen oder sonst in näherer Beziehung stehenden grauen Massen. Wir werden im ersteren Sinn handeln, wenn wir z. B. die aus dem Linsenkern in den Hirnschenkelfuss gelangenden Fasern als ein System bezeichnen; im letzteren Sinn, wenn wir z. B. sämmtliche im Hirnschenkelfuss verlaufende Fasern im Gegen-satz zu denen der Hirnschenkelhaube als System zusammenfassen. Entscheiden wir uns für die erstere Definitionsweise, so ist der Hirnschenkelfuss als eine Systemgruppe zu betrachten. Wir halten dieselbe in der That für zweckmässiger und richtiger und haben sie daher acceptirt. Wir verhehlen uns hierbei nicht, dass wir im Grunde ge-nommen zunächst nur rein fictiv von Systemen sprechen können, da wir von keinem derselben den Umfang, die Zahl der fasrigen Elemente und gleichzeitig alle demselben angehörigen Endapparate vollkommen zu überschauen im Stande sind.

haben. Gerade für die Fasern dieser Bündel sind wir im Stande, eine übereinstimmende Verbreitungsweise in der grauen Substanz des Rückenmarkes einerseits, ein gleiches Verhalten innerhalb der Seitenstränge, einen gleichen Verlauf in der *oblongata* u. s. w. nachzuweisen. Rechnen wir hierzu noch, dass diese Bündel durch ihr gleichmässig starkes Caliber sich gegen die Zeit der Geburt im Halsmark ganz scharf von allen sonstigen Theilen der Seitenstränge abheben, so erscheint es kaum mehr zweifelhaft, dass wir Elemente von übereinstimmender systematischer Bedeutung vor uns haben *).

Aehnliches gilt auch wohl von den gegen 28 ctm. sich mit Mark umhüllenden Theilen der Hinterstränge, den Goll'schen Strängen. Das in der Regel so gleichmässige Fasercaliber derselben, ihr Ursprung in der grauen Substanz, endlich ihr Verhalten zu den am oberen Ende des Markes auftretenden „Kernen der zarten Stränge" machen es wahrscheinlich, dass die Elemente derselben in übereinstimmender Weise eine von den übrigen Theilen der Hinterstränge differirende Stellung einnehmen.

Die zwei ersten Glieder der angeführten Fasergruppe haben das Gemeinsame, dass sich an ihnen eine continuirliche Querschnittszunahme in der Richtung von unten nach oben beobachten lässt. Es harmonirt hiermit vollständig, dass wir dieselben lediglich durch nach aufwärts umbiegende Fasern mit der grauen Substanz in Verbindung treten sehen. Wir haben hier Fasermassen vor uns, welche offenbar lange Leitungsbahnen darstellend, bestimmte ausserhalb des Rückenmarkes gelegene und höchst wahrscheinlich je auf einen verhältnissmässig kleinen Raum zusammengedrängte Centra mit Apparaten, welche durch die verschiedensten Höhen des Rückenmarkes zerstreut sind, in Verbindung setzen.

Hinsichtlich der Goll'schen Stränge lässt sich vielleicht ein ähnliches Verhalten annehmen. Wir können zwar dieses System nicht über

---

*) Es gehört zu den von uns als directe Kleinhirnbahnen bezeichneten compacteren Fasermassen eine Anzahl insbesondere unter die Pyramiden-Seitenstrangbahnen gemischter einzelner Fasern, welche im unteren Dorsalmark besonders zahlreich sind und hinsichtlich ihrer qualitativen Entwickelungshöhe stets vollständig mit den Fasern der compacten Theile der directen Kleinhirn-Seitenstrangbahnen übereinstimmen. Gerade das Verhalten dieser Fasern, welche man auf den ersten Blick auf Grund ihrer Lage zu den Pyramidenbahnen rechnen möchte, spricht für den streng systematischen Charakter der auf Grund der Markscheidenbildung sich vollziehenden Sonderung. Wir werden im folgenden Theile wieder hierauf zurückkommen.

so lange Strecken verfolgen wie die letzterwähnten; indess soweit wir
dasselbe genauer überblicken können (im Hals- und oberen Dorsalmark),
ist auch hier eine Querschnittszunahme von unten nach oben vorhanden.
Es erscheinen diese Eigenschaften der genannten Systeme von Wichtigkeit, wenn wir die Frage erwägen, was hinsichtlich der meisten noch
übrig bleibenden Fasergruppen als irgend wie beweisend für
den Systemcharakter derselben aufgeführt werden könne.

Die Grundbündel der Vorderstränge, die nach Abzug der
Goll'schen verbleibenden Theile der Hinterstränge (Keilstränge), die vordere gemischte Seitenstrangzone haben mit einander gemein, dass
ihr Querschnitt in verschiedenen Höhen des Rückenmarkes der
Menge der eintretenden Nerven entsprechende Schwankun-
gen zeigt; in den Anschwellungen ist derselbe beträchtlicher als an anderen Stellen. Es lässt sich dieses Verhalten nicht anders deuten, als
dass ein grosser Theil der in diesen Bezirken enthaltenen Längsfasern
nur vorübergehend kürzere oder längere Strecken daselbst verweilt und
bereits innerhalb des Rückenmarkes die weissen Stränge wieder verlässt.
Es gehen diese Fasern also auch mit ihrem oberen, dem Gehirn zugekehrten Ende, in die graue Substanz des Rückenmarkes über und
finden hier wohl meist ein vorläufiges Ende, da die in letzterer Substanz
aufsteigenden Fasern oberhalb der Anschwellungen nicht eine so beträchtliche Mengenzunahme erfahren, dass man sie als die eigentliche Fortsetzung jener ersterwähnten Fasern betrachten könnte.

Es steht also ein grosser Theil der Fasern, welche innerhalb der
Grundbündel der Vorderstränge, der äusseren Hinterstränge und der
vorderen gemischten Seitenstrangzone enthalten sind, nicht direct mit
ausserhalb des Markes gelegenen Centren in Verbindung. Wir haben
vielmehr, wie auch die Beobachtung unmittelbar an die Hand giebt hier
solche Fasern zu suchen, welche theils die graue Substanz des Rückenmarkes mit peripheren Endorganen (nachgewiesen ist dies für einen grossen Theil der in den äusseren Hintersträngen enthaltenen, aus den hinteren Wurzeln stammenden und der in der Umgebung der Vorderhörner
gelegenen, aus den vorderen Wurzeln hervorgehenden Fasern) theils
verschiedene Höhen des Rückenmarkes unter einander verknüpfen. Hierdurch erhalten nun offenbar auch die in Rede stehenden Fasergruppen
wenigstens im Gegensatz zu den ersterwähnten eine specifische Stellung
im Gesammtsystem. Dieselbe ist für die einzelne Gruppe wenigstens zum
Theil wiederum in charakteristischer Weise markirt durch die Verbin-

dung mit bestimmten Wurzelfasergattungen beziehentlich durch die gekreuzte oder ungekreuzte Verbindung mit denselben *).

Man wird gegen den Systemcharakter der in Rede stehenden Gruppen nicht einwenden können, dass muthmasslich nur einem Theile ihrer
Fasern in übereinstimmender Weise die angegebene Stellung zukommt,
während ein anderer nicht unbeträchtlicher Antheil dadurch, dass er in
die *oblongata* übergeht, sich von jenem verschieden erweist. Es dringt
allerdings eine nicht unbeträchtliche Menge der Keilstrangfasern bis zu
den gleichnamigen Kernen der *oblongata* vor, um hier entweder zu enden
oder einfach die Richtung ändernd als *fibrae transversales* nach vorn zu
treten; von den Fasern der vorderen gemischten Seitenstrangzone ferner
gelangt ein Theil in die vordersten Abschnitte der *formatio reticularis*
beziehentlich in die Region der grossen Oliven und der Seitenstrangkerne;
Fasern der Vorderstranggrundbündel endlich gehen über in die hinteren
Längsbündel der *oblongata*. Von diesen Fasern ist offenbar eine allerdings schwer zu schätzende Anzahl nicht sowohl als identisch mit Fasern
aufzufassen, welche in tieferen Regionen des Rückenmarkes in den entsprechenden Gruppen enthalten sind, denn vielmehr als denselben
g l e i c h w e r t h i g, da wir ja auch in der *oblongata* dem Rückenmark
gleichwerthige Centren zu suchen haben. Die Existenz d i e s e r Fasern
würde also den Systemcharakter der von uns unterschiedenen Gruppen
offenbar nicht erschüttern.

Aber auch die Existenz andersartiger, mit ihnen innig vermischt verlaufender Fasern, welche, wie dies besonders in der vorderen gemischten Seitenstrangzone und in den Keilsträngen der Fall zu sein scheint,
zu s p e c i f i s c h e n C e n t r e n der Oblongata gelangen, ist desshalb
kein Beweis gegen den durchgreifenden Systemcharakter der uns interessirenden Sonderung, weil wir in der vorderen gemischten Zone
ja in der That zwei durch die Entwickelung hinreichend sich unter-
scheidende Fasergattungen beobachten konnten, deren jede vielleicht
systematisch gleichwerthige Elemente umfasst. Ueberdiess sondern sich

---

*) Soweit sich unsere Beobachtungen auf die Entwickelungsgeschichte beziehen,
gestatten sie uns eine Trennung der Grundbündel der Vorderstränge von der vorderen
gemischten Seitenstrangzone nicht. Indess ist eine solche wenigstens zum Theil geboten durch das differente Verhalten der in einer jeden dieser Gruppen vorhandenen
Fasern zur *oblongata*. Auch das differente Verhalten bei der ersten Entstehung, auf
welches wir in der Folge noch zurückkommen werden, lässt eine Scheidung nicht
ungerechtfertigt erscheinen.

möglicher Weise die Keilstränge in Perioden, welche wir nicht zu beobachten Gelegenheit hatten, gleichfalls in mehrere Fasergruppen [*)].

Es gelten die eben dargelegten gesetzmässigen Beziehungen nicht
lediglich für die Bestandtheile der compacten Markmassen sondern auch
für die Faserzüge innerhalb der grauen Substanz. Diejenigen, welche
mit den Keilsträngen und den vorderen gemischten Seitenstrangzonen
unmittelbar zusammenhängen, erhalten eher Markscheiden, als die Bündel
aus der Gegend der CLARKE'schen Säulen in die Seitenstränge, welche
mit der directen Kleinhirnbahn in Verbindung stehen; Letztere wiederum
eher als die Fasern aus den Pyramidenbahnen in die graue Substanz.
Gerade die an zweiter Stelle erwähnten Bündel sind durch ihren Verlauf so charakteristisch von allen anderen unterschieden, dass sie schon
deshalb als besondere Systeme zu betrachten sein dürften.

Was die Oblongata anlangt, so ist die z. B. bei 42 ctm. langen
Individuen vorhandene Differenzirung in markhaltige und marklose
Bündel völlig gleichwerthig der zur selben Zeit im Rückenmarke auftretenden. Es sind in ersterer lediglich die Pyramiden beziehentlich die
aus denselben hervorgehenden Faserbündel noch marklos. Dass es im
Laufe der Markscheidenbildung zu einer Zerlegung des *corpus restiforme*
in zwei, beziehentlich drei Abtheilungen kommt, spricht gleichfalls nicht

---

[*)] Letztere Annahme würde natürlich rein willkürlich erscheinen müssen, wenn
wir sie rein hypothetisch, nur um das Princip zu retten, aufstellten; in Wirklichkeit
lassen sich aber in der Folge näher darzulegende Gründe für ihre Richtigkeit beibringen. — Es dürfte wohl nicht überflüssig sein, auch darauf hinzuweisen, dass der Befund
eines a l l e n t h a l b e n p r i n c i p i e l l ü b e r e i n s t i m m e n d e n C h a r a k t e r s der Sonderung in so fern von vorn herein etwas Ansprechendes hat, als es höchst befrem-
dend sein würde, wenn das wenigstens partiell so scharf ausgeprägte Princip sich nicht
als ein durchgreifendes erweisen sollte. — Wir haben darauf verzichtet, den Charakter
der s e i t l i c h e n G r e n z s c h i c h t festzustellen. Vorbehältlich weiterer Mittheilungen
über dieselbe sei hier nur bemerkt, dass sich ein irgendwie befriedigendes Urtheil
über ihre Bedeutung besonders desshalb nicht gewinnen liess, weil ihr Verhalten im
Lendenmark zur Zeit, wo sie sich in höheren Regionen gut sonderte, auf Grund des
mangelhaften Untersuchungsmateriales nicht festgestellt werden konnte. Die Deutung
dieser Formation muss aber wesentlich anders ausfallen, wenn sie im Lendenmark
noch vorhanden ist, als wenn sie hier völlig fehlt; in dem ersteren Falle wieder verschieden, je nachdem ihr Querschnitt hier grösser oder kleiner ist als im Dorsalmark.
Denn davon hängt es ja hauptsächlich ab, ob wir in ihr eine l a n g e Leitüngsbahn
ähnlich den 3 zuerst erwähnten o d e r eine k u r z e, ähnlich den zuletzt geschilderten
zu erblicken haben. Das was hinsichtlich ihrer Bedeutung angeführt werden könnte,
widerspricht der Allgemeingültigkeit des systematischen Charakters der entwickelungsgeschichtlichen Sonderung nicht, worüber in der Folge mehr.

gegen das ausnahmslose Walten des mehrfach angedeuteten Principes.
Der zuerst sich mit Mark umhüllende Theil führt ja offenbar Fasern von
ganz anderer systematischer Bedeutung, als der in der Folge sich umhüllende, indem jene direct mit den Seitensträngen des Rückenmarkes (directe Kleinhirnbahn), diese sehr wahrscheinlich mit den
grossen Oliven in Verbindung stehen, auf keinen Fall aber directe
Fortsetzungen irgend welcher Seitenstrangfasern bilden; der dritte, sich
zuletzt umhüllende, inconstante Theil setzt sich aus Elementen zusammen, welche in der Bahn der Pyramiden herabgestiegen zum Kleinhirn zurückkehren. Die Fasern der aufsteigenden Trigeminuswurzeln,
welche über den ganzen Querschnitt allenthalben gleiche Verhältnisse
zeigen, sind schon in Hinblick auf ihre peripheren Verbindungen als
systematisch einander nahe verwandt zu betrachten. Das *corpus trapezoideum*, welches weit eher in allen seinen Fasern markhaltig erscheint,
als die eigentlichen *crura cerebelli ad pontem*, insbesondere auch die ihm
unmittelbar benachbarten Bündel derselben, nimmt durch seine Beziehungen zu den oberen Oliven gegenüber dem nur erwähnten System
eine wohl markirte Sonderstellung ein.

Es dürfte aus dem Angeführten zur Genüge hervorgehen, dass wo
überall wir die systematische Bedeutung der Elemente zu erkennen im
Stande sind, welche die von uns unterschiedenen Gruppen bilden, wir
zu der Ansicht gelangen, dass diese Gruppen entweder in sich einheitliche Fasersysteme oder eine Combination einer höchst wahrscheinlich
geringen Anzahl völlig completer Systeme darstellen, dass also die von
uns auf Grund der successiven Markscheidenbildung beobachtete Gliederung des centralen Markes durchgängig als
eine systematische zu betrachten ist. Wir bezeichnen diese gesetzmässige Beziehung als das Princip der systematischen Gliederung der centralen Fasermassen auf Grund der Markscheidenbildung.

b. Es fragt sich nun weiter, wie muss sich der Ablauf der
Markscheidenbildung an den verschiedenen Fasergruppen in Sonder-
heit an den Fasern jeder einzelnen zeitlich gestalten, damit es zu
einer Heraushebung der Systeme kommt? Das Einfachste wäre,
dass sich alle Fasern eines Systems und zwar in ihrer ganzen Länge
gleichzeitig, die verschiedenen Systeme aber successiv mit Markscheiden
umhüllten. Prüfen wir hierauf unsere Befunde, so ergiebt sich Folgendes. Einzelne Systeme sondern sich desshalb, weil sie eher als alle

anderen umgebenden markhaltig sind. Zu diesen gehören in der Oblongata die hinteren Längsbündel, Keilstränge, die gemeinsamen aufsteigenden Wurzeln des seitlichen gemischten Systems; in dem Rückenmark die Grundbündel der Vorderstränge, die eine der in der vorderen gemischten Seitenstrangzone enthaltenen Fasergruppen, die Keilstränge beziehentlich ihre Aequivalente in den unteren Markregionen. Diese Systeme so wie ein wenigstens sehr grosser Theil der Wurzelfasern und einzelne Faserzüge der grauen Substanz erschienen bereits bei dem 25 ctm. langen Foetus markhaltig. Da sich in der vorhergehenden Periode eine grosse Lücke im Untersuchungsmaterial findet, so lässt sich hier nicht entscheiden, ob die Markscheiden in der ganzen Länge dieser Systeme und an allen Fasern gleichzeitig aufgetreten sind. Suchen wir zur Entscheidung dieser Frage die Beobachtungen an den in der Folge sich mit Mark umhüllenden Fasermassen heranzuziehen, so sind auch diese nicht unzweideutig. Bei einzelnen derselben gewinnen wir den Eindruck, als ob in der That die Markscheiden in der ganzen Längenausdehnung gleichzeitig aufträten, an anderen aber — es sind diess insbesondere Pyramiden und Pyramidenbahnen sowie die aufsteigenden Trigeminuswurzeln — breitet sich die Markumhüllung von dem einen Endpunkte des Fasersystems her über dasselbe aus. Der letztere Befund ist um so beachtenswerther, als die Pyramidenbahnen im Grunde genommen das System bilden, welches Dank der hierfür zureichenden Beschaffenheit des Materials genauer in seiner Entwicklung verfolgt werden konnte. Für die Periode, welche einem Längenwachsthum von 25 bis 32 ctm. entspricht, finden sich ja gleichfalls im Untersuchungsmaterial beträchtliche Lücken. Wir werden durch diese Erfahrungen jedenfalls veranlasst, auch für die anderen Systeme es nicht sofort als das Wahrscheinlichste zu betrachten, der systematische Charakter der Sonderung sei darin begründet, dass alle Fasern eines jeden Systems gleichzeitig und in ihrer ganzen Länge complete Markscheiden erhalten. Es ist vielmehr auch für die Systeme ausser den Pyramidenbahnen die Möglichkeit festzuhalten, dass zwischen dem ersten Auftreten completer Markscheiden im Rayon eines Systems und der Markumhüllung aller Fasern desselben ein noch näher zu bestimmender Zeitraum vergeht. Diese Zeit kann aber nur eine verhältnissmässig kurze sein, da wir jeweilige Differenzen an verschiedenen Punkten eines dieser Systeme nur in beschränktem Maasse nachweisen konnten und auch die Beobachtung der Markscheidenbildung an den Pyramidenbahnen jenes lehrt. Jene Zeit muss so kurz sein,

dass eben schon bei Lücken im Untersuchungsmaterial, welche vielleicht
nur einer oder wenigen Wochen entsprechen, der Schein entsteht, es
finde das Hervortreten completer Markscheiden, in der ganzen Länge und
an allen Fasern eines Systems gleichzeitig statt *).

---

*) Wir haben offenbar zu unterscheiden zwischen der Ausbreitung der Markschei-
den in der Längs- und Querrichtung eines Systems. Es dürfte zweckmässiger sein,
auf die hierbei denkbaren Modificationen hinzuweisen, wenn dieselben auch sämmtlich
hypothetischer Natur sind.

Die Markumhüllung kann, was die Ausbreitung an dem einzelnen System anlangt, nach allgemeingültigen Gesetzen erfolgen oder gesetzlos. Gesetze ersterer Art
könnten sein: 1. dass sich in gleichen Zeiten an den Fasern aller Systeme gleich grosse
Strecken umhüllen; 2. dass die Markumhüllung an allen Fasern eines Systemes von
gleichsinnigen Endpunkten ausgeht. Betrachten wir nun, wie sich unter solchen Verhältnissen (und nur die Allgemeingültigkeit dieser Gesetze vorausgesetzt werden wir
den Process überhaupt in befriedigender Weise zu analysiren vermögen) der Ablauf
der Markumhüllung an verschiedenen Systemen äussern wird, so ergiebt sich, dass dies
verschieden ausfallen wird, jenachdem

1. die Systeme aus kurzen oder langen Fasern bestehen,

2. je nachdem ihre Endpunkte, von denen aus die Markumhüllung beginnt, über
weite Strecken verbreitet oder concentrirt gelagert sind.

Von den Pyramidenbahnen wissen wir, dass sie lange Leitungsbahnen darstellen,
dass ihre Endpunkte zum grössten Theil im Linsenkern concentrirt sind; und dementsprechend beobachten wir auch, dass die Markumhüllung über den ganzen Querschnitt
in annähernd gleicher Front nach abwärts schreitet und dass die obersten Regionen
bereits markhaltig sind, bevor dies in den unteren auch nur mit einer Faser der Fall ist.
Anders an Fasersystemen, deren Elemente nur auf kurze Strecken in der weissen
Substanz verlaufen und verschiedene Höhen des Rückenmarkes unter einander verbinden. Sofern die Markumhüllung auch hier den oben angegebenen Gesetzen folgt, werden dieselben bald nach dem ersten Beginn der Markumhüllung in der ganzen Länge
des Markes complet markhaltig sein können; es wird scheinbar die Markumhüllung an
allen Fasern in deren ganzer Länge gleichzeitig erfolgen.

Die Fasern der Kleinhirn-Seitenstrangbahn treten aus der Gegend der CLARKE'schen
Säulen in die Seitenstränge ein und biegen alsbald in die Längsrichtung um. Im Halsmark
liegen Fasern in denselben neben einander, welche theils aus der Gegend des obersten,
theils des untersten Endes dieser Säulen kommen. Diese Fasern werden nicht gleichzeitig auf der ganzen Strecke markhaltig werden können, sofern im ganzen System die
Markumhüllung von den CLARKE'schen Säulen ausgehen und sich an allen Fasern mit
gleicher Geschwindigkeit ausbreiten sollte. Es wird somit an Querschnitten durch das
Halsmark den Anschein gewinnen können, als ob die Markumhüllung an den verschiedenen Fasern des betr. Systems successiv begönne u. s. w.

Aus diesen Erwägungen dürfte wenigstens das Eine hervorgehen, dass selbst bei
auf den ersten Blick differentem Verhalten verschiedener Systeme hinsichtlich des Ablaufes der Markscheidenbildung, doch alle sehr wohl dem nämlichen Princip folgen
können, dass wir somit selbst aus beträchtlichen Differenzen der äusseren Erscheinung

Aus dem Angeführten geht hervor, dass die centralen Fasermassen desshalb im Laufe der Markscheidenbildung in Systeme zerlegt werden, weil während eines gegebenen Zeitraums immer nur die Fasern, welche zu einem oder zu mehreren bestimmten Systemen gehören, Markscheiden erhalten, weil also die Umhüllung der verschiedenen Systeme meist successiv erfolgt, und weil die Zeit, welche vergeht zwischen dem Beginn in verschiedenen Systemen, vielfach grösser ist als die, welche zur completen Umhüllung des einzelnen erforderlich ist. Wir bezeichnen diese gesetzmässige Beziehung als das **Princip des systemweisen Ablaufes der Markscheidenbildung.**

Es sind somit die Differenzen, welche wir an den Fasern irgend einer Markregion hinsichtlich der Zeit der Markumhüllung treffen, nicht Erscheinungen rein lokaler Natur, sondern Theilerscheinungen eines allgemeinen durchgreifenden Princips. Es erklärt sich hieraus, wesshalb vielfach Fasermassen, welche sehr weit von einander entfernt sind, hinsichtlich ihrer Entwicklungshöhe ein mehr übereinstimmendes Verhalten

---

nicht sofort auf ein principiell variabeles Verhalten der einzelnen Systeme schliessen dürfen.

Es ist hier offenbar noch eine weit genauere Untersuchung des Entwickelungsganges nothwendig, als sie von uns ausgeführt worden; andererseits ist es aber auch nothwendig, vorerst eine eingeheendere Kenntniss des Baues der Nervencentren, der Verbindung der Systeme mit grauen Massen u. s. w. zu erwerben. Es wird sich in der Folge ergeben, dass eine genaue Entscheidung der angeregten Fragen, ob also die Markscheidenbildung stets gleichzeitig an correspondirenden Stellen aller Fasern eines Systems auftritt, von grosser Wichtigkeit ist im Hinblick auf die aus der Markscheidenbildung abzuleitenden Rückschlüsse auf die erste Anlage der Fasern. — Aus der Annahme, dass vom ersten Auftreten completer Markscheiden innerhalb eines Systems bis zur vollkommenen Umhüllung desselben eine bestimmte Zeit verfliesst, ergiebt sich auch, dass wir innerhalb der Periode, wo die Sonderung überhaupt statt hat, nicht nothwendigerweise zu allen Zeiten einen durchgreifend-systematischen Charakter derselben antreffen werden. Es können dann, indem auf dem nämlichen Rückenmarksquerschnitt die Fasern des nämlichen Systemes zum Theil markhaltig zum Theil marklos sind, Fasern eines Systemes denen eines anderen mehr gleichen, als solchen des eigenen. Eine Andeutung dieses Verhaltens fand sich bei dem Zwilling von 30 ctm., wo die Goll'schen Stränge im Halsmark zum Theil markhaltig zum Theil marklos erschienen. Um den günstigsten Zeitpunkt der Sonderung zu erkennen, ist es somit wohl nothwendig, jedes System während eines längeren Zeitraumes zu beobachten. Wenn wir bei der geringen Anzahl der uns zu Gebote stehenden Foeten von 15—30 ctm. die Sonderung der Goll'schen Stränge von den Keilsträngen, der seitlichen Grenzschicht von der vorderen gemischten Zone gut beobachten konnten, so ist hier vielleicht ein günstiger Zufall im Spiele.

zeigen, als solche, welche unmittelbar einander benachbart sind und unter denselben localen Einflüssen stehen. Jenes sind systematisch gleichwerthige Elemente, diese nicht. Die Zeit, zu welcher eine an einem gegebenen Orte vorhandene Faser in die Markumhüllung eintritt, hängt lediglich ab von der systematischen Bedeutung derselben, nicht von ihrer Lagerung an sich.

c. Es fragt sich nun weiter, wesshalb bilden die einzelnen Systeme hinsichtlich der Markscheidenbildung gewissermassen Einheiten, wesshalb zeigen selbst weit entfernte Punkte eines solchen weit mehr Uebereinstimmung als unmittelbar benachbarte Theile verschiedener Systeme.

Dass überhaupt verschiedene Fasergruppen zu verschiedenen Zeiten die durch das Auftreten completer Markscheiden markirte Entwicklungsstufe erreichen, dafür giebt es von vorn herein verschiedene Erklärungsmöglichkeiten. Es kann entweder an verschiedenen Fasersystemen die Zeit verschieden sein, welche verfliesst zwischen der ersten Anlage der Fasern und der Erreichung jenes Höhepunktes; oder es kann diese Zeit gleich sein, aber die Anlage zu verschiedenen Zeiten erfolgen, oder drittens: es können beide Werthe variiren.

Um hier eine völlig befriedigende Entscheidung zu treffen, würde es strenggenommen nothwendig sein, für jedes einzelne System den Ablauf der Entwicklung in allen Phasen zu verfolgen und insbesondere die Zeit zu bestimmen, welche zwischen der ersten Anlage und der Markumhüllung verfliesst. Wir waren leider nicht in der Lage, dies in völlig erschöpfender Weise zu thun. Für diejenigen Fasersysteme, von welchen wir die Zeit der ersten Anlage kennen, können wir die Zeit des Auftretens der Markscheiden nicht genau angeben (es sind diess alle bei 25 ctm. bereits markhaltigen Systeme); und umgekehrt von denjenigen Systemen, von denen wir genau die Markumhüllung verfolgen konnten, ist uns die Zeit der ersten Anlage nicht genau bekannt (Pyramiden, Pyramidenbahnen). Nichts desto weniger erscheint es nicht überflüssig, zu erwägen, in welcher Weise Alles das, war wir zur Entscheidung herbeizichen können, sich zu jenen Fragen stellt. Wir können uns wenigstens ein einigermaassen begründetes Urtheil darüber bilden, welcher von jenen Einflüssen vorwiegend in Betracht kommt.

Was die von uns selbst über die Zeit der ersten Anlage bestimmter Fasermassen gemachten Beobachtungen anlangt, so betreffen dieselben lediglich die Pyramiden und Pyramidenbahnen.

Wir haben oben gezeigt, dass noch bei 12 ctm. langen Embryonen

die ersteren sicher, die letzteren wahrscheinlich völlig fehlen, während
alle anderen (unsicher bleibt im Rückenmarke bloss die Existenz der zuletzt sich umhüllenden Fasern der vorderen gemischten Seitenstrangzone)
bereits vorhanden sind. Es entstehen somit die sich zuletzt mit
Mark umhüllenden Fasersysteme des Rückenmarkes und der Oblongata
beträchtlich später als alle anderen derselben. Was diese Letzteren
wiederum anlangt, so erhalten wir beachtenswerthe Aufschlüsse über
ihre Entstehungszeit in den oben ausführlich mitgetheilten Befunden von
KÖLLIKER. Es ergiebt sich aus denselben, dass im Bereich derjenigen
Fasermassen, welche bereits bei 25 ctm. Körperlänge, also bei dem jüngsten uns zu Gebote stehenden und hier in Betracht kommenden Fötus
markhaltig gefunden wurden (Grundbündel der Vorderstränge, vordere
gemischte Seitenstrangzone, äussere Hinterstränge), eher eine Faseranlage stattfindet, als im Bereich der sich später umhüllenden Theile
der Hinter- und Seitenstränge, also der GOLL'schen Stränge und directen Kleinhirn-Seitenstrangbahnen. Die ungleichzeitige Anlage der GOLL'-
schen und äusseren Hinterstränge ist besonders evident und bedarf
weiter keines Beweises. Dass aber die directen Kleinhirnseitenstrangbahnen später entstehen als wenigstens ein grosser Theil der in der
vorderen gemischten Seitenstrangzone enthaltenen Fasern, geht daraus
hervor, dass der hintere, die Verbindung zwischen Vorderseiten- und
Hinterstranganlage herstellende Theil der Seitenstränge erst nach der
vorderen gemischten Zone hervortritt. Dass dieser Theil aber lediglich die
Kleinhirnseitenstrangbahn umfassen könne, müssen wir daraus schliessen,
dass die Pyramidenbahnen, welche im grössten Theil des Rückenmarkes
(besonders in dem von KÖLLIKER abgebildeten Halsmark) allein noch in
Betracht kommen könnten, sich erst später bilden. Ausser den genannten zwei Bahnen findet sich in der hinteren Seitenstranghälfte ein irgend
wie umfangreiches andersartiges Bündel nicht. *) Auch die vorderen und
hinteren Wurzelfasern und die vordere Commissur, welche bereits bei
25 ctm. Länge überwiegend markhaltig sind, entstehen früher als die in
der Folge sich mit Mark umhüllenden Bündel.

    Es ist hiernach im Allgemeinen eine Art Parallelismus zwischen

---

*) In wiefern wir mit dieser Annahme von MEYNERT differiren, werden wir in
der Folge erörtern. — Dass KÖLLIKER von einem ,,frühen Auftreten'' der GOLL'schen
Stränge spricht, ist uns nicht erklärlich, da dieselben doch im Grunde genommen relativ spät entstehen, insbesondere später als die sonst in den Hintersträngen vorhandenen Fasern.

dem ersten Auftreten der das centrale Mark zusammensetzenden Fasergruppen einer- completer Markscheiden andrerseits unzweifelhaft vorhanden. Es fragt sich nur, handelt es sich um einen vollständigen
Parallelismus; und ist derselbe insofern ein streng gesetzmässiger, als bei
allen Systemen die Differenzen hinsichtlich der Zeit der Markumhüllung
ungefähr gleich sind den zeitlichen Differenzen der ersten Anlage.

Wir untersuchen, um diese Frage zu entscheiden, zunächst: ein wie
grosser Zeitraum liegt zwischen der ersten Anlage und dem Hervortreten completer Markscheiden bei den verschiedenen Systemen.

α. Pyramiden. Was die Zeit*) der ersten Anlage anlangt, so können
wir das in der Literatur Niedergelegte nur sehr vorsichtig verwenden.
Am zuverlässigsten erscheinen einzelne Abbildungen früherer Autoren
insbesondere Tiedemann's**). Ein Fötus, welchen letzterer abbildet,
(a. a. O., s. unsere Tafel X, Fig. 3) und welchen derselbe auf 20—22
Wochen schätzt, lässt die Pyramiden offenbar noch nicht erkennen***).
Wenn nun der genannte Autor auch das Alter des betreffenden Individuum wohl überschätzt hat, so ergiebt sich doch aus einer Betrachtung

---

*) Wir bestimmen das Alter in der Folge stets nach Mondsmonaten. Wir haben
bereits oben darauf hingewiesen, dass es höchst schwierig ist, das wahre Alter einer
Frucht nach Wochen anzugeben; die folgenden Schätzungen machen blos Anspruch auf
annähernde Gültigkeit. Wir haben für die früheren Perioden bis 38 ctm. die uns als
zuverlässig erscheinenden Angaben verschiedener Autoren benützt. Die Unsicherheit der
Altersbestimmung lässt sich selbstverständlich eventuell ebenso für als gegen die von
uns gezogenen Schlüsse verwerthen.

**) Die Beschreibungen früherer Autoren sind dessbalb nicht ohne Weiteres ver-
wendbar, weil dieselben fast ausnahmslos Oliven und Pyramiden verwechselt haben.
Den offenbar mit Genauigkeit gezeichneten Abbildungen Tiedemann's haftet dieser
Fehler nicht an. — Dieselben stellen allerdings in Alkohol erhärtete Präparate dar.
Indess, wenn uns diese Behandlungsweise auch warnen muss, z. B. auf die absoluten
Maasse der Abbildungen zu grosses Gewicht zu legen, so können wir doch sonstige
deformirende Einflüsse auf die Modellirung der Oberfläche ausschliessen, um so mehr,
als wir es mit einem sorgfältigen Präparator zu thun haben. —
    Bei einem zweiten Embryo, den Meckel a. a. O. Taf. II. Fig. 36 fg. abbildet,
und dessen Länge er (in Alkohol?) auf 19 ctm. angiebt, sind die Pyramiden scheinbar
in den oberen zwei Dritteln der *oblongata* vorhanden. Die Gesammtenwickelung des
Gehirns weist eher auf ein höheres Alter hin, als bei dem oben erwähnten. Die
Zeichnung ist weniger correct.

***) Die Fig. 3 von oben zwischen die Oliven sich einsenkenden Bündelchen (P)
könnte man als erste Anlage der Pyramiden betrachten. Indess ist es wahrscheinlicher, dass sie den Bündelchen H Fig. 1. Taf. XI entsprechen, also nach oben in die
Schleifenschicht übergehen.

der Grösse und sonstigen Gestalt des betreffenden Gehirns, dass dasselbe wenigstens einem Individuum aus der Mitte des 5. Monats angehört. Es ist also mit grosser Wahrscheinlichkeit die Bildung der Pyramiden ungefähr auf die Mitte (bis Ende?) des 5. Monats zu verlegen *). Was die Markumhüllung derselben anlangt, so fällt dieselbe gegen das Ende des 9. Monats, denn dieses Alter dürfte 48 — 49 ctm. langen Früchten zukommen (s. S. 13 Anm.). Es liegt somit zwischen dem ersten Auftreten der Pyramiden und der completen Markumhüllung derselben etwa ein Zeitraum von 4—4½ Monat.

β. Die Grundbündel der Vorderstränge. Die Anlage derselben ist nach Kölliker bereits in der 4. Woche des Fötallebens erfolgt. Bei 25 ctm. Körperlänge zeigten sie eine Ausbildung ähnlich den Pyramiden ca. 49 ctm. langer Früchte. Es konnte also die Markumhüllung noch nicht lange erfolgt sein. Auch hier kann demnach die Differenz zwischen Anlage und Markumhüllung gegen 4 Monate betragen. Das Gleiche gilt von den äusseren Hintersträngen und dem grössten Theile der vorderen gemischten Seitenstrangzone.

γ. Directe Kleinhirnseitenstrangbahn. Die Anlage haben wir etwa auf den Anfang des 3. Monats zu verlegen, da ja zu dieser Zeit die Lücke zwischen Vorderseitenstrang- und Hinterstranganlage geschlossen wird. Complete Markscheiden treten erst gegen Anfang des 7. Monats auf; also auch hier wiederum ein Zwischenraum von etwa 4 Monaten zwischen erster Anlage und Markumhüllung.

δ. Goll'sche Stränge. Die Anlage ist gleichfalls auf Anfang des 3. Monats, vielleicht schon Ende des zweiten zu setzen. Die Markumhüllung tritt Ende des 6. bis Anfang des 7. Monats ein. Die Differenz beträgt somit wiederum ca. 4 Monate.

Es gewinnt also den Anschein, als ob in zeitlicher Hinsicht der Parallelismus zwischen der ersten Anlage und dem Auftreten completer Markscheiden in der That ein völlig genauer sei, ein Umstand, auf welchen wohl die Existenz eines Causalnexus zwischen dem topischen

*) Es stimmt hiermit auch die Angabe aller Autoren überein, dass erst im 5. Sonnen-Monat sich Oliven und Pyramiden deutlich von einander unterscheiden. Tiedemann sagt selbst: „Bis zum 4. Monat bilden sie eine breite ebene Fläche wie am Rückenmark der Fische, Amphibien, Vögel u. s. w., indem sie sich noch nicht nach aussen als eigentliche Pyramiden erhoben haben." Im 5. Monat springen sie allmählich nach aussen vor, indem sie durch die Bildung neuer Markfasern verstärkt worden sind.

Flechsig, Entwickelungsgeschichte. 13

Ablauf der Markscheidenbildung und der Anlageweise als bewiesen betrachtet werden kann. Wir werden in der Folge noch weitere diese Ansicht stützende Momente kennen lernen, welche wir zunächst im Interesse der Darstellung übergehen.

Sofern wir nun das bereits Angeführte für hinreichend erachten, um besagtem Causalnexus Allgemeingültigkeit zu vindiciren, gelangen wir unter Berücksichtigung des oben mitgetheilten Principes des systemweisen Ablaufes der Markscheidenbildung zu der Erkenntniss eines hochwichtigen, die Anlage der centralen Fasermassen beherrschenden Gesetzes. Da die Markscheidenbildung im Allgemeinen systemweise erfolgt, so muss, sofern die Markscheidenbildung den Gang der ersten Anlage repetirt, auch die erste Anlage der centralen Fasern systemweise erfolgen, d. h. es werden in einer gegebenen Zeit nur die zu einem oder zu einer kleineren Gruppe von Systemen gehörigen Fasern angelegt, die einzelnen Fasersysteme treten meist successiv auf.

Bevor wir nun die Wichtigkeit dieses Principes specieller darlegen, untersuchen wir zunächst, ob in der That auch das, was wir über die erste Anlage der Fasermassen direct beobachten können, ergiebt, dass es sich um eine systemweise Entstehung derselben handelt. Von besonderer Bedeutung ist in dieser Hinsicht das Verhalten:

α. Der Pyramiden der Oblongata. Wir haben hier gesehen, dass dieselben noch complet fehlen, während alle anderen Systeme der *oblongata*, wie es scheint, bereits vollständig angelegt sind. Wo wir sie zum ersten Male beobachten konnten, bei 25 ctm. Länge, waren sie bereits in ihrer ganzen Stärke vorhanden, ja erschienen relativ stärker entwickelt als in späteren Perioden. Ihre nervösen Elemente tragen sowohl hier wie in der Folge stets ein völlig gleichmässiges Gepräge; sie erscheinen somit nicht nur später als alle übrigen, sondern auch sämmtlich wohl annähernd gleichzeitig. Die zeitlich gesonderte Anlage der Pyramiden ist demnach evident.

β. Die Goll'schen Stränge. Schon Kölliker giebt an, dass dieselben von ihrem ersten Auftreten an sich als ein deutlich gesondertes Bündel darstellen; und wurde schon genannter Autor, wie bereits oben erwähnt, durch dieses Verhalten unmittelbar auf den Gedanken geführt, dass der Ausgangspunkt derselben wesentlich verschieden sei von dem der äusseren Hinterstränge. Die gesonderte Anlage der Goll'schen Stränge ist in der That so deutlich, wie dies abgesehen von den Pyramiden bei keinem anderen rein centralen System der Fall ist.

γ. Endlich können wir auch anführen, dass die vorderen Wurzeln des Rückenmarkes nach den Angaben Kupffer's beim Schaf bereits in beträchtlicher Stärke vorhanden sind, während irgend welches andere Fasersystem noch nicht sichtbar ist. Auch sie durfen offenbar als ein „System" im oben definirten Sinne betrachtet werden.

Es liessen sich diese Beispiele noch um eine beträchtliche Zahl von solchen vermehren, welche makroskopischen Beobachtungen entnommen sind. Obwohl dieselben natürlich nichts weniger als einwurfsfrei erscheinen, ist es doch von Interesse, dass bereits Tiedemann durch seine Untersuchungen zur Annahme geführt wurde, es entstehen die verschiedenen Fasersysteme successiv *).

---

*) Wir fügen hier einige Erwägungen bei, welche sich den oben S. 188 mitgetheilten anreihen. Gesetzt jede Nervenfaser entstehe als Ausläufer einer Zelle (über die Wahrscheinlichkeit dieser Voraussetzung s. u.), so kann die Anlageform eines Systemes noch verschiedene Modificationen zeigen. Es beginnen entweder alle Fasern eines Systemes gleichzeitig sich zu bilden, beziehentlich es wird wenigstens der Grundstock jedes Systems auf ein Mal angelegt; oder die Anlage der Fasern eines Systems vertheilt sich über einen grösseren Zeitraum. Setzen wir wiederum den ersteren Fall, da der letztere der Analyse wohl zunächst unüberwindliche Schwierigkeiten bereitet, so würden die Bilder, welche verschiedene Systeme bei ihrer Anlage erkennen lassen, wiederum aus folgenden Gründen verschieden sein können. Es können einzelne Systeme von Zellgruppen auswachsen, deren Elemente dicht zusammengehäuft und concentrirt gelagert sind, wie es z. B. bei den Linsenkernen der Fall ist; oder es können Systeme von Zellgruppen ausgehen, welche zwar systematisch in sich gleichwerthig sind, jedoch sich über einen ausgedehnteren Abschnitt des centralen Nervensystems ausbreiten, wie wir dies von den Clarke'schen Säulen kennen. Sofern nun z. B. von letzteren aus und zwar in ihrer ganzen Längen-Ausdehnung gleichzeitig Fasern in die Seitenstränge hereinwachsen und hier alsbald in die Längsrichtung umbiegen, wird der Schein entstehen können, als ob das betreffende System in seiner ganzen Länge gleichzeitig sich bilde, während in Wirklichkeit von jeder Faser nur ein Abschnitt vorhanden zu sein braucht, welcher von der Ursprungszelle bis zu dem Punkt reicht, wo die Faser innerhalb der weissen Substanz die Längsrichtung annimmt und sich an Fasern aus höher gelagerten Zellgruppen anlegt, während somit erst später die von den untersten Zellgruppen ausgewachsenen Fasern bis an die von den obersten ausgegangenen heranreichen. Bei einem vom Linsenkerne auswachsenden System aber, dessen Fasern sich in annähernd gleicher Front nach abwärts fortschieben, wird die streckenweise Anlage sich deutlich markiren können. In letzterem Falle nun wird das betreffende Bündel an einer gegebenen Stelle gleich von Anfang an einen beträchtlichen Querschnitt besitzen, der in der Folge nur wenig (dem Dickenwachsthum der einzelnen

Es sprechen die angeführten allerdings nur dürftigen Thatsachen
entschieden dafür, dass von einem beliebigen System immer zunächst
wenigstens ein Grundstock angelegt wird, von dem wir vor der Hand
nicht genauer sagen können, ob er alle in der Folge vorhandenen Fasern
oder nur den grössten Theil derselben umfasst.

Mit dieser Erkenntniss der näheren Ursachen des eigenthümlichen topographischen Ablaufes der Markscheidenbildung erklärt sich
denn auch ohne Weiteres in befriedigender Weise die frappante Ungleichmässigkeit der Entwicklung unmittelbar durch einander gemischter, aber systematisch ungleichwerthiger Fasermassen. Jetzt kann es
uns nicht mehr Wunder nehmen, dass z. B. in den Seitensträngen die
Markumhüllung nicht in breiter Front von vorn nach hinten weiter
schreitet sondern die Pyramidenbahnen zunächst gleichsam umgeht. Die
zu verschiedenen Systemen gehörigen Fasern haben einfach
ein verschiedenes Alter, und im Wesentlichen von dem Alter
nicht von den rein lokalen Einflüssen hängt es ab, zu welcher
Zeit eine beliebige Faser die complete Markscheide erhält.

Es liegt auf der Hand, dass mit der Gewinnung dieses Princips das
Studium des topographischen Ablaufes der Markscheidenbildung für das
Studium des Entwicklungsmechanismus des Nervensystems überhaupt von grösster Bedeutung wird. Wir haben, falls wir dasselbe als
allgemein gültig betrachten können, einen Leitstern gewonnen, mit Hülfe
dessen wir im Stande sein werden, die Entwickelungsfolge der gesamm-

---

Fasern entsprechend) zuzunehmen braucht; im ersteren Falle hingegen wird das Bündel,
auch wo es bereits scheinbar in seiner ganzen Länge angelegt, im Halsmark zunächst
noch unverhältnissmässig dünn sein; es wird aber in der Folge hier beträchtlich an Querschnitt zunehmen, indem auch die von den untersten Ganglienzellengruppen ausgehenden Fasern successiv bis zu jener Höhe vordringen; es wird erst dann ähnliche Wachs-
thumsverhältnisse zeigen können wie die Pyramiden, wenn alle seine Fasern vorhanden sind. Es können somit bei principiell gleicher Entstehungsweise verschiedene
Systeme sich scheinbar wesentlich verschieden verhalten. Es können die einen Systeme
scheinbar so entstehen, dass die einzelnen Fasern successiv aber je in der ganzen Länge
gleichzeitig auftreten, andere so, dass alle Fasern gleichzeitig sich bilden aber eine
jede zunächst bloss in einem Theil ihrer Länge angelegt wird, obwohl in Wirklichkeit
nur Letzteres stattfindet. Es scheint uns nur unter der Bedingung, dass ein solch' ein-
faches Princip die Anlage aller Systeme beherrscht, möglich, die Wachsthumserschei-
nungen befriedigend zu analysiren und jede Formveränderung des Markes im Einzelnen und im Ganzen in ihrer Abhängigkeit von bestimmten elementaren Bildungs-
vorgängen zu erkennen. Es dürfte hierin aber auch die Rechtfertigung für die Herbeiziehung der eben angeführten Gesichtspunkte gegeben sein.

ten centralen Fasermassen in ihren Details zu erforschen, eine Aufgabe, welche bisher als eine kaum lösbare erscheinen musste. *)

Wir sehen uns jetzt in den Stand gesetzt zu entscheiden, ob die zu einer gegebenen Zeit an irgend einer Stelle auftretenden Fasermassen alle später hier befindlichen Systeme enthalten, welche Fasern zuerst entstehen müssen, welche zuletzt u. s. w., wozu uns bisher so gut wie jegliches Kriterium fehlte. Denn bei der ersten Anlage selbst können viele Fasersysteme deshalb nicht recognoscirt werden, weil sie in der Folge noch mannigfach ihre Lage ändern, durch neu auftretende verschoben und auseinander gezerrt werden u. s. w. Beim Beginn der Markumhüllung hingegen sind in der Regel bereits alle Fasersysteme vorhanden, und jedes nimmt bereits seine bleibende relative Lage ein.

Sofern wir nun die vorgetragenen Sätze als begründet erachten, können wir uns die Entstehungsfolge der centralen Fasermassen, beziehentlich der in die Zusammensetzung von Rückenmark und Oblongata eingehenden in folgender Weise vorstellen **).

---

*) Diese Lösung hat wohl auch insofern etwas Ansprechendes, als sie im Grunde genommen als die natürlichste erscheint. Das Princip selbst ist, wie wir uns nachträglich überzeugt haben, durchaus nicht neu. Nachdem wir bereits selbstständig zur Erkenntniss desselben gelangt waren und den obigen Satz in der gegebenen Fassung niedergeschrieben hatten, fanden wir bei REMAK einen Passus, welcher beweist, dass dieser Forscher am Hühnchen analoge Beobachtungen gemacht hat. Er sagt (Untersuchungen über die Entwickelung etc. S. 90. §. 123). ,,Eine Weiterführung der von TIEDEMANN eröffneten Untersuchungen über die Entwickelung der Faserzüge im Gehirn, mit Rücksicht auf die neueren Entdeckungen STILLING's über den Bau des Hirnknotens würde, wie ich glaube, eine reiche Ausbeute liefern. Als Fingerzeig bemerke ich noch, dass in derselben Reihenfolge, in welcher die verschiedenen Faserzüge auftreten, sie sich auch in dunkelrandige Fasern umwandeln. So lassen sich z. B. die aus der Querschicht hervorgegangenen Fortsetzungen der Nervenwurzeln im Innern des Rückenmarkes als dunkelrandige Fasern schon bei zehntägigen Embryonen bis zur grauen Centralsubstanz verfolgen, zu einer Zeit, wo die Längsstränge noch durchaus aus blassen Fasern bestehen.'' Es muss dahingestellt bleiben, auf eine wie breite Basis REMAK diesen Ausspruch gründen konnte. Er scheint, nach seiner Darstellung zu schliessen, lediglich die Differenzen zwischen den Wurzeln einer- den weissen Strängen im Ganzen andrerseits zu kennen. Die Gliederung letzterer auf Grund der Markscheidenbildung erwähnt er wenigstens nicht.

**) Die folgende chronologische Darstellung der Systementwickelung ist, wie wir uns durchaus nicht verhehlen, zum grössten Theil hypothetischer Natur. Sie basirt zum Theil auch auf der Voraussetzung, dass die mehrfach citirten KÖLLIKER'schen Befunde richtig sind, und dass der Parallelismus zwischen Markscheidenbildung und erster Anlage ein vollkommener ist. Die folgenden Angaben dürften schon insofern nicht ganz

Von den Rückenmarkssträngen entsteht zuerst ein höchst wahrscheinlich beträchtlicher Theil der Vorderstranggrundbündel und (ganz
gleichzeitig?) ein Theil der äusseren Hinterstränge (bei 4 Wochen alten
Embryonen sind beide vorhanden). Hierzu gesellt sich alsbald eine
Fasergattung der vorderen gemischten Seitenstrangzone (vielleicht gleichzeitig mit ihr gleichwerthige Fasern innerhalb der Vorderstranggrundbündel, diese verstärkend — bis zu 6 Wochen)*). In der „Vorder-
seitenstranganlage" gesellen sich weiter die zweite Fasergattung der
vorderen gemischten Zone, die seitliche Grenzschicht (möglicherweise
beide bei 8 wöchentlichen Individuen schon vorhanden) und die directe
Kleinhirn-Seitenstrangbahn **) hinzu, in der „Hinterstranganlage" die GOLL'-
schen Stränge. Zuletzt, mehrere Monate später als alle anderen (im 5.
Monat), erscheinen die Pyramidenbahnen. Gleichzeitig mit der Entstehung der betreffenden Theile der weissen Stränge haben wir stets
die der zugehörigen Faserbündel der grauen Substanz anzusetzen.

Es erscheinen also in den Rückenmarkssträngen diejenigen Fasersysteme, von welchen allein eine directe Fortsetzung in das Klein-
beziehentlich Grosshirn mit Sicherheit anzunehmen ist, die directen

---

nutzlos sein, als sie ganz besonders deutlich zeigen, wie rudimentär im Grunde genommen unsere Kenntnisse in der Entwickelung des Nervensystems noch sind. Die
KUPFFER'schen Angaben füllen einige besonders empfindliche Lücken aus und erscheinen hochwillkommen. Wir werden sie, da kein Grund vorliegt, dieselben nicht auf
den Menschen auszudehnen, im Folgenden noch verwenden.

*) Die Hinterstranganlage wächst bald darauf beträchtlich; es ist somit wohl
denkbar, dass sich hier gleichfalls eine neue Fasergattung anlegt (s. o. S. 185).

**) Dass es nur die directe Kleinhirn-Seitenstrangbahn sein kann, durch deren
Auftreten die Vorder- und Hinterstranganlage zur Berührung kommen, haben wir bereits oben angedeutet; nach KÖLLIKER tritt letzteres gegen die 9.—10. Woche ein.
Zweifelhaft bleibt das Verhalten der seitlichen Grenzschicht der grauen Substanz. Aus
den spärlichen über die betreffende Periode vorhandenen Abbildungen des Rückenmarkes lässt sich ein Anhaltepunkt zur Entscheidung der Frage, ob dieselbe vor oder
nach der directen Kleinhirnbahn vorhanden, nicht gewinnen. Das Studium der Markumhüllung hat uns sichere Aufschlüsse gleichfalls nicht gegeben, weil die Kleinhirn-
Seitenstrangbahn in einem Falle in der Ausbildung weiter fortgeschritten war, als die
seitliche Grenzschicht, in einem anderen weniger weit (es war dies der 32 ctm. lange
Foetus'. Die Unzulänglichkeit des Materials gestattet somit nicht zu entscheiden, was
die Norm ist, ob die seitliche Grenzschicht eher complete Markscheiden erhält oder
die Kleinhirnbahn, beziehentlich ob die Reihenfolge individuell variiren kann. — Wir
können ferner nicht genau angeben, ob die GOLL'schen Stränge eher oder zur nämlichen Zeit wie die directen Kleinhirnbahnen entstehen; nach der Markumhüllung
würde das Auftreten ersterer etwas eher zu setzen sein.

Kleinhirnseitenstrangbahnen und die Pyramidenbahnen, später als alle anderen und von beiden wiederum dasjenige zuletzt, dessen Centrum am entferntesten vom Rückenmark gelegen ist.

Für die *oblongata* würde sich folgende Reihenfolge der Systementwickelung ergeben. Gleichzeitig mit den Vorderstranggrundbündeln des Rückenmarkes bilden sich die hinteren Längsbündel. In die nämliche Zeit fällt die Anlage der oberen Ausläufer der Keilstränge, der aufsteigenden Trigeminuswurzeln, der aufsteigenden Wurzeln des seitlichen gemischten Systems (alle bis zu ca. 6 Wochen). Später entstehen der vorderste Theil der in die *formatio reticularis* eingelassenen Längsbündel, die inneren Abtheilungen der Kleinhirnstiele, die directen Kleinhirn-Seitenstrangbahnen, das *corpus trapezoideum*, das Gros der in die *formatio reticularis* eingefügten Längsbündel, die *fibrae transversales internae* aus den Kernen der Keilstränge, die Fasern der oberen Pyramidenkreuzung (sämmtliche wohl bis zur 10. Woche?), die Schleifenschicht, die Bündel aus den grossen Oliven in die *corpora restiformia**) und zuletzt die Pyramiden mit ihren Dependenzen (ein Theil der *fibrae transversales externae* u. s. w.). Die übrigen *fibrae transversales* haben wir uns je mit dem zugehörigen Längsfasersystem gleichzeitig entstehend zu denken, ebenso die *fibrae rectae* der *raphe* zu verschiedenen Zeiten, je nachdem sie aus den Pyramiden oder aus dem hinteren Längsbündel u. s. w. hervorgehen; die *fibrae transversales internae posteriores*, soweit sie aus den gemeinsamen aufsteigenden Wurzeln des seitlichen gemischten Systems stammen, würden gleichzeitig mit diesen auftreten u. s. w.

Berücksichtigen wir weiter, was durch Kuffer und andere Untersucher über die erste Anlage der weissen Substanz beobachtet worden ist, betrachten wir die Stellung der einzelnen successiv auftretenden Systeme im Gesammtsystem, so lassen sich für die Anlage der Nervenfasern von *oblongata* und Rückenmark folgende allgemeine Grundzüge aufstellen. Zuerst entstehen Fasern, welche zwischen

---

*) Die Reihenfolge der Anlage der oben nach der inneren Abtheilung des Kleinhirnstiels aufgeführten Bündel können wir nicht genau angeben.

**) Wir bezeichnen in der Folge der Kürze halber mit einem von Meynert zuerst gebrauchten Ausdruck als „centrales Höhlengrau" alles das Grau, welches mit den grauen Säulen des Rückenmarkes gleichwerthig ist. Die Grenzen sind offenbar schwer zu ziehen; sofern wir uns den Deiters'schen Auseinandersetzungen anschliessen, sind streng genommen schon die grossen Oliven nicht mehr hierherzurechnen. In der That weichen sie sowie das grosse Brückenganglion („Nester der vorderen

centralem Höhlengrau und Peripherie´ verlaufen*), darauf Fasern,
welche verschiedene dem centralen Höhlengrau angehörige
Centren verbinden**), hierauf Fasern, welche zwischen centralem
Höhlengrau einer-, Kleinhirn (vielleicht bloss den mittleren Theilen
desselben) und einzelnen Grosshirnganglien (denen der Hirnschenkelhaube) andrerseits verlaufen. (Hier sind auch die centralen
Systeme der Oliven einzurechnen.) Zuletzt endlich erscheinen die Fasersysteme, welche die Ganglien des Hirnschenkelfusses, vielleicht auch das Grosshirnrindengrau mit dem centralen Höhlengrau in unmittelbare Verbindung setzen***).

Brückenabtheilung*) hinsichtlich ihrer peripheren Verbindungen wenigstens vom
centralen Höhlengrau in unserem Sinne ab. Wenn wir beide nicht gesondert aufführen werden, so geschieht dies deshalb, weil die mit ihnen in Verbindung stehenden
Fasersysteme ohne Zwang bei den sonst zwischen ,,Ganglien- und Kleinhirngrau'' einer-,
centralem Höhlengrau andrerseits verlaufenden Stellung erhalten können.

*) Mit Sicherheit ist diese Dignität anzunehmen für die Nervenwurzeln. Wahrscheinlich kommt dieselbe auch zu der vorderen Commissur und den zuerst entstehenden Theilen der Vorderstranggrundbündel; wenigstens haben wir innerhalb der letzteren
Fasern anzunehmen, welche mit den vorderen Wurzeln direct zusammenhängen, und
es hat die Idee für uns etwas Ansprechendes, dass gerade diese Fasern es sind, welche
mit den vorderen Wurzeln annähernd gleichzeitig oder kurz darauf entstehen. Es
würden dann diese Bündel den zuerst entstehenden Theilen der Hinterstränge entsprechen; nur würden jene nicht directe Fortsetzungen der gleichseitigen Wurzelfasern
darstellen, sondern gekreuzte, da wir den directen Uebergang vorderer Wurzelfasern
in die gleichseitigen Vorderstränge nicht beobachten können.

**) Hierzu gehören offenbar Theile der vorderen gemischten Seitenstrangzone,
Theile der äusseren Hinterstränge, wahrscheinlich auch die Goll'schen Stränge und ein
Theil der Vorderstranggrundbündel. — Vielleicht schliessen sich hier auch die (hypothetischen) Fasern der grossen Oliven zu den Seitensträngen an.

***) Es ergiebt sich hieraus, dass diejenigen Leitungsbahnen, welche das Rückenmark unter den Einfluss der psychischen Centren, insbesondere der willkürlich motorischen setzen, zuletzt entstehen. Es sind dies gleichzeitig diejenigen Fasersysteme,
welche im menschlichen Nervensystem stärker entwickelt sind als in dem irgend welcher Thiere. Die willkürlich-motorischen Fasersysteme bilden den Schlussstein der Faseranlage in oblongata und Rückenmark.

Sofern wir annehmen sollten, dass die Fasern der Vorderstranggrundbündel (die
hinteren Längsbündel) in ein specifisches Grosshirncentrum, den Kern der Hirnschenkelschlinge übergehen, wie MEYNERT angiebt, würde die Faseranlage, so weit es sich um
die Stellung der successiv erscheinenden Fasergruppen im Gesammtsystem handelt, völlig
regellos erscheinen müssen. Es verdient schon mit Rücksicht hierauf die Frage nach
dem Verhalten der hinteren Längsbündel im Grosshirn eine erneute Prüfung.

Wir fügen hier noch eine gelegentliche Bemerkung bei. Da wir wohl mit Sicherheit annehmen können, dass die Pyramiden bei 3 — 4 monatlichen Embryonen noch

d. Es fragt sich nun, ob wir aus den mitgetheilten Beobachtungen und Erwägungen uns ein Urtheil über den Entstehungsmodus der einzelnen Fasersysteme bilden können. Wir gewinnen in der That wenigstens höchst beachtenswerthe Gesichtspunkte.

Wir untersuchen zunächst, wie haben wir uns am ehesten die Bildung der Pyramiden und Pyramidenbahnen zu denken. Es ist bereits oben als in hohem Grade unwahrscheinlich bezeichnet worden, dass die Pyramiden aus Elementen hervorgehen, welche bereits vor ihrem Auftreten an Ort und Stelle vorhanden sind, weil wir noch bei 12 ctm. langen Embryonen an Statt derselben eine stellenweise nur einfache Lage von Zellen antreffen, welche von den überall an der Peripherie vorhandenen nicht abweichen. Es unterliegt zwar rein theoretisch keinerlei Schwierigkeit, selbst aus einer einzigen Zelle durch Theilung etc. ein ganzes Fasersystem hervorgehen zu lassen. Indess ist dies hier doch aus folgenden Gründen wenig ansprechend. Die Pyramiden sind höchst wahrscheinlich noch im Anfang des 5. Monates nicht vorhanden, gegen Mitte dieses Monats treten sie mit überraschender Schnelligkeit in einer Stärke hervor, welche stellenweise ¼ des Gesammtquerschnittes der *oblongata* beträgt. Wenn dieses Verhalten von vornherein den Gedanken näher legt, dass diese ganze Masse von anderswoher zuwachse, so erhält diese Vermuthung offenbar eine kräftige und in unseren Augen überhaupt die kräftigste Stütze durch das bereits oben zur Genüge hervorgehobene Faktum der Variabilität der Pyramidenkreuzung und der Anordnung der Pyramidenbahnen im Rückenmark (die Zusammenstellung siehe im 3. Theil). Lassen wir auch letztere aus Elementen an Ort und Stelle sich bilden, so stehen wir dieser Thatsache völlig rathlos gegenüber. Wie soll man sich bei dieser Entstehungsweise erklären, dass vielfach von der gewöhnlichen abweichende Gestaltungsverhältnisse der Pyramiden mit ungewöhnlichen Vertheilungsweisen

---

fehlen, so ergiebt sich hieraus auch, dass es völlig ungerechtfertigt ist, die *oblongata* eines solchen Embryo, wie dies bereits vielfach geschehen ist, mit der ausgebildeten von Thieren zu vergleichen, welche kleine Pyramiden besitzen. Die *oblongata* des menschlichen Embryo steht in jener Zeit streng genommen auf einer weit niederen Stufe als die z. B. von Säugethieren mit kleinen Pyramiden; es dürfen lediglich solche Thiere zum Vergleich herangezogen werden, welchen die Pyramiden nachweislich ganz fehlen. Für die Entscheidung der Frage, in wie fern das menschliche Centralnervensystem auf den verschiedenen Stufen seiner Entwickelung den ausgebildeten Typen bei den verschiedenen Wirbelthierclassen gleicht, ist dieser Punkt wohl zu berücksichtigen. Es können bei grosser äusserer Aehnlichkeit fundamentale Differenzen bestehen.

der Pyramidenbahnen zusammentreffen, dass einem merklichen Defect der Seitenstrangbahnen meist ein Plus der Vorderstrangbahnen entspricht? Besonders letzterer Umstand giebt zu denken. Ein völliger Defect e i n e r Bahn lässt sich wohl erklären, wenn man annimmt, dass die normale Verbindung derselben nach oben nicht zu Stande gekommen und in Folge dessen Atrophie durch „secundäre Degeneration" eingetreten sei. Aber ein den Defect compensirendes Plus an einer anderen Stelle zu einer Zeit, wo an eine compensirende functionelle Hypertrophie und dergl. nicht gedacht werden kann! Hier müssen wir offenbar annehmen, dass eine jede Vertheilungsweise der Pyramidenbahnen gleich bei der ersten Anlage sich herstelle.

Alle Räthsel scheinen sich uns auf eine befriedigende Weise zu lösen, wenn wir annehmen, dass die Pyramiden und Pyramidenbahnen v o n   o b e n   n a c h   a b w ä r t s   sich bilden. Mag nun diese Bildung geradezu so erfolgen, dass sich Fasern mit freien Enden nach abwärts weiter schieben, oder so, dass sich an solchen Enden immer neues Bildungsmaterial anlagert: jede neugebildete Strecke muss in ihrer Lagerung abhängig sein von der nächst älteren. Ein neuer Abschnitt kann sich an irgend welcher Stelle nur im unmittelbaren Anschluss an den alten bilden; dieser ältere Abschnitt ist der eigentliche Bildungsmittelpunkt für den neuen. Die Massen würden sich von oben nach unten weiter schieben, wie wir wohl annehmen müssen, in Form dicker Bündel, welche bereits den grössten Theil der Pyramidenfasern führen. So wird es sich erklären lassen, weshalb bestimmte Gestaltabweichungen der Pyramiden in der *oblongata* Verlagerungen einzelner Theile der Pyramidenbahnen auf grossen Strecken des Rückenmarkes nach sich ziehen können, wie wir dies z. B. in unserem Fall No. 19 beobachtet haben; weshalb ferner, wenn ein grosser Theil der Pyramidenbahnen im Rückenmark einmal vorn liegt, derselbe auch vorn bleibt u. s. w.

Hiermit ist aber offenbar das Z u s t a n d e k o m m e n der P y r a m i - d e n k r e u z u n g überhaupt nicht, ihre Variabilität nur zum Theil erklärt. Auch für erstere gewinnen wir eine befriedigende ätiologisch-Deutung ¹). Sobald die Pyramiden an der gewöhnlichen Kreuzungsstelle angekommen,

---

*) Wir sind uns des rein hypothetischen Charakters der folgenden Darstellung voll bewusst; man wird uns indess zugestehen, dass die hier zusammentreffenden Umstände uns eine mechanische Erklärung geradezu abzwingen. Selbst ein fanatischer Bekenner des „biogenetischen Grundgesetzes" wird einer Thatsache, wie der hochgradigen Variabilität der Pyramidenkreuzung gegenüber wohl von dem Versuch einer rein phylogenetischen Ableitung abstehen.

für ihr weiteres Vordringen in der alten Richtung keine besonderen
Widerstände finden, ist es am natürlichsten, dass eine jede Pyramide
in ihrer ursprünglichen Richtung fortwächst. Dieser Fall kommt nun in
der That, wie wir oben gezeigt, vor; er wird am ehesten repräsentirt
durch No. 33 (s. S. 112 fg. und Taf. XIV. Fig. 1).

Anders, wenn, wie dies wohl als Regel zu betrachten, die nach
unten wachsenden Pyramiden an der gewöhnlichen Kreuzungsstelle Widerstände vorfinden, welche ein Weiterziehen ohne Richtungsänderung nicht
gestatten. Solcher Widerstände lassen sich nun gerade an dieser Stelle
mehrere nachweisen. Es verengt sich gerade hier einerseits der vordere
Längsspalt des Medullarrohrs plötzlich und vertieft sich dabei, andererseits aber zeigt das Medullarrohr hier eine stumpfwinkelige
Knickung, so dass in der Mitte der vorderen Fläche eine nach oben
offene, nach unten mehr geschlossene Bucht entsteht*). Erwägt man,
dass sich in der ganzen Länge der *oblongata* und des Rückenmarkes
ausser an der angegebenen Stelle einer an der Vorderfläche des Medullarrohrs von oben nach unten wachsenden Fasermasse nirgends ähnliche Widerstände entgegenstellen, so erscheint es wohl gerechtfertigt,
den Umstand, dass die Pyramidenbündel gerade hier Richtung und
Lage zu ändern pflegen — sich einerseits in die Seitenstränge einsenken,
andererseits sich kreuzen — mit diesen localen Verhältnissen in Beziehung
zu bringen. Die von oben in der Form zweier getrennter Bündel herabkommenden Pyramiden mischen sich solange nicht, als sie nicht durch
Widerstände gezwungen werden, ihre Richtung zu ändern. Dass dies
aber geschehen könne und müsse, wenn sie in diese Bucht eingedrungen
sind, und dass diese Richtungsänderung auch zu einer Kreuzung führen könne, bedarf wohl keines weiteren Beweises. Fasern, welche
ausserhalb der Bucht liegen geblieben sind, vielleicht weil in derselben
selbst kein Raum mehr ist, werden hierbei, ohne ihre Richtung zu
ändern, weiterziehen können. Dieselben können aber auch so weit nach
aussen gerathen, dass sie nicht einmal mehr die Vorderstränge erreichen; wir sehen in der That gerade an der gewöhnlichen Stelle der
Kreuzung nicht gar selten grössere Faserbündel aus den Pyramiden
heraustreten, die Seitenstränge · nach aussen umgreifen und sich in Form
von *fibrae arcuatae* nach hinten wenden. Bleiben alle Fasern aussen, so

---

*) Siehe die kreuzförmige dunkle Figur am unteren Rande der grossen Oliven
(O) Fig. 3, Taf. X.

wird es weder zu einer Kreuzung noch zu einem Indietiefedringen kommen. Sofern man nur die Möglichkeit geringer Differenzen in der Gestaltung der Bucht einerseits der von oben herabkommenden Bündel
andererseits zugiebt, wird man sehr leicht den verschiedenen Antheil
der sich kreuzenden und ungekreuzt bleibenden Bündel in verschiedenen
Fällen begreifen, ja es muss bei diesem Sachverhalt geradezu als ein
Zufall betrachtet werden, wenn bei verschiedenen Individuen die Vertheilungsweise völlig übereinstimmt, die Variabilität muss als das
Naturgemässe erscheinen. Die Gestaltung der Bucht wird nun offenbar schon variiren, sofern der Knickungswinkel nicht immer gleich oder
die Weite der vorderen Längsspalte des Rückenmarkes variabel ist. Die
Gestalt der Pyramiden selbst ferner ist insofern variabel, als sie bald
mehr bald weniger weit nach aussen sich ausbreiten, bald eine flache
und breite, bald eine mehr compacte schmale cylindrische Masse bilden,
bald sich bereits in der *oblongata* in mehrere wohlgesonderte Bündel
spalten, bald ungetheilt bleiben u. s. w. Eine grosse Ausdehnung der
Pyramiden in die Breite wird eine starke Entwickelung der Vorderstrangbahnen begünstigen, bei sehr schmalen und tief zwischen die
grossen Oliven eingekeilten hingegen wird es eher zur totalen Kreuzung
kommen. Die Pyramiden differiren bei verschiedenen Individuen aber auch
hinsichtlich ihrer Querschnittsgrösse erheblich, und gerade bei stark entwickelten Pyramiden, von welchen wir angenommen haben, dass sie
aberrirte (zu weit nach abwärts gewachsene?) Brückenlängsfasern führen, zweigen sich in der Gegend der Kreuzung auch nach aussen zahlreiche Bündel ab.

Fraglich bleibt es hierbei immer noch, ob man sich die Kräfte
der nach abwärts wachsenden Pyramidenbündel gross genug
denken könne, um eventuell das Indietiefedringen derselben bis an die
hintere Seitenstrangperipherie zu erklären. Es scheint hier wohl nicht
überflüssig, auf mehrere das Eindringen begünstigende Momente, welche
gerade wieder lediglich an der betreffenden Stelle vorhanden sind, aufmerksam zu machen. Zunächst ist der Winkel, welchen die sich kreuzenden und in die Tiefe dringenden Bündel mit der Längsaxe des
Rückenmarkes bilden, gleich dem, in welchem die an der Vorderfläche
der *oblongata* herabwachsenden Pyramidenbündel auf das Rückenmark
stossen. Es münden ferner gerade in der Gegend der mehrerwähnten
Bucht die bereits lange vor den „Pyramiden" vorhandenen Bündel der
„oberen Pyramidenkreuzung" an der Vorderfläche aus. Die Pyramiden

legen sich, falls sie sich kreuzen, jenen dicht an; es dient vielleicht
die obere Pyramidenkreuzung der unteren geradezu als Leitband *).

Von weiteren Momenten, welche sich für die soeben aufgestellte
Entstehungsweise der Pyramidenbahnen und Pyramiden anführen lassen,
könnten noch folgende hervorgehoben werden:

1) Die Markscheidenbildung schreitet, wie wir in einzelnen Fällen
mit Sicherheit beobachtet zu haben glauben, von oben nach unten fort.
Sofern die Markscheidenbildung genau die erste Anlage repetirt, lässt
sich dieses Verhalten als eine höchst beachtenswerthe Stütze unserer
Theorie der Pyramidenbildung verwerthen.

2) Die Pyramiden und Pyramidenbahnen bilden sich überhaupt
nicht bei Mangel des Grosshirns (*Acranus*).

3) Die Pyramiden-Vorderstrangbahnen erscheinen vielfach als ein
fremdartiger Anhang an den Grundbündeln (No. 30; No. 10 und 11
s. Fig. 5. Taf. XV. P).

Es darf dieses Beweismaterial jedenfalls als hinreichend betrachtet
werden, um die soeben vorgetragene Theorie der Pyramidenbildung
überhaupt und des Zustandekommens der Kreuzung im Speciellen zum
mindesten nicht als rein aus der Luft gegriffen erscheinen zu lassen.
Wir zweifeln nicht, dass nur in der Erkenntniss der ersteren der Schlüssel für letzteres gefunden werden kann **).

---

*) Wir fanden auch in mehreren Fällen gerade an der Kreuzungsstelle eine eigen-
thümliche Gefässeinrichtung: es drangen von der vorderen Incisur und in der Richtung der sich kreuzenden Bündel 2 grössere Gefässe, welche aus einer gabelförmigen
Theilung eines grösseren Astes der *arteria spinalis ant.* hervorgingen, nach den hinteren
Seitensträngen. Dass sich diese Verlaufsrichtung nicht erst secundär, im Anschluss an
die untere Pyramidenkreuzung ausbildet, ergiebt sich daraus, dass wir dieselbe besonders deutlich wahrnahmen in dem Falle von totalem Mangel der Pyramiden, wo
sie sich höchstens im Anschluss an die obere Kreuzung gebildet haben konnte.

**) Ist unsere Ansicht richtig, so müssen zu einer gegebenen Zeit (Ende des
5. Monats) die Pyramidenbahnen im unteren Rückenmark noch fehlen, während die
Pyramiden selbst bereits complet vorhanden sind. Unser 25 ctm. langer Foetus bot
Verhältnisse dar, welche man dahin hätte deuten können. Indess war das Material
noch nicht völlig genügend zu einer bestimmten Entscheidung.

Die Richtigkeit der soeben angestellten Erörterungen vorausgesetzt, würde sich uns
eine einfache Erklärung des Zustandekommens und der Bedeutung der Kreuzungen im centralen Nervensystem überhaupt ergeben. Man hat bisher bei ihrer
Deutung auf die Entwickelungsgeschichte noch so gut wie gar nicht Rücksicht genommen. Wir halten indess diesen Weg für denjenigen, welcher am ehesten zum Ziele
führen kann, und der jedenfalls weniger Gefahren bietet, als der jüngst von WUNDT
eingeschlagene (siehe dessen Ausführungen Physiol. Psychol. S. 171). Sofern die Ent-

Es drängen offenbar die angeführten Erfahrungen darauf hin, ein
Entstehen der Fasern als Zellenausläufer anzunehmen, wie dies bereits
REMAK, KUPFFER und BIDDER, KÖLLIKER u. s. w. gethan haben. Das Einfachste wäre nun allerdings, dass wir die Vorstellungen dieser Forscher
acceptirten und die Ganglienzellen als Producenten der Fasern betrachteten;
indess es ist nicht zu verkennen, dass sich gegen diese Vorstellungen
mannigfache Bedenken erheben. Nach den Erfahrungen von BOLL z. B.
würden es nicht nothwendig Zellen mit bereits deutlich ausgeprägtem
gangliösem Charakter sein, welche die Fasern aussenden. Nach LIEBER-
KÜHN entstehen die Nervenfasern des *n. et tractus opticus* gleichzeitig in
der ganzen Länge dieser Gebilde u. s. w. Die Befunde der Variabilität
involviren natürlich nicht, dass die Fasern der Pyramiden gerade von
den später sie in Erregung versetzenden Ganglienzellen des Linsenkernes
auswachsen; wir könnten uns begnügen anzunehmen, dass die Fasern
wenigstens auf Strecken von der Länge etwa der *oblongata* 4—5 monatliches Foetus aus einer Zelle auswachsen können. Etwas Bestechendes
hat indess, wie wir noch näher darlegen werden, auch nach unseren
Befunden die Annahme, dass es die Ganglienzellen sind, welche die
Fasern produciren; und dies um so mehr, als wir alle gegen die Aus-
wachsungstheorie vor der Hand vorgebrachten Argumente nicht für
irgend wie entscheidend halten können. *).

stehung der Nervenfasern als Ausläufer einzelner Zellen sich sichern liesse, würde
die Auffassung der Kreuzungen als Resultirende aus den mechanischen Entwickelungs-
bedingungen als die naturgemässeste erscheinen. Ja man kann wohl sagen, dass alle
die scheinbar so barocken Verschlingungen der centralen Fasorsysteme durch die con-
sequente Durchführung jener Theorie eine befriedigende Erklärung finden würden.

*) Die von HENSEN für die peripheren Nerven aufgestellte Theorie, dass jede
Faser als Commissur von 2 ursprünglich benachbarten Zellen aus entstehe, kann offenbar weder vor den Erscheinungen der Faseranlage in den Centralorganen überhaupt,
noch insbesondere vor dem Verhalten der Pyramiden bestehen; vor letzterem nicht,
sofern sich unsere Annahme nicht erschüttern lässt, dass bei 3 — 4 Monate alten
Embryonen die als Pyramidenfasern in unserem Sinne aufzufassenden Elemente noch
fehlen. Denn jener Theorie zur Folge müssten alle Fasern unmittelbar beim Aus-
einanderweichen der hypothetischen Endzellen entstehen. Nach unsren Befunden entstehen sie aber erst viel später.

Es ist die Frage nach der Entstehungsweise der Nervenfasern
offenbar eine solche von der fundamentalsten Bedeutung; die von uns
bereits angeführten Gesichtspunkte weisen genugsam darauf hin, dass die Lösung einer
grossen Anzahl wichtiger Probleme, welche die Entwickelung des Nervensystems birgt.
nur nach ihrer Entscheidung in befriedigender Weise gelingen wird. Unsre eigenen
Forschungen sind zur Zeit noch nicht so weit gediehen, dass wir ein definitives Urtheil
bereits jetzt fällen möchten.

Sofern wir die eben vorgetragene Auffassung der Pyramidenbildung accepliren, erhalten wir auch insofern einen höchst beachtenswerthen Gesichtspunkt, als dann die Ausgangspunkte verschiedener Systeme, selbst wenn dieselben einander unmittelbar benachbart sind, sehr verschieden sein können. Die Contiguität ist durchaus kein Beweis für die Entstehung aus der gleichen embryonalen Anlage. Wenn die Pyramidenbahnen vom Grosshirn aus dem Rückenmark zuwachsen, wenn die Fasern, welche im Halsmark die Kleinhirnbahnen bilden, zum Theil vom Lendenmark aus zugewachsen sind, so kann von einer Vorderseiten-Strang-Anlage als Ganzem nicht die Rede sein. Es erhellt hieraus, dass die letztere lediglich als ein topographischer Begriff zu betrachten ist und die von Kupffer und Kölliker aus der Entwickelungsgeschichte hergeleiteten Beweise gegen die Scheidung von Vorder- und Seitensträngen nicht stichhaltig sind*). Es ist dieser Gesichtspunkt auch wichtig im Hinblick auf eine Angabe Meynert's**). Dieser Autor sucht zu beweisen, dass die directe Kleinhirn-Seitenstrangbahn (wir werden im folgenden Theil es rechtfertigen, dass wir Meynerts Kleinhirn-Seitenstrangbündel aus der vorderen Hirnklappe mit unserer directen Kleinhirn-Seitenstrangbahn identificiren) sensibel sei; da er nun Alles was aus der Vorder-Seiten-stranganlage hervorgeht, als motorisch, alles aus der Hinterstranganlage sich Entwickelnde als sensibel betrachtet, so lässt er jene Bahn aus der Hinterstranganlage entstehen. Diese Erklärung ist unseres Erachtens un-begründet. Sofern Meynert nicht eigene umfängliche Untersuchungen zu Gebote stehen, was wir aus seinen Mittheilungen nicht ersehen können, hat er sich am ehesten auf den Clarke'schen ähnliche Bilder***) be-zogen, nach welchen allerdings die „Hinterstranganlage" noch über die hinteren Wurzelfaserbündel nach vorn reicht. Indessen, dass dieser vor-dere Theil die Anlage der directen Kleinhirn-Seitenstrangbahn enthalte, ist aus folgenden Gründen unwahrscheinlich.

Erstens ist dieses Bündel vor den hinteren Wurzeln bei Clarke be-sonders deutlich in Regionen, wo beim Erwachsenen die Kleinhirnbahn

---

*) Es ist uns übrigens nicht völlig klar, weshalb Kupffer und Kölliker selbst bei ihrer Auffassung der Sachlage die Entwickelungsgeschichte als Beweis gegen die Berechtigung einer Trennung der Vorder- und Seitenstränge benützen. Die Vorder-stränge entstehen ja nach ihrer Angabe eher als der vordere Theil der Seitenstränge, und die Contiguität der Anlage ist doch schon von vorn herein ein ebenso trügerisches Zeichen der Gleichwerthigkeit zweier Systeme wie die benachbarte Lage überhaupt.
) Arch. f. Psychiatr. Bd. IV. S. 424. *) a. a. O. Taf. 48. Fig. 1. fg.

in den Seitensträngen entweder überhaupt nicht zu finden ist oder nur durch einzelne Fasern repräsentirt wird: in der Lendenanschwellung.

Zweitens entsteht besagte Bahn, wie sich aus der Markscheiden-bildung schliessen lässt, später, als die von CLARKE nach vorn von den vorderen Wurzeln gezeichneten Bündel, auf jeden Fall beträchtlich später als die äussere Hinterstranganlage.

Drittens können die von CLARKE abgebildeten Stücke an der Vorder-seite der hinteren Wurzelbündel sehr wohl auch directe hintere Wurzel-fasern in die Seitenstränge sein, welche, wie wir noch zeigen werden, in der Lendenanschwellung besonders zahlreich vorkommen.

Viertens endlich kann man wohl noch darauf hinweisen, dass der von KÖLLIKER a. a. O. S. 258 abgebildete Querschnitt nach vorn von den hinteren Wurzeln eine mit der Hinterstranganlage zusammenhängende Faseranlage nicht erkennen lässt, obwohl er einer Region entnommen ist, wo in der Folge die directen Kleinhirn-Seitenstrangbahnen unmittelbar an die hinteren Wurzeln anstossen und besonders umfangreich sind.

Mit unsrer Auffassung der Entstehungsweise der Pyramiden und der centralen Fasermassen überhaupt treten wir in Widerspruch zu den von SCHMIDT verfochtenen Entwickelungs-Principien der Nervencentren, welchen auch KÖLLIKER in seiner Ent-wickelungsgeschichte sich zuzuneigen scheint, und mit welchen wohl die Forscher zum grössten Theil übereinstimmen werden, welche sämmtliche Elemente an Ort und Stelle sich „differenziren" lassen. SCHMIDT sagt a. a. O. S. 45:

„Mag es nun von einer weniger glücklichen Darstellungsweise, oder wirklich von einer unrichtigen Auffassung herrühren, so ist doch so viel gewiss, dass man bei fast allen Autoren Angaben und Darstellungen trifft, als ob dieser oder jener Theil eines Hirntheiles sich zuerst bilde, und aus diesem dann die übrigen, der eine nach dem anderen, hervorwüchsen, man lässt das eine Organ in ein anderes herein — oder aus einem anderen hervorwachsen; man schildert das ganze Wachsthum als durch steten Zusatz neuer Masse von aussen oder von innen, an dem einen oder anderen Ende der schon früher gebildeten Theile geschehend. Selbst BISCHOFF, der doch vor der An-nahme eines solchen, wie er selbst sagt, allzu mechanischen Heran- und Herauswach-sens bestimmt warnt, scheint mir von diesem Fehler nicht völlig freigeblieben zu sein, wenn er zum Beispiel sagt, dass die graue Substanz sich am Gehirne zuerst, am Rückenmark zuletzt bilde u. s. w. — Meiner Meinung nach muss festgehalten werden, dass, sobald sich eine neue Abtheilung zeigt und sich aus den übrigen Massen sondert, dies nicht etwa nur dieser oder jener Theil eines neuen Organes, sondern sogleich das ganze Organ ist, welches dann später durch stärkeres Wachsthum bald an dieser, bald an jener Stelle die ursprüngliche Form allmählich verändert und so schliesslich zu etwas ganz Anderem werden kann, als es ursprünglich war."

Die Spitze dieses Passus richtet sich offenbar gegen TIEDEMANN, welcher, wie bereits erwähnt, durch seine makroskopischen Untersuchungen zu ähnlichen Vorstellungen gelangt ist wie wir auf Grund der unsren. So nimmt derselbe z. B. an, dass ein Theil der Vierhügel von den grossen Oliven beziehentlich den Olivarsträngen der *oblongata* aus sich bilde und dergl. m. — Die Theorien, welche sich hier gegenüberstehen, könnte man mit *terminis*, welche einem andren Capitel der Entwickelungsgeschichte entlehnt sind, als Expansions- und Appositionstheorie bezeichnen. Die Gegensätze sind bei näherer Prüfung auch auf dem Gebiete des Nervensystems durchaus nicht diametraler Natur, und es hat eine jede Auffassungsweise am gegebenen Ort ihre Berechtigung.

Wir dürfen offenbar die Massenzunahme der grauen und weissen Substanz nicht confundiren. Während wir z. B. hinsichtlich der Ganglienzellen der grossen Oliven, des grauen Bodens der Rautengrube u. s. w. kaum zweifeln können, dass dieselben aus Elementen des Medullarrohres hervorgegangen sind, welche bereits zur Zeit der Schliessung desselben hier gelegen sind, würden die Elemente der Pyramiden nach unsrer Auffassung mit solchen gar nichts gemein haben. So wenig aber als innerhalb der *oblongata* die primäre Anlage das Material für alle in der Folge hier vorfindlichen Theilgebilde nervöser Natur enthält, so wenig braucht dies in einem andren Hirntheil der Fall zu sein.

Wir dürfen somit wohl auch annehmen, dass z. B. die Rinde des Kleinhirns durch Theilung u. s. w. aus Zellen hervorgeht, welche in der entsprechenden Höhe des Medullarrohres die primäre Kleinhirnanlage bilden, während für die Fasersysteme desselben nur zum Theil ein Hervorgehen aus jenen Zellen, zum anderen Theil ein Herzuwachsen von vielleicht weit entfernten grauen Massen des Gross- oder Kleinhirns als wahrscheinlich zu betrachten ist. Nach unserer Auffassung combiniren sich also Apposition und Expansion, um einen beliebigen Hirntheil von der Gestaltung zur Zeit des ersten Auftretens bis zur vollendeten Form hinüberzugeleiten.

Es wachsen aus der primären Anlage eines beliebigen Abschnittes Faserzüge heraus und herein, während gleichzeitig die eigentlichen Elemente der grauen Substanz durch Theilung sich vermehren, sich in Folge dessen vielfach gegeneinander verschieben u. s. w. Es würde so in der That die früher soviel ventilirte Frage, ob das Gehirn aus dem Rückenmark hervorgehe oder umgekehrt, zum Theil noch heute berechtigt sein. Wir hätten den Ursprung eines Theiles der Rückenmarksstränge im Gehirn zu suchen, ein Theil der Gehirnfasern entspringt vielleicht umgekehrt im Rückenmark.

e. Wir haben es bisher unterlassen, zu erörtern, weshalb wohl die verschiedenen Fasersysteme successiv auftreten, und weshalb ein jedes sogleich mit dem Gros seiner Fasern erscheint. Mit der Beantwortung dieser Frage würden wir offenbar einen gewaltigen Schritt vorwärts thun in der Erkenntniss der Bildungsgeschichte des Nervensystems. Leider sind zunächst die Grundlagen noch zu wankend, als dass wir nach irgend einer Richtung hin eine definitive Entscheidung treffen möchten; in dieser Beziehung ist vor Allem eine genaue Feststellung des Bildungsmechanismus der einzelnen Faser anzustreben.

Wir können vor der Hand nur ganz im Allgemeinen sagen: Das systemweise Auftreten der Fasern muss darin begründet sein, dass die

Zellen, welche die Fasern produciren, zu verschiedenen Zeiten diesen
Reifegrad erreichen; und zwar wird dies so geschehen, dass die „Mutterzellen" eines Systems annähernd gleichzeitig auf diesem Höhepunkt der
Entwickelung anlangen. Ueberblicken wir nun wieder den eigenthümlichen Entwickelungsgang des centralen Markes in seinem systematisch
streng gegliederten Ablauf, so erscheint es auch mit Rücksicht auf diese
Erwägung ansprechender, die Fasern durch Auswachsen von Ganglienzellen entstehen zu lassen. Es ist schwer begreiflich (wenn auch nicht
undenkbar), dass unmittelbar neben einander gelegene, durchaus
nicht in lebhafter Vermehrung begriffene Bildungszellen, hinsichtlich der
Erreichung jenes Reifegrades um viele Monate differiren sollten, wie
dies z. B. für die Zellen angenommen werden müsste, welche in der
Grenzregion von Pyramiden und innerem motorischen Feld gelegen
sind. Anders wenn wir neben einander gelegene Fasersysteme von weit
auseinander liegenden Zellgruppen ableiten können. Ein grosser Theil
der Ganglienzellen der Grosshirnrinde muss viel später den gleichen Reifegrad erlangen, wie die Zellen der Vorderhörner des Rückenmarkes, weil
jene sich zum grossen Theil erst viel später bilden. Soweit sich aus den
bisherigen Beobachtungen Schlüsse ziehen lassen, haben wir bei allen
grauen Massen, welche sich vom Rückenmarkstypus entfernen, eine
spätere Differenzirung anzunehmen, und zwar eine um so spätere, je
grösser die (virtuelle!) Entfernung. Beim Hühnchen hat man in der
That wohl charakterisirte Ganglienzellen in der Hirnrinde beträchtlich
spälter gefunden (am 7. Tag der Bebrütung Boll) als im Rückenmark,
wo sie noch am 3. Tag auftreten. Es würde sonach, falls wir die Pyramidenbahnen des Rückenmarkes von den Linsenkernen u. s. w. ableiten könnten, nicht lediglich der längere Weg sein, der ihr säumendes Erscheinen im
Rückenmark verschuldet, sondern vielmehr das spätere Auswachsen *).

Es geht aus dem Allen hervor, dass, wenn wir einen Schritt weiter
thun wollen, wir vor Allem die Gestaltungsverhältnisse innerhalb der

---

*) Es würde in mannigfacher Beziehung ungemein ansprechend sein, wenn wir
annehmen könnten, dass mit dem Auftreten, dem Heraureifen jeder neuen Ganglienzellengruppe gleichsam eine neue Person handelnd auf der Bühne auftritt, welche selbst-
thätig in die Vervollkommnung des Gesammtmechanismus eingreift. So erklärte es sich,
dass bestimmte Fortschritte in der Organisation des Grosshirns adaequate in der Organisation des Rückenmarkes nach sich ziehen, wesshalb die Ausbildung der einzelnen
Fasersysteme bei verschiedenen Thierspecies in einem bestimmten Verhältniss zur Grösse
der zugehörigen grauen Massen steht u. s. w.

grauen Substanz (histogenetisch-topographisch) zu untersuchen haben
werden. Dieselben sind ja überhaupt, da die graue Substanz in ihrem
Ausbau der weissen vielfach vorauseilt, wesentlich bestimmend für die
Formentwickelung der Centralorgane. Die an der weissen Substanz gewonnenen Erfahrungen werden auch in jener Hinsicht als wichtige
Fingerzeige für die Untersuchung dienen und es ermöglichen, dass wir
jenes zunächst unendlich gross erscheinende Gebiet am geeigneten Punkt
angreifen und nach und nach bewältigen ').

Wir schliessen hier noch einige Betrachtungen an, welche zum Theil
bereits früher einen Platz hätten finden sollen, welche wir indess im
Interesse der Darstellung bis auf diesen Punkt verschoben haben.

*) Sofern wir die successive Differenzirung der Ganglienzellen als Ursache des
successiven Erscheinens der Fasersysteme erkannt haben würden, müsste sich conse-
quenterweise die Frage anschliessen: Worauf beruht wiederum diese? Wir werden so,
den Entwickelungsprocess weiter und weiter nach rückwärts verfolgend, an einen
Grenzpunkt kommen, wo wir gezwungen sein werden, Halt zu machen. Diesen Punkt
schon jetzt zu bezeichnen, würde vermessen sein. — Wir haben uns in unserer Darstellung bisher im Wesentlichen recitirend verhalten. Wenn wir diese oder jene Eigen-
thümlichkeit einer Entwickelungsphase als Ursache der Gestaltungsprocesse in der
nächstfolgenden bezeichneten, so handelte es sich im Grunde immer nur um die Feststellung der nächsten Ursachen; die eigentlichen oder entfernteren Ursachen haben
wir noch nicht berührt. Das Thatsächliche des Bildungsmechanismus der nervösen
Centralorgane lässt sich natürlich darlegen, ohne dass man auf letztere Rücksicht nimmt.
Für eine tiefere Auffassung ist indess ein Eingehen auch auf sie unerlässlich. Wir
würden, sofern wir dies bereits jetzt unternehmen wollten, Stellung zu nehmen haben
zu den allgemeinen Entwickelungstheorien, welche gegenwärtig die Gemüther
bewegen. Wir fühlen vor der Hand indess noch keinen Beruf zu einer ausführlichen
Erörterung dieser Fragen, obwohl sich auch an der Entwickelungsgeschichte des Nervensystems zu erproben haben wird, ob das „biogenetische Grundgesetz" oder die „mechanische" Betrachtungsweise uns eine wirklich befriedigende Auffassung der Entwickelungsprocesse zu vermitteln im Stande ist. Jedenfalls enthalten unsere Befunde Belege dafür,
dass gewisse aetiologisch zunächst unerklärliche (vererbte?) Gestaltungsverhältnisse
andere secundär nach sich ziehen, welche wir mit Hülfe rein mechanischer Principien
als nothwendige Folgen aus jenen ableiten können und müssen. Es bedarf wohl keines
weiteren Beweises, dass eine solche „mechanische" Ableitung so gerechtfertigt ist wie
irgend welche streng wissenschaftliche Bestrebung. Es erscheint uns hierdurch aber
auch eine Anerkennung der befruchtenden Ideen, welche in dem „biogenetischen Grundgesetz" ihren vorläufigen Ausdruck gefunden haben, keineswegs ausgeschlossen.
Es wird sich darum handeln, die Grenze zu finden, bis zu welcher die „mechanische" Betrachtungsweise befriedigende Aufschlüsse zu gewähren im Stande ist, beziehentlich durch ihre Erweiterung der Herrschaft nebelhafter Begriffe mehr und mehr
Boden abzugewinnen.

14 *

1. Es ist bereits oben (S. 149) darauf hingedeutet worden, dass sich für den Parallelismus zwischen Markscheidenbildung und erster Anlage (d. h. dafür, dass zwischen beiden Acten bei allen Systemen eine annähernd gleich lange Zeit vergeht) ausser der directen Beobachtung auch weitere Gründe anführen lassen, welche mehr indirecter Natur sind.

Betrachten wir eine Nervenfaser in einer beliebigen Phase ihrer Entwickelung, so zeigt sie

a. ein gewisses Caliber, oder einen bestimmten quantitativen Entwickelungsgrad;

b. gewisse qualitative Eigenschaften, insofern als sie entweder noch einen völlig nackten Axencylinder darstellt oder eine rudimentäre oder endlich eine complete Markscheide besitzt. Bezeichnen wir die Entwickelungshöhe in letzterer Hinsicht als Reifegrad, so setzt sich also der Gesammtentwickelungsgrad einer Faser auf einer gegebenen Höhe zusammen aus dem quantitativen Entwickelungsgrad (gemessen durch den Querschnitt) und aus dem Reifegrad.

Der absolute Werth bei der Factoren ist nun, wie sichleicht zeigen lässt, in noch näher zu bestimmender Weise an jeder Faser abhängig von dem Alter derselben. Denn es ergiebt ja ohne Weiteres die Erfahrung, dass jener Werth sich mit dem Alter ändert.

Vergleichen wir nun die Fasern verschiedener Systeme oder verschiedene Fasern des nämlichen Systems, so ergiebt sich, dass der Querschnitt als gleichaltrig zu betrachtender Elemente durchaus nicht gleich gross zu sein braucht, dass Fasern, welche wir als jünger zu betrachten haben, einen grösseren Querschnitt besitzen können, als andere ältere. Oder bezeichnen wir die Querschnittszunahme einer Faser (Axencylinder oder ganze Faser) in der Zeiteinheit als Wachsthumsenergie derselben, so haben wir anzunehmen, dass diese letztere bei verschiedenen Fasern, insbesondere auch bei Fasern verschiedener Systeme variirt.

Als Beweis hiefür mögen folgende Beispiele dienen. Die directe Kleinhirn-Seitenstrangbahn führt noch bei ca. 35 ctm. langen Früchten Fasern von wenig mehr, als dem halben Durchmesser zahlreicher in den Vorderstranggrundbündeln vorhandener Längsfasern, und bereits bei 49 ctm. haben erstere zum grössten Theile letztere erreicht oder an Stärke überholt. Jene müssen also in diesem Zeitraum absolut mehr an Querschnitt zugenommen haben, als diese. — Die Fasern der Goll'schen Stränge und die der directen Kleinhirnbahnen haben bei 35 ctm. ein annähernd gleiches Fasercaliber; beim reifen Neugeborenen übertrifft der Durchmesser der letzteren aber den der ersteren vielfach um die Hälfte bis um das Doppelte. Bei Erwachsenen endlich, wo bereits lange Zeit ein vollkommener Stillestand des Wachsthums der Elemente eingetreten sein musste, finden wir feinste und starke Fasern unmittelbar einander benachbart. . Wir können hier ein verschiedenes Alter unmöglich als den Grund der verschiedenen Querschnitte betrachten, da die feineren bei Sistirung des Wachsthums der starken vollauf Zeit gehabt hätten, letztere einzuholen; wir müssen also auch hier noch eine wenigstens zu Zeiten verschiedene Wachsthumsenergie annehmen.

Die Unterschiede hinsichtlich letzterer zeigen sich nun nicht erst nach dem Auftreten completer Markscheiden, sondern bereits vorher. Bei 11 ctm. langen Foeten finden wir zwischen seitlicher Grenzschicht und directer Kleinhirn-Seitenstrangbahn augenfällige Caliberunterschiede nicht. Bei 25 ctm. finden sich in letzterer nicht gar selten nackte Axencylinder, welche die der ersteren bis um das Doppelte an Durchmesser übertreffen.

Da somit die Querschnittszunahme verschiedener Fasern in der Zeiteinheit beträchtliche Differenzen zeigt, da die einzelnen Fasern beziehentlich ganzen Systeme specifische Wachsthumsenergien besitzen, so kann zwischen dem Alter und dem quantitativen Entwickelungsgrade der Fasern nicht für alle Systeme das nämliche Verhältniss bestehen.

Man könnte es nun mit Rücksicht hierauf für höchst unwahrscheinlich halten, dass auch der andere Factor des Gesammtentwickelungsgrades, der Reifegrad, allenthalben bei verschiedenen Systemen genau dem Alter proportional sei. Man könnte demnach glauben, dass dieselben auch um denselben Reifegrad zu erlangen eine verschieden lange Zeit brauchen. Oder sofern wir die Geschwindigkeit, mit welcher die einzelnen Fasern die in ihrer qualitativen Entwickelung zu unterscheidenden Phasen durchlaufen, als Reifungsgeschwindigkeit bezeichnen, so würde dieselbe bei verschiedenen Systemen eine verschiedene sein. Indess gerade mehrere der oben angeführten Systeme mit differenter Wachsthumsenergie zeigen eine gleiche Reifungsgeschwindigkeit oder eine solche, welche eher im entgegengesetzten Sinn differirt.

Trotzdem dass die Axencylinder der directen Kleinhirn-Seitenstrangbahnen von 11—25 ctm. beträchtlich stärker wachsen, als die der seitlichen Grenzschicht, erhalten jene doch nicht eher, sondern nach Befunden an einem Foetus zu schliessen später, nach denen an anderen

Zweiter Theil.

gleichzeitig complete Markscheiden. Die Goll'schen Stränge ferner, deren Fasern eine geringere Wachsthumsenergie besitzen und annähernd gleichzeitig mit den Fasern der Kleinhirn-Seitenstrangbahnen oder etwas eher angelegt werden *), erhalten ihre Markscheiden eher als letztere oder auch gleichzeitig **). Die zeitlichen Differenzen zwischen erster Anlage und dem Hervortreten completer Markscheiden sind also auch an Systemen, welche hinsichtlich ihrer Wachsthumsenergie beträchtlich differiren, nicht merklich. Hieraus ergiebt sich also, dass die Grössenverhältnisse der Querschnitte verschiedener Fasern bestimmt werden durch das Alter und die Wachsthumsenergie, die Verhältnisse des Reifegrades lediglich durch das Alter.

Wir untersuchen nun zunächst noch, worin wohl der Grund der verschiedenen Wachsthumsenergie gegeben sein könnte. Rein locale Einflüsse können wir wiederum ausschliessen, da schnell und langsam wachsende Fasern vielfach vermischt vorkommen, insbesondere auch beim Erwachsenen unmittelbar neben einander auftreten. Wir haben eben wieder am ehesten zu denken an Einflüsse, welche am Ende der Fasern ansetzen und welche für verschiedene Fasern verschieden ausfallen können. Es lassen sich allerdings in dieser Hinsicht lediglich Hypothesen aufstellen. Man könnte z. B. der Erregungsqualität einen Einfluss zuschreiben wollen: doch lässt sich die Grösse desselben vor der Hand schwer ermitteln ***). Auch an eine verschiedene Häufigkeit der Erregung der Fasern lässt sich denken. Wir wissen wenigstens, dass auch andere Elemente z. B. die Muskeln durch die Function in ihrem Wachsthum beeinflusst werden, dass eine häufig sich contrahirende Muskelfaser einen grösseren Querschnitt erhält, als eine selten sich contrahirende.

Acceptiren wir letztere Möglichkeit für das centrale Mark, so würden also die am raschesten wachsenden Fasern die am häufigsten erregten sein. Hierfür lassen sich in der That einige Gründe anführen. Die Hin-

---

*) Gerade von beiden Systemen lässt sich die Zeit der ersten Anlage in einer Weise bestimmen, wie es für die Entscheidung der hier uns interressirenden Fragen nothwendig ist. Wir haben auf keinen Fall anzunehmen, dass die Goll'schen Stränge und die directen Kleinhirn-Seitenstrangbahnen hinsichtlich ihrer ersten Anlage mehr als 1 — 2 Wochen differiren.

**) s. Anm. S. 198.

***) Dass auch die Erregungsqualität einen Einfluss habe auf die Faserstärke, liesse sich aus dem Verhalten des *nervus optic.* schliessen. Dieser Nerv ist wohl unbedingt unter den sensibeln einer von denjenigen, welche am häufigsten erregt werden, und doch zeichnet er sich durch ein sehr feines Fasercaliber aus.

terstränge z. B., deren Fasern ja wenigstens zeitweise besonders rasch wachsen (besonders während der Periode, wo die Kindsbewegungen anfangen, fühlbar zu werden), bilden offenbar schon sehr frühzeitig die Bahn von Erregungen, da die hinteren Wurzeln zum grossen Theile eine Strecke weit in denselben verlaufen und wir uns ja lediglich unter Betheiligung der hinteren Wurzeln das (frühzeitige) Zustandekommen von Reflexbewegungen vorstellen können. Die Pyramiden ferner, welche man als Leitungsbahn willkürlich-motorischer Impulse und demnach auch der willkürlichen Innervation der Gehbewegungen betrachten muss, nehmen erst nach Ablauf des ersten Lebensjahres stärker an Querschnitt zu als die übrigen Systeme.

Auf der anderen Seite spricht allerdings das so frühzeitige Hervortreten von Differenzen in der Wachsthumsenergie (zu Zeiten, wo wir kaum an den Ablauf von Erregungen denken können) gegen die ausschliessliche Gültigkeit dieses Gesichtspunktes *).

Es ergiebt sich aus dem Vorstehenden auch, dass die Caliberdifferenzen beim Neugeborenen zum Theil eine ganz andere Bedeutung haben, als beim Erwachsenen; dort Unterschiede im wahren Alter, hier lediglich solche, die mit dem Alter der Fasern nichts zu thun haben.

2. Wir haben oben (S. 176 fg.) im Allgemeinen die Beziehungen zwischen der Markscheidenbildung und dem Auftreten der Fettkörnchenzellen erörtert, ohne letzteres bezüglich seines topographischen Verhaltens näher zu betrachten. Wir haben dort bereits darauf hingewiesen, dass, sofern der Connex zwischen Markumhüllung und Auftreten der Fettkörnchenzellen ein streng gesetzmässiger ist, auch die letzteren zu gegebenen Zeiten in verschiedenen Markregionen sich wesentlich verschieden verhalten müssen. Es wurde früher nur im Allgemeinen angedeutet, dass wir darauf hinzielende Erscheinungen beobachtet haben. Wir untersuchen jetzt: Entspricht in jedem Fasersystem in gleicher Weise

---

*) An einen ähnlichen Einfluss hat wohl auch MEYNERT gedacht, indem er extrauterine „Bedingungen" für nothwendig erachtet, damit die bei der Geburt so gering entwickelten Fasern des Hirnschenkelfusses eine den Haubenelementen entsprechende Entwickelungshöhe erreichen (s. o. S. 7). Indess war beim Hirnschenkelfuss eben erst festzustellen, in wie weit bei der Geburt die späte Anlage oder die geringe Wachsthumsenergie das Nachschleppen bedingt. Ein Theil des Hirnschenkelfusses ist bei der Geburt noch so wenig entwickelt, die betr. Fasern stehen noch auf so niederer Stufe, dass man ihr Alter nach sonstigen Erfahrungen nur auf wenige Monate taxiren darf. Hier ist zur Erklärung offenbar die späte Anlage zunächst in Betracht zu ziehen.

einem bestimmten Höhepunkt der Faserentwickelung ein bestimmter Gehalt an Fettkörnchenzellen? Läuft, völlig normale Verhältnisse vorausgesetzt, die Invasion derselben in allen Systemen in gleicher Weise ab?

Eine befriedigende Antwort hierauf zu geben, ist aus mehreren Gründen schwierig. Einmal ist eine genauere objective Feststellung der Zellenzahl so gut wie unmöglich. Man muss sich immer nur mit annähernden Schätzungen begnügen. Es erfordert ferner die Feststellung gerade dieses Verhaltens bei der Häufigkeit pathologischer Zustände von Foeten ein viel grösseres Material, als uns zu Gebote stand. Es muss dahingestellt bleiben, ob es lediglich diesem Umstande zuzuschreiben ist, dass uns wenigstens in einigen Beziehungen ein ganz streng gesetzmässiges Verhalten nicht zu beobachten gelang, oder ob wir gewisse gesetzmässige Beziehungen, welche dennoch vorhanden, noch nicht erkannt haben.

Betrachten wir zunächst die thatsächlichen Beobachtungen, so ergiebt sich, dass bei 25 ctm. langen Foetus die Fettkörnchenzellen ganz besonders zahlreich sind in den Strängen, welche sich hier bereits mit Markscheiden umhüllt haben, und dass diese Stränge (die Grundbündel der Vorderstränge, die vordere gemischte Seitenstrangzone und die Keilstränge) einen annähernd gleichen Gehalt an solchen Zellen zeigen; in den anderen Strangtheilen treten sie nur ganz vereinzelt auf.

Bei 32 ctm. erscheinen in den GoLL'schen Strängen eben so viele Fettkörnchenzellen als in den äusseren Hintersträngen. Die Pyramidenbahnen enthalten hier dieselben noch ganz vereinzelt. Schon jetzt tritt aber ein eigenthümliches Verhalten der Hinterstränge hervor. Dieselben lassen nämlich beträchtlich mehr Fettkörnchenzellen erkennen als z. B. die Vorderstranggrundbündel und andere, scheinbar auf derselben Entwickelungshöhe befindliche Fasersysteme.

Ein ähnliches Verhalten findet sich wieder bei ca. 35 ctm. langen Früchten: allenthalben fällt hier der grössere Gehalt der Hinterstränge in die Augen, bei einzelnen Individuen ist der Contrast zwischen Pyramidenbahnen und sie begrenzenden Fasersystemen besonders deutlich ausgesprochen. Von 45 — 49 ctm. sind die Fettkörnchenzellen in den Pyramidenbahnen ziemlich häufig, in den Hintersträngen werden sie spärlicher und fehlen auch ganz.

Im Allgemeinen ist so offenbar ein gewisser Parallelismus zwischen dem Auftreten der Zellen und dem Reifegrade der Systeme nicht zu verkennen. Worauf beruht aber das lang andauernde und massenhafte Auftreten derselben in den Hintersträngen?

Es ist von vorn herein wahrscheinlich, dass, wenn Markumhüllung und Auftreten der Fettkörnchenzellen in einem gesetzmässigen Connex stehen, die Zahl dieser Elemente in jedem beliebigen Markabschnitte in der correspondirenden Entwickelungsphase in einem bestimmten Verhältnisse gefunden werden muss zur Zahl der auf der Raumeinheit sich umhüllenden Fasern. Die Fettkörnchenzellenzahl könnte darnach in Regionen, in welchen sich Fasersysteme von verschiedener Anlagezeit mischen, nie einen so grossen Werth erreichen, als in Fasersysteme, welche streng gesondert verlaufen. Denn dort wird die Zahl der sich gleichzeitig mit Mark umhüllenden Fasern nie so gross werden können als hier.

Mit Rücksicht hierauf könnte man es z. B. erklären, weshalb die äusseren Hinterstränge zeitweise eine viel grössere Fettkörnchenzahl enthalten können, als dies in der vorderen gemischten Seitenstrangzone je der Fall zu sein scheint. Indess ist dieser Gesichtspunkt nicht vollständig hinreichend, um alle Differenzen der verschiedenen Markregionen in dem erreichbaren Maximalgehalt an Fettkörnchenzellen zu erklären. Die Pyramidenbahnen z. B., welche doch annähernd gleichzeitig wenigstens auf bestimmten Strecken über ihren ganzen Querschnitt Markscheiden erhalten, zeigen unter normalen Verhältnissen nie einen so grossen Gehalt an Fettkörnchenzellen, als die äusseren Hinterstränge.

Wir müssen somit noch einen anderen Erklärungsgrund suchen; und derselbe lässt sich vielleicht durch folgende Erwägungen finden. Wir haben vor Kurzem darauf hingedeutet, dass die Wachsthumsenergie der einzelnen Fasern verschiedener Systeme nicht eine gleiche ist, dass die einen in einer gegebenen Zeit beträchtlich mehr an Kaliber zunehmen, als andere; und das Gleiche gilt vielleicht für verschiedene Fasern des nämlichen Systems. Die äusseren Theile der Hinterstränge zeichnen sich nun von ca. 30 ctm. Länge an durch eine ganz besondere Wachsthumsenergie aller Fasern aus, ein Umstand, worauf wohl vorzugsweise die beträchtlichere Querschnittzunahme derselben zwischen 28 und 32 ctm. beruht. Die Pyramidenbahnen hingegen zeigen ein verhältnissmässig langsames Wachsthum der Elemente, wie u. A. auch daraus erhellt, dass sie nach Ablauf des ersten Lebensjahres ihre definitive Stellung hinsichtlich des relativen Kalibers noch nicht erreicht haben. Dasselbe gilt auch von einem grossen Theile der Elemente der Vorder- und Seitenstränge. In den Vorderstrang-Grundbündeln und der vorderen gemischten Seitenstrangzone gehört ein nicht unbeträchtlicher Theil der Längsfasern noch beim Erwachsenen zu den feinsten des Markmantels.

Es würde sonach die Zahl der Fettkörnchenzellen am ehesten proportional sein dem Volumen der in der Zeiteinheit auf der Raumeinheit sich bildenden Markscheiden. Obwohl mit diesen Erwägungen natürlich eine stricte Erklärung nicht gegeben ist, so erscheinen dieselben doch wohl beachtenswerth *).

Es geht aus dem Angeführten hervor, dass, um zu entscheiden, ob ein gegebener Gehalt einer Markregion an Fettkörnchenzellen normal oder pathologisch sei, für den betreffenden Ort und die betreffende Zeit der Normalgehalt genau bekannt sein muss. Es ist zur Zeit noch nicht gelungen, denselben festzustellen. Ohne Zweifel pathologisch sind, wie bereits frühere Autoren hervorgehoben, die herdweisen Anhäufungen vieler Fettkörnchenzellen, ähnlich miliaren Abscessen, deren Beobach-

---

*) Unsere Erfahrungen weichen in mancher Hinsicht von denen von Jastrowitz ab, in vielen anderen stimmen sie mit denselben überein. Genannter Autor hat die Frage nach der normalen Vertheilung der Fettkörnchenzellen bereits ziemlich eingehend erörtert. Da ihm die Gliederung des Markmantels auf Grund der Entwickelung, der eigenthümliche Ablauf der Markscheidenbildung u. s. w. entgangen ist, so hat er natürlich auf das topische Verhalten der Fettkörnchenzelleninvasion in einer für unsere Zwecke völlig genügenden Weise nicht geachtet. Bis zum 7. Monat lassen sich seine Beobachtungen mit den unseren in Einklang bringen bis auf einen Fall (ein 6 monatlicher Foetus), wo er die Vorder- und Seitenstränge vollständig frei gefunden haben will; es deucht uns dies wenigstens unwahrscheinlich. Wir können ihm ferner nicht beistimmen, wenn er angiebt, dass bei den meisten annähernd oder völlig reifen Individuen das Rückenmark vollständig frei gefunden werde, da nach unseren Erfahrungen die Pyramidenbahnen wenigstens nicht gar selten (wir haben eben nicht alle Fälle darauf untersucht) eine nicht unbedeutende Anzahl von Fettkörnchenzellen führen. Allerdings bezeichnet Jastrowitz die hintere Seitenstranghälfte als den Ort, welcher nächst den Hintersträngen sie am häufigsten erkennen lässt. Aber auch hier lässt er sie nur ausnahmsweise auftreten. Vielleicht ist ein Theil der Jastrowitz'schen negativen Befunde darauf zurückzuführen, dass er die Pyramidenbahnen, so lange sie noch grau sind, zur grauen Substanz zu rechnen scheint (Arch. für Psych. Bd. 2. S. 412 findet sich ein Passus, welcher sich kaum anders deuten lässt). Wenn Jastrowitz auf die späte Entstehung der Hinterstränge und auf das nachherige rasche Wachsthum Gewicht legt, so scheint uns mit ersterem Gesichtspunkt nur wenig gewonnen zu sein. Anders das rasche Wachsthum; nur muss man dasselbe schärfer definiren, als es von Seiten Jastrowitz's geschehen ist. Denn an sich ist es noch nicht geeignet, eine Erklärung zu geben; es ist noch festzustellen, ob dasselbe durch Apposition oder durch Vergrösserung der Elemente erfolgt. Nur in letzterem Falle wird man hier Besonderheiten des Stoffwechsels und dergl. annehmen können. Hierauf kommen nun allerdings unsere Untersuchungen am ehesten hinaus.

tung wohl auch Virchow zur Aufstellung seiner interstitiellen Encephalitis
geführt hat, und welche sich schon makroskopisch als weisse Flecke
u. s. w. kundgeben (s. o. S. 42) *).

3. Wir sind durch die vorstehenden Untersuchungen nun auch in
den Stand gesetzt, zu beurtheilen, in wie fern die Erklärung, welche wir
oben (S. 43—54) von dem Wesen und der Verwendbarkeit der
beim Auftreten der Markweisse hervortretenden makroskopischen
Gliederung des centralen Markes gegeben haben, sich als haltbar erweist.

Wir haben dort zunächst die Vermuthung ausgesprochen, dass jene
Gliederung allenthalben, also auch in Regionen den Charakter einer
systematischen an sich trage, wo wir bisher eine genauere Vorstellung
von der Anordnung, dem Umfang u. s. w. der Theilsysteme noch nicht
gewinnen konnten. Die mikroskopische Controle hat dies zunächst für *oblon-*
gata und Rückenmark bestätigt. Es hat sich ergeben, dass der zu Zeiten
erheblich differirende Markgehalt der einzelnen Systeme der makroskopi-

---

*) Ob man es hier mit einer Entzündung zu thun habe, lässt sich sehr schwer
entscheiden, nicht nur deshalb, weil der Begriff der Entzündung überhaupt nicht
scharf umgrenzt ist, sondern weil auch zwischen den extremen Graden von Fettkörn-
chenzellengehalt und dem physiologischen Auftreten derselben alle möglichen Uebergänge stattfinden. Sofern die physiologischer Weise auftretenden Zellen als Wanderzellen aufzufassen sind, ist es wahrscheinlich, dass auch die in Heerden auftretenden
Elemente zum grossen Theil diese Bedeutung besitzen, dass somit der pathologische
Process nicht vornehmlich eine interstitielle Entzündung darstellt.

Was die Einwirkungen dieser Erkrankung auf die Functionsfähigkeit des Nervensystems bez. auf die Lebensfähigkeit anlangt, so sind dieselben gleichfalls schwer zu
bestimmen. Die Funktionsfähigkeit ist bei massenhaftem Auftreten wohl nicht allein
gefährdet durch die Zellen selbst, sondern auch durch die Grundursache und durch
den ungeheuren Blutreichthum der Gefässe, welcher jene Anhäufungen zu begleiten
pflegt und welcher besonders nach der Geburt sich geltend machen dürfte. Der
Einfluss auf die Lebensfähigkeit wird sich ferner verschieden gestalten je nach der
Localisation der Fettkörnchenzellen. Selbst das Auftreten derselben in abnorm grosser
Zahl innerhalb der *oblongata* wird bald mehr bald weniger Nachtheile für das Leben
nach sich ziehen, je nachdem mehr die Gebiete der seitlichen motorischen Querschnittsfelder (Meynert), also die wichtigsten Reflexcentra, oder andere Theile ergriffen
sind. Um deshalb eventuell wenigstens mit annähernder Sicherheit bestimmen zu können, ob der Tod eines Individuums lediglich durch „interstitielle Encephalitis" herbeigeführt worden sei, ist eine genaue Feststellung des topischen Auftretens unumgänglich nothwendig; die Befunde an einzelnen Orten gewähren nicht zuverlässige
Anhaltepunkte über die Verhältnisse an anderen, da die Fettkörnchenzellen mitunter
lediglich im Gebiet einzelner Fasersysteme in abnormer Menge sich finden.

schen Sonderung zu Grunde liegt, und es erscheint so ganz natürlich.
dass auch die letztere einen systematischen Charakter an sich trägt.
Die makroskopische Beobachtung kann naturgemäss lediglich innerhalb der
Grenzen Aufschlüsse geben, welche der makroskopischen Unterscheidungs-
fähigkeit überhaupt gezogen sind. Immerhin sind dieselben schon in
hohem Grade beachtenswerth. Wir weisen nur darauf hin, dass wir den
Verlauf der Pyramidenbahnen im Rückenmark, ihre Variabilität u. s. w.
schon mit unbewaffnetem Auge gut überblicken können. Wir verweisen
ferner darauf, dass bereits Foville auf seine makroskopischen Befunde
hin die Existenz einer Kleinhirn-Seitenstrangbahn erschloss.

Durch die Bestätigung für Rückenmark und Oblongata ist nun offenbar auch der oben ausgesprochenen Vermuthung, dass die makroskopische
Sonderung allenthalben den Charakter einer systematischen an sich
trage, eine gewichtige Stütze verliehen. Wir dürfen uns jetzt mit
Zuversicht der Hoffnung hingeben, dass es auch in den übrigen Markregionen gelingen wird, durch das Studium der Markscheidenbildung
(unter steter Leitung der makroskopischen Bilder), weiter und weiter in
die Anordnung der centralen Fasermassen einzudringen. Ein Ueberblick über das Hervortreten der Markweisse im Gross- und Kleinhirn,
wie wir es geschildert, gewährt uns bereits eine annähernde Vorstellung
von dem, was wir in dieser Hinsicht zu erwarten haben.

Was weiter die Gründe für das Zustandekommen der makroskopischen
Gliederung anlangt, so sind, wie sich ohne Weiteres ergiebt, dieselben
in der That im Wesentlichen darauf zurückzuführen, dass die Markscheiden
im Rayon verschiedener Systeme successiv die relative Menge erreichen,
welche zum Hervortreten des specifischen Tones derselben nothwendig
ist. Der differente Markgehalt ist auch mikroskopisch das wesentlich
Charakteristische der Gliederung. Von Interesse ist es, festzustellen, inwiefern der makroskopische Habitus eines Markabschnittes einen Ausdruck des elementaren Entwickelungsgrades darstellt, und welche Momente es im Wesentlichen bedingen, dass die verschiedenen Systeme
zu verschiedenen Zeiten den relativen Markgehalt erlangen, welcher zum
Auftreten der Markweisse nothwendig ist*).

---

*) Wir bemerken zunächst, dass das Verhalten der Markweisse in Rückenmark
und *oblongata* für die Periode von 25 — 30 ctm. Körperlänge ungenügender als für
andere Perioden und andere Markabschnitte festgestellt werden konnte. Wir mussten
das Material behufs mikroskopischer Untersuchung möglichst schonen und so die Zahl
der Querschnitte im frischen Zustand möglichst beschränken. Es ist indess bereits

Wir haben oben (S. 51) noch nicht unterschieden zwischen Reifungsgeschwindigkeit und Wachsthumsenergie (zur Zeit, wo jener Theil niedergeschrieben, kannten wir diesen Unterschied noch nicht), wir haben dort
nur angedeutet, dass der Grund, weshalb verschiedene Markabschnitte
zu verschiedenen Zeiten diesen „Minimal-Gehalt" erreichen, gegeben sein
könne in dem Vorhandensein einer verschiedenen Wachsthumsenergie der
Nervenfasern oder in einer verschiedenen Entstehungszeit. Wir sind
jetzt in den Stand gesetzt, des Näheren zu beurtheilen, inwieweit ein
jeder dieser Einflüsse in Betracht zu ziehen ist.

Was die Befunde an der Oblongata anlangt, so bedürfen dieselben
nur einer kurzen Erläuterung. Die Markweisse tritt hier an den verschiedenen Systemen meist in der Reihenfolge hervor, in welcher die Markscheiden angelegt werden. Im inneren motorischen Felde z. B. beginnt
das hintere Längsbündel, folgt der zwischen diesem und den Pyramiden
gelegene Abschnitt und schliessen die letzteren. Wenig später als ersteres
erscheint weiss die gemeinsame aufsteigende Wurzel des seitlichen gemischten Systems, früher als jenes die Keilstränge u. s. w.

Im Rückenmark sehen wir in den Vorder-Seitensträngen z. B. die
Vorderstränge beginnen; die vordere gemischte Zone und die directen
Kleinhirn-Seitenstrangbahnen folgen, die Pyramidenbahnen schliessen.

Aber neben diesem Parallelismus zwischen dem Auftreten der Markscheiden an den einzelnen Systemen und zwischen dem Hervortreten
der Markweisse, finden sich doch auch abweichende Erscheinungen.
Dieselben bestehen darin, dass Fasermassen, welche mit anderen gleichzeitig angelegt werden, beträchtlich eher weiss erscheinen, als letztere,
ja dass sogar Systeme, welche später entstehen, eher sich lichten als
früher angelegte. Nicht Wunder kann dies nehmen, wenn wir z. B.
Systeme mit beträchtlichen Differenzen des gesammten Querschnittes vor
uns haben. Ein feines und zartes Bündel kann eventuell eine geraume
Zeit brauchen, um überhaupt eine für die makroskopische Wahrnehmung hinreichende Grösse zu erlangen. Eine dünne Schicht markhaltiger Fasern verschwindet sehr leicht zwischen marklosen, während
eine compacte Schicht sich energischer geltend macht. Nicht Wunder
nehmen kann ferner ein Mangel an Parallelismus zwischen dem Auf-

---

oben darauf hingewiesen worden, dass die genannten Abschnitte der Nervencentren
überhaupt nicht der Boden sind, auf welchem die Untersuchung des makroskopischen Verhaltens unentbehrlich ist.

treten der Markscheiden und der Markweisse an Markmassen, welche aus verschiedenen Systemen zusammengesetzt sind, von denen das eine früher, das andere später sich mit Mark umhüllt. Wenn z. B. die vordere gemischte Seitenstrangzone beträchtlich später weiss wird, als die äusseren Hinterstränge, so hat man bei ersterer dabei zu berücksichtigen, dass sie Systeme von verschiedenem Alter enthält, von denen eines mit Sicherheit als jünger zu betrachten ist, als die äusseren Hinterstränge, während letztere in sich gleichwerthig zu sein scheinen.

Es zeigt sich aber auch, dass Systeme, welche gleich umfangreich sind, in welchen scheinbar die Markumhüllung der Fasern meist gleichzeitig beginnt, zu verschiedenen Zeiten weiss werden können, dass also auch unter sonst gleichen Verhältnissen an einzelnen Systemen das Hervortreten der Markweisse nicht allenthalben einen genauen Maasstab für die relative Zeit des Auftretens der Markscheiden giebt und somit Rückschlüsse auf die Zeit der Faserentstehung gestattet. Ein solcher Fall findet sich z. B. gegeben in dem Verhalten der Vorderstrang-Grundbündel zu den äusseren Hintersträngen. Erstere lichten sich ja nach unseren Beobachtungen später, als letztere.

Worauf beruht dies nun? Man könnte daran denken, dass die Hinterstränge besonders viele Fettkörnchenzellen enthalten; indess in der Periode, welche hier in Betracht kommt, sind dieselben auch in den Vorderstrang-Grundbündeln sehr zahlreich. Man könnte ferner darauf kommen, dass auch die Vorderstrang-Grundbündel ein Fasersystem enthalten, welches später entsteht als die äusseren Hinterstränge (dann würde aber gerade die Markweisse wiederum wichtige Fingerzeige hinsichtlich der Entwickelung geben); dies ist nun wohl möglich, aber durchaus nicht nothwendig. Wir brauchen nämlich aus folgenden Gründen nicht auf diesen Ausweg zu recurriren.

Die Markweisse tritt überhaupt nicht sofort mit der Bildung completer Markscheiden hervor, sondern erst etwas später. Die Fasern müssen auch an Systemen, deren Elemente durchgehends markhaltig sind, erst ein bestimmtes Kaliber erreicht haben, bevor das „Markweiss" erscheinen kann. Es zeigt sich dies besonders deutlich an den Goll'schen Strängen, welche noch bei 40 ctm., wo sie bereits durchgängig markhaltig sind, grau erscheinen können. Der nothwendige Minimalgehalt an Mark wird erst nach einem der Markumhüllung folgenden weiteren Wachsthum erreicht. Bei einer gleich grossen Anzahl markhaltiger Fasern in der Raumeinheit hängt nun offenbar der relative Markgehalt ab von dem mittleren Querschnitt der Markscheiden, also sofern verschiedene Fasercaliber gemischt sind, von dem Mengenverhältniss der dicken zu den dünnen. Wir haben aber schon gesehen, dass die gleichzeitige Markumhüllung verschiedener Systeme durchaus nicht erfordert, dass auch die Fasern dieser Systeme zur Zeit der Umhüllung gleich stark sind; wir haben Systeme kennen gelernt, deren Elemente rasch an Caliber zunehmen und solche, welche langsam wachsen. Es ist ferner speciell darauf hingewiesen worden, dass in den Vorderstrang-Grundbündeln eine grosse Anzahl Fasern sich befinden, welche, sofern sie nicht später entstehen, doch langsamer wachsen, als die Fasern der äusseren Hinterstrangbündel, welch' letztere eine ziemlich gleichmässige beträchtliche Wachsthumsenergie zeigen. Es erlangen also die letzteren Bündel bald eine grössere mittlere Stärke als erstere, und somit auch eher jenen zum Hervortreten der Markweisse nothwendigen mittleren Markgehalt *).

Man könnte nun gerade aus dem berührten Verhalten der Rückenmarksstränge schliessen, dass die Aufschlüsse, welche das Auftreten der Markweisse hinsichtlich der Entwicklungsfolge der Fasersysteme zu gewähren vermag, unzuverlässig sind, ja im Grunde genommen, weil zweideutig, völlig unbrauchbar. In der That direct verwendbare Resultate liefern die makroskopischen Befunde in dieser Hinsicht nicht. Wir erhalten aber in ihnen eine in manchen Beziehungen genauere, in anderen ungenauere Skizze des Entwickelungsganges, in welche sich mit Hülfe der mikroskopischen Untersuchung leicht Verbesserungen eintragen lassen, und welche, sofern man die Bedingungen der Färbung u. s. w. im Allgemeinen genau kennt, es gestatten, sich rasch auf dem unendlich grossen Arbeitsfelde zu orientiren und die Bearbeitung desselben auf rationelle Weise an dem richtigen Punkte zu beginnen.

Sofern wir uns nur erinnern, dass Differenzen in der Zeit des Auftretens der Markweisse an zwei beim Erwachsenen ungefähr gleichge-

---

*) Hierzu kommt endlich noch vielleicht ein Moment, welches den äusseren Hintersträngen den anderen Rückenmarkssträngen gegenüber specifisch ist. Die hinteren Wurzelfasern, welche ja hauptsächlich den äusseren Abschnitt der Hinterstränge bilden, und deren frühzeitige Entwickelung das frühe Weisswerden derselben nach sich zieht, laufen im Mark eine Strecke weit horizontal. Sie präsentiren sich auf Querschnitten durch das Mark demnach im Längsschnitt, die Vorderstranggrundbündel im Querschnitt. Auch dieser Umstand hat auf die Intensität des Weiss einen Einfluss, wie man sich vielfach an Querschnitten (z. B. in der vorderen Brückenhälfte) überzeugen kann, wo quer und längsgeschnittene Bündel neben einander auftreten. Der Einfluss ist besonders gross, wenn die Markscheiden relativ dünn sind.

bauten Fasermassen, beruhen entweder 1) in einer verschiedenen Entstehungszeit a) aller, b) einzelner Elemente oder 2) in einer verschiedenen Wachsthumsenergie derselben bei gleicher Entstehungszeit, so ist hiermit schon ein wichtiger Leitstern für die Untersuchung der Entwickelung gewonnen.

4. Von den Ergebnissen der vorstehenden Untersuchungen verdient noch besondere Erwähnung, dass es bei der spontanen Sonderung der einzelnen Systeme möglich ist, den Ablauf der Entwickelung an jedem derselben in allen Phasen zu verfolgen und insbesondere wenigstens annähernd festzustellen, ob zu einer gegebenen Zeit in einem bestimmten System bestimmte Veränderungen vor sich gehen. Es ist hiermit die Möglichkeit gegeben zu entscheiden, ob gewissen Fortschritten, welche wir in der Sphäre der von den nervösen Centralorganen abhängigen functionellen Aeusserungen in den letzten Monaten des foetalen und den ersten des extrauterinen Lebens hervortreten sehen, greifbare morphologische Fortschritte, auf welche jene bezogen werden können, entsprechen. Es ist somit die Möglichkeit gegeben, die Fortschritte in der Entwickelung der Functionen mit solchen der Organisation zu vergleichen.

Für die Physiologie des Foetus muss dies von grossem Interesse sein. Sofern wir uns überhaupt je tiefere Vorstellungen z. B. über das Wesen der Lebensfähigkeit u. s. w. machen wollen, werden wir den hierzu nothwendigen minimalen Entwickelungsgrad des Nervensystems nicht ausser Acht lassen dürfen.

Der Einfluss, welchen speciell das Auftreten der Markscheiden an bestimmten Systemen auf die Lebensfähigkeit haben mag, wird natürlich erst bestimmt werden können, sofern man einestheils die Function der Einzelsysteme, anderntheils den Einfluss der Markscheiden auf die Functionsfähigkeit der Nervenfasern überhaupt kennt. Was Ersteres anlangt, so dürfen wir schon jetzt annehmen, dass unter den sich frühzeitig mit Mark umhüllenden centralen Systemen sich sämmtliche reflectorische befinden, während das Allen anderen nachschleppende System willkürlich-motorisch ist. Wir sehen denn auch die ersteren sehr früh funktionsfähig werden, früher insbesondere als die letzteren. Gerade die reflectorischen Systeme sind aber die eigentlich lebenswichtigen, und es ist speciell die Befähigung andauernd zu funktioniren offenbar eine unerlässliche Bedingung für die Lebensfähigkeit überhaupt.

Die nur erwähnte Succession in der Entwickelung der reflectorischen und der zum Bewusstsein in unmittelbarer Beziehung stehenden Funktionen ist in erster Linie als eine Folge der durch die successive Anlage bedingten successiven Ausbildung der betreffenden Apparate zu betrachten. Die letzteren können ohne Mitwirkung irgend welcher anderer Momente schon auf Grund der successiven Entstehung erst nach einander denjenigen Reifegrad erreichen, vermöge dessen sie überhaupt funktionsfähig sind, mag nun dieser Reifegrad vor oder nach der Markumhüllung der betr. Fasern sich herstellen. Eine Berücksichtigung dieses von MEYNERT völlig ignorirten Gesichtspunktes ist unbedingt nothwendig, sofern man aus den morphologischen Verhältnissen Rückschlüsse auf die Entwickelungsgeschichte der psychischen Funktionen ziehen will.

Die Untersuchung der aus den makroskopischen Verhältnissen zu ahnenden Entwickelungsverhältnisse des Grosshirns beim Neugeborenen stellt in der That auch in psychologischer Hinsicht wichtige Aufschlüsse in Aussicht, da wir ja mit Sicherheit erwarten dürfen, einzelne Fasersysteme auf einer relativ hohen, andere auf einer noch sehr niedrigen Entwickelungsstufe zu finden, und weil dies uns zu der Annahme berechtigt, dass auch den zugehörigen Centren entsprechende Differenzen in der Entwickelungshöhe zu eigen sind.

5. Wir stellen schliesslich noch einmal die wichtigsten der hinsichtlich des Entwickelungsganges des centralen Nervensystems von uns gewonnenen Resultate zusammen.

a. Die centralen Fasermassen werden so angelegt, dass gleichzeitig immer nur die Fasern eines oder weniger virtuell je in sich einheitlicher Theilsysteme entstehen; die letzteren selbst treten somit successiv auf (Gesetz der systemweisen Anlage der centralen Fasern).

b. Die Fasersysteme durchlaufen genau in der Reihenfolge, in welcher sie angelegt worden sind, alle in der Entwickelung der Einzelfaser zu unterscheidenden Phasen; auch das Auftreten der Markscheiden spiegelt zeitlich und topisch den Modus der ersten Anlage wieder (Princip des systemweisen Auftretens der Markscheiden).

c. So kommt es auf entwickelungsgeschichtlichem Weg zu einer Zerlegung der centralen Fasermassen in Theilsysteme (Princip der systematischen Gliederung des centralen Markes auf Grund der Markscheidenbildung).

d. Die Zeitfolge der Markumhüllung berechtigt zu Rückschlüssen auf die Zeitfolge der ersten Entstehung der Fasersysteme.

e. Die im Laufe der Sonderung von grauer und weisser Substanz auftretenden makroskopischen Bilder gewähren wichtige Fingerzeige hinsichtlich des Baues und Entwickelungsganges des centralen Markes.

f. Die verschiedenen Fasersysteme treten wahrscheinlich in derselben Reihenfolge auf, in welcher die zugehörigen Centren sich ausbilden.

Historischer Nachtrag.

Es erscheint noch geboten, auf die in der Vorrede erwähnten Untersuchungen von CHARCOT bez. PIERRET einzugehen! Während KOELLIKER wenigstens hinsichtlich der Vorder-Seitenstranganlage unterlassen hat, die näheren Beziehungen der zu einer gegebenen Zeit erscheinenden Fasermassen zu den auf dem Querschnitt des ausgebildeten Organs vorhandenen Fasersystemen zu bestimmen, während man ferner nach seiner Darstellung eher auf die Idee kommen könnte, er lasse die gesammten Vorder-Seitenstränge durch eine Art interstitiellen Wachsthums aus der primären Vorderstrang-Anlage hervorgehen, hat CHARCOT (PIERRET) angegeben*), dass bestimmte Abtheilungen der ausgebildeten Stränge bereits in beträchtlicher Ausdehnung vorhanden seien, während andere noch vollständig fehlen. Soweit es sich nun um die Idee (in welcher man bereits unser Gesetz der systemweisen Anlage erblicken könnte) an sich handelt, würden wir hierin nur einen Fortschritt zu begrüssen haben. Diese Angabe scheint ja ganz mit unseren Erfahrungen übereinzustimmen. Indess, sofern man die „Thatsachen" prüft, auf welche diese Anschauung basirt ist, sobald man untersucht, welches denn die Beweise CHARCOT's sind, und wie er sich die erste Anlage vorstellt, so ergiebt sich ohne Weiteres, dass wir es hier zwar ohne Zweifel mit einer geistreichen Combination, aber sonst mit einem luftigen Gebäude zu thun haben, zu welchem das Material überdies nicht zum geringsten Theile anderen Autoren entlehnt ist.

Ganz besonders deutlich geht dies aus den schematischen Abbildungen hervor, welche CHARCOT seinen Bemerkungen beigefügt hat, da wir annehmen müssen, dass die von BOURNEVILLE gegebene Darstellung sich der

---

*) Wir berücksichtigen nur CHARCOTS Angaben in den Leçons sur les mal. III. part. Amyotroph. S. 215 fg., da hier wohl auch alle in der Gaz. med. de Paris No. 6. S. 71 mitgetheilten Befunde von PIERRET berücksichtigt sind.

Billigung Charcots zu erfreuen hat. Gerade an diesen Abbildungen lässt
sich überzeugend nachweisen, dass Charcot durch seine eigenen Beobachtungen kaum darauf geführt werden konnte, die Entwicklungs-
geschichte des Rückenmarks zu reconstruiren, wenigstens so zu reconstruiren,
wie er es gethan hat. Da erscheint zunächst bei 4wöchentlichen Embryonen an der vordern Seite des Medullarrohres beiderseits eine Zone (*zone
radiculaire antérieure*), welche sich mit unserer vorderen gemischten Seitenstrangzone *plus* den Grundbündeln der Vorderstränge decken dürfte, hinten
eine solche, welche den äusseren Hintersträngen (*zone radiculaire postérieure*) entspricht. Charcot bezeichnet erstere als *zone radiculaire antérieure*, entweder weil dieselbe von den vorderen Wurzelfasern durchsetzt
wird, oder weil er sich vielleicht vorstellt, dass die Fasern derselben zu
den vorderen Wurzeln in demselben Verhältniss stehen, wie die an der
hinteren seitlichen Peripherie des Medullarrohres auftretenden Längsfasern
zu den hinteren Wurzeln. Schon 2 Wochen später tritt beiderseits am
hinteren Ende der vorderen Zone ein wohlgesondertes Bündelchen hervor (*sous l'aspect de deux petites masses ou tubercules de substance embryonnaire*), dasjenige Bündel der Seitenstränge, *où les tubes nerveux ne
se montrerout que très-tard*, also offenbar unsere Pyramiden-Seitenstrangbahnen. Mit 8 Wochen hat sich an dieser Stelle eine weitere Differenzirung eingestellt, indem man jetzt deutlich 3 Abtheilungen unterscheiden kann, welche offenbar den 3 Abtheilungen entsprechen sollen,
welche wir beim lebensfähigen Foetus in der hinteren Seitenstranghälfte
unterscheiden können. Gleichzeitig sind in den Vordersträngen an Stelle
unserer Pyramiden-Vorderstrangbahnen neue Bündel aufgetreten, welche
Charcot als *faisceaux de Türck* bezeichnet; in den Hintersträngen ferner
sind nach innen von den *zones radiculaires postérieures* die Goll'schen
Stränge erschienen. Man findet demnach angeblich beim 8wöchent-
lichen Foetus bereits vollkommen die nämliche Sonderung
des Markmantels, wie beim lebensfähigen Foetus!

Die Beschreibung der Entwickelungsvorgänge weicht insofern
etwas von den Abbildungen ab, als sie die Deutung zulässt, dass die
faisceaux latéraux (Pyramiden-Seitenstrangbahnen *mihi*), die *faisceaux de
Türck* und die *faisceaux de Goll* sich ungefähr gleichzeitig bilden.

Betrachten wir nun die Vorstellungen, welche jenen bildlichen Darstellungen zu Grunde liegen, etwas genauer, so ergiebt sich hier zunächst,
dass, wenn wir die Charcot'sche Ansicht acceptiren wollten, von irgend
welchem Parellelismus zwischen erster Anlage und Markscheidenbildung

nicht die Rede sein könnte. Der topische Ablauf der Markumhüllung, welchen CHARCOT offenbar nur in so weit kennt, als er von Verfasser im Archiv der Heilkunde beschrieben worden ist, würde einen völlig gesetzlosen Process darstellen, insofern sich bald einmal Systeme, welche gleichzeitig entstehen, zu verschiedenen Zeiten mit Mark umhüllen würden, bald Systeme beträchtlich früher als andere später entstehende. Denn die Seitenstrangbahnen lässt CHARCOT ja eher (!) entstehen, als die GOLL'-schen Stränge, und doch umhüllen sich die GOLL'schen Stränge mindestens 2 ½ Monate früher mit Mark, als die Pyramiden-Seitenstrangbahnen. Die nach unserer Anschauung und, wie wir wohl annehmen dürfen, bewiesenermaassen 's. folg. Theil) völlig gleichwerthigen Pyramiden-Vorder- und Seitenstrangbahnen entstehen angeblich ungleichzeitig. Während wir ferner noch für 12 ctm. lange Embryonen (also solche im 4. Monat) in Ermangelung jeglicher ausgeprägter Differenzirung der Vorder- und hinteren Seitenstränge (siehe Fig. 1—3, Taf. 13), ferner auf Grund der Grössenverhältnisse der Rückenmarksstränge, endlich besonders auf Grund des nachweisbaren Mangels der Pyramiden der *oblongata* es für höchst unwahrscheinlich erklären mussten, dass die Pyramidenbahnen bereits existiren, sieht sie CHARCOT bereits im zweiten Monat deutlich gesondert und das auf Grund eigener, beziehentlich von Herrn PIERRET unter seiner Leitung angestellter Beobachtungen! Wir wollen durchaus nicht in Abrede stellen, dass bei 6 Wochen alten Embryonen Bündelchen *„sous l'aspect de deux petites masses ou tubercules de substance embryonnaire"* in den hinteren Seitensträngen auftreten können; aber es ist eben durch nichts bewiesen vielmehr höchst unwahrscheinlich, dass dies gerade die Pyramiden-Seitenstrangbahnen sind. CHARCOT ignorirt u. A. vollständig die Anlage der directen Kleinhirn-Seitenstrangbahn; wenn zur besagten Zeit wirklich in den hinteren Seitensträngen ein wohl sich sonderndes System auftreten sollte, so kann es nach allen Erwägungen nur jene oder die seitliche Grenzschicht der gr. S. sein.

Die CHARCOT'sche Darstellung erscheint im Wesentlichen als eine Uebertragung der von uns im Arch. d. Heilk. für lebensfähige Foeten angegebenen Entwickelungsverhältnisse auf die erste Anlage. CHARCOT kennt von der Systematik der Vorder-Seitenstränge im Grunde genommen weiter nichts, als dass dieselben bestehen aus den Pyramidenbahnen einer-, den übrigen Massen andererseits. Er macht aber auch in seiner Entwickelungsgeschichte lediglich zwischen beiden einen Unterschied. Es kam blos darauf an, auf irgend welche Weise zu zeigen, dass sie später entstehen

nachschleppen, wie sich Verfasser in seiner ersten Mittheilung ausgedrückt
hat), und zu dem Behufe construirte Charcot hypothetisch seine, wie sich
zeigt, thatsächlich unbegründete Entwickelungsgeschichte. In der Charcot'schen, wie in der Pierret'schen Darstellung ist ein gewisser Drang nach
symmetrischer Gestaltung der Strangentwickelung im Rückenmark nicht zu
verkennen. Den *zones radiculaires postérieures* entsprechen als synchro-
nische Erscheinungen die *zones radiculaires antérieures*, den Goll'schen
Strängen *(fuisceaux de la commissure postérieure* Pierret) die Tyrck'schen
Stränge *(faisceaux de la commissure antérieure?)*; nur den Seitensträngen
fehlt je in der nämlichen Rückenmarks-Hälfte das Pendant. Man könnte
nun annehmen, dass Charcot wenigstens die systemweise Anlage der Vorderstrang-Grundbündel und der vorderen gemischten Seitenstrangzone zuerst n a c h g e w i e s e n. Indess die Charaktere, welche er für diese Zone anführt, sind mehr negativer Natur; sie haben pathologisch keine besonderen
Eigenthümlichkeiten u. s. w. Dass hier eventuell sich mehrere Systeme
mischen, in welchen Beziehungen dieselben zu den Wurzelfasern, zur
grauen Substanz des Rückenmarkes, zur *oblongata* stehen, wo ihre hintere
Grenze zu finden u. s. w., darüber äussert er sich nicht im Geringsten.

Was Pierret's Darstellung der Hinterstrangentwickelung[*]) anlangt, so
beruht sie gleichfalls nicht auf thatsächlich neuen Beobachtungen und
ist überdiess nach unserem Dafürhalten theilweise unbegründet (s. u.). Es
bleibt im Grunde genommen von den Detail-Angaben der französischen
Forscher o r i g i n e l l nur die (rein hypothetische!) D e u t u n g der *z. rad. ant.*
4 wöchentlicher Embryonen als einer Masse, welche die Anlage für die
Pyramidenbahnen noch n i c h t enthält und eventuell (!) die Beobachtung
des g e s o n d e r t e n Auftretens eines (nicht richtig gedeuteten) Faser-
bündels in der hinteren Seitenstranghälfte.

Wir heben noch einmal hervor, dass wir es für u n m ö g l i c h
halten (s. o. S. 197), lediglich auf Grund der B e o b a c h t u n g der
ersten A n l a g e die s y s t e m w e i s e Entstehung z. B. der Vorder-
Seitenstränge des Rückenmarkes n a c h z u w e i s e n; es ist dies nur auf
U m w e g e n erreichbar. Da nun die französischen Autoren, wie noch
aus ihren jüngsten Publicationen erhellt, w e d e r den A b l a u f der
M a r k s c h e i d e n b i l d u n g in seiner B e d e u t u n g für die A n a l y s e
des E n t w i c k e l u n g s p r o c e s s e s erkannt, noch auch den g e r i n g -
sten B e i t r a g zu seiner E r k e n n t n i s s geliefert haben, so ergiebt

---

[*]) Arch. de physiol. 1873. S. 534 fg.

sich ohne Weiteres, wie gross der Antheil Charcot's und Pierret's an der Klarlegung der von Verfasser in diesem Werke begründeten Entwickelungsgesetze der centralen Fasermassen in Wirklichkeit ist.

Anhang:

Ueber einige Beziehungen zwischen der entwickelungsgeschichtlichen Gliederung und Erkrankungen des centralen Markes.

Eine Möglichkeit, den Verlauf bestimmter Faserzüge innerhalb des centralen Markes auf grösseren Strecken mit Sicherheit zu erkennen, schien einzelnen Forschern schon bisher gegeben in der Verfolgung einer eigenthümlichen Erkrankungsform der nervösen Fasersysteme, der „secundären Degenerationen". Eine nähere Kenntniss dieses Processes wurde bekanntlich zuerst von Türck[*]) angebahnt, welcher an einer grösseren Reihe von Fällen, obwohl mit unvollkommenen Methoden arbeitend, bereits die wesentlichsten Eigenschaften desselben feststellte. Da die Türck'schen Ansichten in der Hauptsache noch jetzt die herrschenden sind, und da wir sie im Folgenden in einigen nicht unwichtigen Beziehungen zu modificiren haben werden, so erscheint es zunächst am Platze, die von genanntem Autor gewonnenen Resultate kurz darzulegen. Dieselben lassen sich in folgende Sätze zusammenfassen.

1. Werden bestimmte Theile des Grosshirns insbesondere Linsenkern, innere Kapsel u. s. w. auf irgend welche Weise zerstört, so erkranken in Folge dessen bestimmte Faserzüge, welche in der inneren Kapsel, dem Hirnschenkelfuss, der vorderen Brückenabtheilung, der *Oblongata* und dem Rückenmark gelegen sind, und welche mit jenen zerstörten Theilen continuirlich zusammenhängen. Diese „secundäre" Erkrankung von centralen Faserzügen giebt sich zunächst kund durch das auf dieselben beschränkte Auftreten zahlreicher Fettkörnchenzellen und durch eine schliesslich eintretende Atrophie derselben.

2. Die nämliche Erkrankung tritt ein, wenn diese Faserzüge in ihrem Verlaufe zwischen Grosshirn und Rückenmark, beziehentlich in letzterem selbst irgendwo unterbrochen werden.

---

[*] Wien. akad. Sitz. Ber. Math. nat. Cl. Bd. 6. Jahrg. 1851. 1. Hälfte. Seite 288 fg.. — Bd. 11, Jahrg. 1853. 2. Hälfte, Seite 93 fg.

3. Durch eine genauere topographische Verfolgung der Erkrankung gewinnt man Einsicht in den anatomischen Verlauf der betreffenden Markstränge. Die hieraus sich ergebenden Aufschlüsse sind folgende:

4. Ein Markstrang steigt vom Grosshirnschenkel nach abwärts, indem er sich in die Längsfasern der gleichnamigen Brückenhälfte, sodann in die gleichnamige Pyramide fortsetzt, und tritt an der Kreuzungsstelle der letzteren im verlängerten Mark auf die entgegengesetzte Seite, auf welcher er in der hinteren Hälfte des Seitenstranges bis in die Nähe des untersten Rückenmarksendes nach abwärts verläuft (**Pyramiden-Seitenstrangbahn**, centrifugal leitend).

5. Ein zweiter Markstrang tritt gleichfalls von dem Grosshirn durch die gleichnamige Brückenhälfte als Längsfaserbündel hindurch, liegt in der *Oblongata* der gleichnamigen Pyramide als innerer Hülsenstrang dicht an, kreuzt sich jedoch nicht, wie der erstere, sondern steigt auf derselben Seite des Rückenmarkes als innerer Abschnitt des Vorderstranges nach abwärts, wo jedoch seine Secundärerkrankung etwas höher oben endet, als jene des hinteren Abschnittes des entgegengesetzten Seitenstranges (**Hülsen-Vorderstrangbahn**, centrifugal leitend).

6. Zwischen dem Sitze des Grosshirnherdes und der Erkrankung je eines dieser Stränge findet höchst wahrscheinlich dergestalt eine gesetzmässige Beziehung statt, dass die Hülsen-Vorderstrangbahn erkrankt bei Herden im ersten und zweiten Gliede des Linsenkerns beziehentlich in dem anliegenden Theile der inneren Kapsel, die Pyramiden-Seitenstrangbahn bei Herden der inneren Kapsel zwischen drittem Glied und *nucleus caudatus*. Hinsichtlich des centralen Verlaufes der Vorderstränge aber ergiebt sich, dass dieselben entweder zum grossen Theile aus der Markmasse je des gleichnamigen Linsenkernes entspringen, oder dass ein beträchtlicher Theil ihrer Fasern in den dem ersten und zweiten Gliede des Linsenkernes zugekehrten Theilen der inneren Kapsel oder auch aus dem mittleren Theile des oberen Lappens der gleichnamigen Grosshirnhemisphäre entspringt.

7. Ausser in den angegebenen beiden Bahnen zeigt sich unterhalb eines Erkrankungsherdes im Rückenmark, selbst wenn dasselbe hier ganz zerstört wird, nirgends eine Erkrankung.

8. Die genannten Stränge entarten nur abwärts von dem Erkrankungsherde. Ausser ihnen giebt es andere, welche bei Zerstörung des Rückenmarkes nach aufwärts von einem solchen Herde erkranken. Die letzteren liegen hier theils in den Hintersträngen, theils in den Seiten-

strängen. In den ersteren ist es der innere, dem hinteren *Septum* anliegende Theil, welcher sich nach oben bis zum Boden des 4. Ventrikel verfolgen lässt. In den Seitensträngen nehmen die nach aufwärts degenerirenden Faserbündel gleichfalls die hintere Hälfte ein: sie laufen mit der Pyramiden-Seitenstrangbahn untermischt bis zum verlängerten Marke, wo sie sich von letzterer trennen und, sich nach hinten wendend, in das *Corpus restiforme* eintreten, um in dem Kleinhirn zu enden (beide Stränge centripetal leitend).

9. Ursache der secundären Degeneration ist wahrscheinlich die Unterbrechung der Leitung, sodass wir also auf die Leitungsrichtung schliessen können aus der Degenerationsrichtung (von TRACK selbst in seiner zweiten Arbeit für nicht ganz gesichert erklärt).

10. Oberhalb von Erkrankungsherden im Rückenmark zeigen sich ausser den angeführten Strangtheilen weder andere Abschnitte der weissen Substanz noch die graue auf grössere Strecken entartet.

11. Die nach Abzug der speciell aufgeführten noch übrig bleibenden Abschnitte der weissen Substanz sind als von denselben anatomisch und physiologisch getrennt zu betrachten.

12. In ersterer Hinsicht ergiebt sich die am Halstheile des Rückenmarkes zwischen innerem und äusserem Abschnitte des Vorderstranges durch den *Sulcus intermedius anterior* angedeutete Sonderung als eine bis nahe an das untere Ende des Rückenmarkes reichende durchgreifende Trennung. Ein Gleiches gilt wahrscheinlich hinsichtlich der durch den *Sulcus intermedius posterior* angedeuteten Spaltung der Hinterstränge in zwei seitliche Abschnitte, obwohl dieselbe erst bis zur Insertionsstelle des 4. Brustnerven nachgewiesen werden konnte. Eine gleiche, jedoch äusserlich durch keine Spalte angedeutete Trennung besteht zwischen dem vorderen und hinteren Abschnitte der Seitenstränge. Es enthält somit jede Hälfte des Rückenmarkes 6 Markstränge. (Ueber die Bedeutung der zuletzt genannten giebt TRACK keine weitere Auskunft; er deutet nur die Möglichkeit an, dass sie Impulse leiten, welche von der den oberen Extremitäten und der oberen Rumpfhälfte entsprechenden Rückenmarkspartie aus nach unten strahlen, bez. kurze Leitungen darstellen.)

Obwohl in der von TRACK angewendeten Untersuchungsmethode er entnahm von der Oberfläche von Querschnitten mit der Scheere kleine Gewebsstückchen und untersuchte sie auf Fettkörnchenzellen, manche Fehlerquellen enthalten waren, so wurden die von ihm gewonnenen

Resultate von den nachfolgenden Beobachtern im wesentlichen bestätigt. Wir heben aus der diesbezüglichen Literatur nur die an einer grösseren Reihe von Fällen angestellten Untersuchungen hervor. Bei Bouchard [*], welcher nach Türck den in Rede stehenden Process wohl am ausführlichsten geschildert hat und zwar auf Grund zuverlässiger Untersuchungsmethoden, findet sich zunächst eine von der Türck'schen abweichende Anschauung über die eigentliche Ursache der Degeneration. Bouchard sieht sie gegeben nicht sowohl in dem Ausfall der Function als der Aufhebung eines „trophischen" Einflusses, welchen die graue Substanz je auf die mit ihr zusammenhängenden Fasermassen ausübe. Auch hinsichtlich der Topographie der Degenerationen finden sich bei ihm von den Türck'schen abweichende Angaben. Dieselben sind im wesentlichen folgende [**].

1. Der nach abwärts ziehende Theil der Vorderstränge bildet eine directe (ungekreuzte) Fortsetzung der Pyramiden. B. (welcher offenbar nicht merkt, dass er mit dieser Auffassung von T. abweicht) bezeichnet ihn als *faisceau encéphalique direct ou interne* im Gegensatze zu dem *faisceau croisé ou externe*, welcher der Pyramiden-Seitenstrangbahn Türck's entspricht.

2. Die nach aufwärts degenerirenden Fasern der Seitenstränge sind an Zahl sehr gering.

---

[*] Arch. génér. de méd. 1866. Mars, Avril, Mai, Sept. Bouchard bezeichnet (im Anschluss an früh. Aut.?) die nach abwärts von einem zerstörenden Herde auftretende Degeneration als „absteigende", die übrigen als „aufsteigende". Wir werden in der Folge diese Bezeichnung acceptiren. Die Tafel, welche Bouchard's Aufsatze beigefügt ist, war Verfasser leider nicht zugänglich, sodass das oben Mitgetheilte sich wesentlich auf den Text bezieht. Nach Bouchard hat Barth an einer grösseren Reihe von Fällen die secundäre Degeneration untersucht. Er giebt eine genauere Analyse der histologischen Verhältnisse und des Umfanges der degenerirenden Stränge des Rückenmarkes nach Befunden an carminisirten Schnittpräparaten und bestimmt die Lage der Pyramiden-Seitenstrangbahn genauer als Türck, ob genauer, als Bouchard, können wir aus dem Grunde nicht sagen, weil uns eben die Bouchard'sche Abbildung nicht zu Händen war. Er macht, wie dies Letzterer schon früher gethan, besonders darauf aufmerksam, dass in einem grossen Theile des Rückenmarkes zwischen der Pyramiden-Seitenstrangbahn und der Peripherie eine schmale Schicht Fasern intact zu bleiben pflegt. Die Vorderstrangdegeneration und die aufsteigende Seitenstrangdegeneration bespricht Barth nicht (siehe Archiv der Heilkunde Bd. 10).

[**] Es ist aus der Bouchard'schen Darstellung nicht immer zu entnehmen, in wiefern die von ihm angegebenen Befunde eigene Beobachtungen darstellen. Es ist desshalb wohl möglich, dass wir ihm die Priorität in Ansichten zuschreiben, welche er früheren Autoren (Charcot?) entnommen hat. Diejenigen, welche sich mit der Geschichte der in Rede stehenden Affection näher befassen wollen, finden die einschlägige Literatur (— 1866) bei Bouchard ziemlich vollständig.

3. Ausser den bereits von Türck in der hinteren Seitenstranghälfte angenommenen zwei Faserzügen findet sich hier noch ein dritter, abwärts degenerirender. Bouchard erschliesst die Existenz desselben aus dem Umstand, dass bei Zerstörung des Rückenmarkes selbst der nach abwärts degenerirende Strang beträchtlich umfangreicher erscheine, als bei Grosshirnherden. Dieser dritte Strang umfasst nach seiner Ansicht die zwischen der Pyramiden-Seitenstrangbahn und der Peripherie gelegenen Fasern; dieselben haben ihr trophisches Centrum in der grauen Substanz oberhalb oder in der Höhe der Verletzung und sind als Verbindungsfasern verschiedener Höhen dieser Substanz aufzufassen *(fibres commissurales antérieures longues)*.

4. In den nicht auf lange Strecken entartenden Theilen der Vorder- und Seitenstränge finden sich Fasern, welche nach abwärts auf kurze Strecken entarten *(fibres commissurales courtes)*.

Hinsichtlich der Hinterstränge bietet Bouchard Neues im Grunde genommen nur in der Deutung der Befunde, indem er die dem hinteren *Septum* anliegenden Stränge auffasst als zusammengesetzt aus Wurzelfasern, welche insbesondere der unteren Rückenmarkshälfte entstammen *(fibres radicales)* und aus langen Verbindungsfasern zwischen verschiedenen Höhen der grauen Substanz *(fibres commissurales longues postérieures)*.

Die für die Anatomie des Rückenmarkes aus den secundären Degenerationen sich ergebenden Aufschlüsse fasst Bouchard noch in folgende Sätze zusammen: Man kann das Rückenmark im wesentlichen betrachten als zusammengesetzt aus der grauen Axe, deren verschiedene Höhen unter einander verbunden werden durch Elemente, welche theils innerhalb der grauen Substanz selbst gelegen sind, theils den weissen Strängen angehören in Form der vorderen und hinteren Commissurenfasern. Diese graue Axe empfängt in ihrer ganzen Länge vorn Fasern, welche direct vom Grosshirn herabsteigen; hinten solche, welche aus den Ganglien der hinteren Wurzeln stammen (der aufwärts degenerirende Theil der Hinterstränge). Die letzteren sind zweierlei Art, indem sie theils direct, theils nach längerem Verlaufe in den Hintersträngen in die graue Substanz eindringen. Von der grauen Axe gehen ferner zwei Arten von Fasern aus: die einen, welche in der hinteren Abtheilung der Seitenstränge vielleicht auch in den äusseren Hintersträngen verlaufen, wenden sich zum Gehirn, die anderen gehen direct in die vorderen Wurzeln über.

Es wird sich aus der folgenden Darstellung zur Genüge ergeben, inwiefern wir die Bourchard'schen Angaben für genauer halten als die Track'-schen. Wir verzichten deshalb zunächst auf eine Kritik derselben. Diese Versuche seitens der Pathologen, die secundären Degenerationen für die Anatomie der Nervencentren zu verwerthen, haben im Ganzen nur wenig Berücksichtigung gefunden, insbesondere seitens der Anatomen. Es ergiebt sich dies ohne Weiteres daraus, dass dieselben in den neueren Darstellungen des Rückenmarksbaues entweder, wie bei Henle, Kolliker nur beiläufig, oder wie bei Gerlach gar nicht erwähnt werden. Es mag hierzu nicht wenig beigetragen haben, dass es besonders auch unter den Pathologen nicht an Stimmen fehlte (Westphal, W. Müller), welche den Versuch, bereits jetzt die angeführten Befunde anatomisch zu verwerthen, theils mit Rücksicht auf einige scheinbare Unregelmässigkeiten in dem topischen Auftreten der Degenerationen, theils vielleicht auch mit Rücksicht auf den Mangel einer völlig befriedigenden ätiologischen Erklärung als verfrüht bezeichneten.

Bevor wir nun daran gehen, zu untersuchen, welcher Werth den angeführten Beobachtungen Track's und seiner Nachfolger zuzuschreiben, und in wiefern das eben erwähnte skeptische Verhalten so flagranten Thatsachen gegenüber gerechtfertigt war, betrachten wir an einer Reihe selbst beobachteter Fälle die wesentlichsten Eigenthümlichkeiten des in Rede stehenden Processes. Es erscheint dies um so nothwendiger, als von den bisherigen Forschern einige für unsere Zwecke besonders wichtige Verhältnisse nur wenig gewürdigt worden sind.

Wir berichten über die Befunde an 12 verschiedenen Individuen, von denen sich 3 mit der aufsteigenden, 9 mit der absteigenden Form behaftet erwiesen [*].

Was zunächst die histologischen Verhältnisse anlangt, so ergab sich Folgendes [**].

---

[*] Von einer Herbeiziehung des mit totalem Mangel der Pyramiden behafteten Individuum und des *Acranus* sehen wir hier ab; sie liessen sich, wie oben angedeutet, vielleicht gleichfalls hier subsumiren. Sofern diese Fälle secundäre Degenerationen darstellen, bestätigen sie nur die Anschauungen, welche sich aus den in der Folge zu schildernden Fällen ergeben.

[**] Eine erschöpfende Darstellung des Processes in seinen histologischen Details liegt nicht in unserer Absicht, da wir nur hinsichtlich seines topographischen Verhaltens wesentlich neue Aufschlüsse zu bringen gedenken. Wir geben von jenem nur so viel, als uns zum Verständniss auch für den mit dem Process völlig Unvertrauten nothwendig erscheint. Das verfügbare Material gestattete überdiess nicht,

Untersucht man durch Anlegung von Querschnitten das frische
Rückenmark von Individuen, welche mit ältern Erweichungsheerden des
Grosshirns — wie sie z. B. durch Embolie des Hauptstammes der *Art. foss.*
Sylvii hervorgerufen werden — oder mit anderen secundäre Degenerationen nach sich ziehenden Heerdaffectionen behaftet sind, so beobachtet man
mit unbewaffnetem Auge häufig nur wenige Abweichungen von der Norm;
ab und zu indess erkennt man schon hier in dem Seitenstrange der
dem Hirnheerde entgegengesetzten Seite eine graue oder graugelbliche
Verfärbung, beziehentlich eine deutliche Schrumpfung.

Härtet man das Mark in Chromsäure oder chromsauren Salzen, so
erscheint der betreffende, hinsichtlich seiner Lage noch genauer zu beschreibende Theil des Markmantels schon für das blosse Auge heller,
als alle übrigen Regionen; an Querschnitten, welche mit Ueberosmiumsäure gefärbt sind, erweist sich die Schwärzung jener Stelle weniger
intensiv, an carminisirten und hierauf mittelst der Clarke'schen Methode
behandelten Präparaten dagegen die Imbibition erheblich stärker.

Untersucht man nun Querschnitte, welche auf die letztere Weise
zubereitet worden sind, mit Hülfe stärkerer Vergrösserungen auf
die in den afficirten Regionen vorhandenen Structurverhältnisse, so ergeben sich verschiedene Resultate, je nachdem die Affection kürzere
oder längere Zeit besteht.

Im ersteren Falle findet man hier eine grosse Anzahl rundlicher,
scheinbar zum Theil völlig leerer oder mit einer mässig imbibirten Masse
gefüllter Lücken, welche offenbar den Ort geschwundener oder verän-
derter markhaltiger Nervenfasern darstellen. Die Bindesubstanz zwischen
denselben ist nicht merklich vermehrt und zeigt scheinbar eine normale

den Gang der Degeneration in allen Stadien zu verfolgen. Wir waren so auch nicht
im Stande genauere Erfahrungen über die Zeit zu sammeln, welche zwischen der Zerstörung einer Bahn und dem Beginn der Degeneration verfliesst, noch wann es zur
Schrumpfung u. s. w. kommt. Barth (a. a. O. Seit. 122) giebt in ersterer Hinsicht
an, dass er nach 5 wöchentlichem Bestehen eines Hirnheerdes Spuren eines fettigen Zer-
falls in der betr. Region des entgegengesetzten Seitenstranges gefunden habe. Dass die
Schrumpfung einem verhältnissmässig späten Stadium angehört, ergiebt sich sowohl
aus der allgemein-pathologischen Erfahrung als auch aus dem Vergleiche des analogen
Processes innerhalb der peripheren Nerven. Zu einer genauen Verfolgung des gesammten Ablaufes der Degeneration wird sich der Mensch überhaupt wenig eignen, da sich
wohl kaum je Gelegenheit bieten dürfte, über die nothwendige Anzahl von Fällen zu
disponiren. Inwiefern das Experiment am Thiere vollkommenere Resultate verspricht,
werden wir in der Folge erwägen.

Beschaffenheit. Die Zahl der erhaltenen Nervenfasern ist nach Sitz und Ausdehnung des primären Herdes verschieden. In den meisten Fällen findet sich zwischen den erkrankten Fasern eine erhebliche Menge intacter *).

Zupfpräparate, welche dem frischen Organe entnommen werden, lassen von abnormen Elementen in den degenerirten Theilen inbesondere eine grosse Anzahl von Fettkörnchenzellen wahrnehmen, welche mitunter unförmliche Klumpen darstellen und oval oder rundlich oder auch plattenförmig gestaltet sind. Daneben stösst man auf fettig degene-rirte Gefässe, verhältnissmässig wenig markhaltige Nervenfasern und Myelin-schollen, viele feine und stärkere Fasern, welche wohl als nackte Axen-cylinder, beziehentlich Bindegewebsbündelchen aufzufassen sind.

Nach längerem Bestehen der Hirnläsion sind innerhalb der degenerirten Regionen nur noch wenige der oben beschriebenen rund-lichen Lücken vorhanden; das Gewebe ist beträchtlich geschrumpft, intacte markhaltige Fasern finden sich auch jetzt noch in Mengen, welche individuell variiren. Dieselben sind auch innerhalb des nämlichen degene-nerirten Bündels nicht in allen Höhen gleich zahlreich; und zwar zeigen sich in dieser Beziehung besonders an einzelnen der degenerir-ten Bahnen in der Folge näher zu würdigende typisch wiederkehrende Differenzen zwischen Dorsal- und Halsmark. Augenfällig ist jetzt der grosse Reichthum der erkrankten Theile an einer feinpunktirten und feinfaserigen Masse, welche sich mit Carmin intensiv imbibirt. Die Fäserchen bilden ein dichtes Netzwerk, in dessen Knotenpunkten Zellen mit meist rundlichen glänzenden Kernen liegen. Wir müssen es dahin gestellt sein lassen, ob dieselben dem Boll'schen Schema entsprechen, oder ob die Verbindung von Fasern und Zellen eine weniger innige ist. Die feinen Punkte stellen offenbar nicht lediglich Faserquerschnitte dar, sondern sind zum Theil auf feine Körnchen zu beziehen.

An Längsschnitten treten neben zahlreichen in den verschiedensten Richtungen sich durchkreuzenden, zum Theil dicht verfilzten Fäserchen

---

*) Die carminisirten Querschnitte gestatten eine rasche Orientirung über Lagerung und Umfang der degenerirten Faserstränge, gewähren aber nicht eine genaue Vorstel-lung über die Menge der erhaltenen Fasern. In letzterer Hinsicht sind Querschnitte, welche den in Chromsalzen erhärteten Organen entnommen und lediglich mit Glycerin aufgehellt worden sind, vorzuziehen, da die Markscheiden sich hierbei gegen Bindege-webe, Gefässe u. s. w. besonders gut abheben. Ueberosmiumsäure, in der oben S. 68 angegebenen Weise angewendet, verschärft die Contraste.

steife Längsfasern hervor, welche in ihrem ganzen Verhalten Axencylindern gleichen und offenbar auch zum grössten Theil solche darstellen. Sie zeigen theils alle Caliber, welche den normaler Weise an der betreffenden Stelle vorkommenden Elementen zukommen, zum Theil sind sie eigenthümlich varicös und verdickt, zum Theil sicher normal. Letzterer Befund ist nicht nothwendiger Weise dahin zu deuten, dass Axencylinder persistiren, deren Markscheiden geschwunden sind, da durch die Schrumpfung die persistirenden normalen Fasern einander genähert sein müssen *).

Es ergiebt sich aus dem Angeführten, dass die degenerirten Faserbündel sowohl nach kürzerem als nach längerem Bestehen der Erkrankung hinreichend charakteristische Merkmale darbieten, um in ihrem Umfang, ihrer Lage u. s. w. erkannt zu werden.

Im Schrumpfungsstadium müssen sie sich an carminisirten Schnitten in ihrer Erscheinungsweise offenbar den Pyramidenbahnen von z. B. cu. 12 ctm. langen Neugeborenen nähern, da wir in beiden Fällen eine geringe Menge markhaltiger Fasern, viele nackte Axencylinder sowie eine mit Carmin sich intensiv färbende Bindesubstanz in reichlicher Menge vorfinden.

Es fragt sich nun weiter: wie gestaltet sich das Verhalten der secundären Degenerationen in topographischer Hinsicht?

Wir betrachten zunächst lediglich die absteigenden Degenerationen. Die Localisation derselben wird am präcisesten angegeben durch den Satz:

Die absteigenden secundären Degenerationen des Rückenmarkes und der *oblongata* betreffen lediglich die Faserbündel, welche wir auf Grund der Entwickelung als Pyramidenbahnen und Pyramiden bezeichnet haben. Diese Systeme sind je nach der Ausdehnung des zerstörenden Herdes oder vielmehr je nach der Zahl der unterbrochenen Fasern entweder in ihrem gan-

---

*) Wir können nicht mit Bestimmtheit angeben, ob nicht wenigstens ein Theil der den entarteten Fasern angehörigen Axencylinder in atrophischem Zustand zurückbleibt. Der Befund zahlreicher leerer Lücken in früheren Stadien und die Erfahrungen an den peripheren Nerven sprechen zwar dagegen. Indess sind die als Axencylinder zu deutenden Längsfasern selbst an Stellen, wo man nur wenige intakte Fasern vermuthen sollte (s. u.), so zahlreich, dass man sich kaum des Gedankens erwehren kann, es möchten auch von den degenerirten Elementen Axencylinder zurückgeblieben sein. Da diese Frage für diejenigen Verhältnisse der secundären Degenerationen, welche wir hier hervorzuheben gedenken, nebensächlich, so sehen wir von einer genaueren Untersuchung ab.

zen Umfange oder nur theilweise ergriffen, und es zeigt sich im Verhalten der durch die Erkrankung markirten Vorderstrangbahnen zu den Seitenstrangbahnen die nämliche Variabilität, wie wir sie beim Studium der Entwickelung gefunden haben.

Indem wir die Localisation in den neun von uns beobachteten Fällen näher schildern, sehen wir zunächst davon ab, den Sitz und die Ausdehnung der primären Erkrankungsherde genauer zu beschreiben, da dies für unsere Zwecke, wie wir sehen werden, nebensächlich ist und uns überdies zu weit führen würde. Wir beschränken uns auf die Bemerkung, dass in allen Fällen die Unterbrechung der betreffenden Bahnen oberhalb der *oblongata* statthatte, meist im Grosshirn selbst, insbesondere im Linsenkern und in der inneren Kapsel, in einem Fall in der Brücke.

Was nun zunächst die *oblongata* anlangt, so beschränkten sich also hier die Degenerationen stets auf den Bezirk der Pyramiden, sofern wir darunter lediglich die Bündel verstehen, welche z. B. bei den 42 ctm. langen Foeten noch völlig marklos erscheinen *). Niemals fanden sich Faserbündel erkrankt, welche wir von denselben als Hülsenstränge zu sondern berechtigt wären. Ueber eine eigenthümliche Form einer erkrankten Pyramide werden wir in der Folge noch näher berichten. Da in den zur Untersuchung gelangten Fällen der zerstörende Herd stets einseitig auftrat, war auch stets nur eine Pyramide, die mit demselben gleichseitige erkrankt.

Im Rückenmark fand sich nun in 3 Fällen die Affection lediglich im Bezirk eines Seitenstranges und zwar stets innerhalb des dem primären Herde entgegengesetzten. In 6 anderen Fällen war der dem Gehirnherd gleichseitige Vorderstrang und der entgegengesetzte Seitenstrang erkrankt. Ein Fall von reiner Vorderstrangerkrankung kam nicht zur Beobachtung.

In den 3 ersten Fällen bedarf der Sitz der Degeneration keiner besonderen Beschreibung. Es liess sich ohne Weiteres nachweisen, dass sowohl die Kleinhirn-Seitenstrangbahn, als die seitliche Grenzschicht der

---

*) Die Feststellung der letzteren Thatsache unterliegt einigen Schwierigkeiten, weil beim Erwachsenen die Grenzen der Pyramiden und der hinter ihnen der *raphe* und den Oliven anliegenden Längsfaserbündel nicht mehr deutlich ausgeprägt sind. Immerhin gewährt der Vergleich der erkrankten mit der gesunden Seite sowie die stete Berücksichtigung der bei der Entwickelung sich kundgebenden Differenzirung beachtenswerthe Anhaltepunkte.

grauen Substanz als die vordere gemischte Zone völlig intact geblieben waren, während die als Pyramidenbahn zu betrachtende Region über ihren ganzen Querschnitt die Erkrankung zeigte. Nach abwärts erstreckte sich die Affection, an Querschnitt allmählich abnehmend, stets bis zur Gegend des 3.—4. Sacralnerven. Die Continuität der erkrankten Rückenmarkspartie mit der entgegengesetzten Pyramide und die Continuität des erkrankten Rückenmarksstranges selbst war stets deutlich ausgesprochen.

Einer dieser Fälle ist dadurch bemerkenswerth, dass die erkrankte Pyramide den höchst denkbaren Grad von Degeneration zeigte, sodass sich auf ihrem Querschnitt intacte Fasern nur noch ganz vereinzelt fanden; auch im oberen Dorsal- und Halsmark fanden sich zwischen den erkrankten Fasern nur ganz vereinzelte intacte, im unteren Dorsal- und obersten Lendenmark hingegen zahlreiche und zwar fast lediglich vom Caliber der directen Kleinhirn-Seitenstrangbahn.

In allen 3 Fällen nun, in welchen übrigens der primäre Herd durchaus nicht gleich localisirt erschien, zeigte das Rückenmark in übereinstimmender Weise noch folgendes Verhalten. Der mit der degenerirten Pyramide gleichseitige Vorderstrang bot stets, ohne irgend eine Spur von Faserschwund zu zeigen, einen so kleinen Querschnitt dar, dass es schon aus diesem Grunde (also abgesehen von der Unmöglichkeit, den Uebergang intacter oder degenerirter Bündel aus den Pyramiden in die Vorderstränge direct nachzuweisen) zweifelhaft erscheinen musste, dass eine Pyramidenvorderstrangbahn überhaupt in demselben existire.

Das Rückenmark glich allenthalben hinsichtlich der relativen Grössenverhältnisse der Vorder- zu den Seitensträngen, hinsichtlich deren Gestalt u. s. w. am ehesten dem oben beschriebenen des Falles No. 29. Wo sich Abweichungen fanden, z. B. in der Querschnittsgrösse des erkrankten Seitenstranges, liess sich unter Berücksichtigung aller sonstigen Momente *) annehmen, dass dieselben lediglich auf Rechnung der Degeneration zu setzen waren, nicht auf Rechnung andersartiger Factoren. Jene Configuration findet sich aber, wie sich an der Hand der Entwickelungs-

---

*) Dass sich auch vom geschrumpften Seitenstrang die muthmassliche Grösse im intakten Zustand berechnen liess, wurde dadurch ermöglicht, dass die Vorderstränge vollständig symmetrisch waren; es lässt sich in Folge dessen annehmen, dass auch die Seitenstränge vor der Erkrankung des Einen gleich gross waren, da dieselben in der Regel symmetrisch gefunden werden, wenn es die Vorderstränge sind. Sonst lassen sich aus dem einfachen Faktum der Symmetrie der Vorderstränge irgend welche Schlüsse n i c h t ziehen.

geschichte zeigen lässt, nur wenn ein minimaler Theil der Pyramiden in die Vorderstränge übergeht *).

Bei den 6 mit Vorder- und Seitenstrangdegenerationen behafteten Individuen fanden sich in die Augen fallende Differenzen im Umfang der degenerirten Vorderstrangpartie einer- in der gesammten Configuration des Rückenmarkes andrerseits. Stets war der intacte Theil des erkrankten Vorderstranges absolut und relativ von annähernd gleicher Grösse, wie die gesammten Vorderstränge der ersten drei Fälle.

In drei Fällen war die Vorderstrangerkrankung auf das Hals- und oberste Dorsalmark oder lediglich auf ersteres beschränkt und betraf nur eine dünne der vorderen Fissur anliegende Schicht. Die Seitenstrangerkrankung glich ganz der in den letztbeschriebenen Fällen. Aus der Grösse des erkrankten Seitenstrangfeldes liess sich auch hier schliessen, dass nur ein geringer Theil der erkrankten Pyramide n i c h t in den Seitenstrang übergetreten sein konnte.

In zwei weiteren Fällen war die degenerirte Region der Vorderstränge im Halsmark ungefähr ebenso umfangreich als die der Seitenstränge. Die Vorderstrangdegeneration erstreckte sich in dem einen Fall bis in das mittlere Lendenmark, in dem andern wurde sie nicht zu Ende verfolgt. Sie bildete eine die Grundbündel nach innen bekleidende compakte Schicht, welche erst im untersten Dorsalmark von zahlreicheren intakten Fasern durchsetzt zu werden begann. Die Seitenstrangerkrankung erstreckte sich wiederum bis in das untere Ende des Rückenmarkes. In beiden Fällen unterlag es nun keinen Schwierigkeiten nachzuweisen, dass hier ein ganz ungewöhnlich grosser Theil der erkrankten Pyramide in den gleichnamigen Vorderstrang übergegangen sein musste. In dem einen war nämlich die Affection noch frisch und, wie insbesondere die Vergleichung beider Pyramiden ergab, eine Schrumpfung noch nicht eingetreten. Hier liess sich aber, wie auch in dem folgenden Fall, einerseits der Uebergang der äusseren Pyramidenbündel in die degenerirte Region des gleichnamigen Vorderstranges direct nachweisen, andrerseits war der Querschnitt des letzteren in der oberen Rückenmarkshälfte trotz der Degeneration um

---

*) Es ist hiermit natürlich nicht ein stricter Beweis geliefert, dass in der That in den fraglichen 3 Fällen Vorderstrangbahnen überhaupt nicht existirten. Beim Erwachsenen lässt sich, sofern das Rückenmark gesund ist, nur annähernd angeben, in welcher Weise sich die Pyramiden vertheilt haben. Indess es ist jedenfalls beachtenswerth und kaum als zufällig zu betrachten, dass die Vorderstrangdegeneration da fehlte, wo die Vorderstränge im Ganzen den denkbar kleinsten relativen Querschnitt besassen.

das Doppelte stärker als die gesammten Vorderstränge der Fälle mit reiner Seitenstrangdegeneration. In dem anderen Fall aber zeigte der degenerirte Seitenstrang an seiner hinteren Peripherie im ganzen Halsmark eine tiefe Furche, wie wir sie bei Foeten und Neugeborenen fast ausnahmslos nur bei einem Ueberwiegen der Vorder- über die Seitenstrangbahnen gefunden haben (x Fig. 15. Taf. XVII) *).

Der sechste Fall endlich ist besonders bemerkenswerth, weil hier dieselbe ungewöhnliche Localisationsform vorhanden ist, welche die Pyramidenbündel bei dem oben beschriebenen mit Nr. 19 bezeichneten Individuum darbieten (S. 96 fg. — Fig. 3, Taf. XI, Fig. 8, Taf. XV). Es sind nämlich durch das ganze Halsmark hindurch auch zwischen den vorderen Wurzelfasern der dem Grosshirnherd entsprechenden Seite degenerirte Fasermassen wahrnehmbar, welche auf dem Querschnitt ein stumpfwinkliges, mit der Basis einen Theil der Peripherie bildendes Dreieck formiren. Gleichzeitig finden sich an der innerhalb der vorderen Fissur gelegenen Oberfläche des nämlichen Vorderstranges und an der gewöhnlichen Stelle des entgegengesetzten Seitenstranges Zeichen von Faserschwund. — Am verlängerten Mark ist auch in letzterem Fall ausschliesslich die mit der verletzten Hemisphäre gleichseitige Pyramide der Sitz einer Degeneration. Es ist an derselben der äussere Theil in der nämlichen Weise durch einen Einschnitt von dem inneren geschieden, wie bei dem oben erwähnten Neugeborenen, und so lässt sich an einer continuirlichen Querschnittsreihe der directe Uebergang der äusseren degenerirten Pyramidenbündel in den gleichseitigen Vorder-Seitenstrang mit Sicherheit nachweisen.

Wir heben aus diesen Befunden noch einmal Folgendes heraus:

1. Die Localisation, die Längenausdehnung u. s. w. der absteigend degenerirten Stränge variirten in derselben Weise, wie die Pyramidenbahnen von Foeten und Neugeborenen.

2. Bei fehlender Vorderstrangdegeneration liess sich aus dem Umfang des betreffenden Vorderstranges stets die Ueberzeugung gewinnen, dass überhaupt nicht oder nur wenige Pyramidenfasern in denselben eingetreten sein konnten, und umgekehrt bei stark ausgeprägter Vorderstrangdegene-

---

*) Man könnte annehmen wollen, dass diese Einziehung durch Schrumpfung zu Stande gekommen; indess findet sich einerseits in dem Fall, wo die höchstgradig erkrankte Pyramide lediglich in den Seitenstrang überging, trotz beträchtlicher Schrumpfung keine Einziehung der Seitenstrangperipherie; andererseits kommt diese Einziehung ja vielfach angeboren vor!

ration waren Zeichen vorhanden, welche auf den Uebergang einer besonders
grossen Zahl von Pyramidenfasern in den betr. Vorderstrang hindeuteten.

3. Die Region der Grundbündel, d. h. der ganze intakte Theil der
Vorderstränge erschien bei allen Modificationen annähernd gleich gross.

4. In der *oblongata* fand sich bei allen Variationen des Sitzes im
Rückenmark, insbesondere auch bei den stark ausgeprägten Vorder-
strangerkrankungen, stets nur die dem pathologischen Hirnherd gleichseitige Pyramide erkrankt, und gerade in einem Falle, wo dieselbe den
höchstmöglichen Grad von Degeneration zeigte, fehlte eine Vorderstrangerkrankung gänzlich.

Hiernach kann es nun kaum mehr zweifelhaft sein, dass es in der
That, wir wir angegeben, lediglich die Pyramidenbahnen sind,
in welchen die absteigenden Degenerationen auftreten, und dass der
Uebergang der Degeneration bald auf eine Seitenstrangbahn allein, bald
auf eine Vorder- und Seitenstrangbahn im Wesentlichen abhängt von
der Vertheilungsweise der Pyramidenfasern auf Vorder- und Seitenstränge. Sobald jene Fasern ganz in Letztere übertreten, kann in den
Vordersträngen eine absteigende Degeneration überhaupt nicht zu Stande
kommen. Hieraus ergiebt sich aber auch zur Evidenz, dass eine Unterscheidung der absteigenden Degenerationen in solche, welche in der
Pyramiden-Seitenstrangbahn und solche, welche in der Hülsen-Vorderstrangbahn ablaufen, wie diess Tœck gethan, nicht gerechtfertigt ist[*]).

---

[*]) Eine genauere Prüfung der Angaben Tœck's ergiebt überdies, dass er nicht
auf Grund einer seine Auffassung direct involvirenden Beobachtung zur Aufstellung
einer gesonderten „Hülsenstrangbahn" veranlasst wurde, sondern durch die Angabe
Burdach's, dass ein Theil und zwar der vorderste der Vorderstränge sich in die inneren
Hülsenstränge fortsetze. Burdach giebt aber gleichzeitig an, dass der mehr nach hinten
gelegene Theil der Vorderstränge sich in Gestalt der „Grundfasern" dem äusseren Abschnitt der Pyramiden zugeselle. Da Tœck selbst bemerkt, dass ihm die Untersuchung
der *oblongata* bei Seitenstrangdegeneration einer-, bei Vorder- und Seitenstrangdegeneration andrerseits stets dieselben Resultate (Fettkörnchenzellen in den Pyramiden)
ergeben habe, so handelt es sich offenbar nur um eine falsche Interpretation einer
richtigen Beobachtung.

Die Degeneration des Rückenmarkes unterhalb eines dasselbe zerstörenden Herdes
wurde von Verfasser nicht genauer untersucht. Indess ergab die Prüfung mehrerer
derartiger Präparate, welche Bartii zu seiner oben citirten Arbeit verwendet hatte,
dass gleichfalls nur Fasern der Pyramidenbahnen auf längere Strecken degenerirt waren.
Wenn Burchman den Querschnitt der absteigend degenerirten Strangpartie grösser gefunden haben will, so ist dies wohl einfach darauf zu beziehen, dass bei Zerstörung
des Rückenmarkes selbst die Pyramidenfasern häufiger sämmtlich unterbrochen werden.

Es folgt hieraus aber auch ohne Weiteres, dass von einer gesetzmässigen Beziehung der in den Vorderstrangbahnen vorhandenen Bündel
zu bestimmten Theilen des Linsenkernes nicht die Rede sein kann Die
Beziehung zwischen dem Sitze des Herdes im Grosshirn und der Degeneration im Rückenmark sind durchaus nicht so einfacher Natur, wie sie
*Türck sich vorgestellt hat. Es ist hierbei nämlich nicht nur die Varia-
bilität in der quantitativen Vertheilung der Pyramidenfasern zu beachten,
sondern es gesellt sich möglicher Weise noch die Complication hinzu, dass
Fälle mit gleicher q u a n t i t a t i v e r Vertheilungsweise in so fern noch
differiren, als auch bei solchen nicht immer g l e i c h w e r t h i g e Fasern den
gleichen Verlauf nehmen. Betragen also z. B. die Vorderstrangbahnen in
zwei Fällen mit symmetrischer Vertheilung je 10 % der Pyramidenbahnen,
so können doch die in den Vorderstrangbahnen beider Individuen enthaltenen Fasern zu verschiedenen Gegenden der Grosshirnhemisphären in
Beziehung stehen. Das einzige Moment, welches sich vor der Hand für
den Uebergang q u a l i t a t i v gleicher Fasern bei gleicher quantitativer
Vertheilung anführen liesse, ist der Umstand, dass, wie es scheint,
ausnahmslos die äussersten Bündel der Pyramiden es sind, welche bei
relativ geringer Entwicklung der Vorderstrangbahnen in dieselben übergehen. Aus einer genauen Beobachtung der Localisation des zerstörenden Hirnherdes wird sich selbst in Fällen mit scheinbar völlig gleicher
quantitativer Vertheilung der Pyramiden die Frage nach der Constanz
der Beziehungen nur schwer lösen lassen; denn abgesehen davon, dass
ein Herd im ersten oder zweiten Gliede des Linsenkernes Fasern an
ihrem Ursprunge oder in ihrem Verlaufe von weiter entfernten Centren
her unterbrechen kann, ist für verschiedene Fälle nur schwer der Beweis
zu erbringen, dass man es mit völlig gleichwerthigen Zerstörungen zu
thun habe.

Wir erwähnen noch kurz unsere Beobachtungen hinsichtlich der aufsteigenden Degenerationen des Rückenmarkes. Dieselben sind
leider bei der Unzulänglichkeit des Materiales in hohem Grade lücken-

als in Fällen, wo Hirnherde die Degeneration veranlassen; in letzterem Falle kommt
eine totale Unterbrechung nur äusserst selten vor. Dass speciell die zwischen Peripherie und Pyramidenseitenstrangbahn eingeschalteten Fasern nicht absteigend degenerirende lange Commissurenfasern sind, werden wir in der Folge noch beweisen. —
Dass Bouchard hingegen im Rechte war. indem er die Vorderstrangerkrankung in Beziehung zur Degeneration der Pyramiden setzte, ergiebt sich aus dem Angeführten
ohne Weiteres. Die Differenzen in der Intensität der Vorderstrangerkrankung vermochte B. nicht zu deuten.

haft und geben nur beschränkte Aufschlusse. In zwei Fällen fand sich eine aufsteigende Degeneration der Hinter- und Seitenstränge, in einem Dritten lediglich eine solche der Ersteren. Nur in einem der Ersteren konnte das ganze Rückenmark untersucht werden.

Derselbe betrifft ein todtgeborenes Kind, No. 62 d. V. Die Affection war eine doppelseitige und hatte sich am wahrscheinlichsten entwickelt in Folge einer hochgradigen Erweiterung des Centralcanales im Lendenmark [*]. Hier fand sich nun die bemerkenswerthe Thatsache, dass in den Seitensträngen lediglich die directen Kleinhirn-Seitenstrangbahnen [**])

[*] Dieser Fall bildet ein Unicum in der einschlägigen Literatur. Es handelt sich um eine angeborene Degeneration der Hinter- und Seitenstränge. Verfasser gelangte leider blos in den Besitz des Rückenmarkes, ist daher nicht im Stande über die Verhältnisse in der *oblongata* u. s. w. zu berichten. Als primäre Ursache der Degeneration liess sich am ehesten die oben erwähnte Erweiterung des Centralcanales im Lendenmark betrachten, welche insbesondere zu einem Schwunde der hinteren Commissur und des medianen Septum der Hinterstränge geführt hatte. In der Mitte der Lendenanschwellung war zwischen dem hinteren Winkel des Centralcanales, welcher die Form eines spitzwinkligen gleichschenkligen Dreiecks besass, und der hinteren Peripherie nur eine schmale Verbindungsbrücke, etwa vom sagittalen Durchmesser der vorderen Commissur vorhanden. Höchst wahrscheinlich hat die Zerstörung der hinteren Commissur einen hervorragenden Antheil an der Degeneration, da, wie wir noch zeigen werden, die aufwärts degenerirenden Fasern der Hinterstränge zum Theil auf diesem Weg aus der grauen Substanz in letztere eintreten. Ein Tumor in dem unteren Theil des Wirbelcanales, welcher etwa die *cauda equina* zerstört hätte, oder eine andere ähnliche Schädlichkeit fand sich nicht. Die hinteren Wurzeln wurden leider nicht genau untersucht. Da die Degeneration auch im obersten Halsmark noch sehr umfangreich gefunden wurde, so könnte ein Zweifel entstehen, ob die Erweiterung des Centralcanales allein die Ursache der Degeneration bildet. Es würde uns hier zu weit führen, diese Frage detaillirt zu erörtern. Wir beschränken uns darauf zu bemerken, dass, sofern die Erkrankung nicht secundärer Natur sein sollte, wir ein Beispiel einer primären totalen Erkrankung beider directen Kleinhirn-Seitenstrangbahnen vor uns haben würden. Es ist diese Erkrankungsform bisher noch nicht beschrieben worden; sie würde der primären Degeneration der Pyramiden und Pyramidenbahnen entsprechen, welche nicht gar selten zur Beobachtung gelangt ist (s. u.). In den CLARKE'schen Säulen konnten bemerkenswerther Weise nur ganz vereinzelte Ganglienzellen aufgefunden werden. Inwiefern dieser Umstand an der Degeneration Antheil hat, müssen wir zunächst dahingestellt sein lassen. Eine Erkrankung dieser Zellgruppen ist bisher zwar nicht als Ursache einer aufsteigenden secundären Degeneration beobachtet worden; da dieselben indess mit den in Betracht kommenden Strängen wahrscheinlich in inniger Verbindung stehen, so würde in unserem Falle auch die Möglichkeit eines Zusammenhanges jenes Zellendefectes und der Degeneration zu berücksichtigen sein.

[**]) Das in Rede stehende Individuum eignete sich natürlich besonders gut zu einem genaueren Nachweis des systematischen Charakters der fehlenden Faserbündel, weil letztere in diesem Alter sich noch deutlich sondern!

und zwar zum grössten Theil geschwunden waren, so dass sich auch
in der Halsanschwellung nur wenig dicke Fasern nach aussen von
den Pyramiden-Seitenstrangbahnen fanden. In den Hintersträngen betraf
die Erkrankung wenigstens im Hals- und oberen Dorsalmark zweifellos
jenen Theil, welcher bei ca. 25 ctm. langen Individuen sich durch den
Mangel an Markscheiden von den markhaltigen Aussentheilen sondert,
demnach die GOLL'schen Stränge.

In den zwei übrigen Fällen, in welchen das Rückenmark im unteren Dorsaltheile durch Geschwülste comprimirt worden war, beschränkte
sich die secundäre Degeneration im Hals- und oberen Dorsaltheil, welche
Strecken allein genau untersucht werden konnten, gleichfalls theils auf
den Rayon der directen Kleinhirn-Seitenstrangbahnen, theils auf die
GOLL'schen Stränge [*]). An Letzteren trat in Folge der Erkrankung die
in verschiedenen Höhen wechselnde Gestalt des Querschnittes, wie wir
sie oben von den marklosen Hinterstrangtheilen 25 — 28 ctm. langer
Individuen beschrieben haben, deutlich hervor.

Die Degeneration der GOLL'schen Stränge endete nach oben stets in
der Gegend der „Kerne der zarten Stränge (KOLL.)". Das Verhalten der aufsteig. Seitenstrangdegener. in der *oblongata* konnte nicht festgestellt werden.

Nach diesen Befunden kann es nun unter Berücksichtigung
der TÜRCK'schen Angaben, welche wenigstens für die oberen Abschnitte des Rückenmarkes in hohem Grade genau sind, kaum einem
Zweifel unterliegen, dass die nach aufwärts degenerirenden Theile
der Seiten- und Hinterstränge nichts anderes sind als die directen
Kleinhirn-Seitenstrangbahnen und die GOLL'schen Stränge [**]).

_____   __   __   •

*) Worauf es beruht, dass in dem einen Fall lediglich die GOLL'schen, in dem
anderen diese und die Kleinhirn-Seitenstrangbahnen erkrankt waren, können wir nur
vermuthungsweise angeben. Es lässt sich wohl denken, dass die letzteren in dem einen
Fall durch die primäre Schädlichkeit weniger beeinflusst wurden, als in dem anderen.
So lange wenigstens als die Zerstörung des Rückenmarksquerschnittes nicht eine complete ist, ist diese Möglichkeit stets festzuhalten.

**) Wir befinden uns im Gegensatz zu BOUCHARD, indem wir annehmen, dass die
den Pyramiden-Seitenstrangbahnen nach aussen anliegende Zone nach aufwärts degenerirt. BOUCHARD kennt offenbar den Umfang der Masse, welche in dieser Richtung
degeneriren kann, nicht, weil er ausdrücklich angiebt, dass sie nur aus wenigen
Fasern bestehe, während sie doch bis zu 10 % des Querschnittes der Vorder-Seitenstränge betragen kann. Die TÜRCK'schen Beobachtungen sind in dieser Hinsicht viel genauer. Ein Vergleich der von T. gegebenen Abbildungen (a. a. O. 1851. Bd. VI. Taf. VIII.
Fig. 11—18. 1853. Bd. XI. Heft 1 — 5. Taf. S. 119. Fig. 1—5) mit unserem auf
Grund der entwickelungsgeschichtlichen Sonderung entworfenen Schema Taf. XX erscheint

Was das Verhalten der bisher nicht erwähnten Theile der weissen Stränge in den zwei letzten Fällen anlangt, so konnten wir ebensowenig wie andere Forscher an denselben eine Degeneration auf lange Strecken beobachten; es sind die Grundbündel der Vorderstränge, die vordere gemischte Zone der Seitenstränge, die seitliche Grenzschicht der grauen Substanz und die Burdach'schen Keilstränge, sofern wir unter letzterem Namen die Hinterstränge mit Ausnahme der Goll'schen Stränge begreifen.

Aus dem Angeführten ergiebt sich das höchst bemerkenswerthe Resultat, dass die **Gliederung des Rückenmarkes und der** *oblongata*, welche die secundären Degenerationen herbeiführen, übereinstimmt mit der entwickelungsgeschichtlichen Gliederung auf Grund der successiven Markscheidenbildung. Die auf lange Strecken degenerirenden Stränge sind identisch mit Faserbündeln, welche sich entwickelungsgeschichtlich je als Einheiten darstellen und auch auf Grund der Entwickelung als lange Bahnen zu betrachten sind. Die nicht auf lange Strecken degenerirenden Faserbündel sondern sich auch entwickelungsgeschichtlich von den degenerirenden, indem jene die besonders früh sich ausbildenden, wahrscheinlich überwiegend aus kurzen Leitungsbahnen bestehenden Systeme darstellen.

Wenn wir nun berücksichtigen, was oben über die morphologische Bedeutung der entwickelungsgeschichtlichen Gliederung überhaupt angegeben worden ist, so ergiebt sich aus der in Rede stehenden Uebereinstimmung ohne Weiteres, dass es vollkommen gerechtfertigt ist, in der Verfolgung der secundären Degenerationen ein Mittel zur Aufhellung des Baues der Nervencentren zu erblicken. Es erscheint von Interesse zu erwägen, worin wohl die Leistungsfähigkeit dieser Methode begründet und für die Erforschung welcher Verhältnisse sie hauptsächlich anzuwenden sei.

Es ist hier vor Allem darauf hinzuweisen, dass Fasern und Fasersysteme, welche im normalen Zustande sich völlig oder doch so gleichen,

---

besonders lehrreich. — Wir bemerken noch, dass auch in vielen Fällen von genuiner Hinterstrangerkrankung mit dem Symptomencomplex der *tabes dorsualis*, die wenigstens mitunter als secundäre Degen. aufzufassende Affection in den oberen Theilen des Rückenmarkes sich genau auf die im Laufe der Markumhüllung sich sondernden Goll'schen Stränge beschränkt. — In mehreren Fällen von *tabes* fanden wir die Hinterstränge durchgängig zerstört, ohne dass irgend ein umfängliches Längsfasersystem der *oblongata* eine Erkrankung gezeigt hätte. In einem Falle setzte sich die Hinterstrangerkrankung beiderseits nach oben fort auf die aufst. Trigeminuswurzel, ein Verhalten, welches schon in sofern von Interesse erscheint, als es bisher wohl noch nicht beschrieben worden ist.

dass sie auf Grund ihrer morphologischen Eigenschaften nicht zu unterscheiden und auf lange Strecken auseinanderzuhalten sind, durch die
secundäre Degeneration differente morphologische Charaktere erhalten,
welche ihre Sonderung gestatten. Die Möglichkeit einer ausgiebigen Verwerthung dieser Thatsache gründet sich aber weiter auf die Voraussetzung der ausnahmslosen Gültigkeit folgender Fundamentalsätze, welche
wir eventuell selbst verwerthen können, ohne den eigentlichen Grund
der secundären Degeneration genau zu kennen.

1. Jede Faser eines degenerationsfähigen Systems degenerirt, wenn
sie an irgend einer Stelle unterbrochen wird; keine Faser verhält sich
in dieser Hinsicht principiell verschieden von den anderen des nämlichen
Systems. Der Beweis hierfür ergiebt sich wenigstens annähernd aus
einem Vergleich des Umfangs der Pyramidenbahnen in den späteren Foetal-
monaten, mit der Ausbreitung der Degeneration bei totaler Unterbrechung
der Bahnen. Aus diesem Satze folgt ohne Weiteres z. B., dass alle bei
totalen Zerstörungen der Pyramiden selbst nicht degenerirenden Fasern
der Vorderseitenstränge des Rückenmarkes mit jenen nicht in Zusammenhang stehen können, ferner dass die bei totaler Zerstörung der Pyramiden
auftretende Degeneration einen Ueberblick über den gesammten Umfang
der Pyramidenbahnen im Rückenmark zu geben vermag.

2. Es degeneriren lediglich die unterbrochenen Fasern eines Systems.
Wird also z. B. ein aufwärts degenerirendes System vielleicht in der
Mitte des Dorsalmarkes unterbrochen, so dürfen bloss die von unterhalb
kommenden Fasern, welche an der betreffenden Stelle zerstört werden,
nach aufwärts degeneriren. Wir dürfen mit Sicherheit annehmen, dass
sich Differenzen in der Ausdehnung der Degeneration über den Querschnitt eines Systems finden, je nachdem dasselbe höher oder tiefer
unterbrochen wird. Es folgt hieraus unter Anderem, dass wir eventuell
mit Hülfe der secundären Degenerationen die Lage tieferen Regionen des
Rückenmarkes entstammender Fasern in höheren genau feststellen können[*].
Wir haben ferner im gegebenen Fall anzunehmen, dass alle secundär
degenerirten Fasern continuirlich mit der Unterbrechungsstelle zusammen-

---

[*] Französische Autoren haben diesen Umstand bereits verwerthet; hinsichtlich
der GOLL'schen Stränge hat schon BOUCHARD darauf hingewiesen, dass die aus den tiefsten Theilen des Rückenmarkes stammenden Fasern allmählig nach oben an die hintere
Oberfläche des Rückenmarkes zu liegen kommen, und dass sich die aus höheren Ebenen eintretenden Fasern jenen nach vorn anlegen. Hinsichtlich der directen Kleinhirn-
seitenstrangbahn werden wir in der Folge ähnliche Mittheilungen machen.

hangen, dass also auch die im Anschluss an einen Linsenkernherd
degenerirten Pyramidenfasern im untersten Lumbalmark sich ununterbrochen von hier bis zum Ort der Verletzung fortsetzen.

3. Wird eine Faser eines degenerationsfähigen Systems unterbrochen,
so entartet sie in der betreffenden Degenerationsrichtung bis zum nächsten
provisorischen Endpunkt (Ganglienzelle oder Einmündungsstelle in ein
aus Ganglienzellenausläufern hervorgegangenes Fasernetz?). Dieser Satz ist
vor der Hand noch am wenigsten gegen Einwürfe gestützt. Wir können
zunächst lediglich hinsichtlich des Verlaufes der Fasern innerhalb der
weissen Stränge seine Gültigkeit nachweisen. Es folgt aus demselben
jedenfalls, dass, wenn z. B. zwei scheinbar continuirliche Faserzüge sich
gegenüber der secundären Degeneration nicht gleich verhalten, wenn also
der eine degenerirt, während der andere intact bleibt, dass dann ein
continuirlicher Zusammenhang beider nicht angenommen werden darf*).

Was die Allgemeingültigkeit der angegebenen drei Fundamentalsätze
anlangt, so scheint uns dieselbe durch die Beobachtung scheinbar unge-
wöhnlicher Lokalisationsweisen secundärer Degenerationen, wie sie z. B.
von WESTPHAL (Arch. f. Psych. 1870. S. 374 fg.) geschildert worden
sind, nicht alterirt zu werden. Es ist offenbar zwischen den regulär
ablaufenden secundären Degenerationen und den unter dem Schein secundärer Degenerationen auftretenden Krankheitsprocessen ein scharfer Unterschied zu machen. Es dürfte wohl nicht zu bezweifeln sein, dass auch
primäre Erkrankungen, welche mit der Erkrankung eines bestimmten
Systems nichts zu thun haben, sich über weitere Strecken des Rückenmarkes verbreiten können. Wenn dieselben in Verbindung mit secundären
Degenerationen auftreten, so kann hier leicht ein abweichendes Verhalten
Letzterer vorgetäuscht werden. Das wechselnde Verhalten der Vorderstränge auch in Fällen von totaler Zerstörung des Rückenmarksquerschnittes
in correspondirenden Höhen, das Ergriffenwerden bald blos des einen, bald
beider, bald keines erklärt sich auf eine einfache Weise durch die Varia-

---

*) Es ist diese Annahme bereits von BOUCHARD verwendet worden; auf Grund des
Intactbleibens der vorderen Wurzeln bei Degeneration der Pyramidenbahnen stellt er
die Möglichkeit eines directen Zusammenhanges beider in Abrede. — Was die Längs-
ausdehnung des degenerativen Processes anlangt, so fehlen uns Kenntnisse über das
Verhalten derselben an jenen hypothetischen Endpunkten noch völlig, weil wir die
letzteren selbst noch nicht kennen. Eine secundäre Degeneration von Ganglienzellengruppen ist unseres Wissens noch nicht beschrieben worden und fehlte auch in unseren Fällen wenigstens scheinbar stets.

bilität der Pyramidenbahnen *). Wir glauben somit in der Verfolgung des in
Rede stehenden Processes eine zuverlässige Methode zur Erforschung der
anatomischen Verhältnisse der Nervencentren erblicken zu dürfen. Wir
werden die von uns in dieser Hinsicht gewonnenen Ergebnisse in der
Folge speciell mittheilen und auf die wichtigsten Aufgaben hinweisen,
welche noch der Erledigung harren.

Es liegt auf der Hand, dass wir durch den blossen Nachweis der
Uebereinstimmung der entwickelungsgeschichtlichen Gliederung mit der
Ausbreitungsweise der secundären Degeneration directe Aufschlüsse über
die eigentlichen Ursachen der Letzteren und ihre pathologische Bedeutung
nicht erhalten. Durch die Uebereinstimmung wird allerdings schon von
vornherein die Deutung unwahrscheinlich gemacht, dass wir es mit dem
Weiterschreiten eines der Entzündung analogen Vorganges zu thun
haben, da es sonst kaum erklärlich ist, wie die betreffenden Systeme in
solcher Reinheit erkranken können. Ganz besonders spricht hiergegen
sowie gegen die Abhängigkeit der Erkrankung etwa von einer Störung
der Lymphcirculation auch der Umstand, dass wir die erkrankten Fasern
vielfach mit intacten gemischt antreffen. Da die Zahl dieser letzteren
z. B. in den Pyramidenbahnen in den verschiedenen Höhen des Markes
zu den erkrankten vielfach in dem gleichen Verhältniss steht, wie die Zahl
der sich bereits frühzeitig mit Mark umhüllenden innerhalb jener zu dem
eigentlichen Gros der Pyramidenfasern, so stehen wir nicht an, wenigstens
in den Fällen, wo die Pyramiden selbst annähernd vollständig degenerirt
sind, die intacten mit den frühzeitig Markscheiden erhaltenden zu identificiren. Die Ausbreitung der Erkrankung erfolgt offenbar nicht sowohl in
der Continuität des Gewebsganzen als in der Continuität des Gewebs-
elementes, die Betheiligung der einzelnen Nervenfaser hinwiederum
hängt ab von der systematischen Stellung derselben. Die pathologischen
Einflüsse können somit nicht auf das Gewebe an Ort und Stelle wirken,

---

*) Was das experimentelle Studium der secundären Degenerationen anlangt, so
dürfte es nicht überflüssig sein, auf die Berücksichtigung folgender Gesichtspunkte hinzuweisen. Es werden die Ergebnisse z. B. hinsichtlich der absteigenden Degenerationen verschieden ausfallen müssen, je nachdem die Pyramidenfasern des Versuchs-
thieres mehr oder weniger zahlreich sind; es sind Thiere mit starken Pyramiden zu
solchen Versuchen vorzuziehen! Bei Thieren mit schwachen ist es überdies nicht nothwendig, dass die Pyramidenfasern im Rückenmark in Form compakter Stränge verlaufen, wie beim Menschen, und werden schon auf diese Unterschiede hin Differenzen
hervortreten können, welche bei Vergleichung der Versuchserfolge an verschiedenen
Thieren wohl zu berücksichtigen sind. Aehnliche Erwägungen wie für die absteigenden gelten auch für die aufsteigenden Degenerationen.

sondern müssen da angreifen, wo die intacten und erkrankten Fasern beziehentlich Fasersysteme sich noch nicht gemischt haben.

Wir haben nach unserer Ansicht jetzt nur noch die Wahl zu treffen zwischen der Annahme, dass das eigentliche deletäre Moment gegeben sei in dem Ausfall der Thätigkeit (Track) oder dass es sich um die Aufhebung eines von dieser zu unterscheidenden „trophischen" Einflusses handele. Obwohl es fast scheinen möchte, als ob letzterer Ausdruck nicht sowohl eine Erklärung denn eine Umschreibung des einfachen Faktums der Degeneration darstellt, so ergiebt doch gerade ein Vergleich dessen, was wir oben über den Entwickelungsmodus der Fasersysteme angegeben haben, dass ein von den Erregungsvorgängen zu trennender trophischer Einfluss wohl bestehen könne. Sofern wir nämlich annehmen, dass die Nervenfasern als Ausläufer von Ganglienzellen entstehen, so erscheint hiermit wenigstens für die Zeit des Wachsthums ein trophischer Einfluss der Zelle auf die zugehörigen Fasern in greifbarer Gestalt gegeben, da ja auch das Wachsthum eine trophische Funktion darstellt. Ein Längenzuwachs der betreffenden Faser lässt sich nun nach allen unseren Anschauungen über die Bildung geformter Gewebselemente nur unter einer Betheiligung des Protoplasma der Mutterzelle annehmen, mag man diese Betheiligung so auffassen, dass die Zelle den Ausläufer aus sich heraus immer weiter vorschiebt oder so dass an dem jeweiligen Ende der Faser sich neue Gewebstheile ansetzen. Denken wir uns die Faser während ihrer Entwickelung von der Mutterzelle abgeschnitten, so ist hiermit offenbar die Möglichkeit eines weiteren Wachsthums aufgehoben[*]. Es lässt sich nun wohl denken, dass ein Einfluss der Zellen auf die Ernährung der Fasern ähnlich dem bei der ersten Entwickelung auch nach

[*] Diese Gesichtspunkte haben wohl manchen Forschern schon vorgeschwebt. Wir finden aber nirgends einen präciseren Ausdruck hierfür. Sie erscheinen auch von Wichtigkeit für die Erklärung der „Agenesien". Soweit es sich bei den Letzteren nicht nur eine bereits im Foetalleben auftretende secundäre Degeneration handelt, haben wir offenbar anzunehmen, dass es überhaupt nicht zu einer Entstehung der betreffenden Fasermassen u. s. w. gekommen ist. Nehmen wir an, dass für jedes Fasersystem eine Zellengruppe den Ausgangspunkt bildet, so wird, falls Letztere auf irgend welche Weise zu Grunde geht, beziehentlich sich zu bilden verhindert wird, es überhaupt nicht zur Anlage dieses Systems kommen können. Es ergiebt sich hieraus auf eine einfache Weise eine befriedigende Erklärung dafür, dass die Agenesien nicht gar selten den Charakter von System-Defekten darbieten. Um alle hier möglichen Complicationen analysiren zu können, ist es offenbar nothwendig, genau das Bildungscentrum eines jeden Fasersystems zu kennen. Die secundären Degenerationen werden als wichtige Fingerzeige hinsichtlich der Lage derselben betrachtet werden dürfen, sobald nachgewiesen ist, dass dieselben auf die eine der oben angedeuteten Weisen zu Stande kommen.

vollendeter Bildung noch persistirt, und dass die Aufhebung jenes (durch Abschneidung vom Bildungscentrum) die Degeneration der betreffenden Fasern nach sich zieht. Würde man als Bildungscentrum (Sitz der faserbildenden Zellen) der Pyramidenbahnen einen Theil des Grosshirns betrachten können, so würden die Pyramidenfasern also bei einer Unterbrechung ihrer Continuität nicht nur von dem erregenden Centrum (da wir sie als centrifugal leitend aufzufassen haben) sondern auch von ihren „Mutterzellen" abgeschnitten. Durch dieses Zusammentreffen wird natürlich eine einigermassen befriedigende Entscheidung darüber, ob es der Ausfall eines specifisch trophischen Einflusses oder der Erregung ist, welcher die Degeneration nach sich zieht, beträchtlich erschwert. Hinsichtlich der sonstigen centralen Systeme, welche auf längere Strecken degeneriren, können wir nicht angeben, ob die Degeneration in der Richtung erfolgt, in welcher sie etwa auswachsen, da wir weder die Zellen kennen, welche wir als Bildungscentra zu betrachten haben würden, noch die Wachsthumsrichtung selbst *). Hingegen bieten die vorderen Wurzelfasern ähnliche Verhältnisse dar, wie die Pyramidenbahnen. Kupffer hat bereits darauf hingewiesen, dass man sich dieselben als Ausläufer von Ganglienzellen der Vorderhörner entstanden zu denken habe. Dieselben degeneriren aber auch, sobald diese Ganglienzellen zu Grunde gehen. Auch hier fallen also wiederum muthmassliches Bildungs- und Erregungscentrum zusammen **).

-----

*) Tiedemann giebt allerdings an, dass die *corpora restiformia* vom Rückenmark her gegen das Kleinhirn vordringen; indess ist doch die makroskopische Beobachtung nicht entscheidend. Betreffs der hinteren Wurzeln hat bereits Ihs (Erste Anl. der Wirb. I. S. 169 darauf hingewiesen, dass Degenerations- und Wachsthumsrichtung vielleicht sich decken.

**) Für den Fall, dass Bildungs- und Erregungscentrum einer Faser allenthalben zusammenfallen sollten, würde es natürlich schwer sein, den Antheil eines jeden der beregten Momente an der Degeneration festzustellen. Man würde noch besondere Kriterien aufsuchen müssen, um das Vorwalten des einen oder anderen Einflusses nachzuweisen. Man könnte als ein solches betrachten das Verhalten der peripheren Nerven. Hier degeneriren Fasern, deren Leitungsrichtung offenbar eine verschiedene ist, nach der gleichen Richtung hin. Es kommt aber gerade bei den peripheren Nerven vielleicht ein specifisches Verhältniss in Betracht, welches im Centrum nicht vorhanden ist. Der Beweis, welchen man aus dem Zerfall des peripheren Theils sowohl sensibler als motorischer Nerven gegen die Erregungstheorie abgeleitet hat, ist nicht mehr völlig einwurfsfrei, seitdem man weiss, dass die Lymphbahnen der peripheren Nerven continuirlich mit dem Arachnoidealsacke communiciren, dass demnach vielleicht eine normale Ernährung derselben nur bei ungestörter Communication mit dem letzteren zu Stande kommt. An den peripheren Nerven bedeutet die Unterbrechung der Continuität eventuell gleichzeitig eine Aufhebung der normalen Lymphcirculation im gesammten peripheren Stück.

Hinsichtlich des Antheils, welchen Verfasser an der Feststellung der Uebereinstimmung zwischen entwickelungsgeschichtlicher Sonderung des Nervensystems und der auf Grund der secundären Degeneration sich ergebenden genommen, möge hier folgende Bemerkung Platz finden. Wir haben angegeben: Die secundären Degenerationen (von einem ähnlichen Verhalten primärer Erkrankungen wird in der Folge die Rede sein) beschränken sich streng je auf Faserbündel, welche sich auf Grund der Entwickelung als in sich einheitliche Fasersysteme erweisen und welche auch in anatomischer (virtueller) Hinsicht Einheiten darstellen. Der Systemcharakter lässt sich nun zweifellos am überzeugendsten nachweisen für die Pyramidenbahnen und für die directe Kleinhirn-Seitenstrangbahn, und lediglich von diesen Bahnen ist es möglich, genau den Gesammtumfang innerhalb der weissen Stränge, das Verhalten in allen Höhen des Rückenmarkes u. s. w. zu erkennen. Gerade von diesen Strängen hat nun zweifellos lediglich Verfasser die oben erwähnte Uebereinstimmung des pathologischen und entwickelungsgeschichtlichen Verhaltens dargelegt und zwar noch bevor überhaupt Pierret seine sogleich zu erwähnenden Befunde hinsichtlich der Hinterstränge veröffentlichte (Das Heft des Arch. der Heilk., worin Verf.'s Mittheilung sich findet, erschien im August, Pierret's Arbeit im Sept. 1873!). Bereits in dieser ersten Mittheilung hat Verf. hervorgehoben, dass die directe Kleinhirn-Seitenstrangbahn an der absteigenden Degeneration sich nicht betheiligt, dagegen aufwärts degenerirt (Charcot ignorirt dies noch in seiner neuesten Publication, da er den Rayon dieser Bahn zu den *terres inconnues* in pathologischer Hinsicht rechnet). Auch darauf endlich, dass in den Hintersträngen die Burdach'schen Keilstränge eher Markscheiden erhalten, als die übrigen Theile, dass die langen Degenerationen bis zum *calamus scriptorius* aber lediglich die medianen Abschnitte der Hinterstränge betreffen, hat Verf. an dem mehrerwähnten Ort schon hingewiesen. Hieraus geht nun ohne Zweifel hervor, dass die Parallele zwischen entwickelungsgeschichtlicher und pathologischer Sonderung der Rückenmarksstränge zum mindesten in der Literatur zuerst von Verfasser gezogen worden ist.

Hingegen hat Pierret in seiner Mittheilung im Archiv. de physiolog. 1873, S. 540 zuerst darauf aufmerksam gemacht, dass die Zerlegung der Hinterstränge auf Grund von Degenerationen mit der bei der ersten Anlage sich kundgebenden, zuerst von Kölliker nachgewiesenen Gliederung derselben übereinstimmt und dass insbesondere die aufsteig. sec. Degenerationen sich auf den zuletzt entstehenden Theil dieser Stränge (*faisc. méd. des cord. post.*, *faisc. de Goll*) beschränken. Wir werden in der Folge noch zeigen, inwiefern Pierret's Untersuchungen hinsichtlich der Entwickelung wesentlich neue Aufschlüsse ergeben. Was jene Uebereinstimmung der Sonderung anlangt, so kann überhaupt und konnte also auch seitens Pierret's dieselbe nur für Hals- und oberes Dorsalmark mit Wahrscheinlichkeit nachgewiesen werden, weil wir nur hier die Lage und den Umfang der Goll'schen Stränge genau überblicken können. Es lässt sich aus diesen Befunden allerdings auch für die übrige Strecke des Rückenmarkes ein gleiches Verhalten erschliessen, indess irgend welche bestimmte Vorstellungen können wir hier nicht gewinnen. Pierret hat, wie uns scheint, in nicht ganz glücklicher Weise die Lücken auszufüllen gesucht. Wir werden hierauf alsbald zurückkommen.

Es mögen hier noch einige Bemerkungen über die Beziehung der entwickelungsgeschichtlichen Sonderung zu primären Erkrankungen der weissen Substanz des Rückenmarkes und der *oblongata* Platz finden. Nachdem bereits früher Charcot, Westphal (Arch. f. path. Anat. Bd. 39. 40) u. A. über ähnliche Befunde berichtet,

hat ersterer neuerdings (a. a. O.) ausführlicher dargelegt, dass die zuletzt Markscheiden erhaltenden Regionen der Vorder-Seitenstränge ohne Betheiligung anderer Theile
der weissen Stränge in ähnlicher Weise wie bei den secundären Degenerationen und
zwar bilateral erkrankt gefunden werden, ohne dass in gleicher Weise eine Unterbrechung derselben durch einen handgreiflichen pathologischen Process beobachtet werden
kann; es soll diese Affection eine der wesentlichsten pathologisch-anatomischen Grundlagen eines u. A. mit progressiver Muskelatrophie einhergehenden Krankheitsbildes *(scle-
rose latérale amyotrophique)* darstellen. Wir haben in einem (bereits von Barth, Arch. d.
Heilk. Bd. XIV als *atrophia musculorum lipomatosa* veröffentlichten) Falle in der That eine
(von B. richtig beschriebene) den früheren Stadien der sec. Deg. gleichende scheinbar
primäre Erkrankung sämmtlicher Pyramidenbahnen bei Intactheit aller anderen Systemen der weissen Substanz constatirt. Für den Fall, den indess Charcot abbildet *(Leçons
sur les maladies* Liv. III. Taf. IV und V), müssen wir entschieden in Abrede stellen, dass
hier eine reine Erkrankung der Pyramidenbahnen vorhanden ist. Derselbe stellt,
wie ein Blick auf unser Schema (Taf. XX) zeigt, nichts weniger als einen typischen
Repräsentanten einer Systemerkrankung dar, da im Halsmark auch die seitliche Grenzschicht der grauen Substanz und ein Theil der vorderen gemischten Seitenstrangzone afficirt ist, in der Lendenanschwellung aber (welche wohl durch Fig. 2,
Taf. V dargestellt werden soll die Pyramiden-Seitenstrangbahnen in ihren äusseren Abschnitten intakt sind.

　　Hinsichtlich der Hinterstränge hat Pierret angegeben, dass genuine Erkrankungen
(unter dem Symptomencomplex der *tab. dors.)* vorkommen, welche in der ganzen Länge
des Rückenmarkes bald lediglich die Goll'schen Stränge, bald alle anderen Bestandtheile mit Ausnahme der Letzteren treffen. Wir werden auf eine Kritik dieser Angaben
in der Folge eingehen.

　　Was endlich den Nachweis anlangt, dass überhaupt Erkrankungen des centralen
Markes vorkommen, welche sich auf einzelne physiologisch und morphologisch in sich
einheitliche Fasersysteme beschränken, so gebührt das Anrecht auf die Priorität offenbar in erster Linie Türck. Denn wenn derselbe in den sec. Degenerationen einen Weg
erkennt, die centralen Fasermassen in Theilsysteme zu zerlegen, so ergiebt sich hieraus unmittelbar, dass er diesen Erkrankungen einen streng systematischen Charakter
vindicirt. Wenn Vulpian die von Türck gegebene ätiologische Erklärung der sec. Degenerationen verwirft und eine ,,Irritation'' als Ursache hinstellt, so ändert dies hinsichtlich der pathologisch-anatomischen Auffassung an der Sachlage nichts. Wir
können den französischen Autoren in dieser Hinsicht nur das Verdienst zuerkennen,
für gewisse primäre Erkrankungen den Systemcharakter constatirt und auf die Folge-
wichtigkeit einer durchgreifenden Scheidung der centralen Erkrankungen in systematische
und asystematische mit Nachdruck hingewiesen zu haben.

Dritter Theil.

Anatomische Ergebnisse aus vorstehenden Untersuchungen.

I.

Allgemeines.

In der Verfolgung des topischen Ablaufes der Markscheidenbildung hat sich uns ein Weg erschlossen zur Erkenntniss von Organisationsverhältnissen des centralen Nervensystems, welche mit unseren bisherigen Untersuchungsmethoden kaum entwirrbar erschienen. Wir haben im menschlichen Fötus ein besonders günstiges Object kennen gelernt, die Anordnung, den Verlauf und die Gliederung der nervösen Fasermassen innerhalb der Centralorgane klar zu legen. Es erscheint wohl am Platze, noch einmal hervorzuheben, worin im Grunde genommen die Vorzüge dieses Untersuchungsobjectes vor den bisher zu gleichen Zwecken verwendeten bestehen.

Dieselben sind , kurz folgende: Während bestimmter Phasen des Fötallebens unterscheiden sich Fasern, welche beim Erwachsenen völlig gleich beschaffen sind oder nur wenig differiren, in augenfälliger Weise von einander, indem die einen bereits complete Markscheiden führen, während andere noch nackte Axencylinder darstellen; wir sind so in den Stand gesetzt, insbesondere innerhalb der compakten Markmassen, Fasern und Faserbündel, welche später durch gleichartige Elemente in ihrem Verlaufe maskirt werden, beim Fötus auf weite Strecken zu verfolgen. Indem sich nun weiter auf Grund der differenten Entwickelungshöhe einzelne Faserbündel herausheben, werden wir auf ihre Sonderexistenz aufmerksam; wir werden unmittelbar aufgefordert, sie genauer auf ihren Verlauf, ihre Endigung u. s. w. zu untersuchen; und hierbei ergiebt sich denn als weiteres wichtiges Moment, dass die Differenzirung der centralen Fasermassen im

Ganzen einen systematischen Charakter an sich trägt, dass zu Zeiten
bestimmte Fasersysteme in ihrem gesammten Umfang allen
anderen sie umgebenden und berührenden Fasermassen
gegenüber morphologisch scharf charakterisirt sind. Wir
finden bald ein ganzes System mit Markscheiden ausgestattet zwischen
durchgängig marklosen Faserbündeln verlaufend (z.- B. die hinteren
Längsbündel im verlängerten Mark und in der Brückenregion bei ca. 25
— 28 ctm. langen Individuen), bald ein markloses System zwischen durchgängig markhaltigen (die Pyramidenbahnen bei 34—49 ctm. langen
Früchten). Wir haben somit im menschlichen Fötus ein Object kennen
gelernt, an welchem auch virtuell differente, beim Erwachsenen morphologisch nur wenig oder überhaupt nicht differirende Systeme sich durch
specifische Charaktere des Baues auszeichnen und somit in ihrem Verlauf
und Umfang erkennbar sind.

Unter Berücksichtigung der in der angeführten Richtung zu gewinnenden directen Aufschlüsse ergeben sich nun weiter gewisse Gesetze
des topischen Ablaufes der Faserentwickelung, insbesondere auch
der Markscheidenbildung, welche, sofern wir sie als allgemein gültig
betrachten, als allgemeine leitende Gesichtspunkte für das anatomische Studium der Centralorgane verwendet werden können und indirect uns zu beachtenswerthen Schlüssen führen [*].

Dieselben sind folgende:

1. Die zeitlichen Unterschiede, welche zwei nur um wenige Mm.
von einander entfernte Punkte derselben Faser im Hervortreten der completen Markscheide darbieten, sind, wo immer die Continuität unzweifelhaft nachweisbar, verschwindend klein. Wir dürfen hieraus schliessen,

---

[*] Wir verkennen nicht, dass die Führerschaft leitender Gesichtspunkte stets gewisse Gefahren in sich schliesst, da die Allgemeingültigkeit derselben ja stets eine
mehr oder weniger hypothetische ist, und sie demnach selbst bei gewissenhafter Prüfung am unrichtigen Ort zur Anwendung gelangen können. Wir können DEITERS nicht
beistimmen, wenn er diese Gefahr für sehr gering anschlägt und sagt: dass leitende
Gesichtspunkte, wenn sie falsch sind, durch die Beobachtung bald unschädlich gemacht werden. Die DEITERS'sche Arbeit enthält selbst (man denke nur an seine Auffassung der Pyramidenbildung u. s. w.) die Widerlegung dieses Satzes. Indess die
von uns gewählten leitenden Gesichtspunkte, insbesondere die sub 1 u. 2 erwähnten
stützen sich auf eine so grosse Zahl übereinstimmender gesicherter Thatsachen, dass
es wohl gerechtfertigt erscheint, sie zu berücksichtigen. Die Summe der in Betracht
zu ziehenden Verlaufsmöglichkeiten wird hierdurch jedenfalls vermindert und hierin
ist eine wesentliche Vereinfachung der Untersuchung gegeben.

dass, wenn scheinbar continuirliche Fasermassen Monate lang hinsichtlich jener Entwickelungsphase differiren, ein directer Zusammenhang (ohne Unterbrechung durch Ganglienzellen) nicht vorhanden ist. Dieser Gesichtspunkt ist wichtig z. B. für die Bestimmung des Verhältnisses der Rückenmarksstränge zu denen der *oblongata* sowie der Faserzüge der weissen Stränge zu jenen der grauen Substanz, da ja auch letztere sich durch die Markumhüllung in Systeme sondern.

2. Es erhält allenthalben, wo wir dies controlliren können, das Gros der je zu gleichwerthigen Centren gehörigen Fasermassen gleicher Ordnung annähernd gleichzeitig Markscheiden. Differiren somit unmittelbar einander benachbarte Faserbündel um Monate, so ist ihre systematische Gleichwerthigkeit höchst unwahrscheinlich.

3. Endlich lässt sich vielleicht noch als leitender Gesichtspunkt betrachten, dass diejenigen Fasersysteme des Rückenmarkes und der *oblongata*, welche mit höheren Centren des Gross- und Kleinhirns in Verbindung stehen, soweit sich dies zunächst überblicken lässt, ausnahmslos spätere Bildungen darstellen. Es wird mit Rücksicht hierauf z. B. in hohem Grade unwahrscheinlich, dass die hinteren Längsbündel etwas mit eigentlichen Grosshirncentren zu thun haben, und ähnlicher Erwägungen bieten sich noch mehrere dar.

Vergleichen wir noch den Weg der entwickelungsgeschichtlichen Zergliederung mit der auf Grund der secundären Degenerationen sich vollziehenden, so ergiebt sich, dass beide insofern einander nahe verwandt sind, als auch die letzteren bestimmten Fasern beziehentlich Fasersystemen in ihrer ganzen Ausdehnung markante morphologische Eigenschaften verleihen. Die Verwendbarkeit beider Processe ist aber offenbar nicht allenthalben die gleiche. Der Gesammtumfang aller auf lange Strecken degenerirenden Systeme z. B. lässt sich mittelst der secundären Degenerationen deshalb nicht feststellen, weil einzelne derselben kaum je in ihrer ganzen Ausdehnung secundär degeneriren können. Es gilt dies z. B. von den aufwärts degenerirenden Bündeln der Hinter- und Seitenstränge; es lässt sich hier ein Heerd, welcher alle Fasern unterbricht, nicht denken. Die entwickelungsgeschichtliche Gliederung leistet hier Vollkommeneres. Auf der anderen Seite geben da, wo es sich um den Verlauf einzelner Theile von Systemen handelt, die secundären Degenerationen bessere Resultate, da ja im Lauf der Entwickelung die Systeme sich da am besten sondern, wo sie in ihrer ganzen Ausdehnung ein übereinstimmendes Verhalten zeigen. Da, wo wir beide Methoden combinirt verwenden

können, stützt die Uebereinstimmung der Resultate die Zuverlässigkeit
derselben offenbar wesentlich. Wenn wir z. B. beobachten, dass ein
Faserzug der grauen Substanz des Rückenmarkes um mehrere Monate eher
Markscheiden erhält als die Pyramidenbahnen, und dass bei Degeneration
der Letzteren jener Zug völlig intact bleibt, so ist hierdurch der unmittelbare Zusammenhang beider so gut wie sicher ausgeschlossen. Aehnliche
Beispiele lassen sich noch vielfach beibringen; wir werden auf dieselben
im Laufe der folgenden Darstellung zurückkommen. Insofern als sich im
Grunde genommen auch die Verwerthbarkeit der secundären Degenerationen
wesentlich auf die Erläuterung derselben durch die entwickelungsgeschichtliche Gliederung stützt, tritt die fundamentale Bedeutung der letzteren
von Neuem klar zu Tage.

Die Vorzüge unseres Untersuchungs-Objectes treten ohne Weiteres
hervor, wenn wir die Resultate, welche auf den bisher von den Anatomen
eingeschlagenen Wegen erreicht worden sind, mit unseren Ergebnissen
vergleichen.

Man hat sich zwar bereits vielfach bemüht, die Beziehungen des
Rückenmarksquerschnittes zu den verschiedenen Gehirncentren festzustellen
und den Markmantel in seine Systeme zu zerlegen. Sehen wir indess
von den bereits erwähnten und noch zu würdigenden Versuchen einzelner
Pathologen (Türck, Bouchard, Charcot) ab, so ist dieses Bestreben nur
von geringem Erfolg gekrönt gewesen. Wenn es auch gelang, die Fasermassen aus dem Gross- und Kleinhirn bis in die *oblongata* zu verfolgen,
so gingen doch hier allenthalben die Fäden verloren. An den Objekten,
welche man bisher vorzugsweise verwendete, dem ausgebildeten menschlichen Central-Nervensystem, dem ausgebildeten verschiedener Thiere,
zeigen die verschiedenwerthigen Fasersysteme durchaus keine so charakteristischen Unterschiede, dass man den Antheil des einzelnen festzustellen
im Stande wäre. Man konnte so weder angeben, ob ihre Lage im Rückenmark in verschiedenen Höhen die nämliche ist, noch von sich vermischenden,
wie viel von einem jeden in einer gegebenen Höhe noch vorhanden;
man musste sich begnügen, zu constatiren, dass aus bestimmten Regionen
der *oblongata* Fasern in die Vorder-, Seiten- oder Hinter-Stränge gelangen,
ohne innerhalb derselben ihre Lage und ihren Umfang näher festzustellen.
Wir suchen bemerkenswerther Weise gerade bei Autoren, welche mit
sorgfältiger Kritik das Thatsächliche zusammenzustellen bemüht gewesen
sind, wie Deiters, Kölliker, Henle und Gerlach vergebens nach genaueren
Angaben über die Lage der Pyramidenfasern in den Seitensträngen u. s. w.

Nur in den Hintersträngen hat man auf Grund des Faserkalibers und der Entwickelung mehrere Abtheilungen unterschieden, die GOLL'schen Stränge einer- die übrigen Theile andererseits. Sonst kam man über eine Eintheilung des Markmantels in Vorder-, Seiten- und Hinter-Stränge nicht hinaus, obwohl man sich bewusst war, dass diese Sonderung mit einer strengen Systematik nicht nothwendigerweise etwas zu thun habe, vielmehr im Wesentlichen topographischer Natur sei. Ja, auch die Verbindungsweise der gröberen Rückenmarksstränge und der *oblongata* blieb noch vielfach Gegenstand der Controverse, obwohl man im Stande war, continuirliche Schnitte herzustellen, deren Ausdehnung die zum Nachweis des Zusammenhanges erforderliche Grösse beträchtlich überstieg. Die Unzulänglichkeit der letzteren Methode beruht im Wesentlichen darauf, dass die Fasersysteme, vielfach ihre Richtung ändernd, in der Regel nur auf kurze Strecken in derselben Ebene verweilen, und dass bei der gleichen Beschaffenheit verschiedenartiger Systeme, bei dem Mangel beziehentlich der Verborgenheit charakteristischer Eigenschaften derselben auch eine Combination verschiedener Querschnittsbilder schwierig ist.

In neuester Zeit hat MEYNERT (Arch. f. Psych. Bd. IV. S. 387 fg.) den Versuch gemacht, die Vertretung der verschiedenen Gehirncentren auf dem Ruckenmarksquerschnitt darzulegen. Wie bei den von ihm angewandten Methoden *) nicht anders zu erwarten, ist auch er nur zu ungenauen Vorstellungen gekommen, da er nicht im Stande ist, im Rückenmark selbst verschiedenwerthige Systeme wieder zu erkennen. Er macht die Voraussetzung (welcher nach seiner Ansicht anatomische Gründe nicht

---

*) Völlig eigenthümlich ist M. im Grunde genommen nur folgende Methode: Er vergleicht das Volumen einander entsprechender Hirntheile von Thieren, welche in Bezug auf den Flächeninhalt der sensiblen Oberflächen oder das Volumen einzelner Muskelgruppen (der vorderen und hinteren Extremitäten) grosse Unterschiede zeigen, und glaubt so die Bedeutung einzelner Theile des verlängerten Markes (und indirect ihre Zugehörigkeit zu bestimmten Rückenmarkssträngen ermitteln zu können. Er rechnet indess hier, wie schon HENLE (Nervenl. S. 195) andeutet, meist mit einer zu grossen Summe von unbekannten Grössen, als dass er auch nur e i n e genau zu bestimmen im Stande wäre. Dass er z. B. den Umfang zweier sich mischenden Systeme im Rückenmark mittelst dieser Methode nicht erkennen kann, bedarf keines weiteren Beweises. In wiefern seine Voraussetzung, dass die Lagerung der Systeme des Grosshirnstammes im Rückenmark allenthalben dieselbe bleibe, begründet ist, werden wir in der Folge, jeden einzelnen Punkt der MEYNERT'schen Anschauung speciell kritisirend, näher erörtern.

entgegenstehen), dass der Querschnitt des Hals-Rückenmarkes die auf einander folgenden Projectionsebenen des Gross-Hirnstammes, oder mit anderen Worten, die Längsfaser-Systeme der *oblongata* in unverändertem Nebeneinander enthalte und glaubt so, das einem System entsprechende Feld des Markmantels wenn auch nur ideal begrenzen, so doch richtig localisiren zu können. Meynert unterscheidet (a. a. O. S. 408) am Markmantel auf Grund der Entwickelung den Hinterseitenstrang und den Vorderseitenstrang. „Der Hinterseitenstrang besteht in seinem zwischen den Hinterhörnern liegenden Antheil aus Bündeln, welche der Strickkörper aus dem Kleinhirn zuführt, und aus solchen, welche die Pyramiden vom Hirnschenkel her als ihre äussersten Bündel aus der Rinde der Hinterhaupt- und Schläfen-Lappen der Grosshirnhalbkugeln herabführen. Der genetisch zugehörige Seitenstrangantheil am Hinterhorn ist aus dem kleinen Gehirn als hinteres Schleifenbündel herabgezogen. Ein hinterer querer Streifen des Seitenstranges, von der Aussenfläche beginnend und vor dem hinteren Schleifenbündel weg wahrscheinlich dem ganzen Hinterhorn anliegend, stammt aus dem Streifenhügel und dem Linsenkern. Vor dieser Region des Seitenstranges ziehe man in Gedanken eine dem Aussenrande des Rückenmarksquerschnittes concentrische Linie in idealer Entfernung von dem Aussenrand bis zur vorderen Mittelspalte. Diese Linie scheidet eine unmittelbare innere Umgebung des Vorderhornes im Marke des Vorderseitenstranges, welche den Sehhügelursprung des Rückenmarkes darstellt, von einer, letztere unmittelbar und mittelbar das Vorderhorn concentrisch umgebenden, halbkreisförmig umgebenden äussersten Zone, welche die Fortsetzung des Vierhügel-Ursprunges vom Rückenmark, die Fortsetzung der vorderen, in der Brückengegend den Bindearm bedeckenden Schleife ist."

Es wird sich in der Folge ergeben, und es geht auch schon aus unseren früheren Ausführungen zur Genüge hervor, dass diese Vorstellung vom Baue des Rückenmarkes der Wirklichkeit nur wenig entspricht, und dass Meynert in mancher Hinsicht weniger genaue Vorstellungen besitzt, als die Pathologen, welche vor ihm auf Grund der secundären Degenerationen den Rückenmarksquerschnitt zu gliedern versucht haben. Wir werden nur wenige der von ihm aufgestellten Sätze und diese auch nur modificirt zu unterschreiben im Stande sein.

Die Versuche, mit Hülfe des Experimentes den Rückenmarksquerschnitt zu gliedern, mussten bei der Unvollkommenheit der früher angewendeten Methoden nur sehr ungenaue Resultate geben. Erst die jüngst von Woroschiloff *) unternommene Versuchsreihe hat zuverlässigere Ergebnisse geliefert. Indessen beziehen sich dieselben weniger auf die Vertretung der einzelnen Hirncentren auf dem Rückenmarksquerschnitt, als auf die Lage von Fasersystemen bestimmter Funktion **).

[Wir bemerken schliesslich noch, dass höchstwahrscheinlich auch bei Thieren eine der menschlichen entsprechende entwickelungsgeschichtliche Gliederung des centralen Nervensystems zu beobachten sein wird. Indess ist nicht von vorn herein zu erwarten, dass sie allenthalben dieselbe Prägnanz zeige, wie beim Menschen, weil bei Letzterem gerade die Systeme, welche sich entwickelungsgeschichtlich besonders gut herausheben (Pyramiden, Pyramidenbahnen), stärker ausgebildet sind, als bei den meisten Thieren. Wo diese Fasermassen hinsichtlich des Querschnittes zurücktreten, ist möglicherweise auch ihr Verhältniss zu anderen Systemen, ihre Vertheilungsweise u. s. w. von andrer Beschaffenheit.]

Die Ausbeutung der entwickelungsgeschichtlichen Gliederung für anatomische Zwecke wurde beträchtlich gefördert durch die Anwendung einer bisher noch nicht bekannten Methode ***) der Goldimprägnation, welche hier kurz mitgetheilt sein möge. Das zu untersuchende Organ (Rückenmark, *oblongata* u. s. w.) wird in einer 1% Lösung von *Ammonium bichromicum* erhärtet. Sobald es eben schnittfähig geworden, (welcher Zeitpunkt, wie oben erwähnt, beim Rückenmark älterer Foeten und Neugeborener mitunter bereits am 6. Tag eingetreten) werden die Schnitte angefertigt und nach kurzem Abspülen in Aq. destill. in eine ½% Lösung von Goldchlorid gebracht. Sie verweilen hier ¼–½ Stunde lang; alsdann werden sie wieder in destillirtem Wasser abgewaschen und in eine bis 10 procentige Lösung von *Natron causticum* gelegt. Sehr bald, mitunter fast augenblicklich färbt sich die weisse Substanz dunkelviolett, die graue ist scheinbar ungefärbt. Nach mehrstündigem bez. mehrtägigem Verweilen wird das Präparat wieder in dest. Wasser kurz abgespült, hier-

---

*) Arbeit. der physiol. Anst. zu Leipzig. Jahrg. 1874. S. 99. fg.

**) Die Angaben von Huguenin (a. a. O.) lassen wir, in der Hauptsache ausser Acht, da genannter Autor (in der Vorrede) ausdrücklich hervorhebt, dass sein Buch „nicht für Anatomen von Fach gemacht" sei.

*** Diese Methode wurde von uns, wie bereits in der Vorrede erwähnt, erst gefunden, als wir bereits die vorhergehenden Abschnitte dieses Werkes abgeschlossen hatten. Wir haben dieselbe in Folge dessen zunächst nur zur Lösung einer beschränkten Anzahl der uns interessirenden Fragen verwendet.

auf möglichst kurze Zeit in Alkohol, später in reines Nelkenöl gebracht und in Canadabalsam eingeschlossen.

Ist das Präparat zur Zufriedenheit gelungen, so erscheinen lediglich die Nervenfasern violett gefärbt; ganz besonders deutlich aber heben sich die markhaltigen heraus. Alle anderen Gewebselemente sind hell durchscheinend, zeigen höchstens einen schwachgelblichen Ton, zum Theil sind sie zerstört. Die Abbildungen Taf. XVIII dürften zur Genüge ergeben, wie deutlich sich mit Hülfe dieser Methode der Verlauf der markhaltigen Nervenfasern verfolgen lässt. Um das Verhalten der letzteren gegen Ganglienzellen darzulegen, eignet sich diese Methode offenbar nicht, da wenigstens die feineren Ausläufer derselben durch die Natronlauge beträchtlich leiden.

Wir sehen uns noch nicht in der Lage, genaue Vorschriften zu geben, welche ein unbedingtes Gelingen der Operation garantiren, da die Momente welche besonders günstig oder ungünstig einwirken, uns noch nicht genau bekannt sind; wir sind in dieser Hinsicht noch mit Untersuchungen beschäftigt. Wir können vor der Hand nur darauf hinweisen, dass

1. als Untersuchungsobject sich besonders gut eignet der Mensch. Aeltere Foeten und Neugeborene haben uns vorzüglichere Resultate ergeben, als Erwachsene, und beziehen sich auch die in der Folge mitzutheilenden Befunde im Wesentlichen auf Neugeborene. — Ausser am Menschen haben wir noch Versuche angestellt am Rückenmark des Hundes, Kaninchens und Frosches. Letzterer gab höchst instructive Bilder, die ersteren nur wenig befriedigende.

2. Das Object muss so frisch sein, dass die Markscheiden am gehärteten Präparat nicht in Myelinschollen zerfallen sind. Das noch warme Rückenmark scheint sich nach den Erfolgen an Hunden und Kaninchen nicht besser, vielleicht weniger zu eigen, als das bereits erkaltete.

3. Die Natroneinwirkung darf nicht zu bald unterbrochen werden. Selbst Präparate, welche am Ende des ersten Tages noch wenig zu versprechen scheinen, können nach mehrtägigem Liegen noch gelingen.

4. Ist die bereits von Boll (Arch. f. Psych. Bd. IV. S. 53 sub. 3.) gegebene Vorschrift zu beachten, das Messer vor dem Schneiden nicht mit Alkohol zu befeuchten.

5. In einzelnen Fällen erhält man ca. 14 Tage nach dem Einlegen des betr. Organes in die Härtungsflüssigkeit die besten Praeparate.

Wir bemerken noch. dass die Goldpräparate ausgezeichnete Objecte für die makroskopische Demonstration der grauen Substanz, für die Photographie u. s. w. darstellen.

II.

Besonderes:

Die Fasersysteme des Rückenmarkes und der *oblongata* im Einzelnen betrachtet.

A. Rückenmark.

1. Vorder-Seitenstränge [*]).

. Wir haben hier jederseits 5 Abtheilungen unterschieden; die Pyramidenbahnen, die directe Kleinhirn-Seitenstrangbahn, die vordere gemischte Seitenstrang-Zone, die seitliche Grenzschicht der grauen Substanz (die zwei letzteren zusammen die „Seitenstrangreste" bildend), endlich die Grundbündel der Vorderstränge.

a. Pyramidenbahnen[**]).

Wir haben als Pyramidenbahnen diejenigen Bündel der Vorderseitenstränge bezeichnet. welche bei 35—48 ctm. langen Früchten noch der Markscheiden entbehren. Wir haben gesehen, dass dieselben sich auf

---

[*]) Wir theilen die Stränge des Rückenmarkes in Vorder-Seiten- einer- und Hinterstränge andererseits lediglich der Uebersichtlichkeit halber; wir werden in der Folge zeigen, dass innerhalb der ersteren wenn auch nur vereinzelt Fasern auftreten, welche solchen der letzteren gleichwerthig sind, dass also eine völlig durchgreifende systematische Scheidung auch der Hinter- und Seitenstränge nicht vorhanden ist.

[**]) Es sei hier noch eine kurze Bemerkung behufs Motivirung der Wahl dieser Bezeichnung gestattet. Wir geben derselben den Vorzug, weil sie hinsichtlich der Endigungsweise der betreffenden Bündel im Grosshirn keinerlei Präjudiz schafft. Wir würden die Bezeichnung ,,Linsenkernseitenstrangbahn" und dergl. vorziehen, wenn das Verhalten der Pyramidenfasern zu den *nuclei caudati* und zur Grosshirnrinde völlig aufgeklärt wäre (s. Anm. S. 180). CHARCOT und PIERRET haben für die Pyramidenbahnen eine gemeinschaftliche Bezeichnung nicht; sie entsprechen den *faisceaux de Türck* und *faisceaux latéraux* des erstgenannten Autors. BOUCHARD's Bezeichnung: *faisceaux encéphaliques* halten wir desshalb nicht für glücklich gewählt, weil auch andere Stränge des Rückenmarkes mit dem Gehirn zusammenhängen dürften. Der von uns acceptirte Namen findet sich bereits bei TÜRCK, doch, wie Seite 131 erwähnt, lediglich für die absteigend-degenerirenden Bündel der Seitenstränge (a. a. O. Bd. VI.

Vorder- und Seitenstränge beschränken und hinsichtlich ihrer Vertheilung auf diese Stränge vielfach variiren. Der Beweis, dass diese Bündel trotzdem stets von übereinstimmender systematischer Bedeutung sind, ergab sich einerseits daraus, dass sie selbst bei der verschiedensten Lagerung stets mit den Pyramiden der *oblongata* zusammenhängen, andrerseits aus sogleich noch näher zu schildernden Grössenverhältnissen der verschiedenen Bahnen zu einander. Die Continuität der in ihren untersten Ausläufern vorhandenen Fasern mit denen in höheren Regionen wurde u. A. dadurch in hohem Grade wahrscheinlich gemacht, dass jene numerisch (die Zahl gemessen durch den Querschnitt) stets in einem gesetzmässigen Verhältnisse zu Letzteren gefunden wurden. Lagen die Pyramidenbahnen im Halsmark zum grössten Theile vorn, so war dies im grössten Abschnitt des Rückenmarkes der Fall. Die unteren Theile der Bahnen erwiesen sich sowohl in ihrer Lage als Grösse stets abhängig von den obersten; jene fehlten demnach vollständig, wenn diese, beziehentlich die Pyramiden nicht vorhanden waren.

Vertheilungsweise der Pyramidenbahnen.

Wir fassen zunächst noch einmal die bezüglich der Variabilität der Grössen- und Lagerungsverhältnisse gewonnenen Erfahrungen zusammen. Eine anschauliche Vorstellung von deren Breite dürfte die folgende tabellarische Uebersicht ermöglichen, welche die Befunde an 60 verschiedenen Individuen enthält. Wir wählen zum Vergleich die Mitte der Halsanschwellung (6. Halsnerv) und berechnen den procentischen Antheil jeder einzelnen Bahn am Gesammtquerschnitt aller Bahnen in dieser Höhe.

Wir stehen von der Mittheilung absoluter Maasse vor der Hand ab, insbesondere deshalb, weil die zu vergleichenden Individuen den verschiedensten Altersstufen angehören und auch gleichaltrige hinsichtlich des Gesammtumfanges des Rückenmarkes durchaus nicht immer übereinstimmen [*], die absoluten Maasse also direct vergleichbare Werthe für sämmtliche Fälle nicht darstellen würden. Wir werden solche indess im nächsten Abschnitt geben.

Von den 60 untersuchten Individuen gehören nur 28 derjenigen Foetalperiode an, wo sich die Pyramidenbahnen mit völliger Schärfe von allen übrigen Systemen sondern (34 — 48 bez. 50,₅ ctm.). Wir

---

[*] Wir haben schon oben (I. Theil) hervorgehoben, dass Fälle von förmlicher Hypertrophie des Rückenmarkes vorkommen.

werden sie in der Folge als **gute** Fälle*) bezeichnen und sie in der Tabelle durch die grössten Ziffern markiren ,46,. Von den übrigen führen wir die 28 — 32 ctm. langen Foeten und über 51 ctm. messenden Neugeborenen als **mittelgute** Fälle an und kennzeichnen sie durch mittelgrosse Ziffern (35,. Die restirenden Fälle sind mit kleinen Ziffern bezeichnet ,26;) wir werden über ihre Verwendbarkeit in der Folge noch Näheres angeben: sie mögen **zweifelhafte** Fälle heissen.

---

* Es sind nicht alle diese Fälle in der Tab. S. 11 verzeichnet. Wir haben nachträglich noch 8 ca. 38 — 51 ctm. lange Früchte untersucht und die Resultate hier verwerthet. Wir haben in der letzten Rubrik der folg. Tabelle die letzteren mit *N* bezeichnet; die Zahlen daselbst beziehen sich auf die laufenden Nummern in Tab. S. 11. *D* bezeichnet die Fälle mit absteigenden secund. Degenerationen. + Erwachsene mit intakten Pyramiden, *Dt* einen Fall, in welchem sämmtliche Pyramidenbahnen erkrankt waren und demnach ihre Vertheilung gut überblickt werden konnte.

Zahl der Fälle	Vorderstrangbahn		Vorder- strangbahnen in Sa.	Seiten- strangbahnen in Sa.	Seitenstrangbahn		Bemerkungen
	links	rechts			links	rechts	
1	46	44	90	10	5	5	33
1	35	30	65	35	20	15	5
1	annähernd	symmetrisch	60	40	annähernd	symmetr.	+
1	18	30	48	52	19	33	9
1	annähernd	symmetrisch	45	55	annähernd	symmetr.	+
1	22	8	30	70	39	31	45
1	23	7	30	70	43	27	26
1	18	6	24	76	42	34	*N*
1	20	0	20	80·	50	30	*Dt*
1	10	10	20	80	40	40	36
1	10	10	20	80	40	40	50
1	Fall	von sec.	Degener.	mit	ähnl.	Verth.	*D*
1	15	5	20	80	45	35	4
2	Erwach	sene	mit	ähnlicher	Ver	theilung.	+ *D*
1	8	8	16	84	42	42	55
1	8	8	16	84	43	41	17
1	8	8	16	84	42·	42	*N*
2	4	11	15	85	40	45	*N* 10
1	2	12	14	86	37	49	19
1	Fall von	secundär.	Degenera	tion mit	ähnlicher	Vertheilung	*D*
1	0	13	13	87	43	44	*N*
1	0	12	12	88	38	50	35
1	12·	0	12	88	48	40	30
1	12	0	ca. 12	ca. 88	48	40	46

Zahl der Fälle	Vorderstrangbahn links	rechts	Vorder-strangbahnen in Sa.	Seiten-strangbahnen in Sa.	Seitenstrangbahn links	rechts	Bemerkungen
2	3	9	12	88	42	46	11
1	6	6	12	85	44	44	6
1	3	8	11	89	44	45	N
1	0	10	10	90	40	50	61
1	6	4	10	90	45	45	N
1	5	5	10	90	45	45	31
9	annäh.	symmetr.	8 — 12	92 — 88	annähernd	symmetr.	{ 57—60 ⎰ 17 ⎱ DDD+
2	4	4	8	92	46	46	18 28
1	4	4	8	92	44	48	27
1	6	0	6	94	18	46	7
2	3	3	6	94	47	47	41 62
1	2	2	4	96	46	50	13
1	3	0	3	97	49	48	N
1	2	0	2	98	49	49	32
2	0	0	0	100	50	50	22 23
1	0	0	0	100	52	48	29
3	0	0	0	100	50	50	{ 34 39 ⎰ 40

3 Fälle von secundärer Degeneration mit ähnlicher Vertheilung.   D

Wir untersuchen nun, nach welcher Richtung können wir aus den Werthen dieser Tabelle Schlüsse ziehen? Man könnte gegen die Verwendbarkeit derselben von vornherein manche Einwände erheben, und es empfiehlt sich, dieselben zunächst zu prüfen.

Es fragt sich vor Allem: sind diese Werthe direct vergleichbar? Sind nicht verschiedene, zum Theil vielleicht zufällige Einflüsse vorhanden, welche vielfach Differenzen zwischen Fällen mit gleicher relativer Vertheilungsweise der Pyramidenbahnen vorzutäuschen vermögen?

1. Man könnte zunächst daran denken, dass Messungsfehler irgend welcher Art einen wesentlichen Antheil an der Summe der Differenzen haben. Diese Messungsfehler könnten bestehen

a. in der Verwendung verschiedener Höhen der Halsanschwellung zur Ausmessung.

Wir haben wiederholt darauf hingewiesen, dass die Pyramidenbahnen von oben nach unten an Querschnitt abnehmen. Sofern nun z. B. in der Halsanschwellung der relative Querschnittsverlust auf der Längeneinheit nicht für alle Bahnen der gleiche ist, muss in Ebenen, welche

nur um den Intervall zweier Nervenpaare von einander abweichen, selbst
bei gleicher Vertheilungsweise eventuell eine Differenz erhalten werden.
Vergleicht man hierauf die Werthe eines Rückenmarkes, so ergiebt sich,
dass hierdurch vielleicht Differenzen vorgetäuscht werden können, wie
sie zwischen den Fällen, deren Vorderstrangbahnen auf 4 : 11, 3 : 9,
3 : 8 angegeben, zu bestehen scheinen, desgleichen zwischen solchen,
wo wir die Vorderstrangbahnen auf 5 : 5, bez. 6 : 6 bestimmt haben.
Es handelt sich aber immer nur um Differenzen der Einzelwerthe um
wenige %. Eine Erklärung können auf diese Weise keinenfalls finden
Differenzen der einzelnen Bahnen von z. B. 10 %, entgegengesetzte
Asymmetrien z. B. der Vorderstränge wie 23 : 7 und 4 : 11. Wir werden
durch diese Erwägungen also nur gewarnt, Gewicht auf Differenzen
von der zuerst angeführten Art zu legen.

b. ungenaue Ausmessung bei Verwendung annähernd gleicher Höhen.
Erstere könnte beruhen

a. auf der Unmöglichkeit, die einzelnen Bahnen genau abzugrenzen. Dieser Einwand findet nicht auf alle verzeichneten Fälle in
gleicher Weise Anwendung *). Am wenigsten fällt er ins Gewicht gegenüber den „guten"; wir können hinsichtlich dieser auf die specielle
Beschreibung jedes Einzelnen im 2. Theil verweisen. Hier sei nur erwähnt, das wir gerade die Gegend des 6. Halsnerven gewählt haben,
weil wir bei Controllmessungen in dieser Höhe verhältnissmässig die geringsten Differenzen gefunden haben, und weil hier die Pyramidenbahnen
nur von einer relativ geringen Zahl systematisch differenter Fasern
durchsetzt werden. Wir dürfen in guten Fällen für die einzelne Bahn die
Differenzen auf Grund der in Rede stehenden Fehlerquelle höchstens
auf 2 — 3% ansetzen.

Ein grösseres Gewicht könnte man derselben beimessen wollen
hinsichtlich der mittelguten Fälle. In wie weit dies berechtigt,
ergiebt sich wiederum aus den speciellen Angaben im zweiten Theil.
Wir heben nur noch einmal hervor, dass wir dort gerade für die
28 — 32 ctm. langen Früchte mit ungewöhnlicheren Vertheilungsweisen
die Möglichkeit nachgewiesen haben, Grössenverhältnisse der Pyramidenbahnen mit annähernder Genauigkeit zu erkennen. Wir haben dort auch
schon betont, dass bei Neugeborenen, deren Pyramidenbahnen bereits

---

* Wir haben aus diesem Grund in der letzten Rubrik der obigen Tabelle den
Einzelwerthen eine Bezeichnung je des betr. Individuum beigefügt.

in der ganzen Länge des Rückenmarkes markhaltig sind, sich eventuell
nicht mit Sicherheit angeben lässt, ob die Pyramiden-Vorderstrangbahnen
nur schwach entwickelt sind oder ganz fehlen. Wir betrachten demnach
die Befunde an solchen Individuen nicht für entscheidend in der Frage,
ob und wie oft die Vorderstrangbahnen total vermisst werden. Immerhin dürften solche Individuen brauchbar sein, wenn es sich z. B. darum
handelt, statistisch festzustellen, wie oft ein dem letzteren sehr nahe-
stehendes Verhalten sich findet.

Was endlich die zweifelhaften Fälle anlangt, so handelt es sich
hier um mehr oder weniger grobe Schätzungen, und ist hiernach der
Werth der betreffenden Zahlen zu beurtheilen. Diese Fälle können und
sollen nicht dazu dienen darzuthun, wie oft kleinere Differenzen vorkommen, sondern lediglich, wie oft extreme Modificationen auftreten;
und hierzu sind auch sie offenbar geeignet. Es ist dies, wie aus unseren
früheren Deductionen erhellt, ohne Weiteres klar hinsichtlich der Kinder
aus den ersten 6 — 9 Lebensmonaten sowie der Fälle von absteigender
secundärer Degeneration. Eine Rechtfertigung erfordert nur die Angabe
bestimmter procentischer Werthe bei Erwachsenen, deren Pyramidenbahnen völlig normal waren. Als Anhaltepunkte dienten einmal die Gesammtconfiguration und die Caliberverhältnisse der Längsfasern innerhalb
der Vorder- und Seitenstränge, beziehentlich eine Vergleichung der ersteren mit jener in „guten" Fällen.

Die für die Vorderstrangbahnen angegebenen Werthe des 3. und 5.
Falles der Tabelle (60 resp. 45 %) stellen die unter Berücksichtigung aller
dieser Anhaltepunkte sich ergebenden Minima dar und sind als solche
völlig zuverlässig. Der erstere insbesondere gleicht hinsichtlich der Gesammtconfiguration der Vorder-Seitenstränge dem „guten" Fall No. 33 (vergl.
Figg. 5 und 13, Taf. XVII) und schliesst sich demselben offenbar eng an.

β. Was den möglichen Einfluss der Messungsmethode selbst auf
die Grösse der Differenzen anlangt, so möge darauf hingewiesen sein, dass
die Zahlen der Tabelle Mittelwerthe aus vielen Messungen darstellen.
Dieselben wurden zum Theil, wie bereits erwähnt, an (10 — 20 × lin.)
vergrösserten Abbildungen, welche mittelst einer camera obscura gewonnen, angestellt; auch photographische Abbildungen *) wurden viel-

---

*) Phot. Abbild. von Präparaten, welche 34 — 48 ctm. langen Früchten ent-
nommen und nach unserer Methode mit Gold behandelt worden sind, lassen die verschiedenen Abtheilungen des Markmantels in einer Schärfe hervortreten, welche der Sonderung am Object selbst kaum nachsteht.

fach verwendet. Da wir nur relative Werthe angeben, so ist selbstverständlich der Einwand ausgeschlossen, dass eine verschiedene Vergrösserung von Einfluss gewesen sein könne. Die Zeichnungen und photographischen Bilder wurden auf Papier, welches in □ Mm. getheilt, übertragen und so die Grössenverhältnisse bestimmt.

2. Man könnte auch dem verschiedenen Alter der betr. Individuen einen Einfluss zuschreiben wollen. Es dürfte im Hinblick hierauf nicht überflüssig sein hervorzuheben. dass die Differenzen, welche Foeten von verschiedenem Alter zeigen, nicht etwa transitorische Erscheinungen sind, welche auf höheren Entwickelungsstufen sich ausgeglichen haben würden. Wir müssen annehmen, dass die Vertheilungsweise der Pyramidenbahnen, welche wir bei ca. 3½ ctm. langen Früchten und noch früher antreffen, auch in der Folge unverändert bestehen bleibt. Es geht dies nicht nur daraus hervor, dass wir auch beim Erwachsenen vielfach ähnliche Variationen der Vertheilungsweise beobachten, sondern auch aus der Vergleichung gleichaltriger Früchte: Letztere können alle nur denkbaren Typen repräsentiren. Eine individuelle Variabilität des Calibers der in den einzelnen Bahnen enthaltenen Fasern endlich der Gestalt, dass bei dem nämlichen Individuum je nach dem Alter bald diese bald jene Bahn stärkere Fasern führt als die anderen, ist gleichfalls nicht vorhanden, da der Gesammt-Entwickelungsgrad (s. S. 212) der je im gleichen Niveau des Rückenmarkes gelegenen Pyramidenfasern in der Regel übereinstimmt.

Betrachten wir nun unsere Tabelle unter Berücksichtigung des soeben Angeführten, so ergiebt sich, dass, wenn wir auf Grund der Fehlerquellen selbst die hinsichtlich einer jeden Bahn um mehrere Procent differirenden Fälle als möglicherweise gleichwerthig betrachten, immer noch eine grosse Anzahl von Variationen im Grössenverhältniss der Pyramidenbahnen eines Falles unter einander zunächst in der Halsanschwellung als gesichert übrig bleibt.

Diese Variationen finden sich aber nicht lediglich in dieser Region, sondern im grössten Theil des Rückenmarkes, insbesondere auch im obersten Halsmark. Vergleichen wir in verschiedenen Fällen die procentischen Querschnitts-Verhältnisse der Bahnen in der Gegend des 2. und der des 6. Halsnerven, so stimmen dieselben in der Regel annähernd überein. Es beruhen die Differenzen in der Höhe des letzteren Nerven nicht darauf, dass zwischen oberem Ende des Rückenmarkes und diesem Punkt individuell verschiedene Fasermengen aus jeder einzelnen Bahn verloren gehen können, sondern darauf, dass bereits dort der relative Querschnitt der Einzelbahnen hochgradig variirt. Nur in ganz vereinzelten Fällen haben wir für jede Einzelbahn zwischen 2. und 6. Halsnerven Differenzen bis zu 4 % gefunden. Wir können die in der obigen Tabelle verzeichneten Werthe demnach auch als einen annähernd richtigen Ausdruck der Vertheilungsweise der Pyramidenbahnen am oberen Rückenmarksende betrachten, sofern wir nur einen Punkt berücksichtigen: Dem totalen Mangel einer Vorderstrangbahn in der Mitte der Halsanschwellung entspricht nicht nothwendigerweise ein solcher im ganzen Halsmark. Um das Procentverhältniss dieser Fälle festzustellen, ist es nothwendig die Verhältnisse am oberen Rückenmarksende selbst zu untersuchen.

Unter Berücksichtigung dieser Cautelen geben wir zunächst eine Uebersicht über die hauptsächlichsten Typen, welche sich hinsichtlich der Vertheilungsweise der Pyramidenbahnen unterscheiden lassen:

Wir können die von uns untersuchten Individuen zunächst eintheilen in

a. solche mit annähernd oder vollkommen symmetrischer Vertheilungsweise der Pyramidenbahnen, 14 gute Fälle = 50 % aller guten Fälle — 36 Fälle in toto = 60 % sämmtlicher Fälle. Die Vorderstrangbahnen schwanken dabei im oberen Halsmark zwischen 0 — 90 %.

b. solche mit deutlich ausgeprägter (und somit nicht durch irgend welche Beobachtungsfehler vorgetäuschter Asymmetrie, 14 gute Fälle = 50 % aller guten Fälle — 24 Fälle in toto = 40 % aller Fälle. Die Vorderstrangbahnen schwanken zwischen 2 — 65 %. Die linke Vorderstrangbahn überwiegt die rechte 13 mal in toto = ca. 20 % aller Fälle, 5 mal in guten Fällen = ca. 18 % der guten Fälle; umgekehrt verhält es sich in 9 guten Fällen = ca. 32 % der guten Fälle.

Zweckmässiger erscheint uns ein anderes Eintheilungsprincip. Je nach der Zahl der vorhandenen Bahnen scheiden sich unsere Fälle in 3 Hauptclassen:

1. Individuen mit zwei Vorder- und zwei Seitenstrangbahnen, 21 gute Fälle = ca. 75 % der guten Fälle, 45 Fälle in toto = 75 % aller Fälle. Als Unterabtheilungen unterscheiden wir hier:

a. Die Vorderstrangbahnen nehmen im oberen Halsmark erheblich weniger als die Hälfte des Gesammtquerschnittes der Pyramidenbahnen (ca. 4 — 30 %) in Anspruch; 20 gute Fälle = ca. 74 % der guten Fälle, 40 in toto = 66 ⅔ % aller Fälle.

α. Die Vertheilung ist dabei annähernd symmetrisch; 10 gute
Fälle = 37 % aller guten Fälle — 2 mittelgute, 13 zweifelhafte = 25 Fälle
toto = ca. 41 % aller Fälle.

β. Die Vertheilung ist ausgeprägt asymmetrisch; 10 gute
Fälle = ca. 37 % aller guten Fälle — 1 mittelguter, 4 zweifelhafte = 15
1 toto = ca. 25 % aller Fälle.

b. Die Vorderstrangbahnen beanspruchen im oberen Halsmark
annähernd den halben Querschnitt der gesammten Pyramidenbahnen oder mehr (45 — 90%); 1 guter Fall, 2 mittelgute, 2 zweifelhafte = 5 Fälle in toto = ca. 8 % aller Fälle.

α. Die Vertheilung ist annähernd symmetrisch; 1 guter und
1 zweifelhafter Fall = 2 Fälle in toto.

β. Die Vertheilung ist deutlich asymmetrisch 3 Fälle in toto
(2 mittelgute, 1 zweifelhafter).

Als eine Variation der in Rede stehenden Hauptgruppe ist der Fall
No. 19 zu betrachten, worüber in der Folge mehr.

2. Individuen mit einer Vorder- und zwei Seitenstrangbahnen, 4 gute Fälle = ca. 14 % sämmtlicher guten Fälle — 6 Fälle in toto
= 10 % aller Fälle. Die Vorderstrangbahn schwankt dabei in den guten
Fällen im oberen Halsmark zwischen ca. 2 — 14 %.

Die Vorderstrangbahn befindet sich

a. rechts, 2 gute Fälle.

b. links, 2 gute und 2 zweifelhafte Fälle = 4 Fälle in toto = 6 ⅔ %
aller Fälle.

3. Individuen mit 2 Seiten- und ohne Vorderstrangbahnen,
3 gute Fälle = ca. 11 % der guten Fälle, 3 mittelgute und 3 zweifelhafte = 9 Fälle in toto = 15 % aller Fälle.

Wir untersuchen nun zunächst: Können wir irgend welche procentische Vertheilungsweise der Pyramidenbahnen gewissermassen
als Norm betrachten, welcher gegenüber alle anderen Ausnahmen vorstellen? Es geht aus unserer Tabelle deutlich hervor, dass die betr.
Variationen durchaus nicht zufällige exceptionelle Vorkommnisse
darstellen, dass die Variabilität vielmehr gewissermaassen die Regel
bildet.

Wir haben zwei Extreme zu unterscheiden, welche durch eine
Unzahl von Zwischenstufen, durch alle überhaupt nur denkbaren Modificationen unter einander verbunden werden. Die Extreme

bestehen darin, dass die Pyramidenbahnen sich entweder rein auf die
Seitenstränge beschränken und somit die Vorderstrangbahnen auf 0 herab-
sinken, oder dass Letztere 90 % aller Pyramidenbahnen in sich fassen
und erstere somit nur eine minimale Ausdehnung besitzen.

Die häufigste Modification ist, dass vier Pyramidenbahnen vorhanden sind. Doch können wir auch diese nicht schlechthin als Norm bezeichnen, weil ja die Vertheilungsweise dabei noch zahlreiche Schwankungen zeigt. Fassen wir alle die Fälle, in welchen keine der Vorderstrangbahnen in der Halsanschwellung unter 3 % herabsinkt oder
über 9 % steigt, als annähernd gleichwerthig auf, so würden wir
diese Form als die reguläre zu betrachten haben. Es scheint uns eine
solche Auffassung in der That gerechtfertigt zu sein.

Es fragt sich nun weiter:

1. Wie ist diese grosse Zahl von Variationen zu interpretiren und
2. Was lassen sich hieraus sonst noch für Schlüsse ziehen.

Es ist vor Allem festzuhalten, dass wir zunächst nur relative Werthe
angeben; obwohl hierdurch die Verwerthbarkeit unsrer Befunde nach
einer Seite hin in näher darzulegender Weise eingeschränkt wird, so
gewähren dieselben nach einer andren hin schon an sich wichtige Aufschlüsse.

Wir können zunächst im einzelnen Fall den Quorschnitt einer
jeden Bahn betrachten als ein Maass für die in ihr im Verhältniss zu
den anderen Bahnen enthaltene Summe von Pyramidenfasern, da man
das mittlere Fasercaliber ja für alle Bahnen stets annähernd gleichsetzen
kann; wir haben Höhen zur Messung verwendet, wo insbesondere die
Pyramiden-Seitenstrangbahnen relativ wenige andersartige Fasern enthalten.

Wir können somit unsere Befunde übertragen in den Satz: das
Verhältniss der im oberen Halsmark je in den einzelnen Pyramidenbahnen vorhandenen Fasersummen zu einander ist individuell hochgradig variabel; hieraus resultirt aber ein Schluss
von der fundamentalsten Bedeutung:

Die numerische Vertheilungsweise der im oberen Halsmark in
den Pyramidenbahnen überhaupt enthaltenen Fasern auf die Einzelbahnen
ist ein getreuer Ausdruck für das Verhältniss der an Stelle der *decussatio
pyramid.* sich kreuzenden zu den ungekreuzt bleibenden Fasern der
Pyramiden des verlängerten Markes. Aus der Untersuchung nicht nur
der absteigenden secundären Degenerationen, sondern auch des intakten
foetalen Organes geht zur Evidenz hervor, dass die Vorderstrangbahnen

stets die ungekreuzte, die Seitenstrangbahnen stets die gekreuzte Fortsetzung der Pyramiden darstellen. Es ist somit das Verhältniss der an Stelle der *decussatio pyramid.* sich kreuzenden zu den ungekreuzt bleibenden Fasern individuell hochgradig variabel*); es existirt in dieser Hinsicht keine strenge Regel: Es giebt die oben angeführte Tabelle auch annähernd richtige Vorstellungen über den Faserverlauf innerhalb der Pyramidenkreuzung.

Was die in dieser Hinsicht zu unterscheidenden Typen anlangt, so können wir uns im Hinblick auf die Eintheilung nach dem Verhalten der Pyramidenbahnen kurz fassen und geben nur die zu unterscheidenden Hauptmodificationen an. Es findet sich

1. totale Decussation (s. die Fälle von totalem Mangel beider Vorderstrangbahnen).

2. Semidecussation einer Pyramide, bei totaler der anderen
   a. Semidecussation der rechten
   b. „ der linken Pyramide.

3. Semidecussation beider Pyramiden
   a. es bleiben von jeder oder beiden Pyramiden weniger als 50 % ungekreuzt,
   b. es bleiben mehr als 50 % ungekreuzt u. s. w.
   Die Vertheilung ist symmetrisch oder asymmetrisch u. s. w.**)

Die in unsrer Tabelle angeführten Werthe geben ferner auch einen guten Ueberblick über das variabele Verhalten der Pyramidenbahnen unterhalb der Halsanschwellung. Wir können mit Sicherheit annehmen, dass sofern sich in letzterer Höhe eine hochgradige Asymmetrie findet, dieselbe sich mindestens soweit nach abwärts geltend macht, als die Vorderstrangbahnen unterscheidbar sind. Wir haben bereits früher vielfach darauf hingewiesen, dass die Längenausdehnung der Vorderstrangbahnen individuell hochgradig variabel ist. Eine Vergleichung aller Fälle hat uns ergeben, dass man sich aus dem procentischen Antheil, welchen

---

*) Die Thatsache der Variabilität selbst hätte sich natürlich auch durch directe Untersuchung der Kreuzungsstelle feststellen lassen. Es würde aber auf diesem Wege nicht möglich gewesen sein, eine genauere Vorstellung von der Häufigkeit der Variationen und ihrem Grade zu erlangen.

**) Es ist als in hohem Grade wahrscheinlich zu betrachten, dass auch die Pyramiden-Seitenstrangbahnen eventuell auf o reducirt werden können, dass also die Kreuzung der Pyramiden völlig hinwegfällt, und ist dieses Verhalten als das zweite denkbare Extrem wenigstens im Auge zu behalten.

eine solche Bahn im Halsmark an dem Gesammtquerschnitt der Pyramidenbahnen nimmt, eine gute Vorstellung von ihrer Längenausdehnung machen kann. Erreicht z. B. eine Vorderstrangbahn in der Gegend des 6. Halsnerven 20 %, so erstreckt sie sich in der Regel bis zur Grenze von Dorsal- und Lendenmark, beträgt sie ca. 6 — 8 %, so überschreitet sie nicht das mittlere Drittel des Dorsalmarkes u. s. w.

Es steht der relative Querschnitt im Halsmark zur Längenausdehnung derselben in einem directen Verhältniss, und zwar gilt dies nicht nur für die Bahnen desselben Rückenmarkes sondern auch für die verschiedener Individuen. Auf der Strecke, wo Vorderstrangbahnen überhaupt nur selten auftreten (vom unteren Drittel des Dorsalmarkes an, sind Differenzen der relativen Vertheilungsweise nur noch selten in augenfälliger Weise vorhanden. Insbesondere in der Lendenanschwellung stellen die Variationen ausnahmsweise Vorkommnisse dar; doch finden sich auch hier, sofern die Querschnittsdifferenz der Seitenstrangbahnen in der Halsanschwellung ca. 12 % überschreitet, ausgeprägte Asymmetrien dieser Bahnen.

Mit dem Angeführten sind die Schlüsse, welche wir aus den Zahlen unsrer Tabelle ziehen können, noch nicht erschöpft. Wir haben bereits oben (conf. pag. 102, 107) für einzelne asymmetrische Fälle nachgewiesen, dass selbst hochgradige Querschnittsdifferenzen z. B. der Vorderstrangbahnen nicht auf einen Ueberschuss der aus der einen Pyramide (Grosshirnhemisphäre) in das Rückenmark gelangten Fasern gegenüber denen aus der anderen zu beziehen sind, sondern dass es sich lediglich um eine verschiedene Lagerung systematisch gleichwerthiger Elemente handelte. Es entsprach in jenen Fällen dem Defect der einen Vorderstrangbahn ein Plus der gegenüberliegenden Seitenstrangbahn. Der Gesammtquerschnitt der aus der linken Pyramide stammenden Bahnen war ungefähr gleich dem der Bahnen aus der rechten Pyramide.

Ein ähnliches Verhalten findet sich nun weitaus in der Mehrzahl der Fälle mit asymmetrischer Vertheilung der Pyramidenbahnen. Insbesondere bei hochgradiger Asymmetrie kehrt trotz aller sonstigen procentischen Variationen der Einzelbahnen mit nur einer Ausnahme die Beziehung wieder, dass die Querschnittssumme der linken Vorder- und rechten Seitenstrangbahn beziehentlich der rechten Vorder- und linken Seitenstrangbahn im oberen Halsmark annähernd je 50 % beträgt.

Nur jener eine Fall (38 ctm. langes Neugeborenes) zeigt die beträchtliche Differenz von 56 : 44 %,[*]) ein zweiter («zweifelhafter») die von 47 : 53; in allen übrigen (7) finden wir Verhältnisse wie 48 : 52, 49 : 51, 50 : 50 %[**]). Es entspricht in der Regel dem Defect z. B. der linken Vorderstrangbahn gegenüber der rechten ein compensirendes Plus der rechten Seitenstrangbahn gegenüber der linken. Es ist somit nicht das regellose Variiren des Querschnittes bald dieser bald jener einzelnen Bahn, was die Häufigkeit der procentischen Differenzen bedingt, sondern es herrscht in der Mehrzahl der Fälle bei aller Variabilität ein Gesetz, das Gesetz des compensatorischen Verhaltens der aus der nämlichen Pyramide stammenden Bahnen. Sofern der absolute Querschnitt der einen Bahn wächst, nimmt jener der anderen ab. Dasselbe gilt mit Sicherheit auch für die Mehrzahl der symmetrischen Fälle.

Hieraus ergiebt sich nun, dass in der Mehrzahl der Fälle beide Pyramiden des nämlichen Individuum zwar je eine annähernd gleiche Fasersumme in das Rückenmark entsenden, dass aber die Zuführung einer gleichen Faserzahl seitens beider Pyramiden nicht eine gleiche Vertheilung derselben auf die Rückenmarksstränge involvirt.

Für die Fälle, in welchen jenes Gesetz nicht Anwendung findet, ergiebt sich, dass die Summen der je aus einer Pyramide stammenden Fasern der Vorder-Seitenstränge ungleich sind[***]). Hier steht also die eine Grosshirnhemisphäre durch eine grössere Fasersumme mit dem Rückenmark in Verbindung als die andere. Keine Hemisphäre besitzt dabei ein constantes Uebergewicht; bald führt die linke Pyramide mehr Fasern zu, bald die rechte.

---

[*]) Wir halten die Maasse in diesem Fall nicht für gleich zuverlässig, wie in den übrigen «guten» Fällen. In jenem war das Rückenmark schlecht gehärtet und ist dies möglicherweise von Einfluss gewesen.

[**]) Vergleichen wir hingegen die asymmetrischen Fälle auf das Verhältniss der Gesammtquerschnitte der Pyramidenbahnen beider Rückenmarkshälften unter einander, so ergiebt sich, dass dasselbe weit mehr variirt, sich bald auf 50 : 50, bald auf 30 : 70 stellt.

[***]) Es beruht dies entweder darauf, dass die Pyramiden der nämlichen *oblongata* von den Grosshirnhemisphären aus eine ungleiche Faserzahl erhalten, oder dass vom unteren Brückenrand bis zur Kreuzungsstelle eine differente Zahl (in Form von *fibrae transversales externae* u. s. w.) verloren geht. Letzterem Umstand ist es wohl zuzuschreiben, dass die Gesammtquerschnitte der je einer Pyramide entstammenden Bahnen im oberen Halsmark differiren können, ohne dass die Pyramiden selbst irgend welche Ungleichheit zeigen.

Gerade die letzterwähnten Fälle beanspruchen ein besonderes Interesse, weil sie zeigen, dass nicht lediglich die verschiedene Vertheilungsweise der Pyramiden an der Kreuzungsstelle die variabelen procentischen Grössenverhältnisse der Pyramidenbahnen bedingt, sondern dass sich mitunter noch ein zweiter Faktor einmischt, die individuelle Variabilität der Gesammtfaserzahl. Denn sofern die Pyramiden desselben Individuum unter sich hinsichtlich ihrer Faserzahl erheblich differiren können, so ist es schon ohne genauere Messungen zum mindesten in hohem Grade wahrscheinlich, dass auch die absolute Summe der Pyramidenfasern verschiedener Individuen variiren kann.

Man könnte, um unsre relativen*) Werthe in dieser Hinsicht bestimmte Anhaltepunkte nicht ergeben, wenigstens für die symmetrischen Fälle annehmen wollen, dass letzterer Faktor vielleicht einen ebenso grossen Einfluss auf die Differenzen der Procentverhältnisse ausübt, als der zuerst erwähnte: die variabele Vertheilungsweise bei gleicher Faserzahl. Für die symmetrischen Fälle lassen ja unsere Werthe die Vermuthung zu, dass das Variiren des Grössenverhältnisses der Vorder- zu den Seitenstrangbahnen bedingt sei durch Differenzen des absoluten Querschnittes entweder lediglich der Vorder- oder lediglich der Seitenstränge. Dass dieser Factor aber in der That nur höchst selten in's Spiel kommt, ergiebt sich theils aus einem Vergleich von Abbildungen der betr. Fälle, welche bei gleicher Vergrösserung gezeichnet sind, theils aus noch mitzutheilenden absoluten Werthen. Den Schwankungen der relativen Werthe der Vorder- zu den Seitenstrangbahnen

---

*) Die relativen Werthe geben keinen Aufschluss darüber, ob den Variationen der procentischen Vertheilungsweise Schwankungen des absoluten Werthes aller oder nur einzelner Bahnen parallel gehen. Denn wenn auch z. B. in dem einen Fall die Vorderstrangbahnen bei symmetrischer Vertheilung 30 %, betragen, in einem anderen nur 10 %, so ist es immerhin möglich, dass beide die gleiche absolute Faserzahl führen, sofern nämlich die Seitenstrangbahnen eine bestimmte absolute Differenz zeigen. Es können ferner bei relativ gleicher Vertheilungsweise die absoluten Werthe gleichnamiger Bahnen verschieden ausfallen. Nur wenn eine Bahn auf O herabsinkt, haben wir ohne Weiteres einen Anhaltepunkt; hier muss die betr. Bahn selbstverständlich absolut weniger Fasern führen, als die gleichnamige eines anderen Falles, welche einen messbaren Werth besitzt. — Es muss späteren Untersuchungen vorbehalten bleiben, festzustellen, wie hoch der Einfluss der variabelen Vertheilungweise einer der — variabelen Fasersumme andererseits auf die Differenzen der relativen Grössenverhältnisse der Einzelbahnen sich in Wirklichkeit stellt. Wir werden in der Folge zunächst nur von 4 Fällen absolute Maasse mittheilen, in denen allen die Differenzen sich wesentlich auf ersteren Factor gründen.

entsprechen solche des absoluten Querschnittes beider (conf. Fig. 6
und 9, Taf. XV, Fig. 1 und 2 u. s. w., Taf. XVII). Es gilt auch für
die Grössenverhältnisse der Bahnen verschiedener gleichaltriger Individuen zu einander wenigstens in der Regel das Gesetz, dass einem
absolut grösseren Werth (Faserzahl) der Vorderstrangbahnen ein geringerer der Seitenstrangbahnen entspricht. Es bedeutet somit eine
Differenz der Vorderstrangbahnen verschiedener Individuen z. B. um
30 % nicht nothwendigerweise ein Plus des Einen an Pyramidenfasern
überhaupt, sondern wir haben auch hier zur Erklärung meist anzunehmen, dass Fasern, welche in dem einen Fall in den Vordersträngen verlaufen, im zweiten in die Seitenstränge gelangt sind. Die von einer
gegebenen Region des Grosshirns durch die Pyramiden in
das Rückenmark gelangenden Fasern haben die Wahl, bis
zu ihrem Eintritt in die granen Säulen entweder in dem der
betr. Pyramide gleichnamigen Vorderstrang oder dem entgegengesetzten Seitenstrang zu verlaufen.

Den Einfluss, welchen dieser Umstand auf die Grössenverhältnisse
der Gesammtquerschnitte von Vorder- und Seitensträngen ausüben muss,
werden wir in der Folge näher darlegen.

Hervorgehoben zu werden verdient noch, dass, wie auch immer
die Grössenverhältnisse der verschiedenen Bahnen sein mögen, doch insofern immer eine Gesetzmässigkeit herrscht, als sie in der Regel nur
in zwei bestimmten Regionen der Vorder- und Seitenstränge (an der
Innenfläche der Ersteren und in der hinteren Hälfte der Letzteren) auftreten. Zwei Fälle hingegen emancipiren sich selbst von dieser Regel.
Es sind diess diejenigen, wo die ungekreuzte Fortsetzung äusserer Pyramidenbündel ausserhalb, beziehentlich inmitten der vorderen Wurzeln
zu liegen kommt (No. 19 d. V. und ein Fall von secundärer Degeneration). Diese Bündel einfach als »Vorderstrangbahnen« zu bezeichnen, erscheint in sofern nicht ganz gerechtfertigt, als dieselben in den obersten
Theilen des Halsmarkes in den gleichnamigen Seitenstrang hereinragen;
es wird sich, sofern diese Modification häufiger vorkommen sollte, empfehlen, für sie eine besondere Bezeichnung zu wählen.

Grössenverhältnisse der Pyramidenbahnen in verschiedenen
Höhen.

Die Pyramidenbahnen nehmen von oben nach unten allenthalben an Querschnitt ab, und zwar gilt dies für die Bahnen

sowohl im Einzelnen als auch in ihrer Gesammtheit. Diese Abnahme kann lediglich darauf beruhen, dass ihre Fasern successiv in die graue Substanz einmünden; denn die Annahme einer freien Endigung derselben innerhalb der weissen Stränge ist nicht nur von vorn herein als völlig unbegründet zu betrachten, sondern wird überdies durch die directe Beobachtung widerlegt.

Es erhellt nun aus dem bisher Angeführten zur Genüge, dass, wenn es sich darum handelt, allgemein gültig festzustellen, in welchen Proportionen die Querschnittsverminderung von oben nach unten erfolgt, alle Bahnen eines Falles zu addiren und ihre Gesammtgrössenverhältnisse in verschiedenen Höhen zu vergleichen sind, oder dass wir diese Werthe für je eine Vorderstrang- und die entgegengesetzte Seitenstrangbahn anzugeben haben.

Sofern nämlich die graue Substanz auf einer Strecke des Rückenmarkes einen bestimmten Procentsatz der Pyramidenfasern consumirt und diese Consumtion vorhanden ist, mögen nun die Fasern in den Vorder- oder in den Seitensträngen verlaufen, so muss sich der Verlust z. B. in der Halsanschwellung eventuell lediglich auf die Seitenstrangbahnen beschränken (sofern dieselben eben allein vorhanden sind), oder er wird sich auf Seiten- und Vorderstränge vertheilen (sofern beide vorhanden sind); oder er wird, sofern die Seitenstrangbahnen sehr klein sind, lediglich von den Vorderstrangbahnen getragen werden. Es fragt sich nun, ob wir aus der directen Beobachtung Anhaltepunkte dafür gewinnen können, dass in der That die graue Substanz auf einer gegebenen Strecke stets einen gleichen procentischen Theil der Pyramidenbahnen, also in Fällen, wo der Gesammtwerth derselben gleich ist, auch eine absolut gleiche Anzahl Fasern absorbirt, mögen dieselben gelagert sein, wie sie wollen. Wir haben zur Entscheidung die Grössenverhältnisse bez. die von oben nach unten sich vollziehende Querschnittsverminderung der Pyramidenbahnen in Fällen mit verschiedener Vertheilungsweise zu vergleichen *).

---

*) Um die hier sich ergebenden Befunde entsprechend verwerthen zu können, ist es nothwendig, gewisse Cautelen zu berücksichtigen. Zunächst ist es durchaus nicht nothwendig, dass, sofern ein beliebiges Volumen grauer Substanz eine bestimmte Anzahl von Fasern der Pyramidenbahnen absorbirt, diese Letzteren immer in derselben Entfernung von ihren Endpunkten in der grauen Substanz die weissen Stränge verlassen. Es wäre ja möglich, dass die Pyramidenfasern nach ihrem Eintritt in die graue Substanz bald grössere bald geringere Strecken innerhalb derselben durchlaufen, bevor sie auf irgend welche Weise vorläufig endigen; und diese Strecken innerhalb der

Es ergiebt sich hierbei, dass sich im Grossen und Ganzen allenthalben ähnliche Verhältnisse finden; insbesondere kann in Fällen mit extremen Vertheilungsweisen eine grosse Uebereinstimmung herrschen (vergl. in dieser Hinsicht z. B. die Werthe S. 118).

grauen Substanz könnten in verschiedenen Fällen auch für völlig gleichwerthige Fasern verschieden gross sein; es könnten also Fasern, welche z. B. mit dem 6. Nervenpaar in directer oder indirecter Verbindung stehen, bei verschiedenen Individuen in verschiedener Entfernung von jenem die weisse Substanz verlassen; in dem einen Fall könnten sie Strecken in der grauen Substanz zurücklegen, welche sie in anderen Fällen noch innerhalb der Pyramidenbahnen durchlaufen. Es ist also eventuell eine gleiche Querschnittsverminderung auf der Längeneinheit nicht immer als völlig gleichwerthig aufzufassen.

Indessen auch abgesehen hiervon stösst eine genaue Bestimmung des absoluten Verlustes auf grosse Schwierigkeiten. Zunächst ist hier zu bemerken, dass die Pyramidenbahnen gerade zu den Zeiten, wo wir dieselben noch gut abgrenzen können, nicht in allen Höhen eine völlig gleiche elementare Ausbildung zeigen müssen. Ganz besonders ist dies zu berücksichtigen für die Zeit, wo in den oberen Abschnitten des Rückenmarkes die Pyramidenbahnen bereits mit Markscheiden ausgestattet sind, während letztere in den unteren Abschnitten noch fehlten. Hier sind offenbar Abschnitte aus verschiedenen Höhen nicht ohne Weiteres vergleichbar; es ist ja hier vielleicht der Querschnitt der Pyramidenbahnen im Halsmark nicht lediglich desshalb um einen bestimmten Werth grösser als im Lendenmark, weil jenes eine bestimmte Zahl von Fasern mehr enthält, sondern die Grössendifferenz ist eventuell zum Theil auch zurückzuführen auf Caliberunterschiede der in verschiedenen Höhen vorhandenen Fasern. Die Querschnittsverminderung von oben nach unten wird hier selbst bei sonst gleichen Verhältnissen eine beträchtlichere sein müssen als bei Individuen, wo die Fasern der Pyramidenbahnen in allen Höhen eine ungefähr gleiche Beschaffenheit zeigen. — Ferner mischen sich in verschiedenen Höhen den Pyramidenbahnen verschiedene Mengen systematisch ungleichwerthiger Längsfasern bei. Besonders ist dies im unteren Dorsalmark der Fall; hier werden die Pyramidenseitenstrangbahnen durchsetzt von einer relativ beträchtlichen Anzahl von Elementen, welche, wie bereits erwähnt, den directen Kleinhirnseitenstrangbahnen zuzurechnen sind. Auch durch eine solche in verschiedenen Höhen variirende Beimengung heterogener Fasern muss naturgemäss eine von dem Verlust an die graue Substanz unabhängige Schwankung des Querschnittes herbeigeführt werden können. — Im Lendenmark endlich mischt sich den Pyramidenbahnen eine schwer zu bestimmende Menge »gelatinöser« Substanz bei, welche zur Zeit, wo die Pyramidenfasern sich von den anderen Systemen besonders gut sondern, von jenen nur schwer unterscheidbar ist; sofern dieselbe nicht in allen Fällen einen gleich grossen Querschnitt zeigt, muss auch aus diesem Grund die Grösse der marklosen Felder in dieser Höhe variiren: Es ist deshalb auch hier die Querschnittsgrösse der letzteren streng genommen kein genauer Maassstab für die Menge der noch vorhandenen Fasern. Rechnet man hierzu noch die bereits früher erwähnten Schwierigkeiten, welche sich wenigstens streckenweise einer ganz genauen Ausmessung entgegenstellen, so wird man es leicht begreiflich finden, dass die für die Abnahme

Allenthalben findet sich die Erscheinung, dass die Querschnitts erminderung in verschiedenen Höhen des Rückenmarkes für eine gegebene Längeneinheit nicht völlig gleich ist. Würde man die Flächenwerthe der Pyramidenbahnen von Nervenpaar zu Nervenpaar bestimmen und dieselben in fortlaufender Reihe über die Länge des Rückenmarkes auftragen, indem man letzteres als Abscisse in ebenso viele gleiche Abschnitte theilte, als Nervenpaare existiren, so würde man eine Curve erhalten, welche durchaus nicht einen gleich starken Abfall gegen die Abscisse zeigt, sondern einen bald mehr, bald weniger steilen. Am steilsten würde der Abfall in den Anschwellungen sein, insbesondere in den oberen Theilen derselben, am wenigstens steil im Dorsalmark.

Es gehen somit auf gleich langen Strecken in Regionen, wo zahlreiche Nervenfasern entspringen, mehr Fasern aus den Pyramidenbahnen verloren, als da wo die Zahl jener eine geringere ist.

Hinsichtlich specieller Daten verweisen wir theils auf die S. 96, 118 u. 131 verzeichneten Werthe, theils auf die in der Folge noch zu gebende tabellarische Uebersicht über die Grössenverhältnisse sämmtlicher Systeme der Vorder- und Seitenstränge.

Specielle Betrachtung der einzelnen Bahnen.

α. Pyramiden-Seitenstrangbahnen (TÜRCK, Kreuzungsfasern der Pyramiden BURDACH, *faisceaux encéphaliques externes ou croisés Bouchard, faisceaux latéraux Charcot*).

Die Gestalt der Seitenstrangbahnen zeigt im Allgemeinen geringe Differenzen, sofern der Antheil der Vorderstrangbahnen ca. 20 — 30 % [*)] nicht überschreitet. Für letztere Fälle wird es sich nothwendig machen, einzelne Besonderheiten hervorzuheben.

---

der Pyramidenbahnen bei verschiedenen Individuen gefundenen Werthe differiren, insbesondere wo ein verschiedenes Alter in Betracht kommt. Es beanspruchen so die von uns gegebenen Maasse naturgemäss nur eine annähernde Gültigkeit. — Ungewöhnlich gross könnte der Werth der Pyramiden-Seitenstrangbahnen in der Gegend des 1. Sacralnerven erscheinen, welcher sich in der Tabelle S. 96 verzeichnet findet. Es ist hier Indess ausser den nur erwähnten Umständen zu berücksichtigen, dass die betreff. Werthe sich lediglich auf die Seitenstrangbahnen beziehen. Möglicherweise treten auch je die obersten und untersten Wurzelfasern eines bestimmten Nervenpaares besonders eines solchen der Anschwellungen, nicht immer in völlig correspondirenden Höhen aus dem Mark aus.

[*)] Die Grenze ist nicht scharf zu ziehen, wie sich leicht denken lässt.

Die Seitenstrangbahnen liegen stets in der hinteren Hälfte der Seitenstränge, sofern man sich die Letzteren durch eine frontale, den hinteren Rand der hinteren Commissur tangirende Ebene halbirt denkt. Sie ragen nirgends über eine Linie nach vorn, welche von den *processus laterales* der Vorderhörner (*tractus intermedio-laterales, Clarke*) gerade nach aussen gezogen wird. Was ihre Ausdehnung in die Länge anlangt, so lassen sie sich ausnahmslos nach abwärts bis zum unteren Ende der Lendenanschwellung bezichentlich zum 3. — 4. Sacralnerven verfolgen, selbst dann, wenn sie im Halsmark sehr gering entwickelt sind. Es scheint hieraus hervorzugehen, dass die in den Seitenstrangbahnen verlaufenden Fasern in der Regel für die untersten Abschnitte des Rückenmarkes bestimmt sind.

Was ihre Lagerung innerhalb der Seitenstränge im Speciellen anlangt, so zeigen sie zunächst in verschiedenen Höhen bemerkenswerthe Verschiedenheiten in ihrem Verhalten zur Seitenstrangperipherie. In der Gegend des 2. — 3. Halsnervenpaares reichen sie in der Regel unmittelbar bis an den hinteren Theil derselben heran und berühren 'die *pia mater* 's. Fig. 1. Taf. XVI. P' *). Sie stossen hierbei nach innen an die *substantia gelatinosa* der Hinterhörner bezichentlich an die im Austritt begriffenen hinteren Wurzeln an. Nur ab und zu wird auch in dieser Höhe die Peripherie umsäumt von einer schmalen Zone von Fasern, welche auf Grund der Entwickelungsgeschichte u. s. w. als zur directen Kleinhirn-Seitenstrangbahn gehörig zu bezeichnen sind. Bei starken Vorderstrangbahnen 'über 30 %, findet sich hier eine Spalte, bezichentlich fehlt eine der *pia mater* unmittelbar anliegende, zu den Pyramiden gehörige Masse 's. Taf. XVII, Fig. 2. Gegen den mittleren Theil der grauen Substanz sind die Pyramidenbahnen in der in Rede stehenden Höhe abgegrenzt durch einzelne längsverlaufende Faserbündel, welche zumeist dem *Accessorius* angehören, zum Theil hinteren Wurzeln entstammen **).

Im Bereich der Halsanschwellung *** werden die Pyramiden-Seiten-

* Wenn Meynert in seinem Schema Arch. f. Psych. Bd. IV. Heft 2. Taf. IV. Fig. 7. Erkl. S. 390, in der Gegend unterhalb der Ursprünge des zweiten Halsnerven den hintersten der Peripherie einerseits, der subst. gelatinosa andrerseits anliegenden Theil der Seitenstränge gebildet werden lässt durch Fasern, welche er aus dem Kleinhirn ableitet, so ist dies für die überwiegende Mehrzahl der Fälle nicht richtig. Wir werden hierauf zurückkommen.

** Vergl. die Beschreibung der »seitlichen Grenzschicht d. gr. S.«

*** Das von Charcot Amyotroph. S. 271 auf Grund pathologischer Erfahrungen entworfene Schema der Rückenmarksstränge giebt die Lage der Seitenstrangbahnen

strangbahnen allenthalben von der *pia mater* getrennt durch in der Regel compakte Bündel der Kleinhirn-Seitenstrangbahnen; ab und zu durchsetzen sie aber auch diese und reichen mit einer nach aussen zugeschärften Kante bis nahe an die *pia mater* heran. Ein solcher seitlicher Fortsatz erstreckt sich nicht gar selten an einem Punkte bis nahe an die Letztere heran, wo eine durch den vorderen Rand der *substantia gelatinosa* gerade nach aussen gezogene Linie die Peripherie schneidet. Hierdurch entsteht bei Foeten und Neugeborenen, bei welchen die Pyramidenbahnen noch marklos sind, der Anschein, als ob der hinterste Theil der Seitenstränge von dem vorderen durch graue Substanz geschieden sei, wie dies von Foville zuerst geschildert worden ist (ähnlich dem Verhalten der linken Rückenmarkshälfte Fig. 3. Taf. XVI). Es ist dieses Verhalten indess keineswegs ein regelmässiges.

Von der Mitte des Dorsalmarkes an reichen die hinteren Pyramidenbündel wieder bis an die Peripherie; hinsichtlich der hier in Betracht kommenden Details können wir auf S. 92 und die schematische Darstellung Taf. XX verweisen.

Im Hals- und oberen Dorsalmark laufen die Bündel der Seitenstrangbahnen nur mit einer geringen Anzahl systematisch ungleichwerthiger Längsfasern untermischt. In der unteren Hälfte des Dorsalmarkes hingegen, insbesondere gegen die Grenze von Dorsal- und Lendenmark hin sind die Letzteren zahlreich. Sie gehören, wie bereits mehrfach hervorgehoben, wohl überwiegend den directen Kleinhirn-Seitenstrangbahnen an und werden mit Letzteren beschrieben werden. In der Lendenanschwellung sind solche Fasern nur ganz vereinzelt vorhanden.

Es fragt sich nun, wie und wo enden die Fasern der Pyramidenbahnen im Rückenmark?

Mit Hülfe der oben beschriebenen Goldmethode lässt sich der Nachweis führen, dass die Längsfasern der Pyramiden-Seitenstrangbahnen mit der grauen Substanz in Verbindung treten. Insbesondere an reifen Neugeborenen ist diese Thatsache leicht zu erkennen. Die verticalen Fasern

---

für die Halsanschwellung nicht richtig an. Es schiebt sich dort zwischen Hinterhörner und Pyramidenbahn nach Charcot's Ansicht eine *terre inconnue*. In Wirklichkeit liegt hier ein Theil der Pyramiden-Seitenstrangbahn. Ch. bezieht ferner irrthümlicher Weise einen Theil der seitlichen Grenzschicht der grauen Substanz in diese Bahnen ein.

ändern in einem nach unten aussen convexen Bogen ihre Richtung und
strahlen, in den radiären Septis der hinteren Seitenstränge verlaufend,
im Bereich des Verbindungsstückes der Vorder- und Hinterhörner in die
graue Substanz ein. Hier ziehen sie zunächst in der Richtung gegen die
vordere Commissur nach vorn innen, hören aber in der Regel in einiger
Entfernung von derselben wie abgeschnitten auf. Wir müssen zunächst
darauf verzichten, anzugeben, worauf dies beruht, und ihre Endigungsweise in der grauen Substanz genauer zu schildern. Dass sie in die
v o r d e r e C o m m i s s u r selbst übergehen, ist deshalb unwahrscheinlich,
weil dieselbe auch da, wo die Pyramidenfasern noch fein sind, überwiegend stärkere *) Fasern zu führen scheint. Dass sich ferner höchstens
ein kleiner Theil derselben d i r e c t in die v o r d e r e n W u r z e l f a s e r n
fortsetzen kann, ist daraus zu schliessen, dass die Letzteren bei absteigender Degeneration des Rückenmarkes intact gefunden werden **), dass
innerhalb der grauen Substanz die vorderen Wurzelfaserbündel ganz überwiegend bereits mit Markscheiden ausgestattet sind, während die Pyramidenfasern selbst derselben noch völlig entbehren ***), dass jene endlich
fast durchgängig ein starkes Caliber besitzen, während die Letzteren noch
sehr fein sind. Bemerkenswerth hinsichtlich der Verbindung der Pyramiden-Seitenstrangbahnen mit der grauen Substanz ist im Hinblick auf
später zu schildernde Verhältnisse, dass die umbiegenden Fasern n i c h t
i n F o r m c o m p a c t e r B ü n d e l sondern meist e i n z e l n oder zu wenigen v e r e i n i g t die Richtungsänderung zu vollziehen scheinen. Auch in
den Anschwellungen, wo die umbiegenden Fasern offenbar zahlreicher
s i n d , liessen sich dickere Bündel nicht nachweisen.

---

*, E i n z e l n e feine Fasern kommen indess auch hier in der vorderen Commissur
vor.

** Wir haben in dieser Hinsicht selbst genügende Erfahrungen noch nicht gesammelt. In dem Falle von totalem Mangel beider Gross-Hirnschenkel (s. S. 120) waren
die vorderen Wurzeln scheinbar völlig intact ; auch die aus den vorderen Wurzelfasern
einstrahlenden Faserzüge der grauen Substanz zeigten irgendwie augenfällige Defecte
von Fasern nicht. Da indessen die aus den Pyramiden stammenden Fasern möglicher
Weise im Verhältniss zu den übrigen vorderen Wurzelfasern numerisch zurücktreten,
und da eine Zählung der in den vorderen Wurzeln enthaltenen Fasern in dem erwähnten Fall nicht vorgenommen wurde, so beweist letzterer streng genommen nichts.

***) Auch dieser Befund ist nicht unzweideutig, da nicht festgestellt werden konnte,
dass die Fasern der vorderen Wurzeln bereits s ä m m t l i c h markhaltig sind, während
die Pyramiden der Markscheiden noch entbehren. E i n z e l n e Fasern, welche jeweilig
denen der Pyramidenbahnen gleichen, sind in den vorderen Wurzeln sicher enthalten.

Die Verbindung der Pyramiden-Seitenstrangbahnen mit den Pyramiden des verlängerten Markes wird vermittelt durch die grosse oder untere Pyramidenkreuzung, wie wir zeigen werden, die einzigen Kreuzungsbündel, welche den Namen »Pyramidenkreuzung« verdienen. Die Verbindung ist, wie Schiefschnitte bei ca. 34 — 42 ctm. langen Früchten besonders gut zeigen, eine directe; eine Unterbrechung durch Ganglienzellen innerhalb der *formatio reticularis*, wie sie Deiters angegeben hat, ist nicht vorhanden. Die Pyramidenfasern erleiden hier aber auch weder eine Aenderung des Calibers, noch nehmen sie nothwendigerweise an Menge erheblich zu. Sind die Fasern der Pyramidenbahnen noch meist feinster Art, so sind es auch die der Pyramiden, sind jene zu einem beträchtlichen Theil stark, so auch diese [*]). Wenn die Pyramiden weniger starke Fasern enthalten, als die hinteren Seitenstrangbälften, so beruht dies darauf, dass die directen Kleinhirn-Seitenstrangbahnen mit ihren starken Fasern sich nicht an der Kreuzung betheiligen, und dass sie wahrscheinlich in der Gegend der Letzteren alle ihre zwischen die Pyramidenbahnen verstreuten Elemente an sich ziehen.

Als ein Zeichen dafür, dass die Pyramiden und die *formatio reticularis* nicht ein integrirendes Ganze bilden, dass beide also nicht in innigem Connex stehen, lässt sich wohl der Umstand betrachten, dass da, wo die Pyramiden sich direct zum grössten Theil in die Vorderstränge fortsetzen, eine der *formatio reticularis* gleiche Masse nicht vorhanden zu sein pflegt. Es erscheint überdiess, sofern wir jenen Zusammenhang annehmen, die variabele Lage der Pyramidenbahnen völlig unverständlich.

β. Pyramiden-Vorderstrangbahnen (Grundfasern *Burdach*; *faisceaux encéphaliques directes ou internes Bouchard*, *faisceaux de Türck Charcot* [**].

---

[*]) Die Angabe, dass die Pyramiden wie die in der *formatio reticularis* des obersten Rückenmarkes eingeschlossenen Längsbündel feinste und feine Fasern führen, ist jedenfalls dem Umstand zuzuschreiben, dass die meisten Autoren Kinder aus dem ersten Lebensjahr untersucht beziehentlich Befunde an Säugethieren (insbesondere Kaninchen) ohne Weiteres auf den Menschen übertragen haben.

[**]) Wir halten die Bezeichnung »*faisceaux de Türck*« für nicht glücklich gewählt, da einerseits gerade Türck, wie oben nachgewiesen, ihre Bedeutung nicht erkannt hat, und da sie offenbar gleichwerthig den Seitenstrangbahnen sind, also von diesen nicht durch einen besonderen Namen getrennt werden dürfen. Wir würden nichts dagegen einzuwenden haben, die gesammten Pyramidenbahnen als Türck'sche Stränge zu bezeichnen, da genannter Autor sich durch die wenigstens theilweise Entdeckung derselben mindestens ebenso grosse ja grössere Verdienste um die Rückenmarksanatomie

Diese Bündel liegen in der Regel an der Innenfläche der Vorderstränge; je nach ihrer Ausdehnung reichen sie von der vorderen Commissur bis an den vorderen Rand der vorderen Fissur oder liegen
lediglich in der hinteren Hälfte bez. dem mittleren Drittel der Vorder-
strang-Innenfläche. Sie erscheinen bald als eine Art Anhängsel der Grundbündel (s. Taf. XV. Fig. 5), bald sind sie gleichsam in letztere hereingedrückt (Fig. 1 Taf. XVI rechts). Wir können in dieser Hinsicht auf die im
2. Theil gegebenen detaillirten Beschreibungen verweisen (s. S. 70 u. 89).

Die Längenausdehnung variirt, wie bereits hervorgehoben, mit der
Querschnittsgrösse im Halsmark. Sie reichen bald lediglich bis zur Mitte
der Halsanschwellung, bald bis zum oberen, bald zum mittleren Dorsalmark — letztere Modification wurde am häufigsten beobachtet, da sie
der häufigsten Modification der Pyramidenvertheilung entspricht —, bald
endlich lassen sie sich bis in die Lendenanschwellung verfolgen (vergl.
S. 271).

Ueber die Endigungsweise der Vorderstrangbahnen im Rückenmark
sind wir noch nicht ins Klare gekommen. Wir konnten beim Neugeborenen mit Hülfe der Goldmethode Fasern von ihrem Caliber scheinbar
aus ihnen heraus direct zu dem gleichseitigen Vorderhorn verfolgen;
da indessen auch die Grundbündel der Vorderstränge ähnliche feine
Fasern enthalten, so waren jene möglicher Weise mit diesen identisch.
Ueber das Verhalten derselben in der grauen Substanz, insbesondere
darüber, ob sie auf der gleichen Seite verbleiben oder durch die vordere Commissur in die entgegengesetzte Rückenmarkshälfte übertreten,
liess sich eine bestimmte Auskunft nicht gewinnen; ebensowenig darüber, ob etwa Fasern aus den Pyramiden-Vorderstrangbahnen sich unmittelbar in die vordere Commissur begeben. Die Lösung dieser Frage
erscheint von der höchsten principiellen Bedeutung, da hiervon auch die
Entscheidung darüber abhängt, ob die Vorderstrangbahnen je die gleichseitige Rückenmarkshälfte dem Einfluss des Grosshirns unterwerfen, beziehentlich mit den gleichseitigen peripheren Nerven in Verbindung treten [*].

---

erworben hat, als andere in der Nomenclatur dieses Organes verherrlichte Forscher.
Da wir indessen einen Namen wählen können, welcher wenigstens in einer Beziehung
gleichzeitig eine Charakteristik der in Rede stehenden Stränge enthält, so scheint der
Letztere den Vorzug zu verdienen.

*) Die Entscheidung dieser und ähnlicher Fragen erfordert eingehende Special-
studien: wir sind überzeugt, dass diese Aufgabe nicht über die Leistungsfähigkeit der
anatomischen Methoden hinausgeht. Würde eine jede Vorderstrangbahn immer nur mit

Die vordere Commissur liess in den Fällen, wo die Vorderstränge den grössten Theil der Pyramidenfasern führten und die Letzteren noch marklos, beziehentlich markhaltig aber von sehr feinem Caliber waren, eine ungewöhnlich grosse Menge von dergleichen Fasern nicht erkennen. Continuirliche Schnittreihen ergaben, dass eine jede Bahn in der ganzen Länge des Rückenmarkes auf der Seite verblieb, welche sie dicht unterhalb der gewöhnlichen Kreuzungsstelle einnahmen. Es liess sich somit dafür, dass sich in solchen Fällen innerhalb des Rückenmarkes eine nachträgliche Kreuzung in die Seitenstränge, sei es in Form feinerer oder compakter Bündel findet, ein positiver Anhaltepunkt nicht gewinnen *).

Nach oben setzen sich die Pyramiden-Vorderstrangbahnen direct fort je in die gleichseitige Pyramide, deren äusserste Bündel sie, wie dies BrᴅᴀᴄH schon angegeben, stets zu bilden scheinen. Besonders gut war dies nachzuweisen in den Fällen, wo nur eine Vorderstrangbahn und diese sehr stark entwickelt war. Da, wo beide Pyramiden-Vorderstrangbahnen besonders stark entwickelt sind, ist die Pyramidenkreuzung äusserlich entweder nur schwach oder gar nicht angedeutet und tritt auch auf Querschnitten nur undeutlich hervor.

Auf den Mangel eines der *formatio reticularis* analogen Gewebes an der Uebergangsstelle der Pyramiden in die Vorderstrangbahnen und die daraus zu ziehenden Consequenzen haben wir bereits oben hingewiesen.

Hier sei nur noch hervorgehoben, dass in einzelnen Fällen die Pyramidenfasern bei ihrem Uebertritt in die Vorderstränge sich unter einander vielfach verflechten können, wie dies auch innerhalb der Pyramiden der *oblongata* selbst der Fall ist. Auch hierdurch wird es unwahrscheinlich gemacht, dass selbst in Fällen mit relativ und absolut völlig gleicher Vertheilungsweise der Pyramidenbahnen die zu identischen

---

der gleichseitigen Rückenmarkshälfte in Verbindung treten, so würden naturgemäss zwischen den Fällen mit totalem Seitenstrangverlauf und jenen mit überwiegendem Vorderstrangverlauf der Pyramidenfasern wesentliche Differenzen bestehen hinsichtlich der Beziehung der Grosshirnhemisphären zu den peripheren Endorganen. Wir möchten bei der Wichtigkeit dieser Frage eine Entscheidung nicht treffen, bevor wir nicht zuverlässigere Kriterien gewonnen haben.

*) Es würde eine nachträgliche Kreuzung in die Seitenstränge offenbar zur Folge haben können, dass die betreffenden Seitenstrangbahnen nach abwärts nicht stetig abnehmen, sondern an einer gegebenen Stelle in dieser Richtung plötzlich eine beträchtliche positive Schwankung zeigen. Wir konnten dies indess ebensowenig beobachten wie den Uebergang grösserer Bündel in die vordere Commissur.

Bezirken des Grosshirns in Beziehung stehenden Fasern im Rückenmark
stets eine gleiche relative Lage besitzen.

Wir bemerken schliesslich noch, dass, wenn die Pyramiden-Vorderstrangbahnen besonders stark entwickelt sind, sich dies auch äusserlich
markirt. Es finden sich hier zunächst die *sulci intermedii antici* besonders
deutlich entwickelt; dieselben fehlen hingegen vollständig bei Mangel
der Vorderstrangbahnen, dürften also in der Regel an die Existenz letzterer gebunden sein. In den Seitensträngen findet sich bei Ueberwiegen
der Vorderstrangbahnen in der Regel eine Längsfurche, welche besonders
im Halsmark stark ausgeprägt zu sein pflegt. Im oberen Drittel desselben
ist sie gewöhnlich zwischen hintere Wurzeln und directe Kleinhirn-Seitenstrangbahnen eingeschoben (s. Taf. XVII. Fig. 2 links); in der Mitte der
Halsanschwellung findet sie sich ungefähr in der Mitte zwischen dem
äussersten (seitlichsten) Punkt der Seitenstrangperipherie und der Eintrittsstelle der hinteren Wurzeln*). Der *sulcus intermedius anticus* sowohl
wie die letztgenannte Furche kann ein oder beiderseitig auftreten, je
nachdem wir es mit einer symmetrischen oder asymmetrischen Vertheilungs-
lungsweise der Pyramidenbahnen zu thun haben.

Die variabele Vertheilungsweise der Pyramidenbahnen sowie die Variabilität der
Pyramidenkreuzung eröffnen uns wichtige allgemeine Gesichtspunkte hinsichtlich des Baues und der Anordnung der centralen Fasermassen
überhaupt.

Es schien bisher die Frage zu sein, ob die Pyramiden sich beim Uebergang in
das Rückenmark total kreuzen, oder ob sie eine particelle Kreuzung eingehen. An die
Möglichkeit, dass beide und noch viel mehr Modificationen existiren, hat wohl noch
Niemand gedacht. Es stehen somit unsere Erfahrungen in einem grellen Contrast zu
den bisher stillschweigend allgemein acceptirten Vorstellungen über die Anordnung der
centralen Leitungsbahnen, und wir werden im Anschluss hieran wahrscheinlich noch
manche andere als selbstverständlich betrachtete Anschauungsweise opfern müssen. Wir
wollen in dieser Hinsicht auf einige Momente hinweisen, welche uns besonders wichtig
erscheinen.

Wir haben in dem Studium der Pyramidenbahnen älterer Foeten einen Weg
kennen gelernt, um eine »Kreuzung« auf die Constanz ihres Verhaltens zu untersuchen, wie er sich sonst zur Prüfung ähnlicher Verhältnisse wohl kaum wieder inner-

---

*) Eine ähnliche Furche kann indess auch vorhanden sein, wenn die Pyramiden-
Seitenstrangbahnen absolut und relativ stark entwickelt sind. Sie erstreckt sich dann
in der Regel nur über kurze Strecken. Aehnliche kurze Längsfurchen finden sich auch
ab und zu im Rayon der vorderen gemischten Seitenstrangzone, ohne dass sich hier
ein Faserdefect nachweisen liesse. Eine Erklärung dieser Bildungen können wir vor der
Hand noch nicht geben.

halb der Centralorgane darbieten dürfte. Wenn man nun erwägt, dass die obwaltende
Variabilität trotz ihrer Prägnanz der Wahrnehmung sich bisher so gut wie gänzlich
entzogen hat, so scheint es nicht nur gerechtfertigt sondern logischer Weise geradezu
geboten, auch die Constanz anderer Kreuzungen zunächst nur für eine scheinbare
zu halten, selbst wenn dieselben auf den ersten Blick individuelle Abweichungen nur
äusserst selten darbieten. Es existiren im gesammten Nervensystem noch zwei Kreuzungen, deren Gestaltung wenigstens im Grossen und Ganzen an die Pyramidenkreuzung
erinnert: die der Bindearme in der Hirnschenkelhaube und das *Chiasma nervorum
opticorum*.

Hinsichtlich der Ersteren haben wir keine Erfahrungen gesammelt, wir können höchstens darauf hindeuten, dass auch hier über totale oder Semi-Decussation Controversen
herrschen. Hinsichtlich des Chiasma erscheint es aber von besonderem Interesse,
dass die Variabilität desselben bisher schon beschrieben, wenn auch nicht verstanden
worden ist. Es sind einerseits in der Literatur mehrere Fälle vorhanden von totalem
Mangel der Kreuzung bei Vorhandensein beider *optici*[*]), welche man als in einer
Weise verbürgt betrachten kann, wie diess überhaupt nur denkbar ist. [MECKEL widmet
dem Mangel der Sehnervenkreuzung in seiner pathologischen Anatomie (1812—18
Bd. 1. S. 398) einen besonderen Abschnitt.] Andererseits ergeben die neuerdings von
MICHEL u. A. angestellten Untersuchungen, dass Fälle vorkommen, in welchen sich
die Sehnerven entweder total kreuzen, oder wo nur eine ganz verschwindende Zahl
ihrer Fasern ungekreuzt bleibt. Es sind also auch hinsichtlich der Sehnervenkreuzung
bereits 2 Extreme constatirt, welche sich den oben für die Pyramidenkreuzung fest-
gestellten eng anschliessen.

Dass überdies Verlaufsweisen der *optici* vorkommen, welche zwischen diesen
Extremen mitten inne stehen, wird durch die Beobachtung ihres Verhaltens bei secundären Degenerationen[**]) auf Grund von Zerstörung eines Augapfels wahrscheinlich gemacht. Man fand die Atrophie des dem zerstörten Bulbus zugehörigen *nervus opticus*
begleitet von einer solchen bald des *tractus opticus* der anderen bald der nämlichen
Seite, bald endlich beider *tractus optici*, Differenzen, welche wiederum in dem Verhalten der Pyramidenbahnen bei absteigender Degeneration ein Pendant finden. Hiernach erscheint es wenigstens nicht mehr als völlig aus der Luft gegriffen, wenn wir
auch hinsichtlich der Kreuzung der *nervi optici* im Chiasma ein selbst häufiges indivi-
duelles Variiren für möglich halten. Wir verzichten zunächst darauf, die Wichtigkeit
einer Bestätigung dieser Anschauungen für die Theorie des binoculären Sehens u. s. w.
darzulegen und beschränken uns auf folgende Bemerkungen:

Es geht aus dem Angeführten zunächst das Eine hervor: Es genügt für gewisse
Verlaufsverhältnisse der centralen Fasermassen durchaus nicht, einen Fall oder wenige
wenn auch noch so genau auseinander zu legen: es kommt z. B. bei einer Kreuzung
nicht lediglich darauf an, zu entscheiden: Welche Verlaufsweise ist vorhanden?
sondern auch, welche ist die häufigste? Eine Berücksichtigung der statistischen
Verhältnisse ist bei dergleichen Untersuchungen hinfort unumgänglich nothwendig.

[*]) VESAL u. s. w. s. WEBER-HILDEBRANDT'S Anat. Bd. 3. S. 156, HENLE, Nervenlehre S. 348.

[**]) Allerdings sind die diesbezüglichen Beobachtungen makroskopischer Natur. Sie
~~~~~ aber sämmtlich für unzuverlässig zu erklären, erscheint schon insofern nicht
~~~~~~~fertigt, als z. B. die makroskopische Untersuchung des Pyramidenverlaufes be-
~~~~~ F~~~~~ nachweislich ganz brauchbare Resultate liefert.

Zweitens ergiebt sich aber aus dieser Variabilität zur Evidenz, dass vergleichend anatomischen Befunden in Fragen, wie die nach dem Verhalten von Kreuzungen beim Menschen irgend ein Gewicht nicht beizulegen ist. Wenn bei letzterem eine so grosse Anzahl von Möglichkeiten realisirt ist, so beweist die Existenz irgend eines selbst constanten Verhaltens beim Thiere durchaus nicht, dass ein gleiches beim Menschen vorhanden. Sofern die Variabilität der Pyramidenkreuzung, wie wir angenommen, auf variabelen mechanischen Einflüssen während ihrer Bildung beruht, erweist sich eine Vergleichung der Chiasmen verschiedener Thiere schon deshalb nicht als zulässig, weil die sich kreuzenden Nerven bei verschiedenen Thierspecies an der Kreuzungsstelle die verschiedensten Einrichtungen zeigen. Wenn sich z. B., wie bei den Knochenfischen, die beiden Sehnerven überhaupt nicht durchflechten, so sind hier die Bedingungen für das Zustandekommen einer Semidecussation eventuell ungünstiger als da wo sie sich innig durchflechten, wie bei den Säugethieren; die Fasern werden sich während des Wachsthums in ersteren Fall nicht so leicht gegenseitig von ihrer Richtung ablenken, wie in letzterem u. s. w.

Es ist hiernach auch die Möglichkeit nicht zu leugnen, dass gleichwerthige Fasersysteme bei verschiedenen Thieren sich in verschiedenen Strängen des Rückenmarkes finden, indem bei dem einen Thiere diese, bei dem anderen jene Verlaufsmodification die regelmässige beziehentlich häufigste ist. Hiernach sind aber auch die Schlüsse höchst unzuverlässig, welche man z. B. aus dem Volumen einzelner Stränge im Vergleich zur Ausbildung bestimmter Hirncentren auf den Zusammenhang beider gezogen hat.

Wir fügen hieran einige der pathologisch-anatomischen und klinischen Praxis gewidmete Bemerkungen. Der Umstand, dass man bisher die hochgradige Variabilität der Pyramidenbahnen nicht kannte und somit auch nicht vermuthen konnte, dass selbst hochgradige Asymmetrien der Rückenmarksstränge durchaus nicht pathologischer Natur zu sein brauchen, legt den Gedanken nahe, dass Fälle von asymmetrischer Vertheilung der Pyramidenbahnen bisher wohl als Atrophieen beschrieben worden sind. Eine Asymmetrie des gesammten Rückenmarkes in Folge einer solchen der Pyramidenbahnen wird sich überhaupt stets finden, wenn sich zu letzterer nicht eine dieselbe compensirende asymmetrische Entwickelung der übrigen Bestandtheile beziehentlich Systeme der weissen Substanz gesellt. Durchmustert man nun die Literatur, so stösst man in der That auf Fälle, in welchen man aus einer ungleichen Grösse der weissen Stränge beider Seiten auf das Bestehen eines pathologischen Zustandes geschlossen hat.

Insbesondere bei Individuen, welche längere Zeit nach dem Verluste einer Extremität zu Grunde gingen, hat man, abgesehen von evidenten Veränderungen der Hinterstränge, auf welche sich unsere Bemerkungen natürlich nicht beziehen können, Atrophien der mit dem amputirten Gliede gleichseitigen Seiten- und Vorderstränge beschrieben, welche sich vielleicht auch auf eine asymmetrische Vertheilung der Pyramidenbahnen zurückführen lassen. Wir wollen es damit natürlich nicht als unmöglich hinstellen, dass sich überhaupt atrophische Zustände des Rückenmarkes, sei es nun in der grauen oder der weissen Substanz, längere Zeit nach Amputationen finden, da uns die nothwendige Zahl von Fällen nicht zu Gebote steht; es bedürfen aber auf jeden Fall die an der weissen Substanz der Vorder-Seitenstränge beschriebenen Abweichungen einer nochmaligen genauen Prüfung.

Es ergiebt sich als Regel für die pathologisch-anatomische Praxis, dass, sofern man lediglich Grössenverhältnisse berücksichtigt, bei ungleicher Entwickelung z. B. der

Vorderstränge nicht an eine Atrophie e i n e s derselben zu denken ist, sofern sich durch
Vergleichung der hinteren Seitenstranghälften das Bestehen einer entgegengesetzten,
also die erstere compensirenden Asymmetrie an dieser Stelle ausschliessen lässt. Auch
beim Erwachsenen gelingt es, wie man sich leicht überzeugen kann, vielfach ohne
Schwierigkeit bei hochgradiger Asymmetrie (welche für den pathologischen Anatomen
ja vornehmlich in Betracht kommt), das reciproke Verhältniss zwischen je einem Vor-
der- und Seitenstrang zu erkennen, so dass im gegebenen Fall eine Entscheidung darüber, ob man es mit einer Atrophie oder einer ungewöhnlichen Verlaufsweise der
Pyramiden zu thun habe, auch ohne weitere Anhaltepunkte wohl möglich ist.

Die Fälle mit hochgradiger Asymmetrie, extremen Vertheilungsweisen der Pyramidenbahnen u. s. w. sind offenbar nicht als pathologisch zu betrachten, sobald die
Verbindung zwischen den Pyramidenfasern und der grauen Substanz des Rückenmarkes
beziehentlich den peripheren Nerven in normaler Weise hergestellt ist. Aber ist dies
bei a l l e n Modificationen der Fall? Die Vorstellung, welche wir uns von der Ent-
stehungsursache des variabelen Verlaufes machen konnten, dass nämlich die Fasern der
Pyramiden von oben her in das Rückenmark hereinwachsen, legt die Vermuthung nahe,
dass es auch mitunter n i c h t zur normalen Verbindung der Ganglien des Hirnschenkelfusses und der grauen Substanz des Rückenmarkes kommen könne. Man hat bisher
wohl so gut wie gar nicht die Möglichkeit erwogen, dass überhaupt die V e r b i n -
d u n g s w e i s e der verschiedenen Centralapparate des Nervensystems vielfach individuell
verschieden sein könne, und dass sich hierauf eventuell Verschiedenheiten in der Vollkommenheit bestimmter von den Centralapparaten abhängiger Functionen gründen. Die
von uns gemachten Beobachtungen legen den Gedanken nahe, dass Unvollkommenheiten
in letzterer Hinsicht, z. B. die Unfähigkeit zu wohlgeordneten Bewegungen (wir sehen
hierbei von wirklich pathologischen Fällen ab) eventl. relativ g r o b e morphologische
Unvollkommenheiten in der Organisation der Nervencentren zur Ursache haben. Es erscheint uns jetzt durchaus nicht als müssige Speculation, bei angeborenen Lähmungen,
Coordinationsfehlern u. s. w. u. A. auch an eine d e r a r t i g e Unvollkommenheit des
Baues zu denken. Vielleicht herrscht hinsichtlich des Letzteren eine ähnliche Breite,
wie wir sie hinsichtlich des normalen Charakters verschiedener centraler F u n c t i o n e n
beobachten können.

Die von uns in der angedeuteten Richtung bereits gesammelten Erfahrungen
geben genügende Aufschlüsse noch nicht. Der eine Fall von überwiegendem Vorderstrangverlauf der Pyramidenfasern betraf ein mit *tab. dorsual*, also ataktischen Erscheinungen behaftetes Individuum, die übrigen todtgeborene Foetus bez. Kinder, welche
nur kurze Zeit gelebt hatten und somit auf ihre Bewegungsfähigkeit u. s. w. nicht
genau hatten untersucht werden können.

Für die k l i n i s c h e M e d i c i n ist die Variabilität der Pyramidenbahnen gleichfalls
in hohem Grade beachtenswerth. Insbesondere sind hier die e x t r e m e n Lagerungs-
differenzen zu berücksichtigen. Es kann jetzt nicht mehr Wunder nehmen, wenn scheinbar gleich localisirte und demnach gleiche Theile destruirende pathologische Processe
im Rückenmark verschiedene Symptomencomplexe im Gefolge haben. Es würde uns
zu weit führen, alle denkbaren Fälle zu betrachten, wir greifen deshalb nur einzelne
der wichtigsten Gesichtspunkte heraus.

Es wird eine Zerstörung z. B. der Vorderstränge in der Halsanschwellung weit
ausgebreitete Lähmungserscheinungen im Gefolge haben müssen, wenn das Gros der

Fasern beider Pyramiden in ihnen verläuft, während jene gänzlich fehlen können, ja
vielleicht müssen, wenn eine Vorderstrangaffection in entsprechender Höhe ein Individuum betrifft, bei welchem die Pyramiden mit der gesammten Masse ihrer Fasern in
die Seitenstränge übergetreten sind. Da ferner in dem Falle, dass eine Pyramide zum
grössten Theil ihren Weg je durch den gleichnamigen Vorderstrang nimmt, die andere
hingegen complet die Kreuzung eingeht, in einer Rückenmarkshälfte gleichwerthige
Fasern aus beiden Grosshirnhemisphären vorhanden sein müssen, während bei totaler
Kreuzung beider an der Grenze von *medulla spinalis* und *oblongata* eine Hälfte immer
nur Pyramidenfasern aus einer Hemisphäre führt: so wird die Verletzung einer Rückenmarkshälfte in dem ersteren Fall (vorausgesetzt, dass noch nachträglich eine Kreuzung
stattfindet) eine doppelseitige, in dem anderen eine einseitige Lähmung setzen.

Es gewinnen endlich bei dem Nachweis, dass die Pyramidenkreuzung zum grössten Theil fehlen kann, auch die spärlichen in der Literatur vorhandenen, stets mit
Misstrauen aufgenommenen Fälle, in welchen die Verletzung einer Grosshirnhemisphäre
eine gleichseitige Lähmung im Gefolge hatte, von Neuem an Interesse.

Wenn somit durch die Erkenntniss des variabelen Verhaltens der Pyramidenkreuzung und Pyramidenbahnen die Diagnostik in ihrer Leistungsfähigkeit zunächst eher
eingeschränkt worden zu sein scheint, so blüht der pathologischen Anatomie die Hoffnung, auch auf dem Gebiet des centralen Nervensystems in bisher scheinbar unverein-
baren Widersprüchen das Walten einfacher gesetzmässiger Beziehungen nachzuweisen.

Für die Untersuchung des Umfanges und der Vertheilungsweise der Pyramiden-
bahnen empfehlen wir besonders Foeten in der Länge von 35 — 47 ctm., da hier die
Contraste zwischen markhaltigen und marklosen Bündeln besonders gut ausgeprägt sind.
Unsere Goldmethode, welche wir oben beschrieben, leistet hierbei noch bessere Dienste,
als die früher hauptsächlich von uns angewandte Behandlung von Querschnitten mit
Ueberosmiumsäure.

Was die Stellung unserer Angaben über die Pyramidenbahnen zur Literatur anlangt, so ist völlig neu die Klarlegung des zwischen Vorder- und Seitenstrangbahnen
existirenden vicariirenden Verhältnisses. Man nahm bisher, soweit es sich um die Beziehung der Pyramiden zu den Vorder-Seitensträngen handelt, entweder einen reinen
Seitenstrangverlauf der Pyramidenfasern an (DEITERS, HENLE, KRAUSE u. s. w.), theils
eine regelmässige Vertheilung auf Vorder- und Seitenstränge (insbesondere die Pathologen
wie CHARCOT, BOUCHARD, viel früher schon BURDACH). Genauere Vorstellungen über
die Grössenverhältnisse der Vorder- zu den Seitenstrangbahnen, über die Lagerung
der Letzteren im oberen Halsmark, über die Längenausdehnung der Ersteren u. s. w.
hatten indess auch diese Autoren nicht.

b. Direcle Kleinhirn-Seitenstrangbahnen.

Wir fassen unter dieser Bezeichnung eine Summe von Fasern zusammen, welche innerhalb der Seitenstränge theils in Form eines compacten Bündels, theils einzeln, durch die andersartigen Systeme der
hinteren Hälfte dieser Stränge zerstreut, auftreten. Wir betrachten alle
diese Fasern als ein zusammengehöriges System, weil sie nicht nur auf

eine übereinstimmende Weise aus der grauen Substanz in die Seitenstränge übertreten, sondern hier auch wenigstens streckenweise ein
allseitig wohlumgrenztes Bündel formiren und auf eine gleiche Weise
die Seitenstränge verlassen. Sie sondern sich theils dadurch, dass sie
ihre Markscheiden später erhalten, als die Fasern der Seitenstrangreste
und eher als die Pyramidenbahnen; theils durch ihr besonders starkes
gleichmässiges Fasercaliber, endlich auf Grund der secundären Degeneration.

Was ihre Lage innerhalb der Seitenstränge anlangt, so findet sich
der compacte Theil (Gelb in Schema Taf. XX) im grössten Abschnitt
des Rückenmarkes nach aussen beziehentlich vorn von den Pyramiden-
seitenstrangbahnen, in der unmittelbaren Nähe der *pia mater*. Die Abgrenzung gegen die Pyramidenbahnen stösst auf keine Schwierigkeiten. Weniger
leicht ist es, die Grenze gegen die vordere gemischte Seitenstrangzone
genau festzustellen. Wir können hinsichtlich der specielleren Verhältnisse
zum Theil auf die Beschreibung der »dickfaserigen zonalen Seitenstrangbündel« verweisen, welche wir oben S. 128 fg. gegeben haben; hier
sei nur Folgendes wiederholt bez. hinzugefügt!

Im obersten Halsmark, d. h. in der Gegend des ersten und
im oberen Theil vom Gebiet des zweiten Halsnerven, reicht die directe
Kleinhirnbahn unmittelbar bis an die hinteren Wurzeln heran; nach vorn
erstreckt sie sich ungefähr bis zur Grenze der vorderen und hinteren
Hälfte der Seitenstrangperipherie. Im Bereich des zweiten Halsnerven
rückt das Bündel mehr an die Aussenseite der Seitenstrangperipherie und wird in der oben beschriebenen Weise durch die
Pyramidenseitenstrangbahn von den hinteren Wurzeln ab-
gedrängt (s. R. Fig. 3. Taf. XX). Es bildet hier die Seitenstrangperipherie ungefähr entsprechend dem 2. — 4. Siebentel von hinten an ge-
rechnet. Nur wenn die Pyramidenseitenstrangbahnen sehr stark reducirt
sind, kommt auch hier der hintere Rand der Kleinhirnbahn an die Hinterhörner heran, ist aber dann in der Regel noch durch eine Längsspalte von letzteren geschieden. Weiter nach abwärts, d. h. vom 3.— 4.
Halsnerven an, breitet sich das in Rede stehende Bündel über einen
grösseren Theil der Seitenstrangperipherie aus. Es reicht gewöhnlich
noch ein wenig über die Punkte nach vorn, in welchen von den
processus laterales der Vorderhörner (vergl. Fig. 4. Taf. XX) gerade nach
aussen gezogene Linien die Seitenstrangperipherie schneiden. Nach hinten
erstreckt es sich bis zur Austrittsstelle der hinteren Wurzeln. Dass im

Halsmark unser Bündel nicht gar selten durch einen bis zur Peripherie vordringenden seitlichen Fortsatz der Pyramiden-Seitenstrangbahn in zwei kleinere Bündel getrennt wird, haben wir bereits oben mitgetheilt.

Der compacte Theil der Kleinhirn-Seitenstrangbahn reicht noch in der ganzen oberen Hälfte des Dorsalmarkes bis an die hinteren Wurzeln heran: unterhalb des 6. Dorsalnerven wird er zunächst im hintersten Abschnitt mehr und mehr von Pyramidenfasern durchsetzt und schwindet schliesslich im hinteren Fünftel der Seitenstränge allmählig. Von der Grenze des 2. — 3. Lendennerven an finden sich an der Aussenseite der Pyramiden-Seitenstrangbahn nur noch einzelne Längsfasern, welche auf Grund ihrer Entwickelung u. s. w. zur directen Kleinhirnbahn zu stellen sind (vergl. dK Fig. 2. Taf. XIX); allmählich verschwinden auch sie.

Wir haben bereits hervorgehoben, dass zur directen Kleinhirnbahn noch eine beträchtliche Anzahl einzeln in den mehr nach innen gelegenen Systemen der Seitenstränge auftretender Fasern gehören. Dieselben finden sich theils innerhalb der Pyramiden-Seitenstrangbahnen, theils an der vorderen Grenze derselben, theils endlich zwischen genannter Bahn und der äusseren Peripherie der grauen Substanz [*]. Ganz besonders zahlreich sind sie im untersten Drittel des Dorsalmarkes sowie in der Gegend der zwei obersten Lendennerven; und gerade hier lässt sich nachweisen, dass sie nicht nur hinsichtlich der Acquisition der Markscheiden, sondern auch auf Grund ihres sogleich näher zu beschreibenden Verhaltens zur grauen Substanz mit dem compacten Theil der Kleinhirn-Seitenstrangbahn übereinstimmen. Im obersten Dorsalmark und besonders im Halsmark sind diese einzelnen Fasern sehr spärlich; fast sämmtliche Elemente unseres Systems haben sich zur compacten Formation zusammengeschaart.

Es geht aus dem Angeführten hervor, dass es nicht möglich ist, mit Genauigkeit die Wachsthumscurve der dir. Kleinhirn-Seitenstrangb. festzustellen. Unsere früheren Angaben hierüber beziehen sich nur auf die Grössenverhältnisse der compakten Abtheilung. Berücksichtigen wir noch die zerstreuten Elemente, so müssen wir von jenen nicht unbeträchtlich differirende Werthe erhalten; da wir vor der Hand nur ziemlich oberflächliche Schätzungen geben könnten, so verzichten wir zunächst auf weitere Angaben in dieser Richtung und bemerken nur, dass

---

[*] Die Existenz dieser Fasern, welche wir bei Beschreibung der directen Kleinhirnbahn im 1. Theil unerwähnt gelassen, lässt sich mittelst unsrer Goldmethode beim Neugeborenen leicht feststellen und wurde auch von uns erst auf diesem Wege constatirt.

die Maasse, welche wir für die Systeme der hinteren Seitenstrangbälften
gegeben, soweit sie sich auf die Grenzregion von Dorsal- und Lendenmark [*]) beziehen, hinsichtlich der Kleinhirnbahnen etwas zu niedrig, hinsichtlich der Pyramidenbahnen etwas zu hoch ausgefallen sind.

Es ergiebt sich unter Berücksichtigung aller Anhaltepunkte jedenfalls
soviel mit Sicherheit, dass die directen Kleinhirn-Seitenstrangb. von unten
nach oben allenthalben an Querschnitt zunehmen: Das stärkste
Wachsthum auf der Längeneinheit findet sich in der Gegend des 12.
Dorsal- — 2. Lendennerven. In die Region des letzteren Nerven haben
wir überhaupt die Formirung der directen Kleinhirnbahnen als selbstän-
dige Bündel zu verlegen. (Genauere Maasse s. u.)

Wie diese Bildung zu Stande kommt, also das Verhalten unsrer
Bahn zu der grauen Substanz des Rückenmarkes lässt sich aus der
Combination von Quer- und Längsschnitten, welche auf die oben angegebene Weise mit Gold behandelt worden sind, leicht erkennen. Das
Verhalten ist ganz besonders deutlich an annähernd reifen Neugeborenen,
und werden wir desshalb die Befunde an solchen Individuen der Beschreibung zu Grunde legen.

Aus der Gegend der Clarke'schen Säulen strahlen quer in die
Seitenstränge eine grosse Menge ziemlich dicker Faserbündel ein.
Dieselben zeigen schon innerhalb der grauen Substanz Differenzen insofern, als sie entweder cylindrisch gestaltet sind (dK' Fig. 2. Taf. XVIII)
oder nach den Seitensträngen hin pinselförmig auseinander fahren (Fig. 1.
Taf. XVIII dK'). Die Elemente derselben kennzeichnen sich gegenüber
den übrigen Fasern der grauen Substanz in charakteristischer Weise
durch ihr Caliber, welches dem innerhalb der directen Kleinhirn-Seitenstrangbahn überwiegenden wenig oder gar nichts nachgiebt.

An der weissen Substanz angekommen ziehen die in Rede stehenden Bündel entweder, ohne zunächst Richtung und Gestalt zu ändern,
weiter oder biegen sogleich in die Längsrichtung um. Die Fasern, welche
letzteres Verhalten zeigen, bleiben zumeist nicht an der Grenze von
grauer und weisser Substanz, sondern sie gelangen entweder in einem

---

[*]) Auch in der Gegend des 2. Halsnerven ist die Querschnittsbestimmung der
directen Kleinhirnbahnen in vielen Fällen nicht mit völliger Genauigkeit auszuführen, weil
sich hier oft zwischen die Bündel dieser Bahnen eine nicht unbeträchtliche Anzahl Pyramidenbündel eindrängen; man wird hier den Querschnitt leicht überschätzen können. Auch die relativen Werthe für die unterhalb jener Region entnommenen
Querschnitte sind demnach wahrscheinlich eher zu niedrig als zu hoch gegriffen.

sanft nach aussen oben geneigten oder auch in ausgeprägt terrassenförmigem Verlauf (X' Fig. 2. Taf. XVIII) allmählich in die mittlere und äussere Region der Seitenstränge, in die Gegend des compacten Theils der directen Kleinhirn-Seitenstrangbahnen. Von den in die Seitenstränge genau horizontal einstrahlenden Fasern biegt noch ein Theil im inneren Drittel um, ein anderer gelangt weiter nach aussen in das mittlere Drittel. Gerade diese Letzteren bilden nicht gar selten pinselförmig auseinander strahlende Bündel (dK' Fig. 2); auf Querschnitten erscheinen sie vielfach in Form dicker Stränge, welche, die radiären *Septa* der Seitenstränge spitzwinklig kreuzend, sich weit in die Letzteren herein erstrecken, ohne zunächst an Durchmesser merklich abzunehmen. Aus allen den erwähnten Faserzügen gehen diejenigen vertikalen Fasern hervor, welche die seitliche Grenzschicht der grauen Substanz und insbesondere die Pyramiden-Seitenstrangbahnen durchsetzen, und welche wir bereits vielfach als nicht zu diesen Systemen gehörige Elemente bezeichnet haben.

Ausnahmsweise biegen aus den CLARKE'schen Säulen ausgetretene Bündel bereits innerhalb der grauen Substanz (im äusseren Drittel derselben) nach aufwärts um. Auf dem Querschnitt geben dieselben ähnliche Bilder, wie die Accessoriuswurzeln im oberen Halsmark. Falls man nicht Längsschnitte anfertigt, könnte man auf die Vermuthung kommen, dass sie mit den CLARKE'schen Säulen gar nichts zu thun haben.

Ein letzter Theil der aus den CLARKE'schen Säulen seitlich ausstrahlenden Bündel behält die horizontale Richtung bis in die unmittelbare Nähe der Seitenstrangperipherie bei und biegt erst hier direct in den compakten Theil der Kleinhirnbahn um. Diese Fasern laufen meist einzeln innerhalb der radiären Septa; es gelingt, wenn auch selten, Horizontalschnitte herzustellen, an welchen eine grössere Zahl auf einander folgender Septa solche bis zur Peripherie vordringende stark markhaltige Fasern zeigen. Nach unten umbiegende Fasern liessen sich in der Nähe der Seitenstrangperipherie nicht beobachten.

Fertigt man, entsprechend einer die vordere Grenze einer CLARKE'schen Säule mit der Ganglien-Zellengruppe eines *tractus intermedio-lateralis* (til. Fig. 1. Taf. XVIII) verbindenden Linie genau vertikal verlaufende Schnitte an, so gewinnt es den Anschein, als ob die CLARKE'schen Säulen in regelmässigen Intervallen horizontale Nervenfaserbündel nach aussen entsendeten (s. Fig. 2. Taf. XVIII insbesondere die untere Schnitthälfte).

Es würde sich nun fragen: welchen Ursprung haben die beschriebenen Bündel, welche wir der Kürze halber als »horizontale Klein-

hirnbündel« bezeichnen wollen, in der grauen Substanz? Wir sind
noch nicht im Stande hierauf eine definitive Antwort zu geben. Dieselben durchflechten zwar vielfach die CLARKE'schen Säulen selbst; es
gewinnt auch ab und zu den Anschein, als ob Fasern der horizontalen
Kleinhirnbündel, welche noch ausserhalb der CLARKE'schen Säulen ein
starkes Caliber besitzen, nach ihrem Eintritt in dieselben an Durchmesser
abnähmen. Doch konnten wir nicht überzeugende Bilder dafür gewinnen.
dass sie in der That an den Zellen dieser Säulen endigen *).

Die Fasern der Kleinhirnbündel legen offenbar, bevor sie in die
horizontale Richtung umbiegen, innerhalb genannter Säulen grössere
Strecken in verticaler Richtung zurück. Sie krümmen sich auch oft um
die Ganglienzellengruppen der Letzteren von oben nach unten und von
unten nach oben herum. Es harmonirt hiermit, dass innerhalb der CLAR-
KE'schen Säulen, wie man sich sowohl an Quer- als an Längsschnitten
überzeugen kann, eine grosse Menge starker verticaler Fasern verlaufen.
welche höchst wahrscheinlich eine Fortsetzung jener ersterwähnten Bündel
bilden. Dass sie direct aus den hinteren Wurzeln stammen, welche
von hinten aussen (hw. Fig. 1. Taf. XVIII) an die CLARKE'schen Säulen
herantreten, ist aus mehreren Gründen unwahrscheinlich; zunächst ist
das Caliber der Fasern ein verschiedenes, ferner sind gerade da, wo
die hinteren Wurzeln am stärksten sind, die horizontalen Kleinhirnbündel
nur rudimentär vorhanden. Es müssten auf jeden Fall die hinteren Wurzeln eine längere Strecke in verticaler Richtung verlaufen, bevor sie in
die in Rede stehenden Bündel einmünden. Auch von der vorderen
Commissur her treten Fasern an die CLARKE'schen Säulen heran (cf.
Fig. 1. Taf. XVIII); sie stimmen hinsichtlich ihres Calibers mit den horizontalen Kleinhirnbündeln überein; über ihre Beziehung zu den Letzteren
müssen wir vor der Hand eine Auskunft schuldig bleiben. Dasselbe gilt
von zahlreichen Fasern, welche von den Vorderhörnern aus in die
C. Säulen eindringen (Fig. 1 Taf. XVIII).

W. KRAUSE giebt an (a. a. O. S. 391) dass die Zellen der CLARKE'schen Säulen
beim Hund Axencylinderfortsätze zeigen, welche meist nach vorn und medianwärts gerichtet seien. Diese Angabe steht in Widerspruch zu der früher von GERLACH mit
grosser Bestimmtheit gemachten STRICKER Gewebelehre pag. 681, wonach Axencylinderfortsätze jenen Zellen nicht zukommen sollen. Es scheint uns beachtenswerth, dass

*) Wir halten die in Rede stehende Frage für eine solche, welche sich mit Hülfe
der uns zu Gebote stehenden Methoden wird entscheiden lassen. Unsre eignen Untersuchungen sind noch zu lückenhaft, als dass wir auf die negativen Befunde Gewicht
legen möchten.

die von Ka. angegebene Richtung der Axencylinderfortsätze übereinstimmt mit jener, welche die meisten aus den Seitensträngen in die Clarke'schen Säulen einstrahlenden Fasern innerhalb der Letzteren annehmen (dK' Fig. 1. Taf. XVIII).

Auch ohne dass uns Zahlen zu Gebote stehen, glauben wir als sicher hinstellen zu können, dass in den verschiedenen Höhen des Markes die Menge der aus den Clarke'schen Säulen austretenden horizontalen Kleinhirnbündel zu der Zahl der Ganglienzellen innerhalb dieser Säulen in annähernd constantem Verhältniss steht. Denn jene Bündel sind am zahlreichsten und dicksten im untersten Dorsal- und oberen Lendenmark, und hier zeigen auch die Clarke'schen Säulen den grössten Querschnitt. In der unteren Hälfte der Lenden- sowie in der Halsanschwellung, wo Letztere sich völlig den Blicken entziehen, scheinen auch die horizontalen Kleinhirnbündel vollständig zu fehlen.

Dieses proportionale Verhalten spricht offenbar dafür, dass zwischen den Zellen der Clarke'schen Säulen und unseren Bündeln ein inniger Connex besteht. Es harmonirt hiermit auch die bereits mitgetheilte Erfahrung, dass der Querschnitt der directen Kleinhirn-Seitenstrangbahn besonders rasch wächst entsprechend der Grenze von Dorsal- und Lendenmark, weit weniger in der Halsanschwellung!

Es fragt sich noch: kommt die allmähliche Umhüllung der Pyramiden-Seitenstrangbahnen durch die directen Kleinhirnbahnen dadurch zu Stande, dass sich die aus der grauen Substanz austretenden Faserbündel mehr nach vorn oder so, dass sie sich mehr nach hinten an die bereits in dem compakten Theil vorhandenen Fasern anlegen? Es ist die Entscheidung dieser Frage von Interesse, weil sie identisch ist mit jener, ob diejenigen Fasern, welche im Halsmark den hintersten Abschnitt des genannten Bündels bilden, mit tieferen oder mit höheren Regionen der grauen Substanz in Verbindung stehen. Die geeignetsten Anhaltepunkte für die Entscheidung dieser Frage müssen offenbar die secundären Degenerationen gewähren, da ja z. B. bei einer Zerstörung des unteren Dorsalmarkes nur die unterhalb dieser Stelle in die Seitenstränge eingetretenen Fasern zu Grunde gehen werden. In den uns zu Gebote stehenden Fällen, in welchen das untere Dorsal- beziehentlich Lendenmark afficirt waren, erschienen in der Halsanschwellung je in den hintersten Abschnitten der Kleinhirnbahnen die intacten Fasern etwas zahlreicher als mehr nach vorn [*]). Es gewinnt so den Anschein,

------

[*]) Das Material, über welches wir verfügen konnten, ist offenbar zu spärlich, als dass diese Angaben unbedingt allgemeine Gültigkeit beanspruchen könnten.

als ob die hintersten Fasern diejenigen seien, welche am weitesten nach oben die graue Substanz verlassen.

Was das Verhalten der directen Kleinhirnbahnen zur *oblongata* anlangt, so bemerken wir hier nur, dass dieselben schliesslich in die *corpora restiformia* übergehen, um die später zu beschreibenden Theile derselben zu bilden. In der Gegend des ersten Halsnerven legen sie sich der *substantia gelatinosa Rolandi* nach vorn und aussen dicht an, und behalten diese Lagerung auch beim Uebergang in die *oblongata* bei. Diese Annäherung hat offenbar zwei Gründe. Einerseits verlassen die im Rayon des 2. Halsnerven zwischen Kleinhirnbahn und Hinterhörner eingeschobenen Pyramidenfasern ihren Ort, indem sie sich zur Kreuzung anschicken, andererseits schwellen die Köpfe der Hinterhörner an und rücken nach vorn. Ab und zu schieben sich hier, wie die Untersuchung von Früchten mit marklosen Pyramiden- und markhaltigen Kleinhirnbahnen ergiebt, Bündel der ersteren zwischen letztere ein. Beim Erwachsenen. wo die Unterschiede beider Systeme nicht augenfällig sind, muss in einem solchen Fall der Anschein entstehen, als ob Fasern unserer Klein-hirn-Seitenstrangbahn sich an der Pyramidenkreuzung betheiligten. Bei Individuen, welche den nur erwähnten differenten Entwickelungsgrad der Fasersysteme darbieten, findet sich nie ein derartiges Verhalten. Es sind immer nur mit den Pyramidenbahnen gleich gebaute Faserbündel, welche aus dem Rayon der Kleinhirnbahn heraus in die Kreuzung eintreten.

Die directe Kleinhirn-Seitenstrangbahn ist als ein gesondertes Bündel bereits Foville s. o. S. 4) und Türck (a. a. O.) bekannt. Ersterer kennt dieselbe lediglich auf Grund makroskopischer Beobachtung und lässt, wie bereits erwähnt, blos jenen Theil in das Kleinhirn übergehen, welcher von dem früher beschriebenen seitlichen Fortsatz der Pyramiden-Seitenstrangbahn einer-, dem Hinterhorn andererseits begrenzt wird. Es ist dies nicht richtig, da auch der vordere Theil, dessen Zugehörigkeit zu dem eben erwähnten Foville nicht kennt, diesen Verlauf hat. Türck kennt die Lage des Bündels im oberen Halsmark ziemlich genau. Charcot ist seine Bedeutung. sein Ursprung und Verlauf, wie es scheint, unbekannt. — Die Fasern von den Clarke'schen Säulen zu den Seitensträngen sind bereits von Kölliker und Gerlach beschrieben worden; beide halten sie für indirecte Fortsetzungen der Hinterwurzeln durch Vermit-telung von Zellen der Clarke'schen Säulen. Die Lage ihrer Fortsetzungen in den Seitensträngen, den Umfang der Systeme hierselbst u. s. w., den Uebergang endlich in die *corpora restiformia* kennen diese Autoren nicht.

Meynert bildet (Arch. f. Psych. IV. Taf. IV Fig. 7. braungelbes Feld in Seitenstr. auf einem Schema, welches den Querschnitt des Rückenmarkes unterhalb des 2. Hals-nerven darstellt, ein Bündel ab, welches offenbar unserer Kleinhirn-Seitenstrangbahn entsprechen soll. M. kennt die Lage desselben, wie wir noch zeigen werden, lediglich in der unteren Hälfte der *oblongata* und im Rayon des ersten Halsnerven, nicht aber

die Fortsetzung nach unten und oben. In keinem Theil des Rückenmarkes vom
2. Halsnerven an nach abwärts hat die directe Kleinhirn-Seitenstrangbahn die von ihm
angegebene Gestalt, Lage u. s. w. Sie zeigt selbst dann, wenn die Pyramiden-Seitenstrangbahnen fast vollständig in die Vorderstrangbahnen übergetreten sind, in der Gegend des 1. Halsnerven nicht den von Meynert angegebenen keilförmigen Querschnitt,
sondern einen solchen, wie er auf Fig. 1, Taf. XVII zu sehen ist (Z). Unser Schema
Taf. XX zeigt deutlich, wo das betr. Bündel in Wirklichkeit hingehört, und welche
Gestalten sein Querschnitt in verschiedenen Höhen darbietet. — Meynert giebt dasselbe
für sensibel aus. Die Gründe, welche er dafür anführt, sind indess nicht überzeu-
gender Natur. Wir haben einestheils gezeigt, dass die von ihm der Entwickelungsgeschichte entnommenen Argumente nicht stichhaltig sind; auch die von ihm citirten
Mieschel'schen Versuche weisen nicht direct auf diese Gegend hin.

Der einzige Grund, welcher sich gegenwärtig für die sensible Natur dieses Bündels anführen liesse, ist die (noch nicht stricte bewiesene!) Verbindung mit den Clarke'-
schen Säulen, welche ihrerseits mit hinteren Wurzeln zusammenzuhängen scheinen!
Gerade dieses Verhältniss kennt Meynert aber nicht!

Was die pathologischen Verhältnisse dieser Bündel anlangt, so sind isolirte
primäre Erkrankungen desselben bisher nicht beschrieben worden. Vielleicht ist der
von uns oben als angeborene secundäre Degeneration beschriebene Fall hierherzu-
stellen. Wenn es relativ selten secundär entartet gefunden worden ist, so kann dies
natürlich verschiedene Gründe haben: es liegt sowohl im Verhältniss zu einem von
vorn als von hinten auf das Rückenmark wirkenden Tumor oder Abscess relativ ge-
schützt u. s. w.

Die günstigste Zeit für die Beobachtung sind einerseits Neugeborene von 18 ctm.
Länge an bis zu mehreren Monaten, andererseits Foeten, bei welchen die vordere gemischte Seitenstrangzone markhaltig ist, bevor noch innerhalb der Kleinhirn-Seitenstrangbahn die Markscheidenbildung begonnen hat.

c. Seitenstrangreste.

Wir haben unter dieser Bezeichnung diejenigen Theile der Seitenstränge zusammengefasst, welche verbleiben nach Abzug der directen
Kleinhirn-Seitenstrang- und Pyramidenbahnen. Auf Grund der Entwickelung lassen sich in denselben noch zwei Territorien *) unterscheiden,
deren eines, die vordere gemischte Seitenstrangzone, wiederum
complexer Natur ist, während das andere, die seitliche Grenzschicht der
grauen Substanz, streckenweise (Ausnahmen s. u.) in der Hauptsache

---

*) Wir können vor der Hand nicht mit Sicherheit angeben, ob diese Scheidung
einen streng systematischen Charakter beanspruchen darf. Wenn wir sie nichts desto
weniger in der Folge getrennt beschreiben, so geschieht dies aus Zweckmässigkeits-
gründen.

Auf dem Schema Taf. XX ist die seitliche Grenzschicht (sG roth) nach aussen
durch eine schwarze Linie von der vorderen gemischten Zone abgegrenzt. In der
Lendenanschwellung fehlt diese Linie aus sogleich anzugebenden Gründen.

wenigstens einheitlicher Natur zu sein scheint. Diese Scheidung erstreckt
sich nicht durch die ganze Länge des Rückenmarkes hindurch; in der
Lendenanschwellung bilden die Seitenstrangreste scheinbar über ihren
ganzen Querschnitt eine gleichmässige Formation.

Die Seitenstrangreste nehmen von unten nach oben nicht stetig
an Querschnitt zu, wie die Pyramiden- und directen Kleinhirnbahnen.
In der Lendenanschwellung besitzen sie einen grösseren Querschnitt als
im unteren Dorsal- und obersten Lendenmark, in der Mitte der Halsanschwellung einen grösseren als z. B. in der Gegend des 2.—3. Halsnervenpaares. Die Querschnittsgrösse steht demnach unverkennbar in
Beziehung zur Zahl der in der nämlichen Region auf der Längeneinheit
eintretenden Nervenfasern. Die Differenzen sind weniger bedeutend als
an den Vorderstranggrundbündeln und den Hintersträngen nach Abzug
der Goll'schen Stränge, jedoch so gross, dass sie nicht auf Messungsfehler bezogen werden können. (Genauere Maasse s. Tabelle S. 350.)

Da die Grenze der Seitenstrangreste gegen die Vorderstranggrundbündel eine ideelle
ist, da man sie z. B. in den Anschwellungen entweder in den innersten oder äussersten vorderen Wurzelfasern erblicken kann, da endlich die äusseren und inneren Wurzelfasern nicht nothwendigerweise immer dieselbe relative Lage haben müssen, so
könnte man den Versuch, die Grössenverhältnisse der Seitenstrangreste sowie der Vorderstranggrundbündel gesondert zu bestimmen, für zwecklos halten. Man überzeugt
sich indess, dass, wo immer man die Grenze zwischen beiden Formationen ziehen
mag, die angegebenen Schwankungen des Querschnittes (desgl. die an den Vorderstrang-Grundbündeln) bestehen bleiben; sie werden für die Seitenstrangreste beträchtlich schärfer markirt, wenn man die inneren Wurzelfasern als Grenze betrachtet. —
Es ist im Hinblick auf die angeführten Gründe nicht zu verwundern, dass die in Tab.
S. 131 und S. 350 angegebenen Werthe nicht unerheblich differiren; S. 131 erscheinen in der Lendenanschwellung die Seitenstrangreste ungewöhnlich gross, die Vorderstranggrundbündel ungewöhnlich klein (375 : 175, mitunter sind sie in der Lendenanschwellung annähernd gleich umfangreich, in der Regel differiren sie nur wenig).

Auf welche der zwei Hauptabtheilungen der Seitenstrangreste die
negativen Schwankungen ihres Querschnittes oberhalb der Anschwellungen zurückzuführen, werden wir sogleich erwägen.

a. Seitliche Grenzschicht der grauen Substanz.

Diese beim Erwachsenen durch ihre Zusammensetzung aus überwiegend feinen und feinsten Fasern charakterisirte Formation bildet den
von uns am wenigsten verstandenen Theil der Vorderseitenstränge. Die
Lage derselben wechselt in verschiedenen Höhen; im oberen Halsmark

ist sie nach aussen von den Vorderhörnern zu finden, sie reicht hier
von der vorderen Ganglienzellengruppe bis zum hinteren Rande der
seitlichen. In der Halsanschwellung rückt sie in den Winkel zwischen
Vorder- und Hinterhörnern, im Dorsalmark wieder nach vorn und bildet
hier eine etwas dünnere Lage als im oberen Halsmark; ihr Verhalten in
der Lendenanschwellung ist uns noch nicht völlig klar geworden.

In der Lendenanschwellung findet sich in der Region der Seitenstränge, welche
ihrer Lage nach der seitlichen Grenzschicht der Halsanschwellung entspricht, also
zwischen Pyramiden-Seitenstrangbahn und grauer Substanz, eine Formation, welche
man auf Grund der gröberen morphologischen Verhältnisse auf den ersten Blick für
homolog der seitlichen Grenzschicht der Halsanschwellung betrachten könnte. Es ist
aber in hohem Grade zweifelhaft, dass jene Formation auch hinsichtlich ihrer systematischen Zusammensetzung mit letzterer völlig übereinstimmt, resp. dass
beide überwiegend aus systematisch gleichwerthigen Fasern bestehen. In der Lendenanschwellung konnten wir eine Sonderung der Seitenstrangreste in die zwei Hauptabtheilungen, welche wir in höheren Regionen unterschieden haben, nie beobachten.
Die zwischen Pyramiden-Seitenstrangbahnen und Vorderhörner eingeschobenen Längsfasern nähern sich hinsichtlich ihres Entwickelungsganges dem Hauptbestandtheil der
vorderen gemischten Zone. Auch die Verhältnisse des Fasercalibers haben wir in der
Lendenanschwellung an dem betreffenden Ort von jenen der Halsanschwellung abweichend gefunden. Dort überwiegen feine, hier feinste (s. o. S. 168). Sollten somit,
wie am wahrscheinlichsten, die feinsten Fasern der seitlichen Grenzschicht im Halsmark
ein in sich einheitliches System darstellen, so würde dasselbe von oben nach unten
stetig an Querschnitt abnehmen können; die Zunahme, welche die Region der
seitlichen Grenzschicht in der Lendenanschwellung zeigt, würde auf andersartige Fasern
zurückzuführen sein, deren Aequivalente in der Halsanschwellung zwar auch vorhanden sein, jedoch gegenüber den ersterwähnten mehr zurücktreten würden.

Je nachdem die seitliche Grenzschicht mehr nach vorn oder hinten
gelegen ist, wird sie seitlich und vorn begrenzt von der vorderen gemischten Zone beziehentlich der Pyramiden-Seitenstrangbahn.

In der Halsanschwellung, im Dorsal- und oberen Lendenmark schieben sich in dem Winkel zwischen Vorder- und Hinterhörnern sowie an
der Aussenseite der Letzteren Längsfaserbündelchen theils zwischen die
graue Substanz und die seitliche Grenzschicht (s. Fig. 1, Taf. XVIII) theils
zwischen die Elemente der Letzteren selbst ein, welchen mit Rücksicht
auf Entwickelung und periphere Verbindungen eine andere Bedeutung
zuzuschreiben ist, als dem Hauptbestandtheil dieser Schicht. Sie gehören
theils, wie insbesondere im unteren Dorsalmark der directen Kleinhirn-
Seitenstrangbahn an, theils stammen sie direct aus den hinteren Wurzeln. Die Letzteren treten entweder in Form einzelner Fasern oder in
Form von Bündelchen auf. Im oberen Theil der Halsanschwellung sowie

im obersten Halsmark treten als homologe Gebilde an correspondirender
Stelle Accessoriusbündel[*]) auf, welche nach Durchsetzung der Seitenstränge in horizontaler Richtung in der Nähe der grauen Substanz in die
vertikale umbiegen.

Es nehmen also diejenigen Accessoriusfasern, welche in den Seitensträngen eine
Strecke weit in vertikaler Richtung verlaufen, den anderen Nervenwurzeln gegenüber
nicht eine principielle Sonderstellung ein, sondern sie folgen hiermit einem den hinteren (!) Rückenmarkswurzeln überhaupt zukommenden Typus. Es finden sich in der
ganzen Länge des Rückenmarkes hintere Wurzelfasern, welche, den Accessoriusfasern
ähnlich, in der Gegend der *processus reticulares* eine Strecke weit vertikal verlaufen.

Die Verbindungsweise der seitlichen Grenzschicht mit der grauen
Substanz ist ähnlich jener der Pyramidenbahnen. Die Fasern strahlen
meist einzeln oder auch in Form von Bündelchen in nach abwärts
convexem Bogen und in radiärer Richtung in die graue Substanz ein;
wie sie hier endigen, haben wir zunächst noch nicht festgestellt. Sie
nehmen gleichfalls ihren Weg gegen die vordere Commissur, biegen aber
scheinbar, noch bevor sie letztere erreichen, in einem spitzen Winkel nach
vorn aussen um. Die Gefahr, dieselben mit Fasern der Pyramiden-Seitenstrangbahnen zu verwechseln, liegt sehr nahe. Es kann hier lediglich
ein genaues Studium des Verhaltens vor dem Beginn der Markscheidenbildung in den Pyramidenbahnen Aufschlüsse gewähren. — Im Winkel
zwischen Vorder- und Hinterhörnern bemerkt man auf Längsschnitten
auch Fasern, welche mit nach oben aussen gewandter Convexität aus
der grauen Substanz austreten. Dieselben sind zum Theil mit Sicherheit
als hintere Wurzelfasern anzusprechen, ein anderer Theil ist vielleicht
gleichwerthig Elementen der vorderen gemischten Zone.

Am oberen Ende des Rückenmarkes, etwa von der Grenze des
1. und 2. Halsnerven an, wird die seitliche Grenzschicht von einem
Netzwerk grauer Substanz durchflochten, welches von den Vorderhörnern

[*] Diese Bündel gehen nicht etwa ununterbrochen in die sog. Respirationsbündel
(KRAUSE, HEIDENHAIN) der *oblongata* (gemeinsame aufsteig. Wurzel des seitl. gemischten Systems, MEYNERT, über; es handelt sich um eine Succession vieler getrennter
Bündel, deren jedes nach kürzerem oder längerem vertikalen Verlauf gesondert in die
graue Substanz eintritt. — Wir fanden übrigens einmal eine Accessoriuswurzel im
oberen Halsmark sich zusammensetzen aus zwei innerhalb der Seitenstränge diver-
gent verlaufenden kleineren Bündelchen; das eine zog (vorderen Wurzelfasern parallel,
vom *processus lateralis* des betr. Vorderhorns nach vorn aussen zur Peripherie, das
andere schmiegte sich (hinteren Wurzelfasern parallel laufend) den Hinterhörnern dicht
an. Die gemischte Natur des Accessorius trat hier ohne Weiteres deutlich hervor.

ausgeht. Sie wird hierdurch in eine grosse Anzahl kleiner cylindrischer Bündel zerlegt, und diese Gliederung ist bereits in ziemlicher Vollständigkeit eingetreten, bevor in dem anderen Haupttheil der Seitenstraugreste eine ähnliche Metamorphose nur begonnen hat. Ob hierbei der Gesammtquerschnitt der Längsfaserbündel, welche denen der seitlichen Grenzschicht aequivalent sind, zunimmt, lässt sich schwer ermitteln. Falls sie, wie am wahrscheinlichsten, nach oben ihre Lage nicht ändern, gelangen sie in den hintersten, dem grauen Boden unmittelbar benachbarten Theil der *formatio reticularis* der *oblongata* und werden hier nach innen von den Hypoglossus — nach aussen successiv von den Accessorius — Vagusund Glossopharyngeus-Wurzeln eingerahmt.

Die seitliche Grenzschicht entspricht ihrer Lage nach im obersten Halsmark wenigstens annähernd dem von Meynert (Arch. f. Psych. Bd. IV. Taf. IV. Fig. 6) an der Aussenseite der Vorderhörner gezeichneten weissen Feld, welches derselbe als mit dem' *thalamus opticus* zusammenhängend betrachtet. Wir werden diese Ansicht gelegentlich der Betrachtung des verlängerten Markes näher beleuchten.

β. Vordere gemischte Seitenstrangzone.

Wir haben diesen Namen gewählt, weil diese Zone entwickelungsgeschichtlich sich aus zwei differenten Fasergattungen zusammengesetzt erweist. Sowohl Längsschnitte als Zerzupfungspräparate, welche ca. 25 — 32 ctm. langen Früchten entnommen, ergaben diess. Am Erwachsenen kennzeichnet sie sich als eine Mischung starker, mittelstarker, feiner und feinster Fasern. Die letzteren zwei Sorten überwiegen im oberen Halsmark, in tieferen Regionen treten sie mehr gegen die zwei ersteren zurück. Es ist wohl möglich, dass ein Theil der feinsten Fasern systematisch gleichwerthig ist den in der seitlichen Grenzschicht überwiegenden Elementen; wir haben indess ein zuverlässiges Kriterium, um diese Frage zu entscheiden, noch nicht gefunden.

Was die Grössenverhältnisse unserer Zone anlangt, so ist sie es wohl vornehmlich, welche die negativen Schwankungen des Querschnittes der Seitenstrangreste oberhalb der Anschwellungen bedingt. Hinsichtlich der oberen Rückenmarkshälfte ist dies kaum zweifelhaft; hinsichtlich der unteren können wir es nur annehmen, sofern wir die in der Lendenanschwellung zwischen Pyramiden-Seitenstrangbahn und graue Vorderhörner eingeschobenen Längsbündel in der Hauptsache als zu unsrer Zone gehörig betrachten.

Die Verbindungsweise mit der grauen Substanz ist bereits seit

längerer Zeit bekannt. Man hat wenigstens für die Anschwellungen nachgewiesen, dass aus den seitlichen Theilen der Vorderhörner Fasern in
dieselben übertreten und nach aufwärts umbiegen. Kölliker hat dieselben wenigstens zum Theil für directe Fortsetzungen vorderer Wurzelfasern erklärt. Wir können ihm in dieser Hinsicht beistimmen; indess es
sind nicht lediglich solche Fasern, welche aus der grauen Substanz in
die vordere gemischte Zone eintreten.

Wir haben zunächst mit Rücksicht auf das Caliber zwei Sorten
zu unterscheiden; stärkere markhaltige und feinere, an welchen der
Nachweis einer Markscheide mitunter auf Schwierigkeiten stösst.

Die ersteren sind wahrscheinlich zum Theil identisch mit den nur
erwähnten vorderen Wurzelfasern, andere stehen mit der vorderen Commissur in Verbindung, eine dritte Gattung endlich verliert sich zwischen
den Ganglienzellengruppen der Vorderhörner, ohne dass man eine der
beiden ersteren Verbindungsweisen annehmen könnte. Die genannten
starken Fasern treten auf der ganzen Strecke aus, wo die graue Substanz und Seitenstrangreste aneinander stossen, besonders zahlreich aber
in dem Theil, welcher gerade nach aussen von der vorderen Commissur
zu liegen kommt *).

Die feineren Verbindungsfasern zwischen vorderer gemischter Zone
und grauer Substanz treten an allen Punkten der Peripherie letzterer in
ungefähr gleicher Menge aus; sie strahlen bald einzeln, bald in Form
kleiner Bündelchen in die weisse Substanz ein und verlieren sich andererseits innerhalb der grauen in jenem labyrinthischen Gewirr feinster Nervenfasern, welches dieselbe durchsetzt.

Was die Verlaufsrichtung der in den Markmantel eingetretenen
Nervenfasern innerhalb desselben anlangt, so biegen sie meist nach
aufwärts um; doch fehlen auch solche nicht, welche ihre Richtung mit
nach oben gewandter Convexität ändern.

Henle, welcher die sonst hier in Betracht kommenden Fasern bereits gut abbildet
(Nervenl. S. 65) ist der Ansicht, das letztere Fasern in der Regel Kunstproducte seien.
Wir fanden sie indess auch an Stellen, wo sie nicht unter dem Einfluss des Zuges
der Messerklinge jene Richtung angenommen haben konnten.

Da wo sich die seitliche Grenzschicht zwischen die graue Substanz
und die vordere gemischte Zone einschiebt (im oberen Hals- und Dorsal-

---

*) Vergl. Taf. XIX, Fig. 1 u. 2 links. Die Zeichnungen sind zu klein, als dass
die feineren Fasern hätten berücksichtigt werden können. Die Vertheilung der stärkeren
zeigte an den betr. Präparaten nicht sämmtliche oben angegebenen Verlaufsverhältnisse.

mark), müssen die Fasern, welche aus der grauen Substanz austreten, natürlich die Ersteren durchsetzen, um in letztere zu gelangen.

Da die vorderen Wurzeln zum guten Theil in die vordere gemischte Zone übergehen, so ist es begreiflich, weshalb der Querschnitt der Letzteren in den Anschwellungen besonders gross ist; denn hier ist ja die Zahl der auf der Längeneinheit des Markes eintretenden vorderen Wurzelfasern beträchtlich grösser als anderwärts. Schwerer ist es, festzustellen, wie es oberhalb der Anschwellungen wieder zu einer Querschnittsverminderung kommt. Es ist durch keine Beobachtung erwiesen, dass die in die Seitenstränge eingetretenen Fasern in der Continuität ihr Caliber ändern oder, durch Verschmelzung mehrerer Fasern zu Einer, an Zahl abnehmen. Es kehrt wohl ein Theil der Fasern zur grauen Substanz zurück. Falls dies in der That geschieht, würde es sich wieder fragen, welches das Schicksal dieser Elemente innerhalb der grauen Substanz selbst ist; wir müssen auch hierauf zunächst eine Antwort schuldig bleiben.

Der grösste Theil der in der vorderen gemischten Zone enthaltenen Längsfasern verhält sich indess anders; es sind diejenigen, welche in die· *oblongata* übergehen. Dieser Uebergang vollzieht sich direct, d. h. ohne dass die betreffenden Bündel in der Hauptsache ihre Lage ändern, sich kreuzen u. s. w., und zwar folgender Gestalt: Nachdem die seitliche Grenzschicht in der oben beschriebenen Weise von grauer Substanz durchflochten worden ist, tritt auch in der in Rede stehenden Zone eine Zerklüftung der compakten Längsfaserbündel auf, indem zunächst von der Grenze der ersteren Formation her ein Netzwerk grauer Substanz in sie eindringt und überdies Bogenfaserbündel sie durchziehen, welche von den Kernen der BURDACH'schen Keilstränge her nach vorn streben. Erst in der Höhe der oberen Pyramidenkreuzung ist die Zerklüftung bis zur Peripherie der *oblongata* vorgedrungen. Die vordere gemischte Seitenstrangzone mündet demnach in der Hauptsache ein in die mehr nach vorn, in der hinteren und äusseren Umgebung der grossen Oliven, gelegenen Abschnitte der *formatio reticularis* des verlängerten Markes. Ein Theil ihrer Fasern gelangt indess vielleicht auch in das Gebiet der grossen Oliven selbst, welche in dem Grenzgebiet genannter Zone gegen die fortgesetzten Vorderstrang-Grundbündel auftauchen.

Wir werden bei Betrachtung der *oblongata* erwägen, in welchem Verhältniss die genannten grauen Massen, beziehentlich höher gelegene Centren des Gehirns (Vierhügel, *thalami optici*, Kleinhirn) zu der vorderen gemischten Zone stehen.

Es liegt der Gedanke nahe, dass die zwei verschiedenen Fasergattungen, welche aus der grauen Substanz in unsere Zone übertreten, den zwei entwickelungsge-schichtlich sich sondernden Arten entsprechen. Wir können vor der Hand bestimmtere Angaben hierüber nicht machen, desgleichen nicht darüber, welche von diesen Faser-gattungen die langen (d. h. Rückenmark und *oblongata* verbindenden) Leitungsbahnen darstellen, welche die kurzen (insbesondere in den Anschwellungen zahlreichen) ; nach dem systematischen Gang der Faseranlage im Allgemeinen zu schliessen, sind die in der Entwickelung nachschleppenden Elemente lange Bahnen.

Erwägt man, dass im oberen Halsmark die feinen und feinsten Fasern innerhalb unsrer Zone relativ beträchtlich zahlreicher sind als in tieferen Regionen, dass ferner die starken aus der grauen Substanz ausstrahlenden Fasern zum Theil direct vorderen Wurzelfasern entstammen, so muss man es für wahrscheinlicher erklären, dass die feinen und feinsten Fasern der vorderen gemischten Zone die Verbindung von *oblongata* und grauer Substanz des Rückenmarkes herstellen. Doch lässt sich allerdings trotz der negativen Beobachtungen nicht mit Sicherheit ausschliessen, dass die Fasern in der Continuität der weissen Substanz ihr Caliber ändern. Die Querschnittsverminderung unserer Zone von oben nach unten ist der Art, dass man auch die Verbindung der Lendenanschwellung mit der *oblongata* auf diesem Wege als eine ausgiebige zu be-trachten hat. — Sofern die langen Bahnen sämmtlich in der *formatio reticularis* endi-gen sollten, würden sämmtliche Fasern unserer Zone insofern eine systematisch nahe verwandte Bedeutung besitzen, als sie dann ausnahmslos die Verbindung zwischen verschiedenen Abschnitten des centralen Höhlengrau (s. o. S. 199 Anm.) darstellen würden (NB. vorausgesetzt, dass die von DEITERS [a. a. O. S. 161 fg.] begründeten Anschauungen haltbar sind).

d. Grundbündel*) der Vorderstränge.

Wir fassen unter dieser Bezeichnung alle diejenigen Fasern der Vorderstränge zusammen, welche nach Abzug der Pyramiden-Vorder-strangbahnen übrig bleiben. Die Grenze dieser Formation nach aussen, gegen die zuletzt beschriebene Seitenstrangzone, betrachten wir, wie be-reits erwähnt, gegeben in den äussersten vorderen Wurzelfasern.

Diese Ansicht ist, wie bereits mehrfach hervorgehoben, eine ziemlich willkürliche. Unsere entwickelungsgeschichtlichen Studien berechtigen uns hierzu nicht, da an allen von uns untersuchten Embryonen Vorderstranggrundbündel und vordere gemischte Seitenstrangzone ohne scharfe Grenze in einander übergingen. Die Trennung erscheint uns nothwendig im Hinblick auf das differente Verhalten beider zur *oblongata*; doch kann ein selbst beträchtlicher Theil ihrer Fasern systematisch gleichwerthig sein.

Die Vorderstranggrundbündel zeichnen sich ganz besonders aus durch Schwankungen ihres Querschnittes in verschiedenen Höhen, welche weit

---

*) Wir haben diesen Namen gewählt, obwohl hierdurch Anlass zu Verwechselun-gen gegeben werden könnte. BURDACH bezeichnet bekanntlich die aus den Vordersträn-gen hervorgehenden Theile der Pyramiden als »Grundfasern«. Für letztere scheint uns jedoch dieser Name deshalb nicht geeignet, weil sie ja einen schwankenden, mitunter ganz fehlenden Bestandtheil der Vorderstränge darstellen.

augenfälliger sind, als die der »Seitenstrangreste«; der Querschnitt jener
wächst und fällt entsprechend der Menge der auf der Längeneinheit eintretenden Wurzelfasern. Die speciellen Verhältnisse giebt Tab. S. 350.

Diese Schwankungen sind weit weniger ausgeprägt, wenn man die Grenze unserer
Formation in den inneren vorderen Wurzelfasern der Anschwellungen erblickt.

Was das Fasercaliber anlangt, so findet sich hier eine grosse
Anzahl starker Fasern zwischen mittelstarken und feinsten; die Ersteren
treten insbesondere in dem zwischen vorderer Rückenmarksfläche und
Innenfläche der vorderen Längsfissur gelegenen Winkel, beziehentlich dem
an die Pyramidenvorderstrangbahnen anstossenden Rayon auf.

Im obersten Halsmark kann man besonders bei Kindern im ersten
Lebensjahr mit Rücksicht auf das Fasercaliber zwei Abschnitte unterscheiden, einen der grauen Substanz unmittelbar benachbarten und einen
zweiten, jenen concentrisch umgebenden. Ob sie entwickelungsgeschichtlich sich sondern, können wir nicht mit Sicherheit angeben.

Beide weichen hinsichtlich ihres Entwickelungsganges (Zeit der Markscheidenbildung)
von den Faserbündeln des vorlängerten Markes ab, welche nun als zu den Vierhügeln
gehörig zu betrachten hat (Fortsetzung der Schleife). Es ist somit unwahrscheinlich,
dass wenigstens der Haupttheil der in den Vorderstrang-Grundbündeln enthaltenen Fasern
mit den Letzteren systematisch gleichwerthig ist.

Das Verhältniss der Vorderstrang-Grundbündel zu der
grauen Substanz lässt sich besonders an Goldpräparaten erkennen.
Auch hier haben wir auf Grund des Calibers zwei Arten von Verbindungsfasern zu unterscheiden, feine und starke. Die Ersteren gelangen meist in
Form kleiner Bündel aus dem gleichseitigen grauen Vorderhorn in schräg
nach vorn innen gerichtetem Verlauf in dieselben herein. Die Letzteren
werden meist durch die vordere Commissur zugeführt; sie kommen theils
direct aus den vorderen Wurzelfasern der anderen Seite, wie dies Kölliker schon früher angegeben hat, ein anderer Theil verliert sich in die
graue Substanz der entgegengesetzten Rückenmarkshälfte, ohne dass ein
solcher Zusammenhang nachweisbar. Einzelne starke Fasern verlaufen
indess auch in Begleitung der feinen Bündelchen direct aus dem Vorderhorn in die gleichseitigen Vorderstranggrundbündel.

An Längsschnitten, welche in einer der vorderen Fissur parallelen
Ebene geführt sind oder in der Richtung jener Fasern der vorderen Commissur, welche die Vorderstränge am weitesten nach vorn durchsetzen,
oder endlich in der Eintrittsrichtung der nur erwähnten Bündelchen
feiner Fasern, überzeugt man sich besonders in den Anschwellungen,

dass insbesondere von der vorderen Commissur her sowohl nach oben
als nach unten umbiegende Fasern in die Grundbündel eintreten. Es
unterliegt somit keinen Schwierigkeiten, das successive An- und Ab-
schwellen der ganzen Formation in verschiedenen Höhen zu erklären.

Das Verhalten der Vorderstrang-Grundbündel zur *med. oblongata*
anlangend, so gehen dieselben in der Hauptsache in die hinteren Längsbündel der *oblongata* über; beziehentlich letztere führen Elemente, welche
denen der Vorderstranggrundbündel systematisch gleichwerthig sind.

Der zwischen hinteren Längsbündeln und Pyramiden gelegene Theil
des der *raphe* unmittelbar benachbarten Querschnittfeldes kann nur ganz
vereinzelte Fasern aus den in Rede stehenden Vorderstrangabschnitten
erhalten. Wir werden alsbald hierauf zurückkommen.

Unsere Grundbündel der Vorderstränge + Seitenstrangreste repräsentiren bei PIERRET
(CHARCOT) die *zones radiculaires antérieures*. Eine Motivirung dieser Benennung haben
genannte Autoren, wie bereits erwähnt, nicht gegeben. Nur an einer Stelle findet sich
bei CHARCOT eine Bemerkung, aus welcher man erschliessen könnte, wie derselbe sich
die systematische Bedeutung genannter Region vorstellt. Amyotr. S. 272 steht in Paren-
these hinter *zones radiculaires antérieures* zu lesen: *trajet intra-spinal des racines antérieures*. Es sind diess im wesentlichen die anatomischen Schlüsse, welche CH. und
PIERRET selbstständig aus der Entwickelungsgeschichte hinsichtlich der Constitution der
Vorderseitenstränge gezogen! Erwägt man, dass höchstens ein Theil der in den Seitenstrangresten und Vorderstranggrundbündeln vorhandenen Längsfasern directe Fortsetzungen vorderer Wurzelfasern bildet, dass indirecte Fortsetzungen solcher aber jedenfalls
auch in den Pyramidenbahnen enthalten und somit für die erstgenannten Theile der
Vorder-Seitenstränge nicht specifisch sind, so leuchtet es ein, dass die von CHARCOT
und PIERRET gewählte Bezeichnung als eine völlig zutreffende nicht zu betrachten ist.
Auch der Umstand, dass die in Rede stehenden Bezirke von den vorderen Wurzelfasern in horizontaler Richtung durchsetzt werden, erscheint uns nicht als etwas dieselben bestimmt Charakterisirendes. Es handelt sich zunächst um ein Nebeneinander
zum Theil heterogener Elemente.

Auf eine Kritik der bereits mitgetheilten Anschauungen MEYNERTS über die Bestandtheile der Vorderstränge und vorderen Seitenstränge werden wir in der Folge
eingehen.

2. Hinterstränge*).

Das, was wir über die Zusammensetzung der Hinterstränge mittheilen können, geht nur wenig über das bisher Erreichte hinaus. Auf
Grund der Entwickelung sowohl, wie auf Grund der secundären Degenerationen lassen sich wesentlich 2 Abtheilungen unterscheiden; im

---

*) Wir haben denselben vor der Hand verhältnissmässig wenig Aufmerksamkeit
zugewandt, und bitten wir hiernach die folgenden Mittheilungen zu beurtheilen.

Halsmark sondern sie sich auch beim Erwachsenen schon makroskopisch und sind hier bereits von Burdach als »zarte« und »Keilstränge« beschrieben worden. Wir bezeichnen die ersteren als Goll'sche*) Stränge, die letzteren als Grundbündel der Hinterstränge.

a. Goll'sche Stränge**).

(Goll'sche Keilstränge Kölliker, zarte Str. Burdach, *cordons grêles*, *faisceau médian des cordons postérieurs* Aut., *faisceaux de la commissure postérieure Pierret.*)

Diese wahrscheinlich von der *oblongata* bis zur Lendenanschwellung reichenden Stränge, für welche wir in der Folge noch eine nähere systematische Definition geben werden, sind auf Grund der Entwickelung beziehentlich der Markscheidenbildung nur im Hals- und oberen Drittel des Dorsalmarkes gut abgrenzbar. In wie fern Erkrankungen ihre Beschaffenheit in tieferen Regionen klar legen, werden wir in der Folge speciell erörtern!

Hinsichtlich ihrer Lage, Gestalt in verschiedenen Höhen u. s. w. können wir zum Theil auf das verweisen, was wir oben S. 154 angegeben haben.

Wir heben hier nur noch Folgendes hervor: Die G. Stränge verhalten sich hinsichtlich ihrer Lagerung zu den übrigen Theilen (Grundbündeln) der Hinterstränge ähnlich wie die Pyramiden-Vorderstrangbahnen zu den Grundbündeln der Vorderstränge. Sie liegen dem hinteren *septum* beziehentlich der *fissura mediana posterior***) (sp Fig. 1, Taf. XIX)

---

*) Wir behalten diesen Namen bei, obwohl wir im Allgemeinen personelle Bezeichnungen für wenig zweckmässig erachten; er ist indess einerseits ziemlich allgemein acceptirt, andererseits lässt sich eine auf die systematische Stellung der betr. Stränge begründete Bezeichnung vor der Hand noch nicht geben.

**) Auf Schema Taf. XX grün. Im unteren Dorsalmark nicht gezeichnet, weil Umfang hier nicht genau zu erkennen. Hinsichtlich der makroskopischen Verhältnisse glauben wir auf die Handbücher der Nervenlehre verweisen zu dürfen.

***) Wir bezeichnen als *septum posterius* die Gewebsmassen, welche die medianen Flächen der Hinterstränge aneinanderhelften. Die *fissura mediana posterior*, deren Existenz nicht zu bezweifeln, ragt nirgends bis an die hintere Commissur heran. Im Lendenmark z. B. werden die medianen Hinterstrangflächen zum mindesten im Bereich der vorderen Hälfte dieser Stränge durch eine Gewebsmasse verbunden, welche in ihrer Zusammensetzung mit den radiären Septis der Seitenstränge völlig übereinkommt. Es finden sich hier nicht nur Gefässe, Bindegewebsbündelchen u. s. w., sondern auch ziemlich starke Nervenfasern, auf deren Beschreibung wir sogleich näher eingehen werden. Dass zwischen diesen Elementen Lymphspalten auftreten, ist wohl kaum zu bezweifeln.

symmetrisch an und besitzen im Hals- und oberen Dorsalmark theils zusammen, theils ein jeder für sich einen exquisit keilförmigen Querschnitt.
Sie werden hier nach aussen begrenzt durch annähernd sagittal gestellte
bindegewebige *septa*, welche sich entsprechend den *sulci intermedii
posteriores (Bellingeri)* mit der *pia mater* vereinigen (s. Fig. 1. Taf. XIX,
Furche zwischen Z' und B). In den unteren zwei Dritteln des Dorsalmarkes konnten wir zwar die Grenzen der G. Stränge nicht genau
feststellen; doch erweckten die Befunde an Individuen, welche entweder
mit secundären Degenerationen behaftet waren, oder bei denen sich die
betr. Stränge im Halsmark durch ein relativ sehr feines Fasercaliber (s. o.
S. 168) vor den übrigen Theilen der Hinterstränge auszeichneten, die
Vermuthung, dass die Querschnitte unserer Stränge noch eine Strecke weit
im Grossen und Ganzen ähnlich gestaltet sind, wie im oberen Dorsalmark.

In der Lendenanschwellung findet sich neben dem hinteren Septum jederseits eine
auf dem Querschnitt biconvexe (bez. planconvexe) Längsfasermasse, welche hinsichtlich
ihres Fasercalibers mit den Goll'schen Strängen des Halsmarkes übereinzustimmen
pflegt. (Sie ist Taf. XIX, Fig. 2 heller gezeichnet; sie hob sich auch an der Photographie, nach welcher die Zeichnung entworfen, in dieser Weise ab.)

Entsprechend ihrer hinteren Kante senkt sich mitunter von der hinteren medianen
Längslissur aus jederseits eine bindegewebige Scheidewand in die Tiefe, welche wohl
der im Halsmark jederseits in den *sulc. intermed. poster.* eindringenden entspricht. Die
betr. *septa* convergiren in einem spitzen Winkel gegen die *fiss. med. post.* [vergl. Fig. 2,
Taf. XIX die Stelle, wo die hintere Längslissur (bei Z') sich zu einer linearen Spalte
verjüngt; die eben erwähnten Septa sind hier angedeutet, leider aber nicht bezeichnet;
das rechte, welches besonders deutlich, läuft nach aussen vorn und trifft an der inneren Grenze des rechten Hinterhorns mit hinteren Wurzelfasern zusammen].

Der Grössenantheil der G. Stränge an dem Gesammtquerschnitt der Hinterstränge wechselt in verschiedenen Höhen, theils
weil ihr eigener absoluter Querschnitt, theils weil jener der übrigen Bestandtheile der Hinterstränge schwankt. Er ist (innerhalb der Regionen,
wo sich die Grenzen der G. Stränge wenigstens annähernd bestimmen
lassen) am kleinsten in der Lendenanschwellung, am grössten in der
oberen Hälfte des Dorsalmarkes. Auch in der unteren Hälfte des Letzteren ist er höchst wahrscheinlich grösser, als in der Lendenanschwellung.

Was die Grössenverhältnisse der G. Stränge selbst in verschiedenen Höhen anlangt, so unterliegt eine Feststellung derselben für
das gesammte Mark aus den mehrfach angedeuteten Gründen grossen
Schwierigkeiten. Vom oberen Dorsalmark an nimmt der absolute Querschnitt nach oben zu (bei einem 50 ctm. langen Neugeborenen, wo sie

sich gut sonderten, fanden wir das Verhältniss in der Höhe des 3. Hals-
und 1. Dorsalnerven wie 100 : 84, s. auch Maasse Tab. S. 350). In der
Lendenanschwellung ist er zweifellos beträchtlich kleiner als im oberen
Dorsalmark. Es zeigen somit die GOLL'schen Stränge allenthalben, wo
wir ihren Querschnitt mit annähernder Sicherheit bestimmen können, eine stete Zunahme in der Richtung von
unten nach oben; auch die Vorstellungen, welche wir uns von ihrem
Verhalten im unteren Dorsalmark machen können, scheinen uns nicht
dagegen zu sprechen[*]). Wir würden somit in den GOLL'schen Strängen
ein System zu erblicken haben, welches, ähnlich den Pyramiden- und
directen Kleinhirn-Seitenstrangbahnen im Rückenmark, zwar allenthalben
Fasern aus der grauen Substanz erhält, aber solche nicht wieder dahin
abgiebt.

Was die Art und Weise anlangt, auf welche diese Verbindung
der G. Stränge mit der grauen Substanz des Rückenmarkes vor sich
geht, so haben wir darüber (an unseren Goldpräparaten) Folgendes ermitteln können: Die Verbindung geschieht wahrscheinlich auf zwei Wegen.
Es gelangen einmal von der Innenfläche der Hinterhörner, insbesondere
von den CLARKE'schen Säulen und ihrer nächsten Umgebung her, Faserbündelchen in den Bereich der GOLL'schen Stränge, indem sie in horizontaler Richtung schräg von vorn aussen nach hinten innen verlaufen.

Auf Fig. 1. Taf. XVIII sind diese Bündel nicht gezeichnet, weil sie an dem betr.
Präparat nicht deutlich waren. Sie entsprechen am ehesten der mit s bezeichneten
Linie, doch wenden sie sich nicht, wie die hier dargestellten Fasern, sämmtlich medianwärts gegen die hintere Commissur, sondern strahlen in derselben Richtung, welche
sie in den Hintersträngen hatten, in die CLARKE'schen Säulen ein (etwa in der Richtung der punktirten Linien, welche bei Cs zusammenstossen).

Die zweite[**]) Fasergattung bildet vor ihrem Eintritt in die weisse
Substanz einen Bestandtheil der hinteren Commissur. Man beobachtet

---

[*] Wir werden in der Folge nachweisen, dass der Schein, als ob sie im unteren
Dorsalmark den grössten Theil des Hinterstrangquerschnittes einnähmen, hervorgerufen
wird durch den Umstand, dass die G. Stränge und die »Grundbündel« der Hinterstränge
in besagter Region nicht streng gesondert verlaufen.

[**] Wir können von beiden Fasergattungen lediglich angeben, dass sie in den
Bereich der GOLL'schen Stränge gelangen; ob sie wirklich zu bleibenden Bestand-
theilen derselben werden, müssen wir vor der Hand dahin gestellt sein lassen. Wir
haben sie lediglich an einem reifen Neugeborenen gesehen, wo sie allerdings hinsichtlich ihres Calibers mit den Elementen der GOLL'schen Stränge übereinstimmten. Es
wird zu untersuchen sein, ob jene mit letzteren gleichzeitig Markscheiden erhalten! —

fast in der ganzen Länge des Rückenmarkes, besonders häufig aber im
Lenden- und unteren Dorsalmark, an Querschnitten Fasern, welche
längs dem vorderen Rand der Hinterstränge verlaufend, aus den Hinterhörnern in die hintere Commissur eintreten und, in der Mittellinie angekommen, plötzlich ihre transversale·Richtung in die sagittale
umändernd, in das *septum posterius* eintreten (Fig. 1, Taf. XVIII.
s — sp). Dieselben gehen mitunter scheinbar auch an ihrem lateralen
(Schnitt-) Ende zum Theil in die Hinterstränge über (bei s Fig. 1), und
zwar in vertikale Bündel, welche an der inneren Grenze der grauen
Substanz zwischen den zuerst erwähnten Fasern gelegen sind.

Ein anderer Theil der in das mediane *septum* einstrahlenden Fasern
kommt gleichfalls aus der Gegend der Clarke'schen Säulen. Nach dem
Eintritt in das *septum* ziehen alle diese Fasern, dem gleichseitigen Hinterstrang an dessen Innenfläche anliegend, eine beträchtliche Strecke in
horizontaler Richtung nach hinten und verschwinden dann aus der
Schnittebene. Eine Kreuzung der von beiden Seiten her in das Septum
eintretenden Fasern konnte nicht mit Sicherheit beobachtet werden.

Fertigt man Längsschnitte an, welche genau in das *septum posterius*
fallen, so erblickt man hier eine ungemein grosse Anzahl in allen Richtungen sich kreuzender, ziemlich starker markhaltiger Fasern. Dieselben
treten offenbar zum Theil aus der hinteren Commissur aus und gehen
andererseits mit nach hinten abwärts gewandter Convexität in die Längsfasern der G. Stränge über.

Was das Verhalten der G. Stränge zur *oblongata* anlangt,
so endet wahrscheinlich der überwiegende Theil ihrer Fasern in den
»Kernen der zarten Stränge« *), welche makroskopisch sich als *clavae* her-

---

Unsere Angaben sind, wie sich ohne Weiteres ergiebt, noch sehr lückenhaft. Ob z. B.
die Clarke'schen Säulen in der That, wie es scheint, mit den G. Strängen verbunden
sind, können wir noch nicht mit Sicherheit angeben. Immerhin erscheint der Befund
zahlreicher markhaltiger Fasern im vorderen Abschnitt des *septum posterius* in hohem
Grade beachtenswerth.

Bei allen Fasern, welche zwischen Hintersträngen und grauer Substanz verlaufen,
ist die Möglichkeit im Auge zu behalten, dass man directe Fortsetzungen der hinteren
Wurzeln vor sich habe. Es beansprucht somit auch vielleicht ein Theil der hier beschriebenen Fasern diese Bedeutung.

*) Es liegt zweifellos eine Inconsequenz darin, die grauen Massen, welche am
oberen Rückenmarksende auftreten, als »Kerne der zarten Stränge«, diese aber als »Goll'-
sche Stränge« zu bezeichnen. Eine Sichtung der Nomenclatur erscheint als dringendes
Bedürfniss.

vorheben. Diese Endigung erscheint uns vor der Hand als das wesent-
lichste Charakteristikum der in den G. Strängen enthaltenen Fasern. Wir
würden sie zu betrachten haben als Elemente, welche die in den *clavae*
der *oblongata* enthaltenen Ganglienzellen (und so mittelbar höher
gelegene, noch genauer zu bestimmende Centra) mit Elementen zunächst
der grauen Substanz des Rückenmarkes verbinden.

Diese bereits von KÖLLIKER und DEITERS gemachte Angabe, wonach überdies die
Ganglienzellen der genannten Kerne Axencylinderfortsätze an die obere Pyramidenkreuzung abgeben, harmonirt mit der Erfahrung, dass man bei Degenerationen selbst der
ganzen Hinterstränge, in der *oblongata* weder ein compakteres Längsbündel noch die
obere Pyramidenkreuzung selbst erkrankt finden kann.

Die aufsteigenden Degenerationen grenzen sich stets an den genannten Kernen ab.
Wenn frühere Autoren angegeben haben, dass die in die GOLL'schen Stränge eingetretenen Fasern im Halsmark um so oberflächlicher zu liegen kommen, aus je tieferen
Regionen sie stammen, dass demnach die am weitesten nach vorn gelegenen Fasern
allenthalben die kürzesten sind, so ist dies mit Vorsicht aufzunehmen. Die GOLL'schen
Stränge reichen, wie unser Schema zeigt, im oberen Halsmark nicht so weit nach
vorn, wie in der Halsanschwellung. Es rücken alle Fasern der GOLL'schen Stränge
gegen das obere Rückenmarksende zu mehr nach hinten. Ueberdies sind die betreffenden Untersuchungen wahrscheinlich meist an carminisirten Querschnitten angestellt,
welche sogleich zu betrachtende Fehlerquellen darbieten. — Was die Funktion der
GOLL'schen Stränge anlangt, so wird von CHARCOT (PIERRET) mit Bestimmtheit angegeben, dass sie mit der willkürlichen Cordination der Muskelbewegungen nichts zu
thun haben, da ihre isolirte Erkrankung (s. u.) Störungen derselben nicht nach sich
ziehe. Die für diese Ansicht beigebrachten Belege lassen zu wünschen übrig.

b. Grundbündel der Hinterstränge *).

(Keilstränge BURDACH, *zones radiculaires postérieures Pierret*).

Wir fassen unter diesem Namen alle nach Abzug der GOLL'schen
Stränge übrigbleibenden Fasern zusammen. Ihre Lage u. s. w. erhellt
ohne Weiteres aus dem, was wir über letztere angegeben haben.

Was ihren Querschnitt in verschiedenen Höhen anlangt, so
bilden sie denjenigen Theil des Markmantels, welcher nächst den Vorder-
dersträngen in dieser Hinsicht die exquisitesten Schwankungen zeigt;
Derselbe ist höchst wahrscheinlich in der Halsanschwellung um mehr
als das Doppelte grösser, als im mittleren Dorsalmark, und auch in der
mittleren Lendenanschwellung ist er um mindestens zwei Drittel grösser
als in diesem **).

---

*) Orange Taf. XX; hinsichtlich des Fasercalibers innerhalb der Grundbündel
können wir auf S. 165 fg. verweisen.

**) Wir können letzteres daraus schliessen, dass die GOLL'schen Stränge im Dorsal-

Gerade bei diesen Strängen ist es aber auch leicht zu übersehen, auf welche Weise diese Caliberschwankungen zu Stande kommen. Die hinteren Wurzeln treten zum guten Theil mit ihren medialen Bündeln direct in sie ein und biegen entweder sofort nach auf- oder abwärts in die Längsrichtung um oder durchziehen sie auf grössere oder kleinere Strecken in horizontaler Richtung. Es muss deshalb da, wo viele Wurzelfasern auf der Längeneinheit eintreten, der Umfang der Stränge stärker sein, als da, wo nur wenige sich dazugesellen. Sowie die Volumenvermehrung in den Anschwellungen erklärt sich aber auch ohne Weiteres die Abnahme ober- und unterhalb derselben. Es treten an der medialen Seite der Hinterhörner zahlreiche Faserbündel aus den Hintersträngen in die graue Substanz über. Ueber ihren Verlauf innerhalb der Letzteren sei nur soviel erwähnt, dass sie zum Theil gegen die hintere Commissur, zum Theil gegen die Vorderhörner, zum Theil endlich, mit Fasern aus dem Rayon der Goll'schen Stränge, gegen die Clarke'schen Säulen hin ziehen

Von Wichtigkeit erscheint die Frage, ob man sich die gesammten Fasern der Grundbündel als directe Fortsetzungen hinterer Wurzelfasern zu denken habe. Wir können in dieser Hinsicht eine bestimmte Antwort nicht ertheilen. Es ist die Möglichkeit nicht abzuleugnen, dass diese Fasern noch eine ziemlich gemischte Gesellschaft darstellen. Dass directe Fortsetzungen hinterer Wurzelfasern in ihnen überwiegen, ist wohl kaum zu bezweifeln; indess für einzelne Regionen, z. B. für den der hinteren Commissur benachbarten Abschnitt, ist eine solche Zusammensetzung nicht einmal wahrscheinlich. Wir haben es in den Grundbündeln offenbar nicht lediglich mit kurzen (im Rückenmark selbst dieselben wieder verlassenden) Fasern zu thun, ein grosser Theil reicht nach oben bis zur Grenze des verlängerten Markes, da auch im obersten Halsmark, beziehentlich an der Grenze von *oblongata* und Rückenmark, der Querschnitt der Grundbündel ein beträchtlicher ist.

Ueber die Endigungsweise der aus diesen Bündeln in die *oblongata* gelangenden Fasern in letzterer erwähnen wir nur, dass wohl der grösste Theil derselben in den »Kernen der Keilstränge« ein vorläufiges Ende findet. Dass ein Theil dieser Fasern beziehentlich auch solche der Goll'schen Stränge sich direct den Pyramiden beige-

mark sicher absolut grösser sind, als in der Lendenanschwellung, dass aber der Gesammtquerschnitt der Hinterstränge im mittleren Dorsalmark fast um $1/3$ geringer ist, als in jener. Genauere Maasse anzugeben, ist uns vor der Hand unmöglich.

sellt, ist höchst unwahrscheinlich, da die Hinterstränge bereits Monate
lang complet markhaltig sind, bevor in ersteren markhaltige Längsfasern
auftreten. Ebensowenig können grössere Mengen von Hinterstrangfasern
direct in ein anderes compaktes Längsfasersystem der *oblongata* übergehen, da auch hiergegen der Ablauf der Markscheidenbildung spricht.
Hingegen ist es möglich, dass ein Theil der Fasern in Gestalt von *fibr.
arcuat.* sich ohne vorherige Unterbrechung durch Ganglienzellen nach
vorn wendet und mit der *formatio reticularis*, bez. den grossen Oliven
und ihren Nebenkernen, in Verbindung tritt.

Was die Funktion der in den Hinterstranggrundbündeln vereinigten Fasern anlangt,
so möge hier nur hervorgehoben sein, dass eine Erkrankung derselben nach CHARCOT
(PIERRET) Störungen in der Coordination der Muskelbewegungen zur Folge hat. — Die
von CHARCOT (*Leçons etc. prém. fasc. Anom. de l' atax. locom.* 1874. pag. 10 fg.)
geschilderten *bandelettes grises*, welche sich in Fällen von *tab. dorsual.* mit ausgeprägter Ataxie finden, liegen im Bereich dieser Stränge. Sensibel sind die in Rede stehenden Stränge natürlich in sofern, als sie directe Fortsetzungen hinterer Wurzelfasern
führen.

Die von uns gegebene Darstellung der Hinterstränge stimmt zum Theil überein
mit den bereits von PIERRET (Arch. de phys. 1873. pag. 534 fg.) mitgetheilten Be-
funden und Ansichten, zum Theil differirt sie von letzteren in nicht unwesentlichen
Punkten. Es erscheint uns um so mehr geboten, ausführlicher auf die Angaben dieses
Autors einzugehen, als sie den grössten Theil dessen enthalten, was derselbe auf dem
Gebiet der in diesem Werk erörterten Fragen selbstständig geleistet hat.

P. ist gleichfalls zu dem Resultat gelangt, dass man in den Hintersträngen zwei
Fasersysteme zu unterscheiden habe, die *zones radiculaires postérieures* (ungefähr entsprechend unsren Grundbündeln) und die GOLL'schen Stränge. Die Ansichten, welche
er sich über den Umfang eines jeden dieser Systeme gebildet hat, gründet er auf

1. entwickelungsgeschichtliche Befunde.
2. anatomische am ausgebildeten Organ.
3. pathologisch-anatomische Studien.

Hinsichtlich der GOLL'schen Stränge gelangt P. zu dem Resultat, dass dieselben im
Ganzen und Grossen eine spindelförmige Gestalt besitzen, in sofern als ihr Querschnitt im oberen Dorsalmark grösser sei als im Hals- und Lendenmark. Er bildet sich
hieraus die Vorstellung, dass diese Bündel im Dorsalmark mehr Fasern führen, als
im Hals- und Lendenmark (*ces fibres constituent un faisceau fusiforme et qui renferme
le plus grand nombre de fibres possible dans le tiers supérieur de la région dorsale*).
Wir untersuchen zunächst, in wie fern die für die letztere Ansicht beigebrachten
Beweise stichhaltig, da sie den Angelpunkt der Frage über die Bedeutung der GOLL'-
schen Stränge darstellt.

Was zunächst die von P. der Entwickelungsgeschichte entlehnten Argumente anlangt, so giebt er an, dass die GOLL'schen Stränge bei 8 — 9wöchentlichen Embryonen im Dorsalmark einen grösseren Querschnitt besitzen, als im Lendenmark, wo es
überhaupt schwer sei, sie wahrzunehmen. Ueber die Grössenverhältnisse dieser Stränge

im Dorsal- und Halstheil äussert er sich gar nicht; wir erfahren nur, dass sie im Dorsaltheil 1 — 2 Wochen später auftreten; eine Beschreibung ihrer Gestalt an dieser Stelle sowie im Lendenmark giebt er gleichfalls nicht, höchst wahrscheinlich, weil es ihm nicht gelungen ist, sie in diesen Regionen genau zu erkennen. P. verweist ferner auf CLARKE's Abbildungen vom Rückenmark eines Schaafsembryo (philos. transact. 1862, Taf. 15', wo sich die GOLL'schen Stränge in der ganzen Länge des Markes von dem oberen Theil der Lendenanschwellung an nach aufwärts sondern. Misst man nun die CLARKE'schen Zeichnungen aus, so ergiebt sich, dass der Querschnitt der GOLL'schen Stränge in der Mitte der Halsanschwellung ungefähr eben so gross ist als im oberen Dorsalmark (womit auch unsre Messungen am Menschen übereinstimmen); die Querschnittsdifferenzen sind keinenfalls der Art, dass man auf sie irgend welche Schlüsse bauen könnte. Dies sind die entwickelungsgeschichtlichen Beweise dafür, dass die G. Stränge im Dorsalmark mehr Fasern enthalten, als im Halsmark!

Was zweitens die anatomischen Argumente anlangt, so stellt P. als wesentlichstes Charakteristikum der Fasern dieser Stränge hin, dass sie genau vertikal verlaufen! Da im Dorsalmark hauptsächlich solche Fasern die Hinterstränge bilden, so sollen deshalb auch diese Stränge hier vorwiegend von den GOLL'schen Strängen gebildet werden! Jedenfalls ist dies der schwächste Theil von P.'s Beweisführung.

Was endlich die der pathologischen Anatomie entnommenen Beweismittel betrifft, so bestehen sie im Wesentlichen in der Beobachtung zweier Fälle, in deren einem in der ganzen Länge des Markes lediglich die GOLL'schen Stränge, in deren anderem die *zones radiculaires postérieures* erkrankt gewesen sein sollen.

Wir betrachten zunächst den ersteren Fall. Es scheint uns in der That gerechtfertigt, bei demselben eine isolirte complete Erkrankung der GOLL'schen Stränge anzunehmen. Wir finden hier im Lendenmark fast genau dieselbe Region der Hinterstränge »sclerosirt«, welche wir auf unserem Schema Fig. 8 durch grüne Farbe markirt haben. In der Halsanschwellung deckt sich die Erkrankung gleichfalls mit unsren GOLL'schen Strängen Fig. 1. Es fragt sich lediglich, ob die von P. angegebenen Befunde im Dorsalmark die Vermuthung erregen, dass hier die absolute Faserzahl der G. Stränge grösser sei, als in der Halsanschwellung, beziehentlich ob sich annehmen lässt, dass der Umfang der Erkrankung im Dorsalmark uns ein genaues Maass für den wirklichen Querschnitt (Faserzahl) der GOLL'schen Stränge in dieser Höhe liefert.

P. bildet zwei Querschnitte aus dem Dorsalmark ab, deren einer dem 12. Dorsalnerven entsprechen soll, während der andere einer höheren Ebene angehört. Misst man die Abbildungen aus, so ergiebt sich zunächst, dass der erkrankte Abschnitt an ersterer Stelle ca. 15 %, an letzterer ca. 17 %, also noch nicht die Hälfte des gesammten Hinterstrangquerschnittes beansprucht. Wir wollen hierauf weniger Gewicht legen, da die Zeichnungen möglicherweise unrichtige Verhältnisse darbieten, beziehentlich in dem erkrankten Theil bereits Schrumpfung eingetreten war. Wichtiger scheint uns folgender Einwand: Die P.'schen Zeichnungen stellen, wie wohl mit Sicherheit anzunehmen, carminisirte Präparate dar. Vergleicht man nun die Befunde an einem so zubereiteten Querschnitt mit solchen, wo die Markscheiden durch Ueberosmiumsäure geschwärzt sind, so ist man erstaunt über die Unterschiede, welche hier zu Tage treten.

In den nämlichen Regionen, in welchen man nach den carminisirten Präparaten zu schliessen nur vereinzelte intakte Fasern vermuthen sollte, scheinen an Präparaten,

welche nach der zweiten Methode behandelt, die n o r m a l e n Elemente an Volumen zu
überwiegen! Der Gesammtquerschnitt eines »sclerosirten« Stranges giebt durchaus keine
genaue Vorstellung von der Zahl der wirklich degenerirten Fasern. Hieraus ergiebt sich
aber für die P.'sche Beobachtung, dass selbst wenn die GOLL'schen Stränge im Dorsalmark sich über einen absolut grösseren Raum erstreckten als im Halsmark, (was aber
in der That nicht einmal der Fall!) ihre F a s e r z a h l dort nicht nothwendigerweise grösser
ist als hier.

Wir halten uns zu diesem Einwand um so mehr für berechtigt, als wir durch
unsere eigenen entwickelungsgeschichtlichen Studien direct zu der Ansicht geführt
werden, dass im Dorsalmark, besonders in den unteren zwei Dritteln, die GOLL'schen
Stränge nicht so scharf gesondert von den andersartigen Fasern verlaufen, wie im
Halsmark. Während nämlich die Hinterstränge bei dem 25 und 28 ctm. langen Foetus
an letzterem Ort sich auf Grund des differenten Markgehaltes deutlich in die zwei von
uns unterschiedenen Abtheilungen gliederten, war eine solche Scheidung in den unteren
zwei Dritteln des Dorsalmarkes nicht ausgesprochen. Hier liess sich kein Abschnitt
wahrnehmen, der l e d i g l i c h aus marklosen oder markhaltigen Fasern bestanden hätte,
die Grenzen waren verwischt.

Es zeigen die Hinterstränge im unteren Dorsalmark höchst wahrscheinlich ein ähnliches Verhalten, wie die hinteren Seitenstranghälften da, wo die Pyramiden-Seitenstrangbahnen von den in der Bildung begriffenen directen Kleinhirnbahnen durchflochten
werden. Bestimmt man im unteren Dorsalmark den Querschnitt des Seitenstrangtheils,
welcher zu letzteren gehörige einzelne Fasern oder Faserbündel enthält, so erhält man
gleichfalls einen absolut grösseren Werth, als für den Querschnitt der genannten Bahnen
in der Halsanschwellung, aber lediglich deshalb, weil die Kleinhirnbündel an ersterem
Ort vielfach durch andersartige Fasern auseinandergedrängt werden, während sie hier
eine compakte, in sich einheitliche Masse formiren. — Wir halten die angeführten
Gründe für hinreichend, um es als wahrscheinlicher hinzustellen, dass die GOLL'schen
Stränge im unteren Dorsalmark nicht scharf von den andersartigen Fasersystemen der
Hinterstränge gesondert sind, sondern mehr oder weniger mit denselben sich mischen.
Es erklärt sich so auch auf eine einfache Weise, weshalb es wohl im Hals- und oberen
Dorsalmark zu einer Umgrenzung der GOLL'schen Stränge durch starke bindegewebige
Septa kommt, nicht aber im unteren Dorsalmark.

Was den zweiten von P. mitgetheilten Fall anlangt, so können wir die Ueberzeugung n i c h t gewinnen, dass hier eine c o m p l e t e Erkrankung der *zones radiculaires
postérieures* vorliegt, und dass der gesammte intakt gebliebene Hinterstrangtheil zu
den GOLL'schen Strängen gehöre. Es liegt auf der Hand, dass wenn letzteres der Fall
wäre, der intakte Theil im zweiten Fall sich genau mit dem erkrankten des ersten
decken müsste und umgekehrt. Aber weit entfernt davon sind im zweiten Fall in der
Halsanschwellung auch Regionen intakt, welche im ersteren eine Erkrankung n i c h t
zeigen, und im unteren Dorsalmark beträgt der erkrankte Abschnitt kaum 9 % des
Gesammtquerschnittes (der intakte Hinterstrang im ersten Fall an entsprechender Stelle
53 — 54 %) der Hinterstränge. So wenig sich im zweiten Fall bestreiten lässt, dass
die Erkrankung sich streng auf die *zones radiculaires postérieures* b e s c h r ä n k t, so sicher
ist es dem Erwähnten nach, dass dieselben im Dorsal- und Halstheil nur p a r t i e l l
erkrankt sind. Es lässt sich somit aber aus dem Umfang der Erkrankung in d i e s e m
Fall der Gesammtantheil, welchen die *zones radiculaires postérieures* an der Zusammen-

setzung der Hinterstränge nehmen, durchaus nicht mit irgend welcher Sicherheit
feststellen!

Es geht aus dem Angeführten klar hervor, dass keiner der Gründe, welche P.
für die spindelförmige Gestalt der GOLL'schen Stränge vorbringt, beziehentlich dafür,
dass sie im Dorsalmark mehr Fasern führen als im Halsmark, als irgend wie entscheidend zu betrachten ist.

Der angegebenen Auffassung der Gesammtconfiguration entsprach die Ansicht P.'s
über die systematische Stellung der GOLL'schen Stränge. Er erblickt in diesen
Fasern nicht durchaus solche, welche lange Bahnen (zwischen *oblongata* und Rücken-
mark) darstellen, sondern überwiegend kurze, welche mit ihrem oberen und unteren
Ende in der grauen Substanz des Rückenmarkes wurzeln. Er betrachtet sie als zu-
sammengesetzt aus »longitudinalen Commissurenfasern«, welche von verschiedener
Länge sind, und deren längste die Lendenanschwellung mit den »Kernen der zarten
Stränge« verbinden.

Welche Theile der grauen Substanz des Rückenmarkes sie unter einander
verknüpfen, erfahren wir nicht. Denn P. giebt zwar an, dass die Fasern der GOLL'-
schen Stränge mit den CLARKE'schen Säulen in innigem Connex stehen, nicht aber, ob
sie verschiedene Höhen dieser Säulen oder diese Letzteren mit anderen Centren der
grauen Substanz verbinden.

Die Bezeichnung »Commissurenfasern« besagt hinsichtlich der systematischen Stellung dieser Elemente im Grunde genommen sehr wenig. Denn »Commissurenfasern«
in dem P.'schen Sinn sind offenbar alle rein centralen Fasern, welche graue Massen,
die innerhalb der nämlichen Provinz des Centralnervensystems gelegen sind, unter einander verbinden.

Lassen wir nun weiter in der That einzelne der Fasern, welche die GOLL'schen
Stränge bilden, in den *clavae*, andere in tieferen Regionen des Rückenmarkes in grauen
Massen endigen, so können wir erst dann alle diese Fasern für systematisch gleichwerthig halten, wenn der Nachweis geliefert ist, dass im Rückenmark selbst Centren existiren, welche den Ganglienzellen der *clavae* homolog sind. Dieser Nachweis ist von P.
zunächst nicht erbracht worden.

Wir sind selbst zur Zeit noch nicht im Stande zu entscheiden, in wie fern eine
solche Homologie denkbar ist. Die *Clavae* enthalten allerdings Ganglienzellen, welche zum
Theil denen der CLARKE'schen Säulen gleichen. Sie wuchern auch an einer Stelle aus
den Hinterhörnern hervor, welche ungefähr der Lagerungsstätte der CLARKE'schen Säulen entspricht; indess entscheidend sind diese Verhältnisse noch nicht!

Hieraus ergiebt sich, dass selbst wenn P.'s Angaben hinsichtlich der Gestalt der
G. Stränge richtig wären, er den Beweis, dass wir es hier mit einem in sich einheitlichen System zu thun haben, nicht erbracht hat; er ist somit überhaupt den Nachweis
schuldig geblieben, dass die Sonderung der Hinterstränge auf Grund der ersten Anlage
einen streng systematischen Charakter an sich trägt.

Die Verbindung der GOLL'schen Stränge mit der grauen Substanz des Rückenmarkes hat PIERRET in ähnlicher Weise beschrieben, wie wir. Er spricht von Fasern.
welche von der mittleren Commissur, beziehentlich von den CLARKE'schen Säulen her
in die betr. Stränge eindringen, und nimmt, wie bereits erwähnt, an, dass letztere
mit den Zellen dieser Säulen in Zusammenhang stehen. Nach den CLARKE'schen Abbildungen zu schliessen, auf welche er in Ermangelung eigener hinweist, meint er die

seitlich vom hinteren Septum einstrahlenden. Des Letzteren selbst thut er nicht Erwähnung, so dass er wohl die oben beschriebenen, genau in der Medianebene verlaufenden
Fasern nicht gesehen hat.

Erwähnung verdient noch, dass P. die GOLL'schen Stränge von der hinteren Commissur aus sich entwickeln lässt *(elles semblent bourgeonner de la partie qui sera plus
tard la commissure grise)*. Es ist dies ein neuer Gesichtspunkt, welcher insbesondere mit Rücksicht auf die von uns beschriebenen medianen Fasern beachtenswerth
erscheint.

Was endlich die von PIERRET gewählte Bezeichnung *zones radiculaires postérieures*
anlangt, so halten wir dieselbe insofern nicht für völlig zutreffend, als der Nachweis,
dass alle Hinterstrangfasern ausser denen der GOLL'schen Stränge directe Fortsetzungen
hinterer Wurzelfasern sind, noch nicht geliefert worden ist.

B. Oblongata *).

Wir zerlegen die *oblongata* zunächst im Interesse der Beschreibung
in 4 Abtheilungen, welche zum Theil wiederum zusammengesetzter Natur
sind und zwar:

1. Die Pyramiden, 2. die Kleinhirnstiele mit ihren Adnexen,
3. die inneren Felder der *oblongata*, unter welcher Bezeichnung
wir die Region begreifen, welche zwischen den Pyramiden und dem
Boden der Rautengrube seitlich der *raphe* anliegt und nach aussen
streckenweise von den Hypoglossuswurzeln begrenzt wird, 4. die
seitlichen Felder der *oblongata*, alle diejenigen Regionen, welche nach
Abzug der vorgenannten noch übrig bleiben: sie werden streckenweise
nach aussen hinten gut begrenzt durch die im Austritt begriffenen
Vagus- und Glossopharyngeus-Wurzeln, nach innen durch den Hypoglossus. Diese Scheidung ist, wie sich ergeben wird, zum Theil eine gewaltsame; es ist indess vor der Hand unmöglich, eine völlig befriedigende
Eintheilung zu treffen.

1. Pyramiden.

Wir haben im zweiten Theil dieses Werkes als Pyramiden der *oblongata* (blau auf Schema Taf. XX) stets diejenigen Faserzüge der vorderen
Oblongatenfläche bezeichnet, welche bei Foeten im 8. und 9. Monat
noch der Markscheiden entbehren.

---

*) Wir beabsichtigen im Folgenden keineswegs, eine irgend wie erschöpfende
Darstellung der Faserzüge des verlängerten Markes zu geben, sondern berücksichtigen
im Wesentlichen nur die neuen Gesichtspunkte, welche sich uns insbesondere aus der
entwickelungsgeschichtlichen Gliederung ergeben haben.

Sofern der Begriff »Pyramiden« ein streng systematischer sein soll, sofern er nur Fasern von systematisch gleicher oder nahe verwandter Stellung umfassen soll, dürfen andere Bündel nicht hinzugerechnet werden.

Ueber die Grenzen der Pyramiden gegen die hinter ihnen gelegenen Gewebsmassen von andersartiger systematischer Bedeutung können wir auf S. 94 verweisen (eine Vergleichung des Schema Taf. XX wird das Verständniss wesentlich erleichtern).

Wir betrachten die Rückenmarksbündel der Pyramiden im Wesentlichen als zusammengesetzt aus Fasern, welche theils gekreuzt in die Seitenstränge theils ungekreuzt in die Vorderstränge übergehen und hier die von uns als »Pyramidenbahnen« bezeichneten Stränge formiren. Aus einer Vergleichung der Grössenverhältnisse von Querschnitten, welche verschiedenen Höhen der *oblongata* bez. auch dem oberen Halsmark entnommen sind, ergiebt sich indess, dass es nicht lediglich solche Fasern sein können, welche in die Zusammensetzung der P. eingehen. Dieselben nehmen von unten nach oben an Querschnitt zu; schon in der unteren Hälfte des verlängerten Markes ist ihr Querschnitt in der Regel zweifellos grösser als jener der Pyramidenbahnen dicht unterhalb der Kreuzung.

Der Querschnitt der Pyr. lässt sich so lange, als sie nicht markhaltig sind, leicht berechnen. Die hierbei erhaltenen Resultate sind indess nur mit Vorsicht zur Vergleichung der Faserzahl der Pyramidenbahnen im oberen Halsmark einer — der Pyramiden der *oblongata* in irgend welcher Höhe andererseits zu verwenden. Selbst weit oberhalb der vollendeten Kreuzung durchflechten sich die Bündel noch vielfach und sind überdiess von zum Theil ziemlich mächtigen *septis* grauer Substanz von wechselnder Stärke durchzogen. Wenn wir demnach entsprechend der Mitte der grossen Oliven, welche wir vielfach zu Messungen gewählt, mitunter den doppelten Werth der Pyramidenbahnen im Verhältniss zu jenem in der Gegend des 2. Halsnerven erhielten, so darf man hieraus keineswegs auf eine um das Doppelte grössere Faserzahl an ersterer Stelle schliessen.

Woher diese Verstärkung kommt, lässt sich nur vermuthungsweise angeben. Es ist erstlich an Elemente zu denken, welche den in das Rückenmark ziehenden Fasern hinsichtlich der *oblongata* aequivalent sind, ferner an *fibrae arcuatae*, welche specifische Centren der *oblongata* versorgen (?), endlich, wie bereits oben erwähnt, an aberrirte Brückenfasern (s. hierüber unsere Bemerkungen S. 126): der Frage, in wie fern Fasern aus den Hintersträngen zur Verstärkung der Pyramiden beitragen, werden wir sogleich näher treten.

Der variabelen Vertheilungsweise der Pyramidenbahnen des Rückenmarkes entsprechen auch vielfach Variationen in der Configuration der Pyramiden selbst. Besonders bemerkenswerth sind die Fälle, in welchen ein und zwar der äusserste Theil einer Pyramide sich von den inneren vollständig trennt und im Rückenmark entweder als völlig gesondertes Bündel an die Grenze von Vorder- und Seitensträngen zu liegen kommt oder schliesslich sich noch den Vordersträngen innen anlegt. Es finden sich auch vielfach Unterschiede in dem Grade der Prominenz; die Letztere erschien besonders stark in dem Fall, wo die Pyramiden fast vollständig in die Vorderstränge übergingen. Augenfällige Grössendifferenzen zwischen beiden Pyramiden des nämlichen Individuums haben wir selten beobachtet, selbst in Fällen nicht, wo die Gestalt der Querschnitte beträchtlich differirte.

Eine eingehendere Betrachtung erfordert das Verhalten der P. zu den Hintersträngen des Rückenmarkes. Man hat bisher wohl allgemein der Ansicht gehuldigt, dass die Fasern der sogenannten oberen Pyramidenkreuzung (aus den Kernen der zarten Stränge) sich den Pyramiden zugesellen. Die Gründe, auf welche hin wir ein solches Verhalten für den Menschen als höchst unwahrscheinlich bezeichnen müssen, sind folgende: Die Fasern der oberen Pyramidenkreuzung zeigen zunächst einen andren Entwickelungsgang als die unsrer »Pyramiden«. Sie entstehen eher und erhalten viel eher Markscheiden. Gerade an Foeten nun, wo die obere Kreuzung complet markhaltig, die untere noch völlig marklos ist, kann man sich auch direct überzeugen, dass eine innige Beziehung beider nicht vorhanden ist.*)

Es findet zweifellos eine theilweise Vermischung der Fasern beider statt, aber diese Vermischung ist nicht eine definitive, sondern die aus der oberen Kreuzung stammenden Fasern entfernen sich schliesslich wieder von denen aus der unteren. Eine bleibende Vermischung beider liesse sich nur dann annehmen, wenn die Fasern der oberen ihren Charakter plötzlich änderten, sobald sie mit denen aus der unteren in Berührung treten. Dies ist indess durchaus unwahrscheinlich, da an der

---

*) Man könnte gegen diese Auffassung vergleichend anatomische Befunde anführen. Insbesondere scheinen die Bilder schlagend für eine starke Betheiligung der Hinterstränge an der Pyramidenbildung zu sprechen, welche STIEDA aus der *oblongata* der Maus giebt (Zeitschr. f. w. Zool. Bd. XIX, Taf. II Fig. 50, Taf. III Fig. 49). Es sind dieselben mit um so grösserer Vorsicht zu beurtheilen, als ST. eine Betheiligung der Seitenstränge an der Pyramidenkreuzung völlig unerwähnt lässt, und als bei anderen Nagern in der Gegend der Pyramidenkreuzung die unmittelbar neben der Mittellinie an der Vorderfläche der *oblongata* freiliegenden Längsbündel nicht als Pyramiden, sondern als »Olivenzwischenschicht« (s. u. S. 335 fg.) aufzufassen sind.

betreffenden Stelle eine Unterbrechung durch Ganglienzellen sicher nicht
statthat. Ueberdies kann man beobachten, dass ein grosser Theil der
Fasern aus der oberen Kreuzung, welche sich denen der unteren bei-
gemischt hatten, nach Durchflechtung der Vorderstrangreste in die Gegend
der Oliven und inneren Nebenoliven (Pyramidenkerne Henle) übergeht.

Unzweifelhaft ist es ferner, dass sich die Fasern aus der oberen
Kreuzung nicht in der äusseren Abtheilung der Pyramiden ansammeln;
denn die hier gelegenen Fasern zeigen stets denselben Charakter, wie
die mehr nach innen gelegenen, und gehen nachweislich in der
Regel in die Vorderstränge über. Es müssten überdies, sofern die
Fasern aus der oberen Kreuzung an einem dem äusseren Theile der
Pyramiden entsprechenden Orte gelegen wären, bei Embryonen von
11 — 12 ctm. hier bereits Faserbündel sich finden, da die obere Kreuzung hier vollständig vorhanden ist. Man überzeugt sich indess, dass
hier dergleichen Fasern nicht zu finden sind.

Ausser diesen der Entwickelungsgeschichte entnommenen Momenten
können wir endlich auch einen pathologischen Befund heranziehen
zur Entscheidung der Frage, ob die obere Pyramidenkreuzung mit unseren
»Pyramiden« in Verbindung stehe. In dem oben S. 120 fg. beschriebenen
Fall fehlten die Letzteren vollständig, während an der ersteren irgend
welche Abnormität nicht wahrzunehmen war! Hiernach kann es keinem
Zweifel mehr unterliegen, dass die »obere Pyramidenkreuzung«
mit den Pyramiden der *oblongata* nichts zu schaffen hat.

Es ist, wie wir noch zeigen werden, denkbar, dass die Fasern aus der ersteren
sich den Pyramiden hinten anlegen, also in denjenigen Längsfaserbündeln ihre Fortsetzung nach oben finden, welche bereits bei 35 ctm. langen Früchten markhaltig sind
(braune Felder Taf. XX Fig. 1, zwischen den grossen Oliven). Diese Bündel ragen weit
zwischen die grossen Oliven nach hinten, vielleicht bis zu einer Linie, welche die
hinteren Kanten derselben verbindet. Diese gesammte Masse aber mit Rücksicht auf die
rein topographischen Verhältnisse zu den Pyramiden zu stellen, liegt offenbar nicht der
geringste Grund vor, da sie ja mit den an der Vorderseite hervorragenden Bündeln
ungleichwerthig sind und an ihrer Formation im grössten Theil der *oblongata* nicht
direct theilnehmen.

Es bleibt nach dem Angeführten lediglich die Annahme übrig, dass,
sofern aus den Hintersträngen Fasern in die Pyramiden der *oblongata*
eingehen, diese nicht auf dem Weg der oberen Pyramidenkreuzung sondern auf einem anderen zu letzteren gelangen. Man
könnte an Fasern aus den Kernen der Keilstränge denken, beziehentlich an solche, welche direct aus letzteren (unseren »Grundbündeln«) nach

vorn ziehen. Wir haben schon oben (S. 315) darauf hingewiesen, dass
die Annahme direct (ohne Unterbrechung durch Ganglienzellen) über-
gehender Fasern den Ergebnissen der entwickelungsgeschichtlichen Gliederung widerspricht.

Diese bereits von Kölliker (Geweb. 1867. S. 291) erwähnten Fasern sind übrigens
schon von vorn herein nicht nothwendigerweise als den Pyramidenfasern gleichwerthig
zu betrachten, da sie auch den Fasern entsprechen können, welche in tieferen Regionen des Rückenmarkes aus den Grundbündeln der Hinterstränge in die Vorderhörner
übergehen (zum Theil durch Vermittelung der vorderen Commissur).

Es bleiben so lediglich Fasern übrig, welche, aus den Zellen der
Keilstrangkerne abstammend, in die untere Pyramidenkreuzung eintreten.
Diese erhalten vielleicht zum Theil erst gegen das Ende des Foetallebens
Markscheiden, sie verlaufen auch zum Theil gegen die Kreuzung hin;
indess ist bei der Unmöglichkeit, sie auf weitere Strecken zu verfolgen
und bei der grossen Menge der an den betreffenden Stellen sich mischenden Systeme eine positive Angabe vor der Hand nicht möglich.

Da ein Theil der betreffenden Fasern in die *formatio reticularis* und die grossen
Oliven eingeht, so könnte man überdies nur an den Uebertritt eines Theiles derselben
in die Pyramiden denken. Kölliker giebt ausdrücklich an, dass er Bilder, aus denen
man einen Zusammenhang von Zellen der Keilstrangkerne mit den Pyramiden hätte erschliessen können, nicht beobachtet habe.

Man hat endlich an die graue Substanz der Hinterhörner
als an eine Quelle von Pyramidenfasern gedacht (Huguenin). Die Entwickelungsgeschichte spricht weder für noch gegen diese Ansicht. Jedenfalls kann aber die Zahl dieser Fasern nur eine verhältnissmässig geringe
sein, da wenigstens in einzelnen*) Fällen der Querschnitt der gesammten Hinterhörner in der Gegend des 2. Halsnerven kaum ⅓ desjenigen
der Pyramidenbahnen beträgt. Selbst für den Fall, dass die Längsfasern
der grauen Substanz die Hälfte dieses Querschnittes bildeten, würden
so aus der grauen Substanz in solchen Fällen die Vorder-Seitenstrang-
Fasern um höchstens ¹/₁₀ verstärkt werden können. Also keinenfalls haben
die fraglichen Elemente einen hervorragenden Antheil an dem Ueberwiegen des Pyramidenquerschnittes über den der Pyramidenbahnen.

Was die Endigung der Pyramiden im Grosshirn anlangt, so können wir hier auf
S. 180 verweisen. Hinsichtlich ihrer Funktionen ist zu bemerken, dass sie höchst wahrscheinlich willkürlich motorische Impulse leiten, da Erkrankungen derselben in der
Regel mit Störung der Motilität einhergehen. Sie dienen wohl der Uebertragung theils
für einzelne Muskeln bestimmter Erregungen, theils coordinirter, welche im Grosshirn selbst zusammengeordnet werden.

*) Das Verhältniss variirt nicht unbeträchtlich: auf den uns zu Gebote stehenden
photographischen Abbildungen schwankte dasselbe zwischen ¹/₆ — ¹/₃.

Vergleichen wir unsere Auffassung der Pyramiden mit der bisher üblichen, so erscheint jene in wesentlichen Punkten von letzterer abweichend. Eine genaue Abgrenzung der Pyramiden nach hinten hat man beim Menschen bisher noch nicht versucht, da man mittelst der gebräuchlichen Methoden dies nicht zu thun im Stande war. Man hat dieselben lediglich im Hinblick auf ihr Verhalten zu dem Rückenmark und zu dem Gehirn definirt (Deiters a. a. O. S. 253.).

Dass die Deiters'sche Auffassung, der zu Folge die Pyramidenfasern sämmtlich aus Zellen der *formatio reticularis* beziehentl. der grauen Massen der Hinterstränge hervorgehen sollen, wenigstens in ihrem ersten Theile nicht annehmbar ist, haben wir bereits oben gezeigt. Indem wir die Hinterstränge von der Betheiligung an den Pyramiden ausschliessen, weichen wir von sämmtlichen neueren Autoren, wie Deiters, Kölliker, Henle, Clarke, Meynert u. s. w. ab. Wir greifen zurück auf die alte Burdach'sche Ansicht, dass die Pyramiden lediglich aus Vorder- und Seitensträngen abzuleiten sind.

Ganz besonders einschneidend erscheinen unsre Befunde im Hinblick auf die von Meynert aus der hypothetischen[1] Beziehung der äusseren Pyramidenbündel zur oberen Pyramidenkreuzung gezogenen Schlüsse. Da nach seiner Ansicht diese Bündel nach oben in die äusseren Abschnitte des Grosshirnschenkelfusses und diese wiederum in die Occipitallappen des Grosshirns übergehen, so sieht er in der oberen Pyramidenkreuzung und den äusseren Bündeln der Pyramiden Theile einer Bahn, welche die Hinterstränge des Rückenmarkes mit der Rinde des Occipitalhirns verbindet und letzterem sensible Eindrücke zuführt. Wir sehen uns dieser Hypothese gegenüber nicht nur in der Lage, den Zusammenhang der oberen Pyramidenkreuzung und der Pyramiden negiren zu müssen, unsere entwickelungsgeschichtlichen Studien über den Grosshirnschenkelfuss ergeben vielmehr auch, dass die äusseren Bündel desselben unmöglich in die Pyramiden herabgelangen können, da beide hinsichtlich der Markscheidenbildung um Monate differiren! (Es entspricht nach unseren diesbezüglichen Erfahrungen das von Meynert Archiv f. Psych. Bd. IV gegebene Schema des *pes pedunculi* überhaupt nur wenig den thatsächlichen Verhältnissen.) Es entbehrt somit die Lehre des genannten Forschers von der Verbindung der Hinterstränge mit den Hinterhauptslappen durch die obere Pyramidenkreuzung, die äusseren Bündel der Pyramiden und des *pes pedunculi* jeder thatsächlichen Begründung; sie kann mit Sicherheit als irrthümlich bezeichnet werden.

2. Kleinhirnstiele mit ihren Adnexen.

a. Aeussere Abtheilung des K., Strickkörper Stilling.

Am Strickkörper sind auf Grund der Entwickelungsgeschichte, der secundären Degenerationen u. s. w. drei Hauptabtheilungen zu unterscheiden; er setzt sich zusammen 1. aus der directen Kleinhirn-Seitenstrangbahn, 2. aus Fasern, welche aus der Gegend der grossen Oliven, der gleichseitigen und entgegengesetzten *formatio reticularis* einstrahlen, und 3. aus Bündeln, welche, den Pyramiden entstammend, zum Theil wahrscheinlich aberrirte Brückenfasern darstellen und an Menge individuell hochgradig variabel sind.

α. Directe Kleinhirn-Seitenstrangbahnen.

Wir haben dieselben oben (S. 288) bis an die Grenze von *oblon-gata* und Rückenmark verfolgt und angegeben, dass sie hier dem Kopfe des Hinterhorns einer-, der äusseren Oblongatenperipherie andererseits anliegen. Eine ähnliche Lage im Verhältniss zu letzterer behalten sie auch meist noch eine grössere oder geringere Strecke weit in der *oblongata* bei. Doch schiebt sich, bereits im Bereich des 1. Halsnerven beginnend (Fig. 2, Taf. XX at), ein rasch an Querschnitt zunehmendes Längsfaserbündel zwischen directe Kleinhirn-Seitenstrangbahn und Fort-setzung des Kopfes vom Hinterhorn (*substantia gelatinosa Rolandi*, sg Fig. 1 Taf. XX) ein: die aufsteigende Trigeminus-Wurzel (at Fig. 1, fein punktirt).

Bereits im unteren Drittel des verlängerten Markes beginnen nun die Fasern unseres Systems, theils in Form vieler kleinerer, theils in der compakterer Bündel sich nach hinten emporzuschlagen und denjenigen Strang zu formiren, welchen STILLING als *corpus restiforme* bezeichnet hat. Der hintere Abschnitt des gelben Feldes links Fig. 1, Taf. XX besteht schon aus solchen nach hinten ziehenden Fasern). Dieser Lagewechsel, welchen successiv wohl sämmtliche Bündel unsrer Bahn vollführen, und welcher im Wesentlichen nur darin besteht, dass die Bündel, welche bisher an der Vorderseite des Kopfes vom Hinterhorn und der aufstei-genden Trigeminuswurzel gelegen, sich an die hintere äussere Seite genannter Gebilde begeben, erfolgt bald auf einer grösseren Strecke, und der ganze Vorgang prägt sich dann weniger deutlich aus; oder er beschränkt sich auf einen kleineren Raum und lässt sich dann schon makroskopisch deutlich wahrnehmen (FOVILLE). Es bilden die Bündel der directen Kleinhirn-Seitenstrangbahn, indem sie diesen Lagewechsel voll-ziehen, einen Theil des *stratum zonale (fibrae transversales externae poste-riores Kölliker)*.

Ausser der Möglichkeit, die Umlagerung der d. K. direct zu beobachten, lassen sich noch folgende Momente als Beweise für unsere Auffassung anführen. Erstlich ist der Entwickelungsgang der betreff. Abtheilung des Strickkörpers und unsres Bündels ein übereinstimmender. Ferner hat TÜRCK aufsteigend degenerirte Bündel der Seiten-stränge wiederholt in die *corpora restiformia* verfolgt. Endlich ist die Structur der Regio-nen, in welchen allein man eine directe Fortsetzung unsrer Bahn vermuthen könnte, derartig, dass letztere höchst unwahrscheinlich ist. Wir müssen behufs Darlegung dieser Verhältnisse Einiges über die Zusammensetzung der seitlichen Felder der *oblongata*, in welche die directe Kleinhirnbahn streckenweise hereinragt (s. Fig. 1, Taf. XX links), anticipiren.

Im untersten Theile der *oblongata* finden sich zwischen der grossen Trigeminus-wurzel und den äusseren Windungen der grossen Olive ausser den Fasern der directen

Kleinhirnbahn nur wenige, welchen man eine andersartige systematische Bedeutung zuschreiben könnte. In dem Maasse aber, als sich erstere nach hinten emporschlagen, sammelt sich zwischen dem noch verbleibenden Reste derselben und den grossen Oliven eine mit den Längsbündeln der *formatio reticularis* gleichgebaute Fasermasse an.

Die Längsbündel derselben, welche also in der Hauptsache viel feinere Fasern führen, als unsere directen Kleinhirn-Seitenstrangbahnen, gehen nach oben direct in die Brücke weiter, liegen hier zwischen der grossen Trigeminuswurzel und der oberen Olive und sind es offenbar, welche MEYNERT für eine Fortsetzung der an der Grenze von *oblongata* und Rückenmark den Köpfen der Hinterhörner nach vorn anliegenden Faserbündel hält. Jene können aber mit letzterer nur unter der Bedingung etwas zu thun haben, dass die Fasern unsrer directen Kleinhirn-Seitenstrangbahn in der Continuität plötzlich ihr Caliber wechseln oder im mittleren und oberen Drittel der *oblongata* eine vorläufige Endigung finden an Ganglienzellen, aus welchen andrerseits jene fraglichen Bündel hervorgehen. Es existirt allerdings im Seitenstrangfeld der *oblongata* dicht an der Innenfläche der directen Kleinhirnbahn eine beträchtliche Anhäufung von Ganglienzellen, der Seitenstrangkern, und derselbe schickt mitunter auch Seitenarme zwischen die Bündel jener Bahn herein; der grösste Theil letzterer bleibt aber ausser Berührung mit besagtem Kern. — Die an Stelle der in das Kleinhirn ziehenden Seitenstrangfasern tretenden Bündel lassen sich nach aufwärts allerdings in den Bayon verfolgen, in welchen sie von oben her vielleicht der Schleifenfuss eintritt; sie könnten somit auch mit dem Letzteren zusammenhängen, beziehentlich mit Fasern, welche, durch das vordere Marksegel aus dem Kleinhirn ausgetreten, sich an jene angelegt haben, und es ist natürlich auch nicht die Möglichkeit abzuleugnen, dass sich denselben einzelne Fasern aus der directen »Kleinhirn-Seitenstrangbahn« beigesellen.

Indessen kann der Uebergang einer grösseren Anzahl nur eine Ausnahme bilden, da man in der Regel auf Querschnitten schon im Rayon des obersten Drittels der grossen Oliven vergeblich an der betreffenden Stelle nach dem Querschnitt eines Bündels sucht, welches der directen Kleinhirn-Seitenstrangbahn hinsichtlich des Fasercalibers und des Umfangs auch nur annähernd entspräche. — Aus einem Vergleich unsrer sowie der Angaben MEYNERT'S (Arch. f. Psych. Bd. IV) ergiebt sich somit, was wir bereits oben angedeutet, dass Letzterer lediglich im unteren Drittel der *oblongata* und in der Gegend des 1. Halsnerven die Sonderexistenz unserer Kleinhirn-Seitenstrangbahn kennt.

KÖLLIKER hingegen kennt den directen Uebergang von Seitenstrangfasern in die *corpora restiformia* bereits sehr gut; er hat gerade auf sie besonders hingewiesen und ihre Existenz als Argument gegen die DEITERS'sche Theorie angeführt, dass der Lagewechsel grösserer Fasermassen stets durch die Vermittelung von Ganglienzellen erfolge. Den quantitativen Antheil dieser Fasern an der Bildung der Seitenstränge beziehentlich ihre Lagerung hierselbst kennt K. allerdings nicht genau, weil in dieser Hinsicht lediglich mit Hülfe der Entwickelungsgeschichte Klarheit zu gewinnen ist. Dass MEYNERT die Angaben K.'s einfach ignorirt, ist um so räthselhafter, als bereits TURCK und FOVILLE auf die Beziehungen zwischen Seitensträngen und Strickkörpern aufmerksam gemacht hatten. — Wir haben bisher nur im Allgemeinen feststellen können, dass die Verlaufsweise der directen Kleinhirn-Seitenstrangfasern an der Aussenseite der *oblongata* nicht stets völlig die nämliche ist; es wird sich auch hier empfehlen, durch eine statistische Untersuchung, wie wir sie oben für die Pyramidenbahnen gegeben haben, alle Verlaufsmöglichkeiten genauer festzustellen.

Es wird sich erst hiernach entscheiden lassen, ob in der That ausnahmsweise die von MEYNERT angegebene Verlaufsweise statthaben kann.

Der quantitative Antheil, welchen die directen Kleinhirn-Seitenstrangbahnen an der Bildung der *corpora restiformia* nehmen, lässt sich nicht völlig genau bestimmen. Obwohl jene nämlich bei ca. 34 ctm. langen Foeten sich von den meisten andersartigen Fasersystemen abheben, ist hier eine Feststellung jenes Antheils schon deshalb nicht möglich, weil sie einerseits zu dieser Zeit nicht ihre definitive relative Stärke besitzen (die übrigen Fasern sind ja noch unverhältnissmässig fein), und weil es überdies unmöglich ist, einen Querschnitt anzufertigen, welcher sämmtliche Fasern genau senkrecht zur Längsaxe trifft: Wir finden ja noch bis in den obersten Theil der *oblongata* in schiefem Verlauf in die *corpora restiformia* einstrahlende Bündel.

Soviel lässt sich ohne Weiteres sagen, dass der Antheil der directen Kleinhirn-Seitenstrangbahnen an den *corpora restiformia* in verschiedenen Höhen ein verschieden grosser ist. Im obersten Theil der *oblongata* kann man denselben vielleicht auf $\frac{1}{3}$ schätzen. In den untersten Abschnitten bildet unsre Bahn, sofern die accessorischen Fasern nicht eine sehr beträchtliche Entwickelung erreicht haben, den grössten Theil des Strickkörpers. Die accessorischen Fasern maskiren aber sehr häufig den Verlauf der Seitenstrangbündel.

Die bei 34 ctm. langen Früchten markhaltigen Fasern der *corpora restiformia* sind wenigstens in den obersten Ebenen der *oblongata* nicht sämmtlich als Bestandtheile der Kleinhirn-Seitenstrangbahnen aufzufassen. Es gesellen sich hier einestheils bereits Bündel aus dem *corpus trapezoideum* bei, andererseits gewinnt es den Anschein, als ob auch aus den unteren Acusticuskernen (HENLE) Fasern in nach abwärts gerichtetem Verlauf sich den Seitenstrangfasern beimischten (Fig. 2, Taf. XII tr). Unser Untersuchungsmaterial war leider zu dürftig, als dass wir diese Frage bereits hätten entscheiden können. Vielleicht schliessen sich diese Fasern den sub *β*) (S. 328 fg) geschilderten an.

Die Endigungsweise der directen Kleinhirn-Seitenstrangbahn innerhalb des *cerebellum* haben wir noch nicht mit Genauigkeit feststellen können, wie wir glauben, lediglich aus Mangel an genügendem Untersuchungsmaterial.

Es scheint aber kaum einem Zweifel zu unterliegen, dass sich dieselbe mit Hülfe der Markscheidenbildung enthüllen lassen werde. Zu Zeiten, wo die Fortsetzung dieser Fasern in das Kleinhirn wenigstens an der Eintrittsstelle bereits markhaltig ist, entbehren alle mit der Brücke in Zusammenhang stehenden Bahnen des Kleinhirns, die Bindearme und auch die Bogenfasersysteme der Hemisphären der Markscheiden. Es wird sich somach der Verlauf der Seitenstrangfasern zu Zeiten wohl gut markiren. Soweit sich aus makroskopischen Beobachtungen Schlüsse ableiten lassen, biegen die zuerst markhaltigen Fasern des Strickkörpers nach innen gegen den Oberwurm um.

Indessen möchten wir hierauf noch nicht zu viel Gewicht legen, weil zu der Zeit, wo letztere deutlich zu beobachten, auch die innere Abtheilung des Kleinhirnstieles, Acusticus- und Trigeminuswurzeln bereits markhaltig sind.

Von Wichtigkeit erscheint es ferner, zu entscheiden, ob der directen Kleinhirn-Seitenstrangbahn auch in der *oblongata* noch Bündel zuwachsen, welche mit derselben gleichwerthig sind. Wir müssen uns in dieser Hinsicht vor der Hand auf die Andeutung allgemeiner Gesichtspunkte beschränken. Sofern sich die vielfach geäusserte Vermuthung bestätigen sollte, dass die aus den CLARKE'schen Säulen austretenden Fasern mit den hinteren Wurzeln zusammenhängen, so würde es sich darum handeln, zu entscheiden, ob auch in der *oblongata* Theile der sensiblen Wurzeln durch Vermittlung ähnlicher Ganglienzellengruppen wie die CLARKE'schen Säulen in das *corpus restiforme* beziehentlich überhaupt in das Kleinhirn eintreten. (Nothwendig erscheint die Existenz von den CLARKE'schen Säulen homologen Gebilden in der *oblongata* nicht, da jene dem Rückenmark eigenthümliche Bildungen darstellen könnten.) Vom *Acusticus* ist ein ähnliches Verhalten nicht unwahrscheinlich, insofern als in dessen Kernen Ganglienzellen von der Form jener der CLARKE'schen Säulen vorhanden sind: insbesondere im vord. Acusticuskern (MEYN.) ist dies der Fall, und wir haben in der That auch, wie soeben erwähnt, mitunter Fasern aus letzterem sich der dir. Kleinh.-Seitenstrgb. beigesellen sehen; indess schienen sie stets nach abwärts zu ziehen. Auch der Trigeminus tritt mit Ganglienzellengruppen in Verbindung, welche ähnliche Formen darbieten, wie die CLARKE'schen Säulen, und auch von diesen aus können sehr wohl Fasern in das Kleinhirn gelangen.

Von der Entscheidung der angeregten Frage hängt es offenbar ab, ob sämmtliche sensiblen Nerven hinsichtlich ihrer Verbindungsweise einem völlig übereinstimmenden Schema folgen, und ob insbesondere der Acusticus eine Ausnahmestellung nicht einnimmt. Das *corpus trapezoideum*, welches mit einem seiner Arme gleichfalls in das *corpus restiforme* einmündet und welches vielleicht (!) mit dem vorderen Acusticuskern in Verbindung steht, wird bei den in Rede stehenden Combinationen nicht völlig ausser Acht zu lassen sein.

β. Fasern aus dem Bereich der grossen Oliven und der *formatio reticularis.*

Diese Fasern, zu welchen wir auch die den grossen Oliven nach aussen anliegenden rechnen, wurden zuerst von DEITERS aus den genannten grauen Massen selbst abgeleitet; MEYNERT lässt sie sämmtlich mit der entgegengesetzten Olive zusammenhängen[*]). Hinsichtlich ihres Ur-

---

[*]) MEYNERT hält sie für den einzigen Bestandtheil der *corpora restiformia.* Arch. f. Psych. Bd. IV. S. 102 findet sich bei ihm die Bemerkung: »Es wird mir höchst wahrscheinlich, dass der ganze Strickkörper sich ausschliesslich mit der entgegengesetzten Olive verbindet.« Diese Ansicht ist, wie aus unsrer Darstellung ohne Weiteres hervorgeht, als unbegründet zu bezeichnen, da sie den Strickkörper als ein in sich einheitliches Gebilde auffasst, die Kleinhirn-Seitenstrangbahn u. s. w. gänzlich ignorirend. Was die Verbindung des in Wirklichkeit aus den grossen Oliven kommenden Antheils mit letzteren anlangt, so ist eines der Hauptargumente MEYNERT's für die gekreuzte Verbindungsweise die wiederholt von ihm beobachtete Thatsache, dass Atrophie eines

sprungs können wir eigene Erfahrungen nicht mittheilen; die Verfolgung der Entwickelung hat uns zunächst lediglich über ihre Lage innerhalb der *corpora restiformia* Aufschlüsse gegeben. Sie treten erst gegen die obere Hälfte der Oliven in grösserer Menge in letzteren auf und bilden bald einen Mantel*), welcher die directe Kleinhirn-Seitenstrangbahn nach aussen und oben umhüllt (s. Fig. 1. Taf. XX), doch mischen sich beide auch vielfach, dergestalt, dass die Fasern der letzteren Bahn mehr nach aussen zu liegen kommen. Sie sind von feinerem Caliber als die der Letzteren, theils mittelstark, theils fein**). Ueber ihre Endigungsweise im

---

Strickkörpers sich mit Atrophie der entgegengesetzten Olive combinirt. — Leider ist aus MEYNERT's Worten nicht zu entnehmen, ob ausser der die Atrophie des Strickkörpers begleitenden Schrumpfung einer Kleinhirnhemisphäre auch andere Stränge der *oblongata*, beziehentlich andere Theile des Gehirns überhaupt atrophisch gefunden wurden. Dass dies durchaus nicht unwesentlich ist, ergiebt sich aus dem oben S. 110 fg. mitgetheilten Falle von Reduction der grossen Oliven auf ca. die Hälfte des Querschnittes bei totalem Mangel beider Grosshirnschenkel. Hier waren beide Strickkörper vollkommen normal, ja es gewann den Eindruck, als ob sie hypertrophisch seien. Die geringe Entwickelung der Oliven lässt sich hier lediglich auf den Defect des Mittel- und Grosshirns beziehen. (Dass lediglich der Mangel der Vierhügel eine Schuld an jener habe, ist zunächst durch nichts bewiesen: es kommen möglicherweise auch Grosshirngebilde in's Spiel.) Wenn man nun erwägt, dass halbseitige Atrophie des Kleinhirns sich sehr häufig combinirt mit einer Atrophie der entgegengesetzten Grosshirnhemisphäre, so ist wohl daran zu denken, dass wenigstens in einzelnen der MEYNERT'schen Fälle auch eine solche Combination vorhanden gewesen sein könne. Solche Fälle würden natürlich für den Zusammenhang der Atrophie des Kleinhirns und der Oliven nur wenig beweisen. — Aber auch gesetzt, dass die Atrophie der Oliven in den MEYNERT'schen Fällen mit der Affection des Strickkörpers in ursächlichen Connex zu bringen ist, so könnte dies lediglich beweisen, dass ein gekreuzter Zusammenhang von Strickkörpern und grossen Oliven überhaupt existirt, nicht aber, dass erstere sich ausschliesslich mit den gegenüberliegenden Oliven in Verbindung setzen. Ja streng genommen beweist die nackte Thatsache der gleichzeitigen »Schrumpfung« einer Olive und des gegenüberliegenden Strickkörpers nicht einmal den organischen Zusammenhang beider, da eine »Schrumpfung« der Oliven auch eintreten muss, sofern dieselbe einfach durchziehende Faserbündel schrumpfen.

*) Die schematische Darstellung Fig. 1, Taf. XX rechts, soll nur angeben, wo wir in der Regel vorwiegend Seitenstrang-, wo Oliven- und andersartige Fasern finden. TURCK fand in einem seiner Fälle von aufsteigender Seitenstrangdegeneration die Fortsetzung letzterer am hinteren (oberen) Rand der Strickkörper. Wir sind der Ansicht, dass die Lagerung der einzelnen in Betracht kommenden Systeme zu einander, sowie die vieler anderer centraler, kleinerer individuelle Schwankungen vielfach zeigen wird.

**) Es lässt sich allerdings nur schwer entscheiden, ob ihnen ein übereinstimmendes oder differentes Caliber zukommt, weil die stärkeren Fasern möglicherweise einen anderen Ursprung haben als die feineren.

Kleinhirn ist uns gleichfalls zur Zeit noch nichts bekannt; doch wird auch hier die Verfolgung der Entwickelung weitere Aufschlüsse ergeben.

γ. Faserbündel aus den Pyramiden.

Die nach Abzug der erwähnten noch übrig bleibenden Fasern der Strickkörper sind, wie es scheint, hochgradig variabele Gebilde. Sie haben das gemeinsam, dass sie aus der Gegend der gleichseitigen Pyramide einstrahlen, welche sie vor ihrem Austritte theils durchflochten beziehentlich in Form compakter Bündel begleitet haben. Ein Theil derselben ist wohl der sub β) erwähnten Fasergattung gleichwerthig und zieht aus der Gegend der entgegengesetzten grossen Olive herbei. Als specifische Elemente letzteren gegenüber betrachten wir nur diejenigen, welche mit den Pyramiden aus der Brücke austreten, zunächst vereint mit denselben eine Strecke weit, besonders häufig bis zu dem unteren Ende der Oliven verlaufen und hier schliesslich sich theils in Form schon makroskopisch deutlich wahrnehmbarer compakter Bündel, theils in weniger augenfälliger Weise als *fibrae transversales externae anteriores* und schliesslich *posteriores* den Strickkörpern beigesellen.

Aus dem bisher Angeführten geht hervor, dass das *stratum zonale Arnoldi* m e h r e r e in ihrer Anordnung beziehentlich Grösse n a c h w e i s l i c h variabele Faktoren enthält: die directe Kleinhirn – Seitenstrangbahn einerseits, die zuletzt erwähnte Fasergattung andererseits. Es kann so nicht mehr Wunder nehmen, dass die Ornamentik der Aussenfläche des verlängerten Markes besonders häufig individuelle Verschiedenheiten zeigt. Bereits früher ist von verschiedenen Autoren auf dieses Verhalten hingewiesen worden, ohne dass man sich indess eine genauere Vorstellung von der Herkunft der variabelen Fasersysteme, insbesondere von ihrem verschiedenen Werthe gemacht hätte. Ein Hinweis auf diese Variabilität findet sich unter Anderem bei HENLE a. a. O. S. 178. Das *stratum zonale*, wie er es thut, überhaupt als Vorläufer der Brücke aufzufassen, ist nicht völlig gerechtfertigt. Am ehesten lassen sich die sub β) angeführten Fasern dem Typus der Brücke unterordnen, unzulässig ist dies aber hinsichtlich der directen Kleinhirn-Seitenstrangbahn, zweifelhaft ist die Stellung der inconstanten Elemente aus den Pyramiden. Letztere können sowohl aberrirte Längs- als Querfasern der vorderen Brückenhälfte darstellen. — Die Variabilität des *stratum zonale* ist auch insofern von grossem Interesse, als hierdurch von Neuem die H ä u f i g k e i t i n d i v i d u e l l e r Differenzen in der Anordnung der centralen Fasermassen dargethan wird. Auch hier ist die Möglichkeit nicht abzuleugnen, dass Fasern ausnahmsweise Centren verbinden, welche in der Regel unverbunden sind, oder dass umgekehrt Centren, welche in der Regel in Verbindung treten, der Letzteren mitunter entbehren.

Wir sehen uns jetzt auch in der Lage, die allmählige Erschöpfung des Strickkörpers von oben nach abwärts zu erklären. Diese Deutung fällt wesentlich anders aus, als die von Meynert gegebene. Es handelt sich nicht um die Abnahme eines einzigen in sich gleichwerthigen Fasersystems, welches, weil an die grossen Oliven gebunden, mit diesen nach abwärts sein Ende erreicht, sondern um eine complicirtere Erscheinung. Die allmälige Abnahme in der angegebenen Richtung wird allerdings zum Theil bedingt durch die Beziehung eines der Fasersysteme des *corpus restiforme* zu den grossen Oliven, zum andern und nicht geringsten Theil dadurch, dass die übrigen den Oliven durchaus fremden Systeme einfach ihren Ort wechseln.

Es ist somit auch durchaus ungerechtfertigt, darin, dass die Keilstränge der *oblongata* in dem Maasse wachsen, als der Strickkörper abnimmt, zu folgern*), dass beide eine zusammengehörige Leitungsbahn darstellen, da ein grosser Theil der Fasern dieses, welche mit jenen nichts zu schaffen haben, einen Antheil an den Formveränderungen der *corpora restiformia* in verschiedenen Höhen nimmt.

Wir fügen hier noch einige Bemerkungen über die aufsteigende Trigeminuswurzel Meynert, sensible Trigeminuswurzel Stilling, at Fig. 1 u. 2 Taf. XX, fein punctirt) bei, welche allerdings lediglich durch ihre Lagerung dem Strickkörper sich anschliesst. Die in dem angegebenen Namen enthaltene Deutung des betreffenden Faserstranges wird von Henle als eine irrthümliche bezeichnet, während seit Stilling fast alle neueren Autoren ihm die Qualität einer Trigeminuswurzel zuerkennen. Derselbe erhält, wie alle peripheren Nerven, sehr frühzeitig Markscheiden und schliesst sich schon so jenen innig an. Wir haben uns vielfach überzeugt, dass die in Rede stehende Fasermasse genau an der Eintrittsstelle des Trigeminus aufzutreten beginnt, und dass sicher wenigstens einzelne Bündel des Letzteren in sie übergehen. Besonders deutlich war dies an ca. 10 — 12 ctm. langen Früchten, deren Brückenfasern noch gänzlich marklos sind, und in dem Fall von Hirnschenkel-Mangel, wo sie relativ ungewöhnlich stark entwickelt war.

---

*) M. sagt (Stricker, Handb. der Gewebel., Gehirn der Säugeth. S. 767.) »Der Umstand, dass von oben nach unten der Strickkörper, die äussere Abtheilung des kleinhirnstiels sich in dem Maasse erschöpft und verschwindet, als der Querschnitt der Keil- und zarten Stränge, der Hinterstränge heranwächst, berechtigt, er nöthigt zu der Anschauung, dass in diesen beiden Querschnittsarealen Verlaufsabschnitte einer zusammenhängenden Bahn, eine gekreuzte Ursprungsweise der Hinterstränge aus dem kleinen Gehirne vorliegen.«

b. Innere Abtheilung des Kleinhirnstiels.

Hinsichtlich dieser haben wir Erfahrungen, welche die früherer Autoren ergänzten, zur Zeit noch nicht gesammelt. Ihre frühzeitige Entstehung lässt vermuthen, dass sie zu den reflectorischen Systemen beziehentlich peripheren Nerven in inniger Beziehung stehen.

Hinsichtlich der oberen Ausläufer der Hinterstränge (Burdach'sche Keil- und zarte Stränge) sei nur bemerkt, dass sich die Endigung ihrer Fasern im Bereich der genannten Kerne bei Foeten im 7. Monat schon makroskopisch ausprägt.

3. Die inneren Felder der *oblongata*.

(Innere Abtheilung des motorischen Querschnittfeldes Meynert, Vorderstrangreste, Autoren.) Das Studium der entwickelungsgeschichtlichen Gliederung lehrt, dass die bereits von Seiten früherer Autoren für nothwendig erachtete Scheidung der *medial* und *lateral* von den *nervi hypoglossi* gelegenen Gewebsmassen gerechtfertigt ist, soweit es sich um die dem grauen Boden der Rautengrube unmittelbar benachbarten Abschnitte handelt. Dieselben decken sich allenthalben mit dem Rayon der »hinteren Längsbündel« Meynert (hl Fig. 1, Taf. XX h L Fig. 2, Taf. XI, hl Fig. 5, Taf. X), deren Umfang in den verschiedenen Höhen der *oblongata* wir sogleich näher beschreiben werden. Der nach Abzug der genannten Gebilde übrig bleibende Theil der inneren Felder (der Raum zwischen hl und P Fig. 1, Taf. XX) ist weder entwickelungsgeschichtlich noch auf Grund der Strukturverhältnisse im ausgebildeten Zustand gegen unsre »seitlichen Felder« scharf abgrenzbar.

Die Grösse der' inneren Felder, sowie ihre systematische Zusammensetzung variirt in verschiedenen Höhen nicht unbeträchtlich. Bis zur oberen Grenze der grossen (unteren) Pyramidenkreuzung finden wir zwischen Pyramiden und Hypoglossuskernen kaum irgend eine nennenswerthe Anzahl von Längsfasern, welche nicht als directe Fortsetzungen oder als Aequivalente von Elementen der Vorderstranggrundbündel zu betrachten wären. Die betreffende Formation (Vorderstrangreste der Autoren) stimmt entwickelungsgeschichtlich, hinsichtlich ihres Fasercalibers, ihrer Verbindungsweise mit vorderen Wurzelfasern u. s. w. völlig mit jenen überein.

Mit dem Auftreten der oberen Pyramidenkreuzung und der inneren Nebenoliven (Pyramidenkerne Henle) ändert sich das Bild.

Es schieben sich jetzt zwischen »Vorderstrangreste« und Pyramiden
Längsfasermassen ein, welche von andersartiger systematischer Bedeutung sind, als erstere und letztere. Dieselben nehmen zum grössten
Theil ihre Lage zwischen den grossen Oliven und werden alsbald durch
zahlreiche transversale Fasern in flache Bündelchen zerspalten.

Gleichzeitig mit dem Auftreten dieser fremdartigen Massen beginnt
in den Vorderstrangresten eine Zerklüftung, zunächst der vordersten Abschnitte, durch ein Netzwerk grauer Substanz und zahlreiche transversale Fasern, so dass die betreff. Abschnitte schon im unteren Theil
der *oblongata* eine der *formatio reticularis* der seitlichen Oblongaten-
Felder ähnliche Structur erhalten. Diese unter dem Auftreten von Ganglienzellen erfolgende Zerklüftung schreitet in den Vorderstrangresten
weiter und weiter nach hinten fort, erreicht jedoch nicht den grauen
Boden der Rautengrube. Der hinterste Abschnitt, welcher in verschiedenen Höhen einen verschieden grossen Theil der inneren Oblongata-Felder
bildet, bewahrt die Structur der Vorderstranggrundbündel.

Es empfiehlt sich, für einen jeden der eben erwähnten Abschnitte
eine besondere Bezeichnung zu wählen. Da wir die systematische Stellung derselben noch nicht hinreichend kennen, so wählen wir jene vorwiegend mit Rücksicht auf die Topographie und unterscheiden so

a. die Vorderstrangreste, zerfallend
   α. in hintere Längsbündel und
   β. Vorderstrang-Theil der *formatio reticularis.*
b. die Oliven-Zwischenschicht.

a. Die Vorderstrangreste:
α. Hintere Längsbündel. Diese Längsfasermassen bestehen in
ihrer Gesammtheit aus Elementen, welche man mit annähernder
Sicherheit als Fortsetzungen beziehentlich Aequivalente von Fasern der
Vorderstranggrundbündel betrachten kann. Sie führen überwiegend mittelstarke, daneben einzelne starke und feine Fasern. Es lässt sich aus dem
Fasercaliber schliessen, dass sie aus jenem Feld der Vorderstrang-Grundbündel des obersten Halsmarkes hervorgehen, welches nach innen von
den Pyramidenbahnen, nach aussen von einer die grauen Vorderhörner
unmittelbar umgebenden feinfasrigen Zone begrenzt wird. Sie lediglich
in die hintersten, der vorderen Commissur unmittelbar anliegenden Abschnitte der Vorderstrang-Grundbündel übergehen zu lassen, liegt kein
Grund vor.

Die hinteren Längsbündel nehmen, wie bereits angedeutet, innerhalb der *oblongata* einen wechselnden Antheil am Gesammtquerschnitt der inneren Felder. Im Bereich der oberen Pyramidenkreuzung beanspruchen sie noch mehr als die Hälfte, in der Mitte der grossen Oliven bereits höchstens ⅓, im oberen Drittel ca. ⅓ u. s. w. des Durchmessers dieser Felder in der Richtung von hinten nach vorn. —

Der Gesammtquerschnitt der hinteren Längsbündel zeigt innerhalb der *oblongata* augenfällige Schwankungen nicht; er nimmt von unten nach oben, wie es scheint, etwas ab, am unteren Brückenrand wieder zu.

Was die Verbindung der h. L. mit höher gelegenen Provinzen des Medullarrohres anlangt, so setzen sich jene nach oben fort in ähnlich gebaute und gelagerte Fasermassen der hinteren Brückenabtheilung, welche bis zur Gegend der hinteren Grosshirncommissur deutlich wahrzunehmen sind. MEYNERT lässt sie noch weiter nach oben ziehen und zum Theil in dem centralen Höhlengrau des 3. Ventrikels, zum Theil in den Ganglien der Hirnschenkelschlingen enden. Wir haben bereits früher (S. 267) Bedenken dagegen ausgesprochen, dass die hinteren Längsbündel in specifischen Grosshirncentren (als welche wir doch die Kerne der Hirnschenkelschlingen zu betrachten haben würden) endigen, da sie zugleich mit Fasern entstehen, welche wir sonst in der Hauptsache als Verbindungsglieder verschiedener Abtheilungen des centralen Höhlengrau beziehentlich als directe Fortsetzungen peripherer Nerven auffassen. Wir halten es nicht nur aus diesem Grund sondern auch im Hinblick auf die früher mitgetheilten makroskopischen Befunde (s. den 1. Theil dieses Werkes) welche allerdings an sich der Beweiskraft entbehren, für nothwendig, diese Frage wenigstens noch einmal zu prüfen.

Was die Verbindung der hinteren Längsbündel mit anderen Gebilden der *oblongata* anlangt, so können wir in dieser Hinsicht vor der Hand nur wenig Sicheres mittheilen. Es gelangen, wie bereits HENLE (a. a. O. S. 206) angegeben, aus der Gegend der Accessorius- und Vagus-Kerne Fasern in ihren Rayon, welche sie zunächst von hinten umziehen, und die in den hintersten Bezirken der *raphe* die Medianlinie überschreiten. Dass sie wirklich innerhalb der hinteren Längsbündel in die Längsrichtung übergehen, konnten wir nicht mit Sicherheit beobachten. Die von GERLACH beschriebenen Hypoglossus-Wurzeln, welche in die *raphe* einmünden sollen, ohne die Kerne zu berühren, haben wir bisher ebenso wie HENLE (a. a. O. S. 206) mit Sicherheit nicht wahrnehmen können. Doch sind unsere Beobachtungen noch zu lückenhaft, als dass wir auf diese negativen Befunde Gewicht legen möchten. Falls die GERLACH'sche Angabe sich bestätigen sollte, würden wir in den erwähnten Fasern Elemente vor uns haben, welche den aus vorderen Rückenmarkswurzeln durch die vordere Commissur in die gegenüberliegenden Vorderstranggrundbündel übergehenden entsprechen. Dass mit den Angeführten die Verbindungen der hinteren Längsbündel erschöpft seien, nehmen wir nicht an. Man hat noch zu denken an Fasern aus den Hypoglossuskernen, welche gleichfalls zunächst in die *raphe* eintreten u. dergl. m.

β. Vorderstrangtheil der *formatio reticularis*. Die Stellung dieser Gebilde zum Rückenmark ist weit weniger klar, als die der

zuletzt geschilderten. Wenn wir sie zu den Vorderstrangresten stellen,
so geschieht dies nicht sowohl auf die Ergebnisse der entwickelungsgeschichtlichen Gliederung hin, als auf Grund der Erwägung, dass die
betreffenden Regionen zu den Vorderstranggrundbündeln in einem ähnlichen Verhältniss zu stehen scheinen, wie die seitlichen Theile der
formatio reticularis zu den Seitenstrangresten. Dass die Längsfasern derselben zum grösseren Theil directe Fortsetzungen solcher der Vorderstranggrundbündel darstellen, ist nicht anzunehmen; doch ist es nicht
unwahrscheinlich, dass einzelnen Fasern derselben diese Bedeutung
zukommt. Entwickelungsgeschichtlich kommen die Längsfasern dieser
Formation überein mit der sogleich zu schildernden Oliven-Zwischenschicht und dem Haupttheil der *formatio reticularis* der seitlichen Felder.

Die in Rede stehende Formation nimmt von unten nach oben beträchtlich an Ausdehnung zu, besonders im sagittalen Durchmesser. Diese
Zunahme kann nicht hauptsächlich durch Elemente bedingt werden,
welche den in den Vorderstranggrundbündeln des Rückenmarkes überwiegenden gleichwerthig sind, da die Entwickelung beider wesentlich
differirt. Es muss der Hinzutritt einer Fasergattung von andersartiger
systematischer Bedeutung angenommen werden.

Es sind in dieser Hinsicht mehrere Möglichkeiten zu berücksichtigen.
Am ehesten scheint uns die von Deiters aufgestellte Hypothese annehmbar, dass die zum Theil sehr grossen vielstrahligen Ganglienzellen, welche
innerhalb unsrer Schicht auftreten, die Vermehrung der Faserzahl vermitteln. Dieselben schicken, wie mit Sicherheit anzunehmen, auch zahlreiche Ausläufer nach oben. Da in directer Fortsetzung unsrer Schicht
Faserbündel gelegen sind, die wahrscheinlich den *thalami optici* entstammen, so bedeutet das Wachsthum derselben von unten nach oben wahrscheinlich ein Zuwachsen von Thalamus-Fasern.

Hiermit sind indess auch die Verbindungen dieser Felder noch nicht erschöpft.
Es ist wahrscheinlich, dass die Zellen derselben, welche auch zahlreiche Ausläufer zur
Seite, nach hinten u. s. w. ausschicken, auch mit den circulären, transversalen und
sagittalen Fasern zusammenhängen, welche in ihren Bereich gelangen. Dieselben ent-
stammen den verschiedenartigsten grauen Massen, wie den Kernen der Keilstränge, den
Nervenkernen der *oblongata*, den Kleinhirnstielen u. s. w.

b. Die Oliven-Zwischenschicht. Wir haben diesen Namen
gewählt, weil die betreffenden Fasern sich ziemlich genau auf den zwischen den grossen Oliven gelegenen Rayon beschränken. Der grösste
Theil derselben findet sich zwischen *raphe* und inneren Nebenoliven

(Pyramidenkerne HENLE); da wo letztere stark entwickelt sind, tritt eine nicht unbeträchtliche Menge auch zwischen denselben und den grossen Oliven auf; im Hilus der Letzteren selbst finden sich Längsfaserbündel, welche wir zu unsrer Schicht stellen möchten, nur bis zu einer Linie, welche man sich zwischen den inneren Kanten der vorderen und hinteren Blätter der grossen Oliven gezogen denke (vgl. Fig. 2, Taf. XI). Diese Schicht wächst gleichfalls von unten nach oben beträchtlich, was insbesondere aus den Gestalt- und Lageveränderungen ihrer vorderen, die Pyramiden unmittelbar begrenzenden Fläche hervorgeht (vergl. die rechte und linke Hälfte der Fig. 1, Taf. XX L. — Fig. 2, Taf. XI H). Wir haben dieselben bereits oben (S. 94) genauer beschrieben, da unsre Schicht es ist, welche sich bei 42 ctm. langen Früchten durch ihren Markgehalt so scharf gegen die marklosen Pyramiden abgrenzt. Wir können somit hinsichtlich der näheren Verhältnisse auf jenen Ort verweisen.

Das, was wir über die **systematische Stellung der O.** mit Bestimmtheit aussagen können, ist meist negativer Natur. Mit den Vordersträngen des Rückenmarkes kann sie in der Hauptsache **nichts** zu thun haben, desgleichen ist ein **directer** Zusammenhang ihrer Fasern mit den Seiten- und Hintersträngen unwahrscheinlich.

Aus Beobachtungen an dem Individuum mit totalem Hirnschenkelmangel zu schliessen (s. o. S. 110 fg.), ist ihre systematische Bedeutung nicht allenthalben die nämliche. Ein der *raphe* anliegender Theil, zu welchem auch die vorn zwischen Oliven und Pyramiden sich einschiebenden Fasern zu rechnen, und welcher nach hinten sich bis an die Vorderstrangreste erstreckt, zeigte in dem betreffenden Fall nur geringe Abweichungen von der Norm, während die in der Regel zwischen inneren Nebenoliven und grossen Olivenkernen, sowie die im Hilus der Letzteren gelegenen Längsfasern fast gänzlich fehlten. Auch bei ca. 40 ctm. langen Foetus bemerkt man eine Zweitheilung, eine compaktere mediane Schicht (H. Fig. 3, Taf. XI) und eine mehr lockere laterale. Die Existenz dieser letzteren Fasern ist wahrscheinlich abhängig von Centren, welche oberhalb des oberen Brückenrandes gelegen sind, während die ersteren unabhängig von solchen existiren können. Mit diesem pathologischen Befund harmonirt es auch, dass man unter Berücksichtigung der sonst noch vorhandenen Anhaltepunkte zu der Ueberzeugung gelangen muss, dass nach **unten** zu die Längsfasern der Oliven-Zwischenschicht in der Hauptsache mindestens eine zweifache Endigungsweise haben und zwar einmal durch Vermittelung der oberen Pyramidenkreuzung beziehentlich *fibrae rectae* der *raphe* mit den Kernen der zarten Stränge und zweitens in der Olive selbst. Falls sich die erstere Hypothese (!) bestätigen sollte, würden wir in der Oliven-Zwischenschicht u. A. die Fortsetzung der GOLL'schen Stränge des Rückenmarkes zu suchen haben. Fraglich aber nicht unwahrscheinlich ist es, dass auch transversale Fasern sowie Fasern aus den Ganglienzellen der *raphe* sich ihnen beimischen.

Was die Verbindung nach oben anlangt, so haben wir bereits früher darauf hingewiesen, dass die den Pyramiden nach hinten anliegenden Fasern sich in die Region der Vierhügelschleife des *pons* fortsetzen. Wir erwähnen vorbehältlich detaillirterer Angaben hier nur, dass es als sicher hingestellt werden kann, dass wenigstens ein grosser Theil jener Fasern sich der Schleifenschicht beimischt; wir haben also in der Oliven-Zwischenschicht zahlreiche Fasern zu suchen, welche mit den Vierhügeln in Verbindung stehen.

Dafür dass sich ein Theil der betreffenden Fasern in den Hirnschenkelfuss fortsetzt, liesse sich anführen, dass von mehreren Forschern, zuerst von STILLING (Hirnknoten und Varols-Brücke Taf. XII, Fig. 7, s. auch HENLE a. a. O. S. 245, Fig. 174) der Uebergang von Längsfaserbündeln, welche wenigstens streckenweise im Niveau der Schleifenschicht unmittelbar der *raphe* anliegen, in den »Fuss« beobachtet worden ist. Es wird indess ein directer Uebergang in den eigentlichen *pes pedunculi* dadurch unwahrscheinlich gemacht, dass die Oliven-Zwischenschicht bereits bei 34 ctm. über-- wiegend markhaltige Längsfasern führt, während jener noch bei 42 ctm. langen Früchten derselben vollständig entbehrt.

Anders verhält es sich mit der Frage, ob die Fasern der Oliven-Zwischenschicht nicht vielleicht mit dem *pedunculus substantiae nigrae Sömmer.* (MEYNERT) in Verbindung treten, welch' letzterer wahrscheinlich mit STILLING's Längsbündeln vom Fuss zur Haube identisch ist. Indess auch hier ist ein unmittelbarer Zusammenhang deshalb nicht gesichert, weil die Faserbündel des *ped. subst. nigrae*, wie MEYNERT selbst angiebt, und wie auch wir auf Grund der Caliberverhältnisse anzunehmen geneigt sind, schon innerhalb des *pons* in den Zellenmassen der Schleifenschicht endigen können. — Würden die Längsfasern der Oliven-Zwischenschicht sämmtlich in die Vierhügelschleife übergehen, so würde der völlig einheitliche Systemcharakter dieser Formation in Frage gestellt werden, Grund genug, um die Schlüsse als wenig befriedigend zu betrachten, welche man vergleichend anatomisch aus der quantitativen Entwickelung jener im Verhältniss zu der gewisser peripherer Organe auf ihre Funktion gezogen hat. Eine genaue Feststellung der in der Oliven-Zwischenschicht vorhandenen Fasern, insbesondere ihrer Verbindungen nach unten, erscheint in sofern von der grössten Wichtigkeit, als sich nur auf diese Weise für das Eingreifen der Vierhügel in den Gesammtmechanismus, für ihre Stellung zu den Hintersträngen des Rückenmarkes, dieser wiederum zum Grosshirn u. s. w. ein Verständniss eröffnen wird.

Die Idee, dass sich zwischen die eigentlichen Fortsetzungen der Vorderstränge des Rückenmarkes und die Pyramiden Fasern aus den Hintersträngen einlagern, hat wahrscheinlich schon DEITERS vorgeschwebt, doch ist allerdings der Passus (a. a. O. S. 188), woraus man dies erschliessen könnte, nicht völlig klar gefasst.

Ueberblicken wir noch einmal die systematische Zusammensetzung der inneren Oblongatenfelder, so lässt sich dieselbe folgendermaassen auffassen:

Im Bereich der unteren Pyramidenkreuzung liegen Pyramidenfasern und Vorderstranggrundbündel (von jetzt an Vorderstrangreste genannt) unmittelbar einander an. Mit dem Auftreten der oberen Kreuzung und der Oliven schiebt sich zwischen beide eine Formation ein, welche wenigstens zum grossen Theil als Fortsetzung der Vierhügelschleife zu betrachten. Die Vorderstrangreste zerfallen alsbald in die hinteren Längsbündel und den Vorderstrangtheil der *formatio reticularis*, welch letztere wahrscheinlich zahlreiche Fasern aus den *thalamis opticis* erhält. Wir haben sonach im grössten Theil der *oblongata* in den seitlich (wenn auch unvollkommen) von den Hypoglossuswurzeln begrenzten, hinten an die Hypoglossuskerne, vorn an die vordere Oblongata-Peripherie anstossenden Feldern v i e r E t a g e n zu unterscheiden:

1. hintere Längsbündel (Fasern von der Bedeutung peripherer Nerven oder Verbindungsfasern von »Nervenkernen«?),

2. *formatio reticularis* (Thalamus-Fasern),

3. Oliven-Zwischenschicht (Vierhügelfasern),

4. Pyramiden (Fasern aus Linsenkernen, *n. caudatis?* Grosshirnrinde?).

4. Die seitlichen Felder der *oblongata*.

Was die Grenzen dieser Gebiete anlangt, so haben wir die gegen die i n n e r e n Felder bereits erwähnt. Nach h i n t e n beziehentlich h i n t e n a u s s e n werden sie in tieferen Ebenen gebildet von folgenden, (in der Richtung von innen nach aussen sich aneinanderreihenden) Gebilden: den seitlichen Theilen der Hypoglossuskerne, den Kernen der zarten und Keilstränge, den Hinterhornköpfen, den aufsteigenden Trigeminus-Wurzeln; in höheren, wo die an zweiter und dritter Stelle genannten Gebilde sich erschöpft haben, treten an deren Stelle dem grauen Boden der Rautengrube angehörige Massen. Nach a u s s e n bilden meist die Peripherie beziehentlich *fibrae arciformes* die Grenze; nur in tieferen Ebenen schieben sich zwischen erstere und *formatio reticularis* die directen Kleinhirn-Seitenstranghahnen ein, welche wir als transitorische Gebilde der in Rede stehenden Felder bereits oben gesondert beschrieben haben. Nach vorn werden diese Felder allenthalben begrenzt durch die äusseren Abschnitte der Pyramiden.

Die seitlichen Felder zerfallen naturgemäss in zwei Hauptabtheilungen: 1. den Bezirk der g r o s s e n O l i v e n und 2. die *formatio reticularis*.

1. Der Bezirk der g r o s s e n O l i v e n: Betreffs der Beziehungen dieser Gebilde zum Rückenmark können wir auf Grund eigener Beobach-

lungen irgend wie gesicherte Thatsachen nicht mittheilen. Wir müssen
uns mit der Angabe begnügen, dass dieselben auftreten in einer Zone,
welche den äusseren Abschnitten der Vorderstrang-Grundbündel und den
vorderen inneren der Seitenstrangreste beziehentlich der vorderen gemischten Zone entspricht.

Ueber die Zahl der aus den grossen Oliven etwa in diese Bezirke der Vorder-
Seitenstränge übergehenden Fasern können wir nur soviel angeben, dass sie wenig
zahlreich zu sein scheinen. Eine höchst wahrscheinlich sehr ausgiebige Verbindung
besteht hingegen zwischen den Kernen der Keilstränge (Hinterstrang-Grundbündel) und den grossen Oliven (DEITERS, KÖLLIKER, MEYNERT). Es sind hauptsächlich die auf der gleichen Seite gelegenen Gebilde, zwischen welchen diese Beziehung obwaltet, doch ist die Möglichkeit nicht abzuläugnen, dass auch ein gekreuzter Zusammenhang existirt. Der Verbindung zwischen Kleinhirnstielen und grossen
Oliven haben wir bereits Erwähnung gethan; hier ist es wahrscheinlicher, dass die
gekreuzte Verbindung die breitere ist. Dass endlich die grossen Oliven[*]) zur Vierhügelschleife in enger Beziehung stehen, haben wir gleichfalls bereits angedeutet. Es
möge in dieser Hinsicht noch die Bemerkung Platz finden, dass das Verhältniss der
Schleifenschicht zu den grossen Oliven in topographischer Hinsicht beim Menschen insofern ein specifisches sein dürfte, als sich hier der überwiegende Theil der
Fasern ersterer zwischen die Oliven legt. Nur ein verschwindender Theil kann
in directem Verlauf von oben her in die grossen Oliven eindringen beziehentlich nach
hinten aussen von denselben zu liegen kommen. Es ballt sich nach dem unteren Brü-
ckenrande zu die in der mittleren Brückenhöhe stark in die Breite ausgedehnte Schleifenschicht zusammen zu einem auf dem Querschnitt mehr rundlich-ovalen Bündel (s.
auch STILLING's Abbild. de ponte Varoli Taf. II), welches in den oberen Oblongaten-
Ebenen durch die rasch anwachsenden grossen Oliven seitlich comprimirt wird, so
dass alsbald der sagittale Durchmesser den transversalen überwiegt, gerade entgegengesetzt dem Verhalten im grössten Theil des pons.

Bei MEYNERT (Arch. f. Psych. Bd. IV) finden wir gleichfalls eine Zweitheilung
der seitlichen Felder (»motorische« Querschnittsfelder M.) 1. in das Gebiet der Thalamus-Fasern und 2. der Vierhügelschleife. M. nimmt gleichfalls an, dass die Letztere
sich zwischen die grossen Oliven fortsetzt, indess offenbar nicht, dass es sich hierbei

---

[*]) Man könnte gegen die Beziehung der Schleife zu den grossen Oliven, welche
schon von früheren Autoren z. B. auch DEITERS angenommen worden ist, einwenden,
dass die letzteren Gebilde und die Vierhügel in der Thierreihe eine correspondirende
quantitative Entwickelung nicht zeigen: Indess dieser Einwand ist insofern hinfällig,
als die Vierhügel nur eines der Centren darstellen würden, mit welchen die Oliven
in Verbindung treten. Es ist ja wohl kaum zu bezweifeln, dass auch das Kleinhirn
seine Arme hereinschickt, und dass Fasern aus den Kernen der Keilstränge hier einmünden; ja KÖLLIKER weist sogar auf die Möglichkeit hin, dass auch die Pyramiden
Fasern an sie abgeben. Es sind diese Momente jedenfalls hinreichend, um die Mas-
kirung etwa vorhandener Beziehungen des quantitativen Entwickelungsgrades der grossen Oliven und Vierhügel in der Thierreihe zu erklären!

22*

um den ganz überwiegenden Theil der betr. Fasern handelt. Er scheint Befunde von Thieren auf den Menschen übertragen zu haben.

2. Das Gebiet der *formatio reticularis.* Was die allgemeineren Verhältnisse dieses Gebietes anlangt, so nimmt dasselbe, wie bereits frühere Autoren angegeben haben, von unten nach oben beträchtlich an Querschnitt zu. Die Zunahme betrifft nicht nur die graue Substanz sondern auch die Längsfaserbündel, eine Erscheinung, welche wir alsbald analysiren werden.

Die seitlichen Felder der *form. retic.* liegen, wie bereits angedeutet, in der directen Fortsetzung der Seitenstrangreste des Rückenmarkes. Entwickelungsgeschichtlich sondern sie sich nicht scharf in mehrere Unterabtheilungen, doch lässt sich annehmen, dass die Fasern der »seitlichen Grenzschicht« in die mehr nach hinten, dem grauen Boden der Rautengrube anliegenden, die Fasern der vorderen gemischten Seitenstrangzone mehr in die den grossen Oliven benachbarten beziehentlich nach aussen von denselben gelegenen Felder übergehen.

Die Entwickelungsgeschichte ergiebt, dass die in der *form. reticul.* enthaltenen Längsfaserbündel nur zum kleineren Theil unmittelbare Fortsetzungen bez. Aequivalente der in der vorderen gemischten Seitenstrangzone auftretenden, durch früh zeitige Markumhüllung sich auszeichnenden Elemente darstellen können. Es müssen Fasern von andersartiger systematischer Bedeutung praevaliren.

In erster Linie ist hier zu denken an solche, welche den in der seitlichen Grenzschicht überwiegenden gleichwerthig sind, beziehentlich denjenigen der vorderen gemischten Zone, welche sich durch spät erfolgende Markumhüllung kennzeichnen. Hierzu werden sich aber auch Fasern gesellen, welche mit den erwähnten Elementen des Rückenmarkes nichts gemein haben. Welcher Art letztere sind, lässt sich wieder nur hypothetisch angeben: Die *form. retic.* ist durchsetzt von einer grossen Anzahl multipolarer Ganglien-Zellen, welche nach den verschiedensten Richtungen hin ihre Ausläufer entsenden. Diese Letzteren streben zum Theil auch nach oben. Es liegt auf der Hand, dass sofern dieselben zahlreicher sind als die nach unten ziehenden, dass alsdann die Menge der longitudinalen Fasern innerhalb der *formatio reticularis* von unten nach oben zunehmen muss. Auch an direct d. h. zunächst ohne Vermittelung von Ganglienzellen in die Längrichtung umbiegende circuläre und transversale Fasern ist zu denken; doch treten dieselben vielleicht nach ihrer Richtungsänderung mit den grossen Zellen noch in Verbindung. Ueber die Herkunft dieser letzteren Fasergattung in der Folge mehr!

Die seitlichen Felder der *formatio reticularis* sind, wie die inneren, eingebettet in die Längsfasermassen, welche von den Sehhügeln her nach unten streben; es ist höchst wahrscheinlich ein grosser Theil

der Längsfaserbündel ersterer identisch mit Thalamus-Fasern, und an
solche hat man vornehmlich zu denken, wenn es sich darum handelt,
die weiteren Beziehungen der aus den Seitenstrangresten des Rückenmarkes beziehentlich den Ganglienzellen der *formatio reticularis* nach
oben strebenden Fasern festzustellen. Es würde somit diese Formation
einen Knotenpunkt bilden, in welchem einerseits Thalamus-
Fasern andrerseits solche, welche in der Bahn der Seitenstrangreste zur grauen Substanz des Rückenmarks verlaufen, zusammentreffen.

Hiermit sind indess die Verbindungen, welche den innerhalb der *format. reticularis*
vorhandenen Faserbündeln und Ganglienzellen zueigen, wohl noch bei weitem nicht
erschöpft. Die grauen Massen jener Formation bilden höchst wahrscheinlich Knoten-
punkte für eine grössere Anzahl von Fasersystemen, auf welche wir allerdings nur hypothetisch hinweisen können. Es ist hierbei insbesondere an Bogenfasern
aus den Kleinhirnstielen zu denken, von welchen wir sogleich einen Theil näher bezeichnen werden, ferner an solche aus den Kernen der Keilstränge, aus den Nervenkernen der *oblongata* u. s. w. So ungenügend auch die thatsächlichen Errungen-
schaften in dieser Hinsicht sind, so ungerechtfertigt erscheint es doch, irgend welcher
vorgefassten Meinung zu Liebe diese Verbindungen zu ignoriren.

Eine besondere Betrachtung möge noch der Stellung jener grauen
Massen innerhalb der *formatio reticularis* gewidmet sein, die man als
Seitenstrangkerne bezeichnet. Was zunächst ihre Lage anlangt, so
treten sie mit ihren untersten Ausläufern d. h. im Gebiet der unteren
Pyramidenkreuzung an der Grenze von vorderer gemischter Seitenstrangzone und Pyramiden-Seitenstrangbahn auf. Sie nehmen alsbald nach oben
beträchtlich an Umfang zu und erreichen den Höhepunkt ihrer Entwickelung in der Regel in Ebenen, welche der oberen Pyramidenkreuzung
beziehentlich den unmittelbar nach oben sich anschliessenden Abschnitten der *oblongata* entsprechen. Sie gerathen hierbei zwischen die Haupt-
massen der aus der vorderen gemischten Seitenstrangzone in die *formatio
reticularis* übertretenden Längsbündel herein und schicken auch, wie
bereits erwähnt, ab und zu netzförmig angeordnete seitliche Fortsätze in
die directen Kleinhirn-Seitenstrangbahnen.

So wahrscheinlich es auf Grund der topographischen Verhältnisse und der Entwickelung ist, dass Seitenstrangkerne und Längsfasern der vorderen gemischten Seitenstrangzone in inniger Beziehung zu einander stehen, für so unwahrscheinlich mussten
wir es oben erklären, dass ein irgend wie erheblicher Theil der in den »directen
Kleinhirnbahnen« der Seitenstränge verlaufenden Längsfasern an jenen Kernen endigt.
In hohem Grade beachtenswerth erscheint uns hingegen die DEITERS'sche Hypothese,
dass die Seitenstrangkerne in ausgiebiger Verbindung mit dem Kleinhirn stehen. Die
betreffende Bahn würde, den sich nach hinten erhebenden Fasern der directen Klein-

hirn-Seitenstrangbahn eng anliegend und einen vielleicht nicht unerheblichen Theil der
fibrae transversales externae posteriores bildend, in die äussere Abtheilung des Kleinhirnstieles einmünden.

Recapituliren wir noch einmal die zur Bildung der seitlichen Oblon-
gaten-Felder führenden Gestaltungsverhältnisse, so sind dieselben kurz
folgende: An der Grenze von Vorderstranggrundbündeln und vorderer
gemischter Seitenstrangzone treten die grossen Oliven auf. Indem dieselben rapid an Masse zunehmen, drängen sie die Fasern aus letzterer Zone
zumeist nach hinten und aussen; die seitliche Grenzschicht der grauen
Substanz, welche bereits im Bereich der unteren Pyramidenkreuzung von
einem Balkenwerk grauer Substanz durchflochten war, verschmilzt alsbald mit der Fortsetzung der vorderen gemischten Zone, welche die
nämliche Umwandlung erleidet. Innerhalb der Letzteren treten die „Kerne
der Seitenstränge" auf, und hiermit geht der spinale Charakter dieser
Formation verloren. Soweit ihre Fasern nicht an Ganglienzellen enden,
gehen sie vielleicht über in die den *thalamis opticis* zustrebenden Längsbündel.

Es erscheint jetzt am Platze, auf die oben S. 160 angegebenen Vorstellungen
MEYNERT's über die Beziehungen der *thalami optici* und Vierhügel zu den Vorder-
Seitensträngen des Rückenmarkes näher einzugehen. M. stellt sich offenbar vor, dass
beide Centren direct in die Rückenmarksorganisation eingreifen und hier einen beträchtlichen Antheil an der Bildung der weissen Substanz nehmen. Der Rayon, in welchen
M. ihre Fortsetzung verlegt, entspricht unseren Pyramiden-Vorderstrangbahnen, Vorderstranggrundbündeln und Seitenstrangresten. Im Bereich dieser Strangabschnitte soll nun
eine Zone hauptsächlich Vierhügel- eine zweite Sehhügelfasern enthalten; beide Zonen
sollen concentrisch die grauen Vorderhörner umgeben, beide nach hinten bis an die
Pyramiden-Seitenstrangbahnen, nach vorn bis zur vorderen Längsspalte heranreichen.
Wir haben bereits hervorgehoben, dass die Pyramiden-Seitenstrangbahnen im Bereich
des von M. abgebildeten Rückenmarksstückes (Gegend unterhalb des 2. Halsnerven)
gerade in der Zone, wo er sie bis zur Seitenstrangperipherie reichen lässt, die letztere in der Regel nicht berühren; ebensowenig können die Thalamus- und Vierhügelfasern in der Regel bis an die vordere Längsspalte reichen, da hier die Pyramiden-
Vorderstrangbahnen zu finden sind. Es lassen sich aber auch die übrig bleibenden
Abschnitte, Vorderstranggrundbündel und Seitenstrangreste, auf Grund ihres Gehaltes
an solchen Fasern nicht in zwei auch nur ideal zu begränzende Territorien scheiden. Denn Vierhügelfasern können nach unsren Beobachtungen überhaupt nicht in
erheblicher Menge in die Seitenstrangreste übergehen, sicher nicht in einer solchen
Menge, dass sie auch nur an der Formation eines kleinen Strangabschnittes einen
hervorragenden Antheil nähmen. Auch die Vorderstranggrundbündel können nur zu
einem verschwindenden Antheil aus Vierhügelfasern bestehen; ihre vordersten Abschnitte
insbesondere führen überwiegend andersartige Systeme.

Anders gestaltet sich die Frage nach der Beziehung der Thalamus-Fasern zum
Rückenmark. Die Entwickelungsgeschichte widerspricht der Annahme nicht, dass ein

erheblicher Theil solcher sich direct in die Seitenstrangreste fortsetzt. Insbesondere ist es möglich, dass die seitliche Grenzschicht der grauen Substanz zahlreiche Seh-hügelfasern enthält; in der vorderen gemischten Zone werden sie aber nur unter-mischt mit einer grossen Anzahl andersartiger Elemente auftreten können, und zwar derjenigen, welche sich durch frühzeitige Markumhüllung auszeichnen. Selbst für den Fall, dass diese Letzteren nun allenthalben mit Ganglienzellen der *formatio reticularis* in Verbindung treten, und dass diese Zellen wiederum Fasern aus den *thalamis* erhalten sollten, erscheint es uns zunächst noch nicht völlig gerechtfertigt, sämmtliche innerhalb der *formatio reticularis* vorläufig endigenden Fasern der Seitenstrangreste als »Thalamus-Fasern« zu bezeichnen, da die Verbindungsbahn zwischen jenen Zellen und den Seh-hügeln möglicherweise nur einen Stromarm darstellt, nicht aber den Inbegriff aller der Fasermassen, welche von oben her in die *formatio reticularis* einmünden.

Wenn schon aus dem bisher Angeführten hervorgeht, dass das M.'sche Schema in morphologischer Hinsicht den thatsächlichen Verhältnissen nur unvollkommen Rech-nung trägt, so ist dies' in noch höherem Grade der Fall mit seinen physiologischen Anschauungen, worüber in der Folge mehr.

III.

Gesammtübersicht der Leitungsbahnen in Rückenmark und Oblongata.

1. Die Leitungsbahnen des Rückenmarkes.

Die hauptsächlichsten Gesetze, welche in der Anordnung der Faser-massen des Markmantels der *medulla spinalis* hervortreten, sind folgende:

1. Die je zu gleichwerthigen Systemen (Centren) ge-hörigen Fasern laufen wenigstens streckenweise zum Theil streng gesondert als compakte Bündel, oder es vermischen sich die Fasern mehrerer Systeme mit einander. Der Mark-mantel zerfällt somit in eine Anzahl Territorien, in deren jedem entweder Fasern ausschliesslich eines Systemes oder solche einer geringen Anzahl differenter Systeme enthalten sind.

2. Die Fasersysteme behalten im Allgemeinen in der ganzen Länge des Rückenmarkes dieselbe relative Lage bei. Eine Ausnahme macht nur das Verhalten der Pyramiden-Seitenstrang-zu den directen Kleinhirnbahnen im Rayon des 2. und 3. Halsnerven (s. o.). Wo sich sonst scheinbar ein Lagewechsel findet, beruht er auf der in verschiedenen Höhen wechselnden Quer-schnittsgrösse der einzelnen Systeme beziehentlich System-gruppen.

Gewissermassen den Grundstock der weissen Stränge des
Rückenmarkes (und mitsammt der grauen Substanz den Grundstock des
Rückenmarkes überhaupt) bilden die Strangabschnitte, deren Querschnitts-
werthe in verschiedenen Höhen je der hier entspringenden Anzahl von
Nervenwurzeln entsprechende Schwankungen zeigen. Diese Formationen
(Grundbündel der Vorder- und Hinterstränge, Seitenstrangreste) sind
durch die ganze Länge des Rückenmarkes hindurch vorhanden
Sie enthalten theils überwiegend (Vorderstranggrundbündel) theils zu
einem grossen Bruchtheil (Seitenstrangreste, Hinterstranggrundbündel)
Fasern, welche directe Fortsetzungen von Wurzelfasern bilden,
und zwar sowohl solche, welche unmittelbar (Hinterstranggrundbündel),
als solche, welche nach Durchdringung der grauen Substanz in die weissen Stränge eintreten (Vorderstranggrundbündel, Seitenstrangreste, Hinterstranggrundbündel), um innerhalb derselben eine grössere oder geringere Strecke zu verweilen. Zum Theil enthalten diese Strangtheile
vielleicht auch Verbindungsfasern verschiedener Höhen der grauen
Substanz des Markes (Lokal- und Provinzial-Fasern STILLING's). Ausserdem führen dieselben aber noch Fasern, welche in die *oblongata* gelangen; ganz besonders zahlreich sind die Letzteren in den Hinterstrang-
grundbündeln und Seitenstrangresten, spärlicher in den Vorderstranggrundbündeln. Sie enden wahrscheinlich zum überwiegenden Theil an
Ganglienzellen der *formatio reticularis* (Seitenstrangreste, Vorderstranggrundbündel, Hinterstranggrundbündel); ein andrer Theil tritt in
Verbindung mit den Kernen der Keilstränge und (direct?) mit den
grossen Oliven. Ein nicht unbeträchtlicher Theil verbindet sich vielleicht auch unmittelbar mit den *thalami optici* (insbesondere Fasern
der Seitenstrangreste).

Jedenfalls erscheint die innige Beziehung unsrer Stränge theils zur
oblongata theils zu·den peripheren Nerven in systematischer Hinsicht als
einer ihrer wesentlichsten Charaktere.

Zu den genannten Fasermassen, welche man auch als Grundbündel der weissen Stränge zusammenfassen könnte, gesellen sich
nun weiter drei Systeme, welche sich dadurch auszeichnen, dass ihr
Querschnitt (Faserzahl) von unten nach oben stetig wächst. Zwei
derselben stellen Leitungsbahnen dar, welche das Rückenmark unter
Umgehung der *Oblongata-Centren* direct mit Klein- und Grosshirn
verbinden und keinenfalls zur Verbindung verschiedener Höhen des Rücken-

markes dienen. Es sind dies die Pyramidenbahnen (zu den Ganglien des Grosshirnschenkelfusses — und Hirnrinde? — gehörig) und die directen Kleinhirn-Seitenstrangbahnen. Die dritte Bahn (die GOLL'schen Stränge) zeigt wahrscheinlich gleichfalls eine ununterbrochene Zunahme von unten nach oben; sie findet aber eine Unterbrechung (vorläufige Endigung) in einer grauen Masse der *oblongata*, den Kernen der zarten Stränge.

Keines dieser letzten drei Bündel erstreckt sich durch die ganze Länge des Rückenmarkes hindurch. Am weitesten nach abwärts reichen die Pyramidenbahnen, von welchen man noch in der Gegend der unteren Wurzeln des dritten Sacralnerven Spuren nachweisen kann. Die Kleinhirnbahnen lassen sich als compakte Bündel nur bis in die oberen Theile der Lendenanschwellung verfolgen; dasselbe gilt wahrscheinlich von den GOLL'schen Strängen. —

Ueberblicken wir die Vertretung der Hirncentren auf dem Querschnitt jedes der drei bisher allgemein unterschiedenen Stränge des Markmantels, so führen die Vorderstränge in grösserer Anzahl lediglich Fasern aus Ganglien des Hirnschenkelfusses (insbes. Linsenkern), doch können dieselben auch gänzlich fehlen. Thalamus- und Vierhügelfasern sind entweder nur vereinzelt oder gar nicht vorhanden.

Die Seitenstränge führen in der Regel den grössten Theil der Fasern, welche auf dem Weg des *pes pedunculi* aus dem Grosshirn in das Rückenmark gelangen, ferner sämmtliche direct mit dem Letzteren in Verbindung tretende Fasern des Kleinhirns, den überwiegenden Theil der von den Reflexfeldern der *oblongata (formatio reticularis)* ins Rückenmark gelangenden, endlich vielleicht auch eine beträchtliche Menge solcher Fasern, welche direct in die *thalami optici* übergehen.

Die Hinterstränge stehen wahrscheinlich auf indirectem Wege in Verbindung mit Vierhügeln, Kleinhirn (durch grosse Oliven etc.) theilweise auch mit *formatio reticularis (?)* und *thalami optici (?)*.

Die Seitenstränge zeigen somit die bei weitem ausgiebigste Verbindung mit Hirncentren. und hinsichtlich directer Verbindungswege ist ganz besonders bevorzugt die hintere Seitenstranghälfte.

Durch die Zerlegung des Markmantels in Systeme sind wir auch in den Stand gesetzt, die Fasermassen der grauen Substanz in

übersichtlicher Weise einzutheilen. Wir haben zu unterscheiden
die zu den Pyramiden- directen Kleinhirn-Seitenstrangbahnen, Vorder-
und Hinterstrang-Grundbündeln u. s. w. gehörigen Gruppen. So lückenhaft unsre thatsächlichen Beobachtungen über den Umfang, die Endigungsweise u. s. w. derselben sind, so gerechtfertigt erscheint uns die Hoffnung, dass mit der Zerlegung des Markmantels eine Basis gewonnen
worden ist, von der aus mit Erfolg eine Aufschliessung des Faserlaby-
rinthes der grauen Substanz in Angriff genommen werden könne.

Die verschiedenen Fasersysteme differiren zum Theil in charakteristischer Weise
hinsichtlich des Fasercalibers. Einige von denen, welche wir mit Sicherheit als in
sich einheitliche Systeme betrachten können, zeigen eine annähernd gleichmässige
Faserstärke. Es sind dies die directen Kleinhirn-Seitenstrangbahnen mit vorwiegend
starken und die GOLL'schen Stränge mit vorwiegend feinen Fasern. Ein Fasercaliber überwiegt auch in der seitlichen Grenzschicht da, wo die letztere von wenig
heterogenen Elementen durchsetzt ist, es finden sich hier meist feinste Elemente.
Verschiedene Fasercaliber sind durch eine beträchtlichere Anzahl von Elementen
vertreten innerhalb der Grundbündel der Vorderstränge, der vorderen gemischten
Seitenstrangzone, der äusseren Hinterstränge und endlich auch der Pyramidenbahnen.
Da vielleicht alle diese Formationen nicht sowohl Systeme als Systemgruppen
vorstellen (die Pyramidenbahnen im Hinblick auf ihre hypothetische (!) Verbindung mit
n. caudati bez. Grosshirnrinde), so ist es immerhin möglich, dass die zu gleichwerthigen Centren in Beziehung stehenden Fasern meist eine übereinstimmende Stärke
besitzen.

Die angegebene Zusammensetzung des Markmantels aus (in der Richtung von unten nach oben) stetig wachsenden und der Anzahl der auf
der Längeneinheit des Markes eintretenden Nervenwurzeln proportional
schwankenden Systemen bietet den Schlüssel für die Erklärung der Gesammtgrössenverhältnisse einerseits des Markmantels im Ganzen,
andererseits der bisher an demselben unterschiedenen drei Strangpaare.
Wir begnügen uns vor der Hand, Einzelheiten hervorzuheben; es mögen
zunächst die von uns gewonnenen allgemeineren Resultate Berücksichtigung finden und hieran die speciellen Belege sich schliessen. Der
Kürze halber bezeichnen wir die an zweiter Stelle genannten Systeme
beziehentlich Systemgruppen als »schwankende«.

Das bereits von STILLING nachgewiesene Uebergewicht der weissen
Substanz des oberen Halsmarkes über die z. B. der mittleren Lendenanschwellung beruht im Wesentlichen auf dem in ersterer Höhe beträchtlich grösseren Querschnitt der stetig wachsenden Systeme. Denken wir
uns in beiden Höhen die Letzteren entfernt, so wird der Gesammtquer-

schnitt der weissen Substanz in beiden ungefähr gleich gross (vergl.
S. 350 Tab. *a*, Rubr. 3 und 39).

Desgleichen erhalten wir in der Mitte der Hals- und Lendenanschwellung eine
ungemein grosse Aehnlichkeit der Gestalt des Markmantels, sofern wir uns an ersterem
Ort die Pyramiden-Vorder- und directen Kleinhirn-Seitenstrangbahnen total, die Pyramiden-Seitenstrangbahnen und GOLL'schen Stränge zum grössten Theil entfernt denken
(vergl. Fig. 1 u. 2. Taf. XIX, Fig. 4 u. 8. Taf. XX).

Hinsichtlich des procentischen Antheils an den stetig wachsenden Bahnen verhalten sich Vorder-, Seiten- und Hinterstränge
wesentlich verschieden. Am geringsten ist jener in der Regel in den
Vordersträngen. Hier kommen in Folge dessen die Eigenthümlichkeiten der sonst noch vorhandenen schwankenden Systeme am reinsten
zum Ausdruck. Da der Querschnitt letzterer in mittlerer Hals- und Lendenanschwellung nur wenig differirt, so finden sich hier in der Regel
auch nur geringe Differenzen des Gesammtquerschnittes dieser Stränge.
Hingegen zeigt das mittlere Dorsalmark gegenüber der Lendenanschwellung eine beträchtliche negative Schwankung.

Wenn die Pyramidenbahnen zum grössten Theil vorn liegen, werden die Schwankungen der Grundbündel wenn auch nicht völlig com-
pensirt, so doch zum Theil überdeckt werden.

Den weitaus grössten Antheil an den stetig wachsenden Systemen
beanspruchen in der Regel die Seitenstränge. Da hier überdies die
Angehörigen der anderen Systemgruppe relativ geringe Schwankungen
zeigen, so spricht sich die Existenz letzterer Gruppe in den Gesammtquer-
schnittsverhältnissen der Seitenstränge in der Regel so gut wie gar
nicht aus. Wir finden somit in der Regel vom unteren Lendenmark bis zur
Mitte der Halsanschwellung eine stetige Zunahme des Seitenstrangquerschnittes, und nur in der oberen Hälfte des Halsmarkes macht sich in der
Richtung von unten nach oben eine negative Schwankung geltend.

Wo sich Abweichungen von ersterem Verhalten finden, beruhen dieselben entweder auf einer ungewöhnlich starken Entwickelung der Seitenstrangreste in der Lendenanschwellung (Tab. S. 131, dieselbe kann auch eine scheinbare, durch abnorme
Lagerung der vorderen Wurzeln begründete sein) oder auf einer ungewöhnlichen Vertheilungsweise der Pyramidenbahnen. Wenn dieselben grösstentheils in den Vordersträngen liegen, so werden die Seitenstränge, auch wenn man ihre vordere Grenze
möglichst nach hinten legt, im unteren Dorsalmark gegenüber der Lendenanschwellung
eine ausgeprägte negative Schwankung zeigen müssen, da die Kleinhirnbahnen allein
nicht hinreichen, um die negative Schwankung der Seitenstrangreste zu verdecken beziehentlich zu compensiren.

Die Hinterstränge führen in Gestalt der Goll'chen Str. ein stetig
wachsendes System, welches einen beträchtlich grösseren Antheil am Gesammtquerschnitt jener erreicht, als die Pyramidenbahnen in der Regel
an den Vordersträngen. Da indess die sonst noch vorhandenen Fasermassen ungemein ausgeprägte Schwankungen zeigen, so beherrschen
diese vor Allem die Gesammtconfiguration. Wir finden so im Dorsalmark
eine beträchtliche Verminderung des Hinterstrangquerschnittes gegenüber
der mittleren Lendenanschwellung. Einen hervorragenden Antheil nehmen
die Goll'schen Stränge an den Differenzen zwischen letzterer und der
mittleren Halsanschwellung.

Eine genauere Vorstellung von dem Antheil, welchen ein jeder
der von uns unterschiedenen Strangabschnitte des Markmantels an
dessen Zusammensetzung in verschiedenen Markregionen nimmt, werden
die folgenden Tabellen zu gewähren im Stande sein.

Die hier zusammengestellten Werthe beziehen sich auf 5 verschiedene Individuen,
welche wir mit A B C D und E bezeichnen. Vier derselben ABC und E gehören der
Gruppe d (S. 107 fg.) an, das fünfte der Gruppe e (S. 115 fg.). Die Gruppe d haben
wir gewählt, weil hier einerseits die directen Kleinhirn-Seitenstrangbahnen sich gut
abheben, andererseits die Pyramidenbahnen bei geeigneter Behandlung noch wohl abgrenzbar sind. Zudem stehen bei den Individuen dieser Gruppe die Grössenverhältnisse denen der völlig ausgetragenen Frucht sehr nahe, welche sich ihrerseits wiederum
in dieser Hinsicht dem Erwachsenen mehr nähert, als Früchte aus allen andren Foetalperioden.

Wir geben theils absolute, theils relative Werthe, die Letzteren in der Tabelle a)
von dem Rückenmark A, von welchem verschiedene Höhen ausgemessen wurden. Die
in Rubr. 10 beigefügten absoluten Maasse lassen die Angabe solcher für alle Einzelwerthe entbehrlich erscheinen. Die Zahlen in der Tab. b) geben in □mm. die an
18 x lin. vergrösserten Abbildungen gewonnenen Werthe.

In wie fern unsere Werthe auch zum Vergleich der absoluten Grössenverhältnisse
der Einzelbahnen bei verschiedenen Individuen Verwendung finden können, werden
wir in der Folge näher angeben. Die gemessenen Höhen finden sich in Rubrik 2 verzeichnet. Die Motive für die Wahl der Gegend des 2. und 3. Halsnerven werden wir
in der Folge noch darlegen —.

Die zur Messung verwandten Präparate wurde bei 18facher Linearvergrösserung
photographirt. Die Photographien wurden auf die S. 268 angegebene Methode ausgemessen; die Resultate jeder einzelnen Messung durch vielfache Wiederholungen con-
trollirt. Von der Anwendung des Planimeters wurde abgesehen, da die bei Controllmessungen sich ergebenden Differenzen so klein ausfielen, dass in Anbetracht der angewandten Vergrösserung des Objectes ihnen ein Gewicht kaum beigelegt werden darf.
Die in den Tabellen angeführten Werthe besitzen somit einen genügenden Grad von
Zuverlässigkeit.

Was im Speciellen das Individuum A anlangt, so ist dasselbe ein neuer Fall (in Verz. S. 11 nicht aufgeführt): ein nach mehrtägigem Leben verstorbenes, bei der Geburt ca. 50 ctm. messendes Kind. Wir haben dasselbe zum Theil nothgedrungen zur Ausmessung gewählt, da uns ein anderes völlig brauchbares nicht zu Gebote stand. (Die Abbildungen Taf. XIX beziehen sich gleichfalls auf dieses Rückenmark; doch wurden diese Präparate nicht ausgemessen). Die Vertheilungsweise der Pyramidenbahnen ist hier ausgeprägt asymmetrisch; jene der rechten Pyramide stellt diejenige Modification dar, welche man am ehesten als normale bezeichnen könnte, die Vertheilung der linken Pyramiden hingegen repräsentirt einen etwas selteneren Typus, insofern als die betr. Vorderstrangbahn einen ungewöhnlich grossen Werth zeigt.

Das Individuum B ist identisch mit No. 29 d. Verz. S. 11. (s. überdies S. 111 fg.) Es stellt hinsichtlich der Vertheilung der Pyramidenbahnen den Gegensatz dar zu C (No. 33 d. V. vergl. auch S. 111 fg.).

D ist ein Fall mit nur einer Vorderstrangbahn und zwar ein solcher mit ausgeprägtem compensatorischen Verhalten der Pyramiden-Vorder- und Seitenstrangbahnen (No. 35. d. V.). E endlich ist der Fall von völligem Mangel der Pyramidenbahnen, in Folge von congenitaler Zerstörung der Grosshirnschenkel (No. 64. d. V. S. 11. s. auch S. 120 fg.) *).

---

*) Wir halten es für geboten, noch besonders darauf hinzuweisen, dass die nachfolgend mitgetheilten Werthe sämmtlich nur für das Neugeborene Geltung beanspruchen können. Die Verwerthbarkeit der betr. Maasse für die Anatomie des ausgebildeten Organes wird indess hierdurch insofern nicht wesentlich beeinträchtigt, als die in der Folge, während des extrauterinen Lebens vor sich gehenden Veränderungen im Wesentlichen wohl nur das Fasercaliber nicht aber die Faserzahl der verschiedenen Systeme berühren.

1.	2.	3.	4. 5. 6.			7. 8. 9.			10. 11. 12.			13.	14.	15	16. 17. 18			19. 20 3
Bezeichnung der Individuen	Gemessene Höhe Nervenpaar	der weissen Substanz %	Vorderstränge			Seitenstränge			Vorder- und Seitenstränge			Grundbündel der Hinterstränge	Goll'sche Stränge	Hinterstr. in Sa.	Pyramiden-Vorderstrangbahnen			Pyram. Seitenstr. bah.
			r.	l.	Sa.	r.	l.	Sa.	r	l.	Sa.				r	l	Sa.	r l
A	Cerv. III.	1000	83	61	144	237	223	460	320	285	604	389	107	396	40	12	52	97
„	Cerv. VI-VII	1028	119	111	230	214	224	408	363	335	698	243	85	330	34	11	45	83 ?
„	Dors. III.	691	72	53	125	193	180	373	265	233	498	113	80	193	20	—	20	70 ?
„	Dors. VI-VII	521	45	31	76	150	139	289	195	170	365	?	?	156	18	—	18	57 .
„	Dors. XII	572	62	33	106	135	126	261	197	170	367	?	?	205	13	—	13	42 31
„	Lumb. IV-V	641	94	83	177	131	123	255	225	207	432	?	?	212	—		—	30 2.

A	Cerv. III.	6170	537	395	932	1534	1442	2976	2070	1838	3908	1862	700	2562	259	78	337	628 19.
B	Cerv. II.	6970	1110	1100	2210	1190	1240	2430	2300	2340	4640	1630	700	2330	580	630	1210	86 / 8
C	Cerv. II.	7010	440	530	970	1810	1840	3650	2250	2370	4620	1680	760	2390	—	—	—	760 78
D	Cerv. II.	6390	423	340	763	1799	1619	3418	2222	1959	4181	1499	710	2209	464		464	710 92 :
E	Cerv. II-III	5560	370	396	766	1124	1050	2174	1494	1446	2940	1990	630	2620	—		—	—

Wir haben zur Erklärung der in vorstehenden Tabellen mitgetheilten
Werthe nach dem bereits früher Angebenen nur wenig hinzuzufügen.

Tabelle a)[a]).

Die ausgemessenen Höhen sind noch zu wenig zahlreich, um uns

---

[a]) Die Werthe in Tab. a) weichen nicht unbeträchtlich von denen der Tabelle S. 134
ab. Dieser letztere Fall (im Verzeichniss S. 11 fg. nicht aufgeführt) schliesst sich der
Gruppe e) S. 125 fg. an. Da die Abgrenzung der Pyramidenbahnen hier eine weniger
scharfe ist, als in den Fällen der Gruppe d, so verdienen von vornherein die Werthe
der Tab. a, den Vorzug. Die Differenzen zwischen beiden Tabellen bestehen hauptsächlich in Folgendem. S. 134 ist der %/o Antheil der Pyramidenbahnen am Gesammtquerschnitt in der Gegend des 2. Halsnerven beträchtlich grösser als im Fall A (noch
grösser sind die Differenzen zwischen Fall S. 134 und den Fällen B C und D). Die
relative Querschnittsverminderung ferner auf der Strecke zwischen 2. Hals- und 3. Dorsalnerv ist in Fall S. 134 beträchtlich grösser als bei A Tab. a. Obwohl wir nicht
im Mindesten daran zweifeln, dass Differenzen der angegebenen Art in der That vorkommen können, so verzichten wir doch bei Interpretation der Werthe in Tab. a
und b auf eine detaillirte Vergleichung mit Fall S. 134, weil jene sämmtlich an Photographien, die für letzteren angegebenen hingegen lediglich an Zeichnungen gewonnen
worden sind. Lediglich von den ersteren Fällen sind wir auch im Stande absolute
Werthe anzugeben.

bahnen in Sa.	23. 24. 25. Direcle Kleinhirn-Seitenstrangbahnen (compacter Theil)			26. 27. 28. Seitenstrang-Reste			29. 30. 31. Vorderstrang-Grundbündel			32. 33. 34. Pyramidenbahnen ± dir. Kleinhirn-Seitenstrangbahn. in Sa.			33. 36. 37. Seitenstrang-Reste ±Vorderstranggrundbündel in Sa.			3*. Pyramidenbahnen direct.Kleinhirn-Seitenstrangb.	Seitenstrangreste-Grundb. d. Vorder-stränge+Grundb. Stilling'sche Str. i. S.	Absol. Grösse des ... Rubr i □m.
	r.	L.	Sa.	r.	L.	Sa.	r.	L.	Sa.	r.	L.	Sa.	r.	L.	Sa.			
26	44	34	80	99	107	206	43	49	92	173	143	306	144	156	248	113	587	20,0
96	44	36	70	127	140	247	85	100	185	151	115	266	212	220	432	351	677	20,56
40	27	28	55	96	102	198	51	53	105	117	78	195	148	155	303	275	416	13,8
19	21	19	40	72	76	148	27	31	58	96	63	159	99	107	206	?	?	10,4
89	13	13	26	80	79	159	49	44	93	68	47	115	129	123	252	?	?	11,11
54	—	—	—	101	100	201	94	83	177	30	24	54	195	183	378	?	?	13,0
163	265	252	517	644	692	1333	278	317	595	1152	848	1980	919	1009	1928	2680	3790	20,0
378	240	200	440	864	935	1822	330	470	1000	906	912	1818	1304	1428	2822	2518	4452	21,5
540	200	200	400	850	860	1710	440	530	970	960	980	1940	1290	1390	2680	2700	4310	21,6
100	204	206	410	855	881	1760	259	310	599	1078	738	1816	1144	1221	2365	2526	3864	19,7
—	144	161	305	980	889	1869	270	496	766	144	161	305	1350	1285	2635	935	4625	17,16

von sämmtlichen in der Länge des Markes am Gesammtquerschnitt
der weissen Substanz vor sich gehenden Veränderungen eine völlig
befriedigende Vorstellung zu verschaffen. Doch können wir schon aus
den angegebenen Werthen folgern, dass beim ausgetragenen
Foetus ein stetes Wachsthum der weissen Substanz in der Richtung von unten nach oben nicht existirt; es findet sich im mittleren
Dorsalmark eine so beträchtliche Verminderung gegenüber der mittleren
Lendenanschwellung, dass an eine Vortäuschung durch irgend welche
Beobachtungsfehler nicht zu denken ist.

Das Verhältniss zwischen den Gesammtquerschnittswerthen der weissen Substanz in der Höhe des 6. und 3. Halsnerven ist wahrscheinlich
nicht als allgemein gültig zu betrachten. Im Fall C stellte es sich
auf 7420 (22,9 □mm.) : 7010 (21,6 □mm.). Die Differenz ist also in
letzterem Fall, wie auch in den von Stilling (s. u.) ausgemessenen
Rückenmarken beträchtlich grösser als bei A.

Ersichtlich ist der Einfluss der asymmetrischen Vertheilung der
Pyramiden auf das Grössenverhältniss zwischen beiden Vorder-Seitensträngen; der linke bietet entsprechend dem geringeren Gehalt an Pyra-

midenfasern allenthalben einen beträchtlich kleineren Querschnitt dar, als der rechte*).

Unsere Tabelle setzt uns auch in den Stand,

1) den % Antheil jeder einzelnen der von uns unterschiedenen Abtheilungen am Gesammtquerschnitt des Markmantels für verschiedene Höhen des Markes anzugeben. Es betragen

Genauss. Höhe Corv.	1. Pyramidenbahnen	2. Dir. Klein- hirn-Seit.- Strangbhn.	Sa. 1+2	3. Goll'sche Stränge	Sa. 1+2+3	4. Seiten- strang- Reste	5. Grundb. der Vorderstr.	Sa. 4+5	6. Grundb. der Hinterstr.	Sa. 4+5+6
III.	22,6	8,0	30,6	10,7	41,3	20,6	9,2	29,8	28,9	58,7
VI—VII.	19,0	7,0	26,0	8,2	34,2	24,0	18,0	42,0	23,8	65,8
Dors. III.	30,3	7,96	28,26	11,44	39,7	28,7	15,2	43,9	16,4	60,3
VI—VII.	22,8	7,7	30,5	?	?	28,4	11,1	39,5	?	?
XII.	15,5	4,5	20,0	?	?	28,0	16,1	44,1	?	?
Lumb. IV—V.	8,3	0	8,3	?	?	31,2	27,5	58,7	?	?

Es erscheint somit bei dem Individuum A (im Bereich der gemessenen Höhen) der procentische Antheil der Pyramidenbahnen am grössten im oberen Halsmark und in der Mitte des Dorsalmarkes.

Der Gesammtquerschnitt aller stetig wachsenden Bahnen hat den grössten procentischen Antheil am Markmantel gleichfalls im obersten Halsmark. Doch ist es in hohem Grade wahrscheinlich, dass er einen ähnlichen Werth besitzt in der Mitte des Dorsalmarkes. Die schwankenden Bahnen erreichen den grössten procentischen Werth in der Lendenanschwellung; hinsichtlich aller übrigen diesbezüglichen Fragen können wir auf die vorstehende Tabelle selbst verweisen.

2) Wir betrachten weiter den procentischen Antheil der die Vorder-Seitenstränge zusammensetzenden Systeme am Gesammt-Querschnitt dieser Stränge in dem Fall A.

Corv.	1. Pyramiden- bahnen	2. Dir. Kleinhirn- Seitenstrangb.	Sa. 1+2	3. Seitenstrang- reste	4. Vorderstrang- grundbündel	Sa. 3+4	Gesammtquer- schnitt der Vor- der-Seitenstrge.
III.	37,4	13,2	50,6	34,1	15,3	49,4	= 100
VI—VII.	28,1	10,1	38,2	35,4	26,4	61,8	= 100
Dors. III.	28,0	11,0	39,0	40,0	21,0	61,0	= 100
VI—VII.	32,6	10,9	43,5	40,5	16,0	56,5	= 100
XII.	24,2	7,0	31,2	43,3	25,3	58,6	= 100
Lumb. IV—V.	12,5	0	12,5	46,5	41,0	87,5	= 100

*) Bei den Hintersträngen und ihren Einzelsystemen haben wir die Werthe nicht für jede Rückenmarkshälfte gesondert aufgeführt, weil niemals eine irgend merkliche Differenz hervortrat.

Die vorstehende Tabelle ist geeignet, darzulegen, bis zu welcher Höhe des Markes eine differente Vertheilungsweise der Pyramidenbahnen die Grössenverhältnisse der Vorder- und Seitenstränge in augenfälliger Weise zu beeinflussen im Stande sein wird. Sofern alle sonstigen Systeme sich gleich verhalten, wird ein solcher Einfluss sich eventuell noch im oberen Lendenmark fühlbar machen, wie wir dies in der That für einzelne Fälle bereits näher dargelegt haben.

3) Die nachfolgende Tabelle möge die Grössenverhältnisse darstellen, in welchen die Querschnitte der nämlichen Strangabtheilung (System, Systemgruppe) in verschiedenen Höhen unter einander stehen.

Gemessene Höhe	Pyramid.-bahnen.	Dir. Kleinh.-Seitenstr.	Seitenstr.-Reste.	Grundbünd. d. Vorderstr.	Grundh. Vorderstr. + Seitenstr.-Reste	Goll'sche Stränge.	Grundb. der Hinterstr.
Cerv. III.	100	100	83,0	49,7	66,35	100,0	100
VI — VII.	87	87	100,0	100,0	100,0	80,0	84,7
Dors. III.	62	68	80,1	80,0	80,05	73,0	40,0
VI — VII.	52,6	50	60,0	60,0	60,0	?	?
XII.	39,0	32,5	64,3	64,0	64,15	?	?
Lumbal. IV — V.	23,9	0	81,1	94,8	88,6	?	?

Augenfällig ist in vorstehender Tabelle die Uebereinstimmung der procentischen Querschnittsabnahme von Pyramiden- und Kleinhirn-Seitenstrangbahnen in Hals- und Dorsalmark; es wird durch eine grössere Reihe vergleichender Messungen festzustellen sein, ob in der Regel beide Systeme im Hals- und grössten Theil des Dorsalmarkes auf correspondirenden Strecken eine proportionale Faserzahl verlieren.

Tabelle b.

Dieselbe gewährt einen Ueberblick über den Umfang der einzelnen Systeme und Strangabtheilungen im obern Halsmark. Es tritt hier zunächst an allen Fällen das oben beschriebene compensatorische Verhalten der zusammengehörigen Vorder- und Seitenstrangbahnen auf das Deutlichste hervor. Die betreffenden Werthe lassen kaum einen Zweifel aufkommen, dass wir es hier mit einer gesetzmässigen Beziehung zu thun haben. —

Was eine weitere Verwerthung der Zahlen unserer Tabelle anlangt, so fragt es sich zunächst: Sind die Werthe für die Fälle A—D direct vergleichbar? Es kommen in dieser Hinsicht offenbar zwei Momente vorwiegend in Betracht. Es ist zu untersuchen, ob 1) die gewählte Schnitthöhe völlig gleichwerthig ist, und 2) ob die Herstellungsmethode der betr. Präparate vielleicht einen erheblichen und zwar individuell verschiedenen Einfluss auf die absoluten Grössenverhältnisse ausgeübt haben könne.

Ersteres anlangend, so können kaum erhebliche Fehlerquellen hierin gegeben

sein. Die Differenzen der Querschnittsgrösse sind im ganzen Gebiet des 2. und 3. Halsnerven unbedeutend. Etwas tiefer als bei den übrigen ist die Schnitthöhe in Fall A; bei
B, C, D kann sie als völlig gleichwerthig betrachtet werden. — Was die zweite
Frage betrifft, so ist hervorzuheben, dass das Rückenmark im Fall C sich bei Anfertigung des betr. Präparates kürzere Zeit in der Härtungsflüssigkeit befunden hatte, als die
anderen; es ist vielleicht hierauf sein grösserer absoluter Querschnitt zurückzuführen. Wir werden, da eine genaue Würdigung des in Rede stehenden Momentes
auf grosse Schwierigkeiten stösst, es unterlassen, aus unseren absoluten Werthen Mittelwerthe zu ziehen. Hinsichtlich des relativen Antheils, welchen eine jede der
von uns unterschiedenen Strangabtheilungen am Gesammtquerschnitte der weissen Substanz, beziehentlich der Vorder-Seitenstränge nimmt, fällt das angeregte Bedenken
indess kaum erheblich ins Gewicht. Wir geben demgemäss in den Tabellen 1 und 2
diese Werthe nebst den Mittelwerthen. Tabelle 3 giebt die absolute Grösse jedes
Einzelsystems bez. jeder Systemgruppe des Markmantels.

Tabelle 1.

Der %Antheil der Einzelsysteme bez. Systemgruppen am
Gesammtquerschnitt des Markmantels in der Höhe des 2.—
3. Halsnervenpaares.

Bezeichnung des Individ.	1. Pyramiden-bahnen.	2.	3. Dir. kleinhirn-Seitenstr.	4. Gou.'sche Str.	5 Grundbündel der Hinterstr.	6. Grundth. der Vorderstr.	7. Seitenstrang-Reste.	8. 1+2 in Su.	9. 4+5+6 in Su.	10. 3+6 in Su.	11. Vorderstränge in Su.	12. Seitenstränge in Su.	Hinterstränge in Su.
	%	%	%	%	%	%	%	%	%	%	%	%	%
A.	12,6	8,0	10,7	28,9	9,2	20,6	11,3	58,7	29,8	14,4	46,0	39,6	
B.	19,8	6,2	10,0	23,4	14,4	26,2	36,0	64,0	40,6	31,6	34,8	33,6	
C.	22,0	5,7	10,8	23,2	13,9	24,4	38,5	61,5	38,3	13,9	52,1	34,0	
D.	22,0	6,4	11,1	23,5	9,3	27,7	39,5	60,5	37,0	12,0	53,4	34,6	
A—D im Mittel	21,6	6,57	10,65	24,75	11,7	24,72	38,82	61,17	36,42	18,0	46,6	35,4	
E.	0	5,5	11,3	35,7	13,8	33.7	16,8	83,2	47,5	13,9	39,1	47,0	

Aus der vorstehenden Tabelle ergiebt sich, dass individuell hochgradig variabel ist der procentische Antheil der Vorderstränge (12—
31,6%) und der Seitenstränge (34,8—53,4) am Gesammtquerschnitt der
weissen Substanz; es beruht diese Variabilität ganz vorwiegend auf der
variabelen Vertheilungsweise der Pyramidenbahnen; die Schwankungen
aller sonstigen Systeme treten dagegen zurück.

Sehr gering sind die Differenzen hinsichtlich des %Antheils der
Seitenstrangreste bei B, C und D (24,4—27,7), in höherem Grade

abweichend ist dieser Werth bei A. Dasselbe gilt für die Grundbündel der Hinterstränge (23,2—23,5, bez. 28,9).

Die geringsten Differenzen zeigen die Goll'schen Stränge (10—11,1) und die Pyramidenbahnen (19,8—22,6).

Es gewinnt fast den Eindruck, als ob zwischen Seitenstrangresten und Hinterstrang-Grundbündeln ein compensatorisches Verhältniss bestehe, ähnlich dem zwischen Pyramiden-Vorder- und Seitenstrangbahnen; indess ist zu einer solchen Annahme ein Fall nicht hinreichend.

Der % Antheil der Pyramidenbahnen am Markmantel ist für den Erwachsenen höher anzuschlagen als für das Neugeborne. Nach den Veränderungen, welche an den Pyramiden der *oblongata* vor sich gehen, ist mit Sicherheit zu erwarten, dass die Pyramidenbahnen im ausgebildeten Mark meh r als ¼ des Gesammtquerschnittes der weissen Substanz beanspruchen. Hinsichtlich der anderen Systeme ist eine Verminderung des % Antheils wahrscheinlicher, ob für alle gleichmässig, wird erst noch festzustellen sein.

Tabelle 2.

%Antheil der einzelnen Systeme u. Systemgruppen der Vorder- und Seitenstränge an dem Gesammtquerschnitt dieser Stränge.

1.	2.	3.	4.	5.	6.	7.	8.	9.	10.
Bezeich. der Individ.	Gemess. Höhe.	Pyramidenbahnen.	Dir. Klein-hirn-, Seitenstr.-bahnen.	Seitenstr.-Reste.	Grundbündel der Vorderstr.	$\frac{3}{4}$	$\frac{5}{6}$	Vorderstränge.	Seitenstränge.
A.	Corr. III.	37,1	13,2	34,1	15,3	50,6	19,4	13,8	76,2
B.	II.	30,0	9,5	39,1	21,4	39,5	60,5	18,0*	52,0
C.	II.	33,3	8,7	37,0	21,0	42,0	58,0	21,0*	79,0
D.	II.	33,6	9,8	42,2	14,4	43,1	56,6	18,2	81,8
im Mittel		33,58	10,3	38,1	18,02	43,88	56,12	?	?
E.	(II—III)	0	10,4	63,6	26,0	10,4	89,6	26,0	74,0

Auch aus dieser Tabelle erkennt man wiederum, wie enorm der Einfluss der variabelen Lagerung der Pyramidenfasern auf die Grössenverhältnisse zwischen Vorder- und Seitensträngen ist (18,2:81,8—48:52).

Es beanspruchen ferner (beim annähernd oder völlig ausgetragenen Foetus in der Gegend des 2.—3. Halsnerven) nach vorst. Tabelle im Mittel

---

*) Diese Werthe weichen ab von den S. 113 für die Vorderstränge angegebenen. Die Erklärung ergiebt sich daraus, dass wir dort die Vorderstränge durch die innersten vordern Wurzelfasern abgegrenzt sein liessen, hier durch die äusseren.

die Pyramidenbahnen ca. ¹/₅, die Kleinhirnbahnen ca. ¹/₁₀, die Grundbündel der Vorderstränge nahezu ¹/₃, die Seitenstrangreste mehr als ²/₃
des Gesammtquerschnittes der Vorder-Seitenstränge. —

Auch der %Antheil der Pyramidenbahnen am Querschnitt der Vorder-Seitenstränge wird sich beim Erwachsenen erheblich höher stellen
(s. Bemerkung hinter Tab. 1.).

Tabelle 3.

Absolute Werthe der Systeme und Systemgruppen des
Markmantels in □mm. in der Höhe des 2.—3. Halsnervenpaares.

	1.	2.	3.	4.	5.	6.	7.	8.	9.	10.	11.	12.	13.
Bezeichnung des Individ.	Pyramiden-bahnen.	Dir. Kleinhirn-Seitenstr.	Gou.'sche Str.	Grundbündel der Hinterstr.	Grundbündel der Vorderstr.	Seitenstrang-Reste.	$2+3$ in Sa.	$4+5+6$ in Sa.	$5+6$ in Sa.	Vorderstränge in Sa.	Seitenstränge in Sa.	Hinterstränge in Sa.	Summe
A.	4,52	1,60	2,14	5,78	1,84	1,12	8,26	11,74	5,96	2,88	9,20	7,92	20,0
B.	4,25	1,35	2,16	5,03	3,08	5,63	7,76	13,74	8,71	6,82	7,49	7,19	21,5
C.	4,70	1,23	2,34	5,03	3,00	5,30	8,27	13,33	8,30	3,00	11,23	7,37	21,6
D.	4,34	1,26	2,19	4,62	1,85	5,45	7,79	11,92	7,30	2,35	10,55	6,82	19,7
E.	0	0,94	1,95	6,14	2,36	5,77	2,89	14,27	8,13	2,36	6,71	8,09	17,6

Bemerkenswerth ist die Uebereinstimmung der Werthe für die Pyramidenbahnen (4,25—4,70 □mm.). Es ist hiermit für die Fälle A—D
der Beweis geliefert, dass die variabele Vertheilungsweise der
Pyramidenbahnen im Wesentlichen unabhängig ist von deren
absoluter Grösse.

Ueberraschend ist wiederum die Uebereinstimmung der Goll'schen
Stränge (2,14—2,34 □ctm.).

Beträchtlicher (insbesondere in Anbetracht des kleineren Gesammtquerschnittes) sind die Differenzen, welche die directen Kleinhirn-
Seitenstrangbahnen darbieten (1,23—1,60). Da die Fasern derselben in der Periode, welcher die betr. Individuen angehören, in regem
Wachsthum begriffen sind, so sind diese Schwankungen vielleicht zum
grossen Theil auf gesetzmässige Differenzen des Fasercalibers zurückzuführen.

Die grössten Differenzen zeigen wiederum die Vorder- und
die Seitenstränge. Erstere schwanken von 2,35—6,82, letztere von
7,49—11,23 □mm. — Verschwindend sind die Differenzen der Hinter-

stränge in den Fällen B, C und D. Bei A tritt der Einfluss der ungewöhnlich starken Ausbildung der Grundbündel zu Tage.

Eigenthümlich ist das Verhalten der Vorderstranggrundbündel,
hinsichtlich deren Grösse je 2 Fälle (A D, B C) übereinstimmen. Der
Vergleich von B und C ergiebt, dass eine starke Entwickelung der Pyramiden-Vorderstrangbahnen n i c h t ein Zurücktreten der Vorderstrang-
Grundbündel im Gefolge zu haben braucht (wie man dies vielleicht aus
dem Vergleich der Fälle A, D und C zu folgern geneigt sein könnte).

Was den Fall E (Pyramiden–Mangel) anlangt, so ergiebt sich, dass
die Vorderstränge den gleichen absoluten Querschnitt besitzen, wie bei
dem normalen Individuum D. Die Hinterstränge von E sind erheblich
umfangreicher als die aller anderen Fälle (compensatorische Hypertrophie?).
Die Seitenstränge sind z. B. gegenüber C um den mittleren Querschnitt
der Pyramidenbahnen kleiner!

Die in den vorstehenden Tabellen aufgeführten Werthe weisen auf die Möglichkeit hin, die mittlere Faserzahl der einzelnen in die Zusammensetzung des Markmantels eingehenden Systeme und Systemgruppen mit annähernder Genauigkeit festzustellen.
Es wird so auch eventuell gelingen, die Zahl der direct aus dem Grosshirn in das
Rückenmark gelangenden willkürlich-motorischen Fasern (Pyramidenfasern) u. s. w.
zu bestimmen.

Eigene Erfahrungen stehen uns in dieser Hinsicht vor der Hand noch nicht zu
Gebote.

Würde die Faserzahl, welche STILLING für den Markmantel im obern Halsmark
angegeben (ca. 100000), richtig sein, so würde man die Zahl der Pyramidenfasern
auf mindestens 100000 zu schätzen haben. Wir sind indess der Ansicht, dass die
STILLING'schen Zahlen viel zu niedrig ausgefallen sind, da er den mittleren Querschnitt
der verticalen Nervenfasern zweifellos zu hoch angesetzt hat. Es ist somit wahrscheinlich, dass die Zahl der Pyramidenfasern des obern Rückenmarkes 100000 beträchtlich überschreitet.

Es würden somit die Pyramiden dem Rückenmark beträchtlich mehr als 100000
einzelne Leitungsbahnen für willkürlich motorische Impulse zuführen, eine Zahl, welche
hinreichend erscheint, um uns die unzähligen willkürlichen Combinationen der Muskeln, zu welchen der Mensch vor allen Thieren befähigt ist, die hervorragende Viel-
seitigkeit jenes hinsichtlich des Gebrauches seiner Muskulatur befriedigend zu erklären.

Es erscheint von Interesse, die von uns angegebenen Werthe mit den STILLING'schen
(Neue Untersuchungen üb. das Rückenmark *) zu vergleichen. St. hat an einem f ü n f -
j ä h r i g e n Kinde Nerv für Nerv den Querschnitt der einzelnen Rückenmarksstränge

---

*) Es würde uns zu weit führen, sämmtliche von STILLING angegebenen Maasse,
zu deren Controle unsere Beobachtungen hinreichen, hier zu prüfen. Wir heben
nur Einzelheiten hervor. So exact die von St. angewandten Messungsmethoden in
der Hauptsache sind, so haftet ihnen doch der Nachtheil an, dass alle Messungen an

bestimmt und hieraus allgemeine Gesetze für die Grössenverhältnisse des Markmantels
und seiner einzelnen Theile abgeleitet.

Es kann nach unseren Erfahrungen keinem Zweifel unterliegen, dass die Stilling'-
schen Resultate, soweit sie sich auf die weisse Substanz beziehen, Allgemeingültigkeit nur beanspruchen können, soweit es sich um den Gesammtquerschnitt des Markmantels beziehentlich um die Hinterstränge handelt. Hinsichtlich aller übrigen Verhältnisse des ersteren gelten seine Werthe zunächst
nur für den ausgemessenen und ihm gleiche Fälle!

Es lässt sich auf Grund der betreffenden Maasse nicht mit Genauigkeit angeben,
ob das von Stilling verwandte Mark einem der von uns ausgemessenen Fälle gleicht,
da 5jährige Kinder und Neugeborne auf Grund des differenten Antheiles der Einzelsysteme am Gesammtquerschnitt nicht ohne Weiteres vergleichbar sind, und weil Stilling
überdies nicht genau angiebt, an welche Stelle er die Grenze von Vorder- und Seitensträngen verlegt. Stilling selbst berechnet den Antheil der Vorderstränge am Gesammtquerschnitt der weissen Substanz für die Gegend des 3. Halsnerven auf 19 %, den
der Hinterstränge auf 41 %, jenen der Seitenstränge auf 40 %. Es scheint sich hiernach allerdings um eine seltenere Vertheilungsweise der Pyramidenbahnen zu handeln,
und zwar um eine solche, ähnlich jener der aus der linken Pyramide hervorgehenden in unserem Falle A.

Ein höchst anschauliches Bild der St.'schen Befunde hinsichtlich der Grössenverhältnisse der Vorder-, Seiten- und Hinterstränge in den verschiedenen Höhen des Markes gewährt die von Wonoschiloff gegebene graphische Darstellung [**]) derselben.
W. hat für jeden einzelnen Strang eine Curve gebildet, indem er die von Stilling
für die Höhe jedes Nervenpaares gewonnenen Querschnittswerthe als Ordinaten über
die fortlaufende Länge des Rückenmarkes auftrug und letztere, als Abscissenaxe, in
eben soviel gleiche Abtheilungen (von je 3 mm.) zerlegte, als aus dem Rückenmark
Nervenpaare austreten. Wir geben hier die Curven wieder; 1 mm. der Ordinate
entspricht stets 1 □mm. Querschnittsfläche. Die erste Curve (I) zeigt das Verhalten der
Seitenstränge, die zweite (II) der Vorderstränge, die dritte (III) der Hinterstränge.

I.

Zeichnungen ausgeführt sind, von welchen nicht angegeben ist, ob sie mit Hülfe irgend
welcher völlige Genauigkeit verbürgenden Hülfsmittel gewonnen wurden. Von Differenzen der beiden Seitenhälften des Markes spricht St. nicht! Es ist dies gleichfalls
ein Umstand, welcher eine genaue Würdigung seiner Angaben erschwert.

[**]) Dieselbe findet sich in den »Arbeiten aus der physiolog. Anstalt zu Leipzig
1875 S. 299 fg.« Herr Prof. Ludwig hat die Wiedergabe der betr. Curven gütigst
gestattet und Verf. hierdurch zu besonderem Danke verpflichtet!

II.

III.

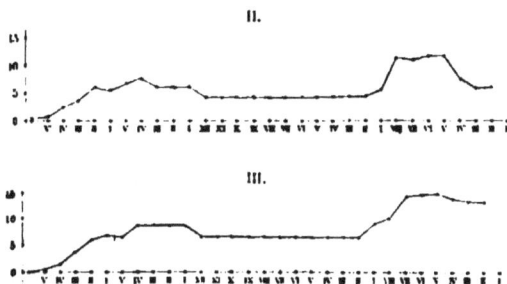

Anstatt einer eigenen Interpretation geben wir ohne Weiteres die Schlüsse, welche WOROSCHILOFF aus diesen Curven über die Zusammensetzung der betr. Stränge zieht! Dieselben stimmen, wie sich ergeben wird, vollständig überein mit unseren früheren Angaben über die Constitution des Markmantels.

Hinsichtlich der Vorder- und Hinterstränge sagt er (a. a. O. S. 153):

»Die Aenderung ihres Querschnittes weist auf eine Zusammensetzung aus zwei Theilen hin, einem, der mit der wachsenden Zahl der eintretenden Wurzeln von unten nach oben zunimmt, und einem anderen, dessen Umfang von der Zahl der Nervenfasern bedingt ist, die in den auf gleicher Höhe entspringenden Wurzeln enthalten sind . . . . aus den Curven ist ersichtlich, dass der mit der Länge des Rückenmarkes von unten nach oben zunehmende Antheil dieser Stränge in den hinteren grösser ist, als in den vorderen.«

»Die Curve der Seitenstränge (I) wächst hingegen von unten nach oben gerade so, als ob sie in ihrer Masse eine gewisse Anzahl von Fasern aus jedem neu hinzukommenden Nerven sammelten und dem Gehirn zuführten.« —

Ganz besonders bemerkenswerth ist das evidente Wachsthum der Seitenstränge in der Gegend des zwölften und elften Dorsalnerven (s. Curve I).

Unsere Untersuchungen liefern hierzu eine einfache Erklärung. An dieser Stelle beziehentlich dicht unterhalb treten ganz besonders viele Fasern aus der Gegend der CLARKE'schen Säulen in die Kleinhirn-Seitenstrangbahnen ein, und gleichzeitig wachsen hier auch die Pyramiden-Seitenstrangbahnen beträchtlich.

Wenn übrigens die STILLING'sche Curve hier steiler ansteigt, als dies nach unseren Untersuchungen der Fall zu sein scheint, so ist zum Theil wohl die Unmöglichkeit, die Seitenstränge genau abzugrenzen, als Ursache anzusehen.

2. Medulla oblongata.

Um die Wandelungen näher zu würdigen, welche die aus dem Rückenmark in die *oblongata* ziehenden Fasermassen in ihrer Gruppirung erleiden, erscheint es nothwendig, folgende Gesichtspunkte zu berücksichtigen. Die Unterscheidung dreier Stränge in jeder Rückenmarkshälfte (Vorder-, Seiten- und Hinterstränge) erweist sich auch nach unseren Untersuchungen wenigstens zum Theil als eine gewaltsame. Die Vertheilung der Fasermassen auf diese Stränge hat offenbar nicht die Bedeutung einer durchgreifenden Sonderung der Einzelfasern nach ihrer systematischen Bedeutung; wir finden im Gegentheil einerseits Faserbündel von der heterogensten systematischen Stellung in einem Strang zusammengedrängt (z. B. in Seitenstr.), andererseits systematisch gleichwerthige Elemente vertheilt auf verschiedene Stränge. Die Pyramidenbahnen liegen theils an der Innenfläche der Vorder-, theils in der hintern Hälfte der Seitenstränge, und beide Regionen stehen dabei in einem vicariirenden Verhältniss; hintere Wurzelfasern ferner gehen theils in die Grundbündel, theils (wenn auch zu wenigen) in die Seitenstrangreste über; und wahrscheinlich enthalten auch letztere und die Vorderstrang-Grundbündel zahlreiche gleichwerthige Elemente.

Beim Uebertritt in die *oblongata* werden nun die systematisch gleichwerthigen Fasern enger concentrirt. Die das verlängerte Mark einfach durchziehenden (nicht in ihr endigenden) Systeme sondern sich von denen, welche hier eine vorläufige Unterbrechung erleiden. Die Pyramiden-Vorder- und Seitenstrangbahnen fliessen zusammen zu den Pyramiden, die Kleinhirnseitenstrangbahnen, welche ebenso wie das letzterwähnte System auch in der *oblongata* wohl umgrenzte Bündel formiren, sondern sich, um dem Kleinhirn zuzustreben. Die (künstliche) Strangeinheit des Markmantels wird aufgelöst zu Gunsten der Systemeinheit; die Lageveränderung eines Theiles der weissen Rückenmarksstränge, ihre Zerspaltung in zum Theil weit auseinander rückende Faserbündel hat die Bedeutung einer Zerlegung in ihre systematischen Componenten.

Wenn demnach HENLE (Nervenlehre S. 294) angiebt, dass, »sofern in den Strängen des Rückenmarkes physiologisch differente Fasern gesondert seien, die neue Gruppirung der Fasern im verlängerten Mark die Tendenz habe, diese Sonderung aufzuheben und die Fasern der verschiedenartigen Kategorien zu vermengen,« so entspricht die erstere Voraussetzung der Wirklichkeit nicht, sie ist ihr diametral entgegengesetzt. Wir können uns dieser Auffassung um so weniger anschliessen, als da, wo es zu einer Vereinigung mehrerer Fasersysteme von differenter Bedeutung (Leitungsrichtung?, vielleicht kommt, z. B. innerhalb der *formatio reticularis*, die Fasern sich höchst wahrscheinlich mit einander nicht einfach vermischen, sondern in Verbindung treten durch Ganglienzellen. Es darf demnach streng genommen auch hier nicht von einer Tendenz zur Ver- mengung gesprochen werden.

Ueberblicken wir noch einmal die in der *oblongata* zusammenfluthenden Fasersysteme, so lassen sich dieselben am ehesten in drei Categorien bringen:

1. Fasern, welche als directe Fortsetzungen peripherer Nerven zu betrachten sind, beziehentlich als gleichwerthig den innerhalb des Rückenmarkes verbleibenden (?) Elementen der schwankenden Systeme (Verbindungsfasern zwischen Nervenkernen?).

a. Die aufsteigenden Trigeminuswurzeln.

b. Die gemeinsamen aufsteigenden Wurzeln des seitlichen gemischten Systems (MEYNERT, Respirationsbündel KRAUSE).

c. Die hinteren Längsbündel.

(Die ersteren entsprechen vielleicht den Hinterstrang-Grundbündeln, die an zweiter Stelle genannten wohl sicher den Accessorius-Fasern innerhalb der seitlichen Grenzschicht der grauen Substanz, die letzterwähnten den Vorderstranggrundbündeln. — Die relative Lage aller dieser Massen zur grauen Substanz u. s. w. harmonirt mit diesen Anschauungen auf das Beste! — Ob die Kleinhirnstiele (innere und äussere Abtheilung) hiehergehörige Fasern führen, müssen wir vor der Hand dahingestellt sein lassen. — Vielleicht sind auch Bogenfasern aus peripheren Nerven hieherzustellen, selbstverständlich deren radiär einstrahlende Wurzelbündel).

2. Fasermassen, welche mit specifischen Apparaten der *oblongata* in unmittelbare Verbindung treten; und zwar

a. mit den Ganglienzellen der *formatio reticularis* resp. den in letztere eingelagerten Zellengruppen (Seitenstrangkerne etc.).

Dieselben gelangen hierher:

α. von grauen Massen niederer Ordnung:

αα. auf dem Weg der Seitenstrangreste, der Vorder- (?) und Hinterstranggrundbündel (?),

ββ. von Nervenkernen der *oblongata*,

γγ. aus Kernen der Keilstränge (?).

Von den genannten Fasern ist vielleicht ein Theil gleichwerthig den sub 1 genannten. Jedenfalls müssen aber alle die sub 2 a. aufgeführten Systeme, sofern sie mit peripheren Nerven in Verbindung stehen, einmal oder wiederholt graue Substanz passiren, bevor sie in die *formatio reticularis* einmünden. Die Unterbrechung durch Ganglienzellen innerhalb ersterer ist noch zweifelhaft.

β. von grauen Massen höherer Ordnung:

αα. aus Kleinhirn,

ββ. aus den Sehhügeln.

Einer genügenden thatsächlichen Grundlage entbehrt vor der Hand die Annahme zahlreicher Fasern, welche direct aus Linsenkern, Vierhügeln, grossen Oliven in die *formatio reticularis* eintreten. Was die Vierhügel anlangt, so würde am ehesten an ein Eingreifen der unteren (durch Schleifenfuss) zu denken sein; eine Verbindung der Ganglien des Grosshirnschenkelfusses mit der *formatio reticularis* könnte das bereits von Stilling beschriebene Bündel vom Fuss zur Haube darstellen (vergl. auch Henle Nervenl. S. 244 und Fig. 174).

b. Fasersysteme, welche zu den grossen Oliven in Beziehung stehen.

α. aus Kleinhirn;

β. aus Vierhügeln (?);

γ. aus Keilstrangkernen (Hinterstrang-Grundbündeln).

(Fraglich ist die Verbindung mit Vorderseitensträngen.)

c. Zu den Fasern sub a. und b. würden sich die zwischen Kernen der zarten Stränge, Rückenmark und Vierhügel gesellen, sofern man erstere als specifische Oblongaten-Centren betrachten könnte. — Dasselbe gilt von den Fasern zwischen den Kernen der Keilstränge und den Hinterstranggrundbündeln (Burdach'schen Keilsträngen).

Alle die genannten Fasermassen finden wahrscheinlich in der *oblongata* eine vorläufige Endigung. Es stehen ihnen gegenüber:

3. Die durchpassirenden Systeme, welche das Rückenmark mit Gross- und Kleinhirn verbinden unter Umgehung der Oblongatencentren. Es sind

a. die Pyramiden.

(Von diesen hat mit Sicherheit ein beträchtlicher Theil die soeben angegebene Bedeutung; ein anderer indess tritt auch mit der *oblongata* in Verbindung; soweit es sich um Fasern handelt, welche den in das Rückenmark ziehenden gleichwerthig sind, schliessen sie sich ersteren unmittelbar an; ob andersartige vorkommen, ist unsicher.)

b. Directe Kleinhirn-Seitenstrangbahnen.

(Von diesen gilt das soeben hinsichtlich der Pyram. Angegebene.)

c. Fasern aus *thalamis opticis* (?) (in *formatio reticularis*).

Wir haben diese Eintheilung gegeben, obwohl wir uns bewusst sind, dass sie zum grössten Theil hypothetischer Natur ist. Indess dürfte sie einerseits eine Uebersicht über die unendliche Mannigfaltigkeit der in der *oblongata* zusammengehäuften Leitungsbahnen ermöglichen, andererseits ganz besonders deutlich zeigen, wie unendlich klein die Summe der gesicherten Thatsachen im Grunde genommen ist gegenüber den einer Beantwortung harrenden Fragen.

Wir betrachten schliesslich noch, inwiefern die von uns mitgetheilten Organisationsverhältnisse ein Licht werfen auf das Zustandekommen gewisser Leistungen, welche, wie wir wissen, an das Rückenmark und die *oblongata* gebunden sind. Wir heben nur einzelne heraus, diejenigen, welche sich bisher am genauesten haben localisiren lassen.

Die folgenden physiologischen Angaben gründen sich im Wesentlichen auf die Untersuchungen von LUDWIG und dessen Schülern (Arbeiten aus der physiol. Anst. zu Leipzig 1870—1871).

1. Im Seitenstrangfeld der *formatio reticularis medullae oblongatae* bez. in den in ihr enthaltenen kernartigen Ganglienzellenanhäufungen (*antero- lateral nucleus* CLARKE, *nucl. ambiguus* KRAUSE) liegen beim Kaninchen Apparate, welche im Stande sind, automatisch bezieh. reflectorisch grössere Muskelgruppen zu coordinirter Thätigkeit anzuregen, ja die wahrscheinlich die gesammte Körpermuskulatur beherrschen. Reflexe dieser Art, deren Zustandekommen für die Erhaltung des Lebens meist unerlässlich, sind:

a. Die respiratorischen mit allen ihren Modificationen;

b. Die allgemeinen Reflexe (LUDWIG u. OWSJANNIKOW), Reflexe, bei welchen Erregungen sensibler Oberflächen auf die Muskulatur von letztern weit entfernter Körpertheile übertragen werden, z. B. Reflexe von den hinteren auf die vorderen Extremitäten, u. s. w. — Hierzu gesellen sich weiter:

c. die vasomotorischen Reflexe. — Die betreffenden Uebertragungsapparate sind sämmtlich einander benachbart und, wie es scheint, so gelagert, dass der Uebertragungsapparat für die allgemeinen Reflexe etwas weiter nach abwärts reicht, als jener für die respiratorischen, das vasomotorische Centrum etwas weiter nach oben als beide letztgenannten Apparate.

Es ist kaum zu bezweifeln, dass homologe Apparate auch beim Menschen in den Seitenstrangfeldern der *formatio reticularis* gelegen sind, und würden hier vor Allem die Seitenstrangkerne (s. KS. Fig. 1 Taf. XX) in Betracht zu ziehen sein.

2. Wege, auf welchen die sub a. und c. aufgeführten Apparate der *formatio reticularis* mit dem Rückenmark in centrifugaler und centripetaler Richtung communiciren, sind experimentell beim Kaninchen nachgewiesen in den Seitensträngen des Rückenmarkes. Genaueres anlangend, so sind in den oberen Abschnitten des Lendenmarkes sowohl centripetale als centrifugale Bahnen über den ganzen Querschnitt der Seitenstränge verbreitet!

Eine directe Uebertragung der am Kaninchen gewonnenen Resultate auf das menschliche Rückenmark ist schon deshalb nicht möglich, weil bei jenem die offenbar einen weit kleineren Theil der Vorderseitenstränge bildenden Pyramidenfasern nicht nothwendigerweise compakte Bündel formiren *). Immerhin ist es bemerkenswerth, dass zur Uebertragung von Erregungen, welche die vorderen Extremitäten treffen, auf die Muskeln der hinteren, die vorderen Seitenstranghälften erhalten sein müssen, derjenige Theil, welchen wir am ehesten den Seitenstrangresten des Menschen gleichzustellen haben. Es ist mit Rücksicht hierauf sowie auf die Ergebnisse unserer anatomischen Untersuchungen zum mindesten als in hohem Grade wahrscheinlich zu betrachten, dass die Seitenstrangreste es sind, welche zunächst die Apparate für die vasomotorischen und allgemeinen Reflexe der *oblongata* mit den Rückenmarksnerven verbinden.

Für die von den Respirationscentren zu den Respirationsnerven ziehenden Fasern ist mittelst völlig exacter Methoden noch nicht nachgewiesen, dass und wo sie innerhalb der Seitenstränge verlaufen. Doch steht uns in dieser Hinsicht eine ältere Erfahrung zu Gebote, die nämlich, dass nach Trennung der Seitenstränge im oberen Halsmark die Respiration zum Stillstand gebracht wird (SCHIFF, Muskel- und Nervenphys. S. 307 fg.). Auch hier haben wir in erster Linie wohl die Seitenstrangreste als die hauptsächlich betheiligten Abschnitte zu betrachten.

Die CLARKE'schen Säulen mit der Respiration in Verbindung zu bringen, liegt bislang ein genügender Grund nicht vor! Ob auch die directen Kleinhirn-Seitenstrangbahnen zu den reflectorischen Apparaten der *med. oblongata* in irgend welcher Beziehung stehen, müssen wir vor der Hand dahingestellt sein lassen.

---

* Wir enthalten uns aus diesem Grunde auch einer Erörterung der Frage, wie die sonst noch von LUDWIG und WOROSCHILOFF über die weisse Substanz des Lendenmarkes gegebenen physiologischen Aufschlüsse sich zu unseren Befunden am Menschen stellen.

Die Vorstellungen von der Anordnung der centripetalen und centrifugalen Bahnen im Rückenmark, welchen MEYNERT in seinem Schema (Archiv f. Psychia. Bd. IV. Taf. IV. Fig. 7) Ausdruck verliehen hat, können einer objectiven Prüfung nicht Stand halten. Die experimentellen Thatsachen, auf welche er sich stützt, entbehren ebensosehr der ihnen vindicirten Beweiskraft, wie die bereits oben gewürdigten morphologischen. Die Ansicht, dass centripetale Bahnen in den gesammten von MEYNERT als motorisch bezeichneten Abschnitten der Vorderseitenstränge völlig fehlen, widerspricht direct den Ergebnissen des Experimentes. Der völlige Mangel centrifugaler Leitungsbahnen aber in den Hintersträngen ist nichts weniger als gesichert.

3. Die erwähnten reflectorisch-coordinirenden Centren stehen auch in Verbindung mit Gross- und Kleinhirn. Ersteres anlangend so scheinen sie in unmittelbarem Connex mit den *thalamis opticis* zu stehen, und ihre Verbindung mit letzteren ist wohl breiter, als irgend welche andere nach oben zu. Es erweist sich mit Rücksicht hierauf die von MEYNERT den *thalamis opticis* angewiesene Stellung, als Centren, welche reflectorisch complicirte Bewegungen einzuleiten im Stande sind, auch in einer zweiten Hinsicht vom morphologischen Standpunkte aus annehmbar; nur würde man sich, falls man diese Ansicht acceptirt, wohl vorzustellen haben, dass die *thalami* bei der Einwirkung auf die Musculatur sich der *formatio reticularis* als Mittelglied bedienen.

Von eminenter Bedeutung erscheint die Frage, ob und auf welchem Wege der „Wille" auf die Apparate des verlängerten Markes einwirken könne, welche reflectorisch bez. automatisch coordinirend wirken. Wir haben bereits darauf hingewiesen, dass eine breitere directe Verbindung der *formatio reticularis* mit den Ganglien des Hirnschenkelfusses nicht nachweisbar ist; sofern eine Betheiligung der *thalami optici* an den willkürlich motorischen Erregungsvorgängen ausgeschlossen werden müsste, würden dergleichen Impulse nur auf Umwegen zur *formatio reticularis* gelangen können. Es scheint uns bei Prüfung dieser Frage nicht überflüssig, auf einen Verbindungsweg zwischen letzterer und dem Grosshirnschenkelfuss hinzuweisen, welcher an Ausgiebigkeit nichts zu wünschen übrig lässt: das Kleinhirn. Dasselbe empfängt zweifellos durch die Brückenarme eine grosse Menge Fasern aus Linsenkern und Streifenhügel (durch den Grosshirnschenkelfuss) und entsendet überdies zahlreiche Fasern in das Gebiet der directen Haubenfortsetzung durch die *crura cerebelli ad medullam oblongatam* und *fibrae arcuatae* der hinteren Brückenabtheilung. Es steht sonach zunächst von morphologischer Seite der Auffassung ein Hinderniss nicht entgegen, dass das Kleinhirn zum Theil aufzufassen

sei als ein Uebertragungsapparat willkürlicher Impulse,
welche in der Bahn des Grosshirnschenkelfusses herabgestiegen
sind, auf die reflectorischen Apparate im Gebiete der Haubenfortsetzung
'*formatio reticularis etc.*). Wir würden aber hierbei das *cerebellum* nicht
zu betrachten haben als einen der Selbstbestimmung völlig unfähigen
Sclaven des Grosshirns, sondern als begabt mit dem Vermögen sein Eingreifen wiederum zu regeln nach „Signalen", welche ihm von der Peripherie aus gegeben werden.

Es lassen sich, wie ohne Weiteres erhellt, dieser Hypothese eine
grosse Menge interessanter Gesichtspunkte abgewinnen; wir verzichten
indess, an dieser Stelle näher auf dieselben einzugehen, in der Ueberzeugung, dass die vorhandenen Grundlagen noch nicht hinreichen zur
Aufrichtung eines Baues, welcher die Gewähr dauerhaften Bestandes in
sich trägt.

Nachträge und Berichtigungen.

(Verzeichniss der sinnentstellenden Druckfehler.)

ad S. 1 fg. Den physikalischen Differenzen zwischen »foetaler« und ausgebildeter Marksubstanz entsprechen auch chemische. Die Untersuchungen,
welche in letzterer Hinsicht angestellt worden sind, gehören allerdings einer
etwas älteren Zeit an. Es erscheint nichts destoweniger von Interesse, die gewonnenen Resultate zu erwähnen, da sie wenigstens eine ungefähre Vorstellung
von den obwaltenden Unterschieden zu gewähren im Stande sind. Schlossberger
(Ann. der Chemie u. Pharmac. 1853, Bd. 86. S. 119 fg.) berichtet über vergleichende
Analysen der Gehirne Erwachsener und eines reifen Neugeborenen auf den
Wasser- und »Fettgehalt« (»Fett« = Aetherextract, also im Wesentlichen Lecithin,
Fett und Cholesterin). Wir theilen hier nur einzelne der Befunde mit. Der
Balken ergab in 100 Theilen

a. an Wasser beim Neugeborenen,   beim Erwachsenen.

89,18	70,60
89,19	70,61
89,79	70,68

b. an »Fett« (s. o.)

3,85	15,11
3,70	14,37
3,78	15,32

Seine sonstigen Resultate fasst Schlossberger in folgende Sätze zusammen:

1. »Während die weisse Substanz des Balkens beim Erwachsenen um 10—
11 % wasserärmer ist als die graue Rindensubstanz, ist die Balkensub-
stanz beim Neugeborenen ebenso wasserreich als die graue. Es ist demnach der Unterschied beider Substanzen wenigstens in Betreff des Wasser-
gehaltes beim Neugeborenen und Foetus noch nicht vorhanden.«

2. »Während im Erwachsenen die weisse Substanz um 10 und mehr % »fett-
reicher« ist als die graue, findet sich beim Neugeborenen auch die Fettmenge
beider Substanzen identisch« (gilt lediglich hinsichtlich der grauen Rindensubstanz, des Seh- und Streifenhügels und des Balkens; andere Theile
wurden von S. nicht untersucht).

3. »Während im Gehirn des Erwachsenen die verschiedenen Gehirntheile
(z. B. Seh- und Streifenhügel) sowohl im Fett- als Wassergehalt sehr
bedeutende Unterschiede zeigen, finden sich beim Neugeborenen in beiden
Beziehungen fast keine Differenzen« (gilt wiederum nur für die untersuchten
Hirntheile und für das eine zur Analyse verwandte Individuum.)

S. 11: **Tabelle:** Wir haben nachträglich noch untersucht:
2 Foetus von 23—25 ctm.
9 - etc. von resp. 35,5 (Acranus s. u.), 38, 40, 41, 45, 48, 50 u. 51 ctm.,
so dass sich also die Gesammtzahl auf 76 stellt.

S. 68. Vergleiche ausser Taf. XV, Fig. 5 auch Taf. XIX, Fig. 1, wo die
Unterschiede der Transparenz innerhalb der Vorder- u. Seitenstränge ähnlich beschaffen sind.

S. 74 Z. 6 v. o. l. Taf. VIII statt XIII.

S. 77 Z. 15 v. o. l. Taf. VIII statt XVIII.

S. 80 Z. 7 v. o. »spärlichen«. Dieser Ausdruck bezieht sich im Wesentlichen auf die Befunde in der Halsanschwellung. Im untersten Dorsalmark
sind die nervösen Elemente der Septa, wie ein Blick auf Taf. XVIII. Fig. 1 zeigt,
sehr reichlich.

S. 83. Vergl. auch Taf. XVI, Fig. 1 und Schema Taf. XX.; die blauen
Felder des letzteren entsprechen den marklosen.

S. 85 Z. 4 v. u. — 95 Z. 19 v. o. findet sich, wie bereits im Vorwort
angedeutet, mehrfach der Ausdruck »mittleres motorisches Feld Meynert's«. Es
handelt sich um die der Raphe seitlich anliegenden Felder, welche nach aussen
streckenweise von Hypoglossus-Wurzeln, nach vorn von den Pyramiden begrenzt
werden. (Zwischen II und bL Fig. 2, Taf. XI.) Dieser Abschnitt deckt sich mit
der »inneren Abtheilung des motorischen Querschnittfeldes« Meynert's und mit
unsern »innern Feldern« S. 332fg.

S. 92, Z. 21 v. o. l. zu früher statt früher.

S. 97, Z. 2 v. o. l. Fig. 3 statt 2.
6—7 v. o. l. Fig. 3. s. Taf. XI statt Fig. 2. XII.

S. 105 u. 106 anstatt 31%, 8%, 26%, 27%, 39%
lies 30%, 7%, 23%, 27%, 43%.

S. 108 Z. 3 v. o. l. 32 statt 31.

S. 110 Z. 21 v. u. l. jederseits st. jederzeit.

S. 113 Z. 14 v. u. l. 33 st. 30.

S. 114 Z. 2 v. u. l. 26 st. 28.

S. 115 Z. 10 v. u. l. 29 st. 23.

S. 116 Z. 13 v. o. l. erstere st. letztere.

S. 121 Z. 13 v. o. l. ersteren st. letzteren.

S. 127 Z. 2 v. u. l. mehr als st. je ca.

S. 134 Z. 1 v. u. l. Fig. 3 st. Fig.

S. 135 Z. 19 v. u. hinter »liefern« ist einzuschalten (vergl. Fig. 2 Taf. XI.

S. 136 Z. 10 v. o. vor »nur« ist einzuschalten »ab und zu«.
Z. 4 v. u. l. auch st. auf.

S. 139fg. Acranus. Wir haben nach Abschluss des Druckes vom 2. Theil
Gelegenheit gehabt, einen zweiten Fall von Acranie zu untersuchen. Die Defor-
mation des Rückenmarkes war hochgradiger als im 1. Fall; auch in anderen
Systemen als den Pyramidenbahnen z. B. in den directen Kleinhirn — Seitenstrangbahnen waren beträchtliche Defecte vorhanden. Es scheint also das S. 139 beschriebene Verhalten nicht typisch zu sein für Acranie überhaupt.

S. 142fg. Aus den Befunden an den nachträglich von uns untersuchten

Foetus von 23 u. 25 ctm. Länge möge folgendes hervorgehoben sein. Der % Antheil der Pyramiden am Gesammtquerschnitt des verlängerten Markes war ähnlich
wie in dem S. 142 fg. beschriebenen Falle. (Es handelte sich also in diesem offenbar nicht um ein ungewöhnliches Verhalten.) Complete Markscheiden waren innerhalb der Rückenmarkstränge (Vorderstrang- und Hinterstrang-Grundbündel, Seitenstrangreste) nur an einzelnen Fasern mit Sicherheit wahrzunehmen. In den
vorderen Wurzeln war die Ausbildung der Einzelfasern am weitesten fortgeschritten.
Dieselben zeigten vielfach Markscheide und Schwann'sche Scheide, doch fanden
sich auch nackte Axencylinder. Das Verhalten der aufsteigenden Trigeminuswurzeln war zweifelhaft; es liessen sich weder in den obersten noch in den
unteren Theilen Markscheiden mit Sicherheit beobachten. Alle anderen Systeme
verhielten sich wie im Fall S. 142 fg. Wir konnten an den neuen Fällen auch
Beobachtungen über das Lendenmark anstellen. Es fanden sich auch in der
Lendenanschwellung den seitlichen Grenzschichten der grauen Substanz höherer
Regionen ähnlich gebaute Massen; dieselben wurden nach vorn je durch eine
Ebene begrenzt, welche man sich zwischen den vorderen Flächen der Pyramiden-
Seitenstrangbahnen genau transversal gelegt denke. Die Zone zwischen letzteren
und den Vorder-Hörnern war in gleicher Weise entwickelt, wie die vorderen
Seitenstranghälften. Es harmonirt dieser Befund gut mit der S. 301 ausge-
sprochenen Ansicht, dass die seitl. Grenzschicht in der Lendenanschwellung eine
Querschnittszunahme wahrscheinlich nicht erfahre.

S. 144 Z. 15 v. u. l. wir st. wie.

S. 145 Anm. vergl. die nachträglich hinzugefügte Taf. XII Fig. 4.

S. 153 Z. 9 v. u. (Text) l. Die Grenze st. Dieselbe.

S. 171 Z. 19 v. o. l. jenes st. jener.

S. 178 Z. 13 v. u. (Text) l. in den st. in der.

S. 180 Z. 8 v. o. l. den st. des.

S. 188 Z. 6 v. o. l. zweckmässig st. zweckmässiger.

S. 206. Die neuerdings von Eichhorst (Virch. Arch. Bd. 64, S. 425 fg.) mitgetheilten Beobachtungen über die Histogenese des Rückenmarkes sprechen scheinbar
gegen die Ansicht, dass die einzelne Nervenfaser je durch Auswachsen einer Zelle
entstehe. Ich habe mich in Ermangelung genügenden Materiales leider nicht in der
Lage gesehen, die Angaben des genannten Autors an menschlichen Embryonen zu prüfen, glaube aber Bedenken hinsichtlich der Richtigkeit derselben nicht unterdrücken
zu sollen. Nach E. kann man die Entstehung von Nervenfasern des Markmantels
noch im 3—5. Monat beobachten. Es soll sich hier an der Grenze von grauer und
weisser Substanz eine Zone finden, welche aus in der Bildung begriffenen Longi-
tudinalfasern beziehentlich deren Bildungszellen bestehe. E. lässt spindelförmige
Zellen, deren Längsaxen der des Markes parallel gestellt sind, sich zu Längsreihen
zusammenlegen; die Zellkerne sollen sich allmählich von den aus den Protoplasma
hervorgehenden Axencylindern lösen und schliesslich zu Elementen der Bindesubstanz werden. Eine Beurtheilung dieser Angabe ist schon deshalb schwierig,
weil Eichhorst das Alter der von ihm untersuchten Embryonen angiebt ohne
die Kriterien, nach welchen er dasselbe bestimmt hat. Die Abbildungen, welche
die Faserentwickelung erläutern sollen, erwecken insofern wenig Vertrauen, als
dieselben bald als Nervenfaser- bald als Blutgefässbildner hingestellt

werden (vergl. Fig. 15 u. 16 mit Fig. 22 u. 24). — Würde die E.'sche Auffassung richtig sein, so müssten die der grauen Substanz benachbarten Markabschnitte im 5. Monat weniger weit in der elementaren Ausbildung fortgeschritten
sein als die mehr peripheren. Aber bei den vom Verf. untersuchten Foeten war
gerade das Umgekehrte der Fall. Die Pyramiden-Vorderstrangbahnen, welche der
Peripherie anliegen, stehen hier ja auf einer weit niederen Stufe der elementaren
Ausbildung, als die der grauen Substanz anliegenden Vorderstranggrundbündel
(vergl. Taf. XII. Fig. 4). Die GOLL'schen Stränge, welche von allen Theilen der
Hinterstränge von der grauen Substanz am entferntesten liegen, stehen auf einer
tieferen Stufe als die Hinterstranggrundbündel, in der vorderen Seitenstranghälfte
sind periphere und den Vorderhörnern anliegende Fasermassen in g l e i c h e r
Weise ausgebildet, in der hinteren Hälfte ist die seitliche Grenzschicht der gr. S.
höher entwickelt als die Pyramiden-Seitenstrangbahnen! Schon diese Thatsachen
sind offenbar geeignet, Zweifel an der Richtigkeit der E.'schen Darstellung zu
erwecken. Ich glaube denselben ein um so grösseres Gewicht beilegen zu dürfen,
als ich bei der Untersuchung des Rückenmarkes von Kaninchenembryonen Bilder
conform den E.'schen Anschauungen n i c h t zu gewinnen vermochte. Ich sehe
mich sonach zu dem Ausspruch genöthigt, dass durch die von E. mitgetheilten
Beobachtungen die Frage nach der Bildungsweise der Nervenfasern n i c h t e r -
l e d i g t w o r d e n i s t.

Was einige andere von E. gemachte Angaben betrifft, so fasst er die im
Laufe der Markscheidenbildung zum Vorschein kommenden Fettkörnchenzellen mit
BOLL als dem Gefässsystem entstammende Wanderzellen auf, ist aber geneigt, die
Fettaufnahme extravasculär vor sich gehen zu lassen. Das Auftreten von Fettkörnchen innerhalb der betreffenden Zellen erklärt er für eine fettige »Degeneration« (?). Völlig unverständlich ist mir, wie E. zu der Anschauung gelangt,
dass der fettige Degenerationsprocess nur für w e n i g e T a g e die einzelne Zelle
befalle. Es könnte sich diese Auffassung lediglich auf BOLL's Beobachtungen am
Hühnchen stützen, !(da sich am menschlichen Embryo Zeitbestimmungen nach
einzelnen Tagen nicht treffen lassen); doch ist durch jene meines Erachtens
keineswegs der Beweis geliefert, dass auch beim Menschen ein ähnliches Verhalten
obwaltet. Bei letzterem laufen die Bildungsprocesse beträchtlich langsamer ab, als
beim Hühnchen (man vergleiche nur die Zeit, welche zwischen erster Anlage
der Fasern und Markumhüllung verfliesst — sie beträgt beim Hühnchen ungefähr
2 W o c h e n, beim Menschen mehr als 3 Monate!), und es ist somit eine Uebertragung irgend welcher Befunde nicht gestattet. — Schliesslich noch eine kurze Bemerkung über eine von E. gefundene Differenz zwischen früher von mir gemachten
Angaben und seinen eigenen Befunden. E. giebt an, ich habe (in meinem Vortrag
auf der Naturforscherversammlung zu Leipzig, Tageblatt S. 75.) die GOLL'schen
Keilstränge als die zuerst weiss werdenden Theile der Hinterstränge bezeichnet.
In dem betr. Protocoll heisst es einfach »Keilstränge«, und kann meines Erachtens
unter »Keilstränge« κατ' ἐξοχήν etwas anderes als die BURDACH'schen Keilstränge
nicht verstanden werden. Ich habe übrigens in meiner vorläufigen Mittheilung
im Arch. der Heilkunde Bd. XIV S. 467, um Missverständnisse zu vermeiden,
ausdrücklich die »BURDACH'schen« Keilstränge als diejenigen Hinterstrangtheile bezeichnet, welche zuerst Markscheiden erhalten. —

S. 207—8. Erster Einwand gegen Meynert's Auffassung des Bildungsmodus der directen Kleinhirn-Seitenstrangbahn: Das hier Gesagte bezieht sich auf Fig. 1 Taf. XLV von Clarke.

S. 208 Z. 5 v. o. l. hinteren st. vorderen.

S. 210 Z. 7 v. o. Auswachsen von »Ganglienzellen«. Da dieser Ausdruck leicht zu Missverständnissen Anlass geben kann, so möge hier noch einmal darauf hingewiesen sein, dass ich nicht annnehme, dass die betreffenden Bildungszellen der Nervenfasern zur Zeit, wo sie Fasern produciren, die Charaktere von Ganglienzellen bereits vollkommen ausgebildet darbieten. Diese Charaktere treten vielleicht erst nach Vollendung der Faserbildung hervor! Es empfiehlt sich mit Rücksicht hierauf, den Ausdruck »Ganglienzellen« zu ersetzen durch Bildungszellen! Es ist in hohem Grade wahrscheinlich, dass Ganglienzellen, welche sich successiv unzweideutig als solche legitimiren, auch alle anderen Entwickelungsphasen successiv durchlaufen. Vergl. auch die Bemerkungen über Hessen's neueste Befunde S. 373.

S. 219 Z. 3 v. o. l. S. 41 für S. 42.

Z. 6 v. o. l. S. 44—50 für S. 43—51.

S. 221 Z. 1 v. o. l. S. 48 für S. 51.

S. 230 fg. Neuerdings habe ich noch Gelegenheit gehabt, einen Fall von Compression des obersten Dorsalmarkes mit auf- und absteigender secundärer Degeneration zu untersuchen. Derselbe bestätigte alle S. 239 fg. gemachten Angaben. Es waren in den Seitensträngen oberhalb der Compressionsstelle lediglich die directen Kleinhirn-Seitenstrangbahnen und zwar in Wesentlichen deren vordere Abschnitte degenerirt (die Fasern der hinteren Abschnitte treten somit in der That erst in den höheren Abschnitten des Markes in die betreffenden Bahnen ein. Unterhalb der Compressionsstelle waren in den vordern Seitensträngen lediglich die Pyramidenbahnen entartet. Nur in den Grundbündeln der Hinterstränge fanden sich ausserdem verdächtige Stellen! Eine Untersuchung der *oblongata* war leider unmöglich.

S. 273 fg. Wie ich mich nachträglich überzeugt, hat bereits Longet (*Traité de physiolog.* 3me Ed. Tome 3. S. 168) wiederholt Fälle beobachtet, in welchen mit unbewaffnetem Auge die Pyramidenkreuzung nicht wahrgenommen werden konnte; er deutet diese Befunde als complete Defecte der Kreuzung und verwerthet sie gleichfalls zur Erklärung der seltenen Fälle von Hirnverletzungen mit gleichseitigen Lähmungen. — Wo in jenen Fällen innerhalb des Rückenmarkes die Fortsetzung der Pyramiden zu suchen, ist Longet offenbar unbekannt.

S. 276 Z. 5 v. u. lies — der statt der —.

S. 288 Z. 2 v. u. l. bei st. be.

S. 290 Z. 1 v. o. l. sich nicht st. sich.

S. 299 Z. 17 v. o. l. dieses Bündels st. dieser Bündel.

S. 320 Z. 13 u. 14 v. u. streiche: im Verhältniss zu jenem.

Ich habe bereits in der Vorrede darauf hingewiesen, dass Pierret im *Prog. médical de Paris* einige der hauptsächlichsten Gesichtspunkte, welche in diesem Werke sich finden, als sein Eigenthum reclamirt habe. Es handelt sich insbe-

sondere um die systemweise Entwickelung der centralen Fasern und die Uebereinstimmung von pathologischer und entwicklungsgeschichtlicher Sonderung. Obwohl ich der Frage, ob ich oder Pierret zuerst diese oder jene Idee ausgesprochen,
nur wenig Gewicht beilege, da es sich ja nur darum handeln könnte, festzustellen,
von welcher Seite zuerst genügende Beweismittel herbeigeschafft, so glaube ich
doch im Interesse einer möglichst objectiven Feststellung des Thatbestandes einige
Worte erwidern zu sollen. Ich kann mich hier um so kürzer fassen, als ich
bereits oben (S. 226 fg. 253 fg. 315 fg.) zur Genüge die hauptsächlichsten der
Pierret'schen Ansprüche beleuchtet zu haben glaube. Mehr als alles Andere
charakterisirt den Geist, welcher das ganze in Rede stehende Schriftstück durch-
webt, folgender Passus:

Nous tenons, sagt P., *à nous élever contre la prétention de M. Flechsig à
s'attribuer la découverte de cette loi, que les régions du système nerveux physio-
logiquement distinctes jouissent d'une évolution anatomique spéciale etc. . . . . cette
loi que M. Flechsig ne craint pas de donner comme un résultat nouveau de ses
recherches est le fruit déjà ancien (!) de celles, que nous avons entreprises
sous la direction de M. Charcot, à la Salpétrière.*

Was es mit dieser »alten Frucht« auf sich habe, ergiebt sich aus Folgendem:
In demselben Monat (am 20. Sept. 73), als Herrn Pierret's oben charakterisirter
Aufsatz über die Hinterstränge erschien (worin sich nicht die geringste Andeutung findet, dass die systemweise Entwickelung der centralen Fasermassen
eine allgemein gültige Erscheinung darstelle) hielt Verf. einen Vortrag zu Wiesbaden, worüber sich im Tageblatt der Naturforscherversammlung folgendes Pro-
tokoll (S. 135) findet: »Ein Vergleich der durch die successive Entwickelung sich
sondernden Faserzüge mit den secundären Degenerationen, welche am Rückenmark
ablaufen, ergiebt, dass jene Züge in sich einheitliche Fasersysteme von einer
bestimmten Funktion darstellen. Es entwickeln sich danach die centripetalen
Fasern eher als die centrifugalen langer Leitung! — Seinen ersten Aufsatz über
die Hinterstränge, welcher im Sept. 1873 erschien, lässt P. *un peu plus tard* als
im Juni, den meinigen, welcher im August veröffentlicht wurde, gegen den Monat
September erscheinen! — Die von mir gegenüber der Charcot'schen Darstellung gemachten Einwände sucht Pierret dadurch zu entkräften, dass er die betreffenden
Zeichnungen als »in didactischem Interesse *légèrement* schematisirt« bezeichnet.
Den von mir (Centralbl. 1875 No. 10) geäusserten Zweifeln, dass die Pyramiden-
Seitenstrangbahnen bereits um die 6. Woche sich zeigen, sucht er durch die Angabe zu begegnen, dass »*le terrain où doivent se développer les tubes nerveux*«
zu dieser Zeit erscheint: ein Ausdruck, dessen Bedeutung ich zu fassen leider
nicht im Stande bin. —

Auf eine weitere Polemik hier einzugehen, halte ich nicht für angemessen.
Nur einige rein sachliche Bemerkungen seien noch beigefügt. Nach P.'s Angaben
würden die Vorderstrang-Grundbündel und vorderen gemischten Seitenstrangzonen
(*zones radiculaires antérieures*) gleichzeitig entstehen, nach Kölliker's Angaben
jene etwas eher. Letzterer Autor hat allem Anschein nach jüngere Embryonen
untersucht als Pierret und erklären sich wohl hieraus die scheinbaren Differenzen.
Sofern sich die Angabe P.'s bestätigen sollte, dass im Gebiet der hinteren Seiten-

stränge ein Faserstrang gesondert angelegt wird, so würde hierin der Anschauung, dass die Faseranlage überhaupt systemweise erfolge, eine neue Stütze verliehen werden.

Unmittelbar vor Thorschluss kommt mir noch eine Abhandlung Hessen's (Zeitschr. für Anat. und Entwickelg. Bd. I, vergl. insbes. S. 378 fg.) zu Händen, worin er die Bildung der centralen Nervenfasern nach neuen Beobachtungen am Kaninchen schildert. H. glaubt auch jetzt noch seine frühere Ansicht aufrecht erhalten zu können, gesteht aber selbst, dass er vor der Hand wohl nur Wenige zu überzeugen im Stande sein werde. Ich muss mir versagen an diesem Ort näher auf H.'s Angaben einzugehen und bemerke nur, dass mir auch seine neuesten Befunde die Annahme, dass Nervenfasern z. B. auch nach Schluss des Medullarrohres durch Auswachsen einzelner Zellen entstehen, nicht zu erschüttern scheinen. Doch muss allerdings, wie bereits früher angedeutet, die Annahme fallen gelassen werden, dass es Zellen von bereits ausgeprägt gangliösem Charakter sind, welche die Fasern produciren. Als Gebilde, deren Entstehung durch die H.'sche Theorie auf keinen Fall erklärt werden kann, möchte ich die Nervenfasern der hinteren Commissur des Rückenmarkes bezeichnen. Auch Hessen erklärt sich übrigens durch die Eichhorst'schen Angaben (s. o.) nicht befriedigt.

Erklärung der Tafeln VIII—XX.

Vorbemerkungen: Die Abbildungen wurden theils mit Hülfe einer *camera obscura* bez. der Oberhäuser'schen *camera lucida*, theils, wie bereits im Vorwort angedeutet, nach Photographieen hergestellt. Letztere werden in der Folge als solche bezeichnet werden.

Tafel VIII.[*]

Fig. 1. Bündel nackter Axencylinder aus den Pyramiden-Seitenstrangbahnen eines 32 ctm. langen Foetus, frisch durch Zerzupfung in *liq. cerebro-spinalis* gewonnen. b »Fettkörnchenzelle«, nach oben einzelne freie »Fettkörnchen.« Haar. XI. 3. (Die Körnchen inner- und ausserhalb der Zelle sind vielleicht pathologisch.)

Fig. 2. aus den Pyramiden eines 46 ctm. langen Neugeborenen, links feines Längsschnittchen mit 2 spärliche Fettkörnchen führenden lymphoiden Zellen, rechts 3 isolirte Nervenfasern mit rudimentären Markscheiden Zeiss E. 2. 15.

---

[*] Die Abbildungen, welche mit Hülfe von Zeiss E. gewonnen wurden, sind bei verschiedener Sehweite gezeichnet (13, 20 u. 25 ctm.) und beziehen sich hierauf die allenthalben beigefügten Zahlen. Die meisten der betreffenden Zeichnungen waren ursprünglich nicht zur Veröffentlichung bestimmt, mussten aber in Ermangelung besserer Präparate hierzu Verwendung finden; es ist dies der Grund der ungleichen Vergrösserung.

Die Fasern sind weiter entwickelt, als dies in der Regel bei 46 ctm. langen Neugeborenen der Fall; es finden sich hier die von der Gruppe *d* (S. 107 fg.) geschilderten Verhältnisse.)

Fig. 3.	aus den Pyramiden-Seitenstrangbahnen eines 42 ctm. langen Neugeborenen, nach 24stündig. Maceration des Rückenmarkes in *Am. bichrom.* 1:3000. Die dunkleren Punkte zwischen den längsverlaufenden Linien sind auf der Lithographie etwas zu spärlich ausgefallen. Hart. XI. 3.

Fig. 4.	Längsschnitt aus den Pyramiden eines 49 ctm. langen Neugeborenen, nach kurzer Erhärtung in *Amm. bichro.* 1%. Haematoxyl. wässriges Glycerin. *a* mit spärlichen Fettkörnchen erfüllte, Längsreihen bildende Zellen, *b* scheinbar verschmolzene fettkörnchenhaltige lymphoide Zellen. Die Nervenfasern sind sämmtlich mit completen Markscheiden ausgestattet. Zeiss E. 3. 25.

Fig. 5.	Querschnitt durch die rechte Pyramiden - Vorderstrangbahn eines 35 ctm. langen Foetus (s. *P* rechts Fig. 7), Mitte der Halsanschwellung; *b* von der *pia mater* einstrahlende Bindegewebsbündelchen, *k* denselben anhaftende Zellen mit ovalen Kernen, *v* Capillare. Beschreib. s. S. 68 fg. *Amm. bichrom.* — *Amm. Carmin*, Canadabalsam. Zeiss E. 2. 20.

Fig. 6.	Querschnitt durch die Burdach'schen Keilstränge (Hinterstrang-Grundbündel) (*B'* Fig. 7) von demselben Praeparat wie Fig. 5. *r* lymphoide Zellen zum Theil mit Fettkörnchen erfüllt, daneben sind mehrere Capillarkerne sichtbar. Zeiss E. 2. 20.

Fig. 7.	Querschnitt, welchem die Figg. 5 u. 6 entnommen sind. *P'* Pyramiden - Vorderstrangbahnen, *Z* markhaltige Zone (dickfasrige zonale Seitenstrangbündel, directe Kleinhirn–Seitenstranghahnen) *B* Burdach'sche Keilstränge, *Z'* Goll'-sche Str. Die verschiedenen Felder des Querschnittes sind um so dunkler gehalten, je intensiver sie durch Carmin gefärbt waren. Vergr. 6,4 lin.

Fig. 8.	Längsschnitt durch eine Pyramiden - Seitenstrangbahn eines 42 ctm. langen Neugeborenen. *Amm. bichrom. Haematox. Canadabals.* Der Schnitt fällt genau in ein radiäres Septum. *q* längsverlaufende nackte Axencylinder, *a* Capillarkerne, *g* horizontal von der *pia mater* einstrahlende Faserbündelchen. Zeiss E. 2. 25.

Fig. 9.	Längsschnitt durch die Burdach'schen Keilstränge von demselben Individuum, aus derselben Höhe, und auf gleiche Weise behandelt wie Fig. 8. *is* Längsreihen bildende Zellen von meist lymphoiden Charakter (links geht der betreffende Strich nicht weit genug in die Zeichnung herein). Zeiss E. 2. 25.

Tafel IX.

Fig. 1.	Zellen aus den Hintersträngen eines 32 ctm. langen Foetus, frisch in *liq. cerebrospin.* ohne deutliche Fettkörnchen. Zeiss E. 3. 15.

Fig. 2.	Zellen von derselben Stelle mit zahlreichen Fettkörnchen. Die letzteren sind insofern unvollkommen dargestellt, als sich vielfach dunkle Punkte anstatt kleinster Kreise finden. Zeiss E. 3.

Fig. 3.	*a* und *b*. Zellen aus derselben Region nach 24stündig. Behandlung mit Amm. bichrom. 1%, Haematoxyl. Glyc. Hart. X. 3.

Fig. 4. Zellen aus den Hintersträngen eines 35½ ctm. langen Neugeborenen, nach 1tägiger Behandlung mit Ueberosmiums. ¹/₁₀ %, Kal. acetic. Kerne durch Osmium geschwärzt. Die unterste Zelle hat den Kern verloren und zeigt anstatt desselben eine Vertiefung. Zeiss E. 2. 25.

Fig. 6. Endothelhäutchen isolirt aus der Pyramiden-Vorderstrangbahn eines 32 ctm. langen Foetus, Haematoxyl. Glycerin.

Fig. 6b. Capillare mit einer anliegenden platten Zelle (*b*)

a. ein gleiche Zelle isolirt.

Zeiss E. 3. 25.

Fig. 7. Querschnitt durch das Rückenmark in der Gegend des 6. Halsnerven von einem 28 ctm. langen Foetus. Haematoxylin, Glycerin. Die Töne sind genau so gehalten, wie sie bei durchfallendem Licht hervortreten. *P'* Pyramiden-Vorderstrangbahnen. — *P* Pyr.-Seitenstrangbahnen — *sr processus reticulares* (seitliche Grenzschicht der grauen Substanz) — *Z* directe Kleinhirn-Seitenstrangbahn — *v* Vorderstrang-Grundbündel — *vs* vordere gemischte Seitenstrangzone — *vw, hw* vordere, hintere Wurzeln — *vh* Vorderhörner der grauen Substanz — *sg* substantia gelatinosa der Hinterhörner — *B* Burdach'sche Keilstränge (Hinterstrang-Grundbündel) — *Z* Goll'sche Keilstränge. ¹⁸/₁ lin.

Tafel X.

Fig. 1. Querschnitt durch die obere Hälfte der *Oblongata* eines 11 ctm. langen Embryo Haematox. Canadabals. *f. a. e. fibrae transversales externae* (Präparat vorn bei H. etwas gequetscht).

Fig. 5. Querdurchschnitt durch das mittlere Drittel der *Oblongata* eines 25 ctm. langen Foetus, Haematoxyl. Glycer.

P Pyramiden. XII *Hypoglossus*, X *Vagus*, *K* Keilstränge (Burdach), *i* innere Abth. der Kleinhirnstiele.

In Fig. 1 u. 5 sind in übereinstimmender Weise folgende Bezeichnungen angewandt: *H* Olivenzwischenschicht (Bündel aus oberer Pyramidenkreuzung?) — *o* grosse Oliven — *oi, oe* innere und äussere Nebenoliven — *r* Raphe — *at* aufsteigende Trigeminuswurz. — *cr corp. restiform.* — *ga* gemeinsame aufsteigende Wurzel des seitl. gemischt. Systems (IX. X. XI Hirnnerv).

Fig. 2—4. Nach Tiedemann.

     o grosse Oliven

     cr corp. restiformia.

Fig. 2. Gehirn etc. eines angeblich 14—15 Wochen alten Embryo (Länge von Steiss bis Scheitel 2" 4''')

Fig. 3. - - - - 21—22 Wochen alten Embryo; *P* = Pyramiden od. Olivenzwischenschicht?

Fig. 5. - - - - 27 Wochen alten Embryo; *P* Pyramiden.

Tafel XI.

Fig. 1. Querschnitt durch das obere Drittel der *oblongata* eines 12 ctm. langen Embryo. *hk* — Hypoglossuskerne? — *vk* Vaguskern — sonst. Bezeichnungen wie Fig. 1 Taf. X. — Haematoxyl. Canadabals. Photographie.

Fig. 2. Querschnitt durch das obere Drittel der *Oblongata* eines 40 ctm. langen Foetus: *h l.* hintere Längsbündel — *i.A* innere Abtheilung des Kleinhirnstiels — *a* marklose Bündel im *corp. restiforme* — *sg substantia gelatinosa* Rol. — *fr V.* Vorderstrangtheil der *formatio reticularis* — *frs* Seitenstrangtheil derselben. Die sonstigen Bezeichnungen wie Fig. 1 Taf. X. — Müll. Lösung Glycerin — Photographie.

Fig. 3. Querschnitt durch das obere Drittel der *Oblongata* eines 42 ctm. langen Neugeborenen (No. 19 d. V.).

s Septum aus grauer Substanz innerhalb der rechten Pyramide, welches den äusseren Abschnitt (*P'*) vom inneren trennt. Sonst Bezeich. wie Fig. 2.

Fig. 2 u. 3 sind *corp. restiformia* nach hinten von Theilen des unteren Marksegels und der Flocke bedeckt. Die vorderen inneren Kanten der Oliven-Zwischenschichten (*II* Fig. 2) ragen in Fig. 3 nicht so weit nach vorn hervor wie in Fig. 2. Dieses Verhältniss ist, wie wir uns durch Vergleichung vieler Fälle überzeugt, überhaupt variabel; es schwankt zwischen den durch Fig. 2 u. 3 repräsentirten Modificationen.

In den Hinweisen auf Taf. XI im Text finden sich mehrere Druckfehler. S. 97 Z. 2 v. o. ist anstatt auf Fig. 2 zu lesen Fig. 3, anstatt Fig. 2. XII Fig. 3. s.

Tafel XII.

Fig. 1 u. 3. Querschnitte durch die *Oblongata* entsprechend der Mitte des grossen Oliven. Photogr.

Fig. 1. Von einem 34,5 ctm. langen Neugeborenen. Ueberosm. Glycerin.

K': oberste Ausläufer der Keilstränge — *Hk* Hypoglossuskerne — *X* Vagus — *i* innere Abtheil. der Kleinhirnstiele — *II* Grenze der vorderen Abschnitte der inneren Felder der *Oblongata* (Oliven-Zwischenschicht, markhaltig) gegen die Pyramiden (marklos) — *y* äusserster Rand der rechten Pyramide; vergl. hiermit den äusseren Rand der r. Pyr. Fig. 3. — *hL* hintere Längsbündel — *oi* innere Nebenoliven — *fr* formatio reticularis (Seitenstrangtheil) — *oe* äussere Nebenoliven — *o* grosse Oliven — *XII* Hypoglossus — *P* Pyramiden — *Z* Gegend, in welcher die Fortsetzung der markhaltig. peripheren Zone der hint. Seitenstranghälften liegt (dir. Kleinhirn-Seitenstrangbahn) — *at* aufsteigende Trigem. Wurzel — *ga* gemeinsame aufsteigende Wurzel des seitlichen gemischten Systems — *cr corpus restiforme.*

Fig. 2. Querschnitt durch die *Oblongata* dicht am unteren Brückenrand, Photogr. *II* Schleifenschicht (in Oliven-Zwischenschicht übergehend) — *fr V* Vorderstrangtheil der *Formatio reticularis* — *VII* Facialis (Knie) — *VII'* die vom Facialiskern bis zum Knie ziehende Facialiswurzel — *fa* markloser Theil des *corpus restiforme* — *dK* markhaltiger Theil desselben (directe Kleinhirn-Seitenstrangbahn + ?, — *naa* vorderer Acusticuskern (Maynert) — *tr* Fasern aus diesem Kern in das *corp. restiforme* (entweder dem *corpus trapezoideum* angehörig oder andersartiger Natur) — sonstige Bezeichnungen wie Fig. 1.

Fig. 3. Carmin, Balsam. *a* querdurchschnittenes Faserbündel, welches mit der r. Pyramide aus der Brücke hervorgetreten, am unteren Ende der grossen Olive sich nach hinten oben wendet und als Bestandtheil des strat. zon. Arnol, sich dem *corpus restiforme* beigesellt (accessorische Bildung) —. Sonstige Bezeichnungen wie Fig. 1. — Das Präparat stammt aus der *Oblongata* eines erwachsenen Mannes.

Fig. 4. Querschnitt durch die Mitte der Halsanschwellung eines 25 ctm. langen Foetus. — Müll. Lös. Haematoxyl. Glycerin — Photogr. Die dunklen Zonen enthalten zahlreiche markhaltige Fasern und viel mehr Zellen als die helleren. Ganglienzellen der Vorderhörner durch Punkte angedeutet. P Pyramiden-Seitenstrangbahn — P' Pyr.-Vorderstrangb. — dK Region des vordersten Theiles der directen Kleinhirn-Seitenstrangbahn (dieselbe hebt sich bei der angewandten Vergrösserung noch nicht deutlich von der Pyr.-Seitenstrangbahn ab) — sg seitliche Grenzschicht der grauen Substanz — vgs vordere gemischte Seitenstrangzone — G' Grundbündel der Vorderstränge — G Goll'sche Keilstränge — GH (Grundbündel der Hinterstränge (Burdacn'sche Keilstränge) — sg' *substantia gelatinosa* der Hinterhörner, sehr zellenreich. — Die rechte Seite der Zeichnung entspricht der linken Rückenmarkshälfte.

NB. Die Helligkeitsunterschiede sind in allen Präparaten möglichst genau so gezeichnet, wie sie bei durchfallendem Licht (resp. auf der Photographie) erschienen.

Tafel XIII.

Fig. 1—3. Aus dem Rückenmark eines 12 ctm. langen Embryo. Haematox. Canadabalsam. 10 × lin.

Fig. 1. Mitte der Halsanschwellung.

Fig. 2. Mittleres Drittel des Dorsalmarkes.

Fig. 3. Mitte der Lendenanschwellung

v Vorderstränge (Grundbündel) — vs vordere gemischte Seitenstrangzone sr *processus reticulares* — Z directe Kleinhirn-Seitenstrangbahn — sg seitl. Grenzschicht der gr. Subst. (zellenarmer Theil der Seitenstränge).

vh Vorderhörner der grauen Substanz,

hh Hinterhörner - - - -

hw hintere Wurzel, B Hinterstrang-Grundbündel, Z Goll'sche Stränge, h Hinterstränge da wo die vorgenannten zwei Abtheilungen an denselben nicht deutlich unterscheidbar.

Fig. 2. Die in den Hintersträngen zu beiden Seiten des *medinnen Septum* befindlichen nach vorn convergir. Linien stellen nicht die äuss. Begrenzung der Goll'schen Stränge dar, sondern Spalten von andersartiger Bedeutung (zufällige?).

Fig. 2a. aus dem mittl. Dorsalmark eines Acranus, halbschematisch. t. i. l. *tractus intermed. lateralis*, sg subst. gelatinosa der Hinterhörner, sonst. Bez. wie Fig. 1—3. 10 × lin. vergrössert.

Fig. 4—9. aus dem Rückenmark eines 42 ctm. langen Neugeborenen (No. 18).

P Pyramiden-Seitenstrangbahnen ⎱
P'   -   Vorderstrangbahnen ⎰ sonst. Bez. wie Fig. 1—3.

Die Höhe ist allenthalben angegeben. — Bei Fig. 5 ist anstatt Cerv. VI zu lesen Cerv. VII—VIII.

Tafel XIV.

Fig. 1 u. 2. Brücke, *Oblongata* und oberes Rückenmark von der Vorderfläche: *f* Flocke, *n. acustic. et facial, qv* Austrittslinie der vorderen Wurzeln, *s. i. a sulcus intermedius anterior.*

Fig. 1. Fall, in welchem die Pyramidenfasern überwiegend in Vordersträngen verlaufen (No. 33); Fig. 2. Fall von totalem Mangel der Vorderstrangbahnen (No. 29 d. V.). Die Pyramiden (*P*) sind etwas dunkler gehalten, als sie in Wirklichkeit in der betr. Periode sind.

Fig. 3—8. Aus dem Rückenmark des Individ. No. 33 d. V.; Bezeichnungen wie Taf. XIII. *P'* Pyramiden-Vorderstrangbahnen, *f* Längsspalten in den hinteren Seitensträngen. Die linke Hälfte der Zeichnungen entspricht der rechten Rückenmarkshälfte.

Fig. 3.   Querschnitt aus der Gegend des 4. Halsnerv.
-   4.   -   -   -   -   -   5. Halsnerv. (Pyr.-Vorderstrangbahn rechts etwa um eine Punktreihe zu gross gezeichnet.
-   5.   -   -   -   -   - 3. Dorsalnerv.
-   6.   -   -   -   -   - 9.   - (die Pyramiden-Vorderstrangbahnen links um eine Punktreihe zu breit).
-   7.   -   -   -   -   - 12.   -
-   8.   -   -   -   -   - 4. Lendennerv (das rechte Hinterhorn muss näher an die Peripherie heran reichen).

Tafel XV.

Sämmtl. Abb. sind mit Hülfe einer *camera obscura* gezeichnet und stellen Querschnitte durch das Halsmark dar.

Fig. 1—9 sind annähernd gleichen Höhen des Markes (Bereich des 6. Halsnervenpaares) entnommen; die Schnitthöhe nähert sich bald mehr dem 5. (dann vereinigen sich die Septa, welche die Goll'schen Stränge seitlich begrenzen, in der Regel mit ihren vorderen Kanten, z. B. Fig. 2) bald mehr dem 7. (es findet dann diese Vereinigung nicht statt z. B. Fig. 7; indess ist das Verhalten dieser *Septa* vielleicht nicht so regelmässig, dass man daraus stets mit Sicherheit die Schnitthöhe bestimmen könnte. — Figg. 10—12 sind dem Bereich des 5. Halsnervenpaares entnommen.

Fig. 1.   von einem 12 ctm. langen Embryo No. 2 d. V. S. 11.
-   2.   -   -   25   -   - Foetus   -   4   - ·
-   3.   -   -   28   -   -   -   - 5   -
-   4.   -   -   32   -   -   -   - 9   -
-   5.   -   -   35   -   -   -   - 11   -
-   6.   -   -   35,5   -   -   -   - 13   -
-   7.   -   -   42   -   -   -   - 17   -
-   8.   -   -   42   -   - Kind   - 19   -
-   9.   -   -   42   -   - Foetus   - 18   -
-   10.   -   -   45   -   - Kind   - 21   -
-   11.   -   -   46,5   -   - Kind   - 26   -
-   12.   -   -   45   -   - Todtgebor. - 23   -

Die marklosen Regionen sind schattirt (ausser in Fig. 1, wo der gesammte Markmantel marklos). Von Fig. 5 an sind lediglich die Pyramiden-Vorder- (*P'*) und Seitenstrangbahnen (*P*) marklos. Das vicariirende Verhältniss zwischen beiden ist deutlich zu erkennen. *v* Vorderstrang-Grundbündel — *vw* vordere Wurzeln — *vh* Vorderhörner der grauen Substanz — *vs* vordere gemischte Seitenstrangzone — *sr* seitliche Grenzschicht der gr. Substanz (*processus reticulares*) — *Z* dickfasrige zonale Seitenstrangbündel (dir. Kleinhirn-Seitenstrangbahn) — *hh* Hinterhörner der gr. Substanz — *B* Grundbündel der Hinterstränge (Bुरᴅᴀᴄʜ'sche Keilstr.) *Z'* Goʟʟ'sche Str. (zarte Str.) — *hw* hintere Wurzelfasern. — * Fig. 10. Längsfurche.

Tafel XVI.

Fig. 1. Querschnitt an der Grenze von 2 u. 3 Halsn. von einem 10 ctm. langen Foetus. Goldpräp. Photographie. Die Differenzen des Markgehaltes treten deutlich hervor; die vorderen gemischten Seitenstrangzonen und directen Kleinhirn-Seitenstrangbahnen grenzen sich auf dieser Entwicklungsstufe n i c h t deutlich von einander ab. — *G* Goʟʟ'sche Stränge, *GH* Grundbündel der Hinterstränge, *dK* directe Kleinhirn-Seitenstrangbahn (dickfas. zon. Bünd.) — *vgs* vordere gemischte Seitenstrangzone — *sg'* *subst. gelatinosa* der Hinterhörner — *A* Accessoriuswurzeln — *sy* seitl. Grenzschicht der grauen Substanz — *G'* Grundbündel der Vorderstränge — *P* Pyramiden-Seiten — *P'* Pyr.-Vorderstrangbahnen.

Fig. 2—7. Querschnitte durch die Halsanschwellung. **Fig. 3.** Höhe des 5. Halsnervenpaares — **Figg. 2, 4—7** im Bereich des 6. Halsn.

Grau schattirt sind innerhalb der Vorder-Seitenstränge alle die Regionen, welche entweder durch völligen Mangel der Markscheiden ausgezeichnet (Figg. 3 u. 5), oder wo letztere so fein waren, dass die betr. Bahnen sich bei geeigneter Behandlung gut sonderten (vergl. bez. Figg. 2 u. 6 die Beschreibung der Gruppe *e*, S. 125 f.) — Bezeichnungen wie Fig. 1 Taf. XV.

Fig. 2. von einem 49 ctm. langen Neugeborenen (No. 30 d. V.)
(ungewöhnlich umfangreiches Rückenmark).

Fig. 3. von einem 50,5 ctm. langen Neugeborenen (No. 32 d. V).

Fig. 6. - - 51 - - (No. 35 d. V.)

Fig. 7. von einem Acranus (vergl. S. 139 fg. Die Pyramidenbahnen fehlen vollständig). *vgS* vordere gemischte Seitenstrangzone — *GB* Vorderstrang-Grundbündel.

Fig. 5. von einem nicht gemessenen Todtgeborenen. (No. 61 d. V.)

Fig. 4. aus dem Rückenmark eines Jünglings, in welchem die Pyramidenfasern ungewöhnlich fein waren (Entwicklungshemmung, essentielle Lähmung).

Die rechte Pyramide geht total in link. Seitenstrang über, die linke vertheilt sich fast zu gleichen Theilen auf linken Vorder- und rechten Seitenstrang.

Tafel XVII.

Die in der nämlichen Horizontalreihe stehenden Abb. stellen Querschnitte je durch correspondirende Höhen des Rückenmarkes verschiedener Individ. dar.

Fig. 1—12. Halbschematisch, 3,6 × lin. vergr. von drei muthmasslich gleichalten Neugeborenen bez. Kindern (conf. S. 111 fg.) Diese Figg. sollen dazu dienen, den Einfluss der Lage u. s. w. der Pyramidenbahnen auf die Gesammtconfiguration des Rückenmarkes darzulegen. Die directen Kleinhirn-Seitenstrangbahnen (Z) sind lediglich der Deutlichkeit halber schwarz gehalten. In Wirklichkeit zeigen dieselben das nämliche optische Verhalten, wie die Hinterstränge etc. *P'* Pyramiden-Vorder — *P* Pyramiden-Seitenstrangbahnen — *t. i. l. tractus intermedio — lateralis* Clarke.

Figg. 1, 4, 7 u. 10. von einem 48 ctm. langen Neugeborenen (No. 29 d. V.) Seitenstrangverlauf der Pyramidenfasern. (Die äussere Begrenzungslinie des rechten Goll'schen Stranges Fig. 4 ist zu weit nach innen genommen).

Figg. 2, 5, 8 u. 11. von einem 44 Tage alten, bei der Geburt wahrscheinlich nicht ausgetragenen Kind (No. 33 d. V.; die Pyramidenfasern verlaufen fast sämmtlich in den Vordersträngen. Die Pyramiden-Seitenstrangbahnen sind Fig. 5 etwas zu compakt und umfangreich ausgefallen.

Figg. 3, 6, 9 u. 12. von dem Individuum mit totalem Mangel der Grosshirnschenkel — *P* an Bindesubstanz reichere Partie der Seitenstränge an Stelle der Pyramiden-Seitenstrangbahnen; *sg* »gelatinöse« Substanz (vergl. S. 123).

Fig. 14—15. Secundäre Degenerationen des Rückenmarkes bei Erwachsenen Vergr. ³/₂; Bezeich. wie Taf. XV. Sämmtliche Querschnitte waren der Höhe des 6. Halsn. entnommen, carminisirt und in Balsam eingeschlossen. Die dunklen Abschnitte des Markmantels etc. entsprechen den intensiv gerötheten Theilen der Querschnitte.

Fig. 13. aufsteig. Deg. (der Goll'schen Str. Z'). Dieses Rückenmark schliesst sich hinsichtlich der Vertheilung der Pyramidenbahnen offenbar dem durch Figg. 2, 5 etc. dargestellten eng an (vergl. Figg. 5 u. 13).

Fig. 14. aufsteig. Degen. der rechten Pyramiden-Seitenstrangbahn (dieses Mark schliesst sich dem durch Fig. 1 etc. repräsentirten an (vergl. S. 240 fg.).

Die Vergleichung von Figg. 13 u. 14 ergiebt, dass in ersterer die Vorderstränge grösser, die Seitenstränge kleiner sind als in letzterer.

Fig. 15. absteig. Degen. der linken Vorder- und rechten Seitenstrangbahn (die linke Pyramiden-Vorderstrangbahn hatte offenbar einen beträchtlichen Querschnitt) — *x* Längsfurche innerhalb des rechten Seitenstranges, wie sie sich in Fig. 5 beiderseits findet.

Tafel XVIII.

Goldpräparate (vergl. S. 261) aus dem Rückenmark eines 50 ctm. langen Neugeborenen; die nähere Beschreib. vergl. S. 294 fg.

Fig. 1. Von einem Querschnitt aus der Gegend des XII. Dorsaln. (die kleine schematische Figur links zeigt das Verhältniss des in Fig. 1 abgebild. Stückes zum Gesammtquerschnitt). *vs* Vorderstränge, *vh* Vorderhorn der grauen Säule, *dK* directe Kleinhirnbahn (compacter Theil), *x* Faserbündel aus Clarke'scher Säule in Seitenstrang, welche noch vor Erreichung des letzteren in die verticale Richtung umgebogen sind, *hw* hintere Wurzelfasern, *s* Fasern aus Hinterstranggrundbündeln in hintere Commissur, *sp* Fasern aus hinterer Commissur in das hintere Septum, *hs* Hinterstrang, *c* Centralcanal (Zellen zu dunkel gezeichnet), *cC* Fasern aus Clarke'scher Säule in Vorderhorn und vordere Commissur, *vc* vordere Commissur.

Fig. 2. Frontaler Längsschnitt aus dem Grenzgebiet von Dorsal- und Lendenmark (etwa entsprechend einer Verbindungslinie von *cC* — *dK* Fig. 1 angelegt); *b* Bündel aus CLARKE'scher Säule in directe Kleinhirnbahn, welches bis in den compacten Theil letzterer die horizontale Richtung beibehält; *X'* terrassenförmig verlaufende Faser, welche auf Grund ihres Calibers u. s. w. zur directen Kleinhirnbahn zu stellen ist; *s* Faserbündel aus dieser Bahn, welches, in der CLARKE'schen Säule angekommen, seine Richtung ändert; *y* Faserbündelchen, welches aus der horizontalen Richtung nach abwärts umbiegt (Fasern, welche aus hinteren Wurzeln in Seitenstränge eingetreten?).

Den Figg. 1 u. 2. gemeinsam sind die Bezeichnungen: *SS* Seitenstrang, *dK'* Fasern aus dem Bereiche der CLARKE'schen Säule in directe Kleinhirn-Seitenstrangbahn, *Cs* CLARKE'sche Säule, *G* seitliche Grenzschicht der grauen Substanz *til tractus intermedio-lateralis* CLARKE, *P* Pyramiden-Seitenstrangbahn (in Fig. 2 am vordersten Rand angeschnitten).

Tafel XIX.

Goldpräparate. Photograph. Querschnitte aus dem Rückenmark eines circa 50 ctm. langen Neugeborenen.

Fig. 1. Aus der Gegend des 6. Halsn.; *P'* Pyramiden-Vorderstrangbahnen, *vG* Vorderstrang-Grundbündel, *B* Hinterstrang-Grundbündel (BURDACH'sche Keilstr.), *sp septum posterius*, *s* bindegewebiges Septum, welches die GOLL'schen Stränge nach aussen begrenzt.

Fig. 2. aus der Gegend des 1. Lendennerven, *vs* Vorstrang-Grundbündel, *hs* Hinterstranggrundbündel.

Den Figg. 1 u. 2. gemeinsame Bezeichnungen: *vw* vordere Wurzeln, *hw* hintere Wurzel zum Theil im Gebiet der Hinterstränge verlaufend, *hw'* hintere Wurzelfasern in Seitensträngen und vor der *substantia gelatinosa* (*sg*), *pr processus reticulares*, *vc* vordere Commissur, *Z'* GOLL'sche Stränge, *P* Pyramiden-Seitenstrangbahnen, *dK* directe Kleinhirn-Seitenstrangbahnen (auf Fig. 2 nur durch einzelne schwarze Punkte repräsentirt), *G* seitliche Grenzschicht der grauen Substanz (dieselbe reicht nach den Befunden an dem nachträglich untersuchten Foetus von 25 ctm. (s. Nachtr. S. 368) in der Lendenanschwellung etwa bis zu der weissen Linie dicht vor dem inneren Ende der Linie *G* Fig. 2 rechts), *vgS* vordere gemischte Seitenstrangzone.

Tafel XX.

Schematische Darstellung der Leitungsbahnen des verlängerten und Rückenmarkes. Die Bedeutung der verschiedenen Farben ist auf der Tafel selbst meist zur Genüge angegeben, desgleichen die Höhe, welcher die Rückenmarksquerschnitte angehören.

Fig. 1. linke und rechte Hälfte stellen v e r s c h i e d e n e Höhen der *Oblongata* dar; die linke entspricht einer Ebene dicht unterhalb der Mitte der grossen Oliven, rechts einer solchen nahe dem unteren Brückenrand.

Braun sind alle die Systeme gezeichnet, deren Beziehungen zu Rückenmark, *Oblongata* etc. noch nicht völlig klargestellt werden konnten: Olivenzwischenschicht (*L*), Fasern aus der Gegend der *formatio reticularis* und der grossen Oliven in die äussere Abtheilung (*cre*) der Kleinhirnstiele, die innere Abtheilung (*cri*) der letzteren, endlich solche Längsfaserbündel innerhalb der *formatio retic.* (*fr*), deren Zusammenhang mit Seitenstrangresten des Markes zweifelhaft.

In der grauen Substanz (schwarz) sind zu unterscheiden: die grossen Oliven (*go*), der graue Boden der Rautengrube mit Hypoglossus — (*H*) und Acusticus-Kern (*A*), *substant. gelat.* Rol. (*sg*), der Seitenstrangkern *KS*, (derselbe reicht mitunter noch etwas mehr nach aussen hinten). Die aufsteigende Trigeminuswurzel (*at*, die gemeinsame aufsteigende Wurzel des seitlich. gemischten Systems (*ga*), die hinteren Längsbündel (*hl*) treten deutlich hervor. Die dunklen Linien im äusseren Theil der Pyramiden scheiden in die Vorderstränge übergehende Bündel (*P'*) von den in die Seitenstränge gelangenden (*P*).

Fig. 2—8. C. I. C. III. C. VI. = Cervicalis I. etc.
     D. III. D. VI. D. XII. = Dorsalis III. etc.
     L. IV. = Lumb. IV.

Die GOLL'schen Stränge sind in Figg. 6 u. 7 nicht angegeben, weil ihr Verhalten in der betreffenden Höhe nicht genau festgestellt werden kann; die Darstellung derselben in Fig. 8 ist im Wesentlichen hypothetischer Natur. Der rechte GOLL'sche Strang ist Fig. 3 etwas zu umfangreich.

Die seitliche Grenzschicht der grauen Substanz (*sG*) ist durch eine dunkle Linie gegen die vordere gemischte Seitenstrangzone abgegrenzt. In Fig. 4 links ist diese Linie etwas zu weit nach innen gekommen. Im Uebrigen bedeutet *P'* Pyramiden-Vorderstrangbahnen, *vw* äussere vordere Wurzelfasern (sind in Figg. 3 und 5 mit ihren peripheren Enden etwas zu wenig nach aussen geneigt).

Die Grössenverhältnisse der verschiedenen Systeme und Systemgruppen sind zwar möglichst sorgfältig angegeben worden; indess haben sich doch Fehler eingeschlichen, welche die betr. Abb. zur Ausmessung ungeeignet erscheinen lassen. — In wie fern die einzelnen Bilder auch hinsichtlich der Grenzlinien u. s. w. der Systeme schematisirt sind, ergiebt sich aus einem Vergleich mit den nicht schematisirten Zeichnungen der vorhergehenden Tafeln. Man vergleiche in dieser Hinsicht:

     Fig. 1 Taf. XX rechte Hälfte mit Fig. 2 Taf. XII.
     - 3 - -   - - 1 - XVI.
     - 4 - -   - - 1 - XIX.
     - 7 - -   - - 1 - XVIII.
     - 8 - -   - - 2 - XIX.

Aus diesem Vergleich werden sich auch leicht die fehlerhaften Verhältnisse der schematischen Figuren ergeben.

Fig. 1.

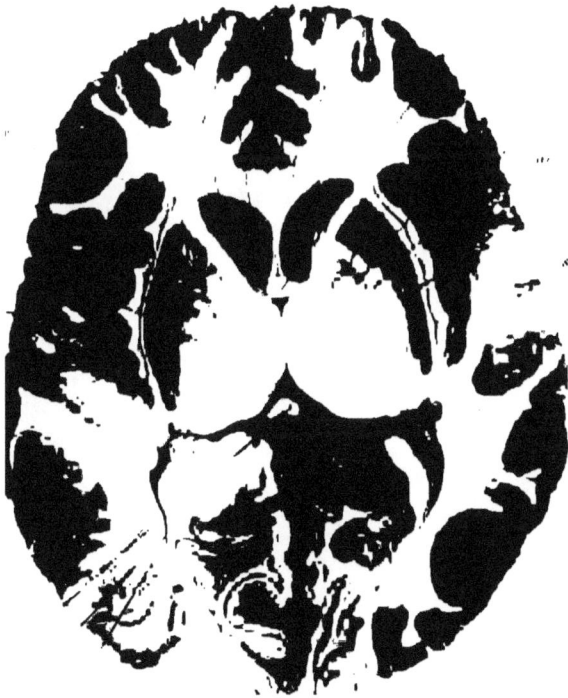

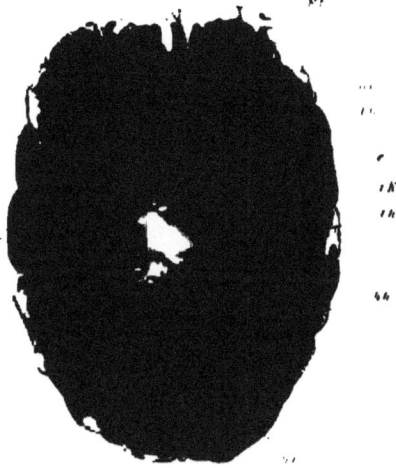

Fig. 2

Fig. 3

Fig. 4

Fig. 5

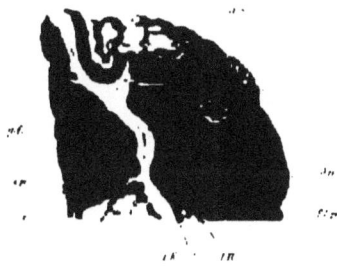

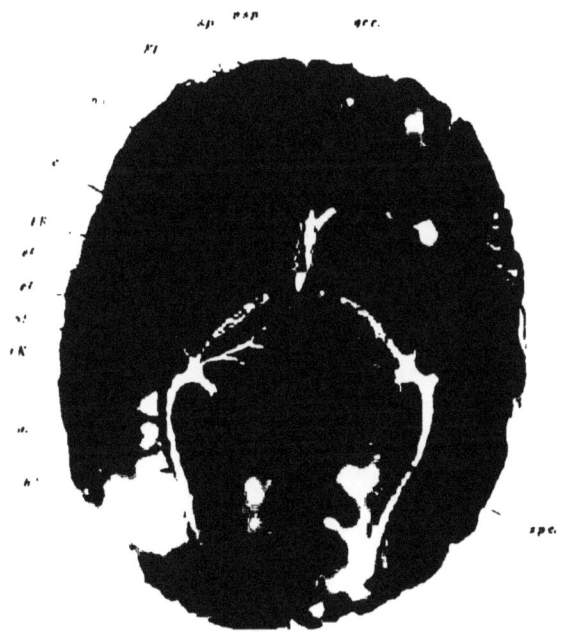

Fig. 6

Fig. 7.

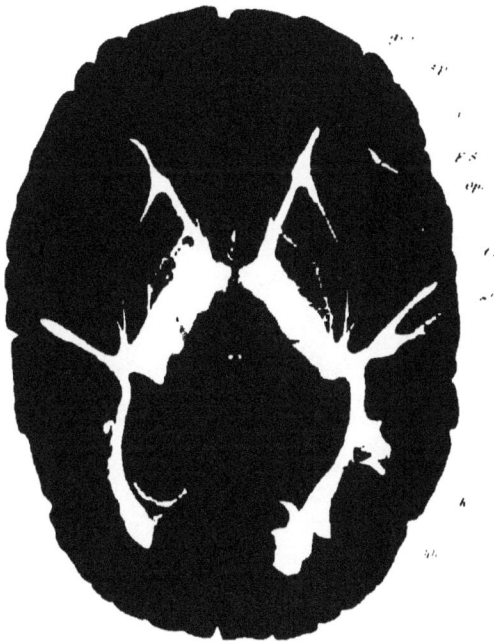

op.

F.S

op.

t.

Fig. 8

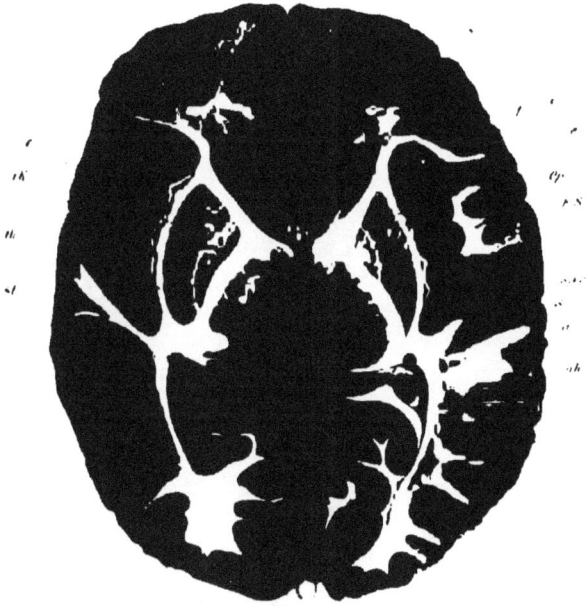

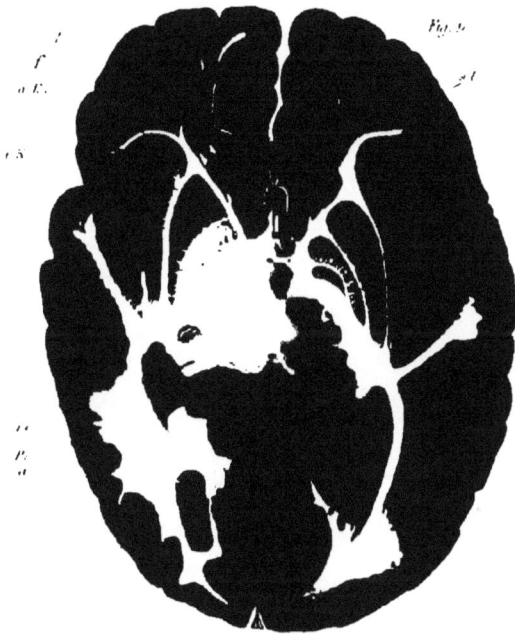

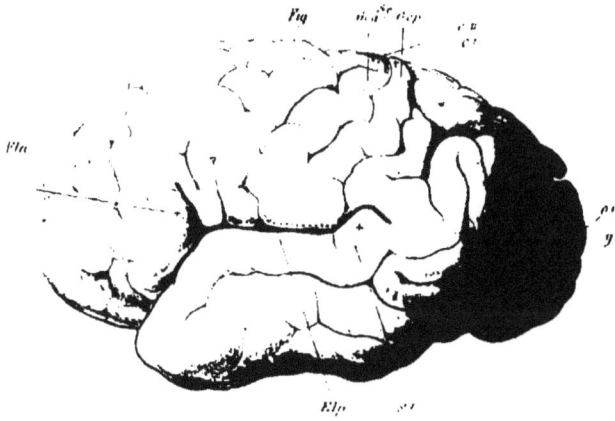

Fig. 1.

Fig. 2.

Fig. 3.

Fig. 4.

Fig. 5.

Fig. 6.

Fig. 7.

Fig. 8.

Fig. 9.

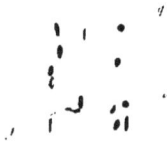

Fig. 1.

Fig. 3.

Fig. 2.

Fig. 3. b.

Fig. 5.

Fig. 4.

Fig. 6.

Fig. 7.

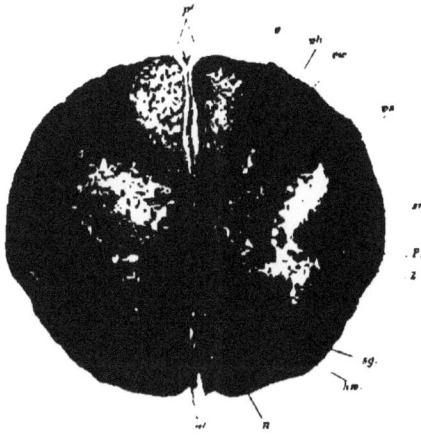

Fig. 8.

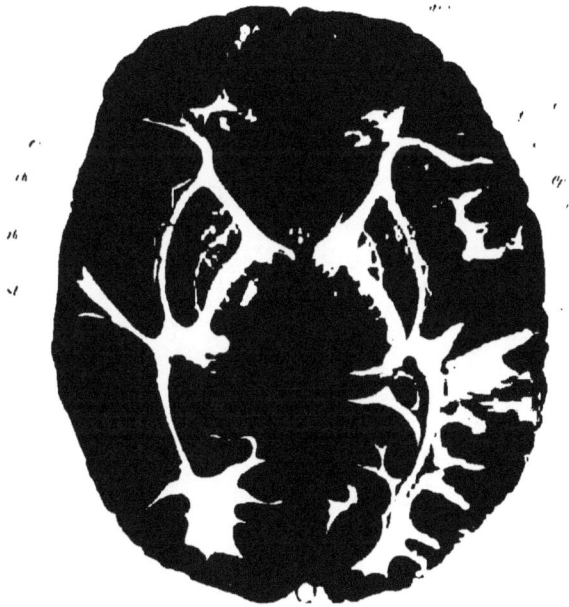

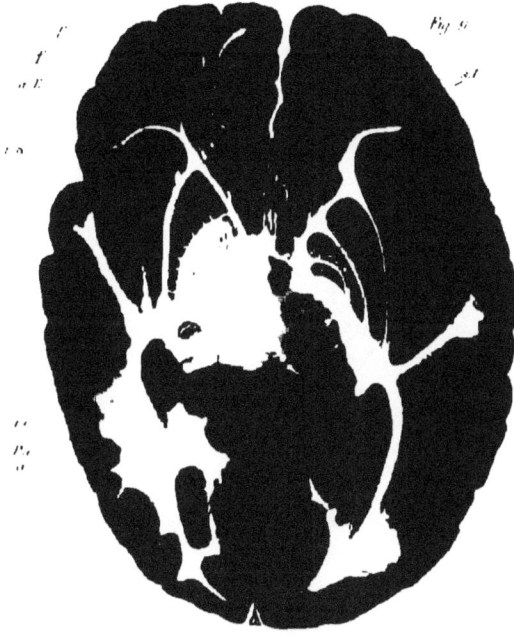

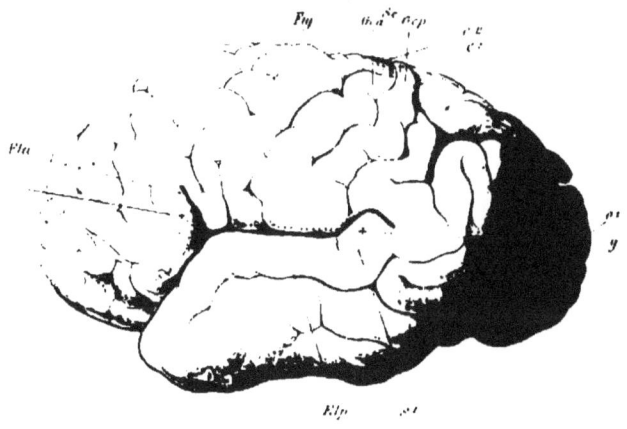

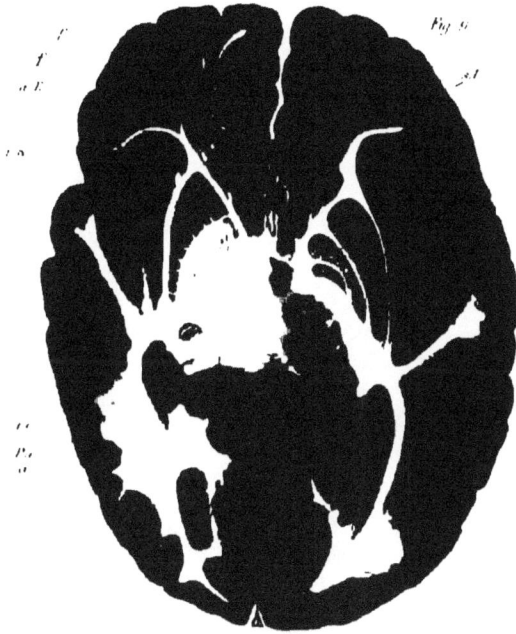

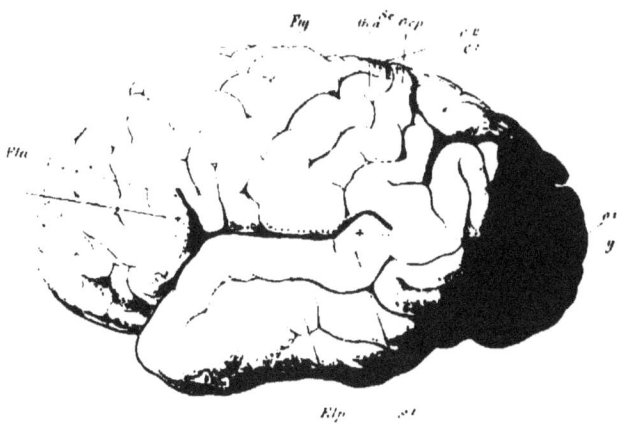

Fig. 1.   Fig. 2.   Fig. 3.

Fig. 4.

Fig. 5.

Fig. 6.

Fig. 7.

Fig. 8.   Fig. 9.

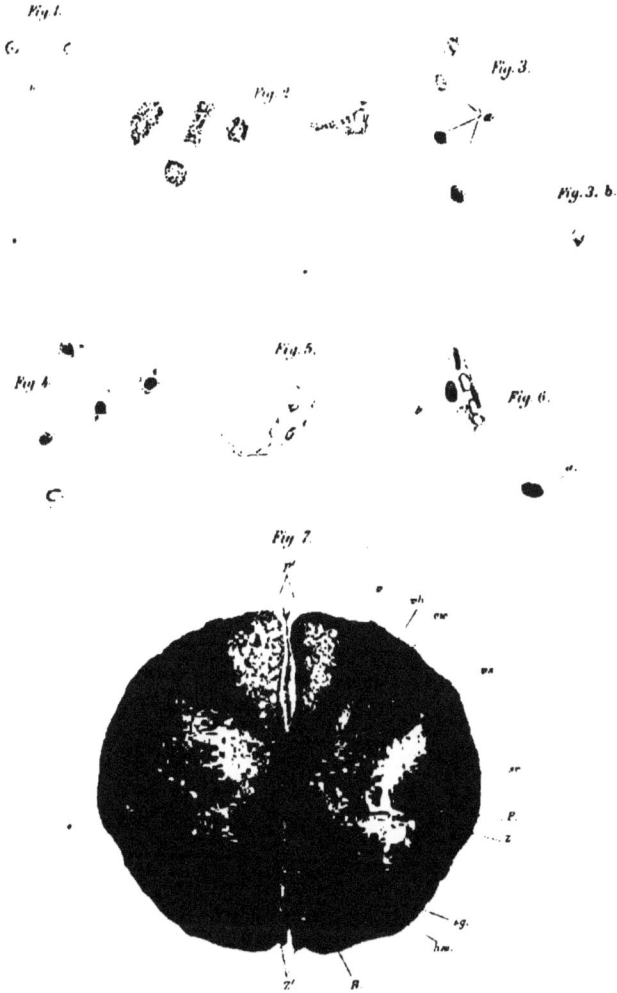

Taf. IX.

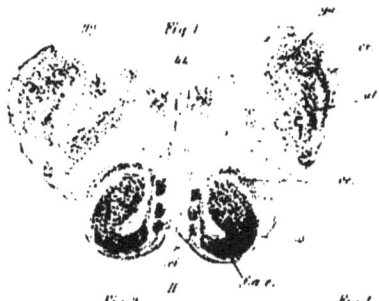

Fig. 1.

Fig. 2.

Fig. 3.

Fig. 4.

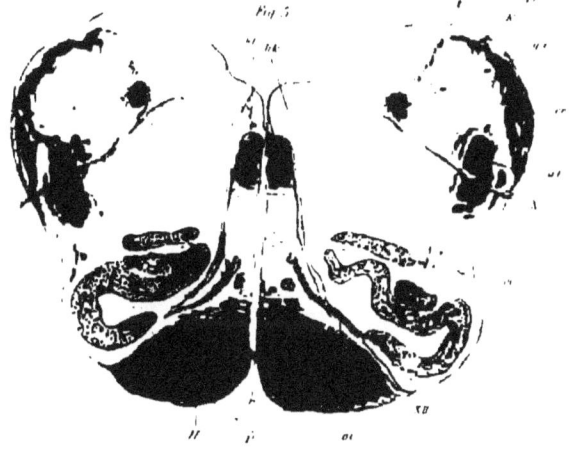

Fig. 5.

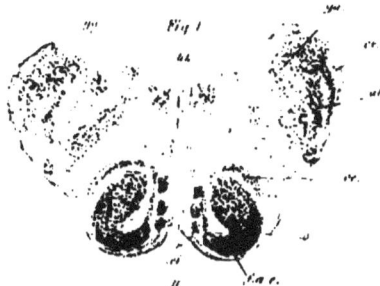

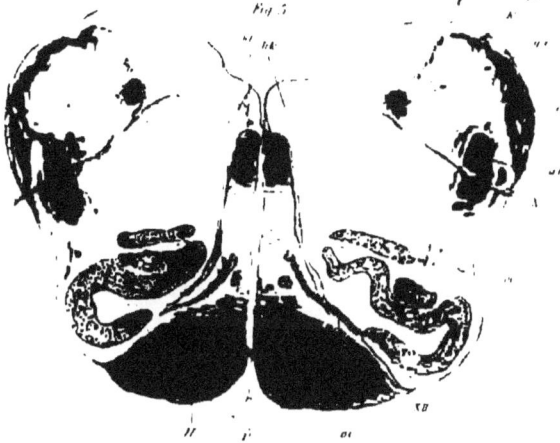

Fig 1.

Fig 3

Fig. 1.

Fig. 2.

Fig. 3.

Fig. 2ᵃ.

Fig. 4.   Cerv. II.

Fig. 5.   Cerv. VI.

Fig. 6.   Dors. III.

Fig. 7.   Dors. VI.

Fig. 8.   Lumb. I.

Fig. 9.   Lumb. V.

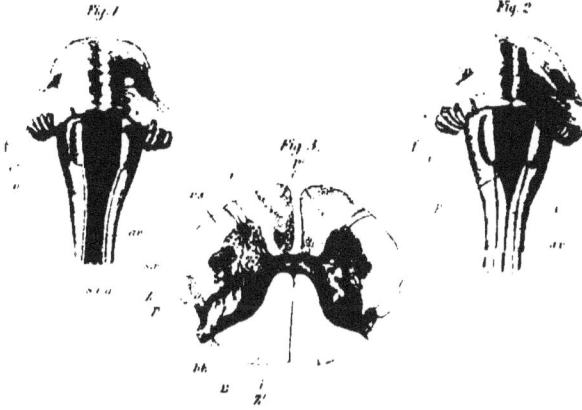

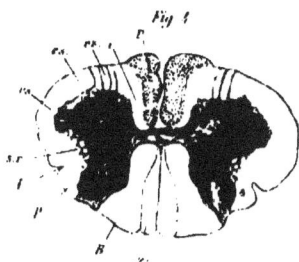

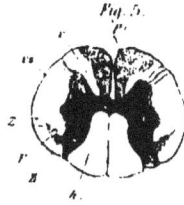

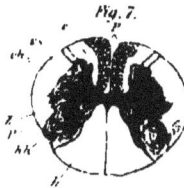

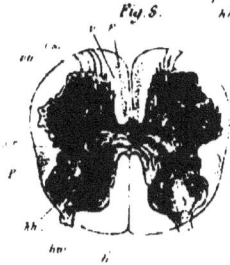

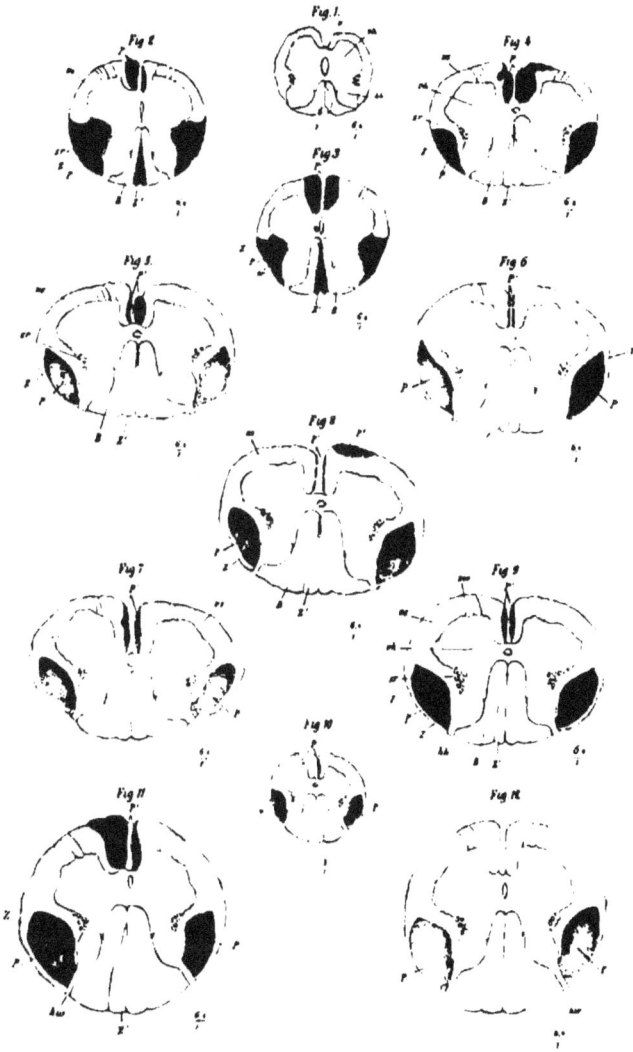

Fig.1.

Fig. 2.

Fig. 3.

Cerv. II.

Fig. 4.

Fig. 5.

Fig. 6.

Cerv. V.

Fig. 7.

Fig. 8.

Fig. 9.

Dors. VII.

Fig. 10.

Fig. 11.

Fig. 12.

Sacral. I.

Fig. 13.

Fig. 14.

Fig. 15.

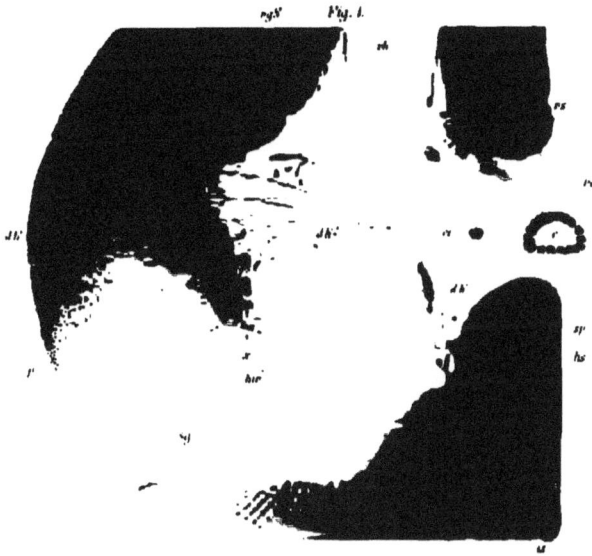

Fig 1

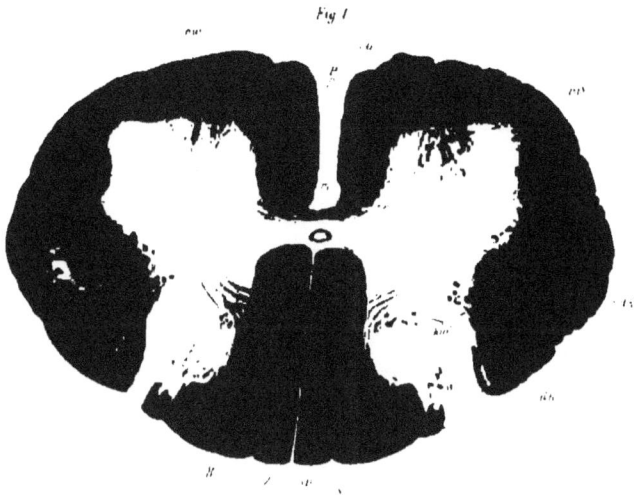

Fig 2

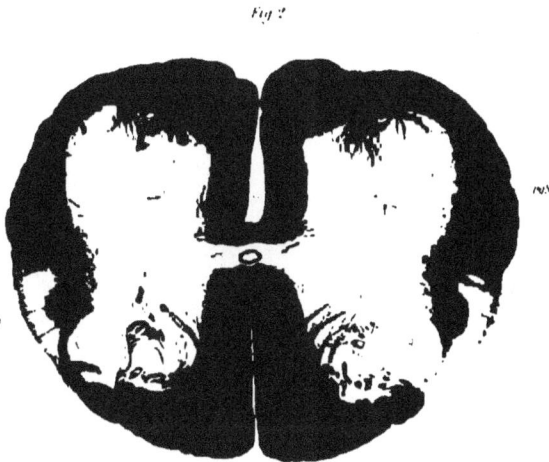

www.ingramcontent.com/pod-product-compliance
Lightning Source LLC
Chambersburg PA
CBHW021345210326
41599CB00011B/754

* 9 7 8 3 7 4 3 4 0 3 6 1 1 *